CB031179

Física
Mecânica

Física
Mecânica

Francisco das Chagas Marques

Manole

Copyright © 2016 Editora Manole Ltda., por meio de contrato de edição com o coordenador.

Editor gestor: Walter Luiz Coutinho
Editora: Karin Gutz Inglez
Produção editorial: Visão Editorial, Cristiana Gonzaga S. Corrêa e Juliana Morais
Capa: Daniel Justi
Ilustrações do miolo: Caio Cacau e Dirceu Medeiros
Fotos do miolo: gentilmente cedidas pelo autor com permissão dos responsáveis

Dados Internacionais de Catalogação na Publicação (CIP)
(Câmara Brasileira do Livro, SP, Brasil)

Física mecânica / [organizador] Francisco das Chagas Marques. -- Barueri, SP : Manole, 2016.
Vários autores e colaboradores.

ISBN 978-85-204-2774-3
1. Física 2. Física - História 3. Mecânica 4. Mecânica - Problemas, exercícios etc.
I. Marques, Francisco das Chagas.

15-05245   CDD-531

Índices para catálogo sistemático:
1. Mecânica : Física 531

1ª edição – 2016

Direitos adquiridos pela:
Editora Manole Ltda.
Avenida Ceci, 672 – Tamboré
06460-120 – Barueri – SP – Brasil
Tel.: (11) 4196-6000 – Fax: (11) 4196-6021
www.manole.com.br
info@manole.com.br

Impresso no Brasil
Printed in Brazil

Este livro contempla as regras do Acordo Ortográfico da Língua Portuguesa de 1990, que entrou em vigor no Brasil em 2009.
São de responsabilidade do organizador, dos autores e colaboradores as informações contidas nesta obra.

Dedico este livro à minha esposa
Maria José Marques e às nossas filhas
Milena e Lívia

Organizador

Francisco das Chagas Marques

Professor do Instituto de Física Gleb Wataghin (IFGW) da Universidade Estadual de Campinas (Unicamp). Bacharel em Física pela Universidade Federal do Ceará (UFCe) (1981). Mestre (1984) e Doutor (1989) em Física pela Unicamp, com estágio na Università degli Studi di Roma La Sapienza, Itália (1987). Pós-doutor pela Harvard University, EUA (1989-1991). Professor Livre-docente pela Unicamp (1996). Professor Visitante na University of Utah, EUA (1998-1999). Pesquisador Visitante na SCIRO, Austrália (2010-2011). Atua na área de Física da Matéria Condensada, no estudo de propriedades optoeletrônicas, estruturais e termomecânicas de semi-condutores amorfos e nanoestruturados para aplicações em dispositivos fotovoltai-cos (Capítulos 1, 4 e 12).

Autores e colaboradores

César Augusto Dartora

(Capítulo 10) Professor do Departamento de Engenharia Elétrica da Universidade Federal do Paraná (UFPR). Engenheiro Elétrico pela Universidade de Passo Fundo (UPF), RS. Mestre em Engenharia Elétrica e Doutor em Física pela Universidade Estadual de Campinas (Unicamp). Pós-doutor em Engenharia Elétrica pela UFPR. Atua na área de Física da Matéria Condensada, Óptica e Propagação de Ondas.

Dante Ferreira Franceschini Filho

(Capítulo 7) Professor do Instituto de Física da Universidade Federal Fluminense (UFF), RJ. Bacharel em Física pela Pontifícia Universidade Católica do Rio de Janeiro (PUC-RJ). Mestre em Física pelo Centro Brasileiro de Pesquisas Físicas (CBPF). Doutor em Ciências pelo Instituto Alberto Luiz Coimbra de Pós-graduação e Pesquisa de Engenharia (Coppe) da Universidade Federal do Rio de Janeiro (UFRJ). Atua em Ciência dos Materiais, com ênfase no estudo de filmes finos e materiais nanoestruturados à base de carbono.

Gustavo Alexandre Viana

(Capítulo 10) Mestre, Doutor e Pós-doutor em Física pelo Instituto de Física Gleb Wathagin (IFGW) da Universidade Estadual de Campinas (Unicamp). Atua no estudo de materiais para aplicações médicas e em semicondutores amorfos.

Júlio César Penereiro

(Capítulo 5) Professor do Centro de Ciências Exatas, Ambientais e de Tecnologias (Ceatec) da PUC-Campinas. Doutor em Ciências (Astronomia e Astrofísica) pelo Instituto de Astronomia, Geofísica e Ciências Atmosféricas (IAG) da Universidade de São Paulo (USP). Atua em Física Básica (ensino e divulgação), Astrofísica (fotometria de galáxias e atividade solar) e Astrofísica de Altas Energias (detecção de partículas elementares e estudos com raios cósmicos).

Luis Gregório Dias da Silva

(Capítulo 11) Professor do Instituto de Física da USP. Pesquisador do Laboratório Nacional de Oak Ridge, EUA, e da University of Tennessee, EUA. Doutor em Ciências pela Unicamp. Pós-doutor pela Universidade Federal de São Carlos (UFSCar) e pela Ohio University, EUA. Atua na área de Física da Matéria Condensada Teórica, com ênfase em modelamento de sistemas nanoscópicos e estudos de propriedades ópticas e de transporte em pontos quânticos.

Mário Alberto Tenan

(Capítulo 9) Professor do IFGW-Unicamp. Docente na USP, na Universidade Estadual Paulista (Unesp), na UFSCar e na Universidade de Mogi das Cruzes (UMC), SP. Bacharel em Física pela Unesp-Rio Claro, SP. Mestre em Física pela USP. Doutor em Ciências pela Unicamp. Pós-doutor pelo Bell Laboratories, EUA. Atua no estudo físico-químico de processos de formação de mono e bicamadas de surfactantes e/ou moléculas de interesse biológico.

Maurício Pietrocola

(Introdução) Professor da Faculdade de Educação da USP. Mestre em Ensino de Ciências pela USP. Doutor em História e Epistemologia das Ciências pela Académie Paris, França. Atua nas áreas de ensino de temas inovadores em Física, no uso de novas tecnologias educacionais e na formação de professores.

Mauro Monteiro Garcia de Carvalho

(Capítulos 2 e 8) Professor do IFGW-Unicamp. Bacharel em Física pela PUC-RJ. Mestre em Física pela Unicamp. Doutor em Ciências pela Université des Sciences et Techniques du Languedoc, França. Atua na área de caracterização elétrica de semicondutores e crescimento epitaxial pela técnica de Epitaxia por Feixe Químico (Chemical Beam Epitaxy) de semicondutores do grupo III-V.

Myriano Henriques de Oliveira Junior

(Capítulo 10) Mestre e Doutor em Física pelo IFGW-Unicamp. Pós-doutor pelo Paul-Drude-Institut für Festkörperelektronik, Berlim, Alemanha. Atua na área de materiais à base de carbono, grafeno e nanoestruturas.

Newton Cesário Frateschi

(Capítulo 6) Professor do IFGW-Unicamp. Bacharel e Mestre em Física pela Unicamp. Doutor em Engenharia Elétrica e Pós-doutor pela University of Southern California, EUA. Atua na área de fotônica e optoeletrônica, com ênfase em *lasers* de microcavidades, moduladores, amplificadores e sensores ópticos.

Rubens Pantano Filho

(Capítulo 3) Professor da Universidade de Sorocaba (Uniso) e da Universidade Paulista (Unip) e coordenador de curso do Centro Salesiano de São Paulo (Unisal). Bacharel em Física pela Unicamp. Mestre e doutor em Engenharia e Ciência de Materiais pela Universidade São Francisco (USF). Atua na área de reciclagem de materiais, polímeros biodegradáveis e soluções ambientais.

Sumário

Prefácio XIII

Símbolos das grandezas físicas adotadas neste
 volume XV

Introdução: História da Física - Mecânica 1
 1 Introdução 1
 2 Sistema Geocêntrico 2
 3 A Simbiose "Ciência Grega" e "Fé Católica"
  na Idade Média 4
 4 Copérnico e o Sistema Heliocêntrico 4
 5 Gravitação Universal 8
 6 Apenas o Início? 11

1 Medição e Erro 13
 1.1 Introdução 13
 1.2 Sistema Internacional de Unidades – SI 13
 1.3 Padrões de Unidades do SI 15
 1.4 Notação Científica e Conversão entre
  Unidades 16
 1.5 Análise Dimensional 17
 1.6 Erros e Algarismos Significativos 17
 1.7 Gráficos e Erros 19
 1.8 Média e Desvio-padrão 20
 1.9 Distribuição de Gauss 21
 1.10 Desvio-padrão da Média 21
 1.11 Propagação de Erros 22
 1.12 Propagação de Erros (Método
  Diferencial) 24
 1.13 Linearização 24
 1.14 Quadrados Mínimos 26
 1.15 Resumo 27
 1.16 Experimento 1.1: Erro e Linearização 29
 1.17 Experimento 1.2: Erro e Propagação
  de Erro 30
 1.18 Questões, Exercícios e Problemas 31

2 Vetores 35
 2.1 Introdução 35
 2.2 Sistemas de Coordenadas 35
 2.3 Vetores 37
 2.4 Decomposição de Vetores 39
 2.5 Vetores Unitários e Representação Analítica .. 40
 2.6 Produto Escalar 41
 2.7 Produto Vetorial 42
 2.8 Resumo 43
 2.9 Leitura Complementar: Fractais 45
 2.10 Experimento 2.1: Fractais 48
 2.11 Questões, Exercícios e Problemas 49

3 Movimento em Uma Dimensão 51
 3.1 Introdução 51
 3.2 Sistemas Unidimensionais 51
 3.3 Velocidade Média 52
 3.4 Velocidade Instantânea 53
 3.5 Movimento Retilíneo Uniforme 55
 3.6 Movimento com Velocidade Variável 56
 3.7 Aceleração 57
 3.8 Movimento com Aceleração Constante 58
 3.9 Queda Livre 59
 3.10 Movimento com Aceleração Variável 60
 3.11 Resumo 61
 3.12 Experimento 3.1: Movimento
  Uniformemente Acelerado 63
 3.13 Questões, Exercícios e Problemas 64

4 Movimento em Duas e Três Dimensões 69
 4.1 Introdução 69
 4.2 Movimento em Duas e Três Dimensões 69
 4.3 Movimento em Três Dimensões com
  Aceleração Constante 72
 4.4 Movimento de um Projétil 73
 4.5 Movimento Relativo 77

4.6 Movimento Circular Uniforme 79
4.7 Movimento Circular Não Uniforme 80
4.8 Resumo 81
4.9 Experimento 4.1: Trajetória de um Projétil 83
4.10 Experimento 4.2: Plano de Packard 84
4.11 Questões, Exercícios e Problemas 85

5 Leis de Newton I 91
5.1 Introdução 91
5.2 Primeira Lei de Newton – Lei da Inércia 91
5.3 Segunda Lei de Newton – Lei das Forças 93
5.4 Terceira Lei de Newton – Lei da Ação e
    Reação 95
5.5 Aplicações das Leis de Newton 96
5.6 Resumo 102
5.7 Experimento 5.1: Lei da Inércia 104
5.8 Questões, Exercícios e Problemas 105

6 Leis de Newton II 113
6.1 Introdução – As Forças da Natureza 113
6.2 Forças Fundamentais da Natureza 113
6.3 Forças Elásticas – Lei de Hooke 117
6.4 Forças de Interação com o Meio: Atrito e
    Arraste 120
6.5 Forças em Referenciais Não Inerciais –
    Pseudoforças 125
6.6 Forças Centrípeta e Centrífuga 127
6.7 Estudo de Interações Relativas
    (Opcional) 130
6.8 Resumo 131
6.9 Experimento 6.1: Lei de Hooke 133
6.10 Experimento 6.2: Atrito 134
6.11 Questões, Exercícios e Problemas 135

7 Trabalho e Conservação da Energia 141
7.1 Introdução 141
7.2 Trabalho e Energia Cinética em Uma
    Dimensão com Força Constante 142
7.3 Trabalho de Forças Variáveis em Uma
    Dimensão 143
7.4 Trabalho de Uma Força Elástica 145
7.5 Teorema do Trabalho-Energia Cinética
    em Duas e Três Dimensões 147
7.6 Potência 150
7.7 Conservação da Energia em Uma
    Dimensão: Força Gravitacional e
    Força Elástica 151
7.8 Sistema Massa-mola em Detalhe 154
7.9 Conservação da Energia em Duas e Três
    Dimensões 156
7.10 Generalização da Conservação da
    Energia 159
7.11 Resumo 161

7.12 Experimento 7.1: Sistema Massa-mola 163
7.13 Experimento 7.2: Forças Não
    Conservativas 164
7.14 Questões, Exercícios e Problemas 165

8 Conservação do Momento Linear –
    Sistemas de Várias Partículas 171
8.1 Introdução 171
8.2 Momento Linear 171
8.3 Interações/Colisões 173
8.4 Impulso 176
8.5 Força quando a Massa Varia 178
8.6 Centro de Massa de um Sistema de
    Partículas 179
8.7 Momento e Energia Cinética de um
    Sistema de Partículas em Relação ao
    seu Centro de Massa 183
8.8 Massa Reduzida 184
8.9 Resumo 185
8.10 Experimento 8.1: Colisões 187
8.11 Questões, Exercícios e Problemas 188

9 Rotação 193
9.1 Introdução 193
9.2 Cinemática da Rotação em Torno de
    um Eixo Fixo – Grandezas
    Angulares 194
9.3 Movimentos de Rotação Uniforme e
    Uniformemente Acelerado 196
9.4 Rotação e Movimento Circular de
    um Ponto de um Corpo Rígido 197
9.5 Energia Cinética na Rotação –
    Momento de Inércia 198
9.6 Cálculo de Momento de Inércia –
    Corpos Rígidos Homogêneos 200
9.7 Teorema dos Eixos Paralelos 202
9.8 Torque, Trabalho e Potência 205
9.9 Dinâmica da Rotação em Torno de
    um Eixo Fixo 206
9.10 Grandezas Escalares e Vetoriais 209
9.11 Resumo 209
9.12 Experimento 9.1: Momento de
    Inércia 211
9.13 Questões, Exercícios e Problemas 212

10 Conservação do Momento Angular 219
10.1 Introdução 219
10.2 Torque 219
10.3 Momento Angular 221
10.4 Conservação do Momento Angular 224
10.5 Rolamento 226
10.6 Precessão do Momento Angular: o
    Giroscópio e o Pião 230

10.7 Leis de Conservação e Simetria na
Física 233
10.8 Resumo 235
10.9 Experimento 10.1: Energia Mecânica na
Rotação 237
10.10 Questões, Exercícios e Problemas 238

11 Gravitação e Leis de Kepler 245
11.1 Introdução 245
11.2 Lei da Gravitação Universal de
Newton...246
11.3 Teorema das Camadas 248
11.4 A Constante Gravitacional:
o Experimento de Cavendish 250
11.5 Energia Potencial Gravitacional 251
11.6 Leis de Kepler...................................253
11.7 Problema de Dois Corpos.......................256
11.8 Resumo 258
11.9 Leitura Complementar: Satélites e
Lançadores 259
11.10 Experimento 11.1: Aceleração da
Gravidade...262
11.11 Questões, Exercícios e Problemas............263

12 Equilíbrio 269
12.1 Introdução 269
12.2 Condições de Equilíbrio 269
12.3 Centro de Gravidade 271

12.4 Exemplos de Equilíbrio Estático...............272
12.5 Par de Forças.....................................274
12.6 Tríade de Forças 275
12.7 Equilíbrio em Um Campo
Gravitacional.....................................276
12.8 Equilíbrio em Referenciais
Acelerados..277
12.9 Problemas Envolvendo Elasticidade 278
12.10 Resumo 279
12.11 Leitura Complementar: Caos.................280
12.12 Experimento 12.1: Equilíbrio
de Três Forças 283
12.13 Questões, Exercícios e Problemas............284

Apêndices
A Constantes Fundamentais e Conversão Entre
Unidades do SI 291
A.1 Sistema Internacional de Unidades –
SI 291
A.2 Unidades Suplementares do SI.................291
A.3 Unidades do SI com Nomes Especiais.......292
A.4 Constantes Fundamentais da Física..........292
A.5 Conversão Entre Unidades 293
A.6 Dados Relativos ao Sistema Solar............296
B Símbolos e Fórmulas Matemáticas 297
C Evolução da Física 301
D Respostas das Questões, dos Exercícios e
dos Problemas 305

Prefácio

Neste volume, apresentamos uma introdução à Mecânica Clássica para alunos cursando as disciplinas básicas de graduação em ciências exatas e biológicas. Diferentemente de outros textos que tratam do mesmo assunto, neste livro damos ênfase às contribuições nacionais, sem perda de universalidade do tema. Assim, o leitor encontrará vários exemplos, experimentos e citações de pesquisadores e laboratórios brasileiros. Além disso, esse livro se diferencia dos demais em relação ao seu conteúdo. Foi introduzido um capítulo sobre a história da Física.

Em cada capítulo, são apresentados exemplos de experimentos que podem ser desenvolvidos em laboratórios de ensino de Física. No Capítulo 1, Medição e Erro, é feita uma apresentação mais abrangente sobre o tratamento de erros em medições experimentais, para dar suporte às medidas experimentais sugeridas no livro.

Os capítulos foram escritos por diferentes colaboradores, procurando-se evitar superposições e garantir a continuidade da apresentação ao longo do livro. Foram incorporadas leituras complementares e problemas utilizados no Provão/Enade e em várias provas de entrada em cursos de pós-graduação de algumas universidades brasileiras.

Na estrutura do livro, procurou-se deixar a leitura agradável e com tópicos facilmente identificáveis. Assim, o conteúdo principal é apresentado em duas colunas onde as equações principais estão destacadas. Para facilitar as consultas, todas as palavras do índice aparecem em negrito no texto, destacando-as quando são apresentadas e/ou definidas pela primeira vez. Os exemplos, leituras adicionais e experimentos são apresentados em caixas com fundo cinza. As questões, os exercícios e os problemas foram colocados todos jun-tos. As respostas de quase todos os problemas encontram-se no final do livro.

Sugestões e críticas podem ser enviadas para a editora. Elas serão usadas para a melhoria deste livro nas edições seguintes. Agradeço ao Sr. Dinu Manole e à Daniela Manole pela ideia de confecção deste livro; à Eliane Otani pelo acompanhamento de editoração, com suporte de Karin Gutz Inglez e do Caio Cacau; ao Dirceu Medeiros pelos desenhos e vetorização da maioria das figuras e à Tamiris Prystaj e Alessandra Sevilla pela revisão ortográfica.

Agradeço a todos os colaboradores deste livro, que dedicaram seu tempo para escrever os capítulos, elaborar problemas, exemplos, textos de experimentos e leitura complementar. Agradeço a valiosa colaboração de José Emílio Maiorino, André Koch Torres de Assis e Antônio Roversi pelas instruções no uso do Latex e a ajuda de David Chinelatto, Andresa Deoclídia Soares Côrtes, Jairo Fonseca Junior e Audrey Roberto Silva em algumas etapas de digitação e correções do texto. A maioria dos problemas propostos pelos autores foi também resolvida por Daniel Mendonça Valente, Manuela Gibim Rodrigues Maurer, Rickson Coelho Mesquita e Rogério Menezes de Almeida, que fizeram também uma leitura crítica do texto.

O Prof. Júlio César Penereiro (autor do Capítulo 5) agradece aos Profs. Maurício Francisco Ceolin e José Renato Maia Reis pelas discussões e contribuições desencadeadas nas soluções de alguns exercícios e problemas, assim como à Márcia de Britto pelo trabalho de revisão, aos alunos do Ceatec-PUC-Campinas pelo envolvimento no trabalho deste capítulo e a tolerância de suas filhas Flávia e Stephanie durante o período em que o trabalho tomou parte do tempo que poderia ser devotado a elas. O Prof. Luis Gregório Dias da Silva (autor do Capítulo 11) agradece o apoio das instituições às quais foi afiliado durante a realização deste trabalho (Ohio University, University of Tennessee--Knoxville e Universidade de São Paulo) e à sua esposa Mara pelo apoio e revisão do texto.

Dedico este livro à minha esposa Maria José Marques e às nossas filhas Milena e Lívia, a quem também agradeço pela compreensão pelas muitas horas dedicadas na elaboração deste livro ao longo de alguns anos.

Francisco das Chagas Marques

Símbolos das grandezas físicas adotadas neste volume

$\mathbf{a}$, a	aceleração e módulo da aceleração
A	área
c	velocidade da luz
d	espessura
E	energia
f	frequência
$\mathbf{F}$, F	força e módulo da força
Fa, fa	força de atrito
$\mathbf{g}$, g	aceleração da gravidade e módulo da aceleração da gravidade
h	altura
I	momento de inércia
$\mathbf{I}$	impulso R Fdt
$\mathbf{i}$, $\mathbf{j}$, $\mathbf{k}$	vetores unitários nas direções x, y e z das cordenadas cartesianas (também serão usados $\hat{x}$, $\hat{y}$ e $\hat{z}$. O símbolo "^"sobre um vetor indica que se trata de um vetor unitário)
$\mathbf{J}$, J	impulso e módulo do impulso
K	energia cinética
k	constante elástica de mola
$\mathbf{L}$, L	momento angular total e módulo do momento angular total
$\mathbf{l}$, l	momento angular (r × p) e módulo do momento angular
m	massa
P	potência

$\mathbf{P}$, P	momento linear total e módulo do momento linear total
$\mathbf{p}$, p	momento linear (mv) e módulo do momento linear
$\mathbf{r}$, r	posição e módulo da posição
$\hat{\mathbf{r}}$	vetor unitário na direção de r
(r, θ, ϕ)	cordenadas cilíndricas
t	tempo
T	período
$\mathbf{T}$, T	tensão e módulo da tensão
u_r, u_θ	vetores unitários das cordenadas polares r e
U	energia potencial
V	volume
$\mathbf{v}$, v	velocidade e módulo da velocidade
W	trabalho, peso
(x, y, z)	cordenadas cartesianas
α, α	aceleração angular e módulo da aceleração angular
θ	posição angular
λ	comprimento de onda
μ	coeficiente de atrito, massa reduzida
ρ	densidade de massa
τ, τ	torque e módulo do torque
ω	frequência angular (2 f)
ω, ω	velocidade angular e módulo da velocidade angular

Introdução: História da Física - Mecânica

Maurício Pietrocola

1 Introdução

O sucesso da Física como área de conhecimento deve-se, em grande parte, ao fato de ter desenvolvido meios seguros de tratar questões que acompanhavam o homem desde a antiguidade. O movimento dos corpos no céu, que já era abordado pelos filósofos naturais desde antes da civilização grega, ganhou uma representação extremamente consistente e completa com a publicação do ***Principia***, de **Isaac Newton** (1643--1727), em 1687.

Reunindo as observações experimentais disponíveis por meio de um sistema matematizado de conceitos, leis e princípios, a **teoria newtoniana** mostrou-se um instrumento intelectual muito potente, tendo permitido não apenas explicar, mas também prever eventos celestes importantes, como a **libração** [1] da Lua e a descoberta de planetas como Netuno e Urano. O problema existente na época de Newton era como obter uma explicação dinâmica para o funcionamento do sistema solar (heliocêntrico).

Proposto no século XVI, por Nicolau Copérnico, o **sistema heliocêntrico** (no qual os planetas giram em torno do Sol) continha ainda várias questões, como:

- O que faz com que a Terra e os demais planetas permaneçam em órbita ao redor do Sol?

- Por que a Lua acompanha a Terra no seu movimento pelo espaço?

- Por que ao lançarmos um objeto para cima ele ainda cai na nossa mão, apesar de estarmos nos movendo em alta velocidade com a Terra?

- Se a Terra se move no espaço, por que não se observam variações na posição das estrelas?[2]

A grande contribuição de Isaac Newton nesse contexto foi responder, de maneira quase definitiva, a essas e outras questões manifestadas pelos críticos do heliocentrismo, além de fornecer um quadro conceitual para pesquisas posteriores. Associando três leis dinâmicas com uma lei sobre a atração entre os corpos (a Gravitação Universal), ele mostrou que praticamente todos os problemas poderiam ser resolvidos.

Antes de apresentarmos a contribuição de Newton e outros cientistas modernos para o estudo do sistema solar, apresentaremos um pouco do **sistema geocêntrico** (no qual a Terra é o centro do Universo), proposto na antiguidade grega e que permaneceu aceito até o século XVI. O leitor poderia perguntar: qual é o interesse em estudar uma explicação do Universo já ultrapassada? Isso pode ser interessante se, por meio dela, pudermos entender a trajetória histórica que leva à nossa ciência. As explicações dadas pelos gregos interessam, porque inauguraram uma nova forma de pensar sobre os movimentos de corpos observados no Universo. Ao olharem o céu, os gregos não viram um palco para suas divindades. Assim, puderam pensar sobre o funcionamento interno do Universo.

---

[1] A *libração* da Lua deve-se ao fato de seu período de rotação ser idêntico ao período de translação em torno da Terra. Esse fato faz com que, da Terra, sempre se observe a mesma região da Lua, e haja uma "face oculta". A libração da Lua foi explicada dentro do contexto da Mecânica newtoniana por Joseph-Louis Lagrange, no século XVIII.

[2] Fenômeno da paralaxe, medido em 1838 por Friedrich Wilhelm Bessel.

2 Sistema Geocêntrico

Entendendo o movimento no céu

Se nos dispusermos a passar muito tempo observando as estrelas à noite, veremos que a grande maioria delas descreve arcos no céu. O mesmo ocorre com o Sol e a Lua. Imaginar que elas *circulam* a Terra para explicar o que observamos não é uma tarefa muito árdua, ainda mais se a *perfeição* do círculo fizer parte de nossas crenças. Foi assim que, na Grécia Antiga, surgiram várias representações do Universo, compostas por astros em movimento circulando em torno da Terra. Uma das mais importantes foi proposta por **Platão**[3], no século IV a.C. Seu **"universo de duas esferas"** consistia basicamente em um sistema de esferas cristalinas concêntricas, que giravam cada qual em um eixo e em uma rotação diferentes em relação à Terra fixa no centro. A esfera mais exterior representava as estrelas, enquanto a interior representava o Sol.

Mais tarde, **Aristóteles** (Figura 1), um dos mais brilhantes discípulos de Platão, no século IV a.C., e principalmente **Ptolomeu** (Figura 2), no século II d.C., aperfeiçoaram esse sistema cosmológico, inserindo outras esferas (Figura 3), detalhando as propriedades das substâncias e discutindo o comportamento dos corpos no céu e na superfície terrestre.

os homens desde muito tempo, sem a inclusão de divindades. Nesse modelo cosmológico, representado na Figura 3, a variação do caminho percorrido pelo Sol entre inverno e verão podia ser explicada. Na verdade, as duas esferas concêntricas, como uma cebola, não giravam da mesma forma uma em relação à outra, o que podia explicar tanto a variação de altura do Sol ao longo do ano como a variação da duração entre dia e noite.

Figura 2: Claudius Ptolemaeus, ou Ptolomeu (90--168), matemático, astrônomo e geógrafo grego. Trabalhou em um observatório no topo de uma igreja em Alexandria, Egito. (Fonte: The Galileo Project)

Figura 1: Aristóteles (384-322 a.C.), nascido em Estagira, Grécia, filósofo, aluno de Platão. É considerado um dos maiores pensadores de todos os tempos e criador do pensamento lógico. Teve várias contribuições na política, física, metafísica, poesia, biologia, entre outras. (Fonte: Wikimedia Commons)

O sistema geocêntrico proposto na Antiguidade Grega fornecia respostas às questões que intrigavam

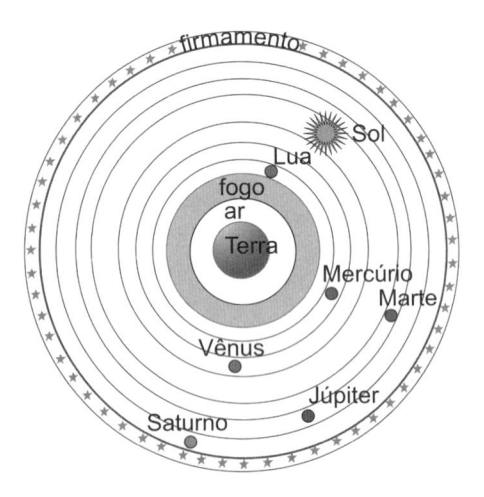

Figura 3: Modelo cosmológico simplificado de Aristóteles. A Terra ocupava o centro do Universo e os quatro elementos da natureza ocupavam o espaço sublunar. As esferas estavam embutidas umas nas outras, sendo que a mais externa era a que continha as estrelas e cada vez mais para o interior estariam as estrelas errantes (ou planetas), o Sol e a Lua. O Universo grego era finito – nada existia além da esfera das estrelas.

---

[3]Platão de Atenas (428/27 a.C. - 347 a.C.) foi um filósofo grego, discípulo de Sócrates e mestre de Aristóteles. Destacou-se em várias áreas, como Política, Metafísica e Ética.

O movimento dos planetas era algo mais difícil de ser explicado. Ao serem observados no céu ao longo de semanas ou meses, os planetas descreviam movimentos estranhos, com formação de "laços", como ilustrado na Figura 4. Para dar conta desse tipo de movimento, era necessária uma combinação de movimentos circulares. Para tanto, os gregos faziam várias combinações de esferas concêntricas, mas com velocidades e eixos de rotação diferentes.

Para explicar o movimento do planeta Saturno, Eudoxo de Cnidos (408 a.C.-355 a.C.), um aluno de Platão, estabeleceu que seria necessária a combinação de 26 movimentos uniformes (26 esferas). Aristóteles acrescentou mais três movimentos à proposta e chegou à conclusão de que eram necessários 29 movimentos para melhor explicar o que se observava no céu.

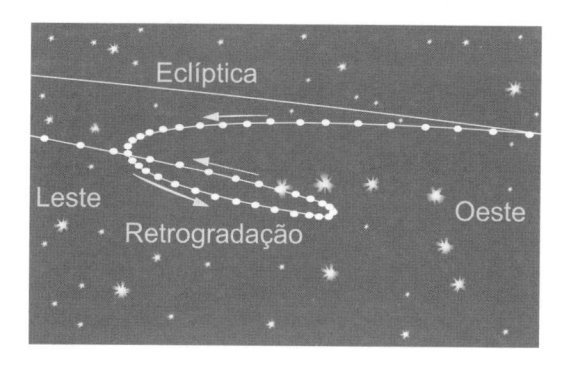

Figura 4: A trajetória dos planetas forma um "laço" no céu (em relação às estrelas distantes). O planeta adianta ao longo de várias noites no céu para, em seguida, voltar (retrogradação) e, novamente, avançar em relação às estrelas. Estas últimas mantêm, aparentemente, seu movimento circular uniforme.

O sistema desenvolvido posteriormente por Ptolomeu utilizava círculos (epiciclos) e não esferas cristalinas para representar o movimento dos astros (Figura 5a). Seu sistema era um pouco mais simples, mas implicava aceitar que tais círculos não seriam materiais, pois, de outro modo, se chocariam no céu. A Figura 5b mostra como os laços são formados considerando a explicação atual (sistema heliocêntrico) para o movimento dos planetas.

A "Física" aristotélica

Os gregos da Antiguidade não se limitavam apenas a fornecer explicação sobre o que viam nos céus. Na estrutura idealizada por Aristóteles, os movimentos de objetos terrestres também eram explicados, mas o que valia para os céus não valia para os objetos na Terra. Os céus eram o local da *perfeição* e, por isso, eram representados por formas consideradas perfeitas, como o círculo e a esfera. Já a Terra era o lugar da *corrupção*, e aqui nada poderia ser perfeito e duradouro. A esfera

determinada pela órbita da Lua era o limite entre as duas regiões do universo, sublunar e supralunar.

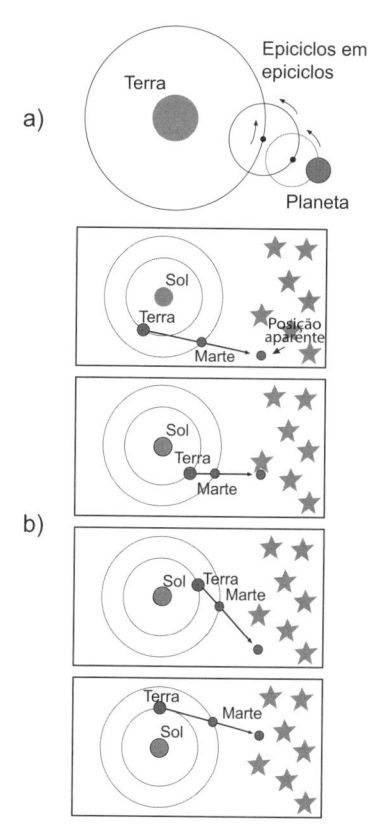

Figura 5: (a) Representação do movimento de um planeta na perspectiva ptolomaica. Veja que é possível que o planeta se mova ora para trás ora para a frente, em função da combinação dos três movimentos circulares. (b) Explicação da origem dos laços do planeta Marte, considerando o movimento heliocêntrico. Observe que a posição aparente do planeta retrocede (entre a segunda e a terceira figura), embora tanto a Terra como Marte continuem seus movimentos em torno do Sol.

As leis que valiam para o mundo supralunar determinavam uma ordem perfeita, isto é, *os corpos deviam se mover constantemente em trajetórias perfeitamente circulares*, mas isso não valia para o mundo terrestre. Aqui também havia uma ordem, mas que estava longe de ser perfeita. Cada elemento ocupava um lugar natural: o elemento *terra* era próximo ao centro da Terra (centro do Universo); o *água* ocupava um lugar natural acima da terra; o *ar*, acima da água e o *fogo*, acima do ar. Esta era a ordem natural dos elementos, mas era constantemente perturbada. Por diversas razões, os corpos terrestres encontravam-se frequentemente fora de seus lugares naturais e a ordem era buscada incessantemente pelos elementos. Algumas vezes, a água estava acima do ar e a chuva correspondia ao retorno da ordem, pois a água caía *buscando seu lugar natural*. Quando se lançava uma pedra para o alto, estava-se corrompendo a ordem natural e ela acabava por buscar seu lugar natural, caindo de volta para o solo. Em outras palavras, os elementos tendiam a buscar espontaneamente seus lugares naturais na ordem deste mundo. Quando assim procediam, estavam em movimento natural.

Também havia movimentos *violentos* ou *forçados*. Uma pedra, ao ser lançada para cima, executava um movimento forçado por um agente externo, por exemplo. O movimento era violento, pois a obrigava a deixar seu lugar natural. O mesmo aconteceria no ato de empurrar uma carroça ladeira acima. A ação de alguém ou de algo forçaria movimentos não naturais.

Na forma de pensar dos seguidores de Platão, Aristóteles e outros gregos, a Terra deveria estar parada no centro do Universo, pois dali se veriam os movimentos circulares perfeitos dos astros. O centro da Terra coincidia com o centro do Universo. Além desse argumento, que poderia ser classificado como "estético", os gregos possuíam bons argumentos contra a mobilidade da Terra, como:

- as nuvens no céu movem-se indiferentemente em todas as direções;

- não há diferença entre lançar flechas e outros objetos para leste e para oeste;

- não se percebem ventos fortes sobre a superfície terrestre causados pelo movimento da Terra.

Ainda assim, nem tudo eram "flores" no Universo aristotélico! Embora engenhoso, ele continha problemas não resolvidos, alguns deles reconhecidos pelo próprio autor. Vejamos um exemplo.

Segundo a física aristotélica, ao se lançar um objeto para o alto, o movimento é forçado pela ação da mão de quem o lança. Mas depois que o objeto deixa a mão do lançador, qual é a ação que continua a movê-lo para o alto? Suponhamos que o corpo lançado seja uma flecha ou lança. Livre de ações, elas não deveriam buscar imediatamente seu lugar natural embaixo do ar?

Aristóteles estava consciente desse problema e aventou algumas hipóteses para tentar solucioná-lo. Uma delas foi a ideia da *antiperistasis*.[4]

3 A Simbiose "Ciência Grega" e "Fé Católica" na Idade Média

Do ponto de vista atual, pode parecer absurdo que uma teoria estranha e bizarra tenha tido tanto sucesso e permanecido aceita por quase dois milênios. Para entender isso, é preciso ter consciência de que estamos falando de ideias formuladas e avaliadas há muito tempo, em uma época em que certamente os valores, as necessidades, as crenças e os critérios das pessoas eram muito diferentes dos nossos.

A concepção do Universo de Aristóteles atravessou barreiras geográficas e históricas. Espalhou-se pela Europa, Oriente Médio, Ásia Menor, Norte da África, entre outros, e foi constantemente discutida e retocada nos séculos que se seguiram à sua proposição.

Na Baixa Europa medieval, as primeiras críticas à concepção de mundo aristotélica partiram de membros do clero, que viam nos pensadores gregos e romanos rivais para a nova fé cristã. **Santo Agostinho**[5] foi um pensador cristão importante e crítico feroz das ideias de Aristóteles e de outros filósofos naturais clássicos. Para ele, um bom cristão não deveria buscar explicações para os fenômenos naturais, pois a fé na grandeza de Deus deveria ser suficiente para se viver.

Os avanços da doutrina católico-cristã sobre a Europa tornaram seus defensores mais brandos em termos de aceitação das ideias do Período Clássico. A partir do século XI, houve um movimento de adequação entre o mundo aristotélico e o mundo católico. Nesse contexto, destaca-se o papel de **São Tomás de Aquino**[6], um dos principais pensadores cristãos na conciliação entre os dois sistemas de crenças. No final da Idade Média, o mundo aristotélico era a base do mundo católico. A simbiose entre ambas foi resultado desse processo de conciliação.

4 Copérnico e o Sistema Heliocêntrico

A continuidade no estudo e na exploração das ideias de Aristóteles permitiu avanços na física e na astronomia medieval. Alguns aspectos da física terrestre aristotélica foram tratados por pensadores medievais. Os problemas na interpretação dos lançamentos oblíquos, por exemplo, foram tratados por **João Filopono** (490--566) no século VI. Ele propôs a ideia de que, na ação

---

[4]Este efeito consistia no deslocamento de ar gerado inicialmente pela flecha ou pelo objeto lançado, que geraria uma corrente de ar da frente para trás que continuaria a empurrá-la para a frente. Com a progressão do movimento, a ação do ar enfraqueceria até desaparecer. Nesse momento, ele deixaria de subir e começaria a cair verticalmente.

[5]Aurélio Agostinho, ou Santo Agostinho, foi um bispo católico, teólogo e filósofo que nasceu em 13 de novembro de 354, em Tagaste (hoje Souk-Ahras, na Argélia), e morreu em 28 de agosto de 430, em Hipona (hoje Annaba, na Argélia). É considerado, pelos católicos, santo e doutor da doutrina da Igreja.

[6]São Tomás de Aquino (1225-1274) foi um frade dominicano e teólogo italiano. Foi o mais distinto expoente da Escolástica.

de lançar um corpo, uma *força impressa* ficaria impregnada no mesmo, permitindo explicar por que uma flecha continua seu movimento ascendente mesmo depois de ter se separado do arco. A diminuição dessa força impressa explicaria o encurvamento da trajetória e o retorno do corpo ao solo.

Muito tempo depois, no século XIV, esse mesmo problema foi tratado por **Jean Buridan**[7] e **Nicole Oresme**,[8] gerando o conceito de **impetus**.

O sistema heliocêntrico

No campo da astronomia, o investimento nos sistemas de cosmologia aristotélico-ptolomaica permitiu tratar em detalhes as órbitas dos vários planetas. Os avanços nas técnicas de cálculo e nas observações celestes forneciam mais informações sobre a trajetória de estrelas e planetas. No entanto, as tentativas de corrigir as discrepâncias entre o que se via no céu e aquilo que era previsto pelo sistema aristotélico ao longo dos séculos tinha tornado o sistema muito complexo. Desde a Antiguidade, os astrônomos vinham aumentando o número de esferas/círculos (os ditos epiciclos) e introduzindo vários recursos geométricos "artificiais", como "excêntricos" e "deferentes", usados na descrição da trajetória dos planetas[9]. No início do Renascimento, o Universo produzido a partir da ideia original de Platão tornava-se muito complexo e confuso.

O Renascimento trouxe consigo um maior acesso aos pensadores clássicos e uma maior liberdade na avaliação das dificuldades em se aplicar as ideias de Aristóteles aos movimentos dos astros e dos corpos terrestres. Inicialmente, os pensadores renascentistas acreditavam que os problemas existentes na concepção do mundo aristotélico eram devidos à falta de livros e documentos originais do período clássico. A introdução, na Europa, de traduções árabes e originais gregos perdidos permitiu a redescoberta de vários trabalhos nas diversas áreas de conhecimento. Aos poucos, diminuiu a esperança de que existiriam trabalhos gregos perdidos com as soluções para os problemas detectados no universo aristotélico e, nesse contexto, não é de se surpreender que uma nova concepção de mundo viesse a ser proposta. No entanto, a dificuldade em aceitar e propor mudanças radicais no universo aristotélico residia no fato de que isso também

abalaria a concepção de Universo sustentada pela Igreja Católica.

A contribuição de **Nicolau Copérnico** (1473--1543, Figura 6) na evolução da concepção cosmológica do Universo foi feita nesse contexto. Influenciado por ideias platônicas sobre a beleza e a perfeição do mundo e por alguns autores que buscavam valorizar mais o papel do Sol no Universo, pela sua importância para a vida dos seres humanos, Copérnico propôs um sistema no qual o Sol ocuparia o centro do Universo. Ao estudar longamente o sistema geocêntrico e seus problemas, ele escreveu um livro intitulado *De Revolutionibus* [10], no qual apresentava argumentos a favor de um sistema no qual o Sol ocuparia o centro do Universo.

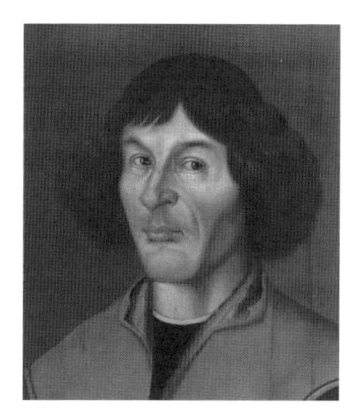

Figura 6: Nicolau Copérnico (1473-1543) foi astrônomo e matemático polonês. Foi, também, cônego da Igreja, governador e administrador, jurista, astrólogo e médico. (Fonte: Museu Nicolau Copérnico de Frombork)

Na ciência, as ideias não mudam de forma abrupta, muito menos aquelas relacionadas à estrutura do Universo. O livro de Copérnico com suas ideias, publicado em 1543, não foi imediatamente aceito. Ao contrário, a maioria de seus contemporâneos mantinha-se fiel às ideias aristotélicas. Talvez eles estivessem dispostos a pequenas modificações, mas não estavam preparados para colocar a Terra em movimento. É importante dizer que não se tratava de "má vontade". Havia algumas boas razões para não se considerar a Terra em movimento, como descrevemos anteriormente. Copérnico conhecia grande parte desses argumentos e não tinha boas respostas para todos os problemas existentes.

---

[7] Jean Buridan, em latim Joannes Buridanus (1300-1358), foi um filósofo e religioso francês. Foi um dos mais famosos e influentes filósofos do final da Idade Média.

[8] Nicole d' Oresme, Nicole Oresme ou Nicolas de Oresme (1323-1382) foi um destacado intelectual e provavelmente o pensador mais original do século XIV. Economista, matemático, físico, astrônomo, filósofo, psicólogo e musicólogo, foi também um teólogo dedicado e bispo de Lisieux, tradutor e conselheiro do rei Carlos V da França.

[9] Para maiores detalhes, veja Thomas Kuhn, *A estrutura das revoluções científicas*, 7ª ed., São Paulo: Perspectiva, 2003.

[10] Uma boa tradução comentada do livro de Copérnico foi feita por R. A. Martins, em *Commentariolus - Pequeno comentário de Nicolau Copérnico sobre suas próprias hipóteses acerca dos movimentos celestes - Introdução* (tradução e notas. 2ª ed. São Paulo: Livraria da Física, 2003).

Não por falta de empenho ou capacidade, mas porque na ciência muitas perguntas não podem ser respondidas no campo das velhas ideias. Foram necessários 100 anos para que a revolução iniciada por Copérnico se concluísse, com Kepler, Galileu e Newton.

A consolidação do sistema heliocêntrico

Uma análise retrospectiva e sem o devido recuo histórico pode sugerir que bastou Copérnico propor um sistema com o Sol no centro para que todos os problemas da época acabassem. Teria sido apenas conservadorismo o que impediu seus contemporâneos de apreciar as qualidades do sistema heliocêntrico? Certamente não.

Na época de sua publicação (1543), o sistema de Copérnico não oferecia uma descrição global dos céus melhor que aquela derivada de Aristóteles e Ptolomeu. Embora tivesse resolvido conceitualmente problemas importantes, como o movimento retrógrado dos planetas, a proposição da Terra em movimento trazia outros tantos. O grande problema era que as órbitas dos planetas propostas por Copérnico continuavam circulares, e isso mantinha a exigência de se combinar movimentos circulares para dar conta da descrição exata das órbitas planetárias. Para superar esse problema, duas contribuições foram fundamentais: melhorar a precisão nas medidas das posições dos planetas e buscar a melhor forma de representar suas órbitas.

A primeira tarefa foi realizada pelo astrônomo dinamarquês **Tycho Brahe** (1546-1601, Figura 7), que, durante mais de 20 anos, observou a trajetória dos planetas no céu. Ele foi capaz de aumentar em muito a precisão dos dados observacionais da época, obtidos por Ptolomeu, que, durante muitos séculos, se mantiveram como os dados mais precisos. Ao desenvolver uma série de instrumentos de medida, foi capaz de isolar erros sistemáticos nas medições, assim como a influência de fatores fortuitos, como o vento.

Embora dispusesse de dados muito precisos, Tycho não foi capaz de desenvolver uma apresentação adequada para o movimento dos planetas. Em parte, isso ocorreu pela sua relutância em abandonar a herança aristotélica. Para ele, a Terra não poderia abandonar o centro do Universo, como propunha Copérnico.

A segunda contribuição foi dada por **Johannes Kepler** (1571-1630, Figura 8), que foi recebido como assistente de Tycho e, após sua morte, pôde utilizar as precisas observações por ele realizadas. A grande contribuição de Kepler foi introduzir, depois de muito resistir, as órbitas elípticas para descrever a trajetória dos planetas. Essa mudança permitiu que o sistema heliocêntrico se tornasse simples na explicação do movimento dos planetas. No seu modelo, cada planeta realiza uma única trajetória elíptica em torno do Sol. Os movimentos vistos no céu são uma combinação do movimento dos planetas com o movimento da própria Terra.

Figura 7: Tycho Brahe (1546-1601), astrônomo dinamarquês, desenvolveu seus trabalhos em um observatório na Ilha de Ven, entre a Dinamarca e a Suécia. (Fonte: The Dibner Library Portrait Collection)

Figura 8: Johannes Kepler (1571-1630), astrônomo e matemático. Formulou as três leis fundamentais do movimento planetário, hoje conhecidas como leis de Kepler (ver Capítulo 11), e descobriu que os planetas descrevem órbitas elípticas em torno do Sol. (Fonte: Wikimedia Commons)

Kepler obteve três leis básicas relacionadas ao movimento dos planetas[11] e é considerado um dos primeiros cientistas genuinamente moderno. Para ele, o Universo não deveria ser explicado pela introdução de características divinas, como acreditavam os pensadores

---

[11]Estas leis serão estudadas no Capítulo 11 deste livro.

medievais, mas como uma máquina autossuficiente, deixando isso claro em uma carta a Hewart, de 1605, que dizia:

> Tenho me ocupado muito na investigação das causas físicas. Minha intenção tem sido demonstrar que a máquina celeste tem de se comportar não como um organismo divino, senão como uma obra de relojoaria... [onde] seus movimentos [são causados] por um simples peso.

Observe que o relógio, na época uma invenção recente, é a analogia utilizada por Kepler para combater a visão divina do Universo medieval. O mecanismo interno do relógio explica tudo o que se observa no seu exterior.

Outro cientista que deu contribuições fundamentais para o nascimento da ciência moderna foi **Galileu Galilei** (1564-1642, Figura 9). No campo da mecânica celeste, sua principal contribuição na consolidação das ideias de Copérnico foi mostrar falhas na concepção de mundo aristotélico. Ao tomar conhecimento de um instrumento inventado nos Países Baixos, que servia para aproximar os objetos, Galileu reuniu informações sobre seu funcionamento e construiu seu próprio telescópio com duas lentes. Ao fazer uso do mesmo para observar o céu, Galileu deparou-se com observações inusitadas que contradiziam características e propriedades do universo geocêntrico.

Figura 9: Galileu Galilei (1564-1642) foi físico, matemático e astrônomo. Realizou estudos sistemáticos sobre o movimento acelerado e sobre o princípio da inércia. Foi o primeiro astrônomo a utilizar um telescópio para observar planetas e satélites. (Fonte: Wikimedia Commons)

Ao observar a superfície da Lua, Galileu viu manchas escuras, que atribuiu à existência de montanhas. A existência de montanhas contrariava um dos princípios básicos do Universo aristotélico, pois a Lua deveria ser perfeita e, assim, ter uma superfície perfeitamente lisa. Inclusive, com informações sobre

a posição do Sol, chegou a estimar a altitude das supostas montanhas.

O uso do telescópio revelou também a existência de satélites em Júpiter. Essa observação indicava que poderia haver outros centros no Universo que não a Terra. Ele também observou "fases" no planeta Vênus (Figura 10a), assim como na Lua. Isso só poderia ser admitido, porém, se a Terra estivesse também em movimento (Figura 10b).

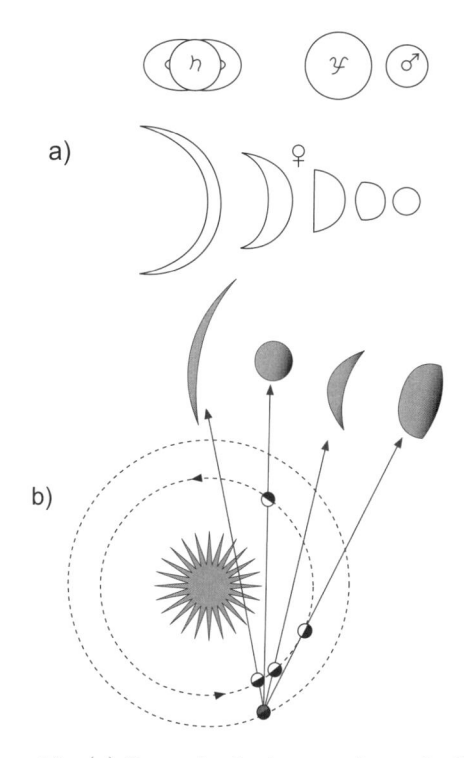

Figura 10: (a) Reprodução de um esboço de Galileu sobre as fases de Vênus e representação do seu movimento. (b) Explicação atual das fases de Vênus. Observe que o tamanho de Vênus varia com a distância da Terra.

As contribuições acima serviram para fortalecer o sistema heliocêntrico proposto por Copérnico. Talvez a contribuição mais importante de Galileu tenha sido a solução perspicaz que ele forneceu para justificar o movimento terrestre. Essa era uma das principais dificuldades no sistema heliocêntrico, pois a observação cotidiana e celeste parecia indicar que a Terra estaria em repouso. Galileu sabia que não dispunha de argumentos que pudessem sustentar o movimento terrestre. Ele não pôde rebater diretamente as previsões aristotélicas, mas foi capaz de mostrar que seria possível a Terra se mover no espaço, ainda que não percebêssemos esse movimento. Isso ocorreria pelo fato de o movimento comum não poder ser percebido. Sua argumentação foi feita em analogia com o que se passaria no interior de um barco que navegasse em águas tranquilas.

Para alguém que estivesse trancado no interior do mesmo, tudo aconteceria de forma idêntica à situação do barco ancorado [12].

O extrato abaixo é parte do texto original de Galileu[13]:

> (...) No maior aposento existente sob a cobertura de um grande navio, fechai-vos com algum amigo e aí fazei haver moscas, mariposas e animaizinhos voadores semelhantes; tomai também um grande vaso com água com peixinhos dentro, adaptai também algum recipiente alto que vá gotejando em outro (...) e, estando parado o navio, observai cuidadosamente que aqueles animaizinhos voadores vão com igual velocidade para todos os lados do cômodo; vereis os peixes vagando indiferentemente para qualquer lado das bordas do vaso; os pingos cadentes entrarão todos no vaso colocado embaixo; e vós, ao jogar uma coisa a vosso amigo, não deveis jogá-la mais fortemente para aquele lado do que para este, quando as distâncias forem iguais (...) Tendo observado bem todas essas coisas, fazei mover o navio com a velocidade que se queira; e (desde que o movimento seja uniforme e não flutuante daqui e dali) vós não reconhecereis a menor mudança em todas as coisas indicadas; nem por qualquer delas, nem por coisa alguma que esteja em vós, podereis assegurar-vos se o navio caminha ou está parado...

5 Gravitação Universal

Os trabalhos de Kepler e Galileu permitiram um avanço considerável no sistema copernicano. Muitos argumentos contrários ao movimento da Terra foram anulados por Galileu, e Kepler resolvera o problema da precisão do sistema heliocêntrico ao introduzir as órbitas elípticas. Todavia, ainda restava uma importante pergunta sem resposta: o que faz os planetas girarem em torno do Sol? Essa questão era complementada por outras do mesmo tipo, como:

- Por que a Lua gira em torno da Terra e não do Sol?

- Por que as "Luas" de Vênus fazem o mesmo em torno de Vênus?

- Por que os corpos na superfície caem em direção ao centro da Terra?

Responder a essas perguntas era, na verdade, completar a revolução iniciada por Copérnico.

A força gravitacional

Muito antes de **Isaac Newton** (1643-1727, Figura 11), alguns pensadores já tinham proposto que seria necessária a existência de um "poder atrativo" no Sol para garantir o movimento dos planetas no seu entorno[14]. Esse poder deveria existir em menor escala também na Terra, para garantir a órbita da Lua. Mas qual seria esse "poder atrativo"?

Figura 11: Isaac Newton (1643-1727), um dos mais brilhantes físicos que a humanidade já conheceu. Foi, também, matemático, filósofo, químico, astrônomo e teólogo. (Fonte: Wikimedia Commons)

Depois de muito refletir e buscar respostas para essa questão, assim como vários outros cientistas de sua época, Newton propôs a existência de uma força agindo à distância entre os corpos. A esta força ele deu o nome de **força gravitacional**[15]. Segundo ele, todos os corpos atraem-se por forças de origem gravitacional. A intensidade dessa força entre dois corpos depende diretamente do produto das massas dos corpos e é inversamente proporcional ao quadrado da distância entre eles. Newton pôde explicar vários outros fenômenos, como a órbita excêntrica dos planetas, a precessão do eixo da Terra, as marés, entre outros,

---

[12]Um estudo detalhado deste aspecto da obra de Galileu pode ser mais bem estudado em R. A. Martins em *Commentariolus – Pequeno comentário de Nicolau Copérnico sobre suas próprias hipóteses acerca dos movimentos celestes – Introdução* (tradução e notas. 2ª ed. São Paulo: Livraria da Física, 2003).

[13]*Opere*, 1843, 100-3, *apud* Martins, 1986, *op. cit.*

[14]Gilbert (1544-1603), ao estudar as propriedades elétricas e magnéticas da matéria, sugeriu que o poder necessário para manter os planetas em órbita poderia ser desta natureza.

[15]A palavra gravitacional tem origem no termo grego *gravis*, cujo significado foi associado à propriedade dos grandes corpos. Força gravitacional pode ser entendida como a força própria dos *graves*.

e generalizou a ação da força gravitacional não apenas para objetos na Terra, mas para corpos celestes, como a atração entre o Sol e a Terra e os demais planetas e satélites. Dessa forma, sua lei ficou conhecida como **Lei da Gravitação Universal**.

Não percebemos, mas estamos sendo atraídos por todos os objetos em nossa volta, como mesas, cadeiras e paredes. Não percebemos isso, pois geralmente a força gravitacional é pequena devido ao baixo valor da constante gravitacional, que aparece na equação da força gravitacional (ver Capítulo 11). Mas, por outro lado, sentimos a atração gravitacional da Terra, pois sua grande massa compensa o pequeno valor dessa constante.

A atração gravitacional atua sempre nos dois corpos, com a mesma intensidade, direção, mas em sentidos opostos. Ainda não se detectou nada capaz de bloquear a ação da gravidade. Ainda que você se tranque em um quarto com piso, teto e paredes de chumbo, será atraído pela Terra. A força gravitacional age mesmo em distâncias muito grandes.

O conceito de força gravitacional permitiu explicar por que os planetas/satélites e outros corpos celestes permanecem em órbita. Esse conceito completou os pré-requisitos necessários para representar o Universo em uma perspectiva não geocêntrica. A força gravitacional foi a primeira das quatro **interações** hoje conhecidas pela Física (além da gravitacional, são conhecidas a **força eletromagnética**, a **força forte** e a **força fraca**)[16]. Durante cerca de 150 anos, a força gravitacional permaneceu como a única interação conhecida na natureza, sendo responsável, nesse período, pela origem de todos os fenômenos conhecidos.

O trabalho de Newton foi publicado no livro *Philosophiae Naturalis Principia Mathematica* (1687), mais conhecido como ***Principia***, considerado por muitos o mais importante livro da história da ciência. Além da lei da gravitação, esse livro descreve as três leis do movimento, conhecidas como as *Leis de Newton*, que são a base da mecânica clássica. Newton também compartilha com Gottfried Leibiniz (ver próxima seção) o mérito do desenvolvimento do cálculo diferencial e integral, entre outras importantes contribuições.

Origem histórica do princípio de conservação da energia

A seção anterior teve como objetivo fornecer elementos sobre a evolução na forma de concepção do Universo, de um início mítico/mitológico até o começo do que passou a ser considerado ciência moderna. O programa newtoniano com os conceitos de forças centrais, ação gravitacional e leis de movimento, além dos conceitos de espaço e tempo, forneceu o cenário para o tratamento de vários fenômenos físicos. O século XVIII iria coroar esse modelo de ciência com o aprofundamento dos estudos sobre a mecânica celeste e a aplicação dessas ideias a outros campos de pesquisas, como a óptica geométrica. A ciência newtoniana espalhou-se pela Europa e por outros continentes.

Nesse cenário, uma contribuição das mais importantes foi a proposição dos ***princípios de conservação***. Entre eles, destaca-se a ideia de que o movimento se conserva. Mesmo antes dos gregos, podem-se encontrar civilizações que se valeram de ideias de conservação para explicar alguns fenômenos. Na ciência propriamente dita, tudo parece ter começado com uma pergunta aparentemente simples: *de onde provém o movimento de um corpo?*

Para **René Descartes** (1596-1650, Figura 12), todo movimento provém do movimento de outro corpo. Quando lançamos uma pedra, responsabilizamos o movimento de nosso braço por isso. Em um jogo de bilhar, o movimento de uma bola gera o movimento das outras. Para ele, o Universo deveria ser pensado como possuindo certa quantidade de movimento que se transfere entre os corpos do Universo, permanecendo, no entanto, constante ao longo dos tempos. Senão, como explicar que a Terra e os demais planetas continuam a se movimentar depois de bilhões de anos?

Figura 12: René Descartes (1596-1650) foi físico, filósofo e matemático. Ficou famoso por ter inventado o **sistema de coordenadas cartesiano** e é considerado por muitos o pai da "matemática moderna". (Fonte: Wikimedia Commons)

Embora inicialmente aceitável, na prática, a ideia de que o movimento se conserva enfrenta alguns problemas. Quando lançamos uma esfera em um piso horizontal, seu movimento vai diminuindo até parar. Para onde foi o movimento original da pedra? Descartes diria que se transferiu para as partículas do ar e do

---

[16]Veja no Capítulo 6 mais detalhes sobre as interações fundamentais.

próprio piso, na forma de movimentos microscópicos, impossíveis de serem vistos pelos olhos.

Com procedimentos desse tipo, Descartes escapava da maioria das situações nas quais o movimento parecia desaparecer. Para ele, a conservação do movimento era um princípio *inviolável*. Pode parecer estranha a crença na conservação do movimento nos dias de hoje. No século XVII, porém, ela era muito popular. O que desafiava os cientistas da época era determinar como esse movimento deveria ser medido.

Dentre as várias maneiras de conceber a medida do movimento, a defendida por **Christiaan Huygens** (1629-1695, Figura 13) e **Gottfried Wilhelm von Leibniz** (1646-1716, Figura 14) é particularmente interessante, pois se relaciona diretamente a uma das formas de **energia** hoje consideradas. Huygens mostrou que a grandeza $m.v$ (produto da massa pela velocidade do objeto) proposta por Descartes não poderia ser usada para quantificar o movimento. Para Huygens, a grandeza $m.v^2$ era uma forma melhor de representar a "força"[17].

Figura 13: Christiaan Huygens (1629-1695) foi matemático, astrônomo e físico. Descobriu os anéis do planeta Saturno e contribuiu também para o estudo da luz. (Fonte: Wikimedia Commons)

Também para Leibniz, o movimento de um corpo deveria ser medido pelo produto de sua massa multiplicado pelo quadrado da velocidade (mv^2). A esta quantidade, ele dava o nome de ***vis viva***. Segundo Leibniz, a *vis viva* não poderia ser destruída nem criada, conservando-se em todo Universo.

Em seus próprios estudos sobre a queda dos corpos, Leibniz estendeu a ideia da conservação da *vis viva*. Suponha que dois corpos de massa m e $4m$ sejam erguidos, respectivamente, às alturas $4h$ e h. Para Leibniz, o esforço do braço que levanta os corpos

confere a cada um deles uma mesma quantidade de *vis viva*. Quando eles são abandonados, o movimento denuncia a *vis viva*. O corpo de maior massa cai de menor altura e atinge menor velocidade, enquanto o corpo de menor massa cai de maior altura e atinge maior velocidade. Se fizermos os cálculos das velocidades atingidas pelos corpos em cada uma das situações, veremos que o produto da massa pela velocidade ao quadrado é o mesmo em ambas.

Figura 14: Gottfried Wilhelm von Leibniz (1646--1716) foi matemático, filósofo e diplomata. Atuou também nos campos da lei, religião, política, história e literatura. Juntamente com Newton, é creditada também a Leibniz a criação do cálculo diferencial e integral. (Fonte: Wikimedia Commons)

No entanto, todas as ideias, mesmo engenhosas, passam por dificuldades. O que ocorre com a *vis viva* no caso de um corpo lançado para cima, perguntaram os críticos? Como a velocidade do corpo no ponto mais alto de sua trajetória é zero, o produto da massa pelo quadrado da velocidade também será. Isto é, a *vis viva* parecia desaparecer nesse caso. Leibniz afirmava que, nesse ponto, a *vis viva* ficava latente, escondida. Isso tanto parecia verdade que, logo em seguida, o corpo voltaria a se movimentar e atingir a velocidade original ao chegar à posição inicial.

O que Leibniz sustentava é que a *vis viva* se conservava em todas as transformações pelas quais passava um corpo em movimento, bastando apenas que procuremos onde ela se encontra.

A *vis viva* pode ser entendida como a antecessora da ideia de energia de movimento ou *cinética*. Exceto pela ausência de um fator $\frac{1}{2}$, a grandeza postulada como a *vis viva* é o que hoje chamamos de **energia cinética** (ver Capítulo 7).

Ao longo dos séculos XVIII e XIX, os cientistas foram inferindo algum tipo de conservação em diversas

---

[17]A palavra "força" empregada por Huygens não tinha o mesmo significado do conceito atual de força, que tem origem nos trabalhos de Newton. Até o século XIX, havia uma mistura entre os conceitos de força, potência e energia.

situações, seja na colisão de esferas, na queima dos corpos, nos processos de transformação química, etc. Foram constatadas a produção de eletricidade a partir do atrito, como nos processos de eletrização; a produção de efeitos magnéticos através de correntes elétricas, como nas experiências de **Hans Christian Ørsted** (1777-1851), em 1820, e a produção de trabalho mecânico através do calor, como nas máquinas a vapor. A formulação do que conhecemos hoje como **princípio de conservação da energia** não foi obra de uma única pessoa nem fruto de trabalhos em uma área determinada da ciência, mas uma conquista do intelecto humano que se estendeu por quase três séculos.

Apesar da contribuição de vários autores, costuma-se atribuir a um trabalho de **Hermann Ferdinand Ludwig Von Helmholtz** (1821-1894), de 1847, a formulação explícita desse princípio[18]. Em uma das várias palestras que ele proferiu para divulgar e debater suas ideias, enunciou o princípio de conservação de energia da seguinte forma:

> Chegamos à conclusão de que a natureza como um todo possui uma reserva de força que não pode, de qualquer modo, aumentar ou diminuir e que, portanto, a quantidade de força na natureza é precisamente tão eterna e inalterável como quantidade de matéria. Expressa nesta forma mencionei a lei geral: O Princípio de Conservação da Força.

A linguagem científica ainda não era uniformizada (normatizada), e o termo *energia*, introduzido por **Thomas Young** (1773-1829) em 1807, só se tornaria consensual no final do século XIX. Helmholtz utilizava a palavra *força* para definir aquilo que hoje conhecemos como energia.

6 Apenas o Início?

O desenvolvimento da Física nos seus mais de 300 anos de existência formal estende-se por diversas outras áreas de estudos, com a contribuição de vários cientistas. A mecânica newtoniana, que permaneceu soberana por mais de dois séculos, foi revista e teve seu alcance limitado pelo eletromagnetismo em meados do século XIX, como resultado dos trabalhos de Faraday, Maxwell, Hertz e Lorentz, entre outros. No início do século XX, tanto a mecânica como o eletromagnetismo foram reestruturados com a proposição da teoria da relatividade e da quântica. Essas duas teorias continuam sendo a base da física atual, embora muitas teorias específicas as tenham completado. Hoje, aceitamos a existência de quatro interações fundamentais. A busca por uma teoria unificada, capaz de interpretar todos os fenômenos físicos, continua sendo um objetivo da física como área de conhecimento. Algumas tentativas tiveram sucesso na unificação de algumas dessas interações fundamentais, mas parece que ainda estamos longe disso[19].

Desde os primórdios da civilização, o homem tem procurado entender os movimentos dos astros e as causas desse movimento. Apresentamos, nesta introdução, os principais progressos que levaram à mecânica newtoniana, que será estudada nesse livro. Entretanto, essa teoria, apesar de seu grande sucesso e de suas aplicações, não é a última palavra no conhecimento de movimentos dos astros. A teoria da relatividade altera significativamente a mecânica newtoniana quando se trata de objetos em velocidades muito altas, comparáveis à velocidade da luz.

Em 1929, **Edwin Hubble** (1889-1953) propôs que o Universo está em expansão, fornecendo informações que deram origem à teoria do *big-bang*. Por outro lado, recentemente (1998) foi descoberto que o Universo está em expansão *acelerada*, um comportamento completamente diferente do esperado. Até o momento, não existe nenhuma explicação aceitável para esse fenômeno. O próprio movimento das estrelas em torno de nossa galáxia (a **Via Láctea**) não pode ser explicado sem considerarmos a existência de uma quantidade de massa que ainda não foi encontrada, a chamada **matéria escura**. Esse tipo de matéria misteriosa não emite luz nem qualquer outra radiação, mas representa cerca de cinco vezes a matéria comum conhecida. Assim, ainda hoje, a compreensão do movimento das galáxias, estrelas e dos demais corpos celestes é um assunto atual de investigação.

Referências

1. Kuhm T. A revolução copernicana: a astronomia planetária no desenvolvimento do pensamento Ocidental. Lisboa: Edições 70, 1990.

2. Mason S.F. A history of the sciences. Nova York: Collier Books, Macmillan Publishing Company, 1962.

3. Locqueneux R. História da Física. Portugal: Publicações Europa-América, 1989.

4. Holton G., Roller D.H.D, Roller D. Fundamentos

---

[18]Mayer e a conservação da energia (Cadernos de História e Filosofia da Ciência, 1984;(6):63-95, de R. A. Martins) é um trabalho interessante e particularmente esclarecedor sobre as origens do princípio de conservação da energia.

[19]Atualmente, algumas versões de "teorias de cordas" foram capazes de realizar unificações entre algumas forças. O principal problema parece ser a dificuldade em se lidar com sistemas formais com muitas dimensões.

de la Física Moderna. Barcelona: Reverté S.A., 1963.

5. Projecto Física (Harvard project). Lisboa: Fundação Calouste Gulbenkian, 1980.

Capítulo 1

Medição e Erro

Francisco das Chagas Marques

1.1 Introdução

Os fenômenos que observamos na natureza são estudados por diversas áreas de investigação científica, utilizando diferentes ferramentas. A Biologia estuda os seres vivos e as leis que regem a manifestação da vida, enquanto a Química estuda a estrutura de substâncias e as transformações que ocorrem entre elas. A Física, por sua vez, estuda fenômenos naturais básicos e expressa estes fenômenos sob a forma de leis físicas, envolvendo grandezas como força, energia e campo magnético. A magnitude dessas grandezas é expressa por um número e sua identificação é chamada de **unidade**. Por exemplo, podemos falar de uma força de $10\,\mathrm{N}$ ou uma massa de $5\,\mathrm{kg}$.

O fato de podermos utilizar números para entendermos os fenômenos manifestados pela natureza é realmente intrigante. Talvez, hoje, o impacto que essa observação nos causa seja reduzido pelo uso comum de números e equações em várias áreas da ciência e do nosso cotidiano. Entretanto, no passado, essa situação era completamente diferente. A vida de Pitágoras de Samos (582-500 a.C.), por exemplo, foi muito influenciada por algumas de suas observações relacionadas às notas obtidas com cordas de instrumentos musicais. Ele observou que, ao dividir uma corda ao meio, o som gerado tinha uma harmonia com o som emitido pela corda inteira, o mesmo acontecendo se a corda fosse tocada em 2/3 do comprimento, além de outras relações. Com essas observações, Pitágoras propôs relações matemáticas simples entre os sons harmoniosos e concluiu que existia uma conexão entre os números e a natureza e que existia harmonia na natureza, chegando a imaginar que era comandada por números.

A representação de grandezas físicas por meio de números é fundamental para entendermos os fenômenos observados na natureza. **Lorde Kelvin** (1824-1907), um dos fundadores da termodinâmica, costumava dizer que, quando podemos medir alguma grandeza e a expressamos por meio de um número, temos algum conhecimento sobre ela; porém, se não a expressarmos com números, nosso conhecimento é limitado e insatisfatório. De fato, um dos primeiros passos para o estudo de qualquer fenômeno científico é quantificá-lo. Uma informação do tipo "a gravidade de Marte é menor que a da Terra", embora esteja correta, não pode ser utilizada para fazer projetos, por exemplo, de qual potência é necessária para que um artefato possa escapar da atração gravitacional de Marte. A informação sobre a gravidade de Marte ou de qualquer outra grandeza física é incompleta se não for possível expressá-la por uma informação quantitativa, a qual nos permite fazer cálculos e previsões utilizando as leis da física.

Neste capítulo, vamos tratar da apresentação dos sistemas de unidades, de grandezas físicas e das incertezas nas medições experimentais dessas grandezas.

1.2 Sistema Internacional de Unidades – SI

Uma **grandeza física** é expressa pelo produto de um valor numérico por uma unidade:

$$\text{grandeza física} = \text{valor numérico} \times \text{unidade}$$

Assim, se representarmos uma determinada grandeza física por g, podemos escrever a seguinte relação:

$$g = \{g\}.[g]$$

em que $\{g\}$ é o valor numérico de g e $[g]$ é a sua unidade. Por exemplo, $E = 150\,\text{J}$ e $F = 15\,\text{N}$, para as grandezas energia e força, respectivamente.

O nome de uma grandeza e seu símbolo não podem identificar a unidade utilizada. Assim, ao adotarmos o símbolo E para representar a energia, podemos utilizá-lo em qualquer unidade, como Joule, erg ou caloria. Quando grandezas físicas são combinadas por multiplicação ou divisão, aplicamos as mesmas regras da aritmética tanto para os valores numéricos como para as próprias unidades. Ao realizarmos uma divisão entre grandezas com a mesma unidade, o resultado é uma grandeza física sem unidade (ou uma unidade simbolizada pelo número 1). Nesse caso, a grandeza física é expressa por um número apenas. Por exemplo, o índice de refração n, que é uma razão entre a velocidade da luz no vácuo e a velocidade da luz no meio considerado, pode ser completamente identificado com um número, como $n = 1,5$ (para alguns tipos de vidro). Nesse caso, dizemos que se trata de uma **grandeza adimensional**.

O **argumento** de várias funções trigonométricas, exponenciais e logaritmos são também adimensionais. Assim, nas expressões $\operatorname{sen}\theta$, e^x e $\log C$, os argumentos, θ, x e C são adimensionais.

Para a representação das grandezas físicas, são necessárias apenas sete unidades, que são consideradas **grandezas fundamentais**: comprimento, massa, tempo, temperatura, corrente elétrica, quantidade de substância e intensidade luminosa (Tabela 1.1). Este conjunto de grandezas chama-se **Sistema Internacional de Unidades**, que é abreviado por **SI**, do termo em francês *Système International*, adotado a partir da Conferência Geral de Pesos e Medidas (CGPM), em 1960. No Brasil, o órgão que trata de padrões de medidas é o Inmetro (Instituto Nacional de Metrologia), sediado em Xerém, no Estado do Rio de Janeiro. A regulamentação dessas unidades é realizada pelo Bureau Internacional de Pesos e Medidas, que fica próximo a Paris e foi fundado em 1875.

Utilizando as sete unidades mencionadas, podemos expressar todas as outras **grandezas secundárias**, como a densidade de matéria, a velocidade de um objeto, a intensidade do campo magnético, entre outras. Isso é possível porque as grandezas não são completamente independentes. Por exemplo, a velocidade é uma razão entre comprimento e tempo, de forma que não é necessário criarmos mais uma grandeza para representar a velocidade. A Tabela A3, do Apêndice A, mostra as unidades de algumas grandezas secundárias em função de grandezas fundamentais. Uma descrição mais detalhada do SI, das grandezas secundárias e de outras normas adotadas ou recomendadas pelas CGPM pode ser encontrada na referência 1.

Tabela 1.1: Sistema Internacional de Unidades – SI

Grandeza	Unidade	Símbolo
Comprimento	metro	m
Massa	quilograma	kg
Tempo	segundo	s
Temperatura	Kelvin	K
Corrente elétrica	Ampère	A
Quantidade de matéria	mol	mol
Intensidade luminosa	candela	cd

O leitor pode ficar intrigado com a escolha das grandezas do SI. De fato, essa escolha é um tanto arbitrária. Elas poderiam ser outras e não as apresentadas na Tabela 1.1. Por exemplo, poderíamos usar velocidade como uma grandeza fundamental no lugar do comprimento. Assim, o comprimento seria dado em unidades de velocidade multiplicado pelo tempo. Entretanto, é importante que a definição de uma grandeza permita a adoção de padrões adequados, práticos e acessíveis e seja aceita pela comunidade científica internacional.

Apesar da aceitação do SI em todo o mundo, existem outros sistemas de unidades também utilizados. Entre eles, os mais comuns são o **sistema CGS** (centímetro-grama-segundo) e o **sistema inglês**, adotado em alguns países de língua inglesa, no qual a libra-força é utilizada como grandeza fundamental no lugar da massa, o pé como unidade de comprimento e o segundo como unidade de tempo. Um dos inconvenientes do sistema inglês é que os múltiplos não são potências de 10, como no SI e no CGS. Por exemplo, o pé é igual a 1/3 da jarda ou igual a 12 polegadas. As relações entre as unidades do sistema inglês e o sistema internacional podem ser vistas no Apêndice C.

Apesar de o sistema inglês ser bastante utilizado nos países de língua inglesa, há uma tendência para a adoção do SI em todos os países do mundo, particularmente em assuntos científicos. A maior dificuldade para essa mudança reside no fato de que modificações na cultura de um povo são processos que requerem algumas gerações. Assim, apesar de praticamente todos os textos científicos adotarem o SI, as pessoas não envolvidas em atividades científicas ainda utilizam os sistemas que herdaram de seus antepassados e resistem à adoção de novos sistemas.

1.3 Padrões de Unidades do SI

As grandezas físicas necessárias para a descrição do movimento de objetos estudadas neste livro podem ser representadas com apenas três grandezas fundamentais: comprimento, massa e tempo. As demais grandezas serão apresentadas oportunamente ao longo dos outros três volumes dessa série. A Tabela A1, do Apêndice A, apresenta um resumo das definições das sete grandezas fundamentais do SI.

Comprimento

A unidade de comprimento no SI é o **metro** (m). No passado, vários padrões foram adotados para sua definição. Originalmente, o metro foi definido como sendo $1/10\,000\,000$ da distância entre o Polo Norte e o Equador. Com o passar do tempo, melhores definições foram adotadas, em razão do grau de precisão necessário para a determinação de várias grandezas físicas. Hoje, o metro é definido da seguinte maneira:

> **Metro**: distância percorrida pela luz no vácuo durante um intervalo de $1/299\,792\,458$ segundos (17ª CGPM, 1983).

Com essa definição, a velocidade da luz passou a ter um valor exato, ou seja, não requer que seja medida com "melhor precisão", sendo exatamente:

$$c(\text{velocidade da luz}) = 299\,792\,458\,\text{m/s}$$

Por muito tempo, o metro-padrão era definido por uma barra de platina iridiada, que ainda é mantida no Bureau Internacional de Pesos e Medidas. Padrões secundários eram feitos por comparação para uso em engenharia e outras aplicações. Entretanto, considerando a nova definição de metro, várias técnicas têm sido utilizadas como padrão. Por exemplo, o metro-padrão adotado para comparação pode ser utilizado como um determinado número de comprimento de onda da radiação emitida por um átomo, obedecendo a definição dada acima. Essa definição torna o metro-padrão um dos padrões mais acessíveis, uma vez que as propriedades dos átomos são universais.

A Figura 1.1 mostra o sistema utilizado no Inmetro para a definição do metro-padrão, o interferômetro de Michelson, que possui um espectrômetro com lâmpada de césio para determinar o número de comprimentos de onda.

Para representar distâncias entre estrelas e galáxias, é muito comum o uso de algumas unidades especiais para evitar o uso de unidades pequenas, como o metro. A mais utilizada é o **ano-luz**, que corresponde à distância percorrida pela luz em 1 ano ou, aproximadamente, a $9{,}461 \times 10^{15}$ m. Entretanto, outras unidades são utilizadas, como a **unidade astronômica**

(UA), que corresponde à distância média entre o Sol e a Terra (raio médio da órbita da Terra), equivalente a $1{,}496 \times 10^{11}$ m. Outra unidade também utilizada em astronomia é o **parsec** (ou *pc*), abreviação da frase em inglês *parallax second*, que corresponde à distância para a qual uma unidade astronômica subtende um ângulo de 1 segundo.

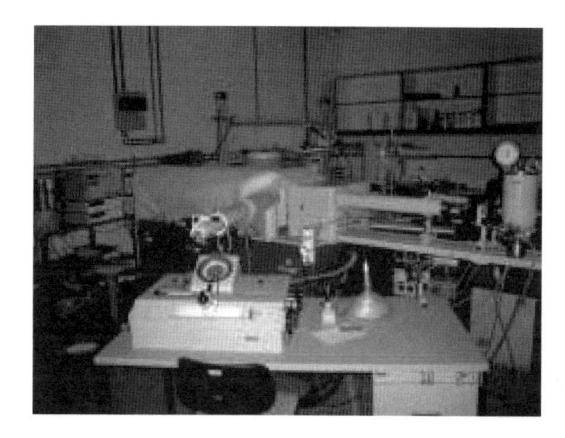

Figura 1.1: Interferômetro de Michelson com lâmpada de césio, utilizado para definir o padrão de metro. (Fonte: Inmetro)

A Figura 1.2 ilustra a definição do parsec e da UA.

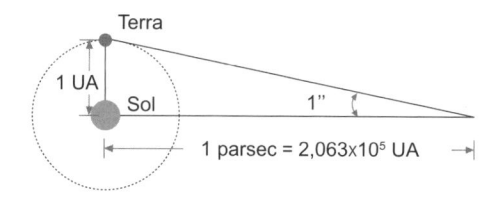

Figura 1.2: Diagrama esquemático para a definição da UA e do parsec. (Obs.: a figura não está em escala.)

Massa

A unidade de massa no SI é o **quilograma** (kg), definido como:

> **Quilograma**: massa equivalente à de um protótipo composto de um cilindro de platina-irídio guardado no Bureau Internacional de Pesos e Medidas (3ª CGPM, 1901).

Uma cópia do quilograma-padrão encontra-se no Inmetro (Figura 1.3).

Existe um segundo padrão de massa que, apesar de não fazer parte do SI, tem sido utilizado para representação de massa em escala atômica. Trata-se da massa do carbono-12, ^{12}C, cuja massa foi definida como sendo exatamente $12\,\text{u}$ (12 **unidades de massa atômica**, em que $1\,\text{u} = 1{,}661 \times 10^{-27}\,\text{kg}$). Assim, pode-se comparar a massa de todos os outros átomos em função da massa do ^{12}C.

Figura 1.3: Cópia do quilograma-padrão protegido por três campânulas de vidro. (Fonte: Inmetro)

Tempo

A unidade de tempo no SI é o **segundo** (s), definido como:

Segundo: tempo equivalente a 9 192 631 770 períodos da radiação emitida pelo isótopo do átomo de césio 133, correspondente à transição eletrônica entre dois níveis hiperfinos de seu estado fundamental (13ª CGPM, 1967).

Assim como o metro, a unidade de tempo também tem sido alterada ao longo dos anos. Com a definição acima, atualmente são utilizados relógios atômicos para medição do tempo, utilizando-se as vibrações periódicas do átomo de césio 133. O uso desse relógio atômico permite uma precisão de 1 parte em 10^{12}. O padrão de tempo no Brasil é controlado pelo Observatório Nacional (Rio de Janeiro), utilizando um relógio de césio (Figura 1.4).

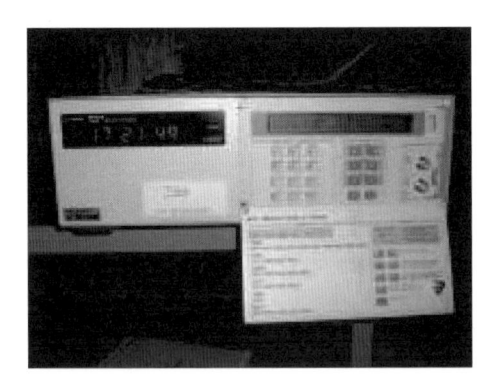

Figura 1.4: Relógio atômico utilizado para medições precisas de tempo. (Fonte: Observatório Nacional – Rio de Janeiro)

1.4 Notação Científica e Conversão entre Unidades

Frequentemente precisamos descrever grandezas que são muito grandes ou muito pequenas,

como a massa de uma estrela ou a massa de uma partícula atômica. Por exemplo, a massa do Sol é de cerca de 1 990 000 000 000 000 000 000 000 000 000 kg e a de um elétron é de aproximadamente 0,000 000 000 000 000 000 000 000 000 000 911 kg. Para representarmos estes e outros números de maneira mais simplificada, adota-se uma **notação científica**, que utiliza potências de 10. Assim, a massa do Sol é escrita como $1,99 \times 10^{30}$ kg e a do elétron, como $9,11 \times 10^{-31}$ kg. Essa notação, além de simplificar enormemente a representação de números grandes e pequenos, permite fazer comparações imediatas com outros valores, verificando apenas sua **ordem de grandeza**, 10^n, que, no caso acima, é de 10^{30} para a massa do Sol e de 10^{-31} para a massa do elétron. Verificando apenas a ordem de grandeza, sem nos atermos ao valor exato de cada um deles, podemos ter uma ideia de quão diferentes eles são. Normalmente, quando realizamos uma comparação utilizando ordem de grandeza, a estimativa tem um erro aproximado de um fator 10.

Todos os múltiplos e submúltiplos utilizados no SI são diferenciados por potências de 10, que é uma das características que torna esse sistema muito prático quando tratamos de transformações entre unidades. Algumas dessas potências de 10 recebem nomes especiais com a adoção de um prefixo (Tabela 1.2).

Tabela 1.2: Prefixo das potências de 10

Potência	Símbolo	Prefixo
10^{-18}	a	atto
10^{-15}	f	fento
10^{-12}	p	pico
10^{-9}	n	nano
10^{-6}	μ	micro
10^{-3}	m	mili
10^{-2}	c	centi
10^{-1}	d	deci
$10^0 = 1$	–	–
10^1	da	deca
10^2	h	hecto
10^3	k	quilo
10^6	M	mega
10^9	G	giga
10^{12}	T	tera
10^{15}	P	peta
10^{18}	E	exa

Os prefixos para potências com expoentes positivos vêm do grego, enquanto os prefixos para as potências negativas vêm do latim. O Angstrom, $\text{Å} = 10^{-10}$ m, é também uma unidade muito utilizada.

Em razão do uso de diferentes unidades, é comum a necessidade de realizarmos transformações entre elas. Por exemplo, as unidades do sistema inglês são frações ou múltiplos não inteiros das unidades do SI. A polegada corresponde a 2,54 cm e o centímetro, a $1/2,54$ da polegada. Assim, para realizarmos transformações entre essas unidades, podemos simplesmente substituir a unidade "in" (do sistema inglês) pelo **fator de conversão** igual a 2,54 cm ou, vice-versa, substituir a unidade "cm" por $1/2,54$ in, ou seja:

$$5\,\text{in} = 5 \times (2,54\,\text{cm}) = 12,7\,\text{cm}$$

ou

$$12,7\,\text{cm} = 12,7 \times (1/2,54\,\text{in}) = 5\,\text{in}$$

1.5 Análise Dimensional

Em física, o termo "dimensão" caracteriza uma propriedade física, como comprimento, massa, velocidade, etc. Podemos expressar o comprimento em metros, anos-luz ou parsec, mas a propriedade física é sempre a mesma, o comprimento. Nesse caso, a unidade atribuída a esta grandeza tem a dimensão de comprimento.

Frequentemente é útil verificar se a dimensão de uma equação está correta. Por exemplo, a distância x percorrida por um objeto em movimento partindo da posição inicial x_0, com velocidade v_0, sujeito a uma aceleração constante a, é dada em função do tempo t pela Equação (ver Capítulo 3):

$$x = x_0 + v_0 t + \frac{1}{2} a t^2 \qquad (1.1)$$

No SI, os dois lados dessa equação devem ser expressos pela mesma unidade, o metro. Assim, as unidades de cada termo, x_0, $v_0 t$ e $a t^2$, também devem ter unidade de metro; caso contrário, a igualdade da equação acima não faria sentido. De fato, x_0 tem unidade de metro, mas v_0 tem unidade de m/s, que fica com unidade de metro após ser multiplicado pelo tempo. A aceleração tem unidade de m/s^2, multiplicada pelo tempo ao quadrado, ficará também em metros. Assim, verificamos que a equação é consistente do ponto de vista de uma **análise dimensional**.

Para fazermos uma análise dimensional de uma equação, evitamos o uso da unidade específica, seus múltiplos e submúltiplos. Assim, normalmente, o procedimento é atribuir uma notação mais genérica, apenas para verificar se, dimensionalmente, a expressão está correta. Geralmente, as grandezas físicas fundamentais são expressas como: comprimento (L), massa (M), tempo (T), temperatura (θ), corrente elétrica (A), quantidade de matéria (mol) e intensidade luminosa (I).

A análise dimensional da Equação (1.1) pode, então, ser realizada para cada termo da expressão.

Utilizam-se colchetes para indicar que se trata de uma equação dimensional. Assim,

$$[x] = L \quad \text{e} \quad [x_0] = L$$

ou seja, os dois primeiros termos da Equação (1.1) têm dimensão de comprimento.

A velocidade, definida como $\frac{\Delta x}{\Delta t}$, tem dimensão $\frac{L}{T}$ e a aceleração, definida como $\frac{\Delta v}{\Delta t}$, tem dimensão $\frac{L}{T} \times \frac{1}{T} = \frac{L}{T^2}$. Assim, os outros dois termos da Equação (1.1) têm dimensão:

$$[v_0 t] = [v_0]\,[t] = \frac{L}{T} T = L$$

e

$$[a t^2] = [a]\,[t^2] = \frac{L}{T^2} T^2 = L$$

Logo, todos os termos da Equação (1.1) têm a mesma dimensão de comprimento (L) e, portanto, sua soma também terá dimensão de comprimento, mostrando que ela está dimensionalmente correta.

Exemplo 1.1

Determine o valor de n na equação $E = m c^n$ (onde E é a energia, m a massa e c a velocidade da luz) para que essa expressão fique dimensionalmente correta.

Solução: consultando o Apêndice A, podemos identificar as unidades das grandezas acima em função de grandezas do SI. Assim, embora a energia seja fornecida em joules, no SI, essa unidade pode ser representada em função de grandezas fundamentais como kg m^2/s^2 (problema 1.18) e c, como m/s. Assim, utilizando a notação acima, podemos escrever:

$$[E] = \frac{M L^2}{L^2} = [m c^n] = [m]\,[c^n]$$
$$= M \left(\frac{L}{T}\right)^n = M \frac{L^n}{T^n}$$

Para que a igualdade seja satisfeita, n deve ser igual a 2, que é o único valor possível para que essa equação fique dimensionalmente correta. Assim, a equação ficará $E = m c^2$, que é a famosa equação de Einstein para a relação massa-energia, que será apresentada mais formalmente no volume 4 dessa série. Evidentemente, a verificação da dimensionalidade da equação acima poderia ser feita, de maneira informal, em função das próprias unidades (sem o uso da nomenclatura adotada acima), o que, na prática, é o que se faz quando se tem todas as grandezas em função das unidades básicas do SI, por exemplo.

1.6 Erros e Algarismos Significativos

Nas próximas seções, serão apresentados, de maneira sucinta e sem rigor, os fundamentos básicos da teoria de erros em medições experimentais. Para uma apresentação mais rigorosa e completa, o leitor pode consultar livros especializados [2-4]. O assunto abordado a partir dessa seção pode ser praticado pelo estudante com os dados coletados na realização de experimentos, sugeridos em cada capítulo desse livro e que podem ser realizados em laboratórios didáticos.

O resultado de uma medida experimental representa um valor que está tão próximo do verdadeiro valor quanto melhor for realizada a medida e mais confiável for o aparelho utilizado. Qualquer medida experimental, por mais cuidadosa que seja, não importando a qualidade dos equipamentos, terá sempre um **erro** associado. A palavra "erro" não significa que a medida foi realizada de forma errada, mas refere-se à incerteza que temos ao realizar qualquer medida.

Para obtermos medidas com erro pequeno, devemos adotar equipamentos adequados. Se quisermos medir as dimensões de um fio, podemos utilizar diferentes medidores, como uma régua comum ou um paquímetro. Suponhamos que o diâmetro de um determinado fio seja exatamente 2,485 5 mm. Qualquer que seja o aparelho utilizado para essa medição, vamos encontrar um valor que, na prática, não é exatamente este, mas que pode garantir que o resultado obtido está correto dentro de certo intervalo, que denominamos de **incerteza**. Erro e incerteza têm significados diferentes. Não podemos determinar o verdadeiro erro de uma medida, mas podemos fazer uma estimativa dele, o que chamamos de incerteza. Esses dois termos, apesar de terem significados diferentes, são geralmente usados como sinônimos.

Uma régua comum é geralmente graduada com intervalos de 1 mm e, nesse caso, dizemos que o erro é de $\pm 0,5$ mm (metade da menor divisão). Assim, a medida não pode ser fornecida com uma precisão melhor que $\pm 0,5$ mm, ou seja, no caso da medida do diâmetro do fio mencionado acima, o resultado não pode ter mais que uma casa decimal. Se obtivermos uma leitura do valor de 2,5 mm, podemos expressá-lo como:

$$(2,5 \pm 0,5)\,\text{mm}$$

Qualquer que seja a pessoa a realizar a medição, muito provavelmente vai obter um resultado dentro desse intervalo. No caso acima, dizemos que esse número tem dois **algarismos significativos** (ou **dígitos significativos**). Apesar de dizermos que o número acima tem dois algarismos significativos, sempre que apresentamos um valor obtido experimentalmente, o último algarismo tem uma incerteza.

É possível obtermos um valor mais preciso da medida acima, ou seja, com mais algarismos significativos, utilizando ferramentas mais adequadas. Quando usamos um paquímetro, aparelho mais apropriado para essa medição, podemos medir com um erro de

$\pm 0,05$ mm, e a medição do diâmetro do mesmo fio citado anteriormente poderia resultar em, por exemplo:

$$(2,47 \pm 0,05)\,\text{mm}$$

que, nesse caso, possui três algarismos significativos. A incerteza agora está na segunda casa decimal. As duas medições realizadas com a régua e o paquímetro estão corretas, dentro do erro fornecido pelo fabricante. Assim, os algarismos significativos incluem todos os algarismos corretos e mais um duvidoso. Os zeros antes do primeiro algarismo que compõe um número não constituem algarismos significativos. Com isso, o número de dígitos significativos não depende da escala que está sendo usada.

Quanto mais algarismos significativos houver em um resultado experimental, mais precisa será a medida. A precisão de qualquer medida experimental é determinada pelo aparelho utilizado e pelo erro de leitura humano, não pelo número de dígitos da calculadora utilizada para realizar algumas operações matemáticas. De qualquer forma, é impossível eliminar completamente o erro em qualquer medição experimental.

Na ausência de uma especificação de erro, assume-se que o erro corresponde à metade da unidade do último dígito significativo. Por exemplo, se dissermos que uma bola tem 27 cm de diâmetro, estamos dizendo que o diâmetro dela está entre 26,5 e 27,5 cm, exceto se o erro for especificado.

O número de algarismos significativos deve sempre ser considerado quando desejamos realizar cálculos usando valores com diferentes algarismos significativos. Simplesmente usando o bom senso, sem nenhum cálculo matemático do erro, é possível expressar valores experimentais com o número de dígitos significativos razoavelmente confiáveis. Um procedimento aproximado para soma e subtração e para multiplicação e divisão consiste dos seguintes critérios:

Soma e subtração: o resultado não pode ter dígito significativo além da posição decimal do último dígito significativo presente nos dois números.

Multiplicação e divisão: o número de dígitos significativos é igual ou menor que o número com menos dígitos significativos.

Por exemplo, a subtração $3,56 - 0,3972$ dará como resultado $3,16$, não fazendo sentido identificar os outros algarismos, uma vez que o dígito anterior, que já contém erro, é cerca de uma ordem de grandeza maior que o algarismo seguinte. Ao multiplicarmos $2,4$ por $3,578$, obteremos $8,6$, em que o último dígito foi arredondado para compatibilizar o resultado com o número de dígitos significativos apropriado.

Muitas vezes, o erro não é representado em função da unidade utilizada, mas em termos percentuais. No caso do uso da régua para a medição do diâmetro do fio citado acima, o erro percentual é:

$$e = \frac{\Delta x}{x} 100\% = \frac{0,5}{2,5} 100\% = 20\%,$$

enquanto, para o paquímetro, o erro é de 2%.

Exemplo 1.2

O comprimento l e a largura d de um retângulo foram medidos e obtiveram-se os valores de 20,3 m e 10,6 m, respectivamente, com um erro de 1%. Qual é o valor da área do retângulo?

Solução: com um erro de 1%, o comprimento e a largura serão respectivamente:

$$l = (20,3 \pm 0,2)\text{m}$$

$$d = (10,6 \pm 0,1)\text{m}$$

Á area do retângulo é dada pelo produto do comprimento pela largura ou:

$$
\begin{aligned}
A &= (20,3 \pm 0,2)\text{m} \times (10,6 \pm 0,1)\text{m} \\
&= (20,3.10,6 \pm 20,3.0,1 \pm \\
&\quad \pm 0,2.10,6 \pm 0,2.0,1)\,\text{m}^2 \\
&= (215,18 \pm 2,03 \pm 2,12 \pm 0,02)\,\text{m}^2 \\
&= (215,18 \pm 4,17)\,\text{m}^2 \\
&= (215 \pm 4)\,\text{m}^2
\end{aligned}
$$

Observe que o resultado final, $215\,\text{m}^2$, está representado com três dígitos significativos, pois o erro já está no terceiro dígito, como nos dados iniciais do problema, não fazendo muito sentido acrescentar mais um dígito.

O uso de um único dígito para o valor do erro é geralmente suficiente, uma vez que o segundo dígito já é cerca de um décimo do valor do primeiro dígito. Entretanto, em alguns casos, um dígito a mais pode ser necessário quando o segundo dígito é representativo em relação ao primeiro dígito. Por exemplo, se o erro fosse o valor 15, o segundo dígito (5) seria 50% do valor do primeiro dígito (10). Mas se o erro fosse 55, o segundo dígito (5) seria apenas 10% do valor do primeiro dígito (50).

1.7 Gráficos e Erros

A Figura 1.5 (medidas experimentais da velocidade atingida por um objeto em queda livre em função do tempo) mostra um exemplo de representação de dados experimentais em um gráfico. Para a representação de gráficos, devemos identificar claramente os pontos experimentais, os eixos (quando possível, incluir também a origem dos eixos) e as unidades (preferencialmente do SI) e utilizar uma faixa de escala apropriada, de forma que, dentro do que for razoável, todos os pontos fiquem distribuídos na área reservada ao gráfico. Devem-se utilizar valores igualmente espaçados para as escalas e

que tornem fácil a identificação da magnitude dos dados. Quando for conveniente, apresenta-se também a curva teórica da equação relativa ao parâmetro representado.

Quando representamos dados experimentais em gráficos, é comum colocarmos também o erro referente à medida. Isso é feito por meio do uso de uma barra, denominada **barra de erros**, como ilustra a Figura 1.5. O tamanho da barra de erro é igual ao erro da medida. No exemplo mostrado, o dispositivo utilizado fornece um erro de $\pm 10\%$. Assim, a barra estende-se 10% do valor medido para cima e 10% para baixo. A reta apresentada no gráfico representa a função teórica do fenômeno. Observe que os valores experimentais têm um erro compatível com o comportamento esperado teoricamente (as barras de erros geralmente cruzam a curva teórica). A medida do tempo, realizada com um cronômetro, também tem um erro que, nesse caso, é pequeno e não foi colocado no gráfico. A representação seria semelhante, mas, nesse caso, a barra seria na direção horizontal e cada ponto ficaria representado por duas barras de erro se cruzando.

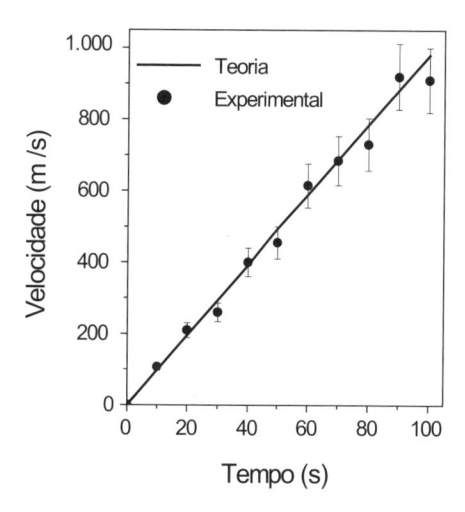

Figura 1.5: Representação de dados experimentais em um gráfico, mostrando seus elementos fundamentais. A reta corresponde à função teórica do fenômeno.

Pode-se verificar que, quando realizamos várias medidas do mesmo evento, encontramos diferentes valores. Por exemplo, se usarmos um cronômetro para medir repetidas vezes o tempo que um objeto leva para cair de certa altura, vamos encontrar vários valores. Tratam-se, geralmente, de **erros aleatórios** (ou **erros estatísticos**) que se devem a várias razões, como o fato de não sermos capazes de colocar o objeto exatamente na mesma posição, de não acionarmos o cronômetro exatamente no instante em que o objeto toca o solo, a flutuações na velocidade do vento e muitas outras possíveis fontes de variações nas medições.

A Figura 1.6a mostra um **histograma**, que é um gráfico utilizando barras para representar o número de vezes em que se obtém um determinado valor (dentro de um certo intervalo) de um determinado conjunto de medidas. Vemos que os valores estão distribuídos em volta do valor mais provável da medida.

Histograma – Regra de Sturges

Na montagem de um histograma, a quantidade de intervalos e sua amplitude dependem do número de elementos do conjunto n e dos valores extremos do conjunto de elementos, x_{max} e x_{min}. Um procedimento empírico, conhecido como **regra de Sturges**, propõe que a quantidade de intervalos seja dada pelo valor inteiro mais próximo de:

$$k = 1 + (\log n) / (\log 2) \approx 1 + 3,3 \log n$$

e a amplitude dos intervalos seja fornecida por um valor próximo do valor obtido pela razão:

$$A = \frac{x_{max} - x_{min}}{k}$$

Inicia-se o histograma com o valor mínimo x_{min} (ou um valor mais adequado próximo e preferencialmente incluindo x_{min}). Outro procedimento empírico também utilizado consiste em adotar $k = \sqrt{n}$. Essas regras servem apenas como guias e podem ser alteradas dependendo da amostragem.

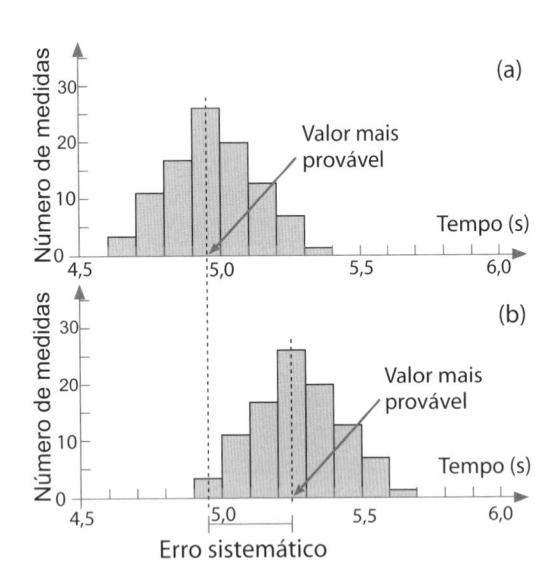

Figura 1.6: (a) Histograma mostrando uma distribuição de erros aleatórios e (b) associado ao erro sistemático, de um conjunto de medidas do tempo de queda de um objeto a uma altura de 100 m.

Devemos diferenciar esse tipo de erro aleatório do **erro sistemático**, que consiste na introdução de um determinado erro todas as vezes que realizamos uma medida. Por exemplo, o cronômetro utilizado acima poderia dar um pequeno salto de três décimos de segundo todas as vezes que é acionado. Sem perceber-

mos o defeito, obteremos medidas deslocadas de três décimos de segundo, em volta das quais teríamos os erros aleatórios. Nesse caso, não importa quão cuidadosos somos na hora de realizar a medição nem quantas medições realizamos, pois sempre teremos esse erro. A Figura 1.6b ilustra o erro sistemático junto com o erro aleatório.

1.8   Média e Desvio-padrão

Consideremos um conjunto de N medidas realizadas em um experimento hipotético:

$$x_1, x_2, x_3, \ldots, x_N$$

Como exemplificado na Figura 1.6, as medições geralmente não fornecem os mesmos valores, de forma que precisamos de um procedimento para representar esse conjunto de medidas por um único valor. Uma boa maneira de representá-los é calcular sua **média** aritmética:

$$\bar{x} = \frac{\sum_{i=1}^{N} x_i}{N} \qquad \textbf{(média)} \qquad (1.2)$$

Assim, adotamos o valor $\bar{x}$ como o melhor valor das medidas obtidas.

Quando um conjunto de medidas tem valores muito afastados em relação à média, dizemos que a **precisão** das medidas é baixa ou que os valores têm alta **dispersão**. Por outro lado, se esses valores ficam mais concentrados em torno da média, ou seja, se os valores apresentam baixa dispersão, dizemos que as medidas têm alta precisão. Uma maneira de quantificar a dispersão dos pontos é determinar o que chamamos de desvio-padrão. Para isso, primeiramente definimos o **desvio** de cada medida em relação à média, como:

$$d_i = x_i - \bar{x} \qquad (1.3)$$

Poderíamos pensar que a média dos desvios seria um bom parâmetro para quantificarmos a dispersão dos dados experimentais. Entretanto, a média dos desvios definida acima tenderá a zero para um grande número de medidas, devido à distribuição simétrica em torno da média, pois d_i tanto poderá ser positivo quanto negativo. Uma maneira melhor seria fazer a média com o módulo dos desvios ($|d_i|$). Entretanto, o uso de módulos traz várias complicações para as manipulações matemáticas.

Uma maneira que se mostrou matematicamente adequada e fisicamente apropriada para representar a dispersão é utilizar a raiz quadrada da média dos desvios ao quadrado, conhecida como **desvio-padrão**:

$$\sigma = \sqrt{\frac{1}{N-1}\sum_{i=1}^{N}d_i^2} = \sqrt{\frac{1}{N-1}\sum_{i=1}^{N}(x_i-\bar{x})^2} \quad (1.4)$$

(desvio-padrão)

Observe que, ao elevar o desvio ao quadrado, todos os valores ficam positivos, simplificando as operações algébricas. O quadrado do desvio-padrão σ^2 é conhecido como **variância**.

Quanto maior o desvio-padrão, mais dispersas estão as medidas em relação ao valor médio e, portanto, menos precisão teremos quando realizamos uma única medição. O desvio-padrão é um valor muito utilizado para representar o erro associado à uma medida, embora existam outras definições. Assim, uma boa representação de uma medida experimental de um parâmetro x (medido uma única vez), conhecendo-se o desvio-padrão σ, é:

$$x \pm \sigma \quad (1.5)$$

(representação de uma medida experimental)

No caso da medida do fio da seção anterior, escrevemos seu diâmetro como $(2{,}47 \pm 0{,}05)$ mm. É comum uma representação na forma compacta, na qual o mesmo valor seria representado como $2{,}47(5)$, em que o termo em parênteses representa a incerteza no último algarismo do valor principal.

1.9 Distribuição de Gauss

Pode-se mostrar matematicamente que um número muito grande de medidas segue a **distribuição de Gauss** (também conhecida como **distribuição normal**), se os erros forem pequenos, aleatórios e completamente independentes, com contribuições positivas e negativas igualmente prováveis. Ou seja, os histogramas da Figura 1.6 assemelham-se a uma **gaussiana** (ou **curva do sino**). Muitas vezes, as condições acima não são satisfeitas e a distribuição obtida deixa de ter o formato de uma gaussiana.

A distribuição de Gauss não é a única distribuição possível para representar os desvios de medidas experimentais. Outra distribuição comum é a **distribuição de Poisson**, que é observada em fenômenos de física atômica e nuclear, como nos processos de decaimento e contagem de partículas, que são processos físicos nos quais as condições mencionadas acima não são satisfeitas.

A distribuição de Gauss é uma função dada por:

$$G(x) = Ce^{-\frac{(x-\bar{x})^2}{2\sigma^2}} \quad (1.6)$$

(distribuição de Gauss ou distribuição normal)

onde σ é o desvio-padrão, $\bar{x}$ é a média e C é uma constante. Se a área sob a curva estiver normalizada para 1, então $C = 1/(\sqrt{2\pi}\sigma)$.

A Figura 1.7 mostra uma gaussiana indicando o valor médio e o desvio-padrão. Pode-se também demonstrar que cerca de 68% dos pontos estão no intervalo entre a média e o desvio-padrão, ou seja, entre $\bar{x} - \sigma$ e $\bar{x} + \sigma$. Portanto, é importante lembrar que, na realização de um grande número de medições, cerca de 32% delas podem estar fora da faixa acima.

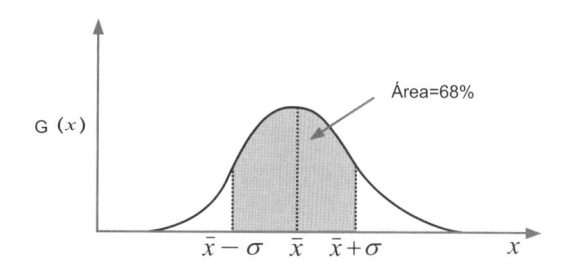

Figura 1.7: Curva de distribuição de Gauss com indicação do valor médio e desvio-padrão.

1.10 Desvio-padrão da Média

Na Figura 1.6, mostrou-se um caso típico de resultados obtidos experimentalmente, no qual se observa que sempre temos um erro associado a qualquer medida realizada. O erro depende, entre outras fontes, do aparelho utilizado, e seu valor é geralmente fornecido pelo fabricante. Isso significa que, ao realizarmos uma medição com um determinado aparelho, obteremos um resultado que contém erros sistemático e aleatório. Mesmo utilizando diferentes aparelhos do mesmo modelo, ainda iremos obter resultados diferentes, pois, na prática, é impossível fabricar aparelhos exatamente iguais.

Se utilizarmos aparelhos com indicações de erros diferentes, as distribuições de valores também serão diferentes. A Figura 1.8 ilustra, usando gaussianas, um conjunto grande de medidas realizadas com dois aparelhos diferentes e com diferentes precisões. Observe que o valor verdadeiro está dentro do erro de cada aparelho, embora cada um tenha fornecido uma média diferente. Por maior que seja a quantidade de medidas realizadas pelos dois aparelhos, as médias serão diferentes em razão do erro sistemático inerente a qualquer aparelho.

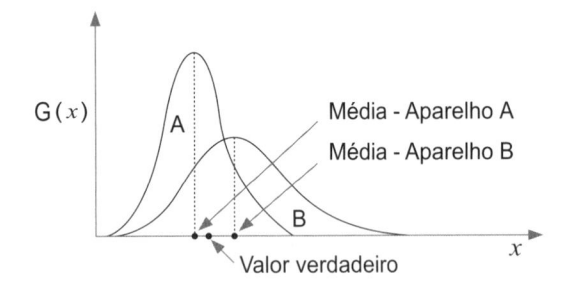

Figura 1.8: Representação, por meio de gaussianas, de dois conjuntos grandes de medidas realizadas com dois aparelhos diferentes, na qual o aparelho A tem melhor precisão que o aparelho B.

A realização de várias medições de um mesmo evento é um procedimento corriqueiro entre os experimentais, pois uma única medição pode ser muito diferente do valor esperado para a média da distribuição. Para melhorarmos a confiabilidade dos resultados obtidos, fazemos várias medições. Esse conjunto limitado de medidas terá uma média, cujo valor é diferente da média obtida com um conjunto muito grande de medidas, que seria igual ao valor verdadeiro (quando não há erro sistemático). Quanto mais medições forem realizadas, mais próxima sua média ficará do valor verdadeiro. Essa proximidade é dada pelo **desvio-padrão da média**, definido por:

$$\sigma_{\bar{x}} = \frac{\sigma}{\sqrt{N}} \quad \textbf{(desvio-padrão da média)} \quad (1.7)$$

Assim, se desejarmos reduzir o erro pela metade, teremos de realizar quatro medições e, se quisermos reduzir a 1/3, teremos de realizar nove medições e assim por diante. Esse procedimento é muito utilizado para se reduzir o ruído (erro aleatório) em medições experimentais (Figura 1.9). Entretanto, devemos estar cientes de que esse procedimento não elimina o erro sistemático, ou seja, por mais que realizemos medições com um determinado aparelho, sua média ainda contém um erro, que é igual ao erro fornecido pelo fabricante. Apesar desse procedimento não eliminar o erro absoluto do parâmetro desejado, é muito útil para fornecer uma comparação mais confiável entre duas medições do mesmo parâmetro em condições diferentes, como entre duas temperaturas diferentes.

Apesar de podermos reduzir significativamente o erro estatístico $\sigma_{\bar{x}}$ (Equação 1.7) por meio de um número muito grande de medidas, o erro total de uma medida experimental ainda depende do erro introduzido pelo instrumento utilizado nas medidas, σ_{inst}. Assim, o erro total é dado por:

$$\sigma_{total} = \sqrt{\sigma_{\bar{x}}^2 + \sigma_{inst}^2} \quad \textbf{(erro total)} \quad (1.8)$$

ou seja, por maior que seja o número de medidas realizadas, não podemos eliminar o erro introduzido pelos aparelhos utilizados. Dessa forma, um valor experimental de uma grandeza x é melhor representado por:

$$x = \bar{x} \pm \sigma_{total} \quad \textbf{(valor experimental)} \quad (1.9)$$

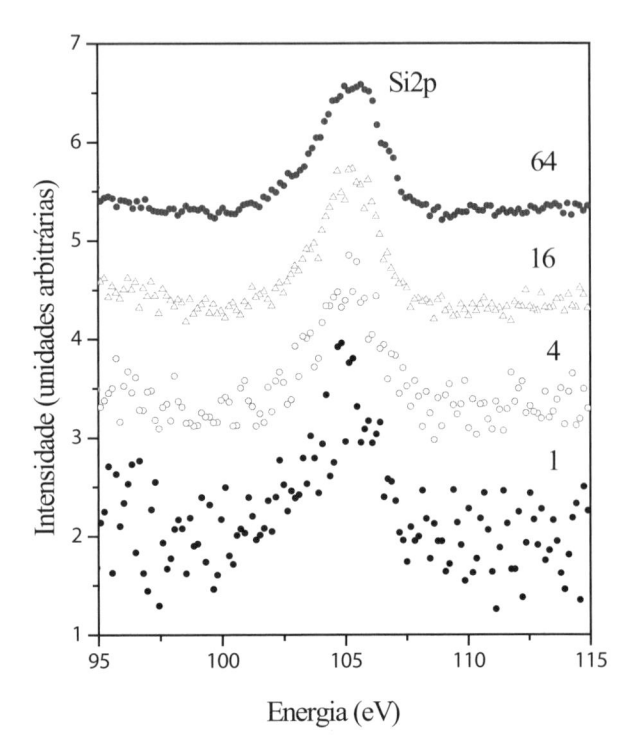

Figura 1.9: Espectroscopia de fotoemissão de raios-X do átomo de silício obtidos pela soma de várias medidas, indicadas na figura (1, 4, 16 e 64). Observe a redução do sinal de ruído em função do número de medidas. (Fonte: Prof. Richard Landers, IFGW/Unicamp)

1.11 Propagação de Erros

Alguns parâmetros físicos são obtidos por meio de cálculos utilizando outros parâmetros. Para a determinação do perímetro de uma circunferência, necessitamos saber o seu raio. Para determinarmos a velocidade, precisamos saber qual é a distância percorrida e o tempo. Experimentalmente, cada uma dessas grandezas tem um erro que vai interferir no cálculo final do parâmetro em questão. Diz-se, então, que há **propagação de erro** dos parâmetros medidos para o parâmetro que se deseja determinar.

O tratamento de propagação de erros não é trivial. Nesta seção, apresentaremos apenas os pontos fundamentais e algumas equações utilizadas, sem suas demonstrações. Para uma apresentação mais ampla e com mais rigor, o leitor deve consultar textos especializados [2-4].

Consideremos, por exemplo, um cilindro de raio r e altura h (Figura 1.10). Seu volume será dado por:

$$V = \pi r^2 h$$

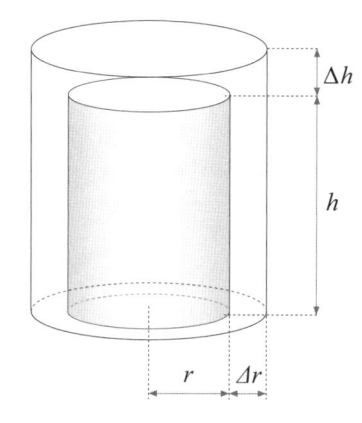

Figura 1.10: Um cilindro com raio r e altura h, com erros Δr e Δh, respectivamente.

Em medições experimentais, haverá um erro tanto no valor do raio como no da altura. Assim, o raio poderá ser diferente por um valor que chamaremos de Δr, ou seja, o raio poderá ser $r \pm \Delta r$ e, semelhantemente, a altura poderá ser $h \pm \Delta h$, de forma que o volume também será alterado para $V \pm \Delta V$. Para determinar o erro no volume, ΔV, calculamos o novo volume acrescentando o erro no raio e na altura (por simplicidade, utilizamos apenas o valor positivo, conforme mostrado na Figura 1.10), ou seja:

$$V + \Delta V = \pi (r + \Delta r)^2 (h + \Delta h)$$

de onde podemos obter:

$$\Delta V = \pi (hr^2 + r^2 \Delta h + 2rh\Delta r + h\Delta r^2$$
$$+ 2r\Delta r\Delta h + \Delta r^2 \Delta h) - V$$

Se os erros Δr e Δh forem muito pequenos quando comparados a r e h, respectivamente, os três últimos termos serão ainda menores, de forma que podemos desprezá-los. Assim, a equação acima pode ser escrita como (sabendo que $\pi hr^2 = V$):

$$\Delta V \cong \pi (r^2 \Delta h + 2rh\Delta r)$$

que nos fornece o valor do erro no volume se soubermos o erro no raio e na altura.

A expressão para o erro acima foi determinada para o volume de um cilindro, mas, para cada função, teremos uma expressão associada ao erro, o que, na prática, torna o cálculo tedioso. Além disso, o valor encontrado acima representa o maior erro possível, pois usamos somente valores positivos para Δh e Δr (ou, igualmente, só valores negativos). Entretanto, na maioria das situações, o erro tem 50% de probabilidade de ser tanto positivo como negativo, podendo ser positivo para um parâmetro e negativo para outro. Felizmente, como veremos a seguir, existem equações mais genéricas que se aplicam em vários casos, como em soma, subtração, multiplicação e divisão.

Seja $f(x, y, z \ldots) = x \pm y \pm z \ldots$ uma combinação qualquer de soma e/ou subtração, entre $x, y, z, \ldots$, com erros (desvio-padrão) σ_x, σ_y, $\sigma_z \ldots$ respectivamente, pode-se demonstrar que, se a distribuição de erros for normal (gaussiana), a expressão para o erro σ_f para soma e/ou subtração será [2]:

$$\sigma_f \approx \sqrt{(\sigma_x)^2 + (\sigma_y)^2 + (\sigma_z)^2 + \ldots} \qquad (1.10)$$

(soma e/ou subtração)

Se $f(x, y, z, \ldots) = x^{\pm 1} y^{\pm 1} z^{\pm 1} \cdots$ (uma combinação qualquer de multiplicação e/ou divisão entre $x, y, z, \ldots$) e se a distribuição de erros for normal, a equação do erro para multiplicação e/ou divisão será:

$$\frac{\sigma_f}{f} = \sqrt{\left(\frac{\sigma_x}{x}\right)^2 + \left(\frac{\sigma_y}{y}\right)^2 + \left(\frac{\sigma_z}{z}\right)^2 + \cdots} \qquad (1.11)$$

(multiplicação e/ou divisão)

Utilizando as Equações 1.10 e 1.11, é possível determinar o erro de outras funções mais complexas e que não envolvam apenas soma, subtração, multiplicação e divisão.

Exemplo 1.3
A determinação de uma resistência elétrica desconhecida, R_x, pode ser obtida utilizando-se uma montagem com três resistências conhecidas, R_1, R_2 e R_3, utilizando um arranjo conhecido como ponte de Wheatstone. Quando a ponte está balanceada, pode-se escrever:

$$R_x = \frac{R_1 R_2}{R_3}$$

Qual é o erro na resistência desconhecida, se o erro das resistências R_1 e R_2 é de 10% e o erro em R_3 é de 1%?

Solução: utilizando a Equação (1.11):

$$\frac{\sigma_{R_x}}{R_x} = \sqrt{\left(\frac{\sigma_{R_1}}{R_1}\right)^2 + \left(\frac{\sigma_{R_2}}{R_2}\right)^2 + \left(\frac{\sigma_{R_3}}{R_3}\right)^2}$$

substituindo o erro em cada termo e rearranjando a equação, teremos:

$$\sigma_{R_x} = R_x\sqrt{(0,1)^2 + (0,1)^2 + (0,01)^2}$$
$$= R_x\sqrt{0,01 + 0,01 + 0,0001}$$
$$\approx 0,14 R_x$$

o que equivale a 14% de erro em R_x. Observe que o erro final é maior do que o erro em qualquer uma das resistências, e que o pequeno erro de 1% em uma das resistências pouco afetou o resultado final.

1.12 Propagação de Erros (Método Diferencial)

Considerando o número de operações existentes, como potências, logaritmos e expressões trigonométricas, a metodologia descrita na seção anterior torna-se pouco prática para o cálculo de erro. Felizmente, se os erros dos parâmetros envolvidos na equação tiverem uma distribuição normal e forem pequenos e independentes, existe uma expressão mais genérica, envolvendo cálculo diferencial, que se aplica a qualquer expressão matemática.[1]

Seja F uma função de diversas variáveis:

$$F = f(x, y, z, \ldots)$$

o erro de F decorrente dos erros de cada uma das variáveis $x, y, z, \ldots$ é dado por:

$$\sigma_F = \sqrt{\left(\frac{\partial F}{\partial x}\right)^2 \sigma_x^2 + \left(\frac{\partial F}{\partial y}\right)^2 \sigma_y^2 + \left(\frac{\partial F}{\partial z}\right)^2 \sigma_z^2 + \cdots} \quad (1.12)$$

onde o desvio-padrão σ representa o erro. A fração do erro é obtida pela razão σ_F/F, da qual podemos calcular o erro percentual multiplicando por 100.

Se F é uma função de apenas uma variável, $F = f(x)$, então podemos determinar o erro de maneira aproximada, como:

$$\sigma_F = \frac{dF}{dx}\sigma_x \quad (1.13)$$

Exemplo 1.4

Um objeto faz um movimento circular, com aceleração centrípeta $a_c = \frac{v^2}{R}$ (ver Capítulo 4), onde v é a velocidade da partícula e R é o raio da circunferência. Um observador realiza medições de v e R e obtém os valores $v = (10 \pm 1)m/s$ e $R = (2,0 \pm 0,2)m$. Determine o erro na aceleração.

Solução: a equação da aceleração acima é função da velocidade e do raio. Portanto, ao calcularmos a aceleração centrípeta a_c, este valor será afetado pelos erros das duas medições, v e R. Utilizando a Equação 1.12, teremos:

$$\sigma_{a_c} = \sqrt{\left(\frac{\partial a_c}{\partial v}\right)^2 \sigma_v^2 + \left(\frac{\partial a_c}{\partial R}\right)^2 \sigma_R^2}$$

realizando as derivações, obtemos:

$$\sigma_{a_c} = \sqrt{\left(\frac{2v}{R}\right)^2 \sigma_v^2 + \left(-\frac{v^2}{R^2}\right)^2 \sigma_R^2}$$
$$= \sqrt{\frac{4v^2}{R^2}\sigma_v^2 + \frac{v^4}{R^4}\sigma_R^2}$$

substituindo os valores fornecidos pelo problema, teremos:

$$\sigma_{a_c} = \sqrt{\frac{4(10\,\mathrm{m/s})^2}{(2\,\mathrm{m})^2}(1\,\mathrm{m/s})^2 + \frac{(10\,\mathrm{m/s})^4}{(2\,\mathrm{m})^4}(0,2\,\mathrm{m})^2}$$
$$= \sqrt{125\,\mathrm{m^2/s^4}} = 11,2\,\mathrm{m/s^2}$$

A fração no erro é igual a:

$$\frac{\sigma_{a_c}}{a_c} = \frac{11,2\,\mathrm{m/s^2}}{50\,\mathrm{m/s^2}} = 0,22$$

ou seja, um erro percentual de 22%. Observe que tanto v como R foram determinados com um erro percentual de 10%.

1.13 Linearização

A verificação da validade de modelos teóricos, geralmente expressa por equações matemáticas, é feita por meio da observação de que os resultados experimentais seguem o modelo proposto. Nesse processo, é comum utilizarmos gráficos para comparar o resultado teórico com o experimental. Entretanto, a simples observação de um gráfico com dados experimentais não nos permite dizer o tipo da função que se aplica a esses dados. Com exceção do gráfico de uma reta, praticamente qualquer outra função pode facilmente ser confundida com uma grande variedade de funções. Por exemplo, alguns trechos de uma equação do terceiro grau podem ser facilmente confundidos com uma parábola.

Assim, considerando que uma reta é facilmente identificada visualmente, é muito comum

---

[1] Esta seção utiliza cálculo diferencial. Assim, sugere-se que o leitor leia esta seção após realizar um curso de cálculo.

manipularmos matematicamente as equações de um modelo teórico, de forma a podermos representá-la graficamente como uma reta e verificarmos se a representação dos dados experimentais segue o modelo. Esse procedimento, conhecido como **linearização** ou **anamorfose**, permite também a realização de cálculos de alguns parâmetros por meio dos coeficientes angular e linear da reta, que podem ser obtidos facilmente a partir do gráfico.

Seja $y = f(x)$ uma função que descreve algum fenômeno. No processo de linearização procuramos um procedimento, como parametrização, derivação, logaritmo, entre outras operações, para transformar essa função em uma equação linear do primeiro grau:

$$Y = A + BX \qquad (1.14)$$

em que Y e X são funções envolvendo y e x, enquanto A e B são constantes, que envolvem outros parâmetros da função $y = f(x)$.

Programas computacionais também são utilizados para se fazer ajustes de equações teóricas utilizando dados experimentais, sendo ferramentas poderosas e largamente utilizadas. Entretanto, a representação gráfica com uma dependência facilmente identificável é frequentemente mais elegante e, algumas vezes, mais confiável.

Mesmo o uso de uma equação linear pode induzir a erros se a faixa de observação for pequena, uma vez que qualquer pequeno trecho da maioria das funções pode ser aproximado por um segmento de reta.

Exemplo 1.5

O período T de oscilação de um sistema massa-mola é dado por $T = 2\pi\sqrt{\dfrac{m}{k}}$, onde m é a massa e k é a constante de mola. A tabela a seguir mostra alguns valores do período, obtidos experimentalmente, para diferentes massas.

Massa (kg)	Período (s)
1,0	2,0
2,0	3,0
3,0	3,5
4,0	4,0
5,0	4,5
6,0	5,0
7,0	5,3
8,0	5,5
9,0	6,0
10,0	6,3

Represente os dados em um gráfico linearizado e obtenha a constante de mola k a partir do gráfico.

Solução: podemos reescrever a equação para o período da seguinte forma:

$$T = \frac{2\pi}{\sqrt{k}}\sqrt{m}$$

Essa equação é semelhante à equação de uma reta do tipo $Y = A + BX$ (Equação 1.14), se fizermos $T = Y$, $\sqrt{m} = X$, $\dfrac{2\pi}{\sqrt{k}} = B$ e $A = 0$. Assim, se fizermos um gráfico de T em função de $\sqrt{m}$, deveremos obter uma reta cujo coeficiente angular é $\dfrac{2\pi}{\sqrt{k}}$. A Figura 1.11 mostra que, de fato, os dados se ajustam bem em uma equação linear. Teoricamente, ela deve passar pela origem, de forma que foi traçada com essa característica. Entretanto, experimentalmente o coeficiente linear seria próximo de zero dentro de uma faixa limitada pelo erro.

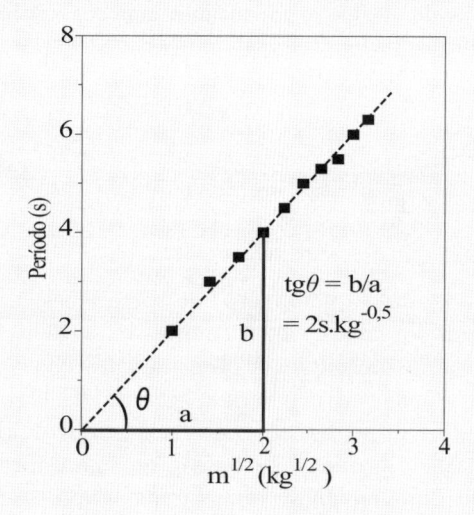

Figura 1.11: Gráfico do período T em função de $\sqrt{m}$.

O coeficiente angular da reta é:

$$\tan\theta = \frac{b}{a} = \frac{4\,\text{s}}{2\,\text{kg}^{1/2}} = 2\,\text{s}\,\text{kg}^{-1/2}$$

A partir do coeficiente angular da reta obtida, podemos encontrar o valor da constante de mola k, ou seja:

$$B = \tan\theta = \frac{2\pi}{\sqrt{k}}$$

do qual obtemos:

$$k = \frac{4\pi^2}{\tan^2\theta} = \frac{4(3,14)^2}{4\,\text{s}^2\,\text{kg}^{-1}} = 9{,}9\,\text{N/m}$$

Exemplo 1.6

Veremos, no Capítulo 11, que a velocidade de escape (velocidade com que um objeto pode escapar da atração gravitacional) é dada pela equação $v_e = \sqrt{\dfrac{2GM}{R}}$, em que G é a constante gravitacional e M e R são a massa e o raio do planeta, respectivamente. Encontre uma maneira de representar essa função em um gráfico linearizado e obtenha o valor da constante gravitacional utilizando os dados do Apêndice A.6.

Solução: uma vez que a velocidade de escape depende de dois parâmetros (M e R), não podemos linearizá-la utilizando apenas um dos parâmetros. Poderíamos representar v_e em função de $\sqrt{\frac{M}{R}}$, que daria uma reta com coeficiente linear igual a zero e coeficiente angular igual a $\sqrt{2G}$. O aluno pode verificar, entretanto, que a razão M/R varia ordens de grandeza, de forma que um gráfico dessa natureza não é muito apropriado para representar os dados experimentais (ver problema 1.50). Para contornar esse problema, uma solução é utilizar um gráfico em escala logarítmica. Assim, a equação acima pode ser modificada utilizando a função logaritmo:

$$\log(v_e) = \log\left(\sqrt{\frac{2GM}{R}}\right)$$
$$= \log(\sqrt{2G}) + \log\left(\sqrt{\frac{M}{R}}\right)$$

ou

$$\log v_e = \frac{1}{2}\log(2G) + \frac{1}{2}\log\left(\frac{M}{R}\right) \qquad (1.15)$$

Se fizermos $Y = \log v_e$, $A = \frac{1}{2}\log(2G)$, $B = \frac{1}{2}$ e $X = \log\left(\frac{M}{R}\right)$, obteremos uma equação semelhante à Equação 1.14,

$$Y = A + BX$$

que é a equação de uma reta, com coeficiente linear $A = \frac{1}{2}\log(2G)$ e coeficiente angular $B = \frac{1}{2}$. A Figura 1.12 mostra o gráfico de $\log v_e \times \log\left(\frac{M}{R}\right)$. Como pode ser observado, os pontos estão alinhados em uma reta.

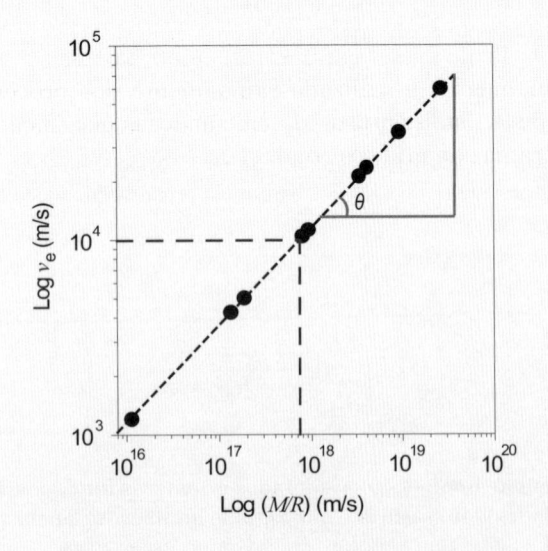

Figura 1.12: Gráfico de $\log v_e \times \log\left(\frac{M}{R}\right)$.

O valor de $\mathrm{tg}\,\theta$ pode ser obtido graficamente. Utilizando o triângulo representado na figura, obteremos o valor $\approx 0,5$ (igual a 1/2), como esperado teoricamente. O coeficiente linear, que é o valor de $\log v_e$ para $\log(M/R) = 0$, ou seja,

M/R igual a 1, está muito longe da faixa de valores utilizados nesse gráfico. Nesse caso, podemos utilizar qualquer valor do gráfico para determinar o coeficiente linear e, a partir dele, encontrar a constante gravitacional G. Para tanto, escolhe-se um ponto que facilite as operações algébricas, como $\log v_e = 4$, que nos fornece $\log(M/R) = 17,8$. Assim, podemos escrever a Equação 1.15, como:

$$4 = 0,5\log(2G) + 0,5 \times 17,8$$

da qual podemos obter, depois de algumas operações algébricas:

$$G = 7,9 \times 10^{-11}\ \mathrm{m}^3/\mathrm{s}^2\,\mathrm{kg}$$

que é um valor próximo da constante gravitacional apresentada no Apêndice A.4, de $6,67 \times 10^{-11}\ \mathrm{m}^3/\mathrm{s}^2\,\mathrm{kg}$ (uma estimativa mais precisa requer a representação gráfica dos pontos com melhor resolução ou a utilização de programas computacionais).

Se o erro no coeficiente linear σ_A fosse conhecido, poderíamos determinar o erro em $G = \frac{1}{2}10^{2A}$ utilizando propagação de erro (Equação 1.12). Como G depende de apenas uma variável, podemos utilizar a Equação 1.13. Assim,

$$\sigma_G = \frac{dG}{dA}\sigma_A = \frac{d}{dA}\left(\frac{1}{2}10^{2A}\right)\sigma_A = A \times 10^{2A-1}\sigma_A$$

1.14   Quadrados Mínimos

Na análise de dados experimentais, é comum procurarmos uma função que melhor se ajuste ao conjunto de dados. Nessa seção, vamos nos limitar ao caso de uma reta, que pode ser obtida por um processo de linearização para muitas funções, como visto na seção anterior. No Exemplo 1.6, a tarefa de encontrar a melhor reta foi simples, uma vez que os pontos estavam muito alinhados. Entretanto, nem sempre esse é o caso, como veremos a seguir.

A Figura 1.13 mostra um gráfico y em função de x de um conjunto de dados experimentais. A questão é: qual é a reta que melhor representa esse conjunto de dados? Para resolver esse problema, utilizamos o método dos quadrados mínimos para uma reta $y = f(x)$, definida como:

$$y = a + bx$$

No método dos quadrados mínimos, procuramos determinar os valores das constantes a e b para que a reta obtida seja a que melhor se ajuste aos dados experimentais. O procedimento é relativamente simples. Supondo que tenhamos N pares de pontos (x, y) e, por simplicidade, considerando que os erros nas medidas de x sejam desprezíveis, consideramos apenas os erros no eixo y. Traçamos no gráfico uma reta qualquer com constantes a e b e, a partir dessa reta, determinamos as diferenças s_i entre os pontos experimentais e seu equivalente na reta sugerida:

$$s_i = y_i - y = y_i - a - bx$$

que, no gráfico, está representada pelo trecho de reta ligando um ponto (x_i, y_i) com a reta sugerida.

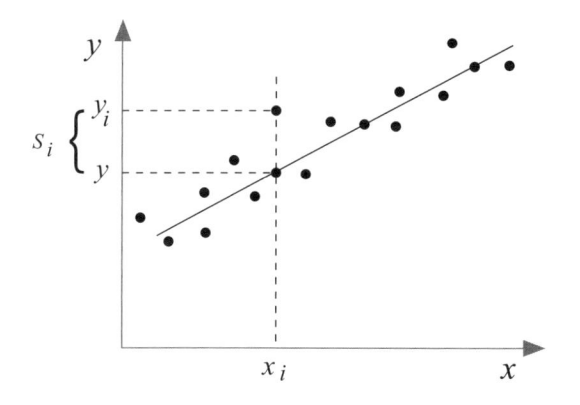

Figura 1.13: Conjunto de pontos para os quais se deseja encontrar uma reta, utilizando o método dos quadrados mínimos.

Os melhores valores de a e b são aqueles para o qual a soma:

$$S = \sum_{i=1}^{N} s_i^2 = \sum_{i=1}^{N} (y_i - a - bx_i)^2$$

tiver o menor valor, daí a origem do nome "método dos quadrados mínimos".

Para obtermos a minimização de S, devemos ter as seguintes condições:

$$\frac{\partial S}{\partial a} = -2\sum_{i=1}^{N} (y_i - a - bx_i) = 0$$

$$\frac{\partial S}{\partial b} = -2\sum_{i=1}^{N} x_i (y_i - a - bx_i) = 0$$

Resolvendo essas equações (ver referências [2-4]), e omitindo os índices nas somatórias, obtemos:

$$a = \bar{y} - b\bar{x} \tag{1.16}$$

$$b = \frac{(\sum y)(\sum x^2) - (\sum yx)(\sum x)}{N(\sum x^2) - (\sum x)^2} \tag{1.17}$$

em que:

$$\bar{x} = \frac{1}{N}\sum x \quad \text{e} \quad \bar{y} = \frac{1}{N}\sum y \tag{1.18}$$

Ou seja, a reta que melhor representa o conjunto de dados passa pela média dos valores de x e de y, como pode ser verificado pela equação. Em outras palavras, a reta passa pelo "centro de gravidade" de todos os pontos.

Se os erros nas medidas de y_i (σ) forem os mesmos para todas as medidas, os erros dos coeficientes linear σ_a e angular σ_b são:

$$\sigma_a^2 = \frac{N\sigma^2}{N(\sum x^2) - (\sum x)^2} \tag{1.19}$$

$$\sigma_b^2 = \frac{(\sum x^2)\sigma^2}{N(\sum x^2) - (\sum x)^2} \tag{1.20}$$

O cálculo desses parâmetros, embora possa ser feito manualmente, é realizado rapidamente por processos computacionais, utilizando calculadoras científicas ou programas de gráficos comerciais.

1.15 RESUMO

1.2 Sistema Internacional de Unidades – SI

Para a representação das grandezas físicas, são necessárias apenas sete unidades, consideradas grandezas fundamentais: comprimento, massa, tempo, temperatura, corrente elétrica, quantidade de substância e intensidade luminosa (Tabela 1.1).

1.3 Padrões de Unidades do SI

Comprimento: a unidade de comprimento no SI é o metro (m), definido como a *distância percorrida pela luz no vácuo durante um intervalo de $1/299\,792\,458$ segundos*.

Massa: a unidade de massa no SI é o quilograma (kg), definido como a *massa equivalente à de um protótipo composto de um cilindro de platina-irídio guardado no Bureau Internacional de Pesos e Medidas*. Existe um segundo padrão de massa, que tem sido utilizado para representação de massa em escala atômica. Trata-se da massa do carbono-12, ^{12}C, cuja massa foi definida como sendo exatamente $12\,u$ ($1\,u = 1{,}661 \times 10^{-27}$ kg).

Tempo: a unidade de tempo no SI é o segundo (s), definido como o *tempo equivalente a* 9 192 631 770 *períodos da radiação emitida pelo isótopo do átomo de césio 133, correspondente à transição eletrônica entre dois níveis hiperfinos de seu estado fundamental.*

1.6 Erros e Algarismos Significativos

Um procedimento aproximado para a representação da soma e/ou subtração e da multiplicação e/ou divisão entre dados experimentais consiste dos seguintes critérios:

Soma e subtração: o resultado não pode ter dígito significativo além da posição decimal do último dígito significativo presente nos dois números.

Multiplicação e divisão: o número de dígitos significativos é igual ou menor que o número com menos dígitos significativos.

1.8 Média e Desvio-padrão

Consideremos um conjunto de N medidas: $x_1, x_2, x_3, \ldots, x_N$. A média aritmética entre esses números é definida por:

$$\bar{x} = \frac{1}{N} \sum_{i=1}^{N} x_i \qquad \text{(média)} \tag{1.2}$$

O desvio de cada medida em relação à média é definido como:

$$d_i = x_i - \bar{x} \qquad \text{(desvio)} \tag{1.3}$$

E o desvio-padrão é definido por:

$$\sigma = \sqrt{\frac{1}{N-1} \sum_{i=1}^{N} (x_i - \bar{x})^2} \qquad \text{(desvio-padrão)} \tag{1.4}$$

Quando uma medida experimental x é realizada, seu valor é representado como:

$$x \pm \sigma \qquad \text{(representação de medida experimental)} \tag{1.5}$$

1.9 Distribuição de Gauss

A distribuição de Gauss é uma função dada por:

$$G(x) = C e^{-\frac{(x-\bar{x})^2}{2\sigma^2}} \qquad \text{(distribuição de Gauss ou distribuição normal)} \tag{1.6}$$

em que C é uma constante e σ é o desvio-padrão. Pode-se demonstrar que cerca de 68% dos pontos estão no intervalo entre $\bar{x} - \sigma$ e $\bar{x} + \sigma$.

1.10 Desvio-padrão da Média

Quando várias medições do mesmo evento são realizadas, o erro aleatório é reduzido de acordo com uma equação denominada desvio-padrão da média:

$$\sigma_{\bar{x}} = \frac{\sigma}{\sqrt{N}} \qquad \text{(desvio-padrão da média)} \tag{1.7}$$

1.11 Propagação de Erros

Sendo uma combinação qualquer de soma e/ou subtração, entre $x, y, z, \ldots$, com erros (desvio-padrão) $\sigma_x, \sigma_y, \sigma_z, \ldots$, respectivamente, a expressão para o erro para soma e/ou subtração é:

$$\sigma_f \approx \sqrt{(\sigma_x)^2 + (\sigma_y)^2 + (\sigma_z)^2 + \cdots} \qquad \text{(soma e/ou subtração)} \tag{1.10}$$

Se $f(x, y, z, \ldots) = x^{\pm 1} y^{\pm 1} z^{\pm 1} \cdots$ (uma combinação qualquer de multiplicação e/ou divisão entre $x, y, z, \ldots$), a equação do erro para multiplicação e/ou divisão é:

$$\frac{\sigma_f}{f} = \sqrt{\left(\frac{\sigma_x}{x}\right)^2 + \left(\frac{\sigma_y}{y}\right)^2 + \left(\frac{\sigma_z}{z}\right)^2 + \cdots} \qquad \text{(multiplicação e/ou divisão)} \tag{1.11}$$

1.12 Propagação de Erros (Método Diferencial)

Sendo F uma função de diversas variáveis, $F = f(x, y, z, ...)$, o erro de F decorrente dos erros de cada uma das variáveis $x, y, z, ...$ é dado por:

$$\sigma_F = \sqrt{\left(\frac{\partial F}{\partial x}\right)^2 \sigma_x^2 + \left(\frac{\partial F}{\partial y}\right)^2 \sigma_y^2 + \left(\frac{\partial F}{\partial z}\right)^2 \sigma_z^2 + \ldots} \tag{1.12}$$

Se F é uma função de apenas uma variável, $F = f(x)$, podemos determinar o erro como:

$$\sigma_F = \frac{\partial F}{\partial x}\sigma_x \tag{1.13}$$

1.13 Linearização

Sendo $y = f(x)$ uma função que descreve algum fenômeno, no processo de linearização procuramos um procedimento, como parametrização, derivação, logaritmo, entre outras operações, para transformar essa função em uma equação linear do primeiro grau, do tipo:

$$Y = A + BX \tag{1.14}$$

em que Y e X são funções envolvendo y e x, enquanto A e B são constantes que envolvem outros parâmetros da função $y = f(x)$.

1.14 Quadrados Mínimos

No método dos quadrados mínimos, procuramos determinar os valores das constantes a e b (de uma reta $y = a + bx$), para que a reta obtida seja a que melhor se ajuste aos dados experimentais. Os melhores valores de a e b são:

$$a = \bar{y} - b\bar{x} \quad (1.16) \qquad b = \frac{\sum(x_i - \bar{x})y_i}{\sum(x_i - \bar{x})^2} \quad (1.20) \qquad \text{em que} \qquad \bar{x} = \frac{1}{N}\sum x_i \quad \text{e} \quad \bar{y} = \frac{1}{N}\sum y_i \quad (1.18)$$

Referências

1. Cohen E. R., Giacomo P. Symbols, units, nomenclature and fundamental constants in physics. Document I.U.P.A.P.-25 (SUNAMCO 87-1), 1987.

2. Taylor J. R. An introduction to error analysis. Sausalito: University Science Books, 1939.

3. Young H. D. Statistical treatment of experimental data. Nova York: McGraw-Hill, 1962.

4. Vuolo J. H. Fundamentos da teoria de erros. São Paulo: Edgard Blucher, 1992.

5. Ku H. Notes on the use of propagation of error formulas. J Research of National Bureau of Standards-C. Engineering and Instrumentation, 1966; 70(4):263-73.

6. Hennies C. E., Guimarães W. O. N., Roversi J. A. Problemas experimentais em física. Campinas: Editora da Unicamp, 1993.

1.16 EXPERIMENTO 1.1: Erro e Linearização

Este experimento introdutório pode ser realizado de forma descontraída, em ambiente externo à sala de aula. O principal objetivo é a determinação do erro de uma medida e a linearização de uma equação. Para tanto, vamos adotar um arranjo que permite o cálculo da aceleração da gravidade.

Montagem Experimental

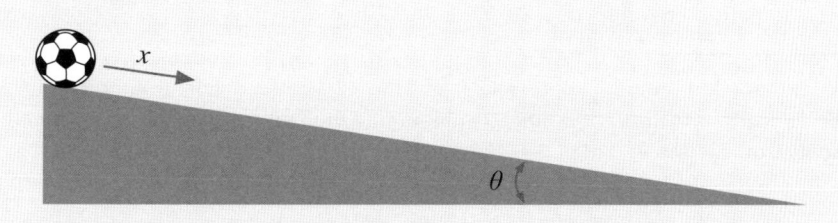

Figura 1.14: Uma bola desce uma rampa longa com inclinação constante θ.

Neste experimento, um aluno deixa uma bola descer uma rua, uma calçada ou qualquer rampa e mede o tempo que ela leva para atingir uma determinada posição. A Figura 1.14 mostra um diagrama esquemático representando o experimento. Utilize uma rampa com uma inclinação aproximadamente constante e longa, cerca de 50 a 100 m, e faça várias marcações com diferentes distâncias (de 10 em 10 metros, por exemplo). Utilize uma bola de futebol e um cronômetro. A equação que descreve o movimento da bola (desconsiderando seu movimento de rotação e os efeitos de atrito) é $x = (1/2)g sen\theta t^2$ (ver Capítulo 5), onde θ é o ângulo de inclinação da rampa e t é o tempo.

Experimento

1) Encontre uma maneira de determinar o ângulo de inclinação da rua (por exemplo, utilizando um marcador de nível e algumas tábuas).
2) Obtenha o tempo que a bola leva para atingir cada ponto da marcação. Repita o procedimento algumas vezes para obter uma boa média.
3) Repita novamente o experimento, mas obtendo apenas o tempo para a bola atingir a linha final. Obtenha o tempo para vários lançamentos.

Análise dos Resultados

1) Descreva um processo de linearização da equação do movimento.
2) Faça um gráfico linearizado, utilizando as medições do item 2 anterior, e obtenha a aceleração da gravidade, utilizando o coeficiente angular (a) graficamente e (b) por quadrados mínimos. Determine o erro (a) graficamente e (b) utilizando um programa comercial.
3) Utilizando os dados coletados no item 3 anterior, faça um histograma e determine o desvio-padrão (a) graficamente, de forma aproximada e (b) utilizando a Equação 1.4.

1.17   EXPERIMENTO 1.2: Erro e Propagação de Erro

O objetivo deste experimento é verificar erros e a propagação deles em medidas experimentais. Será simulada a fabricação em escala de um produto para o qual desejamos especificar suas propriedades.

Descrição do Experimento

A ideia é produzirmos uma quantidade significativa de algum produto. Para simplificar, vamos fabricar pequenos retângulos de papel, utilizando ferramentas que permitam fabricarmos quadrados com diferentes precisões. Por exemplo, utilizaremos uma régua de pedreiro e uma boa régua de desenhista. Para desenhar os retângulos, utilizaremos um lápis de ponta grossa e um lápis de ponta fina. Para realizar as caracterizações, ou seja, as medidas das dimensões, utilizaremos um paquímetro, cuja precisão é bem melhor que a das duas réguas utilizadas. O paquímetro[a] usa o método do *Vernier* para obter uma escala equivalente a 1/10 da escala principal, utilizando um cursor móvel que se utiliza da escala principal para comparação.

Experimento

Processo 1: utilizando uma régua de pedreiro e um lápis de ponta grossa, desenhe algumas dezenas de retângulos em uma folha de papel, um por um, com as mesmas dimensões. Corte-os todos, individualmente, evitando cortes em bloco. Utilizando o paquímetro, meça a largura e o comprimento de todos eles. Adote as medidas que passam pelo centro do retângulo para padronizar o procedimento.
Processo 2: repita o processo 1, desenhando a mesma quantidade de retângulos, mas agora utilizando uma régua de boa qualidade e um lápis de ponta fina. Meça a largura e o comprimento utilizando o mesmo paquímetro.

Análise dos Resultados

1) Monte dois histogramas, um para a largura e outro para o comprimento dos retângulos fabricados, utilizando o processo 1 acima. Coloque o número de medidas no eixo vertical e a dimensão, no eixo horizontal. Determine o desvio-padrão de cada conjunto do histograma utilizando um programa para essa finalidade e compare-o com o valor que você obteria simplesmente sugerindo uma gaussiana em cada histograma e estimando "visualmente" o desvio-padrão.
2) Repita o processo 1 acima, utilizando a mesma escala no eixo x, para os retângulos fabricados pelo processo 2. Compare os histogramas dos processos 1 e 2 entre si e comente sobre o desvio-padrão dos retângulos fabricados.

---

[a]Saiba mais sobre o uso de paquímetros e do método de Vernier em http://www.infometro.hpg.ig.com.br/PB1A.htm

3) Determine a área média dos retângulos e seu respectivo erro utilizando propagação de erros para os dois processos.

4) Supondo que você deseja especificar as características dos retângulos fabricados, qual seria a área dos retângulos e o erro que você colocaria no rótulo dos produtos fabricados pelos processos 1 e 2?

1.18 QUESTÕES, EXERCÍCIOS E PROBLEMAS

1.2 Sistema Internacional de Unidades – SI

1.1 A famosa corrida de Indianápolis tem 500 milhas. Calcule essa distância em quilômetros.

1.2 A que distância, em quilômetros, corresponde o valor mencionado na obra de Júlio Verne "20 Mil Léguas Submarinas" (obs.: 1 légua marítima $\approx 5{,}6$ km)?

1.3 Um tubo tem 6 polegadas de diâmetro e 10 pés de comprimento. Calcule seu volume em metros cúbicos.

1.4 A velocidade da luz é de aproximadamente $3{,}0 \times 10^8$ m/s. Determine seu valor em (a) km/s, (b) km/h e (c) mi/h.

1.3 Padrões de Unidades do SI

1.5 Comente sobre as limitações dos padrões de tempo, massa e comprimento em termos de (a) acessibilidade, (b) reprodutibilidade, (c) invariabilidade, (d) simplicidade e (e) indestrutibilidade.

1.6 A definição do metro é dada em função da velocidade da luz no vácuo (pressão igual a zero). Por que é necessário indicarmos a pressão da atmosfera?

1.7 Cite exemplos de fenômenos da natureza que poderiam ser utilizados como padrões de tempo. Sugira também outros padrões razoáveis para massa e comprimento.

1.8 O isótopo do carbono, ^{12}C, tem massa 12u.m.a.. Qual é a massa, em g, de um mol desse elemento? (obs.: um mol corresponde a uma quantidade equivalente ao número de Avogadro $N_A = 6{,}02 \times 10^{23}$).

1.9 O sistema estelar triplo Alfa Centauri é o mais próximo do sistema solar e está a 4,36 anos-luz da Terra. A medida do diâmetro angular de uma de suas estrelas, α CEN A, é de 8,5 milissegundo de arco. (a) Qual é a distância de α CEN A à Terra em: quilômetros, parsec e UA? (b) Qual é o diâmetro dessa estrela em quilômetros? (c) Qual é a razão entre o diâmetro de α CEN A e o diâmetro do Sol?

1.4 Notação Científica e Conversão entre Unidades

1.10 Reescreva os valores a seguir utilizando os prefixos apresentados na Tabela 1.2: (a) 10^{-9} m; (b) 7×10^{-15} s; (c) 5×10^{-6} F; (d) 2×10^6 Ω; (e) 10^3 V.

1.11 Reescreva os seguintes valores em notação científica: (a) 7 500 000 m; (b) $0{,}03e^{-3}$; (c) $5{,}24^{7{,}3}$.

1.12 Determine os fatores de conversão para transformar (a) mi/h em km/h (b) km/h em mi/h (c) km/h em m/s e (d) m/s em mi/h.

1.5 Análise Dimensional

1.13 Determine o expoente x para que a equação $P = \frac{V^x}{R}$ (onde P, V e R representam potência, tensão e resistência, respectivamente) fique dimensionalmente correta.

1.14 A intensidade I de luz transmitida em um material em função da distância x percorrida dentro do material é dada pela equação $I(x) = I_0 e^{-\alpha x}$, em que $I(x)$ é a intensidade em uma posição x qualquer, I_0 é a intensidade na posição $x = 0$ e α é o coeficiente de absorção da luz no meio considerado. Determine as unidades das constantes I_0 e α no SI. (Obs.: a intensidade $I(x)$ está normalizada, variando entre 0 e 1).

1.15 Um estudante, tentando lembrar da equação que relaciona a velocidade escalar v com a velocidade angular ω, recorda-se que é uma equação do tipo $v = \omega X$, mas não se lembra se X é o raio r, o tempo t ou o ângulo θ. Por meio de análise dimensional, determine a equação desejada pelo aluno.

1.16 Quando um objeto cai na atmosfera, em regime turbulento, uma força de arraste proporcional à velocidade do objeto ao quadrado, $F \propto v^2$, atua sobre ele (ver Capítulo 6). Qual é a dimensão da constante de proporcionalidade?

1.17 No SI, força é dada em Newton (N). Determine as unidades de força em termos das unidades fundamentais do SI, partindo da segunda lei de Newton, $F = ma$, em que m é a massa e a é a aceleração.

1.18 No SI, energia é dada em Joules (J). Determine as unidades de energia em termos das unidades fundamentais do SI, partindo da definição de energia cinética $(E = \frac{1}{2}mv^2)$, em que m é a massa e v sua velocidade (ver Capítulo 7).

1.19 No Capítulo 3, será visto que as principais equações do movimento retilíneo, envolvendo a distância x, velocidade v e o tempo t, são dadas por expressões do tipo: (a) $x = C_1 + C_2 t$; (b) $x = C_1 + C_2 t + C_3 t^2$; (c) $v = C_1 + C_2 t$; (d) $v^2 = C_1 + C_2 x$. Determine as unidades das constantes C_1, C_2 e C_3, no SI, em cada caso.

1.20 O decaimento de núcleos radiativos de uma determinada quantidade de material é dada pela expressão $R(t) = R_0 e^{-\lambda t}$, em que $R(t)$ é a quantidade de elementos radioativos após um tempo t, R_0 é a quantidade de elementos radioativos no tempo $t = 0$ e λ é conhecido como a constante de tempo de decaimento radioativo. Determine a unidade de λ no SI.

1.21 Em uma tentativa de encontrar uma equação a partir de resultados experimentais, um pesquisador observou que o período de um pêndulo poderia ser expresso pela equação $T = X/\sqrt{g}$. Determine qual é a dimensão do parâmetro X que está faltando. Você poderia sugerir com qual parâmetro esse termo está relacionado?

1.22 No Capítulo 11, veremos a lei de gravitação universal de Newton, $F = G\frac{m_1 m_2}{r^2}$. Determine a unidade da constante gravitacional G no SI.

1.23 No Capítulo 8, veremos a definição de momento, $p = mv$, e impulso, $I = Ft$. Mostre que esses dois parâmetros têm a mesma unidade.

1.6 Erros e Algarismos Significativos

1.24 Quantos algarismos significativos têm os seguintes números? (a) 0,325; (b) 0,0325; (c) 0,3250; (d) 325; (e) 325,0; (f) 3250.

1.25 Realize as operações abaixo, faça arredondamento, quando for apropriado, e apresente o resultado com o número de dígitos significativos adequado, usando notação científica quando for necessário e utilizando as regras descritas da seção 1.6. (a) $3,2 \times 5,6$; (b) $4,32 \times 10^5 + 4,323 \times 10^5$; (c) Diâmetro de uma circunferência de raio 4,53 m (adote $\pi = 3,14159$); (d) $(5,35 \times 10^{-3}) - (4,45 \times 10^{-4})$; (e) $(5,93 \times 10^5)/6$.

1.26 Para a aplicação de multas, utilizando radares para aferir a velocidade de carros nas estradas, o órgão responsável adota uma margem de erro de 10%, ou seja, a multa só é aplicada quando a velocidade está acima de 10% da velocidade limite. Em uma determinada estrada, o limite de velocidade é de 80 km/h. (a) Qual seria a velocidade máxima que o motorista poderia adotar sem correr o risco de levar uma multa, se a precisão do velocímetro do carro for muito melhor que a dos radares? (b) Qual seria a velocidade máxima se a precisão do velocímetro tivesse também uma margem de erro de 10%?

1.27 O valor numérico da base do logaritmo neperiano é um número irracional, ou seja, com expansão decimal infinita e sem repetições. Seu valor, com 25 dígitos significativos, é:

$$e = 2{,}718\,281\,828\,459\,045\,235\,360\,287$$

Esse número é definido por uma série infinita dada por:

$$e = \sum_{n=0}^{\infty} \frac{1}{n!}$$

em que $n! = n \times (n-1) \ldots \times 3 \times 2 \times 1$ (lê-se: fatorial de n). Qual é o erro percentual aproximado do valor de e se utilizarmos apenas 3, 4 ou 5 termos da série, respectivamente?

1.28 O número π, igual à razão entre o perímetro de uma circunferência, dividido pelo seu diâmetro, é um número irracional. Seu valor, com 25 dígitos significativos, é:

$$\pi = 3{,}141\,592\,653\,589\,793\,238\,462\,643$$

Por simplicidade, algumas vezes adota-se uma fração para representar o valor de π, como:

$$\pi = \frac{22}{7} \quad \text{ou} \quad \pi = \frac{355}{113}$$

Qual é o erro percentual aproximado nesses dois casos?

1.8 Média e Desvio-padrão

1.29 Na realização de um experimento para determinar a aceleração da gravidade, foram obtidos os seguintes valores (em m/s²): $9{,}8 - 9{,}6 - 9{,}8 - 10 - 9{,}9 - 9{,}8 - 9{,}9 - 9{,}7 - 9{,}8 - 9{,}9 - 9{,}7$. Determine a média e o desvio-padrão.

1.30 Demonstre que a média do desvio $d_i = x_i - \bar{x}$ é zero.

1.9 Distribuição de Gauss

1.31 Quatro pessoas (A, B, C e D) medem a altura de uma torre. Cada pessoa usa um método diferente e realiza a mesma medida muitas vezes. Os dados obtidos por cada pessoa estão representados nos gráficos abaixo. Qual pessoa obteve a medida mais precisa?

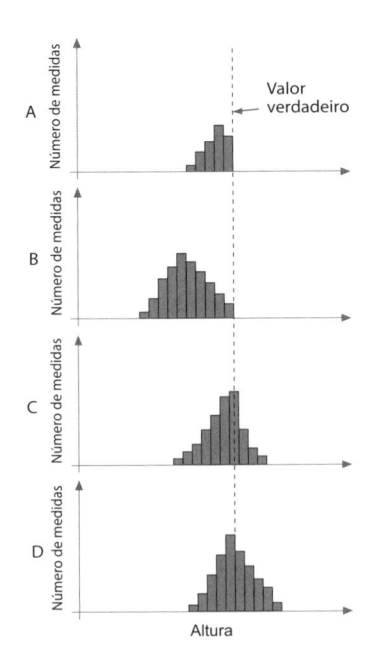

Figura 1.15: Medidas da altura de uma torre realizadas por 4 pessoas.

1.32 Considerando os dados do problema 1.29, (a) represente os valores de g em um histograma; (b) encontre (aproximadamente) a equação de Gauss em função do g medido, $G(g)$, para os dados e (c) esboce o gráfico da função $G(g)$ sobre o histograma.

1.33 Qual é a razão entre os valores máximos da equação de Gauss, para um mesmo conjunto de dados experimentais, cujo desvio-padrão do primeiro é o dobro do segundo? (obs.: utilize a equação de Gauss normalizada, onde $C = 1/(\sigma\sqrt{2\pi})$)

1.34 Mostre que a área entre o intervalo $\bar{x} - \sigma$ e $\bar{x} + \sigma$ de uma gaussiana corresponde a cerca de 68% de sua área total. Ver comentários relativos à Figura 1.7.

1.10 Desvio-padrão da Média

1.35 Suponha que a resposta do item b do problema 1.32, $G(g) \approx 4e^{-50(g-9,8)^2}$, seja, de fato, uma boa representação de um grande número de experimentos do problema 1.29. Encontre o desvio-padrão da média dos dados do problema 1.28.

1.11 Propagação de Erros

1.36 A magnitude de uma força F que age em um objeto ($F = ma$) pode ser determinada medindo-se a massa do objeto e a magnitude da aceleração a. Assuma que essas medidas têm uma distribuição normal e que não estão correlacionadas. Se o desvio-padrão das medidas da massa e da aceleração são σ_m e σ_a, respectivamente, qual é o valor de σ_F/F?

1.37 Para se determinar a força atuando sobre uma massa m sujeita a uma aceleração a, uma pessoa realizou medidas da massa e da aceleração com um erro de 2%. Qual é o erro percentual para a força, utilizando a segunda lei de Newton, $F = ma$?

1.38 Erro em produto de um número exato por uma grandeza: $y = nx$. Qual é o erro em y se a grandeza x for medida com uma incerteza σ_x?

1.39 As Equações 1.10 e 1.11 representam o erro quando as variáveis $x, y, z, \ldots$ são independentes entre si. Entretanto, nem sempre esse é o caso. Quando as variáveis não são independentes, as equações para o erro são:

$$\sigma_f \approx \sigma_x + \sigma_y + \sigma_z \quad \text{(soma e subtração)} \quad (1.21)$$

$$\frac{\sigma_f}{f} \approx \frac{\sigma_x}{x} + \frac{\sigma_y}{y} + \frac{\sigma_z}{z} + \ldots \quad \text{(multiplicação e divisão)} \quad (1.22)$$

Considere, por exemplo, um retângulo desenhado com o auxílio de um programa de computação utilizando um cursor (um *mouse*) que desloca um dos cantos do retângulo, alterando, ao mesmo tempo, os quatro lados do retângulo. Considere, agora, que o erro nas medidas é de 1% em cada um dos lados do retângulo. (a) Determine o erro percentual no cálculo do perímetro utilizando as equações 1.10 e 1.21 e (b) determine a área do retângulo utilizando as Equações 1.11 e 1.22. Justifique as diferenças encontradas nos dois itens.

1.40 Erro em potências: $y = x^n$. Qual é o erro em y se a grandeza x for medida com uma incerteza σ_x? (obs.: utilize a Equação 1.22, do Problema 1.39, e justifique seu uso)

1.41 O erro em y na equação $y = nx$ (problema 1.38) também pode ser calculado considerando-se que $y = x + x + x + \ldots$ (n vezes). Calcule novamente o erro em y utilizando a equação 1.22 (do Problema 1.39). Justifique o uso dessa equação no lugar da Equação 1.10.

1.42 Considere a equação $F(x) = 5x^2$ e $x = 5,32 \pm 0,05$. Determine o valor de F e sua incerteza.

1.43 A resistência elétrica de um resistor é definida pela razão $R = \frac{V}{I}$, onde V é a diferença de potencial no resistor e I é a corrente que flui por meio dele. Em um experimento de laboratório, foram obtidos os seguintes valores: $V = (4,32 \pm 0,04)$ Volts e $I = (2,14 \pm 0,02)$ Ampères. Determine o valor da resistência e sua incerteza.

1.44 Calcule o erro em $y(x)$ em função do erro em x, σ_x, da função $y(x) = e^x$, utilizando os dois primeiros termos da expansão da função exponencial (ver Apêndice B) para $x \ll 1$, usando a Equação 1.10.

1.12 Propagação de Erros (Método Diferencial)

1.45 Determine novamente o erro percentual da força, calculado no problema 1.37, utilizando, agora, a Equação 1.12.

1.46 Mostre que o erro em y nas equações $y = x^n$ e $y = nx$, calculados pela Equação 1.13, fornece os mesmos resultados obtidos nos problemas 1.40 e 1.41, respectivamente.

1.47 Determine novamente o valor de F e sua incerteza para a equação do problema 1.42 (onde $F(x) = 5x^2$ e $x = 5,32 \pm 0,05$), utilizando, agora, a Equação 1.13.

1.48 Determine novamente a resistência elétrica calculada no problema 1.43, utilizando, agora, a Equação 1.12.

1.49 Determine novamente o erro na função $y(x) = e^x$, do problema 1.44, utilizando a Equação 1.12. Verifique se a resposta é coerente com a resposta do problema 1.44 para $x \ll 1$.

1.13 Linearização

1.50 Utilizando os dados do exemplo 6, faça agora um gráfico linearizado de v_e em função de $\sqrt{M/R}$ e compare a distribuição dos pontos com o gráfico da Figura 1.12. Obtenha novamente o valor da constante gravitacional G, utilizando o coeficiente angular da reta obtida.

1.51 Verifique se os dados da Figura 1.9 seguem a definição do "desvio-padrão da média" (Equação 1.7). Para isso, monte um gráfico linearizado da Equação 1.7, utilizando a amplitude do sinal de ruído (lado direito da figura) das quatro curvas da figura.

1.14 Quadrados Mínimos

1.52 Determine a reta que melhor representa os pontos da tabela a seguir:

x	1	2	3	4	5	6	7	8
y	1,5	2,1	2,1	3	3,2	4	4	5,1

(a) utilizando quadrados mínimos e (b) graficamente. (c) Determine o erro no coeficiente linear e angular, utilizando programas comerciais.

Capítulo 2

Vetores

Mauro Monteiro Garcia de Carvalho

2.1 Introdução

A Física procura criar modelos para explicar, prever, medir e controlar fenômenos físicos. Os modelos facilitam a aplicação de conceitos matemáticos e, por vezes, mostram resultados e tendências que só *a posteriori* são verificados experimentalmente. Tanto nos modelos matemáticos como nas medidas experimentais, uma das formas mais práticas de visualizar a dependência entre os diferentes parâmetros envolvidos em um fenômeno físico é o gráfico que os relaciona. Essa relação é feita pelo sistema de coordenadas que os gráficos utilizam.

Em muitos casos, todavia, a representação gráfica e matemática de uma equação relacionando duas grandezas é dificultada pelo fato de existirem grandezas físicas que, para serem bem definidas, necessitam de uma intensidade, uma direção e um sentido. São as **grandezas vetoriais**. Um gráfico da força que atua em uma partícula em função do tempo, por exemplo, só pode representar a intensidade da força, o que é uma descrição incompleta, pois, sem direção e sentido, a força não está determinada.

Neste capítulo, faremos uma breve revisão sobre os sistemas de coordenadas e o cálculo vetorial básico, que serão usados nos próximos capítulos deste livro.

2.2 Sistemas de Coordenadas

Um **sistema de coordenadas** é um conjunto de distâncias e/ou ângulos orientados em relação a eixos, planos e/ou pontos, convencionalmente definidos de forma a determinar univocamente a posição de um ponto no espaço. Por exemplo, se associarmos números reais aos pontos de uma reta orientada, denominada eixo, definindo a origem (o zero) desses números e a unidade de distância, temos um sistema de coordenadas em uma dimensão, ou seja, um sistema de coordenadas que determina perfeitamente a posição de um ponto ao longo do eixo, como mostra a Figura 2.1. Convencionalmente, se chamamos o eixo de X (OX ou eixo XX), a coordenada de um ponto é x, podendo assumir qualquer valor entre $-\infty$ a $+\infty$.

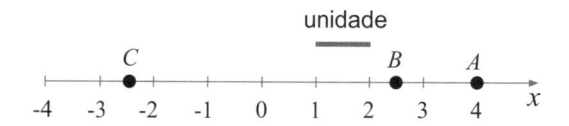

Figura 2.1: Parte do eixo x onde está a origem. As **coordenadas** dos pontos A, B e C, ou seja, os números que definem univocamente a posição de cada um desses pontos são, respectivamente, $x_A = 4$, $x_B = 2,5$ e $x_C = -2,5$.

Para o espaço bidimensional (um plano), não é possível determinar a posição de um ponto com um único eixo. São necessários dois eixos ou um eixo e um ângulo. No caso de dois eixos, normalmente utilizam-se dois eixos (X e Y) perpendiculares entre si na origem. Tais eixos são chamados de eixos cartesianos. A distância orientada de um ponto ao eixo Y chama-se **abscissa** (x) e, ao eixo X, **ordenada** (y). O ponto é representado pelo par (x, y), como mostra a Figura 2.2.

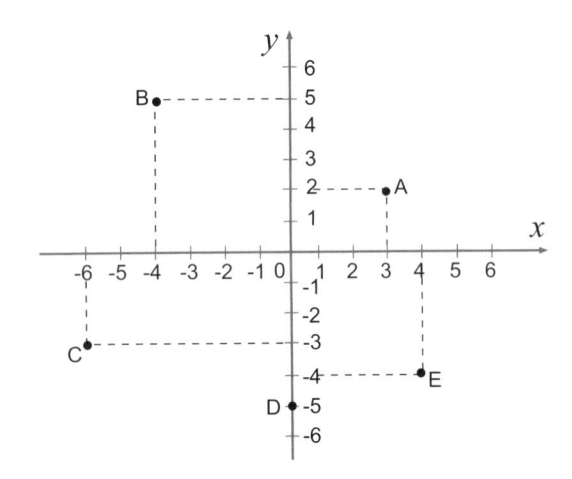

Figura 2.2: Eixos cartesianos x e y. As posições dos pontos A, B, C, D e E são determinadas por suas coordenadas: A: $(3,2)$, B: $(-4,5)$, C: $(-6,-3)$, D: $(0,-5)$, E: $(4,-4)$. O tamanho da unidade em cada eixo pode ser diferente.

Ainda em duas dimensões, um sistema de coordenadas muito útil é o sistema de **coordenadas polares**. Nesse caso, as coordenadas são a distância r (sempre positiva) do ponto à origem e o ângulo θ entre a reta que contém esses dois pontos e um eixo fixo que contém a origem. Um ponto qualquer é representado pelo par (r,θ), como mostrado na Figura 2.3. O ângulo θ é positivo no sentido anti-horário e negativo no sentido inverso.

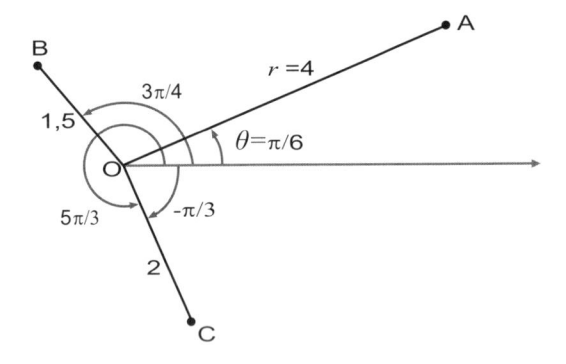

Figura 2.3: Sistema de coordenadas polares. Neste sistema, as coordenadas de A, B e C são: A: $(4,\pi/6)$, B: $(1,5,\ 3\pi/4)$ e C: $(2,\ 5\pi/3)$ ou $(2,-\pi/3)$.

No espaço tridimensional, são necessários três eixos: X, Y e Z. Usualmente, esses eixos são ortogonais, formando um triedro positivo cuja definição será vista na seção 2.7. Isso significa que, definidos a direção e o sentido de dois eixos, o terceiro eixo também estará definido. Por enquanto, basta guardar esta regra: se o braço direito aponta no sentido do eixo X e o esquerdo, no sentido do eixo Y, o alto da cabeça aponta a direção e o sentido de Z (Figura 2.4).

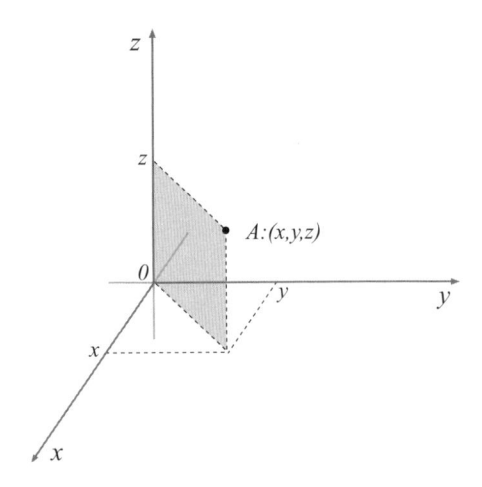

Figura 2.4: Sistema cartesiano em três dimensões. O ponto A tem coordenadas cartesianas (x,y,z).

Em três dimensões, temos, ainda, dois sistemas de coordenadas muito úteis: **coordenadas esféricas** (r,θ,φ) e **coordenadas cilíndricas** (a,φ,z), mostradas na Figura 2.5.

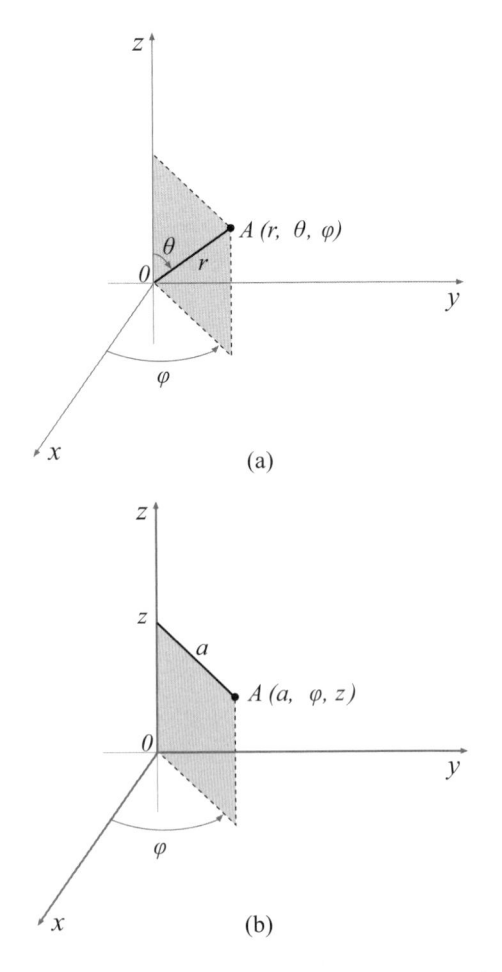

Figura 2.5: (a) Sistema de coordenadas esféricas (r,θ,φ). (b) Sistema de coordenadas cilíndricas (a,φ,z).

Exemplo 2.1

Transformar coordenadas polares em cartesianas.

Solução: como pode ser visto na Figura 2.6, o ponto P está em (r, θ), em coordenadas polares, ou em (x, y), em coordenadas cartesianas, em que:

$$x = r\cos\theta$$

$$y = r\operatorname{sen}\theta$$

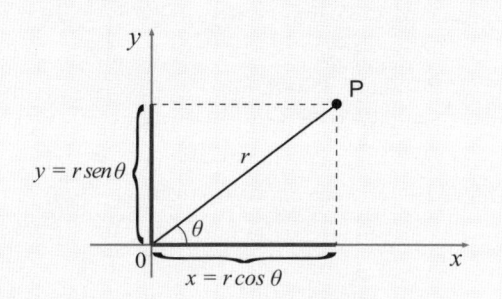

Figura 2.6: Coordenadas polares e cartesianas.

Além de pontos, os sistemas de coordenadas também podem ser utilizados para representar graficamente equações matemáticas ou, ao contrário, dada a representação gráfica, encontrar a equação correspondente. Por exemplo, consideremos a reta no gráfico da Figura 2.7. Vamos encontrar a relação entre x e y de um ponto $P(x, y)$ qualquer da reta.

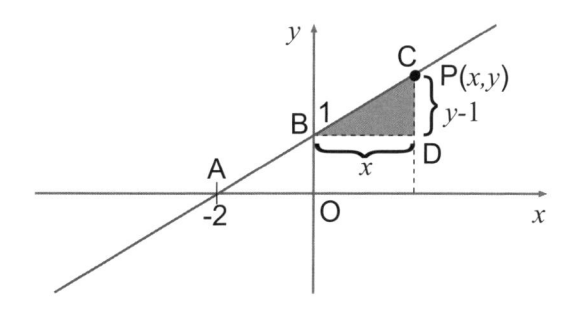

Figura 2.7: O ponto $P(x, y)$ é um ponto qualquer da reta que passa por $A(-2, 0)$ e $B(0, 1)$.

Pela Figura 2.7, vemos que o triângulo AOB é semelhante ao triângulo BDC. Portanto,

$$\frac{x}{2} = \frac{y - 1}{1}$$

ou seja,

$$y = (1/2)x + 1$$

Com essa equação, dado o valor de x de qualquer ponto da reta, pode-se sempre achar o valor de y correspondente. Pode-se demonstrar facilmente que qualquer equação do tipo $y = mx + n$ (onde m e n são constantes) é representada graficamente por uma reta.

Exemplo 2.2

Mostre que a equação de qualquer reta pode ser escrita como $y = mx + n$, onde m e n são constantes.

Solução: como pode ser visto na Figura 2.8, não importa onde esteja o ponto (x, y) da reta, a tangente de α será:

$$tg\alpha = \frac{y - n}{x}$$

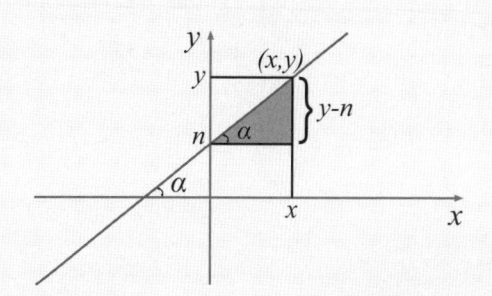

Figura 2.8: Uma reta com inclinação α.

$tg\alpha$ é uma constante que pode assumir qualquer valor real, dependendo apenas da inclinação da reta em relação ao eixo x. Chamando $tg\alpha$ de m, a equação acima pode ser escrita como:

$$y = mx + n$$

em que m é a tangente do ângulo que a reta forma com o eixo x e n é a coordenada do ponto onde a reta corta o eixo y, sendo chamadas de **coeficiente angular** e **coeficiente linear**, respectivamente. Na seção 1.13, utilizamos essa equação para a representação gráfica linearizada de funções mais complexas.

Outras equações são representadas por curvas bem conhecidas. Alguns exemplos são mostrados na Figura 2.9.

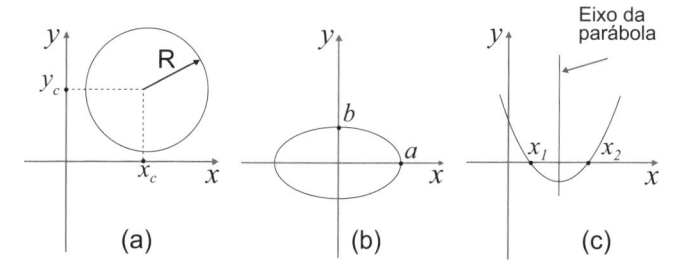

Figura 2.9: (a) $(x - x_c)^2 + (y - y_c)^2 = R^2$: **equação do círculo** de raio R e centro em (x_c, y_c). (b) $\frac{x^2}{a^2} + \frac{y^2}{b^2} = 1$: **equação da elipse** de semieixos a e b e centro em $(0, 0)$. (c) $y = ax^2 + bx + c$: **equação de uma parábola** com seu eixo paralelo ao eixo $0Y$.

2.3 Vetores

Existem grandezas, como massa, comprimento e tempo, que podem ser caracterizadas por um número e uma unidade. São as **grandezas escalares**. Outras, como deslocamento e força, dependem de uma direção e um sentido, além de um número e uma unidade. São as **grandezas vetoriais**.

A representação geométrica de um vetor é feita por uma flecha, como mostra a Figura 2.10. O **módulo de um vetor**, ou sua intensidade, é dado pelo comprimento da flecha. O sentido e a direção são dados pelo sentido da flecha e pelas retas paralelas à ela, respectivamente.

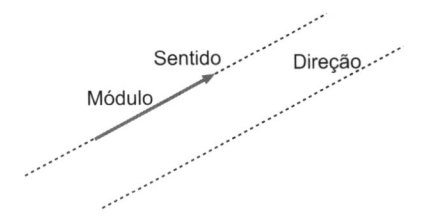

Figura 2.10: Representação geométrica de um vetor.

Para escrever "vetor a", usa-se a nomenclatura $\vec{a}$ ou **a** (em negrito). Para módulo de **a**, usa-se, $|\vec{a}|$ ou, simplesmente, a.

Além de direção e sentido, para uma grandeza ser vetorial, é necessário que tenha algumas propriedades. São elas:

(1) Se dois vetores **a** e **b** têm o mesmo módulo, a mesma direção e o mesmo sentido, então **a** = **b**.

A Figura 2.11 ilustra essa propriedade.

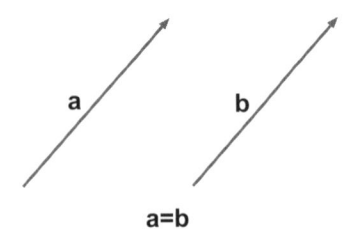

Figura 2.11: Dois vetores de mesmo módulo, com direção e sentido iguais.

(2) Se **a** é um vetor e k é um escalar, então k**a** é um vetor que tem a mesma direção de **a** e módulo igual a $|k|a$. O sentido de k**a** é o mesmo de **a** se $k > 0$ e contrário ao de **a** se $k < 0$.

A Figura 2.12 mostra os casos dessa propriedade para $k > 1$, $0 < k < 1$ e $k < 0$.

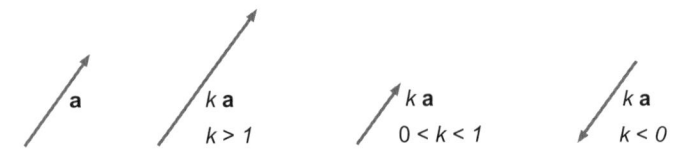

Figura 2.12: O vetor k**a** tem a mesma direção de **a**, mas não tem o mesmo módulo nem necessariamente o mesmo sentido.

(3) A soma vetorial é comutativa, isto é: **a**+**b** = **b**+**a**.

A representação geométrica da soma de dois ou mais vetores é feita desenhando o primeiro vetor e, em seguida, cada vetor com sua origem na extremidade do anterior. O vetor resultante é o que tem sua origem na origem do primeiro vetor e sua extremidade, junto à extremidade do último, conforme mostra a Figura 2.13.

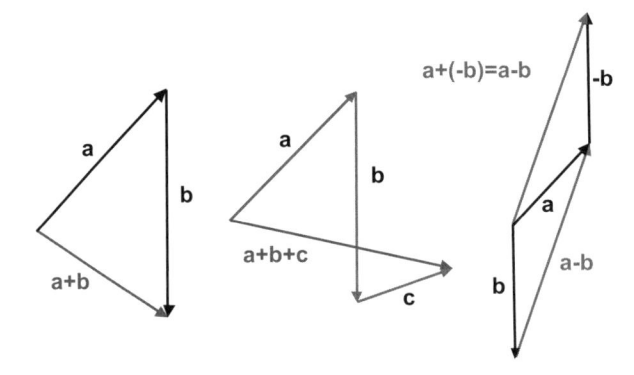

Figura 2.13: Soma de dois e três vetores. Para a diferença entre **a** e **b**, pode-se fazer **a** + (−**b**) ou, mais diretamente, colocar as origens de **a** e **b** em um mesmo ponto e traçar **a** − **b**, ligando as extremidades de **a** e **b**. A orientação de **a** − **b** será sempre de **b** para **a**.

A propriedade comutativa da soma vetorial pode ser vista geometricamente na Figura 2.14.

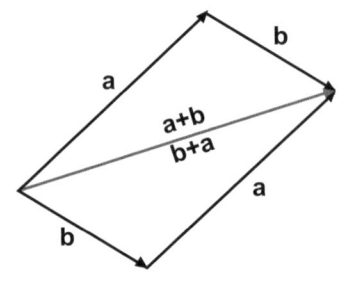

Figura 2.14: Propriedade comutativa: **a**+**b** = **b**+**a**.

(4) A soma vetorial é associativa: **a** + **b** + **c** = (**a** + **b**) + **c** = **a** + (**b** + **c**).

As propriedades associativa e distributiva estão ilustradas na Figura 2.15.

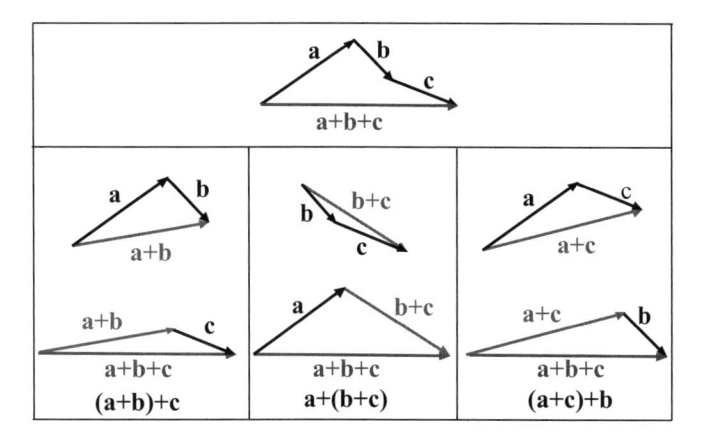

Figura 2.15: Propriedade associativa: $(\mathbf{a}+\mathbf{b})+\mathbf{c} = \mathbf{a}+(\mathbf{b}+\mathbf{c}) = (\mathbf{a}+\mathbf{c})+\mathbf{b}$.

Exemplo 2.3
Determine a soma de dois vetores **a** e **b** perpendiculares (Figura 2.16).

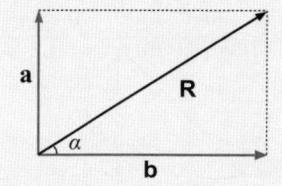

Figura 2.16: Soma de dois vetores perpendiculares.

Solução: completando o paralelogramo (no caso, um retângulo que tem os vetores **a** e **b** como dois de seus lados), vemos que a diagonal desse paralelogramo segue a regra de soma de vetores. Portanto, o módulo da **resultante**[a] é:

$$R^2 = a^2 + b^2$$

A direção e o sentido são dados pelo ângulo α que a resultante forma com o vetor **b** (ou **a**). Logo,

$$tg\alpha = \frac{a}{b}$$

ou seja,

$$\alpha = arctg\left(\frac{a}{b}\right)$$

---

[a]Normalmente, usa-se o termo *resultante* para o resultado de qualquer operação vetorial.

2.4 Decomposição de Vetores

A projeção de um vetor **a** sobre um eixo qualquer é aquele cuja origem é a projeção da origem de **a** e cuja extremidade é a projeção da extremidade de **a**, como mostra a Figura 2.17.

Quando projetamos um vetor em eixos coordenados (Figura 2.18), a soma vetorial das projeções é o próprio vetor, por isso se diz que o vetor foi decomposto em seus componentes; dois, no caso bidimensional e três, no caso tridimensional. Portanto, projetar um vetor nos eixos coordenados é decompor o vetor. As projeções nos eixos x, y e z recebem os nomes de componentes x, y e z, respectivamente.

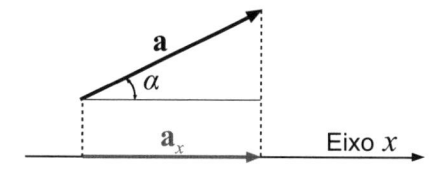

Figura 2.17: Projeção de **a** sobre o eixo X.

O módulo da projeção é dado por:

$$a_x = a\cos\alpha$$

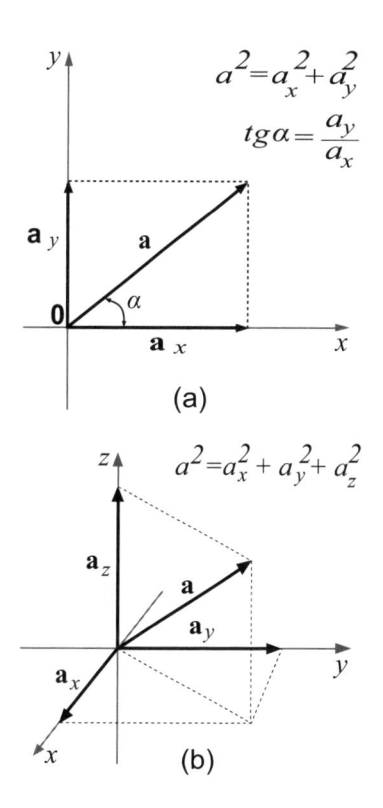

Figura 2.18: Os componentes do vetor **a**, em (a) duas e (b) três dimensões. A direção e o sentido de **a** em três dimensões são determinados pelos ângulos de **a** com os eixos OX, OY e OZ, que podem ser determinados pelas relações trigonométricas entre o vetor e suas projeções.

Como o vetor pode ser representado por seus componentes, a soma de dois ou mais vetores também pode ser feita somando-se os componentes de cada vetor. Os componentes resultantes em x e y serão os componentes do vetor resultante.

Exemplo 2.4
Determine a soma dos vetores da Figura 2.19.

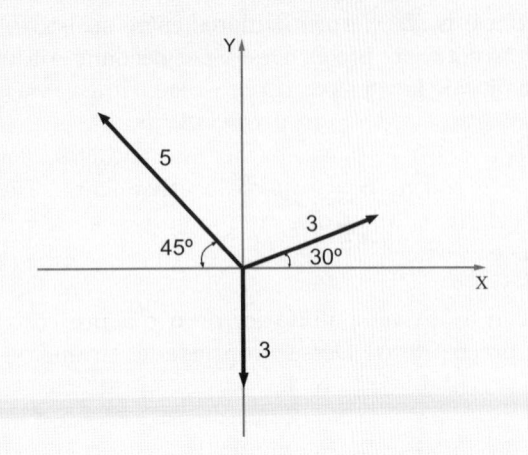

Figura 2.19

Solução: (a) soma das projeções dos vetores no eixo x:

$$R_x = 3cos30^0 - 5cos45^0 = 2,6 - 3,5 = -0,9$$

(b) Soma das projeções dos vetores no eixo y:

$$R_y = 3sen30^0 + 5sen45^0 - 3 = 2$$

logo,

$$R^2 = R_x^2 + R_y^2 = 0,81 + 4 = 4,81$$

ou seja,

$$R = 2,2$$

A Figura 2.20 mostra R_x, R_y e o vetor resultante R nos eixos cartesianos.

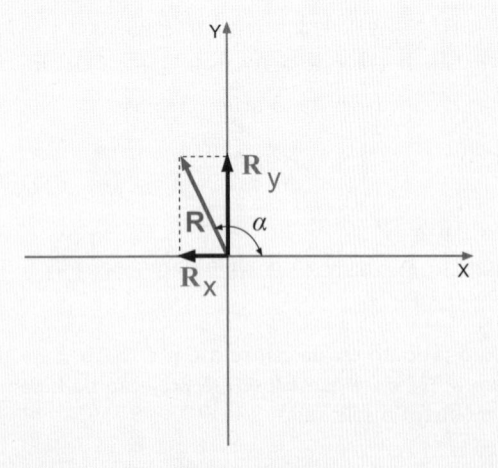

Figura 2.20

A direção e o sentido de **R** são dados por α, que pode ser calculado como se segue:

$$tg\alpha = \frac{R_y}{R_x} = -2,22 \Rightarrow \alpha = 114{,}2°$$

2.5 Vetores Unitários e Representação Analítica

A representação geométrica dos vetores é interessante na demonstração de algumas propriedades, mas inviável quando se pensa em trabalhar com vetores, principalmente em três dimensões. Por isso, é usual a utilização de uma representação analítica com a ajuda de vetores unitários.

Vetor unitário, ou **versor**, é um vetor de módulo igual a 1. Um vetor unitário multiplicado por um número ou grandeza a segue a propriedade (2) dos vetores, apresentados na seção 2.3. Assim, se **u** é um vetor unitário, o vetor $a\mathbf{u}$ é aquele que tem a direção de **u**, módulo igual a $|a|$ e sentido igual ou oposto a **u**, dependendo se a é positivo ou negativo, respectivamente.

A Figura 2.21 mostra unitários nas direções X, Y e Z em um sistema de eixos cartesianos em três dimensões. Na maior parte da literatura sobre o assunto, esses unitários são designados por **i**, **j** e **k**, respectivamente[1].

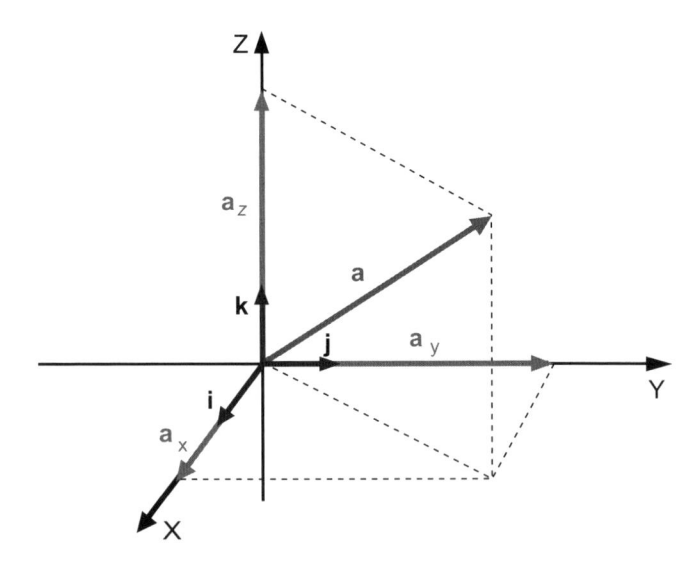

Figura 2.21: Os unitários **i**, **j** e **k** e a maneira de escrever um vetor analiticamente.

Com o uso dos vetores unitários, podemos escrever:

$$\mathbf{a}_x = a_x\mathbf{i} \quad \mathbf{a}_y = a_y\mathbf{j} \quad e \quad \mathbf{a}_z = a_z\mathbf{k}$$

assim,

$$\mathbf{a} = a_x\mathbf{i} + a_y\mathbf{j} + a_z\mathbf{k} \qquad (2.1)$$

---

[1]Outra representação muito comum é: $\hat{\mathbf{x}}$, $\hat{\mathbf{y}}$, e $\hat{\mathbf{z}}$ em vez de **i**, **j**, e **k**, respectivamente.

O módulo de **a** pode ser calculado como:

$$|\mathbf{a}| = a = \sqrt{a_x^2 + a_y^2 + a_z^2} \qquad (2.2)$$

Exemplo 2.5

Um vetor do plano XY faz um ângulo de 30^0 com o eixo x e tem módulo 4,0 cm. Escreva a expressão analítica desse vetor.

Solução: temos:

$$a_x = 4,0 cos 30^0 = 3,5 \, cm \qquad e$$

$$a_y = 4,0 sen 30^0 = 2,0 \, cm$$

Assim, analiticamente, temos o vetor:

$$\mathbf{a} = 3,5\mathbf{i} + 2,0\mathbf{j} \text{ (cm)}$$

Exemplo 2.6

Um vetor **b** é dado por: **b** = –2,0**i** + 1,0**j** (cm). Calcule **a** + **b** e **a** – **b**, onde **a** é o vetor do exemplo anterior.

Solução: como a_x e b_x são as projeções dos vetores **a** e **b** no eixo OX, a soma $a_x + b_x$ será o componente x do vetor **a**+**b**. Analogamente, $a_y + b_y$ será o componente y de **a**+**b**. Assim:

$$\mathbf{a} + \mathbf{b} = (3,5 - 2,0)\mathbf{i} + (2,0 + 1,0)\mathbf{j} = 1,5\mathbf{i} + 3,0\mathbf{j}\text{(cm)}$$

Para calcularmos o módulo de **a**+**b**, temos:

$$|\mathbf{a} + \mathbf{b}|^2 = (1,5)^2 + (3,0)^2 = 11,25$$

Portanto,

$$|\mathbf{a} + \mathbf{b}| = 3,4 \, cm$$

Por analogia,

$$\mathbf{a} - \mathbf{b} = (3,5 - (-2,0))\mathbf{i} + (2,0 - 1,0)\mathbf{j} = 5,5\mathbf{i} + 1,0\mathbf{j}\text{(cm)}$$

O aluno poderá mostrar que o módulo deste vetor vale: 5,6 cm.

2.6 Produto Escalar

Define-se o **produto escalar** do vetor **a** pelo vetor **b** (lê-se: **a** escalar **b**) como:

$$\mathbf{a} \cdot \mathbf{b} = ab \cos \theta \textbf{ (produto escalar)} \qquad (2.3)$$

onde a e b são os módulos de **a** e **b**, respectivamente, e θ é o ângulo entre eles.

Da definição do produto escalar, podemos deduzir algumas importantes propriedades:

(1) O produto escalar é um escalar.

(2) Se **a** e **b** são perpendiculares entre si, isto é, se $\theta = 90°$, então **a** · **b** = 0. Dessa propriedade, tiramos que: **i** · **j** = **i** · **k** = **j** · **k** = 0.

(3) Se **a** e **b** são paralelos ou antiparalelos, então **a** · **b** = ab ou **a** · **b** = $-ab$, respectivamente. Dessa propriedade, tiramos que: **i** · **i** = **j** · **j** = **k** · **k** = 1 e que **a** · **a** = a^2.

(4) Se **u** é um vetor unitário, **a** · **u** é a projeção de **a** na direção de **u**. Dessa propriedade, tiramos que: **a** · **i** = a_x, **a** · **j** = a_y e **a** · **k** = a_z.

(5) O produto escalar é comutativo, isto é, **a**·**b** = **b**·**a**.

(6) O produto escalar é distributivo, isto é, **a** · (**b** + **c**) = **a** · **b** + **a** · **c**.

(7) $m(\mathbf{a} \cdot \mathbf{b}) = (m\mathbf{a}) \cdot \mathbf{b} = \mathbf{a} \cdot (m\mathbf{b})$, onde m é um escalar.

Exemplo 2.7

Mostre que o produto escalar de $\mathbf{a} = a_x\mathbf{i} + a_y\mathbf{j} + a_z\mathbf{k}$ por $\mathbf{b} = b_x\mathbf{i} + b_y\mathbf{j} + b_z\mathbf{k}$ é igual a:

$$\mathbf{a} \cdot \mathbf{b} = a_x b_x + a_y b_y + a_z b_z \qquad (2.4)$$

Solução: este resultado é importantíssimo e demonstrável a partir das propriedades do produto escalar. Usando as propriedades 6 e 7 acima, temos:

$$\mathbf{a} \cdot \mathbf{b} = (a_x\mathbf{i} + a_y\mathbf{j} + a_z\mathbf{k}) \cdot (b_x\mathbf{i} + b_y\mathbf{j} + b_z\mathbf{k})$$

$$= a_x b_x \mathbf{i} \cdot \mathbf{i} + a_x b_y \mathbf{i} \cdot \mathbf{j} + a_x b_z \mathbf{i} \cdot \mathbf{k} + a_y b_x \mathbf{j} \cdot \mathbf{i} + a_y b_y \mathbf{j} \cdot \mathbf{j}$$

$$+ a_y b_z \mathbf{j} \cdot \mathbf{k} + a_z b_x \mathbf{k} \cdot \mathbf{i} + a_z b_y \mathbf{k} \cdot \mathbf{j} + a_z b_z \mathbf{k} \cdot \mathbf{k}$$

Usando as propriedades 2 e 3 acima, temos:

$$\mathbf{a} \cdot \mathbf{b} = a_x b_x + a_y b_y + a_z b_z$$

Exemplo 2.8

Mostre que **a** · **b** é igual ao módulo da projeção de **b** sobre **a** multiplicada por a.

Solução: o produto escalar entre **a** e **b** é: **a** · **b** = $ab \cos \theta$. Da Figura 2.22, vê-se que $b\cos\theta$ é a projeção de **b** sobre **a**, o que demonstra o solicitado.

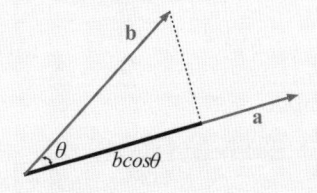

Figura 2.22

Exemplo 2.9

Se **R** é a soma de **a** e **b** (Figura 2.23), mostre que:

$$R^2 = a^2 + b^2 + 2ab\cos\theta \qquad (2.5)$$

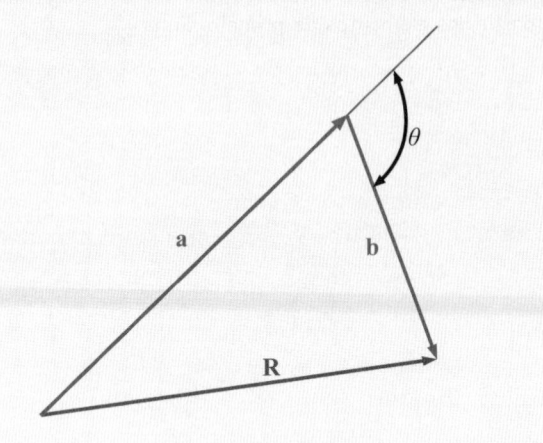

Figura 2.23

Solução: **R** = **a** + **b**. Multiplicando por **a** + **b** à direita e **R** à esquerda, temos:

$$R^2 = (\mathbf{a} + \mathbf{b})(\mathbf{a} + \mathbf{b}) = \mathbf{a} \cdot \mathbf{a} + \mathbf{a} \cdot \mathbf{b} + \mathbf{b} \cdot \mathbf{a} + \mathbf{b} \cdot \mathbf{b}$$

Usando as propriedades 3 e 5 do produto escalar, temos:

$$R^2 = a^2 + b^2 + 2\mathbf{a} \cdot \mathbf{b}$$

Mas **a** · **b** = $ab\cos\theta$, logo:

$$R^2 = a^2 + b^2 + 2ab\cos\theta$$

Observe, na figura, qual é o ângulo θ entre **a** e **b**. É um erro comum confundi-lo com seu suplemento. No caso, θ é maior que 90^0 e, portanto, $\cos\theta$ é negativo. Note que se $\theta = 90^0$, o triângulo é retângulo e $R^2 = a^2 + b^2$.

2.7   Produto Vetorial

O **produto vetorial** entre o vetor **a** e **b** (lê-se: **a** vetorial **b**), representado por **a** × **b**, é um vetor cujo módulo é dado por:

$$|\mathbf{a} \times \mathbf{b}| = ab\,\mathrm{sen}\,\theta \quad \textbf{(módulo do produto vetorial)}$$
$$(2.6)$$

A direção de **a** × **b** é perpendicular ao plano e seu sentido é dado pela regra dos três dedos da mão direita, ou seja, o indicador aponta na direção e no sentido de **a**, o dedo médio aponta no sentido de **b**, o polegar aponta no sentido de **a** × **b**, como mostra a Figura 2.24.

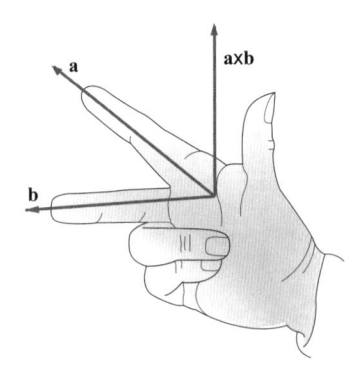

Figura 2.24:   Regra da mão direita para produto vetorial.

Da definição do produto vetorial, podemos deduzir algumas importantes propriedades:

(1) **a** × **b** = −**b** × **a**.

(2) Se **a** e **b** têm a mesma direção, isto é, se $\theta = 0$ ou 180°, então **a** × **b** = 0.

(3) **a** × (**b** + **c**) = **a** × **b** + **b** × **c**.

(4) $m(\mathbf{a} \times \mathbf{b}) = (m\mathbf{a}) \times \mathbf{b} = \mathbf{a} \times (m\mathbf{b})$.

(5) **i** × **j** = **k**; **j** × **k** = **i**; **k** × **i** = **j**.

(6) **i** × **i** = **j** × **j** = **k** × **k** = 0.

Agora, podemos definir um triedro positivo conforme mencionado na seção 2.2. Um triedro é positivo quando **i** × **j** = **k**. A regra usada para definir triedro positivo na seção 2.2 também pode ser usada para produto vetorial.

Exemplo 2.10

Mostre que |**a**x**b**| é a área do paralelogramo de lados a e b (Figura 2.25).

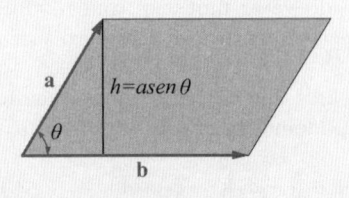

Figura 2.25

Solução: a área do paralelogramo da figura acima é bh, onde h é sua altura. Da figura, vemos que $h = a\,\mathrm{sen}\,\theta$. Por outro lado,

$$|\mathbf{a} \times \mathbf{b}| = ab\,\mathrm{sen}\,\theta = ba\,\mathrm{sen}\,\theta = bh$$

Exemplo 2.11

Mostre que **axb** pode ser escrito na forma:

$$\mathbf{a} \times \mathbf{b} = \begin{vmatrix} \mathbf{i} & \mathbf{j} & \mathbf{k} \\ a_x & a_y & a_z \\ b_x & b_y & b_z \end{vmatrix} \qquad (2.7)$$

onde o "determinante" opera como um verdadeiro determinante.

Solução:

$$\mathbf{a} \times \mathbf{b} = (a_x\mathbf{i} + a_y\mathbf{j} + a_z\mathbf{k}) \times (b_x\mathbf{i} + b_y\mathbf{j} + b_z\mathbf{k})$$
$$= a_xb_x\mathbf{i} \times \mathbf{i} + a_xb_y\mathbf{i} \times \mathbf{j} + a_xb_z\mathbf{i} \times \mathbf{k} + a_yb_x\mathbf{j} \times \mathbf{i} + a_yb_y\mathbf{j} \times \mathbf{j}$$
$$+ a_yb_z\mathbf{j} \times \mathbf{k} + a_zb_x\mathbf{k} \times \mathbf{i} + a_zb_y\mathbf{k} \times \mathbf{j} + a_zb_z\mathbf{k} \times \mathbf{k}$$
$$= a_xb_y\mathbf{k} + a_xb_z(-\mathbf{j}) + a_yb_x(-\mathbf{k}) + a_yb_z\mathbf{i} + a_zb_x\mathbf{j} + a_zb_y(-\mathbf{i})$$

Rearranjando os termos, obtemos:

$$\mathbf{a} \times \mathbf{b} = (a_yb_z - a_zb_y)\mathbf{i} - (a_xb_z - a_zb_x)\mathbf{j} + (a_xb_y - a_yb_x)\mathbf{k} \qquad (2.8)$$

A expressão acima é o desenvolvimento do "determinante" a partir dos elementos da primeira linha.

2.8 RESUMO

2.2 Sistemas de Coordenadas

Um sistema de coordenadas é um conjunto de distâncias e/ou ângulos orientados em relação a eixos, planos e/ou pontos, convencionalmente definidos de forma a determinar univocamente a posição de um ponto no espaço.

2.3 Vetores

Para se escrever "vetor a", usa-se a nomenclatura $\vec{a}$ ou **a** (em negrito). Para módulo de **a**, usa-se $|\vec{a}|$, $|\mathbf{a}|$ ou simplesmente a. Além de direção e sentido, para ser vetorial uma grandeza, tem de ter algumas propriedades. São elas:

1. Se **a** e **b** têm o mesmo módulo, a mesma direção e o mesmo sentido, então $\mathbf{a} = \mathbf{b}$.

2. Se **a** é um vetor e k é um escalar, então $k\mathbf{a}$ é um vetor que tem a mesma direção de **a** e módulo igual a $|k|\mathbf{a}$. O sentido de $k\mathbf{a}$ é o mesmo de **a** se $k > 0$ e contrário ao de **a** se $k < 0$.

3. A soma vetorial é comutativa, isto é: $\mathbf{a} + \mathbf{b} = \mathbf{b} + \mathbf{a}$.

4. A soma vetorial é associativa: $\mathbf{a} + \mathbf{b} + \mathbf{c} = (\mathbf{a} + \mathbf{b}) + \mathbf{c} = \mathbf{a} + (\mathbf{b} + \mathbf{c})$.

2.4 Decomposição de Vetores

A projeção de um vetor **a** sobre um eixo qualquer que forma um ângulo α com sua direção é o vetor cuja origem e extremidade são as projeções da origem e da extremidade de **a** sobre o eixo considerado. O módulo da projeção é dado por: $|\text{projeção}| = a\cos\alpha$.

2.5 Vetores Unitários e Representação Analítica

Vetores unitários são vetores de módulo 1. Um vetor unitário multiplicado por um número a resulta em um vetor de mesma direção do vetor unitário, com módulo igual a $|a|$ e sentido igual ou oposto ao vetor unitário, se a é positivo ou negativo, respectivamente. Se o número vier acompanhado de uma unidade, esta será também a unidade do módulo do vetor.

Na maior parte da literatura sobre o assunto, esses unitários são designados por **i**, **j** e **k**, respectivamente. Com o uso dos unitários, podemos escrever: $\mathbf{a}_x = a_x\mathbf{i}$; $\mathbf{a}_y = a_y\mathbf{j}$; $\mathbf{a}_z = a_z\mathbf{k}$. Assim:

$$\mathbf{a} = a_x\mathbf{i} + a_y\mathbf{j} + a_z\mathbf{k} \quad \text{(vetor)} \qquad (2.1) \qquad \text{e} \qquad a = \sqrt{a_x^2 + a_y^2 + a_z^2} \quad \text{(módulo do vetor)} \qquad (2.2)$$

2.6 Produto Escalar

Define-se o produto escalar do vetor **a** pelo vetor **b** (lê-se: **a** escalar **b**) como:

$$\mathbf{a} \cdot \mathbf{b} = ab\cos\theta \quad \text{(produto escalar)} \qquad (2.3)$$

onde a e b são os módulos de **a** e **b**, respectivamente, e θ é o ângulo entre eles. Da definição do produto escalar, podemos deduzir algumas importantes propriedades:

1. O produto escalar é um escalar.

2. Se $\mathbf{a}$ e $\mathbf{b}$ são perpendiculares entre si, então $\mathbf{a} \cdot \mathbf{b} = 0$.

3. Se $\mathbf{a}$ e $\mathbf{b}$ são paralelos ou antiparalelos, então $\mathbf{a} \cdot \mathbf{b} = ab$ ou $\mathbf{a} \cdot \mathbf{b} = -ab$, respectivamente.

4. Se $\mathbf{u}$ é um vetor unitário, $\mathbf{a} \cdot \mathbf{u}$ é a projeção de $\mathbf{a}$ na direção de $\mathbf{u}$.

5. O produto escalar é comutativo, isto é, $\mathbf{a} \cdot \mathbf{b} = \mathbf{b} \cdot \mathbf{a}$.

6. O produto escalar é distributivo, isto é $\mathbf{a} \cdot (\mathbf{b} + \mathbf{c}) = \mathbf{a} \cdot \mathbf{b} + \mathbf{a} \cdot \mathbf{c}$.

7. $m(\mathbf{a} \cdot \mathbf{b}) = (m\mathbf{a}) \cdot \mathbf{b} = \mathbf{a} \cdot (m\mathbf{b})$, onde m é um escalar.

O produto escalar pode, ainda, ser obtido como:

$$\mathbf{a} \cdot \mathbf{b} = a_x b_x + a_y b_y + a_z b_z \tag{2.4}$$

2.7 Produto Vetorial

O produto vetorial entre o vetor $\mathbf{a}$ e $\mathbf{b}$ pode ser escrito da seguinte forma:

$$\mathbf{a} \times \mathbf{b} = \begin{vmatrix} \mathbf{i} & \mathbf{j} & \mathbf{k} \\ a_x & a_y & a_z \\ b_x & b_y & b_z \end{vmatrix}$$

que é um vetor dado por:

$$\mathbf{a} \times \mathbf{b} = (a_y b_z - a_z b_y)\,\mathbf{i} - (a_x b_z - a_z b_x)\,\mathbf{j} + (a_x b_y - a_y b_x)\,\mathbf{k} \qquad \text{(produto vetorial)} \tag{2.8}$$

e cujo módulo é dado por:

$$|\mathbf{a} \times \mathbf{b}| = ab\,\text{sen}\,\theta \qquad \text{(módulo do produto vetorial)} \tag{2.4}$$

A direção de $\mathbf{a} \times \mathbf{b}$ é perpendicular ao plano e seu sentido é dado pela regra dos três dedos da mão direita, com o indicador apontando na direção e no sentido de $\mathbf{a}$, o dedo médio apontando no sentido de $\mathbf{b}$ e o polegar apontando no sentido de $\mathbf{a} \times \mathbf{b}$. Da definição do produto vetorial, podemos deduzir algumas importantes propriedades:

1. $\mathbf{a} \times \mathbf{b} = -\mathbf{b} \times \mathbf{a}$.

2. Se $\mathbf{a}$ e $\mathbf{b}$ têm a mesma direção, isto é, se $\theta = 0$ ou 180^0, então $\mathbf{a} \times \mathbf{b} = 0$.

3. $m(\mathbf{a} \times \mathbf{b}) = (m\mathbf{a}) \times \mathbf{b} = \mathbf{a} \times (m\mathbf{b})$.

4. $\mathbf{i} \times \mathbf{j} = \mathbf{k};\ \mathbf{j} \times \mathbf{k} = \mathbf{i};\ \mathbf{k} \times \mathbf{i} = \mathbf{j};\ \mathbf{i} \times \mathbf{i} = \mathbf{j} \times \mathbf{j} = \mathbf{k} \times \mathbf{k} = 0$.

2.9 LEITURA COMPLEMENTAR: Fractais

Maurício Urban Kleinke

I - Introdução

A palavra **fractal** foi proposta por Benoit Mandelbrot, a partir da palavra latina *fractus* (quebrado), para caracterizar objetos ou formas com natureza fragmentada e irregular. Mandelbrot é um matemático que formalizou o conhecimento da geometria fractal, a qual ele chama de "geometria da Natureza".

A **geometria fractal**, formada a partir de objetos "quebrados", completa a descrição do mundo proposta pela **geometria Euclidiana**, na qual os objetos são simples, conhecidos e bem definidos, como retas, curvas, discos, cones, prismas, etc. Esses objetos são lisos e podem ser representados em dimensões inteiras. A geometria Euclidiana é fundamental na descrição do mundo, como nas estruturas arquitetônicas que nos cercam, na simetria dos cristais, nas medições topográficas, no desenvolvimento de máquinas e equipamentos e em uma infinidade de áreas do conhecimento humano. Basta pedir a uma criança que ela desenhe uma casa, que as figuras Euclidianas aparecem: a casa é quadrada, a porta é um retângulo com uma maçaneta redonda e o telhado é um triângulo. Contudo, quando observamos a natureza, essa estrutura fica muito diferente. Aparece, ao lado da casa, uma árvore, com sua distribuição típica de galhos que bifurcam e se cruzam, e as nuvens no céu têm um formato de algodão espalhado. As árvores e as nuvens não são estruturas que possam ser representadas por geometria simples, pois estão contidas no universo fractal.

II - Fractais Determinísticos

Vamos iniciar apresentando os fractais determinísticos. Esses fractais são gerados em processos iterativos com um caminho, uma regra de formação muito bem determinada. Um exemplo clássico de um fractal determinístico é a **curva de Koch**, cuja regra de formação está explicitada na Figura 2.26. Nesse caso, a regra de formação é que cada segmento reto é cortado em três partes e uma quarta parte (de mesmo comprimento que as três anteriores) é "encaixada" em cada segmento reto da curva na iteração anterior. Essa regra é aplicada novamente em cada um dos segmentos de reta, e esse procedimento é repetido infinitas vezes. A reta final apresenta um comprimento infinito e, se olharmos um pedaço da reta ampliado, ele repete o conjunto original.

Percebemos, na Figura 2.26, que as curvas fractais não são suaves, apresentando uma certa "aspereza".

Como podemos caracterizar um fractal? Uma maneira adequada de caracterizá-lo é determinar a sua dimensão, a dimensão fractal. Para iniciar a discussão sobre dimensão, vamos definir dimensão D a partir da equação:

$$N_{LC}(n) = L_c(n)^D \qquad (2.9)$$

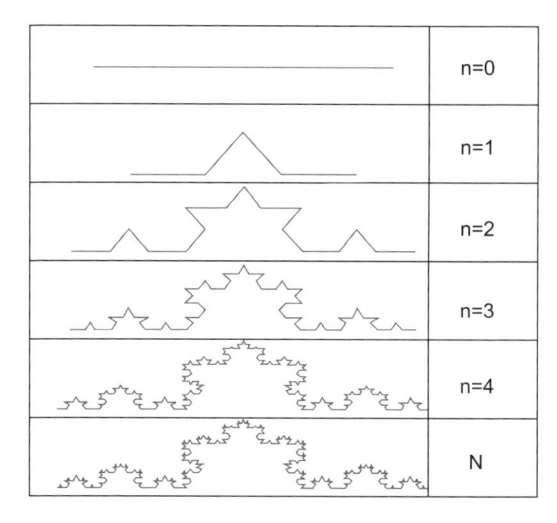

Figura 2.26: Formação da curva de Koch.

em que $L_C(n)$ é o comprimento característico do objeto na enésima iteração e $N_{LC}(n)$ é o número de objetos com o comprimento $L_C(n)$. Vamos avaliar primeiro uma reta iniciadora com $L_C=1$ e um gerador que simplesmente corte a reta ao meio. É fácil perceber que, em cada iteração n, o comprimento e a massa caem à metade; logo, $L_C(n)=(1/2)^n=2^{-n}$ e $N_{LC}(n)=2^n$. Consequentemente, $2^n = (2^{-n})^{-D}$, de qual obtemos $D=1$, que é a dimensão Euclidiana de uma reta.

Um raciocínio análogo pode ser utilizado na definição da dimensão de um quadrado ($D=2$), de um cubo ($D=3$) ou, ainda, de um fractal. Se olharmos para as iterações da curva de Koch, podemos definir as relações da Tabela 2.1.

Tabela 2.1: Iterações na construção da curva de Koch

Iteração	$L_C(n)$	$N_{LC}(n)$
$n = 0$	1	1
$n = 1$	1/3	4
$n = 2$	1/9	16
$n = 3$	1/27	64
$n = 4$	$(1/3)^4$	4^4
n	$(1/3)^n$	4^n

A solução da dimensão para a curva de Koch não é tão trivial quanto para a reta, mas pode ser calculada. O número de elementos que formam a curva é dado por $N_{LC}(n) = 4^n$, onde n é o número de iterações, e o comprimento característico desses elementos é dado por $L_C(n)=(1/3)^n$. Aplicando essas duas definições na equação 2.7, temos:

$$4^n = \left[\left(\frac{1}{3}\right)^n \right]^{-D} = 3^{nD} \qquad (2.10)$$

O que nos interessa é o valor de D, da dimensão fractal. Uma das formas de se isolar o valor de D é aplicar logaritmos a ambos os lados da equação:

$$Log\left(4^n\right) = Log\left(3^{nD}\right) \rightarrow n \times Log(4) = n \times D \times Log(3)$$

$$(2.11)$$

obtemos *D=Log(4)Log(3)*, o que resulta em um valor fracionário para a dimensão, $D \sim 1,26186....$ Uma dimensão com um valor fracionário é uma **dimensão fractal**. Essa dimensão fractal, entre 1 e 2, indica que a curva de Koch não "cabe" em uma reta ($D=1$), porém "cabe" dentro de uma folha de papel ($D=2$) com "espaço sobrando".

Esse exemplo simples mostrou as características essenciais na identificação de um fractal:

• *Recursividade*: substituição de partes em um processo de repetições infinito, onde a regra de formação é aplicada a cada passo.

• *Escala e similaridade*: se observarmos um pedaço pequeno do fractal e ampliá-lo, veremos novamente o mesmo fractal em escalas distintas.

• *Dimensão fractal*: a dimensão característica apresenta valores não inteiros, quebrados, fracionados.

Outro fractal determinístico bem conhecido formado por recursividade geométrica é o **tapete de Sierpinsky** (Figura 2.27), cuja regra de formação é cortar o quadrado inicial em nove quadrados menores e retirar o quadrado do centro. Sua regra de formação apresenta os valores de $N_{LC}(n){=}8^n$ e $L_C(n){=}(1/3)^n$.

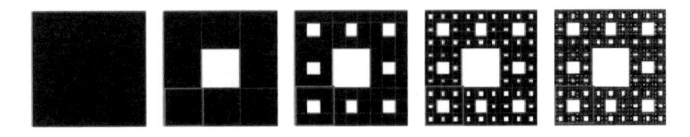

Figura 2.27: Tapete de Sierpinsky.

Esses resultados conduzem a uma dimensão fractal dada por $Log(8)/Log(3) = 1,8927....$ Essa dimensão é maior que a obtida para a curva de Koch, o que indica um maior preenchimento do espaço. A similaridade pode ser observada no detalhe mostrado na canto inferior esquerdo da Figura 2.27, que repete a imagem anterior a cada nova sequência da formação do fractal.

Outro grupo de fractais determinísticos é o conjunto criado por Gaston Julia, que consiste em uma equação recursiva dada por:

$$z(n+1) = z^2(n) - \mu_0 \qquad (2.12)$$

em que z e μ_0 são números imaginários ($z{=}a{+}b\ i$). Em cada passo (cada iteração), o valor de z é substituído novamente na expressão, gerando uma nova solução (um novo ponto no plano complexo). Em função dos valores de μ_0, o sistema apresenta uma região de soluções possíveis. Esse resultado é semelhante ao mapa logístico, que será discutido na *Leitura Complementar 3 – Caos* (Capítulo 12).

A Figura 2.28 é um fractal do **conjunto de Julia**. A solução da equação gera uma trajetória dos pontos no plano complexo, em cada iteração ($z(n+1){=}z(n)$). Esse fractal

representa a frequência com que os pontos do plano complexo são visitados. As regiões mais escuras ocorrem onde os valores de z se repetem mais vezes.

Figura 2.28: Uma das possíveis soluções para o fractal do conjunto de Julia. As regiões mais escuras são as regiões no plano complexo, onde as soluções ocorrem com maior frequência.

III - Fractais na Natureza

Os fractais determinísticos são exatos e gerados a partir de infinitas iterações de um modelo bem estabelecido. Contudo, os fractais podem ser reconhecidos por suas características de similaridade e escala.

Imagine uma nuvem muito grande e outra, bem pequena. A diferença de tamanho entre as nuvens pode atingir 10 ordens de grandeza. Separadamente, ambas podem ser descritas de forma muito similar (de um ponto de vista estatístico), isto é, são bastante parecidas. Portanto, podemos aproximar o conceito de fractais ao universo experimental, como uma aproximação do conceito exato determinístico. Nuvens, mapas de costas marítimas, samambaias, couves-flores, geleiras, montanhas, nosso sistema de veias e capilares, o pulmão, um filme fino de carbono, as estruturas de aldeias primitivas e uma infinidade de outras estruturas apresentam características fractais.

A caracterização de um fractal, além dos conceitos de similaridade e escala, necessita da medida da dimensão fractal. Todavia, no mundo natural, não temos uma regra de formação que nos permita obter a dimensão fractal a partir dela, como já calculamos para algumas estruturas. Uma das técnicas mais comuns para o cálculo da dimensão fractal é a **dimensão fractal de Hausdorff**, também chamada de contagem de caixas. Vamos ver o exemplo dessa contagem de caixas aplicada à curva de Koch, na Figura 2.29.

A curva de Koch "cabe" em três quadrados ("caixas") grandes, caracterizados pelo comprimento de suas arestas (L_{CAIXA}). Pode-se ir diminuindo o tamanho das caixas e contando o número necessário para recobrir o fractal (N_{CAIXAS}). Observe que a área ocupada pelas caixas diminui quando o comprimento da caixa diminui. A dimensão fractal pode ser obtida pela seguinte relação de escala:

$$N_{CAIXA}(n) \propto L_{CAIXA}(n)^D \qquad (2.13)$$

em que o símbolo "$\propto$" significa "é proporcional a". A dimensão fractal de Hausdorff é muito utilizada para tratar imagens bidimensionais, associadas às fotografias de objetos naturais ou gráficos resultantes de alguma medida.

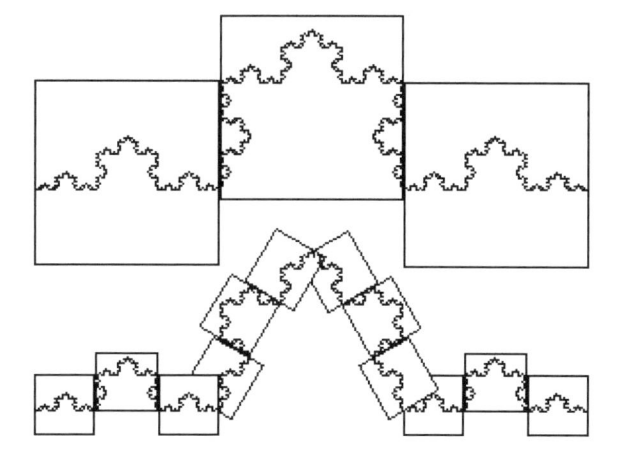

Figura 2.29: A contagem de caixas na curva de Koch.

Ao sermos defrontados com alguns dos fractais existentes no mundo real, pode ser mais fácil medir a massa de uma estrutura fractal (M_F) do que contar o número de "caixas" que formam essa estrutura. A partir da medida da massa e de seu comprimento (L_F), geralmente associado a um raio médio da estrutura, podemos obter a dimensão fractal utilizando a relação de escala abaixo:

$$M_F \propto L_F^D \qquad (2.14)$$

Ao se aplicar a expressão acima em um objeto Euclidiano com densidade uniforme, obtemos que a dimensão resultante se torna a dimensão Euclidiana do objeto. Por exemplo, no caso de uma esfera, temos:

$$M_e \propto r_e^D \quad M_e = \rho\frac{4}{3}\pi r_e^3 \ \Rightarrow \ M_e \propto \ r_e^3 \qquad (2.15)$$

Os objetos fractais são caracterizados por uma distribuição de massa que depende de uma relação de escala; logo, eles não apresentam densidade uniforme. Fica fácil imaginar essa não uniformidade ao observar um galho de samambaia: se olharmos a folha em detalhes, ela aparenta ser densa, não existem buracos sem massa; já quando olhamos o galho todo da samambaia, observamos muitos espaços vazios.

No entanto, onde aparecem os fractais? A maioria dos processos naturais em que existe agregação (ou erosão) para a formação da estrutura apresenta características fractais. Alguns exemplos de agregação são as gotas formando as nuvens, as colônias de bactérias, as técnicas industriais

de formação de polímeros, as preparações de superfícies metálicas especiais, entre outros. Podemos observar dimensões fractais em estruturas simples e cotidianas, como no Experimento 2.1, para o cálculo da *dimensão fractal de esferas de papel amassado*.

A geometria fractal já é utilizada no desenvolvimento de antenas para telefones celulares, nas prospecções de petróleo, nos estudos de tumores associados a distintos tipos de câncer, dentre outras aplicações. A geometria fractal vem complementar a geometria Euclidiana, sendo uma ferramenta auxiliar para descrever e classificar todo um conjunto de objetos naturais (muito da natureza apresenta características fractais) ou estruturas matemáticas que não poderiam ser descritas de forma adequada antes desse desenvolvimento.

Referências da Leitura Complementar

1. Costa L.F., Bianchi G.C., A outra dimensão: a dimensão fractal. *Ciência Hoje* 2002; 31(183):40.
2. Amaku M., Moralles M., Horodynski-Matsushigue L.B., Fractais no laboratório didático. Revista Brasileira de Ensino de Física 2001; 23(4):422.
3. Taylor R.P., A ordem no caos de Jackson Pollock. *Scientific American Brasil* 2003;8.
4. Centro Brasileiro de Pesquisas Físicas (CBPF). Cálculo da dimensão fractal. Disponível em http://www.cbpf.br/~maysagm/. Acessado em 05/04/2012.
5. Wikipédia. Fractal. Disponível em http://pt.wikipedia.org/wiki/Fractal. Acessado em 05/04/2012.
6. Sprott's Fractal Gallery. Disponível em http://sprott.physics.wisc.edu/fractals.htm. Acessado em 05/04/2012.
7. African Fractals. Disponível em http://www.rpi.edu/~eglash/eglash.dir/ afractal/afractal.htm. Acessado em 05/04/2012.

Sobre o autor da leitura complementar: Maurício Urban Kleinke é professor do Instituto de Física Gleb Wathagin (IFGW), da Universidade Estadual de Campinas (Unicamp). Doutor em Ciências pela Unicamp. Pós-doutor pela Université Polytechnique de Mons, Bélgica. Atua na área de sistemas complexos experimentais, com ênfase em Microscopia de Força Atômica, Fractais e Caos.

2.10   EXPERIMENTO 2.1: Fractais

Neste experimento, vamos desenvolver um modelo simples para compreendermos os conceitos de fractais e de dimensão fractal. Fractais são estruturas complexas que apresentam uma formação irregular com característica de similaridade entre as diferentes escalas em que podem ser observadas. Uma couve-flor, por exemplo, pode ser cortada em diversos pedaços e cada novo pedaço lembra a couve-flor original, ou seja, é similar aos pedaços anteriores. As estruturas fractais aparecem em distintas áreas do conhecimento, desde algumas antenas para telefones celulares até a análise de terremotos e falhas geológicas. Neste experimento, vamos comparar esferas de aço (rolamentos com densidade uniforme, que não apresentam dimensão fractal) com esferas fractais, formadas por papel amassado[1]. Recomenda-se que o estudante leia o texto de Leitura Complementar 2.9.

Aparato Experimental

(a)   (b)

Figura 2.30:   (a) Esferas de aço de diferentes diâmetros e (b) esferas de papel amassado.

Experimento

Para a utilização do modelo de dimensão fractal, devemos determinar qual é a relação entre a massa e o raio para os rolamentos e as esferas de papel. Para isso, faça uma esfera de papel com uma folha de papel grande. Em seguida, pegue outra folha igual e corte ao meio, fazendo uma nova esfera com a metade do papel. Corte a outra metade ao meio e repita a operação até chegar à menor esfera que conseguir amassar. Meça os raios (R_n) e as massas (M_n) de cada enésima esfera, fazendo duas tabelas: uma para os rolamentos e outra para os fractais. Realize várias medidas do raio de cada esfera para obter uma média.

Modelo: um rolamento é uma esfera de aço com densidade uniforme, logo, sua massa irá depender somente da densidade do aço, ρ_{aco}, e do raio do rolamento, $M = \rho_{aco}\, 4/3\pi\, R^3$. As densidades dos aços variam, pois eles são compostos por ligas metálicas com ferro acrescido de outros minerais de maior densidade, resultando em densidades ρ_{aco} entre 7,5 e 8,0 g/cm³. As estruturas fractais, por outro lado, apresentam uma relação entre massa e raio dada por $M \sim R^D$, onde D é a dimensão fractal da estrutura. O valor da dimensão fractal está associado à forma de ocupação do espaço pela esfera fractal. No caso de esferas fractais, quanto mais próximo de 3 for o valor de D, mais compacta a esfera estará.

Análise dos Resultados

1) Utilizando o conjunto de dados dos rolamentos, faça um gráfico em escala log-log da massa do rolamento em função do raio. Determine a equação para esses dados seguindo o modelo acima.

2) Demonstre que essa curva pode ser representada por uma reta em um gráfico log-log e determine a inclinação (coeficiente angular) da reta obtida. Qual é o valor esperado (obtido do modelo) e qual é o valor medido (obtido experimentalmente, por meio do gráfico)?

3) Utilizando o conjunto de dados das esferas fractais, faça um gráfico da massa pelo raio em escala linear (tradicional) e em escala log-log.

4) Demonstre que o coeficiente angular da reta obtida no gráfico log-log é a dimensão fractal. Determine a dimensão fractal por meio do coeficiente angular da reta que melhor se ajusta aos dados do gráfico log-log.

5) Observando os resultados das inclinações nos gráficos log-log, comente sobre as diferenças entre as dimensões Euclidianas e fractais.

Referência
1. Gomes M.A.F., Fractal geometry in crumpled paper balls. American Journal of Physics 1987; 55(7):649.

Elaborado por: Maurício Urban Kleinke

2.11 QUESTÕES, EXERCÍCIOS E PROBLEMAS

2.2 Sistemas de Coordenadas

2.1 Em uma folha de papel milimetrado (ou no computador), desenhe os eixos cartesianos OX e OY. (a) Assinale os pontos $A(1,0)$, $B(1,1)$, $C(-1,1)$, $D(-1,0)$ e $E(-4,-3)$; (b) dê as coordenadas polares desses pontos e (c) desenhe a reta cuja equação é: $y = -1,73x + 2$.

2.2 Uma reta forma um ângulo de $30°$ com o eixo OX e passa pelo ponto $(0,-1)$. Determine sua equação.

2.3 Uma reta passa pelos pontos $(-3,5)$ e $(2,1)$. Determine sua equação.

2.4 A equação de uma parábola é $y = ax^2 + bx + c$. Para que valor de x essa parábola assume o valor máximo ou mínimo?

2.5 Qual é a condição para que a parábola $y = ax^2 + bx + c$ tenha máximo? E para que tenha mínimo?

2.6 Qual é a condição para que uma parábola seja simétrica em relação ao eixo OY, isto é, seja uma função par?

2.7 Uma parábola corta o eixo OX em $(-1,0)$ e $(3,0)$ e o eixo OY em $(0,3)$. Determine sua equação.

2.8 Uma curva é descrita pela equação: $y = x^3 - 4x + 1$. Determine os pontos onde ela corta a reta $y = 1$.

2.9 Determine os pontos onde a reta $y = 2x + 1$ corta as parábolas: (a) $y = x^2 + 4x + 2$ e (b) $y = x^2 + 2x - 3$

2.10 Um ponto tem coordenadas esféricas (r_0, θ_0, ϕ_0). Dê suas coordenadas cartesianas.

2.3 Vetores

2.11 Considere os vetores $\mathbf{a}$, $\mathbf{b}$ e $\mathbf{c}$ da Figura 2.31:

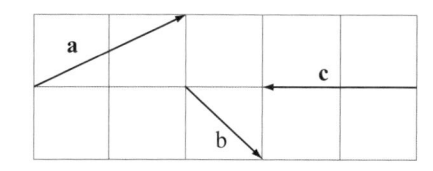

Figura 2.31: Problema 2.11.

Em uma folha de papel quadriculado, desenhe os vetores: (a) $\mathbf{a} + \mathbf{b}$; (b) $\mathbf{a} + \mathbf{c}$; (c) $\mathbf{b} + \mathbf{c}$; (d) $\mathbf{a} - \mathbf{b}$; (e) $\mathbf{a} + \mathbf{b} - \mathbf{c}$; (f) $\mathbf{b} + \mathbf{c} - \mathbf{a}$.

2.12 No exercício anterior, considere que os lados dos quadrados valem 1 (uma unidade). Escreva as expressões analíticas de $\mathbf{a}$, $\mathbf{b}$ e $\mathbf{c}$, assim como as expressões analíticas das operações de (a) a (f). Compare com as representações geométricas.

2.4 Decomposição de Vetores

2.13 Considerando ainda os vetores $\mathbf{a}$, $\mathbf{b}$ e $\mathbf{c}$ do exercício 2.11, determine: (a) $\mathbf{a} + \mathbf{c} - 2\mathbf{b}$; (b) $3\mathbf{a} + \mathbf{b} - 2\mathbf{c}$.

2.5 Vetores Unitários e Representação Analítica

2.14 Considere os vetores: $\mathbf{a} = 3\mathbf{i} + 5\mathbf{j}$ e $\mathbf{b} = 5\mathbf{i} - 3\mathbf{j}$. Qual é o ângulo entre eles?

2.15 Os vetores $m\mathbf{i} + 3\mathbf{j}$ e $\mathbf{i} - 3\mathbf{j}$ são perpendiculares. Determine m.

2.16 Qual é o vetor unitário na direção do vetor $4\mathbf{i} + 3\mathbf{j}$?

2.17 Determine o vetor de módulo 1 que é perpendicular ao vetor $\mathbf{i} - 3\mathbf{j}$.

2.18 Determine a projeção do vetor $3\mathbf{i} - 2\mathbf{j}$ sobre o vetor $\mathbf{i} + \mathbf{j}$.

2.7 Produto Vetorial

2.19 Considere os vetores: $\mathbf{a} = 4\mathbf{i} + 3\mathbf{j}$ e $\mathbf{b} = 8\mathbf{i} + 6\mathbf{j}$. (a) Calcule os módulos de $\mathbf{a}$ e $\mathbf{b}$; (b) calcule $\mathbf{a} \cdot \mathbf{b}$; (c) determine o ângulo entre $\mathbf{a}$ e $\mathbf{b}$ e (d) calcule $\mathbf{a} \times \mathbf{b}$.

2.20 Os vértices de um triângulo estão em $(0,0)$, $(3,-1)$ e $(2,1)$. Determine sua área.

Capítulo 3

Movimento em Uma Dimensão

Rubens Pantano Filho

3.1 Introdução

Nas experiências cotidianas, observamos que os movimentos estão sempre presentes nas mais variadas situações que nos cercam, seja nos momentos de trabalho ou nos instantes de lazer. Entre esses inúmeros movimentos, encontramos alguns relativamente simples, como os movimentos dos ponteiros de um relógio ou, ainda, a queda de um corpo nas proximidades da Terra, sob a ação da gravidade. Além desses movimentos mais elementares, há também muitos outros mais complexos, como, por exemplo, os movimentos dos corpos celestes, de partículas carregadas submetidas à ação de campos elétricos e/ou magnéticos, como ocorre nos aceleradores de partículas, ou das peças de um complexo equipamento industrial em funcionamento.

A compreensão dos movimentos que observamos permite-nos um melhor entendimento do mundo em que vivemos, bem como o desenvolvimento de novas tecnologias importantes ao homem contemporâneo. Para que possamos adquirir os conhecimentos que nos permitam entender os movimentos mais complexos, começamos pela análise dos mais simples, como alguns que ocorrem sobre uma reta, ou seja, os **movimentos unidimensionais**. Convém ressaltar que vários movimentos na natureza acontecem dessa forma – a queda de um corpo nas proximidades da Terra é um bom exemplo.

Nos estudos que faremos neste capítulo, assim como no seguinte, os movimentos analisados serão descritos sem que se tenha preocupação alguma com as causas que lhe deram origem. Em outras palavras, procuraremos descrever o movimento de um corpo por meio da caracterização de sua posição, da rapidez com que se desloca (a velocidade) e da análise da variação dessa rapidez (a aceleração). Esse estudo apenas descritivo dos movimentos, sem a análise das causas, é o que denominamos **cinemática**. A discussão do movimento envolvendo as forças que o geram – a **dinâmica** – será feita a partir do Capítulo 5.

Outra consideração importante nesse momento é que o movimento de um corpo pode incluir translação e rotação. Como exemplo, imaginemos o movimento de uma bola de futebol quando chutada pelo jogador. Além do deslocamento a partir de sua posição inicial, a bola pode também girar em torno de si mesma, dependendo, entre outros fatores, de como foi chutada pelo atleta. Ainda nessa fase introdutória, imaginaremos um corpo ideal, o qual denominaremos **partícula**, cujas dimensões não levaremos em conta face às demais dimensões envolvidas no problema. Em outras palavras, o corpo será tratado como um ponto geométrico, mas dotado de massa, sendo denominado **ponto material**. Note-se que, não tendo dimensões, não há sentido falarmos de rotação, pois o movimento de uma partícula é exclusivamente translacional.

3.2 Sistemas Unidimensionais

Uma análise inicial e relativamente simples dos movimentos unidimensionais nos permitirá a compreensão de conceitos importantes como **velocidade** e **aceleração**, grandezas extremamente úteis na descrição de um movimento qualquer. No Capítulo 4, veremos que a extensão de alguns conceitos definidos no caso de uma dimensão pode ser feita, sem grandes dificuldades, para duas ou três dimensões.

A rigor, as duas grandezas citadas anteriormente, velocidade e aceleração, são grandezas que dizemos vetoriais. Conforme analisado no Capítulo 2, as grandezas vetoriais são aquelas cuja perfeita caracterização necessita dos conhecimentos de magnitude (módulo), direção e sentido; sem um desses atributos, a grandeza será conhecida apenas parcialmente. No entanto, como a análise inicial dos movimentos será feita em uma única dimensão, não necessitaremos discutir o caráter vetorial de tais grandezas, tratando-as, dessa forma, como se fossem elementos escalares. No Capítulo 4, os conceitos de velocidade e aceleração serão ampliados e essas duas grandezas serão definidas em seus aspectos mais amplos, ou seja, vetorialmente.

Imaginemos, então, partículas que se deslocam sobre uma reta (Figura 3.1). Como esse deslocamento pode se dar tanto em um sentido como em outro sobre a mesma reta, ou seja, sobre a mesma direção, convém atribuirmos dois sentidos a essa direção. Em outras palavras, convém estabelecer nessa direção um eixo orientado e dotado de um ponto de origem ou de referência. Podemos utilizar esse ponto de referência para especificar a posição de uma partícula que se move sobre a reta. Assim, indicaremos a posição de cada partícula por meio de sua coordenada em relação à origem previamente estabelecida sobre o eixo. Por exemplo, se, em um determinado instante, dizemos que as coordenadas de posição das partículas A, B e C são $x_A = +4\,\text{m}$, $x_B = -2\,\text{m}$ e $x_C = 0\,\text{m}$, respectivamente, estamos indicando que essas partículas distam $4\,\text{m}$, $2\,\text{m}$ e $0\,\text{m}$ da origem, além de explicitarmos de que lado da origem elas se encontram. Observe-se que o sinal "$-$", associado à coordenada de posição da partícula B, indica que esta se encontra no semieixo negativo x.

Figura 3.1: Partículas sobre um eixo orientado.

Uma vez em movimento, obviamente a partícula muda de posição, ou seja, sua coordenada é uma função do tempo. Indicamos esse fato escrevendo sua **equação de movimento** na forma:

$$x = f(t) \tag{3.1}$$

que muitas vezes representamos como $x(t)$.

A equação de movimento de uma partícula pode se constituir em uma ferramenta que nos permite fazer previsões a partir do conhecimento antecipado de certas características do sistema. Se a partícula muda de posição, sua coordenada x varia com o tempo. Em

certo intervalo de tempo, sua coordenada mudará de x_1 para x_2. Definimos, então, deslocamento (o melhor seria dizer, por enquanto, deslocamento escalar) como a diferença entre esses dois valores, ou seja, $x_2 - x_1$. Convencionando dessa forma, ou seja, o valor final da coordenada de posição menos o valor inicial, percebe-se que o resultado poderá ser positivo, nulo ou negativo. Será positivo quando x_2 for maior que x_1, ou seja, quando a partícula se deslocar no sentido positivo do eixo; nulo, quando a posição final e a posição inicial forem coincidentes; e negativo, quando o deslocamento se der contra o sentido adotado para o eixo. Em geral, para indicar variação de uma determinada grandeza física, utilizamos a letra maiúscula grega Δ (delta) seguida do símbolo representativo da grandeza em questão. Assim, como o deslocamento está representando a variação da coordenada de posição x, podemos escrever:

$$\Delta x = x_2 - x_1 \quad \textbf{(deslocamento)} \tag{3.2}$$

Deve-se observar, também, que tanto a coordenada x como a variação dela (Δx) têm dimensão de comprimento, ou seja, $[x] = [\Delta x] = L$. Assim, no Sistema Internacional de Unidades, coordenada de posição e deslocamento são medidos em metros (m).

Convém ressaltar que o deslocamento Δx não indica necessariamente o quanto a partícula percorreu. O deslocamento Δx indica apenas o quanto a posição final está à frente ou atrás da posição inicial. Note que, entre as posições de coordenadas x_1 e x_2, a partícula pode ter ido e voltado diversas vezes. Assim, o deslocamento Δx apenas informa a medida do segmento que une as duas posições e não necessariamente o espaço de fato percorrido pelo corpo em movimento. No caso de ter ocorrido um movimento de vai e vem, o espaço efetivamente percorrido pela partícula é maior que o módulo de Δx.

Uma segunda situação interessante é que a posição final x_2 pode ser igual à posição inicial x_1, sem que isso signifique que a partícula permaneceu em repouso. Isto é, ela pode ter saído da posição de coordenada x_1 e voltado ao mesmo ponto; houve movimento, mas o deslocamento no intervalo foi nulo, indicando que a posição final é coincidente com a posição inicial.

3.3   Velocidade Média

Continuando com as considerações anteriores, para cada posição ocupada pela partícula teremos um instante de tempo associado. Da mesma forma que fizemos para o deslocamento, para o tempo também utilizaremos a representação Δt como indicativo da magnitude do intervalo de tempo entre dois instantes t_1 e t_2. Assim:

$$\Delta t = t_2 - t_1 \qquad \text{(intervalo de tempo)} \qquad (3.3)$$

Analisando as dimensões da igualdade acima, vemos que $[t] = [\Delta t] = T$. No SI, a unidade utilizada é o segundo (s).

Com as definições de deslocamento e intervalo de tempo, podemos definir a velocidade média de uma partícula em certo intervalo de tempo. Considerando que sofre um deslocamento Δx no intervalo de tempo Δt, definimos velocidade média como a taxa média de variação de posição em relação ao tempo, ou seja:

$$\bar{v} = \frac{\Delta x}{\Delta t} \text{ (velocidade média)} \qquad (3.4)$$

Pela definição, observamos que $[\bar{v}] = LT^{-1}$, ou seja, no SI, a unidade de velocidade é m/s ou $\mathrm{m\,s^{-1}}$.

Convém observar que a velocidade média calculada para um determinado intervalo de tempo representa uma velocidade única, de modo que, se tivesse sido mantida constante em todo o intervalo considerado, a partícula teria tido o mesmo deslocamento da viagem original no mesmo intervalo de tempo considerado.

Uma situação interessante para reflexão é o caso de uma partícula que está em uma determinada posição, sai dela e volta à posição inicial depois de certo tempo. Nesse caso, de acordo com a definição proposta, a velocidade média associada é nula, uma vez que o deslocamento no intervalo considerado também foi nulo.

Mas qual é o significado de velocidade média nula? Por exemplo, se o corpo avançou a 60 km/h e depois voltou pela mesma reta, também a 60 km/h, por que a velocidade média não é também 60 km/h?

Note que o fato de a partícula ter seu sentido de movimento invertido já nos garante que a velocidade não é mais a mesma. Lembre-se de que velocidade é uma grandeza vetorial, ou seja, se o sentido mudou, a velocidade também mudou: 60 km/h em um sentido não é a mesma velocidade que 60 km/h em sentido oposto. Note, também, que ter velocidade média nula significa que as posições inicial e final serão coincidentes.

Representando em um diagrama a equação de movimento de uma partícula, como na Figura 3.2, podemos observar facilmente que a velocidade média em um determinado intervalo de tempo pode ser interpretada como sendo igual ao valor da inclinação da reta secante à curva pelos pontos inicial e final do intervalo considerado.

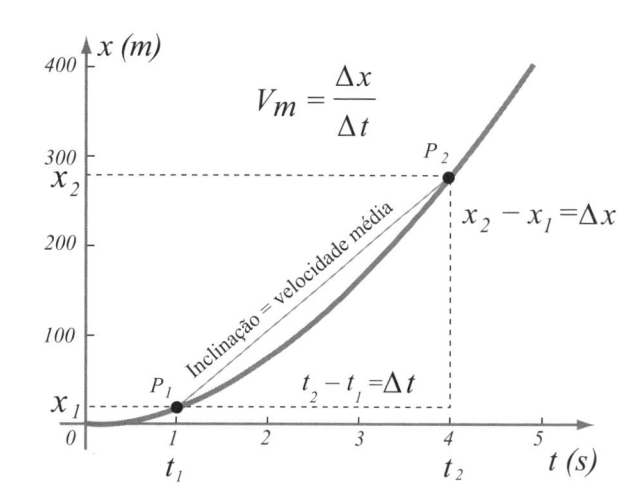

Figura 3.2: Velocidade média e inclinação da reta secante à curva.

Exemplo 3.1
Determine a velocidade média entre os pontos P_1 e P_2 da Figura 3.2.

Solução: verificando o gráfico da Figura 3.2, podemos fazer uma estimativa para as posições da partícula nos tempos t_1 = 1s e t_2 = 4s como $x_1 \approx 20\,\mathrm{m}$ e $x_2 \approx 280\,\mathrm{m}$. Assim, a velocidade média pode ser calculada utilizando a Equação 3.4, como:

$$\bar{v} = \frac{\Delta x}{\Delta t} = \frac{x_2 - x_1}{t_2 - t_1} = \frac{280 - 20}{4 - 1} \approx 87\,\mathrm{m/s}$$

3.4 Velocidade Instantânea

A velocidade média nos dá informações relativamente importantes sobre o movimento em um determinado intervalo de tempo. Por exemplo, quando dizemos que, em uma viagem de Campinas ao Rio de Janeiro, a velocidade média foi de 80 km/h, concluímos que a viagem deve ter durado aproximadamente 5 horas, já que a distância entre as duas cidades é de cerca de 400 km. Apesar disso, a velocidade média não nos informa o que aconteceu instante por instante. Não conseguiríamos dizer, por exemplo, a velocidade do veículo quando passou pelo km 167 da Via Dutra (Jacareí) nem se o motorista parou por alguns instantes em algum posto de combustível ou em algum restaurante.

A velocidade em um determinado instante pode ser obtida da seguinte forma: imagine que conhecemos a posição da partícula em função do tempo, como na Figura 3.3. Escolhemos arbitrariamente um intervalo de tempo Δt, verificamos o deslocamento associado a esse tempo Δx e calculamos a velocidade média usando a Equação 3.4 ($\bar{v} = \Delta x/\Delta t$). O valor de $\bar{v}$ corresponderá à inclinação da reta secante à curva pelos pontos inicial e final do intervalo (como na Figura 3.3). Em seguida, reduzimos a duração do intervalo de tempo para $\Delta t'$, obtendo um deslocamento $\Delta x'$, e calculamos novamente a velocidade nesse novo intervalo, que dará um novo valor de velocidade média, um pouco diferente do calculado anteriormente. Se fizermos isso sucessivamente, ou seja, se diminuirmos seguidamente o intervalo de tempo no qual calculamos a velocidade média, a reta secante tenderá à reta tangente à curva e a velocidade média será calculada em um intervalo de tempo tão pequeno que o valor obtido será praticamente a velocidade instantânea em um dos pontos do intervalo, uma vez que ele é tão pequeno que a velocidade não poderá ter variado de forma significativa. Na linguagem do Cálculo, escrevemos a operação descrita assim:

$$v = \lim_{\Delta t \to 0} \left(\frac{\Delta x}{\Delta t} \right) \tag{3.5}$$

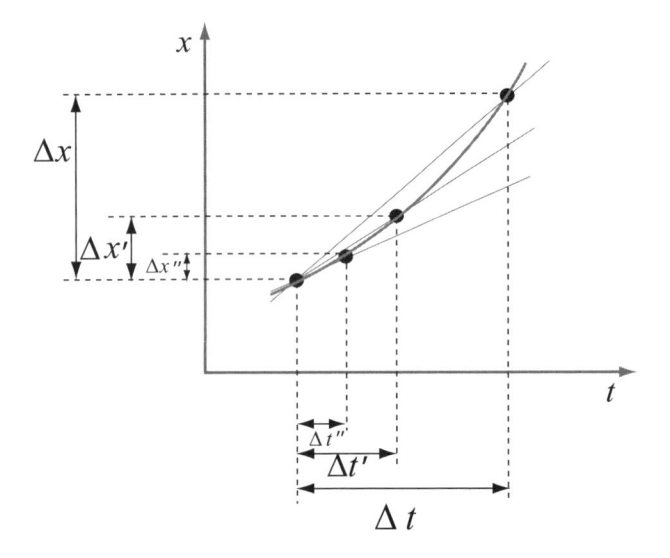

Figura 3.3: Velocidade média e instantânea.

que define, no Cálculo Diferencial, a derivada da função $x(t)$. Em outras palavras, a **velocidade instantânea** pode ser compreendida como sendo a derivada da função posição em relação ao tempo em um determinado instante. Dessa forma, escrevemos:

$$v = \frac{dx}{dt} \quad \text{(velocidade instantânea)} \tag{3.6}$$

No Cálculo Diferencial, existem regras específicas para se determinar a derivada de funções. Nesse exemplo e em outras situações deste capítulo, analisaremos várias equações de movimentos da família dos polinômios, escritas na forma:

$$x = at^n$$

na qual a e n são constantes. A derivada dessa função é dada por:

$$v = \frac{dx}{dt} = \frac{d}{dt}at^n = a\frac{d}{dt}t^n = ant^{n-1} \tag{3.7}$$

As derivadas de várias funções simples encontram-se no Apêndice B.

Exemplo 3.2

Para entendermos melhor a expressão 3.5, ou seja, o conceito de velocidade instantânea, tomemos a Equação $x = at^2$ (onde $a = 1m/s^2$ no SI) como exemplo de uma equação de movimento para uma partícula. Como poderíamos determinar a velocidade instantânea dessa partícula no instante $t = 2,000s$?

Solução: com a equação acima, calculemos a velocidade média, usando a Equação 3.4 em vários intervalos de tempo, todos eles com início no instante $2,000s$. Vamos, propositadamente, fazer os intervalos diminuírem, mantendo-se o instante inicial $t = 2,000s$ (Tabela 3.1).

Tabela 3.1: Posição e tempo de uma partícula.

t_1(s)	x_1(m)	t_2(s)	x_2(m)	$\Delta x(m)$	$\Delta t(s)$	$\bar{v} = \Delta x/\Delta t$ (m/s)
2,000	4,000	4,000	16,000	12,000	2,000	6,000
2,000	4,000	3,000	9,000	5,000	1,000	5,000
2,000	4,000	2,500	6,250	2,250	0,500	4,500
2,000	4,000	2,400	5,760	1,760	0,400	4,400
2,000	4,000	2,300	5,290	1,290	0,300	4,300
2,000	4,000	2,200	4,840	0,840	0,200	4,200
2,000	4,000	2,100	4,410	0,410	0,100	4,100
2,000	4,000	2,050	4,203	0,203	0,050	4,050
2,000	4,000	2,040	4,162	0,162	0,040	4,040
2,000	4,000	2,030	4,121	0,121	0,030	4,030
2,000	4,000	2,020	4,080	0,080	0,020	4,020
2,000	4,000	2,010	4,040	0,040	0,010	4,010
2,000	4,000	2,005	4,020	0,020	0,005	4,005
2,000	4,000	2,004	4,016	0,016	0,004	4,004
2,000	4,000	2,003	4,012	0,012	0,003	4,003
2,000	4,000	2,002	4,008	0,008	0,002	4,002
2,000	4,000	2,001	4,004	0,004	0,001	4,001

É fácil perceber pelos cálculos que, na medida em que o intervalo de tempo vai diminuindo, ou seja, vai tendendo a zero, a velocidade média no mesmo intervalo vai tendendo a um valor limite que corresponde à velocidade no instante $t = 2,000s$, no caso, igual a $t = 4,000m/s$.

Exemplo 3.3

Considerando novamente o exemplo 3.2, onde a equação de movimento de uma partícula é conhecida como $x = t^2$ (a constante de proporcionalidade é igual a $1m/s^2$), (a) determine a equação de velocidade da partícula, (b) calcule a velocidade da partícula para $t = 2,0s$ e compare o valor obtido com o resultado do exemplo 3.2 e responda (c) qual é a interpretação geométrica para o valor encontrado em b?

Solução: (a) a equação de velocidade instantânea da partícula pode ser obtida utilizando-se a Equação 3.6, que envolve uma derivada da equação do movimento, um polinômio de grau 2. Adotando o procedimento de derivação de polinômios, Equação 3.7, aplicado à Equação 3.6, teremos:

$$v = \frac{dx}{dt} = \frac{d(t^2)}{dt} = 2t$$

(b) No instante $t = 2,0s$, a velocidade instantânea pode ser obtida substituindo-se o tempo na equação encontrada pela derivação, ou seja, $v = 2 \times 2,0 = 4,0 m/s$, que é o mesmo valor obtido no Exemplo 3.2 acima.

(c) O valor $4,0$ encontrado para a velocidade corresponde à inclinação da reta tangente à curva $x = t^2$ pelo ponto da mesma, cujas coordenadas são $(2,0s; 4,0m)$.

3.5 Movimento Retilíneo Uniforme

O movimento mais simples que podemos analisar em linha reta é o de um corpo que se desloca com velocidade constante, ou seja, um movimento que apresenta velocidade igual em qualquer instante do intervalo de tempo considerado, conhecido como **movimento retilíneo uniforme** (MRU). A Figura 3.4 mostra uma fotografia de múltipla exposição de uma bola de bilhar, indicando a posição da partícula em intervalos de tempo iguais.

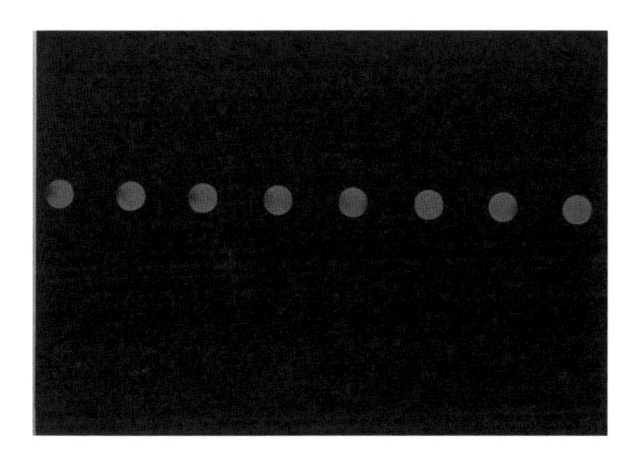

Figura 3.4: Fotografia de múltipla exposição de uma bolha de bilhar em MRU. (Fonte: prof. Rodolpho Caniatto)

Note que, se a velocidade é constante, podemos escrever:

$$\bar{v} = \frac{\Delta x}{\Delta t} = v \qquad (3.8)$$

Em outras palavras, no MRU, podemos afirmar que a velocidade média em qualquer intervalo de tempo é igual à velocidade instantânea em qualquer um dos instantes desse intervalo. A Figura 3.5a mostra o gráfico de $v(t)$ em função do tempo como uma reta horizontal.

Reescrevendo a Equação 3.8 como:

$$v = \frac{(x - x_0)}{(t - t_0)}$$

e rearranjando os termos, após considerar que, em x_0 (posição inicial) $t_0 = 0$, a expressão ficará:

$$x = x_0 + vt \qquad \textbf{(MRU)} \qquad (3.9)$$

Dessa forma, observamos que a equação de movimento para uma partícula em movimento uniforme é uma equação de primeiro grau, na qual o coeficiente de t (coeficiente angular da reta) representa a velocidade do movimento e o termo independente (coeficiente linear da reta) representa a posição inicial. A Figura 3.5b mostra o gráfico representativo da Equação 3.9. A velocidade, definida pela Equação 3.8, também pode ser obtida pela tangente do ângulo, $tg\theta = \Delta x/\Delta t$, que a reta faz com o eixo do tempo.

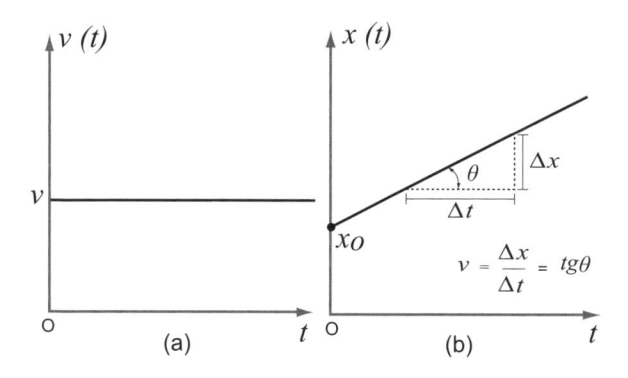

Figura 3.5: Gráficos característicos para um movimento com velocidade constante.

Exemplo 3.4

A equação de movimento de uma partícula é $x = 5,0 + 2,0t$, onde x representa a coordenada de posição e t é um instante de tempo qualquer, ambos medidos em unidades SI. (a) O movimento representado é uniforme? (b) Determine a velocidade da partícula. (c) Qual é a posição inicial da partícula e (d) a posição para o tempo $t = 4,0s$?

Solução: (a) o movimento representado é uniforme, pois a equação horária do mesmo é um polinômio de grau 1 em t.

(b) A velocidade da partícula é dada pelo coeficiente angular da reta, ou seja, $v = 2,0m/s$. Em geral, podemos obter a velocidade utilizando a Equação 3.6, derivando-se a Equação $x = f(t)$. Assim, utilizando a equação fornecida, teremos:

$$v = \frac{dx}{dt} = \frac{d(5,0 + 2,0t)}{dt}$$

Realizando a derivação, obtém-se:

$$v = 2{,}0\,\text{m/s}$$

(c) A posição inicial é igual ao coeficiente linear da reta, $x_0 = 5{,}0\,\text{m}$. Em um caso genérico, basta substituir o valor de $t = 0$ na equação do movimento $x = f(t)$. Assim, no instante $t = 0\,\text{s}$, a posição da partícula deste exemplo é:

$$x = 5,0 + 2,0 \times 0 = 5{,}0\,\text{m}$$

(d) No instante $t = 4{,}0\,\text{s}$, a posição da partícula é:

$$x = 5,0 + 2,0 \times 4,0 = 13\,\text{m}$$

3.6 Movimento com Velocidade Variável

O movimento retilíneo uniforme é um caso muito particular do movimento de uma partícula. Na verdade, a grande maioria dos movimentos não é assim, ou seja, os movimentos que observamos na natureza geralmente apresentam velocidade variável. Vamos, agora, analisar a equação do movimento em que a velocidade varia com o tempo.

Construindo um diagrama representativo da velocidade em função do tempo para um movimento qualquer, também podemos dar uma interpretação geométrica para o deslocamento em um determinado intervalo de tempo escolhido.

Na Figura 3.6, que representa uma função ilustrativa da velocidade em função do tempo de uma partícula, faremos a divisão de um intervalo de tempo maior em vários intervalos menores e imaginaremos que a velocidade se manteve constante nesses curtos intervalos obtidos, como se a mudança de velocidade ocorresse aos "saltos".

No gráfico (a), ao calcularmos as áreas de cada um dos pequenos retângulos, observamos que cada área é numericamente igual ao produto da velocidade pelo respectivo intervalo de tempo e que também representa, aproximadamente, o deslocamento nesse intervalo considerado. Assim, para o i-ésimo intervalo Δx_i (Figura 3.6a), podemos escrever:

$$\Delta x_i \approx v_i \Delta t_i$$

Somando-se as áreas de todos esses pequenos intervalos, teremos, aproximadamente, o deslocamento total da partícula Δx no intervalo maior considerado. Se o mesmo cálculo for repetido fazendo os intervalos de tempo ainda menores (Figura 3.6b), a área total obtida estará mais próxima da área sob a curva característica do movimento. Dessa forma, podemos escrever, para

o deslocamento total no intervalo considerado (Figura 3.6c):

$$\Delta x = \lim_{\Delta t \to 0} \sum_i v_i \Delta t_i$$

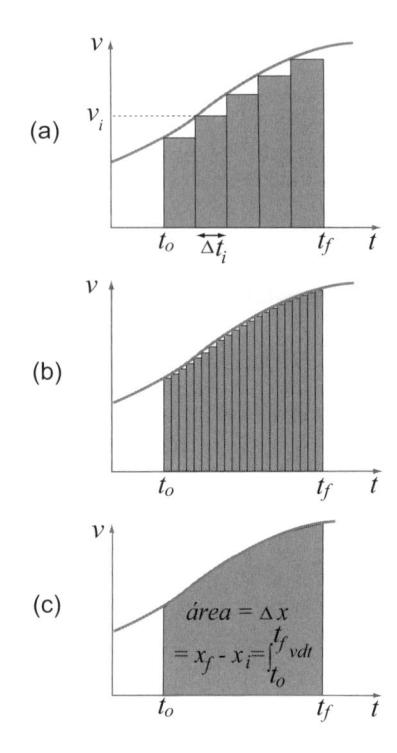

Figura 3.6: Deslocamentos no gráfico de velocidade em função do tempo.

Na linguagem do Cálculo, esse limite da soma define o que chamamos de integral definida da função $v = f(t)$ em relação à variável t, no intervalo considerado. Representa-se a expressão acima por:

$$\Delta x = \int_{t_0}^{t} v \, dt \quad \textbf{(deslocamento)} \quad (3.10)$$

em que o símbolo $\int_{t_0}^{t} v \, dt$ representa o limite de uma soma.

Utilizando a nomenclatura que usamos quando definimos a derivada de uma função, ou seja, $dx = v \, dt$, podemos escrever o deslocamento como sendo $\Delta x = \int_{t_0}^{t} dx$. Portanto, a integral do lado direito da igualdade acima representa a área sob a curva $v = f(t)$, entre os instantes definidos na integração (Figura 3.6c).

Como o deslocamento Δx e, portanto, x foram obtidos a partir da velocidade, observa-se que o processo utilizado, ou seja, a integração, é a operação inversa da derivação.

Assim como comentamos anteriormente para a derivação, existem regras específicas para se determinar as integrais de funções. Neste capítulo, analisaremos várias equações de movimentos da família dos polinômios, ou seja, escritas na forma:

$$v = at^n$$

na qual a e n são constantes. As integrais dessas funções são dadas por:

$$x = \int at^n dt = a \int t^n dt = \frac{a}{n+1} t^{n+1} + C \quad (3.11)$$

onde a constante C aparece na expressão quando não definimos os extremos de integração. Nesse caso, a integral é denominada integral indefinida, pois qualquer que seja o valor da constante C, ao derivarmos a expressão, a derivada de C é nula. Entretanto, a constante C pode ser obtida conhecendo-se as condições iniciais. Compare essa equação obtida à 3.7 e verifique se os processos são inversos.

O Apêndice B apresenta o resultado da integração de algumas funções simples.

Exemplo 3.5

A equação de velocidade de uma determinada partícula é dada por $v = 8,0t$, em unidades SI. Calcule o deslocamento da partícula entre os tempos $t = 2\,\text{s}$ e $t = 4\,\text{s}$.

Solução: utilizando a Equação 3.10 e substituindo a função para a velocidade e os limites de integração, teremos:

$$\Delta x = \int_{t_0}^{t} v\,dt = \int_{2}^{4} 8t\,dt = 4t^2 \,\big|_{2}^{4} = 48\,\text{m}$$

3.7   Aceleração

As variações de velocidade podem ocorrer em intervalos de tempos mais curtos ou mais longos. Assim, para descrevermos a taxa de variação de velocidade, introduzimos o conceito de **aceleração**.

A ideia é que um movimento apresenta aceleração quando sua velocidade muda de alguma maneira. Ressaltamos que, neste capítulo, estamos levando em conta somente a variação da magnitude da velocidade, ou seja, a mudança de seu valor. No próximo capítulo, observaremos que a velocidade de uma partícula pode manter seu valor, podendo, porém, mudar de direção. Como nenhum corpo faz isso espontaneamente, verificaremos que há também uma aceleração associada, ou seja, um corpo apresenta aceleração mesmo quando sua velocidade muda apenas de direção, sem mudar de magnitude, como no movimento circular uniforme. Essa discussão será feita posteriormente.

Imaginemos, então, uma partícula que se move sobre uma reta e apresenta velocidade v_1 em um instante de tempo t_1 e velocidade v_2 em um instante posterior t_2. Definimos **aceleração média** no intervalo considerado como o quociente entre a variação de velocidade $\Delta v = v_2 - v_1$ pelo intervalo de tempo $\Delta t = t_2 - t_1$. Em linguagem simbólica, temos:

$$\bar{a} = \frac{\Delta v}{\Delta t} \quad \textbf{(aceleração média)} \quad (3.12)$$

Percebe-se, pela definição, que $[\bar{a}] = [\Delta v]/[\Delta t] = LT^{-1}/T = L.T^{-2}$. Portanto, no SI, a unidade de aceleração é o m/s^2 ou m s^{-2}.

Assim como fizemos para velocidade, também convém definir **aceleração instantânea** para a aceleração. Fazemos isso da mesma forma que foi feito para velocidade instantânea, ou seja, a aceleração em um determinado instante é definida pelo limite da aceleração média quando fazemos o intervalo de tempo se tornar tão pequeno quanto se queira, ou seja, quando fazemos o intervalo de tempo tender a zero. Assim, podemos escrever:

$$a = \lim_{\Delta t \to 0} \frac{\Delta v}{\Delta t}$$

Como visto anteriormente, sabemos que a expressão acima pode ser escrita como:

$$a = \frac{dv}{dt} \quad \textbf{(aceleração instantânea)} \quad (3.13)$$

Dizemos, então, que a aceleração é a derivada da velocidade em relação ao tempo. Lembrando que a velocidade, por sua vez, é obtida pela derivada da coordenada de posição em relação ao tempo, podemos escrever que a aceleração é a derivada de uma função que já corresponde à derivada da função posição. Assim, podemos dizer que, derivando-se duas vezes a função posição em relação ao tempo, obtemos a aceleração. Para verificarmos essa afirmação, tomemos a Equação 3.13 acima, substituindo v pela Equação 3.6, ou seja:

$$a = \frac{dv}{dt} = \frac{d}{dt}\left(\frac{dx}{dt}\right)$$

fornecendo a equação mencionada:

$$a = \frac{d^2 x}{dt^2} \quad (3.14)$$

que representa a derivada segunda da posição.

Exemplo 3.6

Uma bicicleta parte do repouso e atinge 36 km/h após 10 s. (a) Qual é a aceleração média da bicicleta? (b) Após andar por algum tempo, o ciclista freia, reduzindo sua velocidade de 36 km/h para 0 km/h em 4 s. Qual é a aceleração média neste intervalo?

Solução: (a) convertendo a velocidade final de km/h para m/s, teremos $v_f = 10 \, \text{m/s}$. Para se obter a aceleração média, usamos a Equação 3.12. Adotando o tempo inicial igual a zero, teremos:

$$\bar{a} = \frac{\Delta v}{\Delta t} = \frac{v_f - v_i}{t_f - t_i} = \frac{10 - 0}{10 - 0} = 1 \, \text{m/s}^2$$

(b) Novamente, utilizando a Equação 3.12, teremos:

$$\bar{a} = \frac{\Delta v}{\Delta t} = \frac{v_f - v_i}{t_f - t_i} = \frac{0 - 10}{5 - 0} = -2 \, \text{m/s}^2$$

Observe que o sinal negativo indica que a velocidade (que é positiva) diminui com o tempo.

3.8 Movimento com Aceleração Constante

Um outro movimento relativamente simples em uma dimensão é o de um corpo que se desloca com aceleração constante, ou seja, um movimento retilíneo que apresenta aceleração igual em qualquer instante do intervalo de tempo considerado, denominado **movimento uniformemente acelerado**. Se a aceleração é constante, podemos escrever:

$$\bar{a} = \frac{\Delta v}{\Delta t} = a \qquad (3.15)$$

A Figura 3.7a mostra a representação gráfica da função descrita pela Equação 3.15 como uma reta paralela ao eixo t. Em outras palavras, podemos afirmar que a aceleração média em qualquer intervalo de tempo é igual à aceleração instantânea em qualquer dos instantes desses intervalos. Assim:

$$\bar{a} = a = \frac{\Delta v}{\Delta t} = \frac{(v - v_0)}{(t - t_0)}$$

de onde podemos obter:

$$a(t - t_0) = v - v_0$$

Se considerarmos o tempo inicial $t_0 = 0$, a expressão ficará:

$$v = v_0 + at \qquad (3.16)$$

Observamos que a equação de velocidade para uma partícula em movimento com aceleração constante representa uma função de grau um (uma reta), como na Figura 3.7b, cuja inclinação, $tg\theta$ (coeficiente de t), representa a aceleração do movimento e o termo independente (ponto onde a reta cruza o eixo v) representa a velocidade inicial, ou seja, a velocidade no instante $t = 0$.

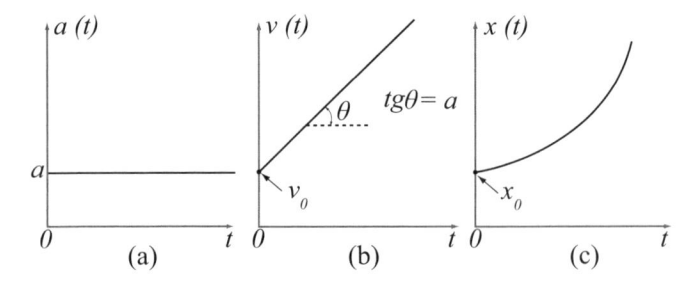

Figura 3.7: Gráficos característicos para um movimento com aceleração constante.

A equação de movimento pode ser obtida integrando a função velocidade em relação ao tempo, como na Equação 3.10:

$$\Delta x = \int_{x_0}^{x} dx = \int_{t_0}^{t} v \, dt$$

Integrando em dx, adotando $t_0 = 0$ e substituindo v pela Equação 3.16, obtemos:

$$x - x_0 = \int_{0}^{t} (v_0 + at) \, dt$$

que, após integração, vira:

$$x = x_0 + v_0 t + a\frac{t^2}{2} \qquad (3.17)$$

A função obtida é um polinômio de grau 2 em t. A Figura 3.7c mostra que a representação gráfica da função descrita pela Equação 3.17 é um arco de parábola, cuja interseção com eixo x fornece a posição inicial da partícula.

Com as Equações 3.16 e 3.17, podemos obter uma terceira equação (Problema 3.40), que será muito útil na análise desses movimentos com aceleração constante:

$$v^2 = v_0^2 + 2a\Delta x \qquad (3.18)$$

conhecida como **equação de Torricelli**. Além dela, outra expressão que será útil nas análises de problemas é a que permite o cálculo da velocidade média em um intervalo de tempo a partir das velocidades inicial e final no mesmo intervalo. Consideremos a Equação 3.4:

$$\bar{v} = \frac{\Delta x}{\Delta t}$$

Explicitando os intervalos, $\Delta x = x - x_0$ e $\Delta t = t - t_0$, e adotando $t_0 = 0$, teremos:

$$\bar{v} = \frac{(x - x_0)}{(t - 0)}$$

substituindo x por 3.17, teremos:

$$\bar{v} = \frac{(x_0 + v_0 t + a\frac{t^2}{2} - x_0)}{t} = \frac{(2v_0 + at)}{2}$$

Substituindo parte da expressão por 3.16, obtemos a expressão:

$$\bar{v} = \frac{(v_0 + v)}{2} \tag{3.19}$$

Pode-se dizer, então, que a velocidade média em um determinado intervalo de tempo, para um movimento com aceleração constante, é igual à média aritmética das velocidades inicial e final no referido intervalo de tempo.

Utilizando a equação de definição de velocidade média 3.4 na forma:

$$x = x_0 + \bar{v}t$$

e combinando com a Equação 3.19, usando x_0 para $t_0 = 0$, obtemos uma nova relação útil:

$$x = x_0 + \frac{v_0 + v}{2}t \tag{3.20}$$

Uma apresentação das principais equações estudadas até aqui para o MRU e o movimento uniformemente acelerado é feita na Tabela 3.2.

Tabela 3.2: Equações do MRU e do movimento uniformemente acelerado.

Equação	Movimento
$x = x_0 + vt$ (3.9)	MRU
$v = v_0 + at$ (3.16)	Aceleração constante
$x = x_0 + \frac{v_0+v}{2}t$ (3.20)	Aceleração constante
$x = x_0 + v_0 t + a\frac{t^2}{2}$ (3.17)	Aceleração constante
$v^2 = v_0^2 + 2a\Delta x$ (3.18)	Equação de Torricelli

Exemplo 3.7
Uma partícula parte do repouso com aceleração constante e igual a $2,0\,\text{m/s}^2$. Determine (a) a velocidade para $t = 3\,\text{s}$, (b) a coordenada de posição da partícula para $t = 3\,\text{s}$ e (c) a velocidade média no intervalo de $0\,\text{s}$ a $3\,\text{s}$.

Solução: (a) usando a Equação 3.16, podemos escrever que:

$$v = 0 + 2,0t$$

Substituindo $t = 3\,\text{s}$, temos:

$$v = 2,0 \times 3 = 6\,\text{m/s}$$

(b) A equação da coordenada de posição (3.17) fica:

$$x = 0 + 0 \times t + 2,0\frac{t^2}{2} = t^2$$

Novamente, substituindo $t = 3$ s, temos:

$$x = t^2 = 3^2 = 9\,\text{m}$$

(c) Podemos calcular a velocidade média por dois caminhos, usando a Equação 3.19:

$$\bar{v} = \frac{0 + 6}{2} = 3\,\text{m/s}$$

ou a Equação 3.4:

$$\bar{v} = \frac{9 - 0}{3 - 0} = 3\,\text{m/s}$$

3.9 Queda Livre

Um exemplo de movimento que apresenta aceleração constante é o movimento de um corpo que cai nas proximidades da Terra sem que a resistência imposta pelo ar seja significativa. Podemos considerar que são assim os movimentos de corpos sólidos, pequenos, compactos e que caem de alturas não muito grandes, como a queda de uma bola de tênis da janela de uma residência ou dos últimos andares de um edifício. Essa propriedade já não é válida, por exemplo, para uma pena de ave que cai de alguns metros de altura. Nesse caso, a resistência do ar não permite que a aceleração do movimento seja sempre a mesma. Também não podemos considerar em queda livre um paraquedas aberto e em movimento de queda. A grande área deste fará com que a resistência do ar seja muito significativa, impedindo que ele caia com a aceleração da gravidade, como acontece com a bola de tênis (Figura 3.8). Problemas dessa natureza serão abordados no Capítulo 6.

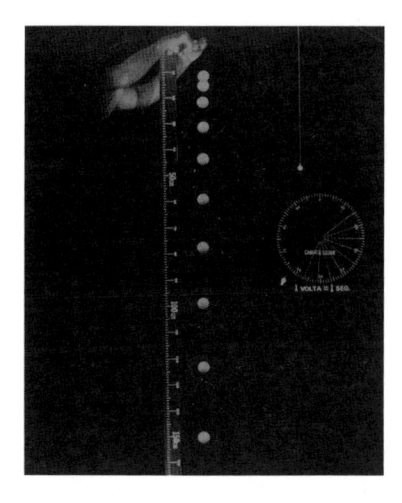

Figura 3.8: Fotografia de múltipla exposição de uma bola em queda livre. (Fonte: prof. Rodolpho Caniatto)

Um corpo que cai apenas sob a ação da gravidade apresenta uma aceleração de queda, nas proximidades da Terra, que tem valor muito próximo de $10\,\text{m/s}^2$. Na verdade, esse valor varia de $9{,}78\,\text{m/s}^2$ (nas proximidades do Equador) a $9{,}83\,\text{m/s}^2$ (nas proximidades dos polos). Essa diferença de valor da chamada aceleração local da gravidade tem a ver com o achatamento da Terra nos polos e com sua rotação em torno de seu próprio eixo. Neste capítulo, utilizaremos o valor $9{,}81\,\text{m/s}^2$ para indicar a aceleração da gravidade terrestre. Em algumas situações, adotaremos $g = 10\,\text{m/s}^2$ apenas para simplificar os cálculos.

Dessa maneira, as equações características para um corpo pequeno e compacto em queda e livre da resistência do ar, nas proximidades da Terra, são as equações de um movimento com aceleração constante, vistas no parágrafo anterior. Assim, basta substituir a por g nas equações vistas anteriormente, ou:

$$v = v_0 \pm gt \qquad \text{(a)}$$

$$x = x_0 + v_0 t \pm g \frac{t^2}{2} \qquad \text{(b)}$$

$$v^2 = v_0^2 \pm 2g\Delta x \qquad \text{(c)} \tag{3.21}$$

O sinal $+$ ou $-$ adotado para g depende da orientação escolhida como positiva, arbitrariamente, para a trajetória, se para baixo ou para cima.

Exemplo 3.8

Um corpo é atirado do solo para cima, com velocidade inicial de 8 m/s. Desprezando a resistência do ar sobre o movimento, determine (a) o tempo de subida, (b) a altura máxima atingida, (c) o tempo total de percurso até a volta ao solo e (d) a velocidade com que o corpo colide com o chão. Por simplificação, considere $g = 10\,\text{m/s}^2$.

Solução: (a) utilizando a Equação 3.21a e adotando o sentido para cima como positivo, teremos:

$$v = 8 - 10 \times t = 0 \quad \Rightarrow \quad t = 0{,}8\,\text{s}$$

(b) Usando a Equação 3.21c, temos:

$$v^2 = 8^2 - 2 \times 10 \times \Delta x = 0 \quad \Rightarrow \quad \Delta x = 3{,}2\,\text{m}$$

(c) Utilizando a Equação 3.21b:

$$x = 0 + 8t - 10\frac{t^2}{2} = 0 \quad \Rightarrow \quad 8 - 5t = 0 \quad \Rightarrow \quad t = 1{,}6\,\text{s}$$

Pelo resultado obtido, observa-se que o tempo de subida é igual ao de queda.

(d) Usando novamente a Equação 3.21a, obtém-se:

$$v = 8 - 10 \times 1{,}6 = 8 - 16 = -8\,\text{m/s}$$

Note que a velocidade de volta é igual à de partida. O estudante pode verificar, também, que os resultados serão os mesmos se adotarmos o sentido positivo para baixo.

3.10 Movimento com Aceleração Variável

Tendo analisado alguns movimentos mais simples, estamos aptos a discutir o fato de que os movimentos mais complexos apresentam velocidade e aceleração variáveis, não só em magnitude como também em direção. Para esse estudo, as ferramentas de cálculo diferencial e integral são muito úteis.

Conhecendo a equação de movimento de uma partícula em função do tempo, $x = f(t)$ ou simplesmente $x(t)$, podemos encontrar a velocidade da partícula em função do tempo, $v = f(t)$ ou $v(t)$, utilizando a Equação 3.6:

$$v(t) = \frac{dx(t)}{dt}$$

Da mesma forma, conhecendo a equação da velocidade em função do tempo, podemos determinar a aceleração em função do tempo, $a = f(t)$ ou $a(t)$, por meio da derivada da velocidade, Equação 3.13:

$$a(t) = \frac{dv(t)}{dt}$$

As operações inversas, ou seja, obter $v(t)$ a partir de $a(t)$ e $x(t)$ a partir de $v(t)$, requerem um pouco mais de cuidado, devido ao fato de a derivação de uma constante ser igual a zero, enquanto o mesmo não ocorre com a integração. Neste último caso, necessitamos inserir os limites de integração, o que resulta na introdução de uma constante. Assim, conhecendo a aceleração em função do tempo, podemos determinar a velocidade pela integral da Equação 3.13, incluindo os limites de integração, ou seja:

$$\int_{v_0}^{v} dv = \int_{t_0}^{t} a(t)dt$$

Resolvendo a integral em dv e rearranjando os termos, obtém-se a equação:

$$v(t) = v_0 + \int_{t_0}^{t} a(t)dt \tag{3.22}$$

Assim, conhecendo a função da velocidade em função do tempo, podemos obter a posição em qualquer instante, por meio da integral da Equação 3.6, desde que conheçamos as condições iniciais, x_0 e t_0, ou:

$$\int_{x_0}^{x} dx = \int_{t_0}^{t} v(t)dt$$

Resolvendo a integral em dx e rearranjando os termos, obtém-se a equação:

$$x(t) = x_0 + \int_{t_0}^{t} v(t)dt \tag{3.23}$$

Exemplo 3.9

Uma partícula movimenta-se sobre uma reta com aceleração variável de acordo com a Equação $a=5e^t$ (SI). Sabe-se também que, em $t = 0$ s, a partícula não apresentava velocidade e que estava na posição caracterizada pela abscissa $x = 3$ m. Determine (a) a equação de velocidade da partícula e (b) a equação horária de posição da partícula.

Solução: (a) utilizando a Equação 3.22,

$$v = v_0 + \int_{t_0}^{t} a\,dt$$

e substituindo a, $v_0 = 0$ e $t_0 = 0$, temos:

$$v = \int_{0}^{t} 5e^t\,dt$$

da qual se obtém:

$$v = -5 + 5e^t \tag{3.24}$$

(b) Para encontrarmos $x = f(t)$, podemos utilizar a Equação 3.23:

$$x = x_0 + \int_{t_0}^{t} v\,dt$$

Substituindo a Equação 3.24 na integral acima e adotando os valores fornecidos, $x_0=3$ e $t_0=0$, obtemos:

$$x = 3 + \int_{0}^{t} (-5 + 5e^t)\,dt$$

Realizando a integração e após algumas operações algébricas, obtém-se:

$$x = -2 - 5t + 5e^t \tag{3.25}$$

O estudante pode verificar que, para $t=0$, obtém-se $v=0$ na Equação 3.24 e $x=3$ na Equação 3.25, conforme o enunciado do problema.

Neste capítulo, toda a discussão foi feita considerando uma partícula em movimento sobre uma reta, ou seja, em movimento unidimensional. Veremos, no capítulo seguinte, que os movimentos em duas ou três dimensões também podem ser analisados como se fossem compostos de movimentos parciais segundo as direções de dois ou três eixos de um sistema cartesiano tomado como referência. As discussões aqui realizadas e as equações obtidas serão muito úteis nessas análises futuras.

3.11   RESUMO

3.1 Introdução

Movimentos unidimensionais: movimentos sobre uma reta. Uma coordenada é suficiente para a localização do corpo em movimento.

Cinemática: estudo descritivo dos movimentos, sem a análise das causas (forças envolvidas).

Partícula: corpo cujas dimensões não levamos em conta; como se fosse um ponto geométrico dotado de massa (ponto material). O movimento de uma partícula é exclusivamente translacional, ou seja, não há movimento rotacional.

3.2 Sistemas Unidimensionais

A equação de movimento é a igualdade que relaciona a coordenada de posição com o tempo e é simbolizada como $x = f(t)$ ou, simplesmente, $x(t)$. O deslocamento escalar mede a amplitude da mudança de posição ocorrida no intervalo de tempo:

$$\Delta x = x_2 - x_1 \qquad \text{(deslocamento escalar)} \tag{3.2}$$

3.3 Velocidade Média

Um intervalo de tempo entre dois instantes t_1 e t_2 pode ser calculado por $\Delta t = t_2 - t_1$. A velocidade média caracteriza a rapidez média com a qual se deu a mudança de posição da partícula em movimento:

$$\bar{v} = \frac{\Delta x}{\Delta t} \qquad \text{(velocidade média)} \tag{3.4}$$

3.4 Velocidade Instantânea

A velocidade instantânea pode ser obtida por meio do cálculo da velocidade média, no limite, quando fazemos o intervalo de tempo tender a zero, que corresponde à derivada da função posição em relação ao tempo em um determinado instante:

$$v = \frac{dx}{dt} \qquad \text{(velocidade instantânea)} \tag{3.6}$$

3.5 Movimento Retilíneo Uniforme

O MRU é um movimento que apresenta velocidade com valor constante em qualquer instante de um intervalo de tempo e sua equação do movimento é:

$$x = x_0 + vt \qquad \text{(MRU)} \tag{3.9}$$

que é uma equação de primeiro grau em t. Seu gráfico característico é uma reta onde o coeficiente angular corresponde à velocidade e o coeficiente linear corresponde à posição inicial da partícula.

3.6 Movimento com Velocidade Variável

Em um movimento qualquer, o deslocamento total em um intervalo de tempo entre t_0 e t é dado por:

$$\Delta x = \int_{x_0}^{x} dx = \int_{t_0}^{t} vdt \qquad \text{(deslocamento em um movimento qualquer)} \tag{3.10}$$

3.7 Aceleração

A aceleração média caracteriza a taxa média com a qual ocorre a mudança de velocidade da partícula em movimento:

$$\bar{a} = \frac{\Delta v}{\Delta t} \qquad \text{(aceleração média)} \tag{3.12}$$

A aceleração instantânea pode ser obtida por meio do cálculo da aceleração média, no limite, quando fazemos o intervalo de tempo tender a zero, ou seja, calculando-se a derivada de $v = f(t)$ em relação a t.

$$a = \frac{dv}{dt} \qquad \text{(aceleração instantânea)} \tag{3.13}$$

3.8 Movimento com Aceleração Constante

O movimento com aceleração constante é aquele que apresenta aceleração escalar constante em qualquer instante de um intervalo de tempo, ou seja, $\bar{a} = \frac{\Delta v}{\Delta t} = a$. Para esse movimento, podemos utilizar as seguintes equações:

$$v = v_0 + at \tag{3.16}$$

$$x = x_0 + v_0 t + a\frac{t^2}{2} \tag{3.17}$$

$$v^2 = v_2^2 + 2a\Delta x \tag{3.18}$$

$$\bar{v} = \frac{(v_0 + v)}{2} \tag{3.19}$$

3.9 Queda Livre

É o movimento de um corpo que cai nas proximidades da Terra, sem que a resistência imposta pelo ar seja significativa. Nas proximidades da Terra, a aceleração de queda desses corpos (representada por g) é aproximadamente $9,81\,\text{m/s}^2$. As equações características para um corpo em queda livre são as equações de um movimento com aceleração constante, bastando substituir a por g nas equações acima.

3.10 Movimento com Aceleração Variável

Conhecendo a equação de movimento de uma partícula em função do tempo, $x(t)$, podemos encontrar a velocidade da partícula em função do tempo, $v(t)$, utilizando a equação:

$$v(t) = \frac{dx(t)}{dt} \tag{3.6}$$

Com a equação da velocidade em função do tempo, podemos determinar a aceleração em função do tempo, $a(t)$, por meio da derivada da velocidade:

$$a(t) = \frac{dv(t)}{dt} \tag{3.13}$$

No sentido inverso, conhecendo-se a aceleração em função do tempo, podemos determinar a velocidade pela integral da Equação 3.13. Resolvendo a integral em dv, obtém-se a equação:

$$v(t) = v_0 + \int_{t_0}^{t} a(t)dt \tag{3.22}$$

Assim, utilizando a equação da velocidade em função do tempo, podemos obter a posição em qualquer instante, por meio da integral da Equação 3.6:

$$x(t) = x_0 + \int_{t_0}^{t} v(t)dt \tag{3.23}$$

3.12 EXPERIMENTO 3.1: Movimento Uniformemente Acelerado

Utilizaremos um plano inclinado para verificar o movimento de um objeto livre de atrito em um movimento uniformemente acelerado e em uma dimensão que nos permita determinar também a aceleração da gravidade local. Esse experimento é semelhante ao Experimento 1.1, mas, neste caso, será realizado com mais rigor, fornecendo melhor precisão no valor da aceleração da gravidade pela eliminação do atrito, do efeito de rolamento e de irregularidades na rampa.

Aparato Experimental

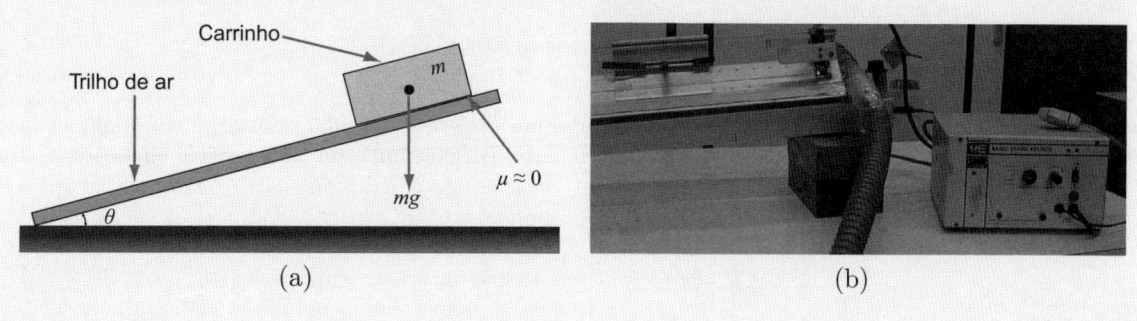

(a)   (b)

Figura 3.9: (a) Trilho inclinado sem atrito e (b) trilho de ar com um carrinho e um faiscador. (Fonte: IFGW/Unicamp)

Utiliza-se um carrinho que pode andar quase sem atrito em um plano cujo ângulo pode ser alterado. O atrito é extremamente reduzido por uma camada de ar produzida por um compressor. Vários métodos podem ser utilizados para se determinar o tempo percorrido pelo carrinho para determinadas distâncias. Entre eles, é comum o uso de um faiscador com uma frequência fixa conhecida, que é utilizado para deixar uma marca em um papel fotossensível colocado ao longo do trilho. Outras montagens utilizam fotossensores colocados em posições estratégicas e conectados a um cronômetro digital ou a um computador para se obter o tempo. Uma montagem mais simples pode ser feita utilizando-se um cronômetro manual para medir o tempo que o carrinho leva para percorrer certas distâncias.

Experimento

Posicione o trilho em certo ângulo. Deixe o carrinho descer o plano a partir do repouso. Obtenha o tempo t para o carrinho percorrer várias distâncias x intermediárias do percurso. No caso do faiscador, o tempo entre cada faísca será o mesmo para vários trechos do percurso, e os dados completos do percurso são obtidos em uma única etapa. No caso do uso de fotossensores ou mesmo do cronômetro manual, divida o percurso completo em vários trechos (p. ex., de 10 em 10 cm) e obtenha o tempo necessário para o carrinho atingir essas posições, uma de cada vez, repetindo o movimento várias vezes. Repita as medidas várias vezes para obter uma média, mas tenha em mente que a velocidade inicial deve ser a mesma, não sendo necessariamente a partir do repouso.

Análise dos Resultados

1) Obtenha, teoricamente, a função $x = f(t)$ esperada para o movimento.
2) Com os dados coletados e utilizando os tempos médios, construa um gráfico da posição do carrinho em função do tempo, $x = f(t)$.
3) Faça uma linearização da função obtida no item 1, utilizando t^2 como parâmetro, e monte o gráfico correspondente com os mesmos dados acima. Qual é o significado dos coeficientes linear e angular da reta obtida?
4) Verifique que a aceleração do movimento é constante e determine a aceleração do movimento e a aceleração da gravidade com seus respectivos erros. Compare a aceleração da gravidade ao valor conhecido para o local onde você está realizando o experimento.

3.13   QUESTÕES, EXERCÍCIOS E PROBLEMAS

3.1 Introdução

3.1 Podemos considerar a Terra como uma partícula quando descrevemos seus movimentos de rotação em torno de seu próprio eixo? E quando descrevemos o movimento de translação em torno do Sol?

3.2 Ao jogarmos uma moeda para verificar se dá "cara ou coroa", para decidirmos algo como "quem começa o jogo", podemos tratá-la como uma partícula?

3.3 Resolvendo uma equação de movimento de uma determinada partícula, encontram-se dois valores de tempo, um positivo e outro negativo. Esse valor negativo pode ter algum significado físico?

3.4 Massa e força são grandezas importantes na análise da cinemática do movimento de um corpo?

3.5 Velocidade e aceleração são termos sinônimos? Um corpo pode apresentar velocidade sem ter aceleração? E aceleração sem ter velocidade?

3.2 Sistemas Unidimensionais

3.6 A equação de movimento de uma partícula é dada por $x = 5,0t^2$, onde x representa a coordenada de posição da partícula sobre o eixo x e t, o tempo, ambos medidos em unidades SI. Determine as posições da partícula para: (a) t=2,0 s; (b) t=3,0 s; (c) t=4,0 s.

3.7 Considerando os cálculos do exercício anterior, determine os deslocamentos da partícula (a) de 2,0 a 3,0 s e (b) de 3,0 a 4,0 s. (c) Levando em conta os valores obtidos em (a) e (b), pode-se dizer que a rapidez com que a partícula se deslocou foi a mesma nos dois intervalos de tempo considerados? Justifique.

3.8 A equação de movimento de uma partícula é $x = A + Bt + Ct^2 + Dt^3$, onde x representa a coordenada de posição e t, o tempo. Quais são as unidades de A, B, C e D no SI?

3.9 A igualdade $t = (x - 2)(x - 3)$, sendo t o tempo e x a coordenada de posição, pode representar a equação de movimento de uma partícula?

3.10 Imagine uma partícula que se move sobre um eixo x, obedecendo à equação de movimento $x = 20\cos(\pi t)$, em unidades CGS. Na igualdade, x é a coordenada que estabelece a posição da partícula no instante t. (a) A partícula executa um movimento oscilatório (de vai e vem)? (b) Em caso positivo, seu movimento está confinado em um segmento de quantos centímetros? Justifique.

3.3 Velocidade Média

3.11 Um corpo em movimento pode apresentar velocidade escalar média não nula se seu deslocamento no mesmo intervalo foi nulo? Justifique.

3.12 Na rodovia dos Bandeirantes, que liga São Paulo a Campinas, o limite de velocidade para os veículos de passeio é 120 km/h. Qual é o valor desse limite expresso em m/s?

3.13 A equação de movimento de uma partícula é $x = 3 + 2t^2$, em unidade SI. Determine a velocidade média da partícula no intervalo de (a) 0 a 4 s e (b) 3 a 7 s.

3.14 Um carro faz uma viagem a 80 km/h na ida e retorna a 120 km/h. Qual é a velocidade escalar média para a viagem completa?

3.15 Um automóvel percorre a distância AM com velocidade 30 km/h e a distância MB com velocidade 40 km/h. Sabendo-se que M é o ponto médio do segmento AB, determine a velocidade média no percurso AB.

3.4 Velocidade Instantânea

3.16 Em que condições a velocidade média em um intervalo de tempo pode ser igual à velocidade instantânea em qualquer instante desse mesmo intervalo?

3.17 Se a equação de movimento de uma partícula é $x = 5t^3$, em unidades SI, qual é o valor de sua velocidade para $t = 2$ s?

3.18 Uma partícula em movimento apresenta equação $x = 2t^2$, em unidades CGS. Determine a velocidade média da partícula nos seguintes intervalos de tempo: (a) 2,0 a 3,0 s; (b) 2,0 a 2,5 s; (c) 2,0 a 2,4 s; (d) 2,0 a 2,3 s; (e) 2,0 a 2,2 s; (f) 2,0 a 2,1 s. A partir dos resultados, estime a velocidade da partícula para $t = 2,0$ s. Confira o resultado derivando a equação de movimento e substituindo $t = 2$ s.

3.19 A equação de movimento de uma partícula é $x = 6t$, em unidades SI. Determine a velocidade instantânea para (a) $t = 2$ s e (b) $t = 5$ s.

3.20 A equação de movimento de uma partícula é $x = 6\cos(\pi t)$, em unidades SI. Determine a velocidade instantânea para (a) $t = 0,5$ s; (b) $t = 1$ s; (c) $t = 1,5$ s e (d) $t = 2,0$ s.

3.5 Movimento Retilíneo Uniforme

3.21 A Figura 3.10 mostra a posição de um determinado avião em relação à torre de controle. Supondo que o movimento se deu com velocidade constante, (a) desenhe uma reta que melhor represente o movimento do avião e (b) calcule a velocidade média do avião utilizando a reta proposta. (c) Qual é a equação de movimento do avião no SI?

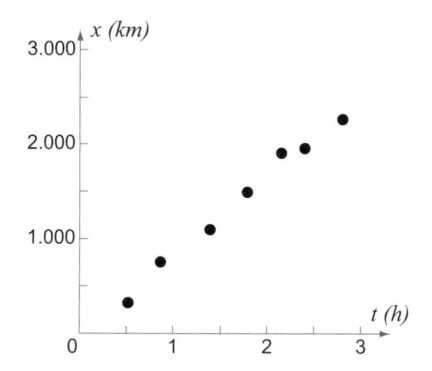

Figura 3.10: Problema 3.21.

3.22 Um veículo desloca-se a 72 km/h. Se o motorista se distrair por 1,0 s, qual é a distância percorrida pelo veículo nesse tempo?

3.23 Uma partícula em movimento retilíneo apresenta equação de movimento $x = 40 - 5t$, em unidades SI. Determine (a) a posição inicial, a velocidade da partícula e sua aceleração e (b) o instante em que a partícula passa pela origem do eixo.

3.24 Quanto tempo um trem de 100 m, movimentando-se a 15 m/s, leva para atravessar uma ponte de 50 m de extensão?

3.25 A velocidade do som no ar é de aproximadamente 340 m/s. Suponha que, em um dia de tempestade, um indivíduo vê o relâmpago e ouve o ruído do trovão 6,0 s depois. Estime a distância entre o indivíduo e o local do relâmpago.

3.26 (Enade) Um caminhão de 6 toneladas colidiu frontalmente com um automóvel de 0,8 toneladas. Na investigação sobre o acidente, o motorista do caminhão disse que estava com velocidade constante de 20 km/h e pisou no freio a certa distância do automóvel. Já o motorista do automóvel disse que estava com velocidade constante de 30 km/h no momento da colisão. A perícia constatou que o automóvel realmente colidiu com a velocidade mencionada e os veículos pararam instantaneamente, ou seja, não se deslocaram após o choque. Pode-se afirmar que o motorista do caminhão: (a) certamente mentiu, pois se chocou com velocidade constante inicial; (b) certamente mentiu, pois acelerou antes do choque; (c) pode ter falado a verdade, pois a sua velocidade era nula no momento do choque; (d) pode ter falado a verdade, pois a sua velocidade era 4 km/h no momento do choque; (e) pode ter falado a verdade, pois a sua velocidade era 15 km/h no momento do choque.

3.27 Dois barcos partem simultaneamente das margens opostas e paralelas de um grande lago, movimentando-se com velocidade constante e em sentidos contrários, perpendicularmente às margens de onde partiram, de modo a atingirem pontos opostos aos locais das partidas. Durante os trajetos, os dois barcos cruzam-se a 720 m da margem mais próxima. Completada a travessia, cada barco aguarda no respectivo cais por 10 minutos, partindo, em seguida, de volta, mantendo cada um os mesmos valores das suas velocidades iniciais. O novo encontro ocorre a 400 m da outra margem. Com essas informações, determine a largura do lago.

3.28 Dois trens aproximam-se, em sentidos opostos, com velocidades iguais (em módulo) de 18 km/h. Um pássaro, que consegue voar mais rapidamente que os trens, parte de um deles em direção ao outro, com velocidade constante de 10 m/s, no instante em que a distância entre os trens é de 100 m. Uma vez encontrando o segundo trem, o pássaro volta em direção ao primeiro e assim sucessivamente. Desprezando o tempo de contato do pássaro com os trens, bem como o tempo de inversão do sentido de seu movimento, determine o tempo e a distância total percorrida pelo pássaro até o instante da colisão.

3.6 Movimento com Velocidade Variável

3.29 Se a equação de velocidade de uma partícula é um polinômio de grau 2, que grau apresenta a sua equação da coordenada de posição?

3.30 (a) Se um polinômio tem grau 1, que função é a sua derivada? (b) Como é a integral de uma função constante?

3.31 A Figura 3.11 mostra, de forma aproximada, a velocidade de um determinado atleta em função do tempo. Qual é a distância percorrida pelo atleta em 8 s?

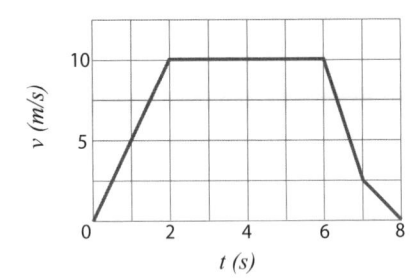

Figura 3.11:   Problema 3.31.

3.32 Calcule o deslocamento da partícula, no intervalo de 0 a 2 s, cuja equação de velocidade é $v = 3t^2$ (SI).

3.7 Aceleração

3.33 Um corpo pode apresentar velocidade crescente e aceleração decrescente? Justifique.

3.34 A velocidade de um veículo decresce de 72 km/h para 36 km/h em 5 s. Determine a aceleração média nesse intervalo de tempo.

3.35 Um objeto faz um percurso com a velocidade mostrada no gráfico da Figura 3.12. Faça um gráfico da aceleração em função do tempo para esse movimento.

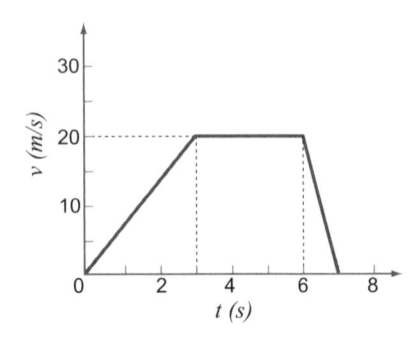

Figura 3.12:   Problema 3.35.

3.36 Em competições de atletismo, nas provas de 100 m rasos para homens, os grandes campeões já completam a prova em pouco menos de 10 s. (a) Qual a velocidade média que o atleta desenvolve nessas provas? (b) Admitindo que o movimento ocorra com aceleração constante, qual é a velocidade do atleta ao final dos 100 m?

3.37 (Enade) Os pontos representados na Figura 3.13 foram obtidos por meio da análise de uma fita de papel que registrou, em intervalos de tempos iguais, a posição de um carrinho em movimento sobre um trilho de ar. Pode-se concluir da análise desse gráfico que o carrinho tem movimento retilíneo:
(a) acelerado com aceleração $1,4m/s^2 \pm 0,3m/s^2$;
(b) acelerado com aceleração $2,88m/s^2 \pm 0,02m/s^2$;
(c) acelerado com aceleração $7,56m/s^2 \pm 0,05m/s^2$;
(d) uniforme com velocidade $1,2m/s \pm 0,2m/s$;
(e) uniforme com velocidade $2,59m/s \pm 0,03m/s$.

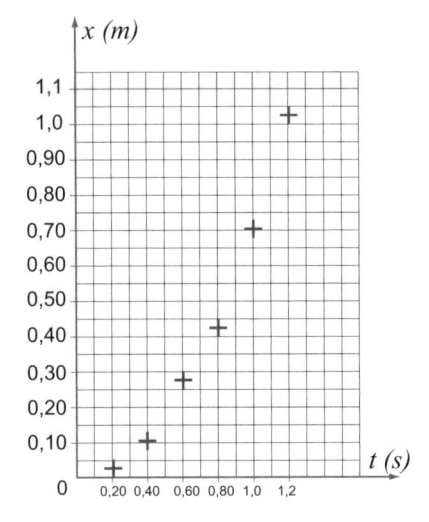

Figura 3.13:   Problema 3.37.

3.38 A função que descreve o movimento de uma partícula é fornecida na Figura 3.14. Faça um esboço dos gráficos de velocidade em função do tempo e da aceleração em função do tempo para o movimento desta.

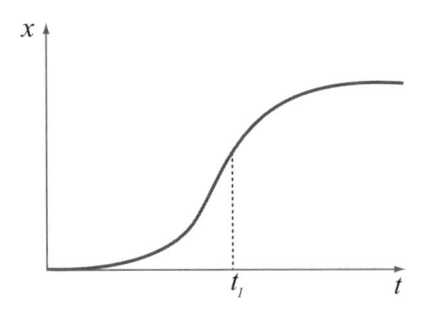

Figura 3.14:   Problema 3.38.

3.39 Uma partícula move-se com velocidade $v(x) = ax^{-n}$, onde a e n são constantes e x é a posição da partícula. Determine a aceleração da partícula em função de sua posição.

3.8 Movimento com Aceleração Constante

3.40 Obtenha a Equação de Torricelli ($v^2 = v_0^2 + 2a\Delta x$), Equação 3.18 a partir das Equações 3.16 e 3.17.

3.41 Um projétil, ao ser disparado por um rifle, apresenta velocidade da ordem de 700 m/s ao sair do cano da arma (com 50 cm de comprimento). Supondo que percorra o cano com aceleração aproximadamente constante, estime o valor dessa aceleração.

3.42 (Enade) Em uma prática experimental com objetivo de estudar um movimento retilíneo, utiliza-se um trilho de ar, dispositivo que torna o atrito desprezível. Um carro desliza sobre o trilho, puxado por um fio que passa por uma roldana muito leve, preso a uma carga que cai verticalmente. Para registrar as posições e os tempos, prende-se ao carro uma fita de papel que passa por um marcador de tempo, dispositivo que faz marcas na fita a intervalos de tempo regulares. A Figura 3.15 representa um pedaço de fita obtido em um ensaio experimental com esse equipamento, junto a uma régua graduada em centímetros, com divisões em milímetros. Sabendo que o marcador de tempo estava regulado para efetuar 10 marcações por segundo, a aceleração média do carro em cm/s^2 era de: (a) 980; (b) 640; (c) 200; (d) 80; (e) 40.

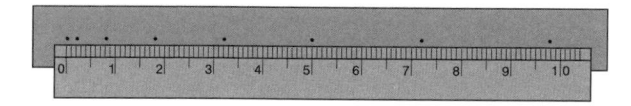

Figura 3.15: Problema 3.42.

3.43 Uma partícula em movimento retilíneo apresenta equação de movimento $x = 6 - 5t + t^2$, em unidades SI. Determine (a) a posição inicial, a velocidade inicial e a aceleração da partícula; (b) o instante em que a partícula passa pela origem do eixo; (c) a equação de velocidade; (d) o instante em que há inversão no sentido de movimento e esboce o gráfico para (e) $x = f(t)$; (f) $v = f(t)$ e (g) $a = f(t)$.

3.44 A equação de velocidade de uma partícula é $v=4{,}0\,t$, em unidades SI. Sabe-se, que, para o instante $t = 0$, a partícula se encontrava a 3,0 m da origem das abscissas. Determine (a) a equação da posição da partícula e (b) a posição da partícula para $t = 2{,}0$ s.

3.45 O tempo de reação médio de um motorista, ou seja, o tempo entre a percepção de um sinal para parar, por exemplo, e o acionamento dos freios, é da ordem de 0,8 s. Se um veículo trafega a 40 km/h e pode ser freado a 5 m/s^2, qual será a distância percorrida pelo veículo entre a percepção do sinal vermelho pelo motorista e a parada do veículo?

3.46 Dois veículos movem-se em sentidos opostos em um trecho reto e estreito de uma estrada; um, a 108 km/h e o outro, a 126 km/h. Avistando um ao outro, no mesmo instante, os dois motoristas acionam os freios, impondo aos veículos acelerações de retardamento de 5 m/s^2 e 8 m/s^2, respectivamente. Nesse momento, qual é a mínima distância entre eles para que não ocorra colisão?

3.9 Queda Livre

3.47 Um corpo é atirado verticalmente para cima e move-se, a partir do lançamento, sob ação exclusiva da gravidade local. No ponto mais alto de sua trajetória, ele pára momentaneamente e seu movimento é, então, invertido. É correto dizer que, no referido instante, sua aceleração também é nula?

3.48 Um garoto está a certa altura h acima do solo e, em um determinado instante, lança duas bolas, uma para cima e outra para baixo, ambas com a mesma velocidade inicial v_0 (módulo). Qual das bolas terá maior velocidade ao tocar o solo?

3.49 Uma bola de tênis é atirada para cima, a uma altura de 1,5 m em relação ao solo, com velocidade inicial 10 m/s. Aproximando o valor da aceleração da gravidade local para 10 m/s^2, determine (a) a altura máxima atingida; (b) o tempo de subida; (c) a velocidade ao retornar ao local de lançamento; (d) o instante em que a mesma toca o solo e (e) a velocidade de impacto no solo.

3.50 Um corpo em queda livre apresenta aceleração próxima de 10 m/s^2. (a) Quanto tempo leva um objeto abandonado, em queda livre, para atingir 100 km/h? (b) Em uma revista especializada em automóveis, pode-se encontrar informações sobre o tempo que um veículo comum de passeio gasta para ir de 0 a 100 km/h. Procure essa informação e compare ao tempo calculado para o objeto em queda livre.

3.51 Uma pulga pode atingir uma altura aproximada de 45 cm quando salta. Considerando $g = 10$ m/s^2, determine (a) a velocidade inicial do salto e (b) o tempo de ascensão do salto.

3.52 Um garoto abandona uma pedra na borda de um poço e ouve o ruído do impacto com a água 4 s após ter abandonado o objeto. Considerando $g = 10$ m/s^2 e 340 m/s a velocidade do som no ar, calcule a profundidade do poço.

3.53 Um corpo é abandonado nas proximidades da Terra e cai sob ação da gravidade. Desprezando a resistência do ar sobre o movimento, demonstre que as diferenças entre os deslocamentos em dois intervalos sucessivos e unitários são iguais, numericamente, à aceleração de queda (no mesmo sistema de unidades).

3.10 Movimento com Aceleração Variável

3.54 Uma esfera se move sobre uma superfície retilínea e obedece à equação de movimento $x = 0,4 + 0,5t^3$, em unidades SI. Determine (a) a equação de velocidade; (b) a equação de aceleração e (c) a posição, a velocidade e a aceleração iniciais da esfera.

3.55 Uma partícula apresenta velocidade constante e igual a 5 m/s. Por integração, determine a equação da posição da mesma, sabendo-se que, no instante $t = 0$, a coordenada de posição era $x = 4$ m.

3.56 A velocidade de um carrinho de brinquedo é dada por $v = 2t(3t - t^2)$, sendo x medido em centímetros e t medido em segundos. Sabe-se que o carrinho se apresenta na origem dos espaços quando $t = 0$. Determine (a) a equação de movimento (das posições) do carrinho; (b) a equação de aceleração do carrinho e (c) a velocidade do carrinho quando sua aceleração se anula.

3.57 A aceleração de um corpo em movimento é dada por $a = 6,0t - 2,4t^2$ (SI). O corpo está inicialmente em repouso e parte da origem no instante $t = 0$. Determine (a) a equação da velocidade em função do tempo e (b) a equação da posição em função do tempo. (c) Calcule a posição, a velocidade e a aceleração para $t = 3,0$ s.

3.58 Um oscilador massa-mola é constituído por um bloco preso à mola helicoidal, que está presa verticalmente a um suporte rígido. Uma vez deslocado da posição de equilíbrio e abandonado a seguir, o bloco passa a executar um movimento de vai e vem em torno de uma posição de equilíbrio (conhecido como movimento harmônico simples – MHS), segundo a equação de movimento $x = 20\cos(\pi t/2 + \pi)$, em unidades SI. Determine (a) a posição do corpo; (b) sua velocidade e (c) aceleração para $t = 4$ s.

3.59 Uma partícula em movimento sobre o eixo x apresenta a seguinte equação de movimento: $x = v_0/[(v_0t/C) + 1]$, onde v_0 representa a velocidade inicial da partícula e C é uma constante numérica. Determine as equações (a) $v = f(t)$ e (b) $a = f(t)$ para essa partícula.

Capítulo 4

Movimento em Duas e Três Dimensões

Francisco das Chagas Marques

4.1 Introdução

O movimento em uma dimensão, estudado no capítulo anterior, é um caso muito particular de movimento. A maioria dos objetos em movimento realiza trajetórias em duas ou três dimensões. Uma bola de futebol descreve uma trajetória próxima de uma parábola, enquanto um satélite artificial descreve uma órbita circular ou elíptica em torno da Terra. Um carro em uma estrada descreve um movimento complicado em três dimensões. Algumas vezes, é possível reduzir o problema para uma dimensão, como foi feito em alguns casos no capítulo anterior, quando não havia interesse nos detalhes do movimento e nas forças atuando sobre o objeto.

Neste capítulo, vamos apresentar uma descrição do movimento em duas e três dimensões, mas ainda sem incluir as forças que causam o movimento no desenvolvimento das equações, que será discutido com a apresentação das leis de Newton, no Capítulo 5.

4.2 Movimento em Duas e Três Dimensões

Vetor posição e deslocamento

Em um movimento curvilíneo, precisamos de um sistema de referência em duas ou três dimensões para determinar a posição de um objeto em um determinado momento. A Figura 4.1a mostra um sistema de coordenadas cartesianas em duas dimensões, onde o observador se encontra na origem O (0,0) e o ob-

jeto, no ponto P determinado pelas suas coordenadas (x, y). Essa posição é caracterizada por um **vetor posição**, **r**, representado graficamente por uma seta ligando o ponto O ao ponto P e apontando no sentido de O para P. Utilizando os vetores unitários **i** e **j**, podemos escrever **r** como a soma:

$$\mathbf{r} = x\mathbf{i} + y\mathbf{j} \qquad (4.1)$$

(vetor posição em duas dimensões)

Assim, podemos considerar o vetor **r**, em duas dimensões, como a soma de dois vetores, um orientado no eixo x e o outro, no eixo y. A Figura 4.1a ilustra uma soma geométrica envolvendo esses 2 vetores, arranjados de duas maneiras diferentes, para ilustrar a propriedade comutativa entre eles (ver Capítulo 2).

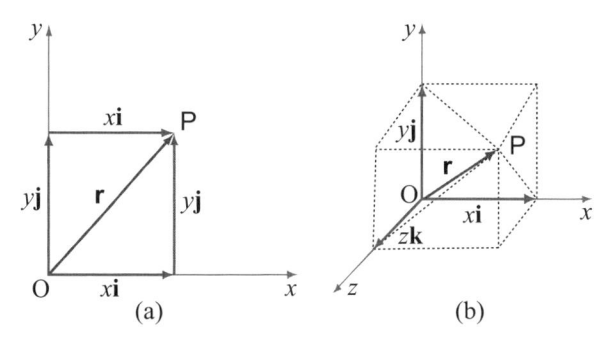

Figura 4.1: (a) Vetor posição **r** de um objeto em relação ao ponto $(0,0)$ no sistema de coordenadas x-y e (b) em três dimensões, com coordenadas x-y-z.

Se o movimento ocorre em três dimensões, o vetor **r**, em coordenadas cartesianas, será:

$$\mathbf{r} = x\mathbf{i} + y\mathbf{j} + z\mathbf{k} \qquad (4.2)$$

(vetor posição em três dimensões)

A Figura 4.1b mostra um vetor em três dimensões, com seus componentes em cada eixo. O leitor poderá verificar que a propriedade comutativa também se aplica nesse caso. Quais são as seis combinações possíveis? Verifique essas combinações na própria Figura 4.1b.

Em um movimento qualquer, o vetor posição muda com o tempo e, assim, dizemos que **r** é uma função do tempo, ou $\mathbf{r} = \mathbf{r}(t)$. A Figura 4.2 ilustra uma situação no plano em que, no tempo t_1, a partícula se encontra na posição P_1, caracterizada pelo vetor posição $\mathbf{r}_1$. No instante t_2, a partícula mudou para a posição P_2, com vetor posição $\mathbf{r}_2$. Definimos o **vetor deslocamento** da partícula, $\Delta\mathbf{r}$, como a diferença entre esses dois vetores, ou seja:

$$\Delta\mathbf{r} = \mathbf{r}_2 - \mathbf{r}_1 = (x_2\mathbf{i} + y_2\mathbf{j}) - (x_1\mathbf{i} + y_1\mathbf{j})$$
$$= (x_2 - x_1)\mathbf{i} + (y_2 - y_1)\mathbf{j}$$

ou,

$$\Delta\mathbf{r} = \Delta x\mathbf{i} + \Delta y\mathbf{j}$$

Por questão de simplicidade, definimos acima o vetor deslocamento no plano, mas a extensão para três dimensões é simples e forneceria (como pode ser facilmente obtido pelo leitor):

$$\Delta\mathbf{r} = \Delta x\mathbf{i} + \Delta y\mathbf{j} + \Delta z\mathbf{k} \qquad (4.3)$$

(vetor deslocamento)

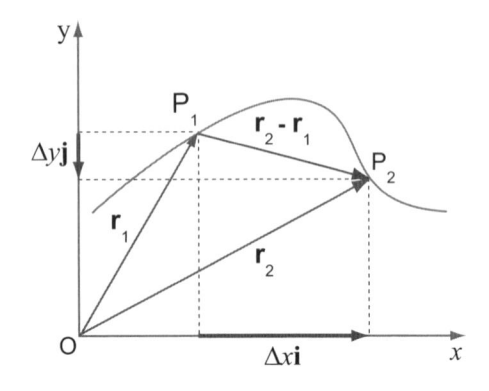

Figura 4.2: Vetor deslocamento no plano.

Exemplo 4.1
Uma partícula descreve um movimento conforme mostrado na Figura 4.3. Determine o deslocamento da partícula.

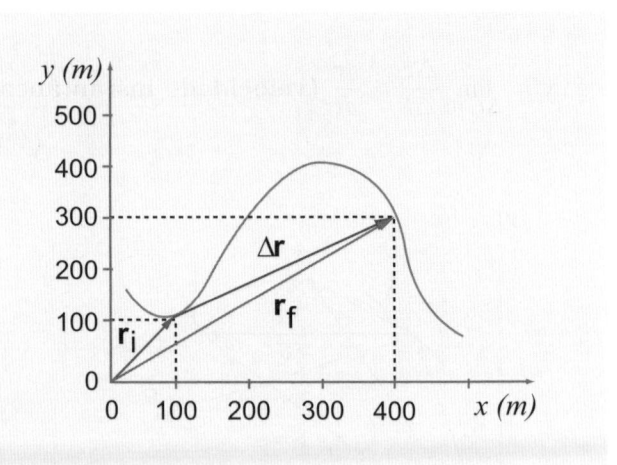

Figura 4.3: Deslocamento de uma partícula.

Solução: os vetores posição inicial e final da partícula são:

$$\mathbf{r}_i = 100\mathbf{i} + 100\mathbf{j}$$

$$\mathbf{r}_f = 400\mathbf{i} + 300\mathbf{j}$$

O deslocamento, $\Delta\mathbf{r}$, é dado por:

$$\Delta\mathbf{r} = \mathbf{r}_f - \mathbf{r}_i = (400\mathbf{i} + 300\mathbf{j}) - (100\mathbf{i} + 100\mathbf{j})$$
$$= 300\mathbf{i} + 200\mathbf{j}$$

cujo módulo é:

$$r = |\Delta\mathbf{r}| = \sqrt{(300\,\text{m})^2 + (200\,\text{m})^2} = 361\,\text{m}$$

que faz um ângulo com o eixo x de:

$$\theta = \text{tg}^{-1}\left(\frac{200\,\text{m}}{300\,\text{m}}\right) = 33,7°$$

Vetor velocidade

A **velocidade média** da partícula, $\bar{\mathbf{v}}$, é definida pela razão entre o deslocamento vetorial e o tempo transcorrido entre as duas posições:

$$\bar{\mathbf{v}} = \frac{\Delta\mathbf{r}}{\Delta t} \qquad \textbf{(velocidade média)} \qquad (4.4)$$

O vetor velocidade média tem, portanto, a mesma direção e o mesmo sentido do vetor deslocamento $\Delta\mathbf{r}$.

Se o intervalo utilizado para o cálculo da velocidade média for reduzido progressivamente (Figura 4.4), quando utilizamos os pontos P_2, P_3 ou P_4 em relação a P_1, o módulo do descolamento vetorial tenderá a ser igual ao deslocamento escalar e o vetor deslocamento tenderá a ser tangente à trajetória da partícula. Assim, a velocidade vetorial média aproxima-se da **velocidade instantânea** quando o tempo tende a zero.

$$\mathbf{v} = \lim_{\Delta t \to 0} \frac{\Delta \mathbf{r}}{\Delta t} = \frac{d\mathbf{r}}{dt} \text{ (velocidade instantânea)}$$

$$(4.5)$$

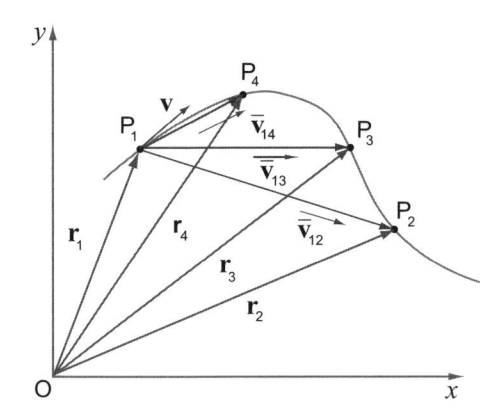

Figura 4.4: Velocidade média e velocidade instantânea de uma partícula em movimento. As setas representando as velocidades indicam apenas a direção e o sentido da velocidade, e não suas intensidades (que dependem do tempo).

Assim, o vetor velocidade instantânea é a derivada do vetor deslocamento em relação ao tempo. A velocidade instantânea pode ser obtida, em função dos vetores unitários, utilizando-se a Equação 4.5 e o vetor deslocamento, Equação 4.3:

$$\mathbf{v} = \lim_{\Delta t \to 0} \frac{\Delta \mathbf{r}}{\Delta t} = \lim_{\Delta t \to 0} \frac{\Delta x \mathbf{i} + \Delta y \mathbf{j} + \Delta z \mathbf{k}}{\Delta t}$$
$$= \lim_{\Delta t \to 0} \frac{\Delta x}{\Delta t}\mathbf{i} + \lim_{\Delta t \to 0} \frac{\Delta y}{\Delta t}\mathbf{j} + \lim_{\Delta t \to 0} \frac{\Delta z}{\Delta t}\mathbf{k}$$

que pode ser escrito como:

$$\mathbf{v} = \frac{dx}{dt}\mathbf{i} + \frac{dy}{dt}\mathbf{j} + \frac{dz}{dt}\mathbf{k} = v_x\mathbf{i} + v_y\mathbf{j} + v_z\mathbf{k} \quad (4.6)$$

(vetor velocidade)

A Equação 4.6 também pode ser obtida diretamente, utilizando a derivada do vetor posição $\mathbf{r}$ em função do tempo, ou:

$$\mathbf{v} = \frac{d\mathbf{r}}{dt} = \frac{d(x\mathbf{i} + y\mathbf{j} + z\mathbf{k})}{dt} = \frac{dx}{dt}\mathbf{i} + \frac{dy}{dt}\mathbf{j} + \frac{dz}{dt}\mathbf{k}$$
$$= v_x\mathbf{i} + v_y\mathbf{j} + v_z\mathbf{k}$$

Note que, na Figura 4.4 e em várias outras figuras deste e de outros capítulos deste livro, serão utilizados gráficos compostos, envolvendo mais de uma unidade. Na Figura 4.4, por exemplo, temos um gráfico composto com uma representação no espaço de deslocamentos (x, y), no qual foram traçados os vetores deslocamentos $\mathbf{r}_1$ e $\mathbf{r}_2$. Sobre esse gráfico, foi montado um outro gráfico no espaço de velocidade (v_x, v_y), sobre o qual foi representado o vetor velocidade média. Mais adiante (Figura 4.5), será representada também uma situação com um terceiro espaço, o de aceleração.

Vetor aceleração

Geralmente, o vetor velocidade instantânea muda com o tempo e, assim, dizemos que $\mathbf{v}$ é uma função do tempo, ou $\mathbf{v} = \mathbf{v}(t)$. Se, no tempo t_1, a partícula se encontra em P_1 com uma velocidade instantânea $\mathbf{v}_1$ e, no instante t_2, a partícula mudou para a posição P_2, com velocidade instantânea $\mathbf{v}_2$ (Figura 4.5), a variação na velocidade, $\Delta\mathbf{v}$, será dada por:

$$\Delta\mathbf{v} = \mathbf{v}_2 - \mathbf{v}_1$$

e a **aceleração média**, $\bar{\mathbf{a}}$, será dada pela razão entre a variação na velocidade pelo tempo, ou:

$$\bar{\mathbf{a}} = \frac{\Delta\mathbf{v}}{\Delta t} \quad \text{(aceleração média)} \quad (4.7)$$

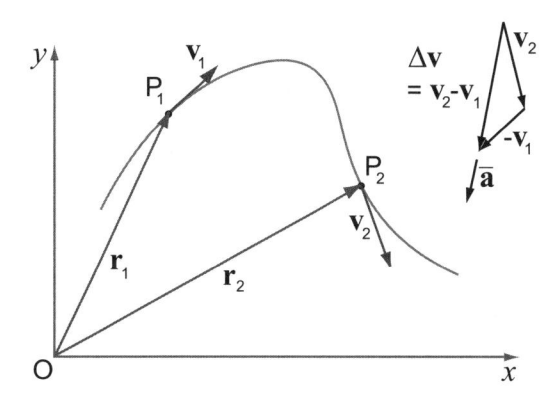

Figura 4.5: Vetor aceleração média.

Quando o intervalo de tempo é tomado cada vez menor, a razão acima tende à **aceleração instantânea**, que é definida como:

$$\mathbf{a} = \lim_{\Delta t \to 0} \frac{\Delta\mathbf{v}}{\Delta t} = \frac{d\mathbf{v}}{dt} \text{ (aceleração instantânea)}$$

$$(4.8)$$

A direção do vetor aceleração depende de como a velocidade varia, o que será visto mais adiante, não tendo uma relação simples com a trajetória, como no caso da velocidade instantânea, que é tangente à trajetória. Entretanto, a direção do vetor aceleração é tangente à trajetória ou aponta "para dentro" da curva, como mostrado na Figura 4.5, quando a trajetória possui apenas curvaturas de mesmo sinal (só positivas ou só negativas).

Para calcular a velocidade instantânea, utilizamos o vetor velocidade em função de seus componentes:

$$\mathbf{a} = \frac{d\mathbf{v}}{dt} = \frac{d(\mathbf{v}_x\mathbf{i} + \mathbf{v}_y\mathbf{j} + \mathbf{v}_z\mathbf{k})}{dt}$$
$$= \frac{d\mathbf{v}_x}{dt}\mathbf{i} + \frac{d\mathbf{v}_y}{dt}\mathbf{j} + \frac{d\mathbf{v}_z}{dt}\mathbf{k} \qquad (4.9)$$
$$= a_x\mathbf{i} + a_y\mathbf{j} + a_z\mathbf{k} \quad \textbf{(vetor aceleração)}$$

Exemplo 4.2

Um carro entra em uma curva a 180 km/h e faz toda a curva com a mesma velocidade escalar, dando meia volta de circunferência em 10 segundos (Figura 4.6). Determine a aceleração média do carro, em notação vetorial.

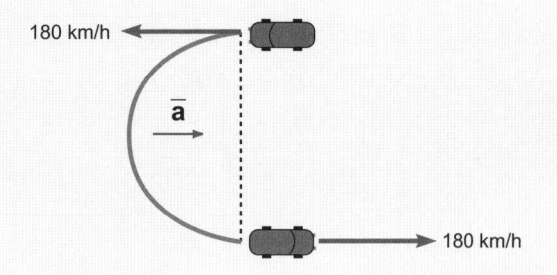

Figura 4.6: Um carro faz uma curva a 180 km/h.

Solução: a aceleração média é dada pela Equação 4.7, que é a razão entre a variação de velocidade dividida pelo tempo. As velocidades final e inicial são:

$$\mathbf{v}_f = 180\,(\text{km/h})\mathbf{i} = 50\,(\text{m/s})\mathbf{i}$$

$$\mathbf{v}_i = -180\,(\text{km/h})\mathbf{i} = -50\,(\text{m/s})\mathbf{i}$$

A aceleração média é dada por:

$$\bar{\mathbf{a}} = \frac{\Delta\mathbf{v}}{\Delta t} = \frac{\mathbf{v}_f - \mathbf{v}_i}{\Delta t}$$
$$= \frac{(50\,\text{m/s})\mathbf{i} - (-50\,\text{m/s})\mathbf{i}}{10\,\text{s}} = 10\,(\text{m/s}^2)\mathbf{i}$$

Ou seja, a aceleração média é um vetor de intensidade igual a 10 m/s², apontando para a direita do eixo x. Apesar de a velocidade escalar ser constante, vemos que existe uma aceleração que, no capítulo anterior, foi desconsiderada, e os problemas dessa natureza foram resolvidos em uma dimensão.

Exemplo 4.3

A equação de movimento de uma bola de futebol é dada no SI por $\mathbf{r} = (5 + 30t)\mathbf{i} + (10t - 4,9t^2)\mathbf{j}$. Determine sua velocidade e aceleração em função do tempo.

Solução: a velocidade é obtida pela derivação da posição em relação ao tempo (Equação 4.5):

$$\mathbf{v} = \frac{d\mathbf{r}}{dt} = \frac{d((5 + 30t)\mathbf{i} + (10t - 4.9t^2)\mathbf{j})}{dt}$$
$$= 30\mathbf{i} + (10 - 2(4,9)t)\mathbf{j} = 30\mathbf{i} + (10 - 9.8t)\mathbf{j}$$

Ou seja, os componentes da velocidade na direção x e y são:

$$v_x = 30\,\text{m/s}$$

$$v_y = (10 - 9.8t)\text{m/s}$$

A aceleração, por sua vez, é determinada pela derivada da velocidade em relação ao tempo (Equação 4.8):

$$\mathbf{a} = \frac{d\mathbf{v}}{dt} = \frac{d(30\mathbf{i} + (10 - 9.8t)\mathbf{j})}{dt} = -9,8\mathbf{j}$$

Ou seja, a aceleração só tem um componente na direção vertical, ou $a_y = -9{,}8\,\text{m/s}^2$, que é a aceleração da gravidade.

4.3 Movimento em Três Dimensões com Aceleração Constante

No capítulo anterior, vimos as equações do movimento para uma dimensão com aceleração constante, como nas Equações 3.16, 3.17 e 3.20 (ver Tabela 3.2 do Capítulo 3). Nesta seção, veremos como ficam as equações do movimento em três dimensões usando notação vetorial.

Consideremos um movimento em três dimensões com aceleração vetorial $\mathbf{a}$ constante, ou seja, o módulo e a direção do vetor aceleração da partícula permanecem constantes. Os componentes a_x, a_y e a_z também permanecerão constantes. O problema de uma partícula em três dimensões pode, então, ser tratado como uma superposição de três movimentos independentes, cada um com uma aceleração própria. Alguns dos componentes acima podem ter valor nulo e, mesmo assim, ainda é possível que o movimento seja realizado em duas ou três dimensões.

Como veremos na seção seguinte, um projétil descreve um movimento em duas dimensões, apesar de a aceleração na direção horizontal ser nula, tendo apenas a aceleração da gravidade $\mathbf{g}$ na direção vertical.

Considerando que a posição inicial, a velocidade inicial e a aceleração de uma partícula sejam dadas por:

$$\mathbf{r}_0 = x_0\mathbf{i} + y_0\mathbf{j} + z_0\mathbf{k} \qquad (4.10)$$

$$\mathbf{v}_0 = v_{x0}\mathbf{i} + v_{y0}\mathbf{j} + v_{z0}\mathbf{k} \qquad (4.11)$$

$$\mathbf{a} = a_x\mathbf{i} + a_y\mathbf{j} + a_z\mathbf{k} \qquad (4.12)$$

podemos determinar as equações do movimento, considerando que cada componente é independente. Assim, podemos obter as equações vetoriais em três dimensões, equivalentes às equações obtidas no capítulo anterior (Tabela 3.2), utilizadas para descrever o movimento de uma partícula em uma dimensão.

Para determinarmos a equação equivalente à Equação 3.16, tomemos a Equação 4.6 da velocidade de uma partícula em três dimensões, ou:

$$\begin{aligned}
\mathbf{v} &= v_x\mathbf{i} + v_y\mathbf{j} + v_z\mathbf{k} \\
&= (v_{x0} + a_x t)\mathbf{i} + (v_{y0} + a_y t)\mathbf{j} + (v_{z0} + a_z t)\mathbf{k} \\
&= (v_{x0}\mathbf{i} + v_{y0}\mathbf{j} + v_{z0}\mathbf{k}) + (a_x\mathbf{i} + a_y\mathbf{j} + a_z\mathbf{k})t
\end{aligned}$$

Finalmente, considerando as Equações 4.11 e 4.12, podemos escrever:

$$\mathbf{v} = \mathbf{v}_0 + \mathbf{a}t \tag{4.13}$$

tendo o mesmo formato das equações para cada componente, mas com notação vetorial.

Adotando um procedimento semelhante, podemos utilizar a Equação 4.2, que indica o vetor posição de uma partícula, para obtermos:

$$\mathbf{r} = \mathbf{r}_0 + \mathbf{v}_0 t + \frac{1}{2}\mathbf{a}t^2 \tag{4.14}$$

Esse procedimento pode ser utilizado para obtermos as demais equações do movimento, como mostradas na Tabela 4.1 (ver problema 4.11).

Tabela 4.1: Equações do movimento em três dimensões com aceleração constante.

Equação	Eixo x	Eixo y	Eixo z	
$\mathbf{v} = \mathbf{v}_0 + \mathbf{a}t$	$v_x = v_{x0} + a_x t$	$v_y = v_{y0} + a_y t$	$v_z = v_{z0} + a_z t$	(4.15)
$\mathbf{r} = \mathbf{r}_0 + \frac{1}{2}(\mathbf{v}_0 + \mathbf{v})t$	$x = x_0 + \frac{1}{2}(v_{x0} + v_x)t$	$y = y_0 + \frac{1}{2}(v_{y0} + v_y)t$	$z = z_0 + \frac{1}{2}(v_{z0} + v_z)t$	(4.16)
$\mathbf{r} = \mathbf{r}_0 + \mathbf{v}_0 t + \frac{1}{2}\mathbf{a}t^2$	$x = x_0 + v_{x0}t + \frac{1}{2}a_x t^2$	$y = y_0 + v_{y0}t + \frac{1}{2}a_y t^2$	$z = z_0 + v_{z0}t + \frac{1}{2}a_z t^2$	(4.17)
$\mathbf{v} \cdot \mathbf{v} = \mathbf{v}_0 \cdot \mathbf{v}_0 + 2\mathbf{a} \cdot (\mathbf{r} - \mathbf{r}_0)$	$v_x^2 = v_{x0}^2 + 2a_x(x - x_0)$	$v_y^2 = v_{y0}^2 + 2a_y(y - y_0)$	$v_z^2 = v_{z0}^2 + 2a_z(z - z_0)$	(4.18)

4.4 Movimento de Um Projétil

O movimento de um projétil de artilharia, assim como o de uma bola de futebol ou de vôlei, é exemplo prático de movimentos em duas dimensões com aceleração constante, desde que possamos desprezar os efeitos de resistência do ar.

Consideremos um projétil lançado com velocidade inicial $\mathbf{v}_0$, com módulo v_0, fazendo um ângulo inicial θ_0 com a horizontal (Figura 4.7).

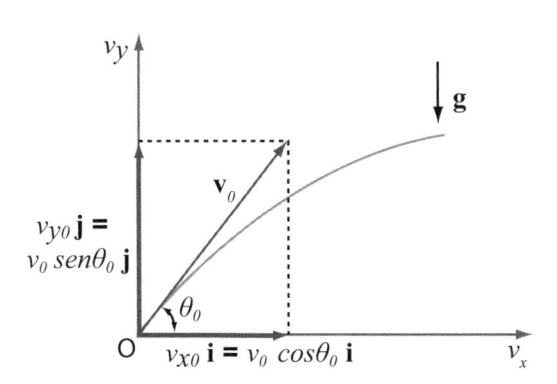

Figura 4.7: Velocidade de lançamento de um projétil.

Os componentes da velocidade inicial são:

$$v_{x0} = v_0 \cos\theta_0$$

$$v_{y0} = v_0 \,\text{sen}\,\theta_0$$

ou seja, o vetor velocidade inicial é escrito como:

$$\mathbf{v}_0 = v_0(\cos\theta_0)\mathbf{i} + v_0(\text{sen}\,\theta_0)\mathbf{j}$$

A aceleração, nesse caso, é a própria aceleração da gravidade $\mathbf{g}$, apontando para baixo. Desprezando o atrito com o ar, não há forças na direção horizontal e, portanto, a aceleração na horizontal é nula (exceto no instante do lançamento, onde é necessária uma força para que o projétil seja lançado). Assim:

$$a_x = 0$$

$$a_y = -g$$

que, em notação vetorial, se torna:

$$\mathbf{a} = -g\mathbf{j}$$

Como a aceleração na direção horizontal é nula, a velocidade nessa direção não muda com o tempo. Entretanto, a velocidade na direção vertical é alterada em razão da aceleração da gravidade, assim:

$$v_x = v_{x0} = v_0 \cos \theta_0 \qquad \text{(constante)} \quad \text{e}$$

$$v_y = v_{y0} + a_{y0}t = v_0 \operatorname{sen} \theta_0 - gt$$

Em notação vetorial, podemos escrever a velocidade, nesse caso, como:

$$\mathbf{v} = v_0 \cos \theta_0 \mathbf{i} + (v_0 \operatorname{sen} \theta_0 - gt)\mathbf{j} \qquad (4.19)$$

Observe que o movimento na horizontal não é afetado pelo movimento na vertical, ou seja, o tempo que o projétil leva para chegar ao chão é o mesmo, seja qual for o componente horizontal da velocidade. Isso pode parecer estranho à primeira vista, mas um experimento simples pode ser utilizado para verificar esse comportamento. Na borda de um penhasco, lance duas pedras. Deixe uma das pedras cair a partir de uma velocidade nula e lance a outra horizontalmente; você verificará que as duas pedras chegarão ao chão ao mesmo tempo.

A posição do projétil é determinada pelos componentes x e y, que são funções do tempo:

$$x(t) = x_0 + v_{x0}t = x_0 + v_0(\cos \theta_0)t \qquad (4.20)$$

$$y(t) = y_0 + v_{y0}t + \frac{1}{2}a_y t^2$$

$$= y_0 + v_0(\operatorname{sen} \theta_0)t - \frac{1}{2}gt^2 \qquad (4.21)$$

Em notação vetorial, podemos escrever:

$$\mathbf{r} = (x_0 + v_0(\cos \theta_0)t)\mathbf{i} + (y_0 + v_0(\operatorname{sen} \theta_0)t - \tfrac{1}{2}gt^2)\mathbf{j} \quad (4.22)$$

Assim, conhecendo as condições iniciais do lançamento do projétil, podemos determinar sua posição e sua velocidade em qualquer instante.

Exemplo 4.4
Uma pedra é lançada com uma inclinação de 30° a uma velocidade de 20 m/s. Determine o tempo que a pedra levará para cair e a posição alcançada por ela.

Solução: por simplicidade, coloquemos a posição de lançamento $x_0 = 0$ e $y_0 = 0$ para t=0. Os componentes horizontais e verticais de lançamento são:

$$v_{x0} = v_0 \cos \theta = 20 \cos 30 = 17{,}3 \,\text{m/s}$$
$$v_{y0} = v_0 \operatorname{sen} \theta = 20 \operatorname{sen} 30 = 10{,}0 \,\text{m/s}$$

Podemos encontrar o tempo de queda utilizando a Equação 4.17 para o eixo y:

$$y = y_0 + v_{y0}t + \frac{1}{2}a_y t^2 = 0 + v_{y0}t - \frac{1}{2}gt^2$$

Para a pedra atingir o solo, devemos considerar a posição $y = 0$, ou:

$$y = t(v_{y0} - \left(\tfrac{1}{2}\right)gt) = 0$$

Essa equação tem duas soluções:

$$t = 0 \qquad \text{(que é a própria condição inicial)} \quad \text{e}$$
$$t = \frac{2v_{y0}}{g} \quad \text{(que é a solução desejada)}$$

Substituindo o valor de v_{y0}, teremos:

$$t = \frac{2v_0 \operatorname{sen} \theta}{g} = \frac{2(20)\operatorname{sen} 30}{9{,}81} = 2\,\text{s}$$

O alcance da pedra será dado pelo movimento na horizontal utilizando o tempo acima, ou:

$$x = x_0 + v_{x0}t = 0 + (20\,\text{m/s})\cos 30(2s) = 34{,}6\,\text{m}$$

Trajetória de um projétil

A Figura 4.8 ilustra a trajetória de um projétil indicando o vetor velocidade e os componentes horizontais e verticais ao longo da trajetória. Observe que o componente horizontal é o mesmo. A velocidade em qualquer ponto da trajetória e em qualquer instante é obtida por:

$$v = \sqrt{v_x^2 + v_y^2} \qquad (4.23)$$

e o ângulo θ entre o vetor velocidade e a horizontal pode ser calculado como:

$$\operatorname{tg} \theta = \frac{v_y}{v_x} \qquad \text{ou} \qquad \theta = \operatorname{tg}^{-1}\left(\frac{v_y}{v_x}\right) \qquad (4.24)$$

A posição do projétil é dada pela Equação 4.22, em notação vetorial. Entretanto, podemos obter uma expressão algébrica envolvendo as coordenadas x e y, para obter a altura y do projétil em função de sua posição x, ou seja $y = f(x)$. Para isso, utilizamos os componentes da equação, que são funções do tempo, $y = f(t)$ e $x = f(t)$, Equações 4.20 e 4.21. Combinando as duas equações (para $x_0 = y_0 = 0$) pela eliminação do tempo entre elas, obtém-se (problema 4.18):

$$y = (\operatorname{tg} \theta_0)x - \frac{g}{2v_0^2 \cos \theta_0^2}x^2 \qquad (4.25)$$

(trajetória de um projétil)

Como θ_0, v_0 e g são constantes, a expressão anterior é uma equação de uma parábola do tipo:

$$y = a + bx + cx^2$$

em que $a = 0$, $b = \operatorname{tg}\theta_0$ e $c = -\dfrac{g}{2v_0^2 \cos\theta_0}$

Assim, um projétil descreve uma trajetória parabólica, que foi demonstrada pela primeira vez por Galileu. Observe que $c < 0$ indica a concavidade para baixo.

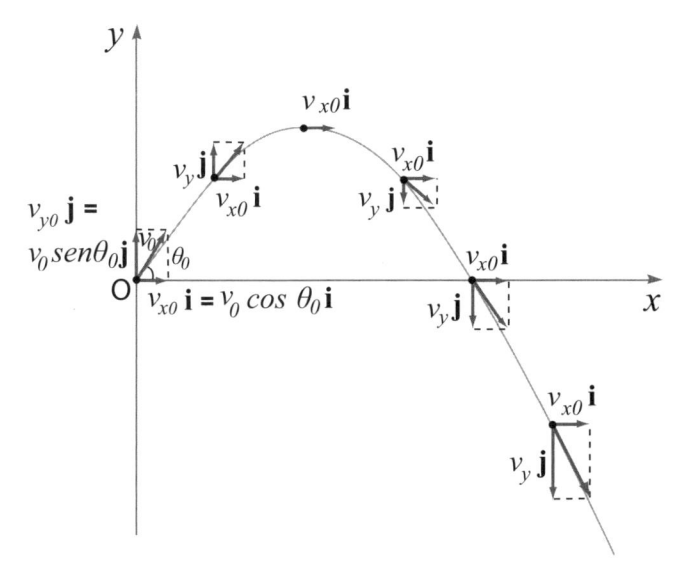

Figura 4.8: Trajetória de um projétil lançado com velocidade inicial v_0, fazendo um ângulo θ_0 com o eixo x.

Alcance, altura e tempo de voo de um projétil

Se as alturas inicial e final são as mesmas, chamamos o *deslocamento horizontal* do projétil de alcance R. O **alcance de um projétil** pode ser obtido em termos de sua velocidade inicial e de seu ângulo de lançamento. Como foi feito no exemplo 4.4, o alcance é obtido conhecendo-se o tempo total de voo e determinando o espaço percorrido, o alcance, utilizando apenas a velocidade horizontal, que é constante durante todo o percurso. Assim, para determinar o **tempo de voo**, podemos usar:

$$y = v_{y0}t - (1/2)gt^2 = 0$$

da qual podemos obter, colocando-se o tempo em evidência:

$$t\left(v_{y0} - \frac{1}{2}gt\right) = 0$$

que tem duas soluções, $t = 0$, que corresponde à posição inicial, e:

$$v_{y0} - \frac{1}{2}gt = 0$$

da qual se obtém:

$$t = \frac{2v_{y0}}{g}$$

ou, substituindo o valor v_{y0},

$$t = \frac{2v_0 \operatorname{sen}\theta_0}{g} \tag{4.26}$$

(tempo de voo de um projétil)

Assim, o alcance R pode ser obtido por:

$$R = v_{x0}t = \frac{2v_0^2 \operatorname{sen}\theta_0 \cos\theta_0}{g}$$

Sabendo-se que $2\operatorname{sen}\theta\cos\theta = \operatorname{sen}2\theta$ (ver Apêndice B), obtemos o alcance R como:

$$R = \frac{v_0^2 \operatorname{sen}2\theta_0}{g} \tag{4.27}$$

(alcance de um projétil)

Como a trajetória é uma parábola, a altura máxima ocorre no ponto em que a derivada de y em função de x é zero,

$$\frac{dy}{dx} = 0$$

Derivando a Equação 4.25 em relação a x e substituindo o valor de x para o qual a derivada é zero, nota-se que o valor de y, igual à altura h, é dado por (problema 4.29):

$$h = \frac{(v_0 \operatorname{sen}\theta_0)^2}{2g} \tag{4.28}$$

(altura máxima atingida por um projétil)

Alcance máximo

A Equação 4.27 mostra que o alcance depende do ângulo de lançamento θ_0. A Figura 4.9a mostra um gráfico de R em função do ângulo de lançamento, θ. A condição para obtermos o ângulo no qual o alcance é máximo pode ser obtida sabendo-se que a derivada de R em função de θ é zero no ponto de máximo, ou seja:

$$\frac{dR}{d\theta} = \frac{d\left(\frac{v_0^2 \operatorname{sen}2\theta}{g}\right)}{d\theta} = \frac{v_0^2}{g}\frac{d\operatorname{sen}2\theta}{d\theta} = \frac{2v_0^2}{g}\cos 2\theta = 0$$

Como v_0 e g são constantes,

$$\cos 2\theta = 0$$

de qual se conclui que (levando-se em conta apenas o primeiro quadrante):

$$2\theta = \frac{\pi}{2} \quad \text{ou} \quad \theta = \frac{\pi}{4} = 45°$$

Ou seja, um lançador deve lançar o peso com uma inclinação inicial de 45° para que o objeto atinja uma distância maior. A Figura 4.9b mostra o alcance de um projétil lançado com a mesma velocidade, mas em diferentes ângulos.

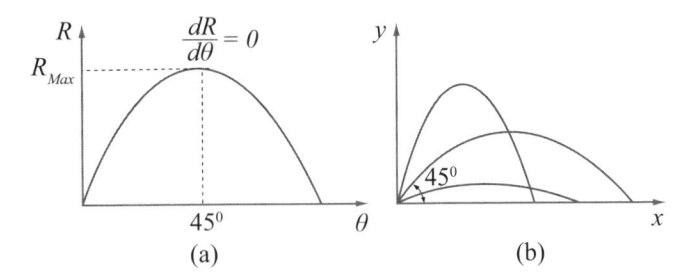

Figura 4.9: (a) Alcance de um projétil em função do ângulo de lançamento e (b) trajetórias para três ângulos diferentes.

Para dois ângulos complementares (cuja soma seja igual a 90°), o alcance (eixo y) é o mesmo (ver problema 4.30).

Exemplo 4.5

Um avião bombardeiro, movendo-se horizontalmente em linha reta, com uma velocidade de 300 km/h, lança uma bomba de uma altura de h=200 m. (a) Determine a posição em que a bomba toca o chão e (b) a posição em que o avião se encontra nesse momento, se ele mantiver suas condições iniciais.

Solução: (a) a Figura 4.10 mostra a situação do problema.

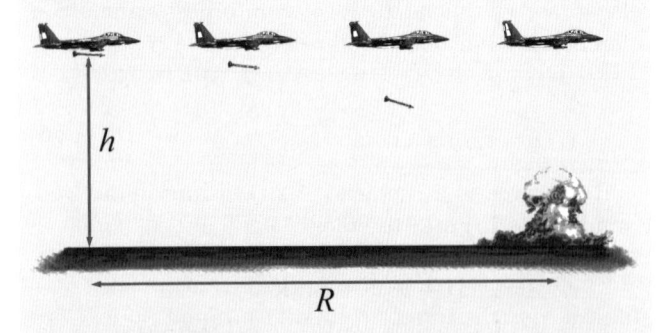

Figura 4.10: Um artefato bélico lançado por um avião.

Como a bomba foi lançada sem propulsão independente, ela é liberada do avião com a mesma velocidade dele. Sua velocidade na direção horizontal permanecerá constante, enquanto, na direção vertical, aumentará em uma taxa de 9,81 m/s², que é a aceleração da gravidade. Assim, se soubermos o tempo de queda, podemos determinar o alcance

R pela equação $R = v_{x0}t$. O tempo de queda pode ser determinado pela Equação 4.17 para o eixo y, onde v_{y0} é nulo, ou:

$$y_f = y_0 - \frac{1}{2}gt^2$$

A posição final y_f, quando a bomba toca o chão, corresponde a $y = 0$, e a posição inicial corresponde à altura do avião, h. Assim, usando unidades no SI,

$$0 = 200 - \frac{1}{2}(9,81)t^2$$

da qual podemos obter o valor de t:

$$t = 6,39\,\text{s}$$

Substituindo na Equação 4.27, obtemos o alcance da bomba R:

$$R = (300\,\text{km/h})(6,39\,\text{s}) = 533\,\text{m}$$

(b) O avião tem a mesma velocidade que a velocidade horizontal da bomba, de modo que ambos percorrerão a mesma distância horizontal, mas, enquanto a bomba toca o chão, o avião está a 200 m acima do local de impacto. Assim, dependendo do poder de destruição da bomba, o avião poderá ser atingido pelo impacto da explosão da bomba lançada por ele mesmo. Daí a razão de os aviões de guerra alterarem sua trajetória após lançarem artefatos explosivos de grande destruição.

Exemplo 4.6

Este exemplo mostra uma interessante propriedade do lançamento de projétil. Suponha que uma esfera A (ou outro corpo qualquer) esteja caindo, a partir do repouso, de uma altura h, e outra esfera B seja lançada com velocidade inicial apontando na direção da esfera A, como ilustra a Figura 4.11. Verificaremos que as duas esferas vão se chocar em outra posição, independente da velocidade com que a esfera B for lançada, desde que as trajetórias das duas esferas estejam no mesmo plano e não haja desvios decorrentes do vento ou do atrito com o ar.

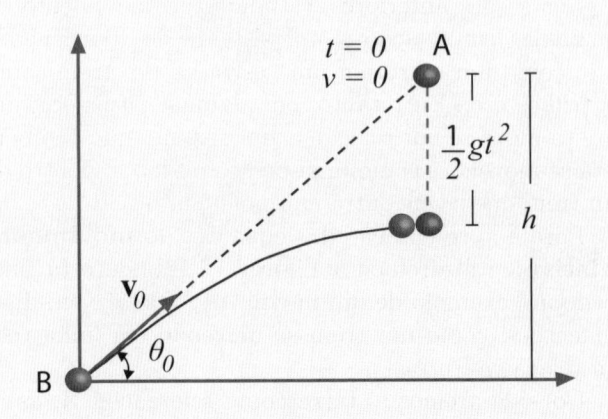

Figura 4.11: A esfera B atinge a esfera A, se ela for lançada conforme ilustrado na figura.

Solução: As duas esferas estão sob a ação da mesma aceleração gravitacional, ou seja, $a_y = -g$. Como não há aceleração no eixo horizontal ($a_x = 0$), depois de um tempo t a esfera A terá um deslocamento na vertical igual a $\frac{1}{2}gt^2$. A esfera B tem um componente de velocidade vertical igual a $v_0 \operatorname{sen}\theta_0$. Assim, a figura mostra a trajetória que a esfera B faria se não houvesse aceleração (linha reta tracejada). Entretanto, como o movimento da esfera B está sujeito à mesma aceleração da gravidade, ela também se deslocará da mesma distância $\frac{1}{2}gt^2$, mas em relação à linha tracejada. Vejamos como isto ocorre.

Para a esfera B atingir a linha de queda da esfera A, ela leva um tempo dado por:

$$x = \frac{h}{\operatorname{tg}\theta_0} = v_0 \cos\theta_0 t$$

de onde obtemos o tempo

$$t = \frac{h}{v_0 \operatorname{sen}\theta_0}$$

Nesse tempo, a esfera A estará na posição

$$y_m = h - \frac{1}{2}gt^2 = h - \frac{gh^2}{2v_0^2 \operatorname{sen}\theta_0}$$

enquanto a esfera B estará na posição dada pela equação

$$y_f = (\operatorname{tg}\theta_0)x - \frac{g}{2v_0^2 \cos^2\theta_0}x^2$$

Substituindo-se o valor de $x = \frac{h}{tg\theta_0}$, obtemos

$$y_f = h - \frac{gh^2}{2v_0^2 \operatorname{sen}\theta_0}$$

Ou seja, $y_f = y_m$ no momento em que a esfera B cruza a linha de queda da esfera A, que é atingida independente da velocidade inicial da esfera B. Entretanto, se a distância de lançamento da esfera B for muito grande, as duas esferas chegarão ao chão antes de se tocarem, e o problema teria uma solução matemática que implicaria uma posição de choque embaixo da terra.

4.5 Movimento Relativo

Nas seções anteriores, estudamos o movimento de partículas em relação a um sistema de coordenadas fixo, como um carro em uma estrada, um trem sobre os trilhos etc. Entretanto, em algumas situações, um objeto move-se em relação a um sistema que também está se movendo, como uma pessoa andando dentro de um trem que se encontra em movimento.

Para a apresentação das equações do **movimento relativo**, utilizaremos a Figura 4.12, onde está ilustrado um exemplo de um movimento relativo em duas dimensões, como um trem se movendo em linha reta em relação à Terra.

Consideraremos a Terra como referencial A, associado aos eixos x_A0y_A, e o trem como referencial B, associado aos eixos x_B0y_B, movendo-se com uma velocidade $\mathbf{v}_{BA}$ em relação à Terra. Consideraremos um objeto, uma pessoa, por exemplo, movendo-se da posição P_1 (em t_1) para a posição P_2 (em t_2) sobre o trem com velocidade $\mathbf{v}_{OB}$. Desejamos saber, então, o deslocamento, a velocidade e a aceleração do objeto em relação ao referencial fixo à Terra, ou seja, como o movimento de uma pessoa dentro do trem é visto por outra fora do trem.

De forma mais abrangente, conhecendo o movimento de um objeto em relação a um determinado referencial, podemos determinar seu movimento em relação a outro referencial, que se move em relação ao primeiro.

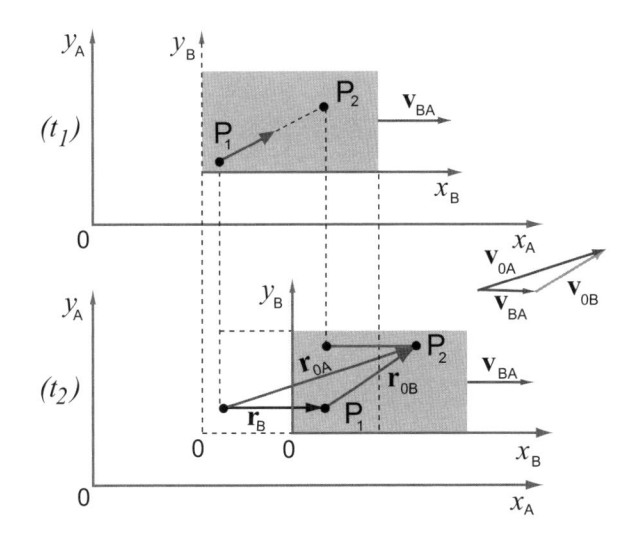

Figura 4.12: Um objeto move-se em um trem que tem uma velocidade constante em relação à Terra.

Como o deslocamento é uma grandeza vetorial, o deslocamento do objeto em relação ao referencial A, $\mathbf{r}_{OA}$, é a soma vetorial do deslocamento do objeto em relação ao referencial B, $\mathbf{r}_{OB}$, com o deslocamento do referencial B em relação ao referencial A, $\mathbf{r}_{BA}$, ou:

$$\mathbf{r}_{OA} = \mathbf{r}_{OB} + \mathbf{r}_{BA} \tag{4.29}$$

Reescrevendo a Equação 4.29 em função dos vetores unitários $\mathbf{i}$, $\mathbf{j}$ e $\mathbf{k}$, teremos:

$$\mathbf{r}_{OA} = x_{0A}\mathbf{i} + y_{0A}\mathbf{j} + z_{0A}\mathbf{k}$$
$$= x_{0B}\mathbf{i} + y_{0B}\mathbf{j} + z_{0B}\mathbf{k} + x_{BA}\mathbf{i} + y_{BA}\mathbf{j} + z_{BA}\mathbf{k}$$

da qual podemos deduzir as equações para cada dimensão separando a equação acima nas direções $\mathbf{i}$, $\mathbf{j}$, $\mathbf{k}$, ou:

$$x_{0A} = x_{0B} + x_{BA}$$
$$y_{0A} = y_{0B} + y_{BA} \tag{4.29a}$$
$$z_{0A} = z_{0B} + z_{BA}$$

Para obtermos a velocidade da pessoa em relação à Terra $\mathbf{v}_{OA}$, basta derivar a Equação 4.29, ou seja,

$$\frac{d\mathbf{r}_{OA}}{dt} = \frac{d\mathbf{r}_{OB}}{dt} + \frac{d\mathbf{r}_{BA}}{dt}$$

ou:

$$\mathbf{v}_{OA} = \mathbf{v}_{OB} + \mathbf{v}_{BA} \qquad (4.30)$$

da qual também obteremos as equações para cada coordenada, seguindo o mesmo procedimento adotado para se obter as Equações 4.29a, ou:

$$(v_{OA})_x = (v_{OB})_x + (v_{BA})_x$$
$$(v_{OA})_y = (v_{OB})_y + (v_{BA})_y \qquad (4.30a)$$
$$(v_{OA})_z = (v_{OB})_z + (v_{BA})_z$$

Para determinar a aceleração do objeto em relação à Terra, derivamos a Equação 4.30 acima, ou:

$$\frac{d\mathbf{v}_{OA}}{dt} = \frac{d\mathbf{v}_{OB}}{dt} + \frac{d\mathbf{v}_{BA}}{dt}$$

Como a velocidade $\mathbf{v}_{BA}$ do trem é constante, $d\mathbf{v}_{BA}/dt = 0$, obtemos:

$$\mathbf{a}_{OA} = \mathbf{a}_{OB} \qquad (4.31)$$

Ou seja, a aceleração de um objeto é a mesma para os dois referenciais se eles se movem com velocidade constante um em relação ao outro. Nesse caso, os componentes de aceleração do objeto em relação ao referencial A são iguais aos componentes de aceleração em relação ao referencial B, para podermos satisfazer a igualdade da Equação 4.31, ou:

$$(a_{0A})_x = (a_{0B})_x$$
$$(a_{0A})_y = (a_{0B})_y \qquad (4.32a)$$
$$(a_{0A})_z = (a_{0B})_z$$

Exemplo 4.7

Um arqueiro lança uma flecha a $200\,\mathrm{m/s}$. Que distância horizontal em relação ao solo a flecha percorrerá em $2\,\mathrm{s}$ se o arqueiro estiver sobre um trem a $72\,\mathrm{km/h}$ e a flecha arremessada horizontalmente no mesmo sentido de movimento do trem?

Solução: como o movimento de interesse é apenas o horizontal, podemos desconsiderar o movimento na vertical, como visto na seção 4.4 (Movimento de projétil). Utilizando, então, uma das Equações 4.30a, por exemplo, em relação ao eixo x, podemos determinar a velocidade da flecha em relação ao solo. Por simplicidade, evitaremos o uso do sub-índice x nas equações, ou:

$$v_{0A} = v_{0B} + v_{BA} \qquad (4.32)$$

em que v_{0A} representa a velocidade relativa da flecha em relação ao solo, v_{0B}, a velocidade da flecha em relação ao

trem e v_{BA}, a velocidade do trem em relação ao solo. Como o arqueiro se encontra no trem, $v_{0B} = 200\,\mathrm{m/s}$. A velocidade do trem no SI é $v_{BA} = 72\,\mathrm{km/h} = 20\,\mathrm{m/s}$. Substituindo esses valores na Equação 4.32 acima, teremos:

$$v_{0A} = 200 + 20 = 220\,\mathrm{m/s}$$

A distância d que a flecha percorre em $2\,\mathrm{s}$ será:

$$d = 2 \times 220 = 440\,\mathrm{m}$$

Exemplo 4.8

Um barco cruza um rio para uma posição na outra margem, diretamente oposta à posição inicial (Figura 4.13). A correnteza do rio tem uma velocidade de 10 km/h, e o barco viaja a uma velocidade de 30 km/h em relação à água. Determine em que direção o barco deve direcionar seu movimento e a que velocidade em relação ao leito do rio ele se desloca.

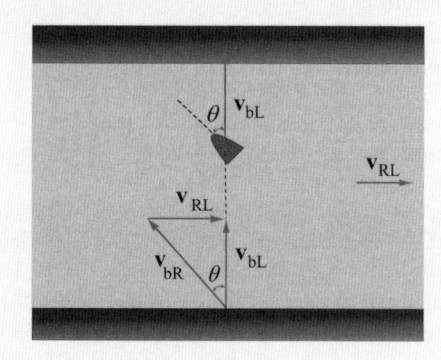

Figura 4.13: Um barco cruzando um rio.

Solução: nesse exemplo, precisamos considerar o caráter vetorial da velocidade. A Figura 4.13 mostra uma situação em que a direção do barco e o diagrama de velocidade estão representados de forma que a velocidade final do barco em relação ao leito, $\mathbf{v}_{bL}$, aponte para a outra margem. Como o rio corre para a direita, com velocidade $\mathbf{v}_{RL}$, então a direção do barco em relação ao rio, $\mathbf{v}_{bR}$, deverá ser para cima e para a esquerda. Assim, utilizando a Equação 4.30, podemos determinar v_{bL}, ou:

$$\mathbf{v}_{bL} = \mathbf{v}_{bR} + \mathbf{v}_{RL}$$

Essa equação envolve uma soma de vetores alinhados em um triângulo retângulo. Logo, como os módulos dos vetores $\mathbf{v}_{rl}$ e $\mathbf{v}_{br}$ são fornecidos, fica fácil obter a direção do barco utilizando o seno do ângulo θ:

$$\mathrm{sen}\,\theta = \frac{v_{RL}}{v_{bR}} = \frac{10\,\mathrm{km/h}}{30\,\mathrm{km/h}} = 0,33$$

$$\theta = \mathrm{sen}^{-1} 0,33 = 19,3°$$

Utilizando o teorema de Pitágoras, podemos determinar a intensidade de $\mathbf{v}_{bL}$ como:

$$v_{bR}^2 = v_{RL}^2 + v_{bL}^2$$

Tirando a raiz quadrada, obtemos:

$$v_{bL} = \sqrt{v_{bR}^2 - v_{RL}^2}$$

Substituindo os valores fornecidos, chegamos ao resultado final:

$$v_{bL} = \sqrt{(30\,\text{km/h})^2 - (10\,\text{km/h})^2} = 28,3\,\text{km/h}$$

Observe que o barco se move de forma inclinada para poder fazer o percurso em um trajeto perpendicular às margens do rio.

4.6 Movimento Circular Uniforme

No nosso cotidiano, vemos várias situações em que alguns objetos realizam movimento circular. Um ventilador, um DVD, motores, rodas. Vejamos como tratar desses problemas.

De forma genérica, em duas dimensões podemos escrever a velocidade da partícula como:

$$\mathbf{v} = v_x\mathbf{i} + v_y\mathbf{j} \tag{4.33}$$

Nesta seção, vamos estudar o caso mais simples de um movimento circular uniforme de uma partícula. Na próxima seção, vamos estender esse estudo para o caso de um movimento com velocidade dependente do tempo. O estudo dos movimentos circulares utilizando a força será visto a partir do Capítulo 6.

A Figura 4.14 mostra uma partícula realizando um movimento circular uniforme, ou seja, com velocidade escalar v constante, descrevendo uma circunferência de raio R. O vetor velocidade da partícula em uma posição qualquer é dado, em coordenadas cartesianas, por:

$$\mathbf{v}(t) = -v\,\text{sen}\,\theta(t)\mathbf{i} + v\cos\theta(t)\mathbf{j} \tag{4.34}$$

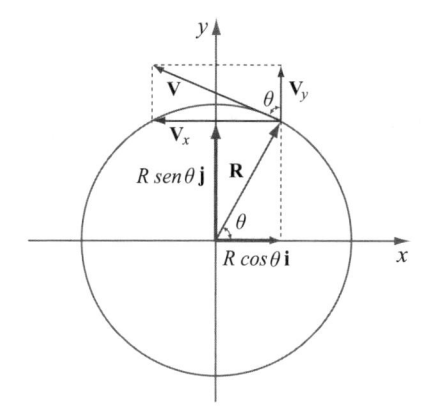

Figura 4.14: Uma partícula realiza um movimento circular, de raio R, com velocidade constante v. A figura ilustra uma situação na qual o vetor velocidade $\mathbf{v}$ está na posição R, em um ângulo θ, e seus componentes nas direções x e y.

Tanto o vetor velocidade $\mathbf{v}$ como o ângulo θ variam com o tempo t, embora o módulo de $\mathbf{v}$ seja constante. A aceleração, como já foi visto, é dada pela Equação 4.8:

$$\mathbf{a} = \frac{d\mathbf{v}}{dt}$$

Assim, para obtermos a aceleração, basta derivarmos a Equação 4.34:

$$\mathbf{a} = \frac{d(-v\,\text{sen}\,\theta\mathbf{i} + v\cos\theta\mathbf{j})}{dt} = -v\cos\theta\frac{d\theta}{dt}\mathbf{i} - v\,\text{sen}\,\theta\frac{d\theta}{dt}\mathbf{j}$$

ou

$$\mathbf{a} = -v\frac{d\theta}{dt}(\cos\theta\mathbf{i} + \text{sen}\,\theta\mathbf{j}) \tag{4.35}$$

O termo entre parênteses é, na verdade, um vetor de módulo igual a 1 e com a mesma direção do vetor posição $\mathbf{R}$. Para demonstrar isso, escrevemos o vetor posição $\mathbf{R}$ como:

$$\mathbf{R} = R\cos\theta\mathbf{i} + R\,\text{sen}\,\theta\mathbf{j} = R(\cos\theta\mathbf{i} + \text{sen}\,\theta\mathbf{j})$$

que pode ser reescrito como:

$$\frac{\mathbf{R}}{R} = (\cos\theta\mathbf{i} + \text{sen}\,\theta\mathbf{j})$$

A razão $\frac{\mathbf{R}}{R}$ é um vetor de módulo igual a 1 e mesma direção e sentido do vetor $\mathbf{R}$. Chamamos esse tipo de vetor de **vetor unitário**, ou **versor** (ver Capítulo 2), que, nesse caso, denominaremos $\mathbf{u}_r$:

$$\mathbf{u}_r = \frac{\mathbf{R}}{R} \quad \text{(vetor unitário na direção e sentido de } \mathbf{R}) \tag{4.36}$$

O leitor pode provar que o módulo do vetor $\mathbf{u}_r$ é, de fato, igual a 1 (problema 4.50). Assim, podemos escrever a Equação 4.35 como:

$$\mathbf{a} = -v\frac{d\theta}{dt}\mathbf{u}_r \tag{4.37}$$

O termo $\frac{d\theta}{dt}$ fornece a variação do ângulo com o tempo, que é chamada de velocidade angular ω, ou $\frac{d\theta}{dt} = \omega$. Por outro lado, $\mathbf{u}$ pode ser expresso em função da velocidade escalar. Para obtermos essa relação, utilizemos o deslocamento da partícula ao longo do arco de circunferência:

$$s = R\theta$$

Derivando essa equação, considerando que o raio é constante, obtemos:

$$\frac{ds}{dt} = R\frac{d\theta}{dt} \tag{4.38}$$

O termo ds/dt é a velocidade da partícula ao longo do arco, ou seja, é a própria velocidade da partícula no movimento circular uniforme. Assim, podemos escrever a Equação 4.38 como:

$$v = \omega R \qquad (4.39)$$

de forma que a Equação 4.35 pode ser reescrita como:

$$\mathbf{a} = -v\omega\mathbf{u}_r = -v\frac{v}{R}\mathbf{u}_r$$

ou:

$$\mathbf{a} = -\frac{v^2}{R}\mathbf{u}_r \text{ (aceleração centrípeta ou radial)}$$
$$\qquad (4.40)$$

Ou seja, a aceleração de uma partícula em movimento circular uniforme (velocidade escalar constante) é um vetor com a mesma direção, mas em sentido contrário ao do vetor posição $\mathbf{u}_r$. Sendo assim, a aceleração sempre aponta para o centro da circunferência (Figura 4.15). Por isso, ela é chamada de **aceleração centrípeta** ou **aceleração radial**.

O módulo da aceleração centrípeta, $a_c = |\mathbf{a}|$, é dado por (ver Equação 4.40):

$$a_c = \frac{v^2}{R} \text{ (módulo da aceleração centrípeta)}$$
$$\qquad (4.41)$$

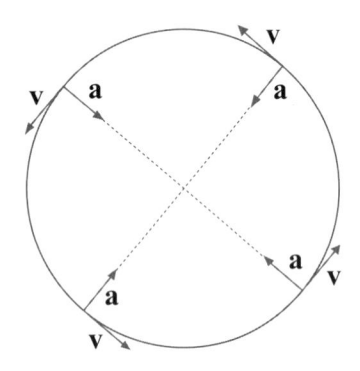

Figura 4.15: A aceleração de um objeto em movimento circular uniforme aponta sempre para o centro, e sua velocidade é sempre tangencial à trajetória do movimento.

4.7 Movimento Circular Não Uniforme

No caso do movimento circular uniforme, encontramos a aceleração centrípeta utilizando a definição de $\mathbf{v}$ em termos dos vetores unitários $\mathbf{i}$ e $\mathbf{j}$, do sistema de coordenadas cartesianas. Entretanto, para um movimento circular mais geral, no qual a velocidade varia com o tempo, fica mais simplificado utilizarmos coordenadas mais apropriadas, como coordenadas polares. Para isso, vamos definir dois vetores unitários, $\mathbf{u}_\theta$ e $\mathbf{u}_r$. A Figura 4.16 mostra esses dois vetores em dois instantes diferentes de uma partícula, descrevendo um movimento circular. Assim como os vetores $\mathbf{i}$ e $\mathbf{j}$, eles têm comprimento igual a 1, sendo adimensionais, mas indicando uma direção e um sentido, de forma que, quando multiplicados por um escalar, conferem a este uma direção e um sentido.

O vetor $\mathbf{u}_\theta$ aponta na direção do aumento do ângulo θ, sendo sempre tangente à trajetória e no sentido anti-horário. O vetor $\mathbf{u}_r$ aponta radialmente no sentido em que o valor de $\mathbf{r}$ aumenta. Entretanto, diferentemente dos vetores unitários $\mathbf{i}$ e $\mathbf{j}$, os vetores $\mathbf{u}_\theta$ e $\mathbf{u}_r$ não são constantes, ou seja, a direção e o sentido deles mudam com a posição da partícula.

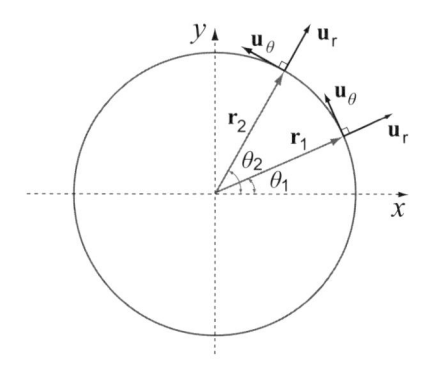

Figura 4.16: Vetores unitários em coordenadas polares para o movimento circular.

Assim, uma partícula que descreve um movimento circular, no sentido anti-horário, cujo módulo da velocidade varia com o tempo, pode ser descrita em termos dos vetores unitários $\mathbf{u}_\theta$ e $\mathbf{u}_r$, como:

$$\mathbf{v} = v\mathbf{u}_\theta \qquad (4.42)$$

Ou seja, $\mathbf{v}$ aponta sempre na direção de aumento do ângulo θ, na mesma direção do vetor unitário $\mathbf{u}_\theta$, e, portanto, tangente à trajetória.

A aceleração pode ser obtida pela derivada da Equação 4.42, ou:

$$\mathbf{a} = \frac{d\mathbf{v}}{dt} = \frac{d(v\mathbf{u}_\theta)}{dt}$$

ou:

$$\mathbf{a} = \frac{dv}{dt}\mathbf{u}_\theta + v\frac{d\mathbf{u}_\theta}{dt} \qquad (4.43)$$

Na seção anterior, o valor de v era constante (embora o vetor $\mathbf{v}$ mudasse de direção e sentido). Assim, o primeiro termo da Equação 4.43 ficaria nulo se tivéssemos utilizado a Equação 4.42 na seção anterior, no lugar da Equação 4.34. Por comparação, podemos, então, concluir que o segundo termo da equação anterior é igual à aceleração centrípeta, Equação 4.40, ou:

$$v\frac{d\mathbf{u}_\theta}{dt} = -\frac{v^2}{R}\mathbf{u}_r$$

Por outro lado, o valor dv/dt tem dimensão de aceleração, de forma que o primeiro termo da Equação 4.43 corresponde a uma aceleração no sentido de crescimento do ângulo θ, ou seja, tangente à trajetória. Assim, podemos reescrever a Equação 4.43 como:

$$\mathbf{a} = \frac{dv}{dt}\mathbf{u}_\theta - \frac{v^2}{R}\mathbf{u}_r \tag{4.44}$$

ou

$$\mathbf{a} = a_t\mathbf{u}_\theta + a_r\mathbf{u}_r \tag{4.45}$$

em que $a_t = dv/dt$ e $a_r = -v^2/r$. O primeiro termo da Equação 4.44, responsável pela variação do módulo do vetor velocidade da partícula, é um vetor tangente à trajetória da partícula e, por isso, chamado de **aceleração tangencial**, ou:

$$a_t = \frac{dv}{dt} \text{ (aceleração tangencial)} \tag{4.46}$$

O segundo termo, semelhante ao que vimos na seção de movimento circular uniforme, aponta sempre para o centro e, por isso, é chamado de **aceleração centrípeta**, a_c, ou **aceleração radial**, a_r (Equação 4.40). Ela é responsável por mudar a direção do vetor velocidade, permitindo que a partícula faça um movimento circular, mesmo que o módulo da velocidade seja constante.

Os vetores $\mathbf{u}_\theta$ e $\mathbf{u}_r$ são perpendiculares entre si. Assim, em qualquer momento, o módulo da aceleração total, tangencial mais centrípeta, pode ser obtido por (ver Equação 4.45):

$$a = \sqrt{a_t^2 + a_r^2} \tag{4.47}$$

Exemplo 4.9

A Estação Espacial Internacional (EEI) ou International Space Station (ISS) faz uma órbita quase circular em torno da Terra a cerca de 400 km de altitude com uma velocidade de 28 000 km/h. Qual é a aceleração da estação espacial?

Solução: para o cálculo da aceleração (neste caso, centrípeta), utilizando a Equação 4.41, precisamos determinar o raio da órbita, que é igual à soma do raio da Terra com a altitude da estação em relação à Terra, ou:

$$R = 6{,}37 \times 10^6 \,\text{m} + 4{,}00 \times 10^5 \,\text{m} = 6{,}77 \times 10^6 \,\text{m}$$

Substituindo em 4.41, obtemos:

$$a_c = \frac{v^2}{R} = \frac{\left(28 \times 10^6 \frac{1}{3600}\,\text{m/s}\right)^2}{6{,}87 \times 10^6 \,\text{m}} = 8{,}94 \,\text{m/s}^2$$

No exemplo 4.9, o leitor pode achar estranho que a aceleração da estação espacial seja próxima da própria aceleração da gravidade na superfície da Terra. Apesar disso, a sensação que os astronautas têm no espaço é de que a gravidade é quase nula. Vários experimentos são realizados nessa condição, conhecida como microgravidade. Na verdade, a aceleração é, de fato, grande, mas como a estação está realizando um movimento circular, é como se ela estivesse "caindo" em direção à Terra, sem nunca atingir o solo. Essa queda dá a sensação de se estar flutuando sem qualquer gravidade.

4.8 RESUMO

4.2 Movimento em Duas e Três Dimensões

Em um movimento em três dimensões, o vetor posição $\mathbf{r}$, em coordenadas cartesianas, é dado por:

$$\mathbf{r} = x\mathbf{i} + y\mathbf{j} + z\mathbf{k} \tag{4.2}$$

e o deslocamento de uma partícula por:

$$\Delta\mathbf{r} = \Delta x\mathbf{i} + \Delta y\mathbf{j} + \Delta z\mathbf{k} \qquad \text{(vetor deslocamento)} \tag{4.3}$$

A velocidade média da partícula, $\bar{\mathbf{v}}$, é definida pela razão entre o deslocamento vetorial e o tempo transcorrido entre as duas posições, ou seja:

$$\bar{\mathbf{v}} = \frac{\Delta\mathbf{r}}{\Delta t} \qquad \text{(velocidade média)} \tag{4.4}$$

enquanto a velocidade instantânea é definida por:

$$\mathbf{v} = \lim_{\Delta t \to 0} \frac{\Delta \mathbf{r}}{\Delta t} = \frac{d\mathbf{r}}{dt} \qquad \text{(velocidade instantânea)} \tag{4.5}$$

e a aceleração média é dada pela razão entre a variação da velocidade dividida pelo tempo, ou:

$$\bar{\mathbf{a}} = \frac{\Delta \mathbf{v}}{\Delta t} \qquad \text{(aceleração média)} \tag{4.7}$$

A aceleração instantânea é definida como:

$$\mathbf{a} = \lim_{\Delta t \to 0} \frac{\Delta \mathbf{v}}{\Delta t} = \frac{d\mathbf{v}}{dt} \qquad \text{(aceleração instantânea)} \tag{4.8}$$

4.3 Movimento em Três Dimensões com Aceleração Constante

A Tabela 4.1 mostra um resumo das principais equações do movimento em três dimensões para aceleração constante.

4.4 Movimento de Um Projétil

O movimento de um projétil próximo à superfície da Terra ocorre em duas dimensões com aceleração constante: a aceleração da gravidade g, na direção y. Considerando um projétil lançado com velocidade inicial com módulo v_0, fazendo um ângulo inicial θ_0 com a horizontal, a trajetória do projétil é dada pela equação:

$$y = (\text{tg}\,\theta_0)x - \frac{g}{2v_0^2 \cos \theta_0^2} x^2 \qquad \text{(trajetória de um projétil)} \tag{4.25}$$

que é uma equação de uma parábola. O tempo que um projétil leva para subir e descer é:

$$t = \frac{2v_0 \,\text{sen}\,\theta_0}{g} \qquad \text{(tempo de voo de um projétil)} \tag{4.26}$$

e o alcance é:

$$R = \frac{v_0^2 \,\text{sen}\,2\theta_0}{g} \qquad \text{(alcance de um projétil)} \tag{4.27}$$

que é máximo para $\theta = \frac{\pi}{4} = 45°$. A altura máxima atingida é dada pela expressão:

$$h = \frac{(v_0 \,\text{sen}\,\theta_0)^2}{2g} \qquad \text{(altura máxima atingida por um projétil)} \tag{4.28}$$

4.5 Movimento Relativo

Em um movimento relativo, a velocidade relativa de um objeto O em relação ao sistema de referência A é:

$$\mathbf{v}_{OA} = \mathbf{v}_{OB} + \mathbf{v}_{BA} \tag{4.30}$$

em que v_{OB} é a velocidade do objeto em relação ao sistema de referência B, e v_{BA} é a velocidade do sistema de referência B em relação ao sistema de referência A. A aceleração do objeto é a mesma nos dois sistemas de referência, se a velocidade dos dois sistemas for constante.

4.6 Movimento Circular Uniforme

O vetor velocidade da partícula em uma posição qualquer de um movimento circular uniforme é dado, em coordenadas cartesianas, por:

$$\mathbf{v}(t) = -v \,\text{sen}\,\theta(t)\mathbf{i} + v \cos \theta(t)\mathbf{j} \tag{4.34}$$

O módulo da aceleração, chamado de aceleração centrípeta, é dado pela equação:

$$a_c = \frac{v^2}{R} \qquad \text{(aceleração centrípeta ou radial)} \tag{4.41}$$

4.7 Movimento Circular Não Uniforme

A velocidade de uma partícula que descreve um movimento circular não uniforme pode ser escrita em termos dos vetores unitários $\mathbf{u}_\theta$ e $\mathbf{u}_r$, como:

$$\mathbf{v} = v\mathbf{u}_\theta \tag{4.42}$$

Ou seja, $\mathbf{v}$ aponta sempre na direção de aumento do ângulo θ, na mesma direção do vetor unitário $\mathbf{u}_\theta$, portanto, tangente à trajetória. A aceleração pode ser obtida pela derivada da Equação 4.42:

$$\mathbf{a} = \frac{dv}{dt}\mathbf{u}_\theta - \frac{v^2}{R}\mathbf{u}_r \tag{4.44}$$

ou, ainda,

$$\mathbf{a} = a_t\mathbf{u}_\theta + a_r\mathbf{u}_r \tag{4.45}$$

de qual se obtém a aceleração tangencial:

$$a_t = \frac{dv}{dt} \qquad \text{(aceleração tangencial)} \tag{4.46}$$

Os vetores $\mathbf{u}_\theta$ e $\mathbf{u}_r$ são perpendiculares entre si. Assim, em qualquer momento, o módulo da aceleração total, tangencial mais centrípeta, pode ser obtido por:

$$a = \sqrt{a_t^2 + a_r^2} \tag{4.47}$$

4.9 EXPERIMENTO 4.1: Trajetória de Um Projétil

Neste experimento, estudaremos o movimento de um corpo que se move em um plano, ou seja, em duas dimensões, utilizando o lançamento de um projétil a partir de uma rampa (ver seção 4.4). Neste caso, o corpo estará submetido apenas à força da gravidade. Por questão de simplicidade, o estudo será restrito ao lançamento de um projétil a partir de uma posição com velocidade inicial no sentido horizontal. Esse tipo de movimento pode ser dividido em dois movimentos independentes: no *eixo horizontal*, em que o movimento será retilíneo uniforme, e no *eixo vertical*, em que o movimento será uniformemente acelerado.

Aparato Experimental

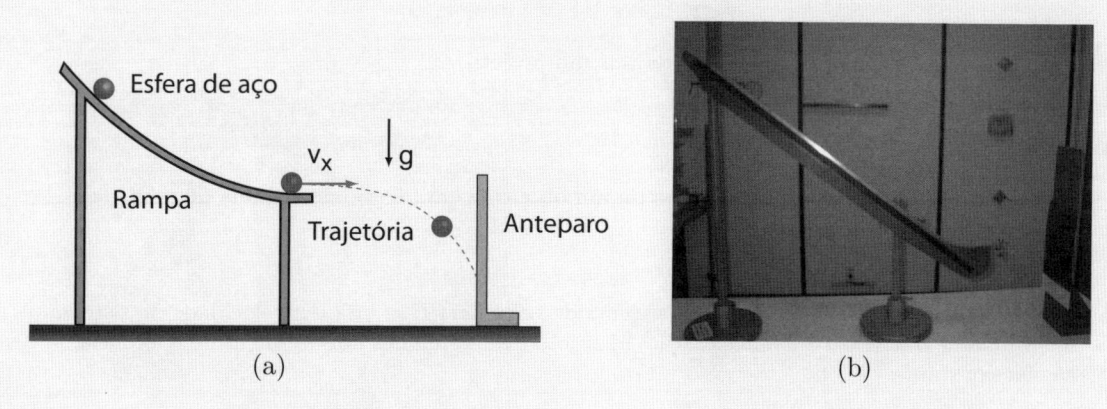

Figura 4.17: (a) Rampa para estudo de lançamento de projéteis e (b) foto de uma rampa de lançamento. (Fonte: IFGW/Unicamp)

A rampa de lançamento consiste em um trilho onde uma esfera de aço pode se mover. O trilho é colocado a certa altura do nível do solo (ou de uma mesa), de forma que sua extremidade fique horizontal, para garantir que a esfera seja lançada com um componente de velocidade vertical nula. Após o lançamento, a esfera atinge um anteparo colocado à sua frente. Uma folha de papel carbono, por exemplo, junto a uma folha em branco, pode ser presa a esse anteparo de forma que a esfera deixa uma marca da altura atingida na folha em branco. Conhecendo-se a posição do anteparo, pode-se determinar a altura atingida em função da distância do anteparo. Como a esfera não pode ser considerada um ponto, verifique quais cuidados devem ser tomados para não incluir a dimensão da esfera nos resultados obtidos. Opcionalmente, podem-se utilizar fotossensores para determinar o tempo de voo e a velocidade de lançamento da esfera.

Experimento

Para a determinação da trajetória da esfera, devem ser realizados vários lançamentos. Para isso, coloque a esfera em uma certa posição do trilho e solte-a, deixando-a atingir o anteparo. Marque a posição do anteparo e a altura deixada pela esfera no papel carbono. Esses dois dados representam um conjunto (y, x) da trajetória. Realize vários lançamentos, liberando a esfera sempre da mesma posição, para garantir que a velocidade de lançamento seja sempre a mesma. Coloque o anteparo em diferentes posições, cobrindo toda a faixa de distância alcançada pela esfera. Se tiver disponibilidade, utilize fotossensores e determine o tempo de voo da esfera entre o ponto de lançamento e o ponto de contato com o anteparo. Use um fotossensor para determinar a velocidade de lançamento, conhecendo-se o tempo de obstrução do sensor e o diâmetro da esfera.

Análise dos Resultados

1) Utilizando o conjunto de pontos obtidos (y, x), faça um gráfico da trajetória da esfera, ou seja, um gráfico da altura em função da distância do anteparo. Que equação do movimento, $y = f(x)$, descreve essa trajetória?

2) Verifique se de fato o movimento na horizontal é retilíneo e uniforme por meio do gráfico x em função de t. Determine a velocidade inicial por meio do gráfico e compare com o valor obtido pelo fotossensor.

3) Verifique se o movimento na vertical é uniformemente acelerado por meio do gráfico y em função de t. Faça um gráfico y em função de t^2 (linearização) e determine, por meio dele, a aceleração da gravidade. Compare o resultado com o valor conhecido para sua região.

4) Utilizando a mesma equação obtida no item 1 acima, ainda é possível proceder a uma linearização diferente, utilizando um gráfico $\log y$ em função de $\log x$. Verifique teoricamente que esse gráfico é uma reta e determine o coeficiente angular dessa reta. Faça, então, um gráfico utilizando os dados experimentais. Proponha uma reta que melhor represente o conjunto de pontos e determine o valor do coeficiente angular. Por meio desse procedimento, determine qual deve ser o coeficiente angular de polinômios, com apenas um termo de ordem n, quando representados em um gráfico $\log y$ em função de $\log x$.

4.10   EXPERIMENTO 4.2: Plano de Packard

Este experimento é semelhante ao anterior, mas o movimento do projétil ocorre em um plano inclinado, conhecido como **plano de Packard** (Figura 4.18). O movimento de um corpo que se move em um plano de Packard ocorre também em duas dimensões, submetido à força da gravidade, e pode ser dividido em dois movimentos independentes: no *eixo horizontal*, em que o movimento será retilíneo uniforme, e no *eixo inclinado*, em que o movimento será uniformemente acelerado.

Aparato Experimental

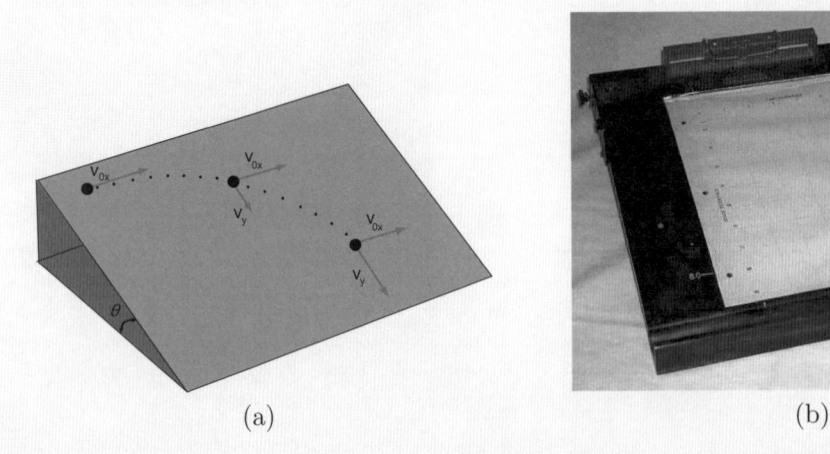

(a)   (b)

Figura 4.18:   (a) Diagrama esquemático de um plano de Packard e (b) plano de Packard. (Fonte: Unicamp)

O plano de Packard consiste em um plano inclinado, cujo ângulo pode ser alterado. Uma esfera de aço é lançada na parte superior do plano por meio de um sistema de mola e canaleta, permitindo que a esfera seja lançada horizontalmente. Coloca-se papel milimetrado sobre o plano e papel carbono sobre o papel milimetrado. O movimento da esfera de aço deixa uma marca sobre o papel milimetrado, de onde podemos obter os dados de posição no plano x–y.

Experimento

Com o plano nivelado, escolha um ângulo para o estudo do movimento. Lance a esfera, usando um disparador, de forma que a esfera saia da canaleta em uma direção horizontal, e descreva a trajetória sobre o papel milimetrado. Adote o eixo x como sendo o eixo horizontal e o eixo y como sendo o inclinado. Considere a esfera uma partícula, desprezando seu próprio movimento de rotação.

Análise dos Resultados

1) Mostre que a equação do movimento é dada por $y = \frac{gsen\theta}{2}t^2$ (considerando $y_0 = 0$ para $t_0 = 0$).

2) Mostre que a equação da trajetória é dada por $y = \frac{gsen\theta}{2v_{0x}^2}x^2$.

3) Adotando eixos e origem convenientes, obtenha um conjunto de pontos (y, x) que representem a trajetória da esfera.

4) Monte um gráfico y em função de x^2 e obtenha o valor da velocidade inicial v_{0x} a partir do coeficiente angular, conhecendo o valor da aceleração da gravidade e do ângulo de inclinação do plano de Packard.

5) Utilizando a equação do item 1, encontre o tempo que a esfera leva para atingir as posições do item 3 acima.

6) Em um movimento uniformemente variado, a velocidade média $\bar{v}$ entre dois pontos quaisquer (Equação 4.4) é dada por $\bar{v} = \frac{y}{t} = \frac{v_y}{2}$, de onde obtemos $v_y = \frac{2y}{t}$. Utilizando essa propriedade, obtenha a velocidade para o mesmo conjunto de pontos do item 3 acima.

7) Monte um gráfico de v_y em função de t e determine a aceleração do movimento a partir deste gráfico.

8) Mostre como poderia ser obtido o gráfico da velocidade da esfera a partir de sua trajetória. Qual é a direção de **v** em uma posição qualquer da trajetória da esfera?

4.11 QUESTÕES, EXERCÍCIOS E PROBLEMAS

4.2 Movimento em Duas e Três Dimensões

4.1 Observe a Figura 4.19, determine (a) os vetores posição de **A** e **B** e (b) **B** − **A** e **A** − **B** e represente esses dois vetores nos eixos x-y-z.

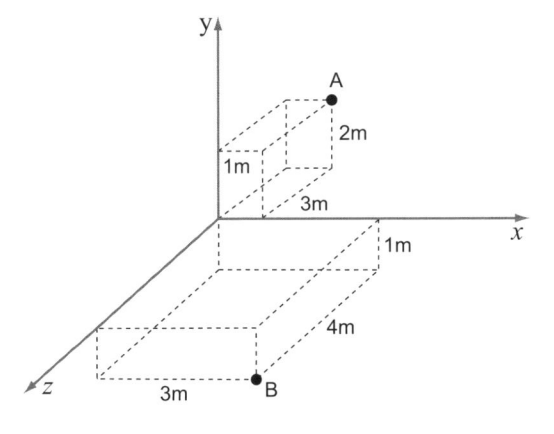

Figura 4.19: Problema 4.1.

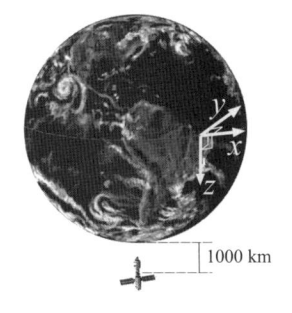

Figura 4.20: Problema 4.2.

4.2 Considere um sistema de coordenadas x-y-z com origem na Base de Alcântara, no Maranhão (muito próxima ao Equador), em que o eixo y é perpendicular à superfície da Terra, o eixo x aponta no sentido leste e o eixo z, no sentido Sul da Terra (Figura 4.20). Qual é o vetor posição (utilizando vetores unitários) de um satélite que se encontra a 1.000 km de altura, acima do polo Sul? (Obs.: considere a Terra esférica com raio de 6.370 km.)

4.3 Um helicóptero decola do chão, subindo 100 m. Em seguida, move-se 1 000 m para o norte e 1 500 m para oeste, onde pousa sobre um prédio de 100 m de altura em relação ao ponto de decolagem. Qual é o vetor deslocamento do helicóptero e seu módulo? (Obs.: adote o eixo $+x$ apontando para o leste, o eixo $+y$ como coordenada de altitude e o eixo $+z$ no sentido sul.)

4.4 Uma estrela A encontra-se na posição $\mathbf{r} = 1{,}5 \times 10^3 \mathbf{i} + 1{,}5 \times 10^5 \mathbf{j} + 1{,}0 \times 10^5 \mathbf{k}$ (parsec), e outra estrela B encontra-se em $\mathbf{r} = 1{,}0 \times 10^3 \mathbf{i} + 2{,}5 \times 10^5 \mathbf{j} + 3{,}0 \times 10^5 \mathbf{k}$ (parsec). (a) Qual é o vetor posição da estrela B em relação à estrela A no mesmo sistema de coordenadas? (b) Qual é a distância entre as duas estrelas (em parsec)?

4.5 Um avião faz uma viagem da cidade A para a cidade C, fazendo uma escala na cidade B, com uma velocidade

escalar média de 900 km/h. O percurso entre A e B é de
400 km no sentido norte, e o percurso de B para C é de
300 km no sentido leste. (a) Qual o módulo, a direção e o
sentido do vetor deslocamento do avião entre as cidades A
e C? (b) Qual é a velocidade vetorial média no percurso
completo?

4.6 Um barco move-se por 10 min na direção leste; em seguida, por 2 min na direção norte e mais 7 min na direção
oeste, sempre com a mesma velocidade escalar de 10 m/s.
Determine (a) os vetores deslocamento e a velocidade média
do barco e (b) o módulo e a direção destes vetores. (Obs.:
adote o eixo $+x$ como coordenada com sentido leste e o
eixo $+y$, com sentido norte.)

4.7 (Enade) A figura abaixo representa a trajetória de
um ponto material que passa pelos pontos A, B e C,
com velocidades $\mathbf{v}_A$, $\mathbf{v}_B$ e $\mathbf{v}_C$ de módulos $v_A = 8,0$ m/s,
$v_B = 12,0$ m/s e $v_C = 16,0$ m/s. Sabe-se que o intervalo de
tempo gasto para esse ponto material percorrer os trechos
AB e BC é o mesmo e vale 10 s.

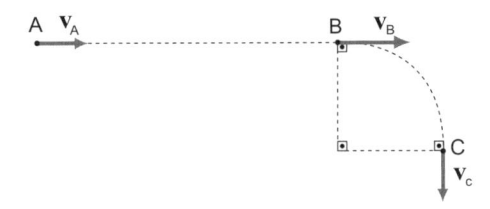

Figura 4.21: Problema 4.7.

Quais são os módulos da aceleração média desse ponto
material nos trechos AB e BC, respectivamente, em m/s²?

4.8 O vetor posição de uma partícula em função do tempo
t é dado por: $\mathbf{r} = 5\mathbf{i} + t\mathbf{j} + t^3\mathbf{k}$ (no SI). (a) Determine os
vetores velocidade e aceleração da partícula em função do
tempo e (b) encontre sua posição, velocidade e aceleração
após 5 s (no SI).

4.9 A aceleração de uma partícula em função do tempo é
dada por $\mathbf{a} = t^3\mathbf{j}$. No instante inicial $t = 0$, a partícula
encontra-se na posição $(0,0,0)$ com velocidade nula. De-
termine, em função do tempo, (a) sua velocidade e (b) sua
posição.

4.3 Movimento em Três Dimensões com Aceleração Constante

4.10 Uma partícula A sobe com aceleração $\mathbf{a} = a\mathbf{j}$, a partir de uma posição a 10 m da origem (Figura 4.22). Ou-
tra partícula B sobe, de forma inclinada, com velocidade
$\mathbf{v} = 10\mathbf{i} + 20\mathbf{j}$ (m/s) a partir da origem. Qual deve ser
o valor de a para que as duas partículas se encontrem no
ponto P?

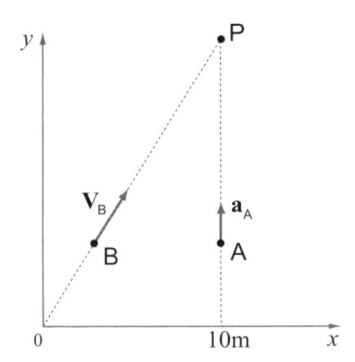

Figura 4.22: Problema 4.10.

4.11 Deduza as equações vetoriais da Tabela 4.1. (Sugestão: veja o procedimento utilizado para se obter as
Equações 4.13 e 4.14 e o procedimento adotado no Capítulo
3 para a dedução das equações similares em uma dimensão.)

4.12 Uma partícula move-se com aceleração constante,
partindo do repouso. Após 5 segundos, ela atinge a ve-
locidade $\mathbf{v} = 5\mathbf{i} + 10\mathbf{j}$ (no SI). Qual é a sua aceleração?

4.13 Uma partícula é lançada a partir da origem com velocidade $v_0 = 5$ m/s (eixo y), conforme a Figura 4.23, e é
submetida a uma aceleração de $\mathbf{a} = \mathbf{i} - \mathbf{j} + \mathbf{k}$ (SI). Qual é
a sua posição vetorial quando ela retornar a $y = 0$?

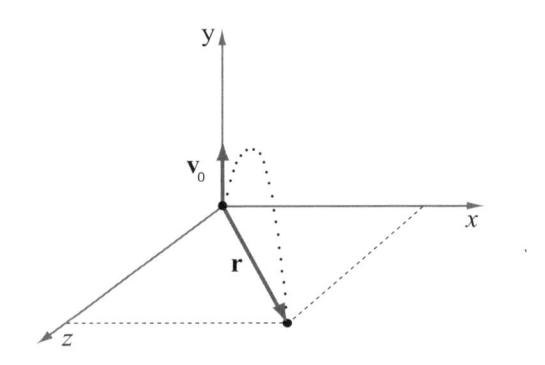

Figura 4.23: Problema 4.13.

4.4 Movimento de Um Projétil

4.14 Um objeto é lançado verticalmente com uma velocidade de 10,0 m/s. Considerando a aceleração da gravidade
como 10 m/s², determine (evitando realizar cálculos): (a) o
tempo necessário para o objeto atingir a altura máxima; (b)
o tempo que o objeto leva para subir e retornar à posição
inicial; (c) quais seriam as respostas dos itens (a) e (b) se a
velocidade inicial fosse de 20 m/s; (d) se fosse um múltiplo
inteiro de 10 m/s, ou $10n$ (m/s^2), onde n é um número
inteiro e (e) se esses valores mudariam se o objeto fosse
lançado de forma inclinada, mas mantendo o mesmo valor
do componente de velocidade vertical.

4.15 Uma pedra é arremessada com um ângulo menor que
90° em relação ao solo (Figura 4.24). Quais são os gráficos
$v_x vs. t$ e $v_y vs. t$ que representam o movimento desta pedra?
(Desconsidere a resistência do ar.)

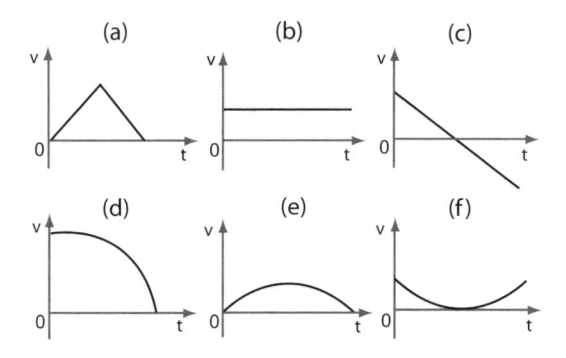

Figura 4.24: Problema 4.15.

4.16 Um jogador de futebol bate uma falta com barreira localizada a 9,15 m do ponto de cobrança da falta. Considerando uma barreira de 1,80 m e que o batedor de falta pretende chutar a bola passando rente à cabeça dos jogadores da barreira, de forma a ter o menor alcance possível, determine o ângulo de arremesso da bola, se ela é chutada a 30 km/h. (Obs.: desconsidere as dimensões da bola e eventuais movimentações dos jogadores da barreira.)

4.17 Determine, para o Exemplo 5, (a) o vetor velocidade da bomba na hora do impacto e (b) seu módulo e direção.

4.18 Deduza a equação da trajetória de um projétil,

$$y = (\operatorname{tg} \theta_0)x - \frac{g}{2v_0^2 \cos \theta_0^2}x^2,$$

considerando os comentários sobre a Equação 4.25.

4.19 Um praticante de tiro ao alvo mira bem no centro do alvo, mas acerta a borda a 25 cm abaixo do centro. Qual é a distância entre o atirador e o alvo, se a velocidade da bala é de 400 m/s?

4.20 Dois aviões A e B, a 200 m de altitude, estão com velocidades de 300 km/h e 400 km/h, respectivamente. Os dois liberam cargas simultaneamente. Considerando eixos cartesianos (y para cima e x na direção do movimento do avião) e usando notação vetorial, determine (a) a velocidade inicial da carga lançada por cada avião; (b) a velocidade final de cada uma das cargas e (c) qual das cargas atinge o solo primeiro. (Obs.: desconsidere o atrito com o ar.)

4.21 Um projétil é lançado com uma velocidade $\mathbf{v} = 5\mathbf{i} + 10\mathbf{j}$ (m/s). Determine (a) o módulo do vetor velocidade e o ângulo de lançamento; (b) a velocidade vetorial do projétil ao tocar o solo e (c) o alcance do projétil.

4.22 João do Pulo ficou mundialmente famoso nos jogos Pan-Americanos de 1975 com um salto triplo de 17,89 m de distância, que levou 10 anos para ser superado. Qual seria o alcance atingido se o mesmo salto fosse realizado na Lua e se as demais condições do salto fossem mantidas? (Obs.: despreze a resistência do ar e considere $g_{\text{Terra}} = 9,81 \, \text{m/s}^2$ e $g_{\text{Lua}} = 1,67 \, \text{m/s}^2$; ver Apêndice A.6.)

4.23 Um projétil é lançado com um ângulo de 45° em relação ao solo, com velocidade de 100 m/s. (a) Qual é o alcance horizontal do projétil? (b) Quanto tempo o projétil

permanece no ar? (c) Que altura o projétil atinge? (d) Determine o vetor velocidade, seu módulo e sua direção 3 s após o lançamento. (e) Qual a variação vetorial da velocidade? (f) Determine o vetor posição, seu módulo e sua direção 3 s após o lançamento.

4.24 Um feixe de elétrons sai horizontalmente de um canhão de elétrons, em um tubo de imagem de televisão antiga (tubo de raios catódicos), com uma velocidade de 5×10^6 m/s, e percorre 30 cm até atingir a tela frontal, onde ativa um ponto de imagem (*pixel*) com dimensão de $0,5 \times 0,5 \text{mm}^2$. (a) Qual é a deflexão do feixe de elétrons devido apenas à aceleração da gravidade? (b) A imagem será afetada por esta deflexão?

4.25 Na fonte de luz Síncrotron, do LNLS (Laboratório Nacional de Luz Síncrotron, Campinas, SP), um feixe de elétrons, com velocidade próxima à da luz, descreve uma órbita quase circular com um perímetro de 93,2 m. Se não houvesse correção na trajetória no sentido vertical, quanto tempo e quantas voltas seriam necessárias para o feixe de elétrons baixar 1 mm? (Obs.: considere os elétrons na velocidade da luz, aproximadamente 300.000 km/s.)

4.26 Um jogador de tênis faz um saque atingindo a bola a 2 m de altura e imprime uma velocidade de 200 km/h na direção horizontal. (a) Nessas condições, seria possível atingir o fundo da quadra do adversário? (b) Quanto a bola baixaria até atingir a posição da quadra onde a rede está localizada? (c) Quanto ela baixaria até cruzar a linha final da quadra do adversário? Por que, na prática, essas distâncias são diferentes? (Obs.: uma quadra oficial de tênis tem 23,77 m de comprimento. Desconsidere a dimensão da bola, o atrito com o ar e qualquer efeito que o jogador possa imprimir sobre a bola.)

4.27 Um pedreiro arremessa um tijolo com uma velocidade de 10,0 m/s e de uma altura de 1,70 m em relação ao solo, fazendo um ângulo de 60° com a horizontal. O tijolo é recebido por outro pedreiro, em cima de uma laje, após 1 segundo (Figura 4.25). Determine (a) a velocidade escalar do tijolo quando ele é recebido pelo outro pedreiro; (b) a altura máxima alcançada pelo tijolo em relação ao solo e (c) a altura h da laje, se o pedreiro recebe o tijolo com as mãos a 1,50 m em relação à laje.

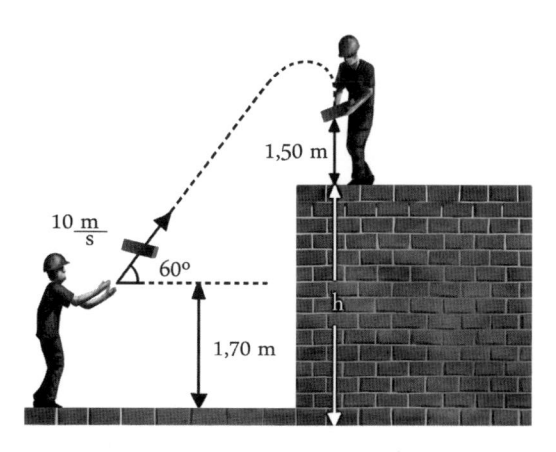

Figura 4.25: Problema 4.27.

4.28 Um objeto é lançado do solo, com velocidade v e ângulo θ, a uma distância L de uma parede de altura h, conforme ilustrado na Figura 4.26. (a) Determine a menor velocidade, em função de θ, L e h, para que o objeto não toque na ponta da parede. (b) Calcule v para $\theta = 60°$, $L = 3\,\text{m}$ e $h = 4\,\text{m}$. (c) De qual distância mínima da laje o pedreiro do problema anterior (Figura 4.25) deve lançar o tijolo para evitar o choque com a laje? (Obs.: desconsidere as dimensões do tijolo e o atrito com o ar.)

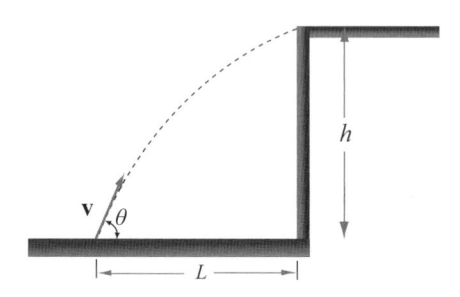

Figura 4.26: Problema 4.28.

4.29 Mostre que a altura máxima atingida por um projétil é dada pela expressão: $h = \dfrac{(v_0 \,\text{sen}\, \theta_0)^2}{2g}$ (ver comentários sobre a Equação 4.28).

4.30 Mostre que o alcance R de um projétil (Equação 4.27) é o mesmo para dois ângulos α e β complementares ($\alpha + \beta = 90°$).

4.31 Determine o ângulo de lançamento de um projétil em que a altura máxima atingida é igual ao seu alcance.

4.32 Mostre que a altura atingida por um projétil lançado do solo é dada pela expressão $h = \frac{1}{4} R \,\text{tg}\, \theta_0$ (em que R é o alcance do projétil) e que o ângulo de lançamento e o ângulo do ponto mais alto da trajetória estão relacionados pela expressão $\text{tg}\, \theta = \frac{1}{2} \,\text{tg}\, \theta_0$ (Figura 4.27).

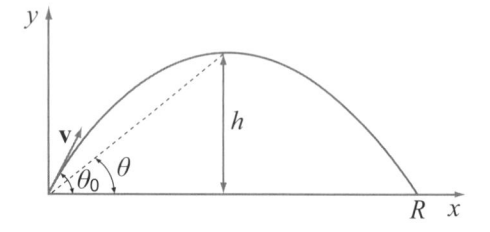

Figura 4.27: Problema 4.32.

4.33 O piloto de um avião, a 200 m de altura, a uma velocidade de 360 km/h, pretende jogar um pacote de mantimentos em um barco de 50 m de comprimento, que se move a 18 km/h na mesma direção e no mesmo sentido. (a) A que distância do barco (no sentido horizontal) o piloto deve liberar a carga para que ela caia na parte frontal do barco? (b) Se, no momento em que o piloto liberar a carga, o barco for acelerado, qual será o valor máximo dessa aceleração para que a carga ainda atinja o barco?

4.34 Em uma cobrança de falta em um jogo de futebol (Figura 4.28), um jogador chuta a bola a 60 km/h, a 20 m do gol, fazendo um ângulo de 45°, de forma que a bola entraria no gol bem ao lado de um dos postes da trave. O goleiro encontra-se parado no canto oposto da trave (a 7,32 m) e leva meio segundo, após o chute, para perceber a direção de lançamento da bola e correr para evitar o gol. (a) Que aceleração ele deve imprimir para ter chances de evitar o gol? (b) Que velocidade ele teria ao alcançar a bola?

Figura 4.28: Problema 4.34.

4.35 Dois jogadores jogam *squash* (Figura 4.29). Um deles rebate a bola a 40 cm do chão, com velocidade $\mathbf{v}$, fazendo um ângulo de 60° com a horizontal e de 30° com a normal ao paredão. A bola atinge o paredão, que está a 3 m de distância do jogador, e retorna com a mesma velocidade, exceto o componente x, que tem sinal invertido em relação à velocidade imediatamente antes do choque com a parede. (a) Que velocidade ele deve imprimir na bola para que ela retorne em uma posição equivalente à altura da cabeça do adversário, que está a 1,70 m do chão, e na mesma distância da parede? (b) Com essa velocidade, a bola chegará na posição do adversário em uma trajetória ascendente ou descendente?

Figura 4.29: Problema 4.35.

4.36 Um jogador de basquete joga a bola ao chão com uma velocidade $\mathbf{v}_0$, fazendo um ângulo θ_0 com a vertical, de uma altura h_0, conforme ilustrado na Figura 4.30. (a) Qual é o vetor velocidade da bola, seu módulo e o ângulo com a horizontal quando ela chega ao chão? (b) Considerando que a velocidade da bola, ao sair do chão, tem o mesmo componente horizontal e o componente vertical invertido, qual é a altura h atingida pela bola? (Obs.: despreze as dimensões da bola e o atrito com o ar. Adote aceleração da gravidade = g.)

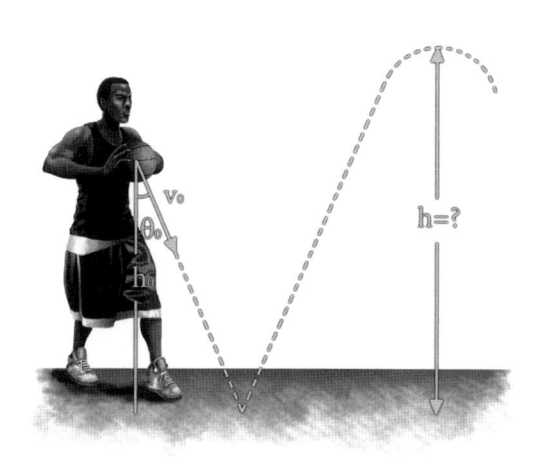

Figura 4.30: Problema 4.36.

4.37 (Enade) A figura abaixo representa o movimento de uma bola, em um plano vertical, registrado com uma fonte de luz pulsada a 20 Hz. (Obs.: as escalas vertical e horizontal são iguais).

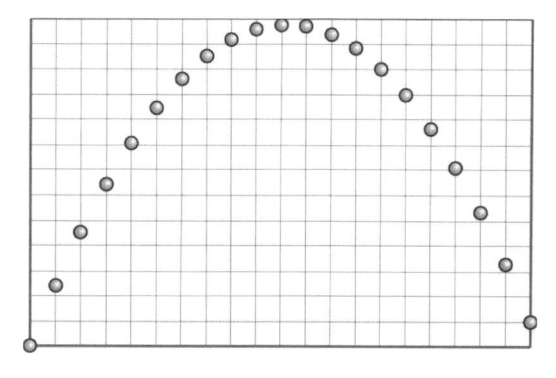

Figura 4.31: Problema 4.37.

Supondo que a aceleração da gravidade local seja igual a $10\,\text{m/s}^2$, qual é o módulo do componente horizontal da velocidade da bola?

(a) 2 m/s; (b) 3 m/s; (c) 4 m/s; (d) 5 m/s; (e) 6 m/s.

4.5 Movimento Relativo

4.38 Dois carros, A e B, andam com velocidade de 80 km/h e 100 km/h, respectivamente. (a) Qual é a velocidade do carro B em relação ao carro A quando os dois estão se movendo no mesmo sentido? (b) E em sentidos opostos?

4.39 Dois arqueiros, A e B, lançam flechas na direção horizontal e com a mesma velocidade, de 100 km/h. Ambos estão na carroceria de dois carros iguais. Se o carro do arqueiro A estiver a 50 km/h, na mesma direção e no mesmo sentido de lançamento das flechas, e o arqueiro B a 80 km/h, (a) qual das flechas atingirá o solo primeiro?

(b) Qual a velocidade horizontal de cada flecha ao atingir o solo?

4.40 É comum encontrarmos esteiras rolantes em aeroportos para reduzir o tempo de percurso de traslado a pé dos passageiros. Suponha que uma pessoa caminhe com velocidade de $1,50\,\text{m/s}$ e a esteira se mova a $1,00\,\text{m/s}$. Quanto tempo uma pessoa ganha se, em vez de ir caminhando fora da esteira, for caminhando sobre a esteira, em um percurso de 50 m?

4.41 Um barco faz uma viagem de 72 horas rio acima. Se o barco tem uma velocidade de 30 km/h em relação ao rio e a distância percorrida é de 1 000 km, (a) qual é a velocidade das águas do rio em relação às margens? (b) Quanto tempo o barco levaria para fazer o trajeto de retorno, nas mesmas condições?

4.42 Um nave espacial, a 300 km de altitude, dá uma volta completa ao redor da Terra em 2 horas. (a) Após atingir o primeiro meridiano (Greenwich), quanto tempo ele levaria para retornar ao mesmo meridiano viajando na linha do Equador no mesmo sentido de rotação da Terra (oeste-leste)? (b) E no sentido contrário (leste-oeste)? (c) Essas mesmas condições se aplicam ao caso de aviões fazendo viagens em diferentes direções? (Obs.: leve em conta a presença e os movimentos do ar.)

4.43 Um avião move-se a 800 km/h quando o ar está parado. Se um vento estiver soprando com velocidade de 80 km/h no sentido norte-sul, (a) em que direção o avião deve apontar para que ele voe no sentido leste? (b) Nesse caso, qual é sua velocidade relativa em relação ao solo?

4.44 Dois barcos iguais, A e B, estão a 5 km de distância em um rio cuja correnteza é de 5 km/h. Se eles andam a 30 km/h em água parada e estão se movendo em direção um ao outro, (a) a que distância do ponto de partida do barco que desce o rio eles vão se encontrar e (b) qual é a velocidade relativa entre os dois barcos?

4.45 Um barco move-se a 20 km/h em água parada. Ele cruza um rio de 1,0 km de largura, posicionando-se em direção perpendicular às margens do rio. Chegando à outra margem, retorna e atinge a margem anterior 500 m rio abaixo. Qual a velocidade do rio?

4.46 Um trem move-se a 30 km/h. Uma pessoa anda no trem com uma velocidade em relação ao trem de 5 km/h. Qual é a velocidade da pessoa em relação a um observador parado fora do trem quando ela anda (a) na mesma direção do trem; (b) na direção oposta ao movimento do trem e (c) perpendicular ao movimento do trem?

4.47 Um avião A está tentando atingir outro avião B com um projétil que é lançado a 300 km/h em relação ao avião. Os dois aviões estão com a mesma velocidade de 1 500 km/h, direção e sentido, e o avião B encontra-se a 1,0 km de distância do avião A. A que altura o avião A deve estar de B para que o projétil lançado horizontalmente atinja o avião B?

4.48 Considere um caso em que os pingos da chuva caem verticalmente em relação ao solo com velocidade constante de $100\,\text{m/s}$. (a) Se um carro está a 100 km/h, qual é o ângulo que a trajetória dos pingos, em relação ao carro, faz com o vidro dianteiro, que tem uma inclinação de 30° com a vertical? (b) E com o vidro traseiro, que tem o mesmo ângulo (com sinal invertido)? (Sugestão: para identificar a trajetória dos pingos da chuva, imagine como uma pessoa dentro do carro veria a trajetória de uma gota de água da chuva caindo ao lado da janela lateral do carro. Imagine, também, os casos limites em que a velocidade do carro seria zero e infinita.)

4.6 Movimento Circular Uniforme

4.49 Uma pessoa está em uma roda-gigante de 20 m de diâmetro com uma velocidade escalar constante de 1 m/s (Figura 4.32). (a) Qual é a aceleração centrípeta da pessoa? (b) Esboce, na mesma figura, os vetores velocidade e aceleração quando a pessoa está na posição indicada (a 30°) e escreva esses vetores em função de vetores unitários, considerando os eixos x e y representados na figura.

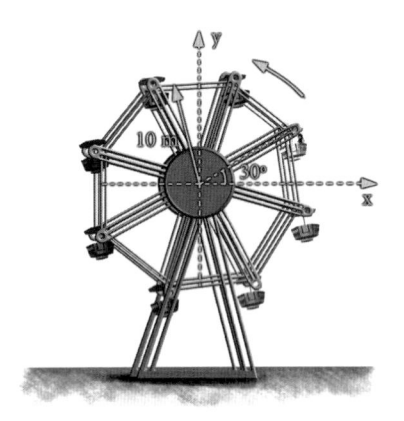

Figura 4.32: Problema 4.49.

4.50 Mostre que $\dfrac{\mathbf{R}}{R} = (\cos\theta\mathbf{i} + \text{sen}\,\theta\mathbf{j})$, que representa um vetor apontando na mesma direção e sentido do vetor posição de uma partícula descrevendo uma trajetória circular, tem módulo igual a 1 (ver comentários sobre a Equação 4.36).

4.51 O primeiro satélite brasileiro foi programado para fazer uma órbita em torno da Terra a cerca de 400 km da superfície da Terra, em 1 hora e 30 min. Qual é a sua velocidade escalar?

4.52 Algumas turbinas giram com cerca de 30,000 rpm (rotações por minuto). Qual é a aceleração radial de um segmento da turbina localizado a 10 cm do centro de rotação? (Obs.: a velocidade angular e linear estão relacionadas pela equação $v = \omega r$, onde ω é a velocidade angular em radianos/s no SI; ver Capítulo 9.)

4.53 A Terra gira em torno do Sol no período de 1 ano. A distância entre os dois astros é de $1{,}50\times10^{8}$ km. (a) Qual é a velocidade escalar da Terra? (b) Qual é a velocidade escalar de Netuno, cujo período de rotação é de 165 anos e está a $4{,}50\times10^{9}$ km do Sol? (Obs.: considere que a órbita é circular para os dois astros.)

4.54 As espaçonaves que fazem viagens interplanetárias têm velocidade aproximada de 11 km/s, que é, aproximadamente, a velocidade de escape da Terra. (a) Com essa velocidade, em quantos anos ela daria uma volta em torno do Sol em uma órbita equivalente à da Terra? (b) Como explicar o fato de que vários satélites artificiais em volta da Terra fazem o mesmo trajeto em um período menor (um ano)? (Obs.: a Terra realiza uma órbita com uma distância média de $1{,}50\times10^{8}$ km do Sol.)

4.55 Alguns aviões atingem velocidades muito altas, de forma que, quando realizam curvas com pequenos raios de curvatura, alguns pilotos podem perder a consciência por estarem submetidos a grandes valores de aceleração. Se um piloto suporta, no máximo, dez vezes a aceleração da gravidade e a velocidade do avião atinge 3 Mach (3 vezes a velocidade do som, que é de 343 m/s), qual é o menor raio de curvatura que o piloto pode fazer uma curva sem perder a consciência?

4.56 Um helicóptero está a 100 m de altitude com suas hélices de 5,0 m de comprimento, girando a 10 rotações por segundo. Se um parafuso de 10 g se soltar da ponta de uma das hélices, qual é a distância atingida pelo parafuso até chegar ao solo (despreze o atrito com o ar)?

4.7 Movimento Circular Não Uniforme

4.57 Utilizando a equação da velocidade de uma partícula realizando um movimento circular, $\mathbf{v}(t) = -v\,\text{sen}\,\theta(t)\mathbf{i} + v\cos\theta(t)\mathbf{j}$ (Equação 4.34), com raio constante R, mas com módulo de velocidade variável, mostre que podemos escrever a aceleração total como:

$$\mathbf{a} = -v\frac{d\theta}{dt}\mathbf{u}_R + \frac{dv}{dt}\mathbf{u}_V$$

em que $\mathbf{u}_R$ e $\mathbf{u}_V$, são vetores unitários nas direção de $\mathbf{R}$ e $\mathbf{v}$, respectivamente.

Capítulo 5

Leis de Newton I

Júlio César Penereiro

5.1 Introdução

Neste capítulo, investigaremos as razões pelas quais os corpos se movem de determinadas maneiras. Queremos entender os movimentos observados, pois essa compreensão é importante para o nosso conhecimento básico da natureza. O entendimento de como os movimentos são produzidos nos possibilita prever o que acontecerá no futuro ou conceber o que aconteceu com os corpos no passado e, assim, determinar certas características deles.

As leis dos movimentos que apresentaremos neste capítulo são generalizações decorrentes de uma averiguação cuidadosa dos movimentos observados e da extrapolação de nossas observações para diversos experimentos, ideais ou simplificados. A obra-prima de Isaac Newton, *Princípios matemáticos de filosofia natural (Philosophiae naturalis principia mathematica)*, ou ***Principia***, como é geralmente chamada (conforme seu título em latim), foi publicada pela primeira vez em março de 1687.

Iniciaremos com a apresentação das três leis de Newton:

1ª) **Lei da inércia.**
2ª) **Lei das forças.**
3ª) **Lei da ação e reação.**

Essas três leis são empíricas no sentido de que são obtidas a partir da observação da natureza. Elas não são derivadas de outras leis, mas surgem da observação de como a natureza se comporta. Portanto, não podemos falar propriamente de uma demonstração dessas leis, mas de um convencimento de sua veracidade mediante experiências e observações.

5.2 Primeira Lei de Newton – Lei da Inércia

As três leis de Newton, como foram enunciadas anteriormente, utilizam o conceito de **força**. Nossa ideia intuitiva sobre força está relacionada a puxar, empurrar, levantar, amassar, esticar ou arremessar objetos. Assim, podemos dizer que força é uma interação capaz de provocar, em um objeto, uma deformação ou uma modificação de movimento, ou seja, uma aceleração. Newton foi o primeiro a entender a relação entre força e aceleração e criou o que hoje chamamos de **mecânica newtoniana**.

A mecânica newtoniana não pode ser aplicada para todas as situações. Quando tratamos de corpos com velocidades muito grandes, comparáveis à velocidade da luz, temos de usar a *teoria da relatividade* de Einstein. Se os corpos envolvidos forem muito pequenos, da ordem das dimensões dos átomos, também não podemos utilizar a mecânica newtoniana, que deve ser substituída pela *mecânica quântica*. Hoje, consideramos a mecânica newtoniana um caso especial, mas que tem aplicações amplas e que pode explicar quase todos os movimentos observados na natureza.

A primeira lei de Newton diz respeito à inércia e pode ser enunciada da seguinte forma:

Primeira lei de Newton: um objeto em repouso ou em movimento com velocidade constante assim permanecerá, se a resultante das forças que atuam sobre ele for nula.

A tendência de um objeto permanecer em repouso ou com velocidade constante, uma vez iniciado o movimento, chama-se **inércia**. Podemos, então, entender a inércia como sendo uma propriedade geral da matéria, em virtude da qual um corpo, por si só, é incapaz de modificar o seu estado de movimento. Em outras palavras, se um corpo estiver em repouso, ele ficará para sempre assim, até que uma força atue sobre ele. Se estiver em movimento retilíneo uniforme, ficará eternamente assim, a não ser que uma força comece a agir sobre ele.

A lei da inércia pode parecer estranha quando pensamos em nossas experiências do cotidiano, pois, por exemplo, quando empurramos um objeto e este desliza sobre uma mesa, ele para depois de certo tempo. Isso ocorre porque, entre o objeto e a superfície da mesa, existe atrito. É o atrito o responsável pela diminuição da velocidade do objeto até que o mesmo, depois de certo tempo, pare. Na verdade, o atrito gera uma força e o movimento é desacelerado. No Capítulo 6, abordaremos a força de atrito com mais detalhes.

Referencial inercial

O referencial, ou observador, de onde se analisa o movimento de um objeto qualquer, pode ser denominado referencial inercial ou referencial não inercial. Pensemos em um trem composto de alguns vagões de passageiros, que viaja com velocidade constante e passa diante da plataforma de uma estação. Em um dos vagões do trem, existe uma bolsa em cima do bagageiro, que é observada por um passageiro que está dentro desse vagão e por outra pessoa que está na plataforma da estação. Inicialmente, essa bolsa está parada em relação ao passageiro que está dentro do trem, mas, para a pessoa na plataforma, ela tem uma velocidade constante, que é a mesma velocidade do trem. Isso ocorre porque o trem se move e a bolsa está solidária ao vagão. Como nenhuma força atua sobre a bolsa na direção do deslocamento do trem, conclui-se que a bolsa permanece na sua situação inicial de repouso ou de velocidade constante, tanto para o passageiro de dentro do trem quanto para a pessoa na plataforma da estação, respectivamente.

Agora, suponha que essa bolsa é empurrada por um instante na direção do deslocamento do trem e que ela desliza sobre o bagageiro do vagão sem qualquer atrito, de modo que nenhuma força atue sobre ela na direção desse deslizamento. Nessa situação, a bolsa desliza com uma velocidade constante, na mesma direção e no mesmo sentido do movimento do trem. Para o passageiro de dentro do vagão, a bolsa tem uma velocidade constante. Para a pessoa que está na plataforma, também, mas é a soma da velocidade da bolsa em relação ao trem e da velocidade do trem em relação à plataforma (ver velocidade relativa no Capítulo 4). Neste deslizamento, a bolsa tem uma velocidade constante, embora diferente em relação a ambos os referen-

ciais (observadores); portanto, ambos concordam que nenhuma força age sobre a bolsa na direção do movimento do trem, uma vez que não há alteração na velocidade da bolsa.

Imaginemos, agora, que o trem esteja saindo da estação e se afaste cada vez mais da plataforma com um movimento acelerado e com a bolsa sobre uma das poltronas, parada em relação ao vagão. Nesse caso, para o passageiro de dentro do vagão, a bolsa estará sempre parada, pois ambos se movem junto com o trem. Para a pessoa que se encontra na plataforma, a bolsa estará acelerada e com a mesma aceleração do trem. Portanto, concluímos que, para o passageiro de dentro do vagão, nenhuma força age sobre a bolsa, mas, para a pessoa da plataforma, uma força age sobre a bolsa na direção do movimento do trem. Podemos formular a seguinte pergunta: por que, nesses casos, os observadores não concordam com o que estão vendo? A resposta, de imediato, é simples: porque o trem está acelerado.

No primeiro caso, quando o trem estava com velocidade constante, dizemos que tanto o passageiro no trem como a pessoa na plataforma são observadores (ou referenciais) inerciais. Note que para ambos vale a lei da inércia, que estabelece que quando nenhuma força atua sobre um objeto, sua velocidade permanecerá a mesma. Em outras palavras, podemos definir um **referencial inercial** da seguinte forma:

Referencial inercial: referencial no qual a primeira lei de Newton é válida.

No segundo caso, quando o trem está acelerado, dizemos que tanto o passageiro no trem como a pessoa na plataforma são observadores (ou referenciais) não inerciais. Nesse caso, a aceleração relativa entre eles e as velocidades da bolsa variarão, mas sem qualquer força causando essa variação.

Como o movimento é um conceito relativo, quando enunciamos a lei da inércia, devemos indicar a quem o movimento do objeto é referido. A rigor, um referencial perfeitamente inercial não existe na natureza. Tomemos, como exemplo, a Terra, utilizada na maioria dos problemas deste livro como referencial inercial. Devido à atração do Sol, ela gira ao redor dele. Logo, a Terra tem um movimento acelerado, pois a direção de sua velocidade está sempre mudando. Portanto, semelhante ao caso do movimento da bolsa dentro do trem, dois observadores, um na Terra e outro no espaço, longe da Terra, chegarão a diferentes conclusões a respeito do movimento de um objeto na Terra. Por exemplo, para um observador na Terra, um poste está parado, ou seja, sem aceleração. Por outro lado, um observador no espaço vê o mesmo poste fazendo um movimento de rotação em torno do centro da Terra e, ao mesmo tempo, em torno do Sol. Portanto, para ele, o poste está submetido a uma aceleração. Assim, a Terra não é um referencial inercial. Entretanto, essa aceleração pode, em primeira aproximação, ser desprezada na maioria dos casos estudados neste livro, assim como podemos considerar a Terra uma referência inercial para a maioria dos movimentos observados em sua superfície.

5.3 Segunda Lei de Newton – Lei das Forças

Massa

A massa de um corpo está relacionada à quantidade de matéria que ele possui. Ela mede quantitativamente a inércia do corpo (já analisada na seção 5.2) e é frequentemente chamada de **massa inercial**. A massa é uma propriedade intrínseca da matéria e tem o mesmo valor na Terra, em Marte ou em qualquer outro lugar do Universo. Quanto maior a massa de um corpo, maior sua resistência para ser acelerado. Isso pode ser facilmente verificado em nossas experiências cotidianas.

No Capítulo 1, quando estudamos as diferentes unidades e os padrões da Física, vimos que, no SI, a massa é expressa em quilograma (kg) e a aceleração, em metros por segundo ao quadrado (m/s^2). Vimos que uma consequência da lei da inércia é que, para um referencial inercial, quando a velocidade de um corpo não é constante, existe sobre ele uma resultante de forças não nula. Neste caso, dizemos que o corpo não é livre, isto é, ele está interagindo com outros corpos. Se você chutar uma bola de futebol de campo e, depois, com a mesma força, chutar uma bola de tênis, vai notar que a bola de tênis adquirirá uma velocidade maior que a bola de futebol. Nessa simples experiência, constatamos que uma mesma força produz uma aceleração maior quando aplicada no corpo de menor massa. Se aplicarmos uma força a um objeto de massa m_1, ela adquirirá uma aceleração a_1. A mesma força produzirá uma aceleração a_2 em um objeto de massa m_2. Define-se a razão entre as duas massas como o inverso da aceleração que elas adquirem quando estão submetidas pela mesma força, ou seja:

$$\frac{m_2}{m_1} = \frac{a_1}{a_2} \tag{5.1}$$

Essa relação concorda com nossa experiência cotidiana, como no caso das duas bolas, uma de tênis e outra de futebol. A bola mais pesada, a de futebol, terá uma aceleração menor quando as duas bolas forem chutadas pela mesma força. Se a bola de futebol tivesse o dobro da massa da bola de tênis, sua aceleração seria a metade da aceleração da bola de tênis.

Se tivesse 10 vezes mais massa, a aceleração seria um décimo da outra e assim por diante.

Exemplo 5.1

Suponha que apliquemos uma força ao quilograma-padrão do SI (que é um cilindro de platina-irídio de massa igual a 1 kg, ver Capítulo 1) e que ela adquira uma aceleração de $10\,m/s^2$. Qual seria a massa de um segundo objeto, m_2, que, submetido à mesma força, adquire uma aceleração $a_2 = 2\,m/s^2$?

Solução: aplicando a Equação 5.1, utilizando $m_1 = 1\,kg$ e $a_1 = 10\,m/s^2$, teremos:

$$m_2 = \frac{a_1}{a_2} m_1 = \frac{10\,m/s^2}{2\,m/s^2} \times 1\,kg = 5\,kg$$

que é uma massa 5 vezes maior que a do quilograma-padrão.

Força

Quando a resultante das forças que atua sobre um corpo não é nula, ela produz uma aceleração no corpo. Observa-se que a força total (resultante das forças) e a aceleração possuem a mesma direção e o mesmo sentido. Se o módulo da força resultante é constante, então o módulo da aceleração também é constante. Isso é válido para movimento em qualquer trajetória. Assim, diversas experiências mostram que a aceleração é diretamente proporcional ao módulo da força resultante que atua sobre um corpo.

Adotemos novamente o quilograma-padrão, com massa igual a 1 kg, por definição. Vamos supor que exercemos uma força sobre ele (p. ex., puxando-o com um barbante) e que ele adquire uma aceleração de $1\,m/s^2$. Definimos essa força como sendo de "1 newton" ou "1 N". Se a aceleração obtida for de $2\,m/s^2$, estaremos aplicando uma força de 2 N e assim por diante. Se invertermos a direção da força, a direção da aceleração também será invertida, mas manterá o mesmo módulo.

Essas propriedades, no entanto, não garantem que força é uma grandeza vetorial. Para isso, ela precisa obedecer às regras para vetores, descritas no Capítulo 2 (seção 2.3).

Experiências podem ser preparadas e testadas para verificar que, de fato, a força é uma grandeza vetorial. Podemos, então, definir o **newton** como:

$$1\,\text{newton} = 1\,N = 1{,}0\,kg \times 1\,m/s^2 = 1\,kg\,m\,s^{-2}$$

ou:

1 newton: é o valor de uma força capaz de imprimir a um corpo de massa igual a 1 kg a aceleração de $1\,m/s^2$, na direção e no sentido da própria força.

Segunda lei de Newton

Quando aplicamos sucessivamente, a um mesmo corpo, as forças $\mathbf{F}_1$, $\mathbf{F}_2$, $\mathbf{F}_3$, etc., uma de cada vez, o corpo adquire acelerações respectivamente iguais a $\mathbf{a}_1$, $\mathbf{a}_2$, $\mathbf{a}_3$, etc. Verifica-se também que, em cada caso, a força e a aceleração correspondente têm a mesma direção e o mesmo sentido. Quando se representa graficamente o comportamento do módulo da força (F) *versus* o módulo da aceleração (a), observa-se um gráfico do tipo ilustrado na Figura 5.1. Esse gráfico mostra a proporcionalidade entre o módulo da força F aplicada ao corpo e a aceleração a que o corpo adquire, isto é,

$$F = ka$$

Nessa equação, k é a constante de proporcionalidade. Como, além disso, $\mathbf{F}$ e $\mathbf{a}$ têm o mesmo sentido e direção, podemos escrever a equação acima na forma vetorial:

$$\mathbf{F} = k\mathbf{a} \tag{5.2}$$

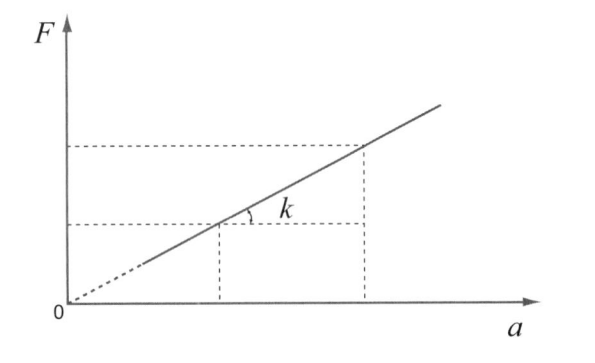

Figura 5.1: Módulo da força em função do módulo da aceleração que atua sobre um corpo.

A Equação 5.2 nos mostra que existe uma razão constante k entre a força aplicada a um corpo e a aceleração que ele adquire. Essa razão é denominada massa do corpo (m), sendo coerente com a definição de massa dada anteriormente. Assim, podemos escrever a Equação 5.2 como:

$$\mathbf{F} = m\mathbf{a} \tag{5.3}$$

sendo também consistente com a definição de força dada na seção anterior e dimensionalmente correta (Equação 5.2). Desse modo, podemos obter a aceleração $\mathbf{a}$ adquirida por um objeto submetido a uma força $\mathbf{F}$, ou seja:

$$\mathbf{a} = \frac{\mathbf{F}}{m} \tag{5.4}$$

As Equações 5.2 e 5.3 são conhecidas como a **segunda lei do movimento de Newton**, também conhecida como **lei das forças**. A segunda lei de Newton pode ser enunciada da seguinte forma:

Segunda lei de Newton: a aceleração de um objeto é diretamente proporcional à resultante das forças externas agindo sobre ele, com mesma direção e mesmo sentido, e inversamente proporcional à massa do objeto: $\mathbf{a} = \dfrac{\mathbf{F}}{m}$, ou $\mathbf{F} = m\mathbf{a}$.

Utilizando a definição de aceleração, $\mathbf{a} = d\mathbf{v}/dt$ (Equação 4.8), podemos escrever a Equação 5.3 como:

$$\mathbf{F} = m\frac{d\mathbf{v}}{dt} \tag{5.5}$$

ou, em uma dimensão,

$$F = m\frac{dv}{dt}$$

Ou seja, conhecendo-se a função da velocidade de um corpo em função do tempo, podemos determinar a força que age sobre o corpo por meio da segunda lei de Newton. Sabendo-se que $\mathbf{v} = d\mathbf{r}/dt$, podemos escrever a Equação 5.5 como:

$$\mathbf{F} = m\frac{d\mathbf{v}}{dt} = m\frac{d}{dt}\frac{d\mathbf{r}}{dt} = m\frac{d^2\mathbf{r}}{dt^2} \tag{5.6}$$

ou, em uma dimensão,

$$F = m\frac{d^2x}{dt^2}$$

Assim, conhecendo a função do movimento de uma partícula, pode-se determinar a força que atua sobre ela.

A aplicação da segunda lei de Newton no formato das equações acima é restrita, pois ela não se aplica às situações em que a massa varia com o tempo. Para um corpo cuja massa também varia com o tempo (além da sua velocidade), a Equação 5.6 é escrita de outra maneira. Como a massa é constante, podemos escrevê-la da seguinte forma:

$$\mathbf{F} = \frac{d(m\mathbf{v})}{dt} \tag{5.7}$$

Podemos ainda escrever a equação acima de outra forma, introduzindo o momento linear na equação. Nesta ocasião, não entraremos em pormenores, mas, no Capítulo 8, definiremos cuidadosamente o momento linear $\mathbf{p}$. Por enquanto, essa grandeza pode ser entendida como sendo o produto da massa m pela velocidade $\mathbf{v}$. Assim, podemos escrever a Equação 5.7 na forma:

$$\mathbf{F} = \frac{d\mathbf{p}}{dt} \tag{5.8}$$

que é outra versão da lei das forças.

Apesar de termos considerado a massa constante para chegarmos à Equação 5.8, na verdade, ela se aplica ao caso em que a massa varia com o tempo. Dessa forma, podemos enunciar a segunda Lei de Newton da mesma maneira que o próprio Sir Isaac Newton apresentou-a originalmente no *Principia*, ou seja:

> **Segunda lei de Newton:** a força que atua sobre uma partícula é igual à taxa de variação do momento linear da partícula em relação ao tempo: $\mathbf{F} = \dfrac{d\mathbf{p}}{dt}$.

Diferentemente da definição de força dada pela Equação 5.3, a definição dada pela Equação 5.8 é geral e válida em qualquer situação, mesmo em velocidades relativísticas. A Equação 5.3 é, portanto, um caso especial, que pode ser utilizado apenas quando as velocidades envolvidas são muito pequenas quando comparadas à velocidade da luz, o que representa a maioria das situações do cotidiano e dos problemas abordados neste livro.

Princípio da superposição de forças

A lei da inércia estabelece que um objeto tende a permanecer em seu estado de repouso ou de movimento com velocidade constante quando a resultante das forças que atua sobre ele for nula. Devemos ter sempre em mente que uma força é uma grandeza vetorial e, portanto, tem módulo, direção e sentido. Dessa forma, se mais de uma força atuar sobre um sistema, a **resultante** dessas forças será a soma vetorial de todas as forças que atuam sobre o sistema. Se substituirmos todas essas forças por uma única força de mesmos módulo, direção e sentido da resultante das forças, o movimento sobre uma partícula (sem dimensões) será o mesmo. A resultante das forças é obtida utilizando-se o **princípio da superposição de forças**:

> **Princípio da superposição de forças:** a força total, ou força resultante, agindo sobre um corpo é igual à soma vetorial de todas as forças individuais que agem sobre ele.

Assim, se as forças $\mathbf{F}_1$, $\mathbf{F}_2$, $\mathbf{F}_3$, ... $\mathbf{F}_n$ agem sobre um corpo, a força resultante $\mathbf{F}$ é dada pelo somatório:

$$\mathbf{F} = \sum_{i=1}^{n} \mathbf{F}_i = m\mathbf{a} \quad \textbf{(resultante)} \qquad (5.9)$$

Peso

Todos os corpos nas vizinhanças da superfície terrestre estão sujeitos à aceleração gravitacional da Terra (em razão de sua massa m), que denominaremos $\mathbf{g}$. Assim, será muito comum utilizarmos um parâmetro associado a essa atração, que é denominado **peso**, o qual, por sua vez, é definido como a força com que a Terra atrai os corpos em direção ao seu centro. Dessa forma, aplicando a segunda lei de Newton e usando $\mathbf{g}$ como a aceleração, o peso pode ser matematicamente definido por:

$$\mathbf{P} = m\mathbf{g} \quad \textbf{(peso de um corpo)} \qquad (5.10)$$

Lembre-se de que g é o módulo de $\mathbf{g}$, a aceleração gravitacional, de modo que g é sempre um número positivo. Assim, P, que é o módulo de $\mathbf{P}$ dado pela equação acima, também é sempre um número positivo. Note ainda que a Equação 5.10 não requer que o corpo esteja em movimento.

É comum o uso do **quilograma-força**, cuja abreviatura é kgf, como a força igual ao peso de uma massa igual à de 1 kg. Na Equação 5.10, fazendo $m = 1\,\text{kg}$ e $g = 9{,}81\,\text{m/s}^2$, tem-se:

$$1{,}0\,\text{kgf} = 9{,}81\,\text{kgm/s}^2 \cong 9{,}81\,\text{N}$$

É importante ressaltar que a relação entre *kgf* e N se encontra vinculada à aceleração gravitacional, g. Entretanto, g varia de um local para outro na superfície da Terra, como será verificado no Capítulo 11. Assim, por convenção, o quilograma-força é o peso do quilograma-padrão em um lugar em que a aceleração da gravidade é $g = 9{,}81\,\text{m/s}^2$.

5.4 Terceira Lei de Newton – Lei da Ação e Reação

A **lei da ação e reação**, também conhecida como a terceira lei do movimento de Newton, pode ser enunciada da seguinte forma:

> **Terceira lei de Newton:** quando dois objetos interagem, exercem forças mútuas um sobre o outro. Essas forças são sempre iguais em módulo, opostas em sentido e atuam em objetos diferentes. Se o objeto A exerce uma força sobre o objeto B, então o objeto B exerce uma força igual, mas no sentido contrário, sobre o objeto A.

Outra versão mais simplificada da terceira lei é: *a toda ação corresponde uma reação de igual módulo e direção, mas de sentido contrário ao da ação*. Uma força atuando sobre um corpo sempre será o resultado de uma interação com outro corpo, de forma que as forças sempre ocorrem aos pares. Se uma força for exercida sobre certa partícula A, então deve haver uma outra partícula B exercendo a força. Além disso, se B exerce uma força ($\mathbf{F}_{BA}$) sobre A, então A deve exercer uma força sobre B ($\mathbf{F}_{AB}$), que tem mesmo módulo e mesma direção, mas com sentidos contrários. Assim, podemos dizer que, na natureza, não pode existir uma força isolada.

Utilizando o conceito de força, podemos expressar a terceira lei de Newton na forma matemática, como:

$$\mathbf{F}_{AB} = -\mathbf{F}_{BA} \quad \textbf{(terceira lei de Newton)} \quad (5.11)$$

O sinal negativo na expressão acima indica o sentido oposto de uma força em relação à outra. É importante ressaltar que as forças de ação e reação sempre atuam em corpos diferentes, como os subscritos da Equação 5.11 nos indicam.

Uma situação muito comum, que frequentemente causa dúvidas na sua interpretação, é o caso de um objeto em repouso sobre uma mesa (Figura 5.2). Sobre o bloco, age uma força, o peso $\mathbf{P}$, que aponta para baixo em razão da atração gravitacional que a Terra exerce sobre o corpo. Outra força igual, mas de sentido contrário, $\mathbf{P'} = -\mathbf{P}$, age sobre a Terra, de acordo com a terceira lei de Newton. Dizemos, então, que as duas forças, $\mathbf{P}$ e $\mathbf{P'}$, formam um **par ação-reação**. Como o bloco está em repouso, existe outra força atuando sobre ele; caso contrário, ele estaria sendo acelerado, como exige a segunda lei de Newton. Essa outra força é exercida pela mesa sobre o corpo e é chamada de **força normal N**, que é uma força de contato e perpendicular à superfície de contato. Neste exemplo, a força $\mathbf{N}$ tem o mesmo módulo de $\mathbf{P}$, mas tem sentido contrário, de forma que o corpo está em equilíbrio. O bloco, por sua vez, exerce uma força de contato sobre a mesa, $\mathbf{N'}$, de mesmo módulo, mas de sentido contrário à força $\mathbf{N}$. As forças $\mathbf{N}$ e $\mathbf{N'}$ formam outro par ação-reação. É comum o erro de se classificar a força normal $\mathbf{N}$ como sendo a reação ao peso $\mathbf{P}$.

A terceira lei de Newton também se aplica aos casos em que as forças atuam a distância, isto é, forças de longo alcance em que os corpos não precisam estar em contato físico. Um satélite artificial em órbita sobre a Terra exerce, sobre o planeta, uma força gravitacional de baixo para cima ($\mathbf{F}$) de mesmo módulo da força gravitacional de cima para baixo exercida pela Terra sobre o satélite ($\mathbf{F}$), como mostra a Figura 5.3.

O módulo da resultante das forças sobre cada um desses corpos é o mesmo. Neste caso, só existe uma força atuando sobre o satélite e, portanto, ele deve estar acelerado. Veremos, nos próximos capítulos, que essa força dá origem a uma aceleração e que, dependendo da velocidade do satélite, ele poderá ficar um tempo muito longo girando ao redor da Terra. A Terra, por sua vez, também é acelerada pela atração do satélite, mas essa aceleração é extremamente pequena devido à gigantesca massa da Terra, quando comparada à massa do satélite, sendo imperceptível para nós.

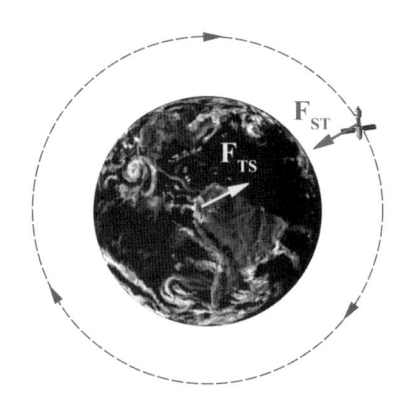

Figura 5.3: Um satélite em órbita ao redor da Terra. As forças identificadas ($\mathbf{F}_{ST}$ e $\mathbf{F}_{TS}$) formam um par de forças ação-reação.

Diferentemente da segunda lei de Newton, que, na forma descrita pela equação $\mathbf{F} = \dfrac{d\mathbf{p}}{dt}$, é válida em toda situação, a terceira lei de Newton nem sempre é válida. Isso ocorre em algumas situações, como no caso de forças magnéticas entre cargas em movimento. Entretanto, esse assunto não será tratado neste livro, pois aqui sempre assumiremos que a terceira lei se aplica.

5.5 Aplicações das Leis de Newton

Nesta seção, apresentaremos algumas aplicações das leis de Newton, mostrando o procedimento para a solução de alguns problemas em Física, e veremos como essas leis são poderosas ferramentas para a solução de muitos problemas.

A dinâmica é uma área de estudo e aplicações muito extensa. Neste capítulo, vamos resolver apenas alguns problemas mais simples. Nos capítulos que se seguem,

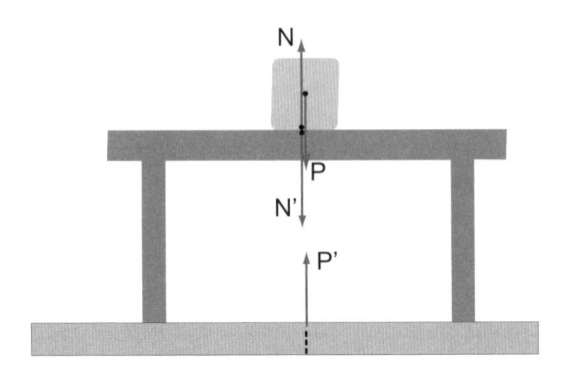

Figura 5.2: Um bloco em repouso apoiado sobre uma mesa. As forças $\mathbf{P}$ e $\mathbf{P'}$ e $\mathbf{N}$ e $\mathbf{N'}$ formam dois pares de força ação-reação, de acordo com a terceira lei de Newton.

o assunto da dinâmica da partícula será aprofundado, envolvendo a conservação da energia, do momento linear e do momento angular, que são as três leis de conservação fundamentais da Mecânica. Alguns problemas requerem técnicas especiais (que também utilizam as leis de Newton) para sua solução, mas estão além dos objetivos deste livro.

Nos exemplos que se seguem, embora utilizemos objetos com dimensões não nulas, eles serão tratados como se fossem partículas, mas contendo massa. Por simplicidade, em vários casos evitaremos o uso dos índices nos somatórios das equações e, muito frequentemente, trabalharemos apenas com os módulos de algumas forças, quando sua orientação e seu sentido estiverem determinados.

Equilíbrio estático de uma partícula

Aprendemos, na seção 5.2, Lei da Inércia, que, quando uma partícula está em repouso ou em movimento retilíneo uniforme em um sistema de referência inercial, não existe força resultante agindo sobre ela. Nesse caso, dizemos que a partícula está em **equilíbrio estático**, se estiver parada, ou em **equilíbrio dinâmico**, se estiver com velocidade constante.

Neste capítulo, faremos uma breve introdução ao problema de equilíbrio estático. No Capítulo 12, abordaremos esse problema com mais detalhes e introduziremos as condições para o equilíbrio de corpos rígidos.

O fato de uma partícula encontrar-se em equilíbrio significa que a resultante das forças que atua sobre ela, isto é, a soma vetorial de todas as forças $\mathbf{F_1}$, $\mathbf{F_2}$, $\mathbf{F_3}$,...,$\mathbf{F_n}$, deve ser igual a zero:

$$\sum_{i=1}^{n} \mathbf{F_i} = 0 \qquad (5.12)$$

(equilíbrio de uma partícula)

Na prática, quando resolvemos um problema, decompomos as forças em seus componentes ao longo dos eixos x, y e z. Assim, a condição de equilíbrio de uma partícula pode ser escrita como:

$$\sum_{i=1}^{n} (F_i)_x = 0$$

$$\sum_{i=1}^{n} (F_i)_y = 0 \qquad (5.13)$$

$$\sum_{i=1}^{n} (F_i)_z = 0$$

Exemplo 5.2

Suponhamos que um bloco de madeira esteja parado e apoiado sobre um plano inclinado de um ângulo θ, sem atrito. Uma corda de massa desprezível sustenta o bloco, como ilustra a Figura 5.4. Decomponha e discuta todas as forças existentes sobre o bloco, admitindo um sistema de referência inercial (x, y) localizado no centro do bloco.

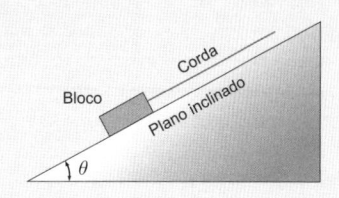

Figura 5.4: Bloco sobre um plano inclinado de um ângulo θ, suspenso por uma corda.

Solução: o bloco está parado. Portanto, como não há aceleração, a força resultante em todas as direções deve ser nula. Para calcularmos as forças resultantes, devemos traçar os eixos coordenados sobre os quais faremos as decomposições das forças. A escolha dos eixos é arbitrária e qualquer escolha deve levar aos mesmos resultados, mas algumas escolhas podem ser mais convenientes que outras, estando essa conveniência associada à facilidade de cálculo. Então, se escolhermos um sistema de coordenadas para o qual não devemos fazer muitas decomposições, os cálculos ficarão mais fáceis. Neste caso, escolheremos um sistema de coordenadas cartesianas com o eixo x paralelo ao plano inclinado e o eixo y perpendicular a esse plano. Esse será nosso sistema de referência (Figura 5.5).

As forças que atuam sobre o bloco são três: a força peso $\mathbf{P}$, a força de tração na corda $\mathbf{T}$ e a força de contato da mesa $\mathbf{N}$ (Figura 5.5a). Na Figura 5.5b, na qual a força peso foi decomposta em seus componentes x e y, vemos que, ao longo do plano inclinado, duas forças atuam: o componente x da força peso e a força de tração. No eixo perpendicular ao plano, atuam o componente y da força peso e a força normal. Como o bloco não se move, os dois componentes da força resultante devem ser nulos. Assim, analisando a Figura 5.5b, podemos escrever que:

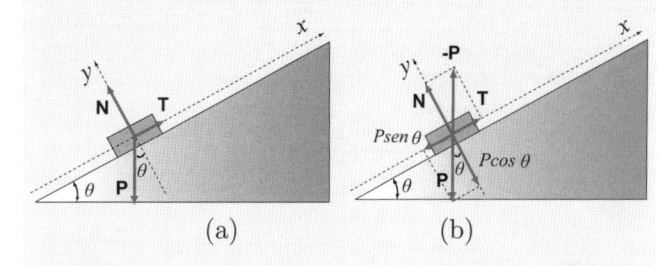

Figura 5.5: Decomposições das forças que atuam sobre o bloco.

$$\sum F_x = 0 \Rightarrow T - P\,sen\theta = 0 \Rightarrow F = P\,sen\theta$$

e

$$\sum F_y = 0 \Rightarrow N - P\cos\theta = 0 \Rightarrow N = P\cos\theta$$

Pela última expressão, notamos que a força normal não é igual ao peso, mas sim ao componente y da força peso, que é menor que o peso. À medida que inclinamos mais o plano, o peso do bloco exercerá uma força menor sobre o plano e menor será a reação. No limite, quando o plano estiver na vertical ($\theta = 90°$), o bloco não exercerá qualquer força sobre o plano e não haverá reação do plano sobre o bloco. Por outro lado, se diminuirmos a inclinação do plano, o peso do bloco exercerá uma força maior sobre o plano e a força normal aumentará. No limite, quando o ângulo for nulo ($\theta = 0°$), a força normal se igualará à força peso.

O estudante pode verificar, também, que, se somarmos vetorialmente a força de tração **T** com a força normal **N**, o resultado será uma força de módulo igual ao da força peso, mas de sentido contrário, como indicado na Figura 5.5b, uma vez que isso garante que a resultante das forças seja nula.

Exemplo 5.3

Um quadro de massa $m = 15,0\,\text{kg}$ está pendurado sobre três cordas finas de massas desprezíveis como ilustrado na Figura 5.6. As cordas superiores fazem ângulos de 37,0° e 53,0° com a horizontal de um observador voltado de frente para o quadro. Quais são os valores das tensões em cada uma das cordas para suportar o peso desse quadro?

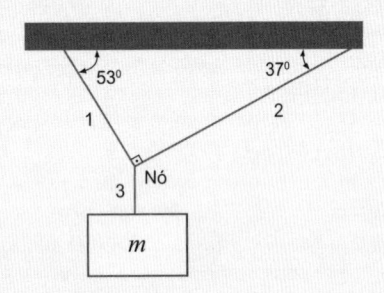

Figura 5.6: Um quadro pendurado por três cordas.

Solução: considerando o nó representado na Figura 5.6, escolhemos um referencial com os eixos de coordenadas (x, y) centrado neste nó (Figura 5.7a). Decompondo as forças de tensões em seus componentes x e y e utilizando as Equações 5.13, podemos escrever as seguintes relações a partir das forças que atuam sobre o nó:

$$\sum F_x = -T_2 \cos 53,0° + T_1 \cos 37,0° = 0 \quad (5.14)$$

$$\sum F_y = T_1 sen37,0° + T_2 sen53,0° - T_3 = 0 \quad (5.15)$$

E da Figura 5.7b, que representa o diagrama de forças apenas sobre o bloco, podemos escrever:

$$T_3 - mg = 0 \quad (5.16)$$

Assim, temos três equações que permitem determinar as três incógnitas T_1, T_2 e T_3. Da Equação 5.16, encontramos a tensão T_3 como sendo igual ao peso (mg) do quadro, ou

$$T_3 = 15,0\,\text{kg} \times 9,8\,\text{ms}^{-2} = 147\,\text{N}$$

Da Equação 5.14, obtemos T_2 em termos de T_1 ou

$$T_2 = T_1 \left(\frac{\cos 37,0°}{\cos 53,0°} \right) = 1,33 T_1 \quad (5.17)$$

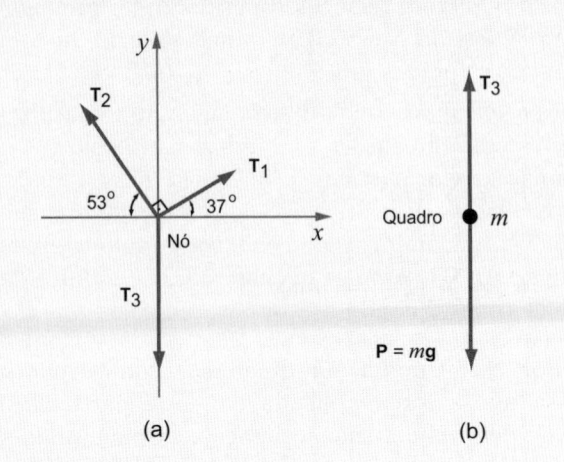

Figura 5.7: (a) Diagrama das forças que atuam sobre o nó que une as cordas e (b) diagrama das forças que atuam sobre o quadro.

Substituindo os valores de T_2 e T_3 (resultados acima) na Equação 5.15, obtemos:

$$T_1 sen37,0° + (1,33 T_1)(sen53,0°) - 147 = 0$$

da qual encontramos o valor de T_1:

$$T_1 = 88,3\,\text{N}$$

Assim, substituindo o valor de T_1 na Equação 5.17, obtemos T_2:

$$T_2 = 1,33 T_1 = 117\,\text{N}$$

Portanto, encontramos os valores das tensões: $T_1 = 88,3\,\text{N}$, $T_2 = 117\,\text{N}$ e $T_3 = 147\,\text{N}$.

Dinâmica da partícula

Nos capítulos iniciais deste livro, fizemos um estudo sobre a **cinemática**, uma área da Física que descreve o movimento de partículas baseado nos conceitos de posição, velocidade e aceleração, sem utilizar as grandezas força e massa, ou seja, sem utilizar as leis de Newton. A **dinâmica**, por sua vez, é a área da Física que, além de usar os conceitos de posição, velocidade e aceleração, descreve a mudança no movimento de partículas utilizando os conceitos de força e de massa. Ou seja, a dinâmica está baseada nas três leis fundamentais do movimento, que foram formuladas por Newton e enunciadas no início deste capítulo. Com elas, determinamos as causas do movimento. Assim, utilizando a segunda lei de Newton (Equação 5.9),

$$\mathbf{F} = \sum_{i=1}^{n} \mathbf{F}_i = m\mathbf{a}$$

e decompondo seus componentes nos eixos x, y e z, obtemos:

$$F_x = \sum_{i=1}^{n} (F_i)_x = ma_x$$

$$F_y = \sum_{i=1}^{n} (F_i)_y = ma_y \qquad (5.18)$$

$$F_z = \sum_{i=1}^{n} (F_i)_z = ma_z$$

Por conseguinte, na dinâmica, conhecendo-se a massa $\mathbf{a}$ e a força aplicada em uma partícula, podemos determinar sua aceleração. Conhecendo-se a aceleração de uma partícula, $\mathbf{a}(t)$, podemos determinar sua velocidade em função do tempo, $\mathbf{v}(t)$, a partir da qual podemos obter a equação do movimento da partícula em função do tempo, $\mathbf{r}(t)$ (ver Capítulo 4). Isto é, após conhecermos as forças atuando sobre uma partícula de massa conhecida, utilizamos as leis de Newton para determinar sua aceleração e, partir daí, podemos adotar as equações da cinemática para descrever o movimento da partícula.

Exemplo 5.4

O sistema de corpos A e B da Figura 5.8a é arrastado sobre um plano horizontal pela força constante $F = 30\,\text{N}$. Os dois corpos têm massas $m_A = 8{,}0\,\text{kg}$ e $m_B = 2{,}0\,\text{kg}$. Não existe atrito entre os corpos e o plano. (a) Qual é a aceleração de cada corpo? (b) Qual é a força que o corpo A exerce sobre o corpo B?

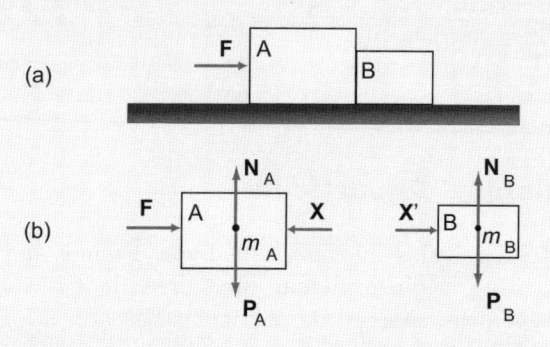

Figura 5.8: (a) Força $\mathbf{F}$ aplicada ao corpo A que está encostado no corpo B. (b) Decomposição das forças atuando em cada um dos corpos.

Solução: (a) Na Figura 5.8b, isolamos os corpos A e B. Observe que a força que A exerce em B, $\mathbf{X'}$, tem mesma direção e mesmo módulo, mas sentido contrário à força $\mathbf{X}$ que B exerce em A, pois constituem um par ação-reação (terceira lei de Newton). Em relação à direção vertical, os corpos A e B estão parados. Assim, nessa direção não existe aceleração, de modo que:

$$\sum F_y = 0$$

Ou, usando módulos, $P_A = N_A$ e $P_B = N_B$ (ver Figura 5.8b).

Tomando agora a direção horizontal de projeção, que é o mesmo sentido da força resultante $\mathbf{F}$ e, portanto, da aceleração $\mathbf{a}$ (Figura 5.8b), e adotando X como o módulo de $\mathbf{X}$ e $\mathbf{X'}$, teremos:

Para o corpo A:

$$\sum F_x = F - X = m_A \times a$$

Para o corpo B:

$$\sum F_x = X = m_B \times a$$

Então, para o corpo A, podemos escrever:

$$30 - X = 8{,}0 \times a \qquad (5.19)$$

E para o corpo B:

$$X = 2{,}0 \times a \qquad (5.20)$$

Resolvendo o sistema de duas equações acima, encontramos:

$$a = 3{,}0\,\text{m/s}^2$$

(b) Substituindo o valor da aceleração encontrado acima na Equação 5.19, obtemos:

$$X = 2{,}0\,\text{kg} \cdot 3{,}0\,\text{m/s}^2$$

Portanto:

$$X = 6{,}0\,\text{N}$$

Exemplo 5.5

Um corpo de massa m escorrega sem atrito para baixo, sobre uma superfície plana inclinada com ângulo θ em relação à horizontal (Figura 5.9a). Encontre a aceleração desse corpo.

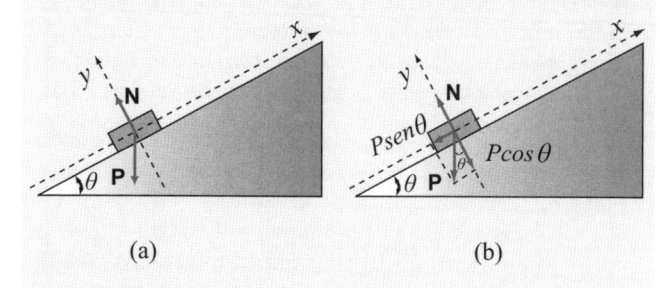

(a)   (b)

Figura 5.9: (a) Forças que atuam sobre um corpo que desliza por um plano inclinado sem atrito; (b) as forças $\mathbf{P}$ e $\mathbf{N}$ podem ser substituídas pelos seus componentes ao longo dos eixos x e y. O ângulo entre o vetor e o eixo é igual ao ângulo θ do plano inclinado com a horizontal.

Solução: neste caso, somente duas forças atuam sobre o corpo, o peso $\mathbf{P}$ e a força normal $\mathbf{N}$, exercida pelo plano inclinado (Figura 5.9a). Uma vez que essas duas forças não atuam ao longo de uma mesma direção, não podem ter soma nula, de modo que o corpo deve ter aceleração. Essa aceleração está orientada ao longo do plano inclinado e para baixo. Nesse exemplo, é conveniente escolhermos um sistema de coordenadas (x, y) com um eixo paralelo ao plano inclinado (eixo x e um outro perpendicular a ele (eixo y, conforme está representado na Figura 5.9b. Dessa forma, a aceleração tem apenas um único componente na direção de x (a_x).

Diante da escolha que adotamos, a força normal **N** está na direção de y e o peso **P** tem os componentes:

$$P_x = Psen\theta = mgsen\theta \qquad e$$

$$P_y = P\cos\theta = mg\cos\theta$$

em que m é a massa do corpo e g é a aceleração da gravidade. A força resultante na direção y é:

$$\sum F_y = N - P_y = N - mg\cos\theta = ma_y = 0$$

Portanto:

$$N = mg\cos\theta$$

Da mesma forma, para os componentes na direção x, temos:

$$\sum F_x = P_x = mgsen\theta = ma_x$$

Da qual obtemos:

$$a_x = gsen\theta$$

Concluímos que a aceleração no plano inclinado é constante e igual a $gsen\theta$. Como observação final, é interessante verificar que, se $\theta = 0°$ (o plano na horizontal), a aceleração é nula $(a_x = 0)$, e que, se $\theta = 90°$ (o plano na vertical), a aceleração é igual à aceleração da gravidade $(a_x = g)$, ou seja, o corpo está em queda livre. No caso de uma superfície real, haveria uma força de atrito entre a superfície inferior do corpo e a superfície de apoio do plano inclinado. Essa força teria sentido oposto àquele em que o corpo tende a se deslocar (esse assunto será abordado com mais detalhes no Capítulo 6).

Exemplo 5.6

Dois corpos com massas diferentes $(m$ e $m')$ estão presos a uma corda inextensível e são pendurados verticalmente por uma roldana, que pode girar livremente em torno de O. Esta montagem é denominada **máquina de Atwood** e está representada na Figura 5.10. Desprezando possíveis efeitos devido à massa da roldana e da corda, além do atrito, calcule o módulo da aceleração dos dois corpos e a tensão na corda.

Solução: antes de resolvermos esse problema, devemos fazer algumas observações sobre a roldana. Na Figura 5.10b, colocamos as tensões **T₁** e **T₂**, que agem nos fios que estão em volta da roldana, e a tensão **T₃** = **T₁** + **T₂**, que é a normal do eixo da roldana sobre a mesma. As três forças anulam-se na direção y (na vertical). Se as massas penduradas na roldana estiverem com movimento acelerado, então

a roldana também estará em movimento de rotação acelerado (ver Capítulo 9). Neste caso, as tensões **T₁** e **T₂** serão diferentes; caso contrário, a roldana não poderia estar com movimento acelerado. Entretanto, se considerarmos que a massa da roldana é zero, $M = 0$, os módulos das tensões serão iguais, ou $T_1 = T_2 = T$.

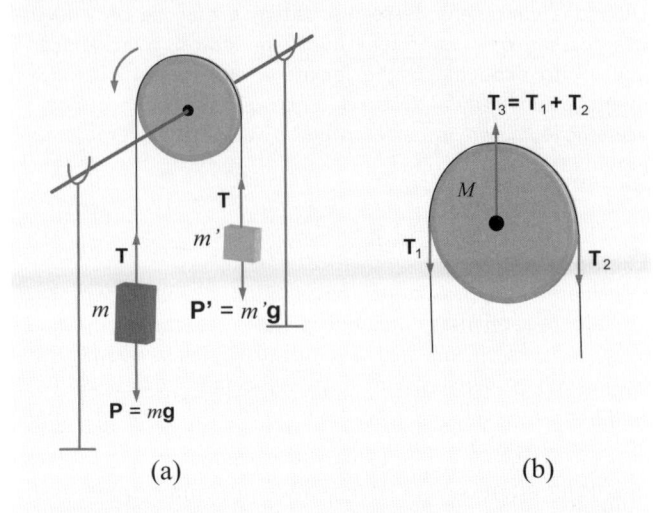

Figura 5.10: Máquina de Atwood, formada por dois corpos ligados por uma corda por meio de uma roldana sem atrito. (a) Forças que atuam sobre os corpos de massa m e m' e (b) forças que atuam na roldana.

Neste capítulo, sempre assumiremos que a massa da roldana é desprezível e que, portanto, ela teria a função de alterar a direção e o sentido de atuação da tensão sobre um fio.

Voltando ao problema proposto, suponha que o movimento ocorra no sentido indicado pela seta na parte superior da roldana, de modo que a massa m desce e a massa m' sobe. Como os corpos estão ligados por uma corda inextensível, eles têm o mesmo módulo de aceleração a. Em cada uma das seções da corda que liga os corpos são exercidas forças do mesmo módulo, mas em sentidos opostos, representados por T. Assim, o movimento de m é para baixo com aceleração a, e a resultante das forças sobre ele nessa direção pode ser escrita como:

$$\sum F_y = mg - T = ma \qquad (5.21)$$

O movimento de m' é para cima com a mesma aceleração. Então, a resultante das forças sobre esse corpo será:

$$\sum F_y = T - m'g = m'a \qquad (5.22)$$

Adicionando-se as Equações (5.21) e (5.22) e eliminando T, obtemos:

$$a = \frac{m - m'}{m + m'}g$$

Essa é a expressão da aceleração comum aos dois corpos. Note que, se $m > m'$, a aceleração dada pela equação acima é positiva, isto é, m' sobe e m desce. E, ainda, se $m' < m$, a aceleração é negativa e as massas deslocam-se na direção oposta.

Introduzindo esse valor da aceleração em qualquer das duas Equações (5.21 ou 5.22), verificamos que a tensão da corda é:

$$T = \frac{2mm'}{m + m'}g$$

Uma das vantagens desse dispositivo é que, se os valores das massas m e m' forem muito próximos, a aceleração a é muito pequena, o que facilita a observação do movimento e sua medida. Observe ainda que, se conhecermos a aceleração a, será possível inferir o valor da aceleração da gravidade g.

Exemplo 5.7

Considere uma pessoa de massa igual a 75,0 kg em um elevador sobre uma balança digital colocada no chão (Figura 5.11a). Qual será a leitura da balança quando (a) o elevador estiver descendo com velocidade constante, (b) subindo com aceleração de $3,80 \, \text{m/s}^2$ e (c) descendo com aceleração de $3,80 \, \text{m/s}^2$?

Solução: (a) O elevador movimenta-se para cima ou para baixo, portanto, apenas na vertical. Fixemos nosso referencial inercial fora do elevador (no andar térreo do edifício, p. ex.), pois quando o elevador estiver em movimento, não será um referencial inercial. Tanto a aceleração da gravidade **g** como a aceleração do elevador **a** são medidas por um observador nesse referencial externo. A Figura 5.11b mostra o diagrama das forças que atuam na pessoa. Essas forças são: o peso **P** da pessoa, que está dirigido para baixo, e a força normal **N** (módulo N), dirigida para cima, que é a força de contato exercida pela balança sobre a pessoa. Por outro lado, a pessoa exerce uma força de contato, igual em módulo e de sentido oposto à normal, sobre a balança, que a registra como sendo o peso da pessoa. Lembre-se que **P** e **N** não formam um par ação-reação (ver seção 5.4). Pelo diagrama das forças, aplicando a terceira lei de Newton, temos:

$$\sum F_y = N - mg = ma$$

Então:

$$N = m(g + a)$$

Quando o elevador está parado ou se move com velocidade constante, $a = 0$, então:

$$N = mg = (75,0 \, \text{kg}) \cdot (9,81 \, \text{ms}^{-2}) = 736 \, \text{N}$$

Este é exatamente o peso da pessoa.

(b) Quando o elevador está subindo com uma aceleração de $3,80 \, \text{ms}^{-2}$, temos:

$$N = m(g + a) = (75,0 \, \text{kg})[(9,81 \, \text{ms}^{-2}) + (3,80 \, \text{m/s}^2)]$$
$$= 1,02 \times 10^3 N$$

Neste caso, a leitura da balança indica um peso maior da pessoa, pois a força normal possui a contribuição da aceleração a para cima.

(c) Quando o elevador está descendo com uma aceleração de $3,80 \, \text{m/s}^2$, obtemos:

$$N = m(g - a) = (75,0 \, \text{kg})[(9,81 \, \text{ms}^{-2}) - (3,80 \, \text{ms}^{-2})]$$
$$= 451 \, \text{N}$$

Nesta situação, a leitura da balança indica um peso menor da pessoa, pois a força normal possui a contribuição da aceleração a para baixo.

Vale lembrar que, se o elevador estiver em queda livre ($a = -g$), a balança indicará uma leitura de peso igual a zero, pois não haverá força normal.

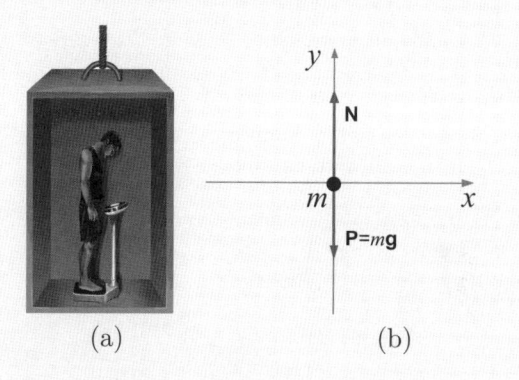

(a)　　　　　　　　(b)

Figura 5.11: (a) Uma pessoa dentro de um elevador, sobre uma balança digital. (b) Diagrama das forças que atuam na pessoa.

Exemplo 5.8

Na Figura 5.12a, o corpo A está preso ao corpo B por um fio leve que não sofre deformações e que passa por uma roldana sem atrito e com massa desprezível. O atrito entre o corpo B e a superfície horizontal também é desprezível. Ao soltarmos o conjunto, qual será a aceleração com que os corpos se moverão? Qual será a tensão no fio? Considere $m_A = 5,0 \, \text{kg}$ e $m_B = 12,0 \, \text{kg}$.

Solução: notemos, inicialmente, que a aceleração dos dois corpos é a mesma, pois o fio que os une não se distende. Denominaremos essa aceleração a. Sobre o corpo A, atuam as forças peso ($\mathbf{P} = m_A\mathbf{g}$) e a tensão $\mathbf{T_1}$ (módulo T), exercida sobre ele pelo fio. Como a roldana não oferece atrito e o fio tem massa desprezível, a força exercida pelo fio sobre o corpo B é a mesma que o fio exerce sobre o corpo A. Assim, sobre B atuam a força $\mathbf{T_2}$ (de mesmo módulo de $\mathbf{T_1}$, ou seja, T), a normal **N** e o peso $\mathbf{P} = m_B\mathbf{g}$. Para o corpo A, considerando o sentido para baixo positivo, teremos:

$$m_A g - T = m_A a \tag{5.23}$$

Para o corpo B, com o sentido positivo para a direita, vem:

$$T = m_B a \tag{5.24}$$

Substituindo o valor de T da Equação 5.24 na Equação 5.23, obtém-se, para a aceleração do conjunto, o valor:

$$a = \left(\frac{m_A}{m_B + m_A}\right)g \tag{5.25}$$

Indicando que a será sempre menor do que g.

Para o caso em que m_B for muito pequena quando comparada à m_A, poderemos desprezá-la na equação anterior (5.25), de forma que a será igual a g.

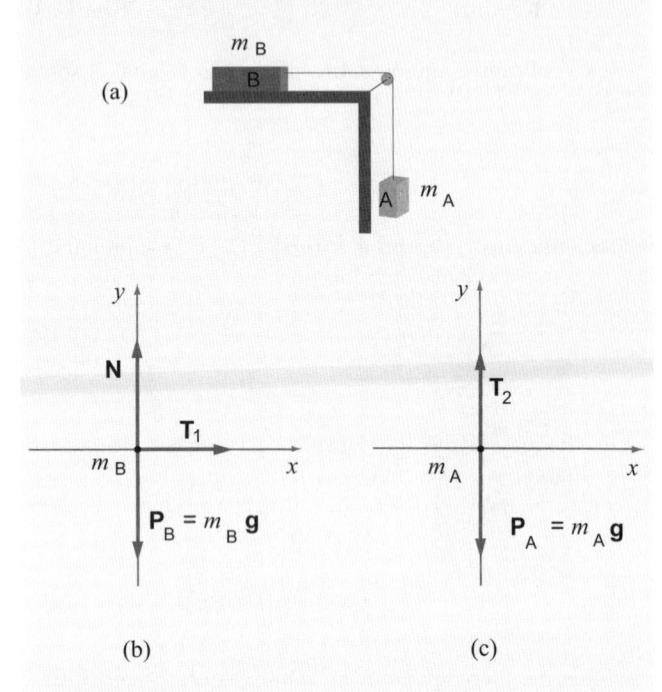

Figura 5.12: (a) Corpo A ligado ao corpo B por um fio que passa pela roldana fixa. (b) Diagrama de forças no corpo B. (c) Diagrama de forças no corpo A.

A tensão no fio pode, agora, ser calculada, pois $T = m_B a$, então:

$$T = \left(\frac{m_A m_B}{m_A + m_B}\right)g \tag{5.26}$$

Substituindo os valores numéricos nas Equações 5.25 e 5.26, obtemos:

$$a = \left(\frac{5,0\,\text{kg}}{17,0\,\text{kg}}\right) \cdot 9,8\,\text{ms}^{-2} = 2,9\,\text{m/s}^2$$

e

$$T = \left(\frac{60\,\text{kg}}{17\,\text{kg}}\right) \cdot 9,8\,\text{m/s}^2 = 35\,\text{N}$$

Observe que, ainda que a Terra esteja exercendo uma força de $49\,\text{N}$ sobre o corpo A, a força exercida pelo corpo B é de apenas $35\,\text{N}$. Essa força é exercida sobre o corpo B pelo fio e, evidentemente, a tensão **T** no fio deve ser menor que o peso do corpo A ou este não adquiriria uma aceleração para baixo.

Dicas para resolver problemas envolvendo as leis de Newton

De acordo com os exemplos resolvidos até aqui, é possível perceber um método geral para resolver problemas com o emprego das leis de Newton. Esse método consiste em atacar um problema observando as seguintes etapas:

1. Verificar se os dados do enunciado do problema estão em um mesmo sistema de unidades. Se não estiverem, deve-se transformá-los em um único sistema (p. ex.: SI, CGS, etc.).

2. Representar as forças envolvidas em um desenho que represente o chamado "diagrama de forças do sistema".

3. Isolar o corpo (partícula) em questão e desenhar o diagrama de forças, mostrando cada força externa que atua sobre o corpo. Se houver mais de um corpo a ser analisado, desenhar um "diagrama de forças" para cada corpo separadamente.

4. Escolher um sistema de coordenadas conveniente para cada corpo e aplicar a segunda lei de Newton, utilizando os componentes das forças.

5. Montar as equações do movimento e resolver essas equações, usando qualquer informação adicional que estiver disponível no enunciado do problema.

6. Verificar se o(s) resultado(s) encontrado(s) está(ão) coerente(s).

7. Não esquecer das unidades dos valores encontrados.

5.6   RESUMO

5.2 Primeira Lei de Newton – Lei da Inércia

Lei da inércia: um objeto em repouso ou em movimento com velocidade constante assim permanecerá, se a resultante das forças que agem sobre ele for nula.

Referencial inercial: referencial no qual a primeira lei de Newton é válida.

Qualquer referencial que se move com velocidade constante em relação a um referencial inercial é também um referencial inercial. Um referencial que estiver acelerado não é um referencial inercial.

5.3 Segunda Lei de Newton – Lei das Forças

A **massa** é uma propriedade intrínseca de um corpo e mede sua resistência à aceleração. A massa não depende de onde o corpo se encontra.

Lei das forças: a aceleração de um objeto é diretamente proporcional à resultante das forças externas agindo sobre ele, com mesma direção e mesmo sentido, e inversamente proporcional à massa do objeto:

$$\mathbf{a} = \frac{\mathbf{F}}{m} \qquad (5.4) \qquad \text{ou} \qquad \mathbf{F} = m\mathbf{a} \qquad (5.3)$$

Princípio da superposição de forças: a força total, ou força resultante, agindo sobre um corpo é igual à soma vetorial de todas as forças individuais que agem sobre ele:

$$\mathbf{F} = \sum_{i=1}^{n} F_i \qquad \text{(resultante)} \qquad (5.9)$$

O **peso** de um corpo é, por definição, a força da atração gravitacional entre o corpo e a Terra. Ele é proporcional à massa m do corpo e à aceleração gravitacional $\mathbf{g}$. O peso pode ser matematicamente definido por:

$$\mathbf{P} = m\mathbf{g} \qquad \text{(peso de um corpo)} \qquad (5.10)$$

5.4 Terceira Lei de Newton – Lei da Ação e Reação

Lei da ação e reação: quando dois objetos interagem, exercem forças mútuas um sobre o outro. Essas forças são sempre iguais em módulo, opostas em sentido e atuam em objetos diferentes. Se o objeto A exerce uma força sobre o objeto B, então o objeto B exerce uma força igual, mas no sentido contrário, sobre o objeto A. Outra versão mais simplificada da terceira lei é: *a toda ação corresponde uma reação de igual módulo e direção, mas de sentido contrário ao da ação.*

5.5 Aplicações das Leis de Newton

Quando uma partícula está em repouso ou em MRU em um sistema de referência inercial, não existe força resultante agindo sobre ela. Nesse caso, dizemos que a partícula está em **equilíbrio estático**, se estiver parada, ou em **equilíbrio dinâmico**, se estiver com velocidade constante. A resultante que atua sobre ele é nula ou:

$$\sum_{i=1}^{n} \mathbf{F}_i = 0 \qquad \text{(equilíbrio de uma partícula)} \qquad (5.12)$$

A **dinâmica** é a área da Física que, além de usar os conceitos de posição, velocidade e aceleração, descreve a mudança no movimento de partículas utilizando os conceitos de força e massa. A dinâmica está baseada nas três leis fundamentais do movimento, que foram formuladas por Newton.

5.7   EXPERIMENTO 5.1: Lei da Inércia

Neste experimento, verificaremos que, se a força resultante que age em um corpo (inicialmente em repouso) for nula, então o corpo permanecerá em repouso. Para tanto, utilizaremos um plano inclinado.

Aparato Experimental

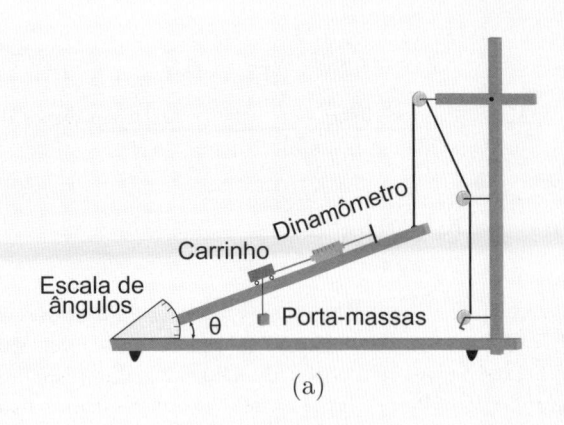

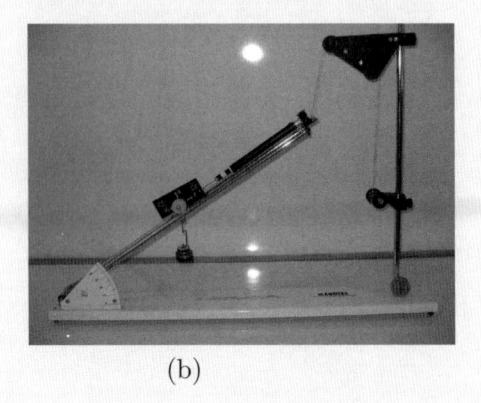

(a)   (b)

Figura 5.13: (a) Diagrama esquemático de um carrinho em um plano inclinado preso a um dinamômetro. (b) Modelo experimental equivalente. (Fonte: Ceatec-PUC-Campinas)

Um carrinho, com rodas para reduzir o atrito, é preso a um dinamômetro para a medida da força necessária para manter o carrinho em repouso sobre um plano inclinado. São utilizadas massas aferidas que podem ser colocadas no carrinho para o estudo da situação com diferentes massas e mesmo ângulo.

Experimento

Utilizando o dinamômetro calibrado, determine o peso do carrinho, o peso do porta-massas e os pesos de cada uma das massas a serem utilizadas. Monte o carrinho no plano inclinado com o dinamômetro, conforme ilustrado na Figura 5.13. Escolha um ângulo qualquer e encontre a força no dinamômetro que faz o carrinho ficar em repouso. Repita o experimento para vários ângulos, com a mesma massa, e para várias massas, com o mesmo ângulo.

Análise dos Resultados

1) Faça um esquema das forças que agem sobre o carrinho, decompondo a força peso nas direções paralela e perpendicular ao plano inclinado.

2) Determine a intensidade da força normal à superfície, exercida pelo plano sobre o carrinho, em cada um dos casos analisados no experimento.

3) Calcule, em todos os casos, os valores do componente paralelo ao plano inclinado P_x. Verifique e explique a relação entre a intensidade do componente P_x e a tração T indicada pelo dinamômetro. Quando a inclinação for aumentada, P_x aumenta ou diminui? Isso está coerente com o esquema de forças que você fez?

4) Conhecendo-se o peso do carrinho, o ângulo de medida e seus respectivos erros, verifique se a leitura do dinamômetro confirma a condição de força resultante nula (lei da inércia) dentro do erro experimental.

5) O que ocorreria se o carrinho fosse desconectado do dinamômetro? Como seria a aceleração do carrinho (em módulo, direção e sentido)?

6) Se o ângulo fosse aumentado até $90°$, quais seriam os valores de T e da força normal à superfície? O que eles representam?

5.8 QUESTÕES, EXERCÍCIOS E PROBLEMAS

5.2 Primeira Lei de Newton – Lei da Inércia

5.1 É correto dizer que, quando um carro para repentinamente, os passageiros dentro do veículo são empurrados para frente por uma "força de inércia"? Justifique sua resposta.

5.2 Ao analisar o movimento de uma determinada partícula, você conclui que ela está sujeita a uma aceleração. Entretanto, você verifica que não existe qualquer força atuando sobre ela. Como você usaria essa informação para encontrar um referencial inercial?

5.3 (Enade) Leia o texto abaixo.

"Com efeito, nos planos inclinados descendentes, está presente uma causa de aceleração, enquanto, nos planos ascendentes, está presente uma causa de retardamento; segue-se disso ainda que o movimento sobre o plano horizontal é eterno, visto que, se é uniforme, não aumenta nem diminui, muito menos acaba."

(*Galileu Galilei*. **Duas novas ciências**. *São Paulo: Nova Stella, 1988.*)

Esse texto é considerado a primeira expressão de um dos princípios fundamentais da Física. Que princípio é esse?

5.4 Seria possível um objeto seguir uma trajetória curva sabendo que a resultante das forças sobre ele é nula? Explique.

5.3 Segunda Lei de Newton – Lei das Forças

5.5 Quando um corpo não está acelerado, podemos dizer que não existe nenhum tipo de força atuando sobre ele?

5.6 Por que <u>não</u> é correto dizer que 1 kg é igual a 9,81 N?

5.7 A massa de um corpo pode ser negativa?

5.8 O peso de um corpo depende da sua localização? E a massa?

5.9 Um corpo possui uma aceleração de $4 \, \text{m/s}^2$ em razão de uma força de 20 N. (a) Qual é a massa do corpo? (b) Se a força que atua no corpo diminuir para 10 N, qual será a sua aceleração?

5.10 Considere quatro forças de módulos $F_1 = 10{,}0 \, \text{N}$, $F_2 = 20{,}0 \, \text{N}$, $F_3 = 30{,}0 \, \text{N}$ e $F_4 = 40{,}0 \, \text{N}$, atuando em uma partícula de 50,0 g. As forças citadas formam com o semieixo positivo das abscissas, respectivamente, os ângulos $\theta_1 = 0°$, $\theta_2 = 30°$, $\theta_3 = 135°$ e $\theta_4 = 270°$, todos medidos no sentido anti-horário. (a) Qual é o módulo da força resultante? (b) Quais são a direção e o valor da aceleração total?

5.11 No diagrama de forças mostrado na Figura 5.14, $F_1 = 220{,}0 \, \text{N}$, $F_2 = 100{,}0 \, \text{N}$, $F_3 = 100{,}0 \, \text{N}$ e $F_4 = 200{,}0 \, \text{N}$. (a) Determine os componentes de cada uma dessas forças e (b) os componentes da resultante na direção x, $\sum F_x$ e na direção y, $\sum F_y$, e escreva o vetor resultante em termos de

vetores unitários $\mathbf{i}$ e $\mathbf{j}$. (c) Determine também o módulo e a direção da resultante das forças.

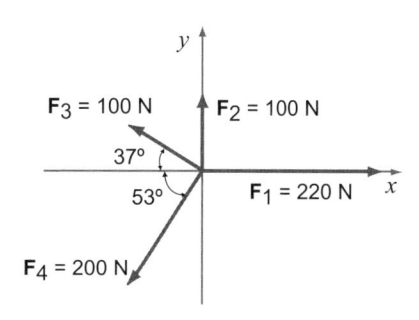

Figura 5.14: Problema 5.11.

5.12 Três forças, $\mathbf{F_1} = +(200{,}0 \, \text{N})\mathbf{i}$, $\mathbf{F_2} = +(150{,}0 \, \text{N})\mathbf{j}$ e $\mathbf{F_3} = -(159{,}7 \, \text{N})\mathbf{i} - 120{,}4 \, \text{N}\mathbf{j}$ são exercidas sobre um objeto. (a) Determine o módulo e a direção da resultante do sistema de forças. (b) Considerando a massa do objeto igual a 2,0 kg, quais são os componentes da aceleração? (c) Encontre o módulo e a direção da aceleração total que age sobre o objeto.

5.13 Um corpo de massa 2,0 kg está sujeito a duas forças, $F_1 = 10 \, \text{N}\mathbf{i} - 20 \, \text{N}\mathbf{j}$ e $F_2 = -4{,}2 \, \text{N}\mathbf{i} + 6{,}4 \, \text{N}\mathbf{j}$. Se o corpo parte do repouso, a partir da origem, no instante $t = 0$, encontre sua posição e sua velocidade em notação vetorial e seus respectivos módulos após 1,8 s.

5.14 Uma pessoa de 85 kg de massa está sobre um trenó que parte do repouso em uma pista de gelo e, depois de 20 s, alcança a velocidade de 25 m/s. Considerando que não há atrito entre o trenó e o gelo e que a aceleração adquirida é uniforme, determine o módulo da resultante das forças sobre o sistema.

5.4 Terceira Lei de Newton – Lei da Ação e Reação

5.15 A ação só é igual à reação quando os corpos não estão acelerados?

5.16 Um homem, com as mãos levantadas, encontra-se na plataforma de uma balança. Como varia a indicação da balança quando as mãos se movem aceleradamente para baixo?

5.17 Quando um objeto cai em direção à Terra, a Terra também cai em direção ao objeto?

5.18 Quando um jogador de futebol chuta uma bola, a força que a chuteira exerce sobre ela é maior ou menor que a força exercida pela bola sobre a chuteira?

5.19 Um bloco homogêneo de massa M move-se aceleradamente sob a ação da força $\mathbf{F}$ em uma superfície lisa, como ilustrado na Figura 5.15. Encontre o módulo da força $\mathbf{T}$, com que a parte A do bloco, de comprimento x, atua sobre a parte B do mesmo. O comprimento total do bloco é l.

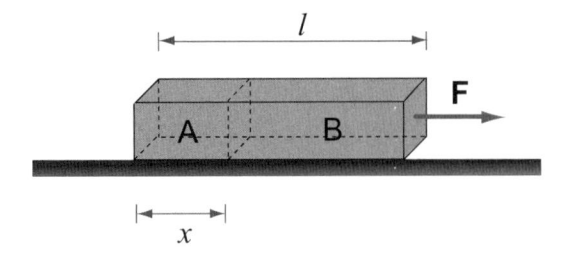

Figura 5.15: Problema 5.19.

5.20 Dois blocos de tamanhos e massas diferentes encontram-se em contato sobre uma mesa sem atrito. Uma força horizontal é aplicada ao bloco maior, como mostra a Figura 5.16. Supondo que $m_1 = 3{,}2$ kg, $m_2 = 2{,}7$ kg e $F = 4{,}7$ N, (a) determine a aceleração do sistema, (b) encontre a força de contato K entre os dois blocos e (c) mostre que, se a mesma força $\mathbf{F}$ for aplicada a m_2 em vez de m_1, com sentido invertido, a força de contato entre os dois blocos será diferente da que foi deduzida em (a). Explique a razão.

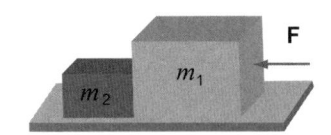

Figura 5.16: Problema 5.20.

5.21 Um bloco homogêneo move-se de forma acelerada sob a ação da força $\mathbf{F}$. A massa do bloco é M. Determine as forças que atuam sobre a parte do bloco sombreada, que está representada na Figura 5.17. As dimensões lineares estão mostradas na figura.

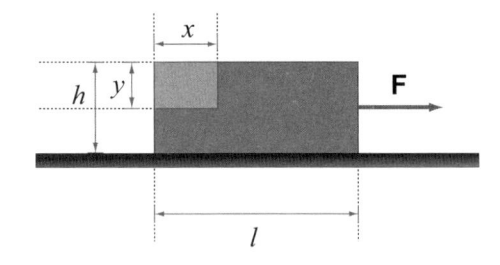

Figura 5.17: Problema 5.21.

5.22 Devido a um tempo muito ruim, um navio de 25.000 toneladas colide frontalmente com um _iceberg_, de massa igual a 60.000 kg, que estava parado. Durante a colisão, a resultante das forças de cada corpo é essencialmente a força exercida por um corpo sobre o outro. Se o módulo da desaceleração do navio é de $5{,}0$ m/s^2, qual é o valor da aceleração do _iceberg_?

5.5 Aplicações das Leis de Newton

Equilíbrio estático de uma partícula

5.23 Se apenas uma força atuar sobre um objeto, este objeto pode estar em equilíbrio?

5.24 Dois blocos, de massas $M_1 = 300$ kg e $M_2 = 450$ kg, encontram-se suspensos, em equilíbrio, por cordas de massas desprezíveis e por uma roldana sem atrito e de peso também desprezível (Figura 5.18). Calcule o ângulo θ e a tensão na corda AB.

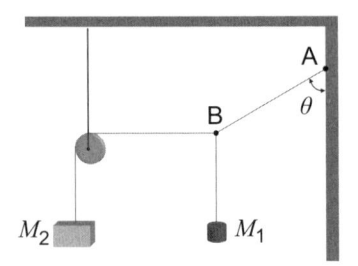

Figura 5.18: Problema 5.24.

5.25 Um fio retilíneo está preso entre dois postes à margem de uma estrada de ferro. Um pássaro, com massa $m = 0{,}540$ kg, pousa bem no meio do fio, provocando uma suave inclinação no mesmo. Os ângulos de inclinação de cada extremidade do fio, que se encontra preso aos postes, antes e depois do pouso do pássaro, é o mesmo e vale θ (Figura 5.19). Encontre a tensão no fio quando (a) $\theta = 0{,}5°$, (b) $\theta = 5°$ e (c) $\theta = 10°$. Despreze a massa do fio e considere cada metade dos fios como retas.

Figura 5.19: Problema 5.25.

5.26 Encontre os valores das tensões nas cordas AC e BC dos sistemas ilustrados nas Figuras 5.20. Considere a massa $M = 77$ kg.

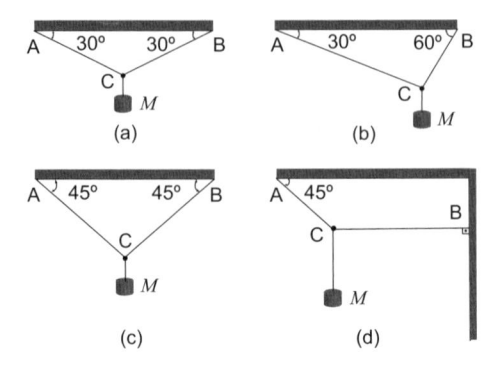

Figura 5.20: Problema 5.26.

5.27 (UFRJ) A Figura 5.21 mostra uma corrente composta por 5 elos, cada um deles com massa igual a 0,10 kg. A corrente é levantada verticalmente, por meio de uma força $\mathbf{F}$ aplicada ao elo superior, e tem uma aceleração constante de

2,5 m/s². (a) Isole cada um dos elos e determine todas as forças que atuam sobre cada um deles. (b) Qual é a força resultante sobre cada elo?

Figura 5.21: Problema 5.27.

Dinâmica da partícula

5.28 Duas bolas, A e B, são lançadas verticalmente para cima, ao mesmo tempo, com velocidades iniciais de $v_1 = 20$ m/s e $v_2 = 24$ m/s, respectivamente. Determine a distância entre as bolas quando a bola A atingir sua altura máxima.

5.29 No eixo de uma roldana móvel, foi pendurada uma carga de peso **P**, como mostra a Figura 5.22. Com que força **F** é necessário puxar o extremo da corda colocada em uma segunda roldana para que (a) a carga **P** mova-se para cima com aceleração a e para que (b) a carga fique em repouso? As massas das roldanas e da corda são desprezíveis.

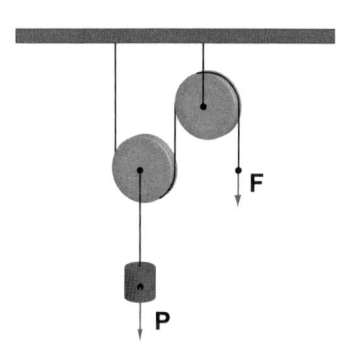

Figura 5.22: Problema 5.29.

5.30 Uma corda é colocada em duas roldanas fixas e, em seus extremos, colocam-se pratos com pesos $P = 30,0$ N em cada um. A corda entre as roldanas foi cortada e amarrada a um dinamômetro, como ilustrado na Figura 5.23. (a) Qual será a leitura do dinamômetro? (b) Qual será o peso P_1 que deverá ser adicionado a um dos pratos para que a leitura do dinamômetro não varie logo após se ter tirado do outro prato um peso $P_2 = 10,0$ N? Desconsidere as massas dos pratos, das roldanas, da corda e do dinamômetro.

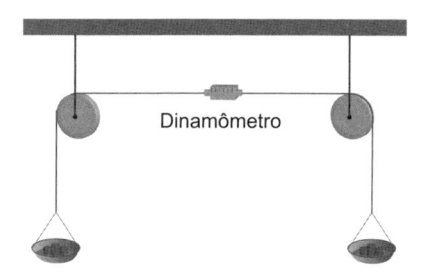

Figura 5.23: Problema 5.30.

5.31 A Figura 5.24 mostra uma esfera conectada a um barbante preso no teto por um pivô. Se a esfera for liberada quando o barbante estiver na horizontal, como mostrado na figura, qual será a magnitude da aceleração total da esfera em função do ângulo θ?

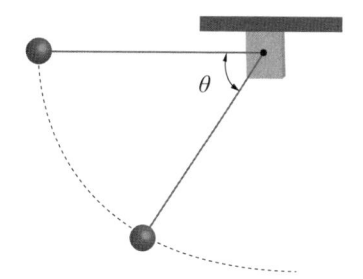

Figura 5.24: Problema 5.31.

5.32 Na parede posterior de um vagão de trem, há um quadro pendurado em uma corda que passa por um prego. Como o quadro se moverá em relação ao vagão se a corda arrebentar no caso de (a) a velocidade do trem aumentar? ou (b) a velocidade do trem diminuir? Em ambos os casos, o valor absoluto da aceleração do trem é a.

5.33 (UFRGS) Um corpo de massa $m = 2$ kg sofre a ação de uma força que depende da sua posição x, como mostra a Figura 5.25. O corpo é solto da posição $x = 2$ m em $t = 0$. Sendo x expresso em metros e t em segundos, qual é a equação horária que descreve o movimento do corpo?

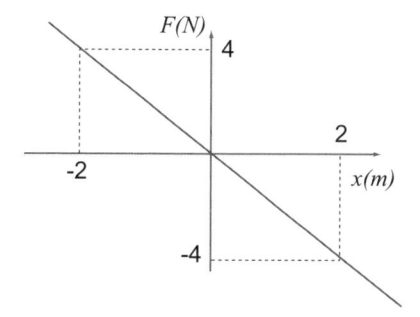

Figura 5.25: Problema 5.33.

5.34 Dois corpos, de massas m e M, situados sobre uma superfície horizontal e sem atrito, estão ligados por uma corda de massa desprezível e inextensível. Uma força **F** é exercida sobre o corpo de massa M para a esquerda, conforme ilustra a Figura 5.26. Encontre os módulos da aceleração do sistema e da tensão **T** na corda.

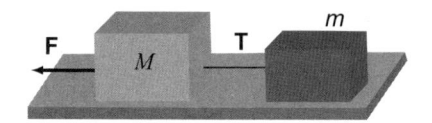

Figura 5.26: Problema 5.34.

5.35 (USP) Um objeto de massa M_1 está preso no teto de um elevador de massa M_2. O elevador está se deslocando para cima pela ação de uma força constante F,

$F > (M_1 + M_2)g$. O objeto de massa M_1 está preso no teto por um fio inextensível e a uma distância s do chão do elevador. (a) Qual é a aceleração do elevador? (b) Qual é a tensão no fio inextensível? (c) Se o fio quebra repentinamente, qual é a aceleração do elevador? Qual é a aceleração do objeto de massa M_1? (d) Quanto tempo leva para o objeto de massa M_1 atingir o chão do elevador? Dados: F, M_1, M_2, g, s.

5.36 A Figura 5.27 ilustra, de forma simplificada, a **máquina de Atwood**. Nos extremos da corda, estão penduradas, a uma altura $H = 2$ m do chão, duas cargas cujas massas são $m_1 = 100$ g e $m_2 = 200$g. No instante inicial, as cargas encontram-se em repouso. Determine (a) a tensão da corda quando as cargas estão se movendo e (b) o tempo no qual a carga de massa m_2 atinge o chão. As massas da roldana e da corda podem ser desprezadas.

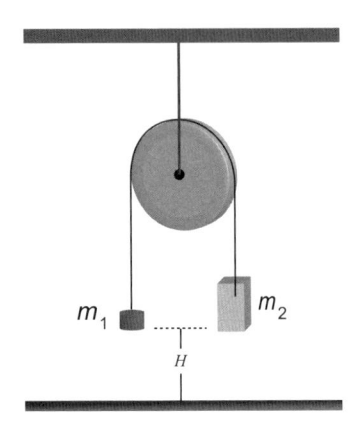

Figura 5.27: Problema 5.36.

5.37 (a) Calcule, algebricamente, a aceleração dos corpos de massas m_1 e m_2 e a tensão nas cordas do sistema ilustrado na Figura 5.28. (b) Resolva numericamente o item anterior, considerando $m_1 = 8$ kg e $m_2 = 13$ kg. Despreze qualquer atrito e o peso das roldanas.

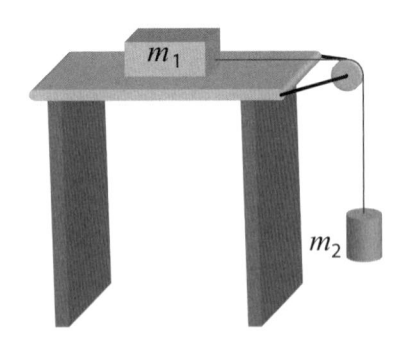

Figura 5.28: Problema 5.37.

5.38 (Enade) Para determinar a aceleração e a velocidade de decolagem de um avião comercial, um passageiro fez uma experiência bastante elementar. Em uma cartolina, em um plano vertical, ele montou um pêndulo simples, com um fio inextensível e um pequeno peso, como representado na Figura 5.29.

A partir do instante em que o piloto acelerou as turbinas, com o avião praticamente do repouso, passou a medir o ângulo T de inclinação do pêndulo com a vertical, a cada intervalo de 5 s, até que, em $\mathbf{t} = 25$ s, o avião decolou. Os resultados são mostrados na tabela abaixo.

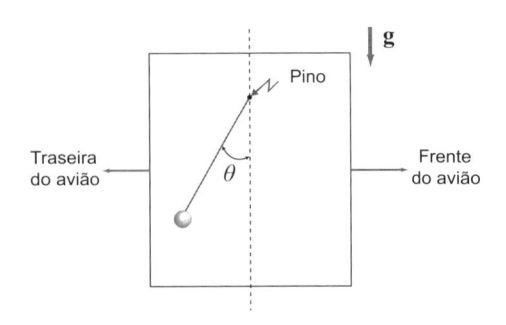

Figura 5.29: Problema 5.38.

Tempo (s)	Θ (^{o})	$sen\theta$	$cos\theta$
0	$9,9$	$0,172$	$0,985$
5	$14,8$	$0,255$	$0,967$
10	$13,8$	$0,238$	$0,971$
15	$13,0$	$0,225$	$0,974$
20	$12,0$	$0,208$	$0,978$
25	$11,4$	$0,198$	$0,980$

Os valores aproximados da aceleração e da velocidade do avião, no instante da decolagem ($\mathbf{t} = 25$ s), são, respectivamente (a) $0,20$ m/s^2 e 18 km/h; (b) $2,0$ m/s^2 e 18 km/h; (c) $2,0$ m/s^2 e 200 km/h; (d) $9,8$ m/s^2 e 200 km/h ou (e) $9,8$ m/s^2 e 880 km/h?

5.39 (Enade) No problema acima, suponha que os ângulos tenham sido medidos com precisão $\Delta\theta = \pm 1^0$ e que a aceleração da gravidade medida no local tenha valor $g = (9,758 \pm 0,002)$ m/s^2. Qual é o erro relativo, $\dfrac{\Delta a}{a}$, na determinação da aceleração no instante da decolagem?

5.40 (UFRGS) Um carro desce uma rampa partindo do repouso e atingindo a velocidade de $29,4$ m/s em $6,0$ s. Um brinquedo de massa $m = 130,0$ g está pendurado por um fio preso ao teto do carro. A aceleração é tal que o fio permanece perpendicular ao teto. Considerando que a aceleração da gravidade no local é $9,8$ m/s^2, qual é o ângulo de inclinação da rampa?

5.41 Determine as acelerações dos objetos com massas m_1, m_2, m_3 e as tensões das cordas do sistema ilustrado na Figura 5.30 se $m_1 = m_2 + m_3$. Desconsidere as massas das cordas e das roldanas.

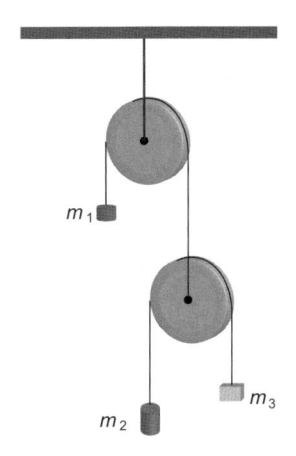

Figura 5.30: Problema 5.41.

5.42 (Enade) Um corpo de massa **m** = 1,0 kg movimenta-se num plano horizontal, perfeitamente liso, sob a ação de uma força horizontal cujo módulo em função do tempo é dado no gráfico da Figura 5.31.

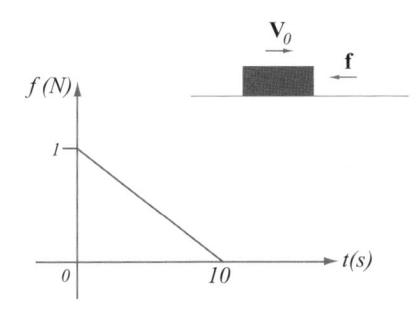

Figura 5.31: Problema 5.42.

No instante inicial, a velocidade do corpo é $v_0 = 20$ m/s. Nessas condições, quais são as velocidades do corpo, em m/s, nos instantes $t = 10$ s e $t = 15$ s?
(a) 10 e -1,0;
(b) 10 e 0;
(c) 10 e 15;
(d) 15 e 10;
(e) 15 e 15.

5.43 Uma barra homogênea, de massa M e comprimento L (Figura 5.32), está submetida à ação de duas forças, $\mathbf{F_1}$ e $\mathbf{F_2}$, aplicadas aos seus extremos e dirigidas em sentidos opostos. Qual é o módulo da força $\mathbf{F}$ que age na seção da barra que se encontra a uma distância l de um dos extremos?

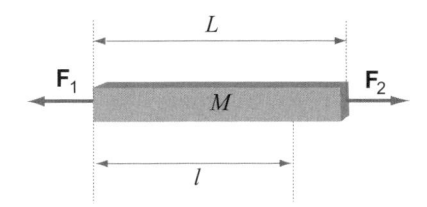

Figura 5.32: Problema 5.43.

5.44 Um bloco de massa m está no chão de um elevador. (a) Determine a força com que o bloco atua sobre o chão

do elevador se este se move com aceleração a para baixo. (b) Para qual aceleração do elevador a força normal sobre a massa é nula? (c) Com que força o bloco atua sobre o chão do elevador, se o mesmo começar a se mover com aceleração a para cima?

5.45 (a) Determine a aceleração das massas m_1 e m_2 ($m_2 > m_1$) no sistema lustrado na Figura 5.33. (b) Em que sentido as roldanas A, B e C giram? As massas das roldanas e das cordas podem ser ignoradas.

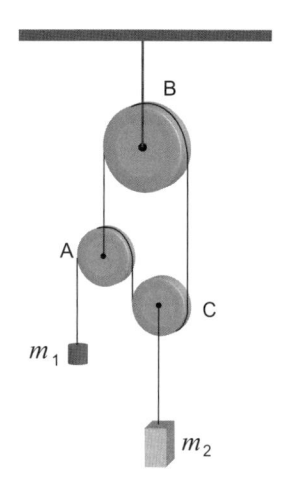

Figura 5.33: Problema 5.45.

5.46 Determine a aceleração da massa m_4 no sistema da Figura 5.34. As massas m_1, m_2, m_3 e m_4 são 1,0 kg, 2,0 kg, 3,0 kg e 6,0 kg, respectivamente. As massas das cordas e roldanas são desprezíveis.

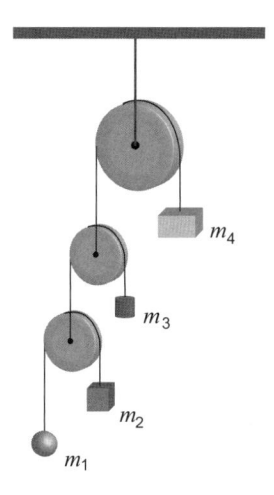

Figura 5.34: Problema 5.46.

5.47 Um carrinho, mostrado na Figura 5.35, possui massa $M = 500$ g e está unido por uma corda, que passa por uma roldana, a um corpo com massa $m = 200$ g. No momento inicial, o carrinho tinha velocidade inicial $v_0 = 7,0$ m/s e se movia para a esquerda no plano horizontal. Quando tiver decorrido t = 5,0 s a partir do instante inicial, determine: (a) o módulo e a direção da velocidade do carrinho; (b) sua posição em relação à posição inicial e (c) a distância por ele percorrido.

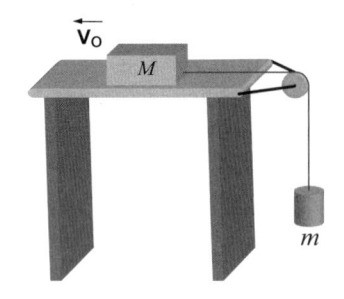

Figura 5.35: Problema 5.47.

5.48 Em uma barra de comprimento $2l$ inclinada, foi colocada uma moeda de massa m. A moeda pode deslocar-se pela barra sem qualquer atrito. No momento inicial, a moeda encontrava-se no meio da barra, como mostra a Figura 5.36. A barra move-se progressivamente em um plano horizontal com aceleração $\mathbf{a}$ (de módulo a), em uma direção que faz um ângulo θ com o plano. Determine: (a) a aceleração da moeda relativamente à barra; (b) a força de reação da barra sobre a moeda e (c) o tempo que a moeda leva para abandonar a barra.

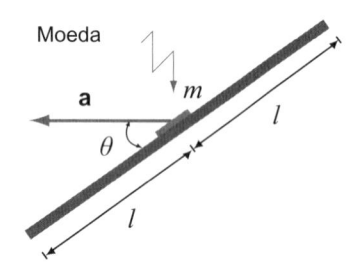

Figura 5.36: Problema 5.48.

5.49 A Figura 5.37 mostra o corpo A preso a uma roldana móvel C por um fio inextensível. Um corpo B está apoiado em uma superfície horizontal e sem atrito. A está fixo em outro fio, também inextensível, que passa por uma roldana fixa D e pela roldana móvel C. A outra extremidade desse fio está fixa ao teto, conforme mostra a figura. As massas dos fios são desprezíveis. (a) Qual corpo terá a maior aceleração, A ou B? (b) Qual fio terá a maior tensão, o fio T_A (preso ao corpo A) ou o fio T_B (preso ao corpo B)?

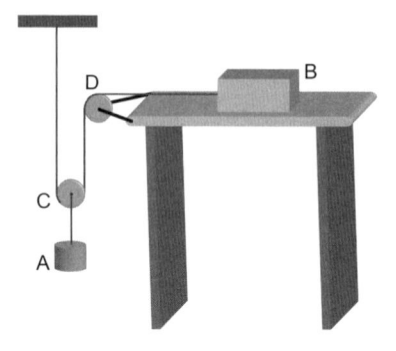

Figura 5.37: Problema 5.49.

5.50 Dois corpos, de massas M e m, estão em contato e apoiados sobre uma mesa horizontal, sem atrito, conforme

a Figura 5.38. Uma força $\mathbf{F}$ atua sobre o corpo de massa M da esquerda para a direita, conforme mostra a figura. (a) Mostre que, se a razão entre as massas dos corpos for igual a $n = \dfrac{M}{m}$, a força de contato entre os corpos vale $K = \dfrac{nF}{(n+1)}$. (b) Quais são os valores da força de contato quando $n = 1$, $n = 3$ e $n = 5$? Compare os resultados.

Figura 5.38: Problema 5.50.

5.51 A Figura 5.39 ilustra um sistema que consiste de duas roldanas com eixos fixos e uma roldana móvel. Através das roldanas, colocou-se uma corda nos extremos, na qual foram penduradas as massas m_1 e m_3, e, no eixo da roldana móvel, pendurou-se uma massa m_2. As partes da corda que não se encontram na roldana estão situadas na posição vertical. Determine a aceleração de cada um das massas. As massas das roldanas e das cordas podem ser desprezadas.

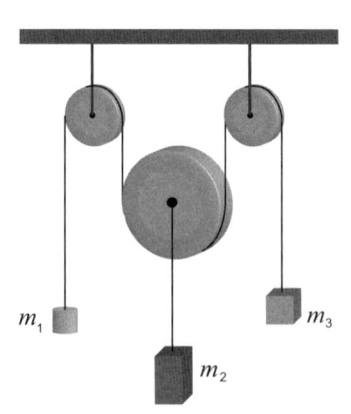

Figura 5.39: Problema 5.51.

5.52 A Figura 5.40 ilustra um sistema composto de 7 roldanas fixas e 7 cordas, todas de massas desprezíveis. Determine as tensões das cordas, nas quais estão penduradas as massas m_1, m_2, m_3, m_4, m_5, m_6, m_7 e m_8.

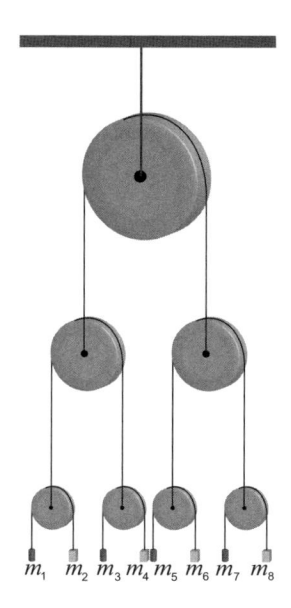

Figura 5.40: Problema 5.52.

5.53 Determine a aceleração dos corpos de massas m_1, m_2 e m_3 para o sistema mecânico representado na Figura 5.41, que se move sem atrito. Despreze também as massas da roldana e da corda.

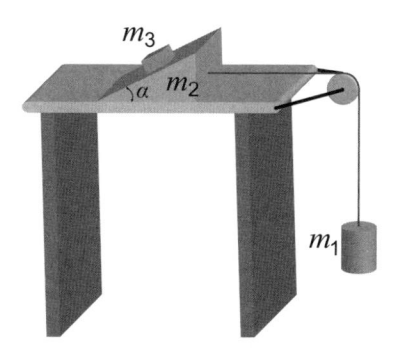

Figura 5.41: Problema 5.53.

5.54 Uma barra pode mover-se sem atrito, tanto para baixo como para cima, entre suportes fixos. A massa da barra é igual a m. O extremo inferior da barra toca a superfície lisa de uma cunha de massa M e com inclinação α. A cunha está situada sobre uma mesa horizontal e lisa, como ilustrado na Figura 5.42. Determine (a) a aceleração da cunha e (b) a aceleração da barra vertical.

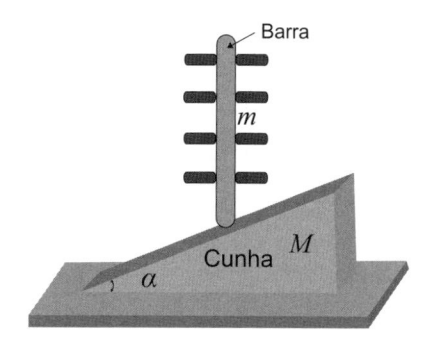

Figura 5.42: Problema 5.54.

5.55 Um foguete tem uma reserva de combustível $m = 8,0\,\text{t}$ (toneladas). A massa do foguete (incluindo o combustível) é igual a $M = 15,0\,\text{t}$. O combustível queima-se em 40 segundos. A taxa de consumo de combustível (dm/dt) e a força de tração $F = 2,0 \times 10^5$ N são constantes. (a) Se o foguete estiver colocado horizontalmente em uma carreta, determine a aceleração do foguete no momento de lançamento. Encontre a dependência da aceleração com o tempo de movimento do foguete e desenhe essa dependência graficamente. Pelo gráfico, avalie a velocidade do foguete decorridos 20 segundos depois de começar o movimento. Despreze o atrito. (b) Se o foguete for lançado verticalmente para cima, as medições mostrarão que, decorridos 20 segundos, a aceleração do foguete é $0,8\,g$. Calcule a força de resistência do ar que atua sobre o foguete nesse momento. Considere a aceleração da gravidade, g, sempre constante.

Capítulo 6

Leis de Newton II

Newton Cesário Frateschi

6.1 Introdução – As Forças da Natureza

Construímos a ideia do que seja força por meio de nossos sentidos, desde os primeiros momentos de vida. Experimentamos a sensação do que chamamos de força quando tentamos realizar nossos primeiros movimentos, quando tentamos levantar ou segurar algo, quando somos puxados por alguém, quando escorregamos em uma cachoeira. Forças, portanto, são essencialmente intrínsecas à nossa vida e ao nosso desenvolvimento. Por meio de nossos sentidos, as experimentamos e atribuímos seus efeitos, intuitivamente, a um conjunto de ideias que nos permitem interagir com o mundo. Uma meta importante na Física é sistematizar e formalizar esses conceitos quase intuitivos de forças em um conjunto de conhecimentos, que nos permita ver a estrutura da natureza de forma clara e organizada. Deve-se deixar claro que, mesmo que possamos fazer uma conexão entre as manifestações fenomenológicas das forças e uma descrição formal dada pela Física, não é trivial compreender o que seja fundamentalmente a força, sua natureza intrínseca e suas causas.

No Capítulo 5, vimos alguns efeitos das forças utilizando as leis de Newton. Em particular, vimos algumas características do movimento de um corpo quando sujeito à atuação de uma força. Vimos, também, que existe um tipo de movimento natural, chamado inercial, que é retilíneo e uniforme na situação de ausência de forças, a chamada primeira lei de Newton, e que a segunda lei de Newton mostra como uma força causa

mudança temporal nas características do movimento de um corpo. Portanto, com as leis de Newton, podemos ter uma descrição fenomenológica das forças, ou seja, da estrutura de seus "sintomas" que são observados nos movimentos, o que nos permite, inclusive, fazer previsões da evolução de sistemas presentes na natureza. No entanto, devemos salientar que o trabalho de simplesmente descrever os sintomas das forças e relacioná-los às leis de Newton não é trivial, já que se baseia na observação de movimentos e, portanto, envolve a medida de distâncias e tempos, que são totalmente dependentes da escolha de alguma referência material ou sistema referencial, e não necessariamente temos conhecimento absoluto da condição do movimento.

Como as leis de Newton são válidas em um referencial inercial, como saber da condição de movimento de nossas referências materiais a respeito de um espaço abstrato ao qual não temos acesso? Mesmo assim, a Física, ao longo de muitos anos, vem construindo um conjunto de ideias que formam uma estrutura bastante sólida de conhecimento, estabelecendo-se, de forma cada vez mais convincente, como sendo a correta.

Neste capítulo, abordaremos diversos tópicos exemplificando forças da natureza, desde suas características fenomenológicas até os modelos que tratam de suas origens.

6.2 Forças Fundamentais da Natureza

"(...) toda a tarefa da filosofia parece consistir nisto – a partir dos fenômenos, investigar as forças da na-

tureza e, depois, a partir dessas forças, demonstrar os demais fenômenos (...)" – Isaac Newton (1642–1727).

Dessas forças fundamentais, a primeira que o homem deve ter se dado conta conceitualmente é a força da gravidade, que será vista com mais detalhes no Capítulo 11, seguida das forças que se observam em tempestades elétricas e nas propriedades magnéticas de alguns minérios. Outras forças são encontradas de formas menos evidentes, diretamente imperceptíveis aos nossos sentidos. Trata-se das forças presentes nas interações entre corpos (partículas) dentro dos núcleos de átomos.

Nesta seção, apresentaremos um resumo das características principais das quatro forças da natureza aceitas pela Física atualmente.

Força gravitacional

A observação de objetos caindo é obviamente antiga. Explicações para esse fenômeno foram dadas por muitos filósofos na história do conhecimento humano. Isaac Newton foi o primeiro a propor que a força de atração entre corpos depende da massa e da distância entre esses corpos. Ele propôs que a força de atração gravitacional entre dois corpos de massa M_1 e M_2 está na direção da linha que une os seus centros de massa, tendo um módulo proporcional ao produto de suas massas e inversamente proporcional ao quadrado da distância r entre eles, ou seja:

$$\mathbf{F} = -G\frac{M_1 M_2}{r^2}\mathbf{u}_r \tag{6.1}$$

em que $\mathbf{u_r}$ é um vetor unitário na direção que une os centros de massa dos dois corpos (Figura 6.1). O sinal negativo indica que a força gravitacional é atrativa. A constante de proporcionalidade, $G = 6,67{\times}10^{-11}\,\mathrm{m^3/kg\,s^2}$, é chamada de **constante de gravitação universal**. O módulo da força gravitacional é, então, dado por:

$$F = G\frac{M_1 M_2}{r^2} \tag{6.2}$$

que é uma equação já familiar ao estudante. No Capítulo 11, estudaremos essa força com mais detalhes e será mostrado como Cavendish determinou o valor da constante gravitacional a partir da interação entre corpos de massa conhecida.

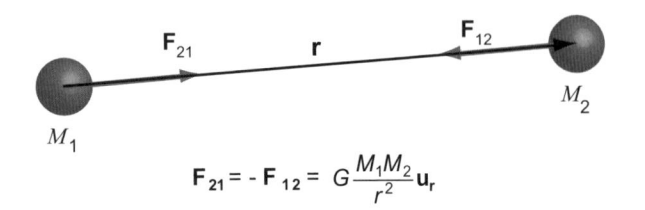

$$\mathbf{F_{21}} = -\mathbf{F_{12}} = G\frac{M_1 M_2}{r^2}\mathbf{u_r}$$

Figura 6.1: Força gravitacional entre dois corpos.

Dois pontos são fundamentais nesse modelo:

(a) a constante gravitacional vale universalmente, ou seja, tanto para corpos na Terra quanto em outro planeta ou qualquer outro lugar do Universo.

(b) a propriedade da matéria que causa a força gravitacional é a massa, a mesma propriedade da matéria que aparece na segunda lei de Newton.

Com a aplicação da primeira observação e o uso da expressão da força gravitacional, podemos explicar, por exemplo, as leis empíricas de Kepler, conforme será visto no Capítulo 11. A partir das leis de Newton e desse modelo de gravitação, muitos físicos e astrônomos puderam descrever, analisar e prever, com grande precisão e sucesso, o movimento dos corpos celestes.

Da segunda observação, é interessante notar que, se estivermos em um referencial inercial, centrado no corpo M_1, e quisermos saber sua aceleração decorrente do corpo de massa M_2, temos:

$$\mathbf{a_1} = \mathbf{F_{21}}/M_1 = GM_2\frac{\mathbf{u}_r}{r^2} \tag{6.3}$$

que independe de M_1, de modo que a mesma aceleração seria válida para qualquer outro corpo. Galileu deu-se conta disso ao mostrar que dois corpos em queda livre, submetidos somente à ação da gravidade e partindo do repouso do mesmo ponto, chegavam ao solo ao mesmo tempo.

Exemplo 6.1
(a) Obtenha uma expressão aproximada para a aceleração da gravidade próxima à superfície da Terra.
(b) Sabendo-se que a Terra tem, aproximadamente, um raio de $R = 6{\times}10^3$ km, calcule sua massa M_T, considerando que a aceleração da gravidade próxima à superfície é $9,81\,\mathrm{m/s^2}$.

Solução: (a) A aceleração da gravidade na altura h da superfície da Terra, cuja direção é vertical (aproximadamente na direção do centro da Terra), é dada pela equação 6.3, ou:

$$a = GM_T/(R + h)^2 \tag{6.4}$$

Como próximo à superfície $h << R$,

$$a = GM_T(R + h)^{-2} = (GM_T/R^2)(1 + h/R)^{-2}$$

Utilizando os dois primeiros termos de uma expansão binomial (ver Apêndice B), obtemos:

$$a \approx GM_T/R^2 - (2GM_T/R^3)h$$

Portanto, a aceleração da gravidade decresce linearmente com a altura.

(b) Substituindo o valor da aceleração da gravidade em 6.3, temos:

$$9{,}81\,\text{m/s}^2 \sim GM_T/R^2$$

de onde podemos tirar a massa da Terra com a substituição dos valores de G e R, ou:

$$M_T \approx 9{,}81\,\text{m/s}^2 \times \frac{(6\times10^6\,\text{m})^2}{6{,}67\times10^{-11}\,\text{m}^3/\text{kg}\,\text{s}^2} = 5{,}3\times10^{24}\,\text{kg}$$

que é uma massa muito próxima do valor real (Tabela do Apêndice A.6).

Força eletromagnética

O eletromagnetismo está relacionado a fenômenos como raios, ondas de rádio, corrente elétrica, luz, ímãs, bússolas, baterias, átomos, moléculas, reações químicas e até nossos sentidos. Após milênios de observação e, mais recentemente, após alguns séculos de observações bastante sistemáticas por cientistas como Coulomb, Gauss, Ampère, Faraday, etc., o eletromagnetismo foi finalmente reduzido a um conjunto de quatro equações por James C. Maxwell, no final do século XIX.

A **força eletromagnética** é criada por outra propriedade da matéria, a **carga elétrica**. Sua forma explícita, ao contrário da força gravitacional, não é tão simples, pois depende tanto da distribuição de cargas no espaço quanto do movimento das mesmas em correntes elétricas.

As cargas elétricas existem em duas modalidades distintas, positivas e negativas, e têm valores discretos. O menor incremento de carga possível é a do elétron, com carga $q = -e = 1{,}6\times10^{-19}\,\text{C}$ (o Coulomb, com símbolo C, é a unidade de carga no SI). O próton tem carga igual $+e$.

Quando as cargas não estão em movimento, caso chamado de eletrostático, a força eletromagnética é puramente elétrica. Sua forma é similar à gravitacional e foi enunciada por Coulomb, por isso é chamada de lei de Coulomb. A Figura 6.2 mostra as forças entre duas cargas Q_1 e Q_2. A força elétrica é diretamente proporcional ao produto das cargas e inversamente proporcional ao quadrado da distância r entre elas:

$$\mathbf{F} = \frac{1}{4\pi\epsilon_0}\frac{Q_1 Q_2}{r^2}\mathbf{u}_r \tag{6.5}$$

Uma diferença essencial em relação à força gravitacional, que é sempre atrativa, é que, se as cargas são opostas, a força elétrica é atrativa e, se as cargas têm o mesmo sinal, a força elétrica é repulsiva, como ilustrado na figura. Nos dois casos, as forças estão na direção da linha que une os centros das cargas. Esse tipo de força, assim como a gravita-

cional, é dita central. A constante de proporcionalidade é dada, por motivos históricos, por $1/4\pi\epsilon_0$, em que ϵ_0 é chamada permissividade dielétrica do meio, igual a $\epsilon_0 = 8{,}85\times10^{-12}\,\text{C}^2/\text{N}\,\text{m}^2$ (é útil memorizar que $1/4\pi\epsilon_0 \sim 9\times10^9\,\text{N}\,\text{m}^2/\text{C}^2$). Coulomb, utilizando uma balança similar à de Cavendish, foi o primeiro a determinar seu valor.

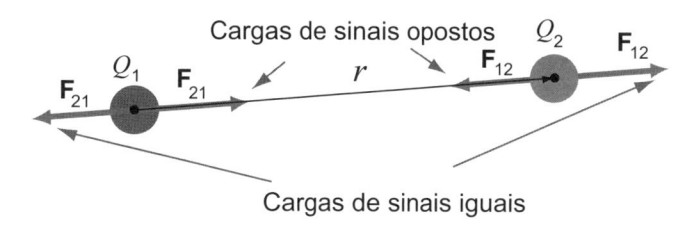

$$\mathbf{F_{21}} = -\,\mathbf{F_{12}} = \frac{1}{4\pi\varepsilon_0}\frac{Q_1 Q_2}{r^2}\mathbf{u}_r$$

Figura 6.2: Força eletrostática entre dois corpos de cargas Q_1 e Q_2, separados pela distância r.

Quando as cargas estão em movimento, surgem forças magnéticas que agem somente sobre outras cargas em movimento. É importante notar que as forças elétricas e magnéticas são intrinsecamente conectadas e que, em geral, a presença de uma delas induz a presença da outra. Por exemplo, em uma antena de transmissão de uma estação de rádio, uma carga é acelerada em um movimento oscilatório, criando forças elétricas e magnéticas que vão se propagando no espaço. Longe dessa antena de transmissão, as cargas de um condutor elétrico, em uma antena de rádio, movem-se sob o efeito das forças eletromagnéticas e começam a oscilar, como na antena de transmissão. Dessa forma, informações podem ser transmitidas para pontos distantes.

É interessante saber que luz é uma propagação de forças eletromagnéticas que, por exemplo, excitam as cargas em nossa retina, como se uma lâmpada fosse a torre de transmissão e nossa retina fosse uma antena, estabelecendo, assim, a comunicação visual. Em todos os casos, as ondas eletromagnéticas propagam-se com uma velocidade enorme, igual à da luz, em torno de $c = 3\times10^8\,\text{km/s}$ no ar.

As forças eletromagnéticas dominam a maior parte de nossas interações com o mundo, como o tato, o olfato, a visão, o movimento dos músculos, os estímulos nervosos, nosso metabolismo, etc. O conceito de impenetrabilidade da matéria é essencialmente devido à repulsão entre as cargas. Todos os processos químicos são também essencialmente eletromagnéticos. No exemplo a seguir, podemos ter uma ideia de por que isso é verdade.

Exemplo 6.2
O átomo de hidrogênio é composto de um próton e um elétron separados por aproximadamente $1\,\text{Angstrom} = 1\times10^{-10}\,\text{m}$. (a) Calcule a força elétrica que os mantêm juntos nessa situação. (b) Dado que as massas do elétron e do próton são $m_e = 9{,}1\times10^{-31}$ e $m_p = 1{,}67\times10^{-27}\,\text{kg}$, calcule a razão entre o módulo da força gravitacional e a elétrica.

Solução: (a) Aplicando a equação 6.5:

$$F_e = 1/(1/4\pi\epsilon_0)(1{,}67\times10^{-19})^2/(1\times10^{-20})$$
$$= (9\times10^9)(2{,}56\times10^{-38})(1\times10^{20}) \qquad (6.6)$$
$$= 2{,}3\times10^{-8}\,\text{N}$$

(b) Aplicando a equação 6.1:

$$F_G = \frac{Gm_pm_e}{1\times10^{-20}} =$$
$$(6{,}67\times10^{-11})(1{,}5\times10^{-57})(1\times10^{20}) \qquad (6.7)$$
$$= 1\times10^{-47}\,\text{N}$$

Fazendo a razão entre as equações 6.7 e 6.6, temos:

$$F_G/F_e \sim 4\times10^{-40}$$

Nota-se (Exemplo 6.2) que a força gravitacional nas interações entre partículas atômicas é inteiramente desprezível. Portanto, uma vez que as estruturas moleculares, atômicas e cristalinas, assim como as reações entre elas, são inteiramente controladas por essas interações, vemos que, na estrutura da matéria, a força eletromagnética é mais importante que a gravitacional. De certa forma, pode-se dizer que a força elétrica sempre tenta restaurar a neutralidade das cargas em todos os pontos do universo, visto que qualquer desvio da neutralidade leva à criação de forças de atração e/ou repulsão. Ao mesmo tempo, as forças gravitacionais têm um papel preponderante somente quando existe a neutralidade dessas cargas.

Forças nucleares forte e fraca

As forças nucleares são responsáveis por todas as interações intranucleares nos átomos. Por serem assim, são forças cujos efeitos são essencialmente imperceptíveis no nosso dia a dia. Outras propriedades da matéria, que não a massa ou a carga, são as causas dessas forças.

As forças nucleares são responsáveis, por exemplo, pela estabilidade dos núcleos. Os núcleos dos átomos concentram cargas positivas dos prótons em uma região do espaço muito diminuta. Dada a expressão para a força eletrostática, existe uma grande repulsão desses prótons. Portanto, deve existir uma força para contrabalançar essa repulsão e manter o núcleo estável. No exemplo a seguir, nota-se a magnitude desta força.

Exemplo 6.3
O átomo de ferro, com número atômico $Z = 26$ (ou seja, 26 prótons no núcleo) e massa atômica $A = 56$, tem um dos núcleos mais estáveis que existe. O raio do núcleo dos átomos segue aproximadamente a seguinte expressão:

$$R_N \sim a_0(A)^{1/3}$$

em que $a_0 = 1\times10^{-15}\,\text{m}$.

(a) Calcule o raio do núcleo do átomo de ferro. (b) Obtenha a força de repulsão entre dois prótons distantes de um raio do núcleo do átomo de ferro. (c) Calcule a aceleração sobre os prótons resultante da repulsão eletrostática, se não houvesse outra força mantendo os núcleos unidos.

Solução: (a) Aplicando a equação fornecida:

$$R_{Fe} = (1\times10^{-15})(56^{1/3}) = 1{,}76\times10^{-10}\,\text{m}$$

(b) Substituindo o valor obtido em (a) na equação 6.5:

$$F_e = (1/4\pi\epsilon_0)(e)^2/(1{,}76\times10^{-10}\,\text{m})$$
$$= \frac{(9\times10^9)(1{,}6\times10^{-19})^2}{1{,}76\times10^{-10}} = 1{,}3\times10^{-18}\,\text{N}$$

(c) Substituindo o valor obtido em (b) na equação 6.3:

$$a = \frac{F_e}{m_p} = \frac{1{,}3\times10^{-18}}{1{,}7\times10^{-27}} = 7{,}6\times10^8\,\text{m/s}^2$$

ou seja, aproximadamente 77 milhões de g.

De fato, usando resultados de eletrostática, a força elétrica sobre um núcleo esférico de ferro seria Z vezes maior, ou seja, a aceleração ficaria em torno de $2\times10^{10}\,\text{m/s}^2$. Essa aceleração mostra que alguma força, ainda mais intensa do que a elétrica, deve manter o átomo estável. O grande problema é que se essa força existe e tem uma magnitude ainda maior que a força elétrica, como não a sentimos diretamente? Yukawa propôs uma força nuclear cujo alcance é da ordem de $1\times10^{-15}\,\text{m}$ e que, portanto, não nos é acessível diretamente.

Em suma, as forças nucleares são responsáveis pela estabilidade de partículas presentes nos núcleos dos átomos. Para completar essa breve introdução, resta citar que as forças nucleares se dividem em dois grupos: **força nuclear forte** e **força nuclear fraca**. A força nuclear forte mantém as partículas subnucleares estáveis, além de mantê-las unidas, contrapondo a repulsão eletrostática. Já a força nuclear fraca é fundamental na transmutação entre nêutrons e prótons, fenômeno fundamental na fusão nuclear de hidrogênio em hélio para a produção de energia nas estrelas, comumente observada no decaimento beta.

Nesse ponto, concluímos a apresentação das quatro forças fundamentais da Física: gravitacional, eletromagnética, nuclear forte e nuclear fraca. Todo fenômeno da natureza pode, em princípio, ser decomposto na ação combinada dessas quatro forças fundamentais. Obviamente, esse trabalho pode ser extremamente complexo, de forma que, muitas vezes, se torna mais conveniente simplificar o estudo da natureza por meio de suas propriedades fenomenológicas, sem a necessidade de nos aprofundarmos em um nível de força fundamental da natureza.

Nas próximas seções, trataremos dessa descrição mais fenomenológica da natureza, onde vamos apresentar várias forças: força elástica, força de arraste, força de atrito, força centrípeta e pseudoforça. Todas essas forças são manifestações das forças gravitacional e eletromagnética ou uma combinação das duas. Ou seja, não representam novas forças fundamentais, como as quatro forças mencionadas acima.

Cabe observar que existe grande esforço, há muitas décadas, de tentar unificar todas as forças em uma teoria única. Isto é, as forças gravitacional, eletromagnética, nuclear forte e nuclear fraca seriam derivadas naturalmente dessa teoria chamada Teoria Unificada dos Campos. Algum sucesso foi obtido em unificar a força nuclear fraca e a eletromagnética, mas não existe ainda uma teoria unificada.

6.3 Forças Elásticas – Lei de Hooke

"(...) a tensão resultante da aplicação de uma força em um material é diretamente proporcional à sua deformação (...)" - Robert Hooke (1635–1703).

Conforme comentamos na seção anterior, todas as forças da natureza podem ser descritas por uma combinação das quatro forças fundamentais. Cada uma delas tem mais importância em certos domínios da matéria, mas algo comum a todas é que, em um sistema de corpos que interagem, existem condições nas quais há estabilidade. Pequenas perturbações nesse sistema resultam na geração de forças que tendem a restaurar a situação de equilíbrio. Por exemplo, um sistema com uma bolinha de massa m colocada em um funil, conforme mostra a Figura 6.3, tem as quatro forças agindo nele. Nesse caso macroscópico, podemos certamente ignorar o que está acontecendo nos núcleos dos átomos, pois as forças nucleares simplesmente garantem que os átomos que compõem os elementos da bolinha do funil não estejam se transformando em outros elementos com propriedades inteiramente diferentes, o que é um equilíbrio estável por si só. As forças eletromagnéticas garantem que a bolinha e o funil se mantenham sem se deformarem e impedem que eles se interpenetrem. Finalmente, a força gravitacional age sobre ambos. O funil é seguro de alguma forma, compensando, por interação eletromagnética, o peso do sistema. A bolinha desliza pelo funil, sob a ação da força da gravidade,

até repousar no fundo do funil, onde a força elétrica da impenetrabilidade da matéria age sobre ela, pelo funil, compensando a força da gravidade. Chega-se a um equilíbrio estável. Se perturbarmos a bolinha, mudando sua posição, como ilustrado com a bolinha do lado direito, aparecerá uma força que tende a fazer a bolinha retornar à posição de equilíbrio. Obviamente, grandes perturbações podem tirar a bolinha do funil e a energia para isso é chamada de energia de ligação, E_{lig}.

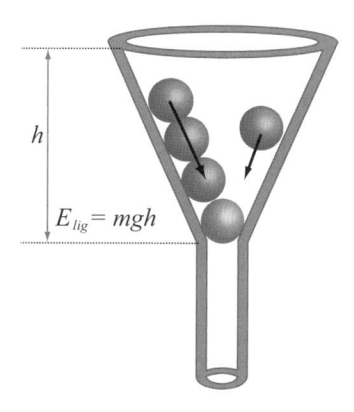

Figura 6.3: Exemplo de um sistema em equilíbrio.

Da mesma maneira, os núcleos dos átomos, os átomos em si e as moléculas são formados pelo fato de arranjarem em uma forma estável. Cada forma estável corresponde a certa identidade do sistema. Pequenas perturbações não conseguem destruir essa identidade. No entanto, excitações maiores que a energia de ligação podem desestabilizá-los. Nesse caso, os núcleos decaem em outros núcleos em reações nucleares, os átomos podem ser ionizados e as moléculas dissociam-se.

Para pequenos deslocamentos $\Delta r = r - r_0$ dessa posição de equilíbrio, surge uma força restauradora da forma $F(r) = -k\Delta r$, sendo, portanto, proporcional à separação da posição de equilíbrio, ou seja, corresponde à distância de r a r_0, cuja direção opõe-se ao deslocamento do equilíbrio. Podemos pensar que um sólido só se mantém sólido porque seus átomos estão próximos do ponto de equilíbrio, onde suas interações resultam em um mínimo de energia. Dessa forma, quando tentamos deformar esse sólido, estamos tentando desviá-lo da condição de equilíbrio. Em três dimensões e para pequenas deformações $\Delta \mathbf{r} = \mathbf{r} - \mathbf{r_0}$, a força ou tensão de restauração $\mathbf{F}(\mathbf{r})$, também dita **força elástica**, pode ser escrita como:

$$\mathbf{F}(\mathbf{r}) = -k\Delta \mathbf{r} \qquad \text{(lei de Hooke)} \qquad (6.8)$$

que é conhecida como **lei de Hooke**, onde k é chamada de **constante elástica**, com unidades de N/m, no SI. Utilizando essa equação para movimentos apenas em uma coordenada na direção do eixo x, podemos escrevê-la como:

$$F_x = -k\Delta x \tag{6.9}$$

Em geral, molas são utilizadas como corpos, sobre os quais se estudam as propriedades das leis de Hooke. A razão é que elas têm o comportamento semelhante aos casos mencionados acima, permitindo sua utilização para o estudo de problemas complicados de uma forma mais simplificada. A Figura 6.4 ilustra uma mola de constante elástica k (às vezes chamada de **constante de mola**) em duas posições diferentes. Em (a), a mola está com seu tamanho natural e, portanto, não exerce qualquer força. Em (b) e (c), a mola foi deslocada por uma pessoa, de forma que ela ficou distendida de uma distância Δx (Figura 6.4b) ou comprimida da mesma distância (Figura 6.4c). Pela lei de Hooke, uma força $F = -k\Delta x$ age sobre o agente externo no sentido inverso. Observe que Δx é positivo na Figura 6.4b e negativo na Figura 6.4c, de forma que a força que a mola faz é sempre no sentido de restaurar sua posição de equilíbrio em x_0. Observe também que o módulo da força é o mesmo nos dois casos, desde que o módulo dos deslocamentos seja o mesmo. A força elástica também não depende da velocidade com que a mola está sendo alterada.

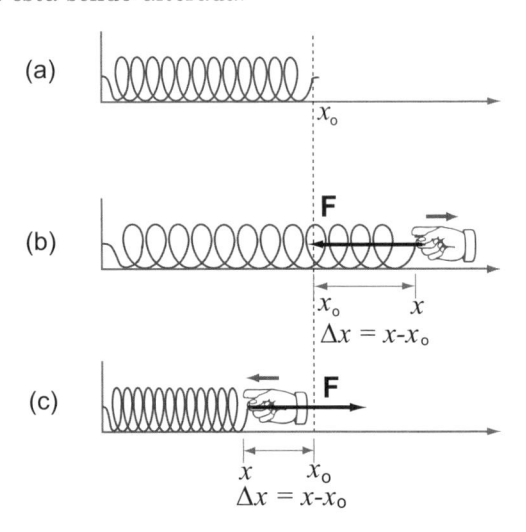

Figura 6.4: (a) Uma mola sem qualquer agente externo atuando sobre ela; (b) uma pessoa esticando a mola; e (c) uma pessoa comprimindo a mola.

A Figura 6.5 mostra algumas simulações de forças elásticas em situações reais com o uso de molas. Por exemplo, para descrever um corpo próximo ao equilíbrio em certo sistema, descrito pela variável x, usamos uma mola com comprimento igual ao comprimento de equilíbrio com uma das extremidades presa ao ponto, e uma bola com a massa do corpo pendurada na outra extremidade, como na Figura 6.5a. No caso de querermos estudar a interação entre dois corpos semelhantes, como uma molécula de hidrogênio

H_2, podemos colocar bolas nas duas extremidades da mola, como na Figura 6.5b. Analogamente, no caso de um sólido com muitos átomos, podemos utilizar o modelo em que todos eles estão interconectados por molas, como na Figura 6.5c. A razão de se reduzir o problema de interações por molas é o fato de resultar em equações diferenciais lineares de solução simples, permitindo a análise de sistemas complexos.

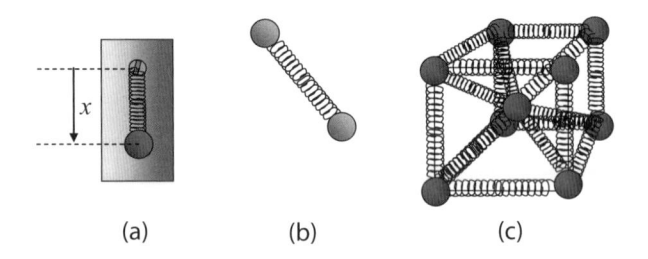

(a)   (b)   (c)

Figura 6.5: Exemplos do uso de molas na Física para descrever interações próximas ao equilíbrio.

Exemplo 6.4

Duas molas, de constante elástica k_1 e k_2, são unidas pelas pontas (em série). Qual é a constante de mola k da nova mola formada pelas duas anteriores?

Solução: para resolver esse problema, vamos colocar um objeto de massa m pendurado nas duas molas, 1 e 2, de massas desprezíveis e de comprimentos naturais x_{01} e x_{02}, de forma que obtemos os deslocamentos Δx_1 e Δx_2, respectivamente (Figura 6.6a). Utilizando a lei de Hooke, Equação 6.9, podemos escrever para as duas molas:

$$mg = k_1\Delta x_1 \quad \text{e} \quad mg = k_2\Delta x_2 \tag{6.10}$$

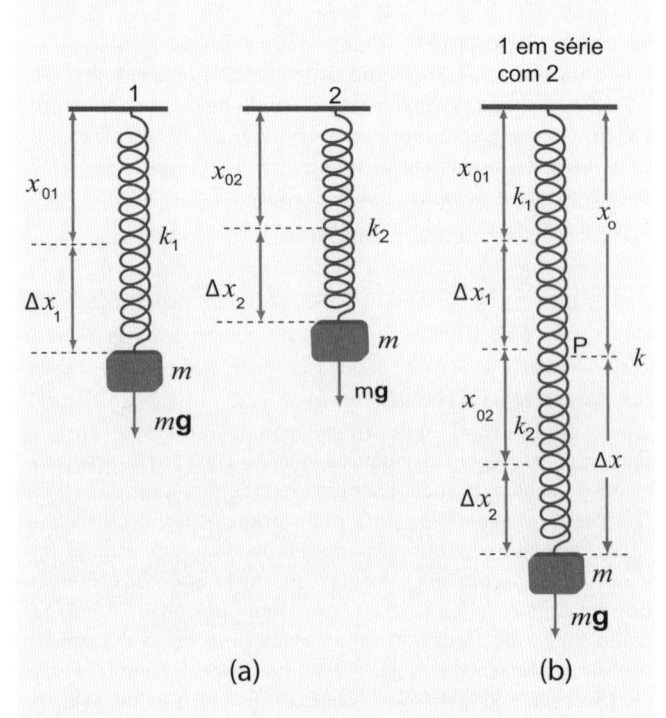

(a)   (b)

Figura 6.6: (a) Duas molas, 1 e 2, isoladas e (b) em série.

Quando colocamos as duas molas em série (Figura 6.6b), ligadas no ponto P, temos uma nova mola de constante elástica k e tamanho $x_0 = x_{01} + x_{02}$. Ao pendurarmos a mesma massa m sobre elas, temos um deslocamento Δx. A questão é descobrir como calcular esse deslocamento, sabendo das propriedades das molas individuais 1 e 2. Pela terceira lei de Newton e considerando que as massas das molas são desprezíveis, podemos imaginar que o peso mg está aplicado no ponto P e faz a mola 1 se deslocar da mesma distância Δx_1 que ela se desloca quando está isolada (Figura 6.6a). Da mesma forma, podemos imaginar o ponto P fixo e a mola 2 distendendo-se de Δx_2. Assim, o deslocamento total é igual à soma dos deslocamentos individuais, ou:

$$\Delta x = \Delta x_1 + \Delta x_2$$

Assim, podemos escrever a lei de Hooke para o conjunto das duas molas 1 e 2, como:

$$mg = k\Delta x = k(\Delta x_1 + \Delta x_2) \qquad (6.11)$$

Tirando os valores de Δx_1 e Δx_2 da equação 6.10 e substituindo em 6.11, temos:

$$mg = k(\frac{mg}{k_1} + \frac{mg}{k_2})$$

que, após algum rearranjo, chega à expressão:

$$\frac{1}{k} = \frac{1}{k_1} + \frac{1}{k_2} \qquad (6.12)$$

da qual podemos obter o novo valor da constante elástica da mola formada por duas molas em série. Podemos, ainda, escrever essa equação na forma:

$$k = \frac{k_1 k_2}{k_1 + k_2} \qquad (6.13)$$

Se a constante elástica de uma das molas for muito maior que a da outra, então a constante elástica do conjunto em série é aproximadamente igual à da mola de menor constante elástica, como o estudante pode verificar pela Equação 6.13. Se tivermos n molas em série, podemos estender o procedimento acima e escrever, considerando a Equação 6.12, que a constante elástica da mola resultante será:

$$\frac{1}{k} = \sum_{i=1}^{n} \frac{1}{k_i}$$

O Dinamômetro

Dinamômetro é um dispositivo que mede a força aplicada a um de seus extremos. Geralmente, os dinamômetros são fabricados utilizando-se uma mola presa no topo do dispositivo, enquanto a outra extremidade da mola está presa a um êmbolo com uma escala calibrada, que corre dentro de um cilindro (Figura 6.7). A mola, portanto, funciona como sensor de força. Ao aplicarmos uma carga F, ocorre um alongamento da mola. O êmbolo preso à mola é calibrado seguindo a lei de Hooke, $F = -k\Delta x$, ou seja, o deslocamento do êmbolo é diretamente proporcional à força aplicada. A escala é linear, desde que não seja ultrapassado

o limite elástico da mola. Normalmente, os dinamômetros estão calibrados em Newton (N) ou em quilograma-força (kgf).

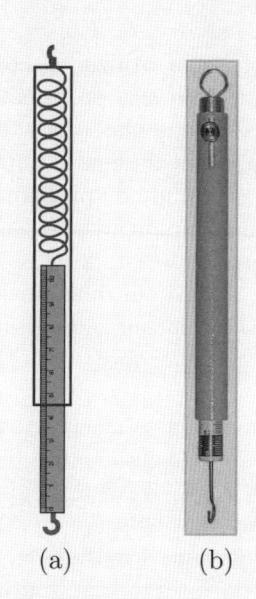

(a)   (b)

Figura 6.7: (a) Diagrama esquemático de um dinamômetro feito com mola. (b) Dinamômetro comercial. (Fonte: Fitalab)

Exemplo 6.5

Considere o sistema formado por um tubo, cujas extremidades em $x = -a$ e $x = +a$ tem cargas Q (também positivas), e que uma esfera (C) de carga q (positiva) é colocada no tubo (Figura 6.8). Encontre a constante elástica do sistema considerando $x << a$.

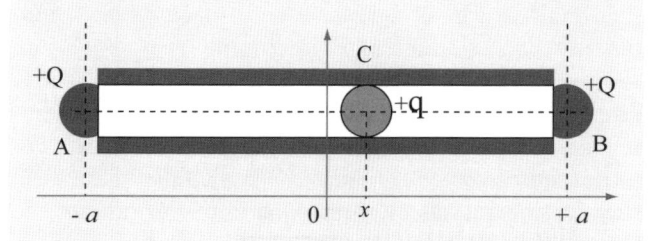

Figura 6.8: Tubo contendo três cargas em equilíbrio.

Solução: chamemos a força total sobre a esfera C, $F_T = F_{AC} - F_{BC}$, onde os índices A e B referem-se às cargas em $-a$ e $+a$, respectivamente. A subtração vem do fato de as forças terem sentido opostos. De acordo com a lei de Coulomb (equação 6.5), F_{AC} e F_{BC} são:

$$F_{AC} = (1/4\pi\epsilon_0)Q^2/(a+x)^2$$

$$F_{BC} = (1/4\pi\epsilon_0)Q^2/(a-x)^2$$

Assim,

$$F_T = (1/4\pi\epsilon_0)Q^2[(a+x)^{-2} - (a-x)^{-2}] \qquad (6.14)$$

Se $x << a$, podemos expandir o termo entre colchetes em 6.14. Lembremos que, a partir da expansão de Taylor, em torno de $\xi = 0$ (Apêndice B),

$$(1 \pm \xi)^n = 1 \pm n\xi \pm n(n-1)\xi^2/2 + \ldots \qquad (6.15)$$

Portanto:

$$(1 + x)^{-2} = \frac{1}{a^2}(1 + x/a)^{-2} \sim \frac{1}{a^2}(1 - 2x/a)$$

$$(1 - x)^{-2} = \frac{1}{a^2}(1 - x/a)^{-2} \sim \frac{1}{a^2}(1 + 2x/a)$$

e

$$(1 + x)^{-2} - (1 - x)^{-2}$$
$$\sim \frac{1}{a^2}(1 - \frac{2x}{a} - 1 - \frac{2x}{a}) = -\frac{4x}{a^3} \qquad (6.16)$$

Substituindo 6.16 em 6.14, temos:

$$F_T = -(Q^2/\pi\epsilon_0 a^3)x$$

Ou seja, encontramos uma força proporcional ao deslocamento do equilíbrio x, com constante elástica:

$$k = (Q^2/\pi\epsilon_0 a^3)$$

Assim, nesse caso, um equilíbrio mantido por forças eletrostáticas resulta em uma força restauradora proporcional ao desvio da posição de equilíbrio.

6.4   Forças de Interação com o Meio: Atrito e Arraste

Até aqui, temos tratado de sistemas compostos de um número definido de corpos, para os quais tentamos identificar as forças agentes e sua relação com o movimento. Na astronomia, onde grandes massas viajam por um meio quase sem material, a aplicação das leis de Newton envolvendo somente a Terra e o Sol, por exemplo, com alguma perturbação dos outros astros, tem grande sucesso. No entanto, se o sistema planetário fosse permeado de matéria com uma densidade não desprezível, os resultados seriam diferentes. No nosso mundo real, os sistemas estão sempre interagindo com um número enorme de partículas, o que faz os resultados da mecânica se distanciarem do previsto pelas leis, uma vez que é impossível levar em consideração todas as partículas envolvidas. De fato, a mecânica de Newton teve sua consagração no campo da astronomia, em que tais interações são mínimas. Para o estudo que envolve um número muito grande de partículas é importante criarmos modelos específicos para essas interações.

Forças de atrito

O atrito está muito presente em nosso dia a dia, como quando caminhamos, andamos de bicicleta ou de carro, arrastamos um móvel, lixamos um pedaço de madeira, etc. Essencialmente, o atrito resulta da in-

teração microscópica entre os pontos de contato de dois corpos. A Figura 6.9 mostra um desenho esquemático do contato entre duas superfícies supostamente planas, visto microscopicamente. As setas indicam a pressão exercida por um corpo sobre o outro em razão do seu próprio peso ou de agentes externos. Apesar de parecerem lisas macroscopicamente, as superfícies são muito rugosas, principalmente quando vistas em uma escala atômica. Nessas rugosidades, existe uma grande interação eletrostática entre os átomos, criando pontos de "solda local", ou seja, pontos de equilíbrio estável. Note que essa interação torna-se muito maior quando se aumenta a pressão, conforme mostrado na Figura 6.9b.

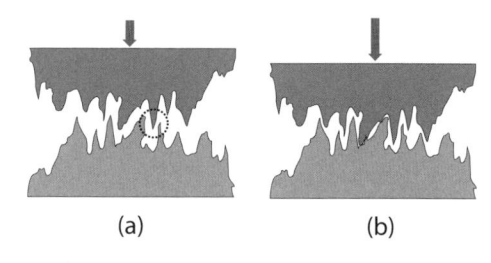

Figura 6.9: Rugosidades microscópicas das superfícies. (a) Menor contato ou menor pressão. (b) Maior contato ou maior pressão.

Dessa forma, quando tentamos mover um dos corpos, devemos fornecer uma energia de ativação para desfazer todas as "soldas" existentes. Enquanto as forças aplicadas não conseguirem tal feito, os corpos mantêm-se estáticos, ou seja, a reação das soldas é exatamente igual à força aplicada. Finalmente, quando se consegue romper essas ligações, o corpo entra em movimento e, a partir daí, a resistência ao movimento do corpo diminui. Isso ocorre porque essa resistência residual, decorrente do movimento, não permite que se estabeleçam "soldas" fortes entre as superfícies e, portanto, a resistência é menor. Para ilustrar esse resultado, é interessante observar um gráfico qualitativo da força de atrito, em função da força horizontal, aplicada em um bloco sobre uma superfície, conforme mostrado na Figura 6.10. Para realizar tal medida, podemos usar o sistema descrito na Figura 6.10a, composto por uma mola de comprimento natural x_0 e constante elástica k (pense em como medir essas constantes da mola de acordo com a seção da lei de Hooke), envolvendo um cilindro para mantê-la paralela à superfície. A força de reação do bloco pode ser medida pelo deslocamento Δx, pois $|F| = F = k\Delta x$ (Figura 6.10b). Portanto, inicialmente, ao movermos a manopla de forma uniforme no tempo, o bloco não se move e haverá uma deformação Δx da mola, que também aumenta uniformemente pelo fato de a força de atrito sempre compensar exatamente a força aplicada. Quando atingimos a força crítica $F_c = k\Delta x_c$, ou seja, a deformação crítica

Δx_c, a situação estática não pode ser mais mantida: o corpo se move e, a partir daí, oscila e, finalmente, o bloco e a manopla seguem com a mesma velocidade, sendo a deformação da mola reduzida para Δx_d, com a força de atrito $F_a = k\Delta x_d$, independentemente dessa velocidade. Se aumentarmos a força esticando ainda mais a mola, o bloco será acelerado, pois a força de atrito ficará constante e igual a $k\Delta x_d$.

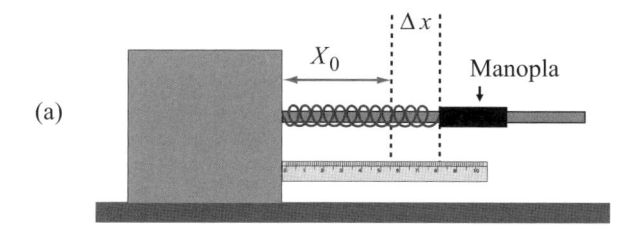

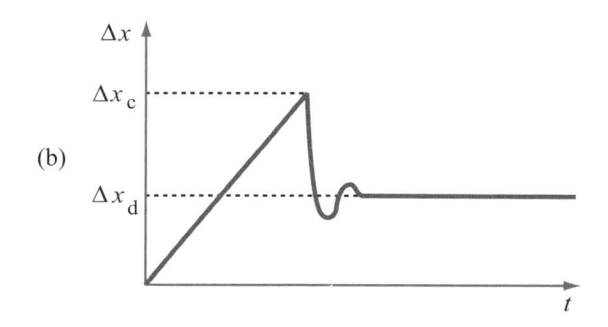

Figura 6.10: (a) Medida da força de atrito. (b) Distorção da mola em função do tempo ao puxarmos a manopla uniformemente no tempo.

A partir do modelo de superfícies mostrado na Figura 6.9, é possível explicar as propriedades básicas do atrito. Essas propriedades foram enunciadas por Leonardo da Vinci e Charles Coulomb. O primeiro enunciou duas leis afirmando que, durante o movimento, a força de atrito é proporcional à soma da componente normal da força que causa o movimento e o peso do corpo e que ela independe da área de contato entre os corpos. Charles Coulomb enunciou a terceira lei do atrito, na qual afirma que o atrito em movimento é independente da velocidade relativa entre os corpos.

Vejamos como podemos chegar a essas leis de forma intuitiva. Primeiro, baseados na Figura 6.9, podemos esperar que, quanto maior a pressão na superfície de contato, maior é a interação entre as rugosidades. Além disso, quanto maior a área de contato, maior é o número de pontos que interagem. Veja o que ocorre com dois blocos idênticos colocados sobre um plano inclinado, conforme mostrado na Figura 6.11, na qual as áreas de contato são diferentes. Consideremos uma força total vertical à superfície, $\mathbf{N}$, que é essencialmente a reação normal às forças de contato sobre a mesa; neste caso, em razão do peso dos blocos. Se a área de contato for A e o vetor unitário perpendicular

à superfície for $\mathbf{u}_A$, veremos que o atrito deve ser proporcional ao produto da pressão $p = N/A$ (intensidade das interações) pela área (quantidade de interações), ou:

$$F_{at} = -CpA = -C\frac{N}{A}A = -CN \qquad (6.17)$$

na qual o sinal de menos é colocado para lembrar que a força de atrito sempre se opõe ao movimento e que C é uma constante que depende das propriedades da superfície e da condição de movimento. Notemos que o atrito será idêntico para os dois blocos, pois um aumento na área A resulta em menor pressão e menor intensidade da interação, o que é exatamente compensado por um aumento no número de pontos de interação.

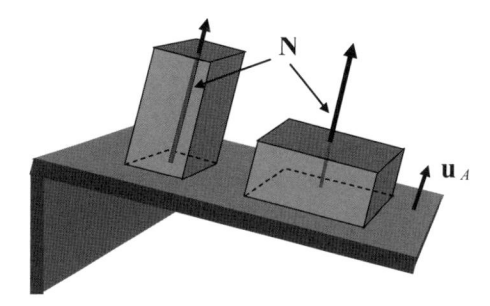

Figura 6.11: Esquema de blocos para auxiliar o entendimento das leis básicas do atrito.

Quando o corpo está parado, F_a é sempre igual à componente horizontal aplicada para criar movimento. A força crítica que faz o corpo se mover é definida como $F_a = \mu_e N$, em que μ_e é chamado de **coeficiente de atrito estático**. Nesse regime, $F_a \leq \mu_e N$. Quando o corpo inicia o movimento, $C = \mu_d$, sendo μ_d chamado de **coeficiente de atrito dinâmico** ou **coeficiente de atrito cinético**. Ambos os coeficientes são adimensionais. Em resumo:

$$F_a \leq \mu_e N \textbf{ (força de atrito estático)} \quad (6.18)$$

$$F_a = \mu_d N \textbf{ (força de atrito dinâmico)} \quad (6.19)$$

Assim, a força de atrito estático varia de zero até a força de atrito crítica, que é a força máxima que pode agir em um bloco sobre uma superfície com atrito sem que ele se mova. Por outro lado, a força de atrito dinâmica é constante e independe da velocidade. Notemos, também, que a força de atrito é proporcional ao módulo da força normal, que é a reação às forças perpendiculares à superfície. Assim, ficam demonstrados os enunciados de Leonardo da Vinci.

A Tabela 6.1 apresenta alguns valores de coeficiente de atrito.

Tabela 6.1: Coeficientes de atrito para diversas superfícies.

Superfícies	μ_E	μ_D
Aço–aço	0,78	0,27
Cobre–cobre	1,21	0,76
Aço–latão	0,51	0,44
Madeira–madeira	∼ 0,5-0,6	∼ 0,3-0,5
Borracha–asfalto	1-4	0,5-0,8 (seco)
		0,25-0,08 (molhado)

O enunciado de Coulomb pode ser demonstrado facilmente. Considere que deslizamos o corpo na direção x pela superfície e que existam λ pontos de interação por unidade de comprimento. Cada um desses pontos tem uma energia de ligação média E, ou seja, necessitamos fornecer E para romper cada ponto de interação. Portanto, ao movermos o corpo com velocidade constante v durante um tempo Δt, temos de fornecer um total de energia ao corpo de $\Delta W = E\,\lambda(\,v\Delta t)$ $= E\lambda\Delta x$. Conforme será visto no capítulo seguinte, o trabalho de uma força na direção do deslocamento é $\Delta W = F\Delta x$, de modo que a força de atrito é dada por $F_a = E\lambda$, independentemente da velocidade.

Exemplo 6.6

Considere o bloco da Figura 6.12, apoiado em um plano inclinado, ambos feitos de aço, onde $\mu_e = 0,78$ (ver Tabela 6.1). (a) Obtenha a inclinação na qual o bloco começa a deslizar. (b) Após começar a deslizar, fixa-se o ângulo. Encontre a razão entre a aceleração sem atrito e a aceleração com atrito do corpo na direção paralela à rampa.

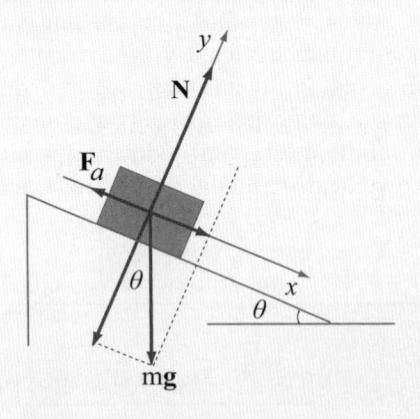

Figura 6.12: Deslizamento de um bloco sobre um plano inclinado.

Solução: (a) Para que o bloco comece a deslizar, o componente da força peso na direção da rampa, x, deve ser igual em módulo e oposto em sentido ao da força de atrito crítica. A força de atrito crítica é igual a:

$$F_e = \mu_e N$$

A normal é igual ao componente da força peso na direção vertical, ou:

$$N = mg\cos\theta$$

Assim:

$$F_c = \mu_e mg\cos\theta$$

que deve ser igual, em módulo, ao componente da força peso na direção horizontal, ou:

$$\mu_e mg\cos\theta = mg\,\mathrm{sen}\,\theta$$

de onde obtemos:

$$\frac{\cos\theta}{\mathrm{sen}\,\theta} = \mu_e \quad \Rightarrow \quad \theta = \mathrm{tg}^{-1}(\mu_e) = \mathrm{tg}^{-1}(0,78) = 38°$$

Notemos que esta é uma maneira de determinar o coeficiente de atrito estático entre os materiais, ou seja, medindo-se o ângulo limiar em que o movimento inicia.

(b) Na direção da mesa (x), sem atrito, $ma_s = mg\,\mathrm{sen}\,\theta$, de onde obtemos $a_s = g\,\mathrm{sen}\,\theta$. Com atrito, temos $ma = mg\,\mathrm{sen}\,\theta - m\mu_d g\cos\theta$, do qual se obtém $a = g(\mathrm{sen}\,\theta - \mu_d\cos\theta)$. Portanto, fazendo a razão entre esses dois valores de aceleração e adotando $\mu_d = 0,27$, da Tabela 6.1, temos:

$$a_s/a = (1 - \mu_d\cot g(\theta))^{-1}$$
$$= (1 - \mu_d/\mu_e)^{-1} = (1 - 0,27/0,78)^{-1} = 1,53$$

Exemplo 6.7

Qual é a força necessária para segurar um garfo de $40\,\mathrm{g}$ verticalmente, apertando com os dedos a sua extremidade? Considere $\mu_e = 0,8$.

Solução: para que o garfo não se mexa, vemos que a força F com que o apertamos (neste caso, F é a força normal ao contato entre as superfícies) permite que tenhamos uma força de atrito máxima de $F = \mu_e$, que compensa exatamente o peso do mesmo, ou seja:

$$F\mu_e = mg$$

Ou, substituindo os valores fornecidos:

$$F = 40\times10^{-3}/0,8 = 0,05\,\mathrm{N}$$

Note que, se μ_e for menor, a força F será maior, ou seja, quanto mais escorregadio for o garfo, maior será a força necessária para segurá-lo.

Forças de arraste

Quando um corpo se move por um meio, ou seja, um contínuo composto por um número imenso de partículas, a interação entre esses corpos pode resultar em uma resistência ao movimento. Analogamente, o meio pode passar por uma região onde se encontra o corpo, o qual cria uma resistência ao movimento das partículas do meio. A força que resiste ao movimento relativo entre o meio e o corpo é chamada de **força de arraste**, e tal interação é puramente eletromagnética.

Os regimes de movimento podem ser divididos essencialmente em três: viscoso, turbulento e supersônico. O regime supersônico aplica-se em deslocamentos tão rápidos que superam as propriedades elásticas do meio de propagar compressões e descompressões. Uma expressão simples para esse regime geralmente não é possível. Tratemos dos dois primeiros regimes.

Regime viscoso: aplica-se à velocidade relativa baixa para a qual se causa pouco distúrbio ao meio, como na Figura 6.13a. Por exemplo, uma bolinha de vidro colocada em uma garrafa de mel desce lentamente, formando pequenas "soldas" instantâneas com o mel, mas sem perturbar excessivamente o meio. Ou seja, não se formam redemoinhos, vazios etc. atrás da bolinha. Nesses casos, a força de arraste é aproximadamente proporcional à velocidade relativa v entre o corpo e o meio, ou:

$$F = -Bv \text{ (força de arraste em regime viscoso)} \tag{6.20}$$

onde B é uma constante, caracterizando a combinação de propriedades geométricas e do material da bolinha com as propriedades do fluido. O sinal negativo indica que a força de arraste tem sentido oposta ao movimento. Como a força depende da velocidade, a bolinha, ao cair, é acelerada pela gravidade e, portanto, aumenta a força de arraste até que sua velocidade atinja a velocidade terminal, quando a força de arraste se iguala à gravitacional e não há mais aceleração.

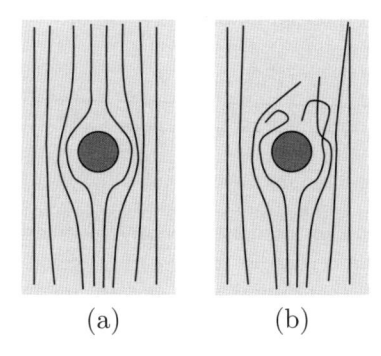

(a)   (b)

Figura 6.13: Regime (a) viscoso e (b) turbulento de uma esfera caindo em um fluido.

Exemplo 6.8

Obtenha uma expressão para a velocidade terminal de um corpo de volume V e densidade ρ_c caindo em um fluido de densidade ρ_f, considerando o regime viscoso.

Solução: neste caso, a aceleração sobre o corpo será decorrente das forças peso, arraste e empuxo. O empuxo (como

será visto no Volume 2) é uma força equivalente ao peso do volume de fluido deslocado pelo objeto, com sentido contrário ao da força peso. Assim, a força total sobre a bolinha será:

$$F_t = peso - empuxo - arraste = mg - \rho_f Vg - Bv$$

Como $\rho_c = m/V$,

$$F_t = (\rho_c V - \rho_f V)g - Bv \tag{6.21}$$

Na condição terminal, a força total sobre o corpo é nula e a velocidade fica constante. Portanto, usando a Equação 6.21,

$$(\rho_c - \rho_f)Vg - Bv = 0$$

da qual obtemos:

$$v = (\rho_c - \rho_f)Vg/B \tag{6.22}$$

Se a densidade do objeto for muito maior que a densidade do fluido, o empuxo torna-se desprezível e a Equação 6.22 fica:

$$v = \rho_c Vg/B$$

Regime turbulento: ocorre para velocidades relativas altas entre o fluido e o corpo, em que a turbulência se forma no "rastro" próximo ao corpo. Esse regime de movimento é aplicado à grande parte dos movimentos em meios com paraquedas, bolas de futebol, movimento de automóvel, etc. É mais simples tratar desse problema imaginando a bolinha parada e o fluido passando por ela. Neste caso, pode-se obter uma expressão aproximada para a força de arraste, considerando que o meio, logo após a passagem da bolinha, tem velocidade média nula devido à turbulência. Se considerarmos um problema idêntico, em que a bola está parada e o fluido passa por ela, podemos considerar que a bolinha está retirando energia cinética do meio, pois a velocidade média deste é nula após passar por ela.

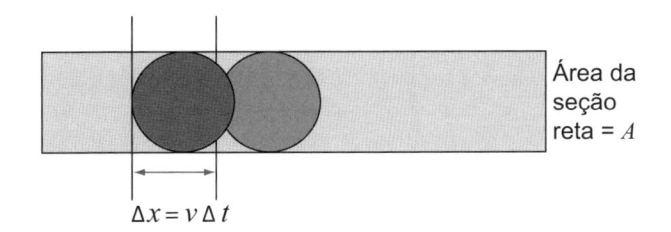

Área da seção reta = A

$\Delta x = v\,\Delta t$

Figura 6.14: Fluxo em regime turbulento.

Consideremos um volume de fluido de massa m, movendo-se com velocidade v, como ilustrado na Figura 6.14. Sua energia cinética é dada por $E = (1/2)mv^2$ e a densidade de massa do fluido é dada por $\rho_f = m/V$, em que m e V são a massa e o volume do fluido deslocado, respectivamente. A densidade de energia cinética do meio com velocidade relativa v é igual a:

$$\rho_E = \frac{E_c}{V} = \frac{1/2mv^2}{m/\rho_f} = \frac{1}{2}\rho_f v^2 \qquad (6.23)$$

Após mover-se por um tempo Δt, a bolinha cria turbulência em um volume igual a:

$$V_t = A\Delta X = Av\Delta t$$

Então, a quantidade de energia que estava no fluido, que agora ficou turbulento, é:

$$E = \rho_E V_t = \rho_E Av\Delta t$$

Considerando que a energia dissipada seja uma fração η dessa energia, o trabalho da força de arraste, conforme será mostrado no próximo capítulo, é:

$$W = F\Delta x = Fv\Delta t = -\eta E = -\eta\rho_E Av\Delta t \quad (6.24)$$

Substituindo 6.23 em 6.24, vemos que a força de arraste deve ser:

$$F = -\frac{1}{2}\eta A\rho_f v^2 \qquad (6.25)$$

(força de arraste em regime turbulento)

O sinal negativo deve ser retirado quando o movimento for na direção -**i**. Ou seja, deve-se escolher o sinal de tal forma que F sempre se oponha ao movimento. Portanto, a força é aproximadamente proporcional ao quadrado da velocidade e diretamente proporcional à área da seção reta do corpo e à densidade do fluido. A constante η é chamada de **coeficiente adimensional de arraste**.

Exemplo 6.9

Obtenha uma expressão para a velocidade terminal no regime turbulento para uma esfera de raio R e densidade ρ caindo no ar. Considere a densidade da esfera muito maior que a do ar ρ_a.

Solução: como a densidade da esfera é muito maior que a densidade do ar, podemos desprezar o empuxo. Sendo assim, quando a esfera atinge a velocidade terminal, vemos que o peso se iguala à força de arraste, ou:

$$\text{Peso} = Mg = \rho Vg = \rho(4/3)\pi R^3 g$$

$$\text{Força de arraste} = (1/2)\eta A\rho_a v^2 = \eta 2\pi R^2 \rho_a v^2$$

Igualando as duas equações acima, temos:

$$\rho(4/3)\pi R^3 g = \eta 2\pi R^2 \rho_a v^2$$

da qual obtemos:

$$v = \sqrt{\frac{2\rho Rg}{3\eta\rho_a}}$$

Exemplo 6.10

Considere um caminhão freando em uma pista asfáltica molhada e as rodas travadas em uma descida com inclinação de $d\%$. (a) Obtenha o valor mínimo de inclinação d para que seja possível obter uma velocidade terminal diferente de zero. (b) Obtenha um gráfico da velocidade terminal em função da inclinação da estrada para um caminhão de 20 toneladas. Dados: densidade do ar $= 1,21\,\text{kg/m}^3$; coeficiente de arraste $\eta = 0,5$; seção transversal $A = 9\,\text{m}^2$.

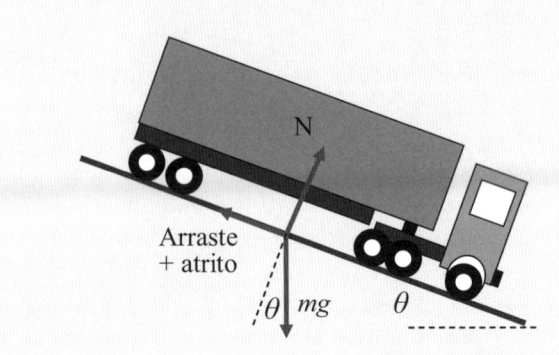

Figura 6.15: Caminhão freando em uma pista.

Solução: (a) Neste caso, conforme mostrado na Figura 6.15, temos de considerar quatro forças: a força peso no plano inclinado, a força normal do asfalto nos pneus, a força de atrito dos pneus no asfalto e a força de arraste ou resistência do ar. Na condição de velocidade terminal, essas forças se anulam.

A força normal é igual a $N = mg\cos\theta$. Portanto, a força de atrito é:

$$F_a = \mu_d mg\cos\theta \qquad (6.26)$$

Observemos que, como as rodas estão travadas, temos de usar o coeficiente de atrito cinético. A componente da força peso na direção da estrada é $P = mg\,\text{sen}\,\theta$. Portanto, temos:

$$mg\,\text{sen}\,\theta = \mu_d mg\cos\theta + (1/2)\eta A\rho_a v^2 \qquad (6.27)$$

e a velocidade terminal fica:

$$v = \sqrt{2mg(\text{sen}\,\theta - \mu_d\cos\theta)/\eta A\rho_a} \qquad (6.28)$$

Para que tenhamos uma velocidade final diferente de zero, o termo em parênteses na Equação 6.28 precisa ser positivo, ou:

$$\text{sen}\,\theta - \mu_d\cos\theta \geq 0 \qquad \text{ou}$$

$$\text{tg}\,\theta \geq \mu_d \qquad (6.29)$$

E, como $\text{tg}\,\theta = d/100$, como fornecido no problema, usando a Equação 6.29, obtemos:

$$\frac{d}{100} \geq \mu_d \quad \Rightarrow \quad d = 0,25 \times 100 = 25\% \qquad (6.30)$$

na qual utilizamos o coeficiente de atrito dinâmico da Tabela 6.1, $\mu_d = 0,25$. Portanto, a menor inclinação é de 25%. Para inclinações menores que essa, o caminhão para.

(b) Substituindo os valores dados na Equação 6.28, podemos construir o gráfico da Figura 6.16.

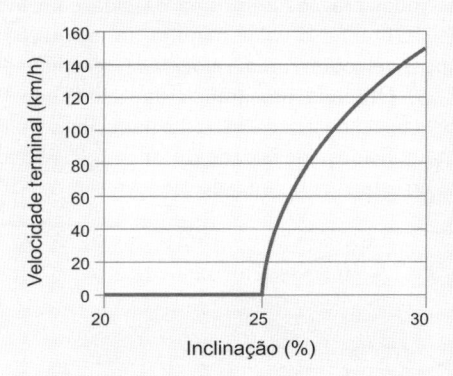

Figura 6.16: Curva da velocidade terminal do caminhão do exemplo 6.10 em função da inclinação da estrada.

Paraquedas

O paraquedas é um equipamento utilizado para reduzir a velocidade de queda de pessoas ou objetos. Funciona em razão da força de arraste provocada pela resistência da atmosfera. Ou seja, um paraquedas não funciona no vácuo. Por isso, para a descida do homem na Lua, foi necessário o desenvolvimento de um equipamento especial, assim como para a descida de objetos em Marte. A força de arraste depende muito da geometria do paraquedas.

Figura 6.17: Paraquedas de emergência de um pequeno avião. (Fonte: Nasa)

Normalmente, o paraquedista pula com o paraquedas fechado. No início, ele cai de forma acelerada, pois seu peso é maior que a força de arraste. Sua velocidade aumenta, mas sua aceleração diminui até a força de arraste se tornar igual ao peso dele + o peso do paraquedas. Quando a aceleração se anula, ele atinge a velocidade terminal (Figura 6.18). A partir daí, sua velocidade é constante, embora muito alta, para chegar ao solo em segurança. Em certo ponto, o paraquedas é aberto e a força de arraste aumenta significativamente, reduzindo a velocidade até atingir a situação em que a força de arraste se reduz (devido à redução da velocidade), até se igualar novamente ao peso do paraquedista. Nesse ponto, a aceleração é novamente nula e a velocidade terminal é constante, mas muito menor que a velocidade terminal sem o paraquedas.

Ou seja, nas duas situações em que o paraquedista atinge a velocidade terminal, a força de arraste é a mesma, uma vez que essa força é igual ao peso do paraquedista + o peso do paraquedas na situação de velocidade terminal. A diferença está na relação entre a força de arraste e a velocidade, que, para o paraquedas, significa uma força muito maior para a mesma velocidade comparada ao caso do paraquedista caindo sem o paraquedas aberto. Durante a abertura do paraquedas, a desaceleração atinge valores muito altos, de cerca de 20 a 30 g ($g = 9{,}81\,\text{m/s}^2$).

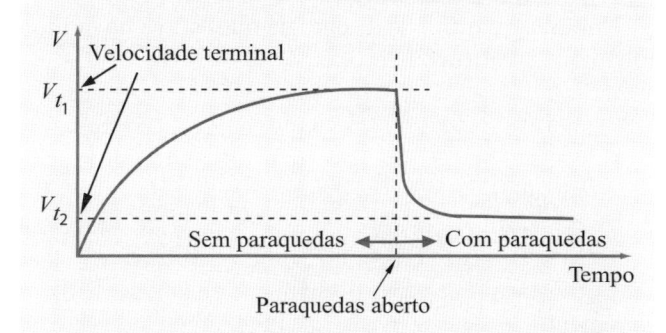

Figura 6.18: Velocidade de um paraquedista em função do tempo de queda.

6.5 Forças em Referenciais Não Inerciais – Pseudoforças

Conforme já mencionado anteriormente, as leis de Newton são válidas para referencias inerciais. Um referencial é inercial quando se move com velocidade constante em relação ao espaço absoluto. Não temos acesso a esse espaço absoluto, e nossos referenciais são sempre com respeito a corpos materiais dos quais não sabemos, *a priori*, a condição de movimento, mas que a adotamos como sendo inercial. Veremos, nesta seção, as implicações de estarmos aplicando as leis de Newton em referenciais não inerciais e o surgimento de pseudoforças ou forças inerciais.

Vamos iniciar o tratamento de pseudoforças utilizando um vagão que tem velocidade v em relação aos trilhos. Dentro desse vagão, existe uma bolinha presa a uma mola de comprimento natural x_0 sobre uma mesa, sem atrito. Na Figura 6.19, o trem está freando com aceleração a, com respeito ao trilho, obviamente no sentido oposto ao movimento. Conforme espera nossa intuição, a mola vai se distender por um valor Δx, pois a bolinha tende a continuar seu movimento com velocidade escalar v. Um passageiro no vagão que conhece forças elásticas, usando réguas estacionárias em relação ao vagão, pode medir uma força $F = +k\Delta x$ que tem sentido para frente puxando a bolinha, sendo contrabalançada pela força elástica $F = -k\Delta x$. Essa força é chamada **força inercial** ou **pseudoforça**, que tem sua origem puramente na inércia.

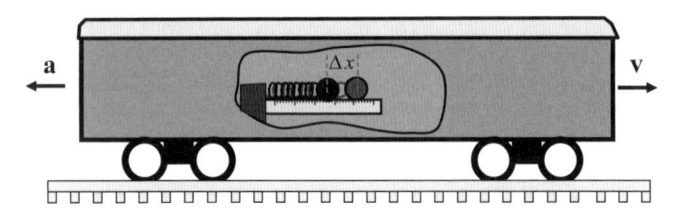

Figura 6.19: Bolinha presa a uma mola, sobre uma mesa, dentro de um vagão em movimento.

Deve-se salientar um fato que talvez tenha ficado pouco evidente. Suponha que um truque de televisão fora feito neste problema e que, ao invés de mover o vagão, todo o tempo, este esteve fixo em uma parede, tendo, de fato, o trilho, o chão e a paisagem feito o movimento contrário. Ou seja, inicialmente, o cenário e os trilhos estão indo para trás com velocidade $-v$ e começam a frear com aceleração $+a$, ou seja, na direção oposta ao movimento do mesmo. A pergunta que se faz é: a bolinha se mexeria dessa vez? Possivelmente, muitos dos leitores dirão que não. Por quê? Se a bolinha fica parada o tempo todo, por que teria inércia? O que está implícito nessa resposta é que o leitor pensa saber onde é o espaço absoluto, o chão, onde esse estúdio de televisão está instalado. Portanto, só no primeiro caso a bolinha se move com respeito ao espaço absoluto e só nesse caso aparece uma força inercial. A questão que resta é como saber se esse chão não se move com respeito ao verdadeiro espaço absoluto. Não podemos. Na verdade, o chão está preso à Terra, que gira em torno de seu eixo e seu centro, em torno do Sol, que se move pela Via Láctea, que gira em uma espiral, centrado em um ponto que se move com respeito às outras galáxias... Talvez o efeito de toda essa aceleração seja pequeno e usar o chão como referencial absoluto para diversos fenômenos seja suficiente. Ou melhor, no comprimento natural da mola, ou seja, em qualquer medida física em relação ao chão, já estão embutidos todos os efeitos de aceleração da Terra com respeito ao espaço absoluto e o que verificamos são efeitos de uma aceleração extra. Falaremos mais sobre esse problema na última seção deste capítulo.

Concentremo-nos em pensar que sabemos onde está o espaço absoluto. Assim, a partir das leis de Newton, válidas somente para referenciais inerciais, poderemos, inclusive, obter o valor dessas pseudoforças, sabendo-se a aceleração do sistema de referência. As coordenadas x' da bolinha são medidas pela régua no vagão. No primeiro caso, de cenário fixo e vagão se movendo, a régua move-se como $u = C + vt$, com respeito ao espaço absoluto. Portanto, a bolinha, vista do espaço absoluto, move-se como $x = x' + u$. Aplicando a segunda lei de

Newton ao referencial inercial do espaço absoluto, x, temos:

$$\frac{md^2x}{dt^2} = m\frac{d^2(x'+u)}{dt^2} = m\frac{d^2x'}{dt^2} + m\frac{d^2u}{dt^2} = F \quad (6.31)$$

Na direção vertical, a força peso é anulada pela normal e desprezamos o atrito.

Tentando expressar a segunda lei de Newton para as coordenadas do passageiro, x', temos:

$$md^2x'/dt^2 = F - md^2u/dt^2 \qquad (6.32)$$

Portanto, para o passageiro no trem, aplicando as leis de Newton às suas coordenadas, aparece o termo:

$$F_f = -m\frac{d^2u}{dt^2} \quad \textbf{(pseudoforça)} \qquad (6.33)$$

que se soma à força real elástica da mola. Esse termo é a pseudoforça, sendo exatamente igual à massa do corpo multiplicada pela a aceleração do referencial com respeito ao espaço absoluto.

Exemplo 6.11

No caso mencionado acima, se o trem viaja com velocidade $v = 10\,\text{m/s}$ e para uniformemente após $20\,\text{segundos}$ de desaceleração, obtenha: (a) A pseudoforça agindo sobre uma bolinha de $500\,\text{g}$. (b) Se a constante elástica da mola é $10\,\text{N/m}$, qual será o valor de Δx da mola durante a freada? (c) Proponha uma maneira de como usar esse sistema para fazer um acelerômetro.

Solução: (a) A pseudoforça é $F = -md^2u/dt^2$, onde u é a posição do trem. Ou seja, du/dt é a velocidade relativa do trem com respeito ao trilho, $du/dt = v$. A aceleração causada pelo freio tem a direção oposta ao movimento $(-x)$, podendo ser facilmente calculada:

$$a = -v/\Delta t = -10\,\text{ms}^{-1}/20\,\text{s} = -0{,}5\,\text{m/s}^2 \quad (6.34)$$

A pseudoforça pode, então, ser calculada usando a equação 6.33:

$$F = -ma = -0{,}5\,\text{kg} \times -0{,}5\,\text{m/s}^2 = 0{,}25\,\text{N} \quad (6.35)$$

(b) A força elástica restauradora é dada por $k\Delta x$, então:

$$k\Delta x = F$$

ou, substituindo os valores de k fornecidos no problema e de F da Equação 6.35, temos:

$$\Delta x = \frac{F}{k} = \frac{0{,}25\,\text{N}}{10\,\text{Nm}^{-1}} = 0{,}025\,\text{m} = 25\,\text{cm}$$

(c) Podemos fazer um acelerômetro utilizando a leitura da régua como escala de aceleração.

Exemplo 6.12

Obtenha uma expressão da aceleração necessária para erguer uma pessoa até grandes alturas em um elevador e sobre uma balança, sem que seu peso, medido nessa balança, se altere.

Solução: segundo um referencial inercial no solo da Terra, quando o elevador está parado, existem duas forças agindo sobre o corpo da pessoa: a atração gravitacional, P, e a reação normal da balança, R. Ambas em equilíbrio possibilitam "pesar" a pessoa, pois $P = R$ e o mecanismo de reação da balança, como uma mola, pode ser calibrado. No caso do elevador subindo a grandes alturas h, a força gravitacional varia com $1/h^2$ e, portanto, se subir com velocidade uniforme, o peso vai diminuir da mesma forma. A única maneira de manter o peso constante é acelerar o elevador e criar uma pseudoforça que compense a redução da força gravitacional. Considerando o elevador um referencial acelerado, com aceleração $a\mathbf{i}$, onde $\mathbf{i}$ é um vetor unitário na posição vertical no sentido de aumento da altura, vemos que a pseudoforça nesse referencial é:

$$\mathbf{F}_p = -ma\mathbf{i} \tag{6.36}$$

Para que a pseudoforça compense a gravidade, é necessário que:

$$\mathbf{F}_G + \mathbf{F}_P = 0$$

Ou, utilizando a Equação 6.36 e substituindo a força $\mathbf{F}_G$ pela Equação 6.2:

$$GMm/h^2(\mathbf{i}) - ma\mathbf{i} = 0$$

da qual obtemos:

$$a = (GMm/h^2)$$

que é um valor positivo, ou seja, a aceleração é idêntica à força gravitacional dividida pela massa (campo gravitacional), mas no sentido oposto.

6.6 Forças Centrípeta e Centrífuga

Força centrípeta

Na rotação pura, os corpos ou partes deles seguem trajetórias circulares. Esse assunto será abordado com mais detalhes no Capítulo 9 (Rotação). Por enquanto, é interessante tentar formalizar um pouco sobre as propriedades de movimentos circulares, principalmente do ponto de vista da força que os causam. Como vimos no Capítulo 4, esse movimento é acelerado, pois o corpo, apesar de não variar a distância da origem e nem o módulo da velocidade escalar, tem o vetor posição constantemente mudando de direção. No caso do movimento circular uniforme, a aceleração é dada pela Equação 4.40, $\mathbf{a} = -(v^2/R)\mathbf{u}_r$,

onde $\mathbf{u}_r$ é um vetor unitário na direção radial. Ou seja, esse vetor está na direção radial. O sinal negativo indica que a aceleração aponta para o centro. Por essas características, a aceleração é chamada de aceleração radial ou aceleração centrípeta. Podemos escrever a aceleração centrípeta (ou radial) como:

$$\mathbf{a}_c = -\frac{v^2}{R}\mathbf{u}_r \quad \text{(aceleração centrípeta)} \tag{6.37}$$

O módulo da aceleração centrípeta é dado por:

$$a_c = \frac{v^2}{R} \tag{6.38}$$

Uma vez que existe uma aceleração, um observador parado nesse eixo $x - y$, considerando-se um referencial inercial, pode aplicar a segunda lei de Newton e, assim, afirmar que existe uma força para manter esse movimento, dada por:

$$\mathbf{F} = m\mathbf{a}_c = -m\frac{v^2}{R}\mathbf{u}_r \quad \text{(força centrípeta)} \tag{6.39}$$

que é uma força também na direção radial e apontando para o centro e, por essa razão, também chamada de **força centrípeta**, que é necessária para não permitir que o corpo "saia pela tangente" no seu movimento inercial, conforme seria de se esperar para o observador em repouso. O módulo da força centrípeta é:

$$F = ma_c = m\frac{v^2}{R} \tag{6.40}$$

A força centrípeta não é uma força fundamental da natureza, como as quatro mencionadas na seção 6.2. Na natureza, diversas situações resultam no desenvolvimento de forças centrípetas e, portanto, em movimento circular. Tipicamente, sua origem é gravitacional ou eletromagnética. Por exemplo, ao girarmos uma bola presa em um barbante, temos de segurar o barbante para que a bola não seja arremessada. Nesse caso, temos a força gravitacional, o peso sobre a bola e forças de origem eletromagnética (ou uma combinação de força gravitacional com eletromagnética), como tensão e forças de atrito, normal e arraste, entre outras.

Exemplo 6.13

Suponha que um planeta de massa m esteja em uma órbita circular de raio R em torno de uma estrela de massa M. (a) Que tipo de força age sobre o planeta? (b) Qual é a força centrípeta agindo sobre o planeta? (c) Qual é a velocidade do planeta?

Solução: (a) A força que age sobre o planeta é a força gravitacional dada por $F_G = GMm/R^2$.

(b) A força gravitacional tem direção radial e aponta para o centro, mantendo o planeta em órbita circular. Portanto, a força centrípeta é a própria força gravitacional de atração:

$$F_c = F_G = GMm/R^2$$

(c) Como a força centrípeta é dada por $F_c = mv^2/R$, podemos obter a velocidade escalar do planeta como:

$$\frac{mv^2}{R} = \frac{GMm}{R^2} \quad \Rightarrow \quad v = \sqrt{\frac{GM}{R}}$$

Exemplo 6.14

Um automóvel de $1\,000\,\text{kg}$ chega a uma subida com perfil circular de raio $R = 10\,\text{m}$ e com velocidade v (Figura 6.20). Suponha que seus amortecedores suportem um peso adiconal de 1.000 kg. Qual é a velocidade máxima que o automóvel pode chegar à subida sem danificar seus amortecedores?

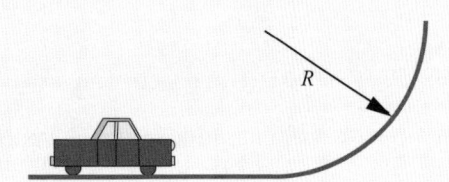

Figura 6.20: Automóvel em uma subida.

Solução: ao chegar na subida, o automóvel iniciará um movimento circular de raio R com velocidade v. Portanto, a força centrípeta comprimirá os amortecedores, tendo um módulo de:

$$F_c = \frac{mv^2}{R}$$

Essa força deve ser igual ao peso de 1.000 kg, aproximadamente $10^4\,\text{N}$. Portanto:

$$\frac{mv^2}{R} = 10^4\,\text{N} \quad \Rightarrow \quad v = 10\,\text{m/s} = 36\,\text{km/h}$$

No caso de um movimento circular não uniforme, a velocidade tangencial varia. Nesse caso, a aceleração total (centrípeta mais tangencial, estudada no Capítulo 4) é dada pela Equação 4.44, e a aceleração tangencial é dada por $\mathbf{a} = \frac{dv}{dt}\mathbf{u}_\theta$, em que $\mathbf{u}_\theta$ é um vetor unitário na direção de variação do ângulo θ. Assim, além da força centrípeta, outra força deve estar agindo.

Força centrífuga

É interessante, nesse ponto, combinar os conceitos de referenciais acelerados com os do movimento circular. Ao aplicar os conhecimentos da seção 6.5, podemos tratar os problemas de rotação do ponto de vista

de um sistema de referência estacionário no sistema em rotação. Por exemplo, na Figura 6.21, um sistema de referência está colocado a uma distância r do centro de um disco que gira em relação ao sistema $x - y$.

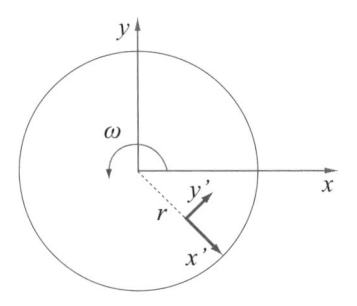

Figura 6.21: Sistema de referência estacionário com a rotação.

Se o referencial $x - y$ é inercial com respeito ao espaço absoluto, então, no referencial girando $(x' - y')$, aparece uma força fictícia, chamada **força centrífuga.**

$$\mathbf{F}_f = -m\mathbf{a} = +m\frac{v^2}{r}\mathbf{r} \text{ (força centrífuga)} \quad (6.41)$$

Ou seja, a força centrífuga tem o mesmo módulo da força centrípeta, mas com sinal contrário:

$$F_{\text{centrífuga}} = -F_{\text{centrípeta}}$$

Assim, do ponto de vista do referencial acelerado, preso ao disco, existe uma força na direção radial exatamente oposta à $\mathbf{F}_{\text{centripeta}}$, chamada de força centrífuga. Notemos que essa força é puramente inercial, ou seja, aparece apenas para quem está girando em relação ao espaço absoluto.

Exemplo 6.15

(a) Encontre a velocidade angular necessária em uma estação espacial mostrada na Figura 6.22, de raio $R = 50\,\text{m}$, para que os habitantes dos compartimentos A, B, C e D sintam-se sob uma força gravitacional igual à da Terra $(9,81\,\text{m/s}^2)$. (b) Qual deve ser a força de um elevador em função do tempo para levar um habitante de massa m do compartimento A ao B com velocidade constante v?

(c) Faça um gráfico de $F(t)$ para $m = 50\,\text{kg}$ e $v = 1\,\text{m/s}$.

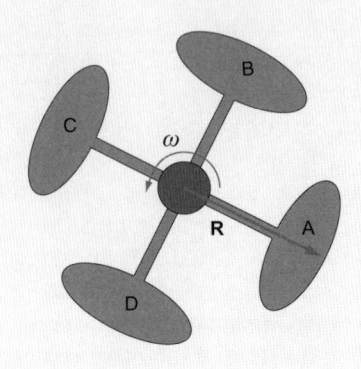

Figura 6.22: Estação espacial.

Solução: (a) Em razão da rotação, os habitantes da estação espacial, que gira em relação ao espaço absoluto, sentem uma força centrífuga que os prende à superfície dos módulos A, B, C e D, como mostrado na figura. Para que essa força centrífuga seja igual à força gravitacional na Terra, ou seja, mg, temos:

$$F_{\text{centrífuga}} = mv^2/R = mg$$

sabendo-se que $v = \omega r$ (como será visto com mais detalhes no Capítulo 9),

$$mg = m\omega^2 R$$

da qual obtemos:

$$\omega = (g/R)^{1/2} = 0{,}44 \, \text{rad/s}$$

(b) Se a velocidade do elevador é v, a equação $r(t)$ correspondente à posição do elevador em um movimento ao longo do raio da estação espacial e partindo de $r(0) = R$ é:

$$r(t) = R - vt \tag{6.42}$$

Como a velocidade do elevador é uniforme, em todo o tempo a força que puxa o elevador deve se igualar à força centrífuga, portanto:

$$F = m\omega^2 r(t) = m\omega^2 (R - vt) \tag{6.43}$$

(c) Usando os valores fornecidos no problema, podemos fazer o gráfico da força em função do tempo:

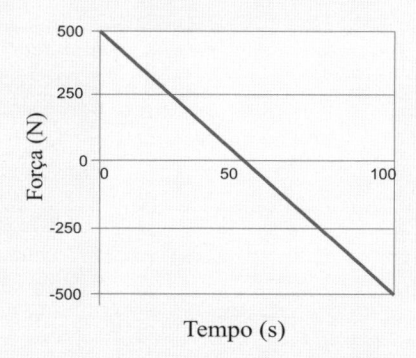

Figura 6.23: Força necessária para levar um habitante de massa m em um elevador entre pontos opostos da estação espacial com velocidade uniforme.

Notemos que a força vai diminuindo, pois o "pseudopeso" depende da posição. Ao passar pelo centro, o passageiro flutua e começa a sentir-se atraído para o teto. Se não se virar, baterá a cabeça nele. Observe que esse problema foi resolvido considerando um referencial não inercial preso ao habitante da estação espacial. Ele poderia ter sido resolvido também considerando que o centro da nave está preso a um referencial inercial e usando a força centrípeta no lugar da força centrífuga.

Finalmente, é interessante comentarmos sobre o fato de a força centrífuga ser puramente inercial, ressaltando a importância do espaço absoluto na mecânica de Newton. Observe a Figura 6.24. O observador **A**,

no círculo central, vê o disco de fora girando no sentido horário com a velocidade angular ω. O observador **B,** no disco externo, pode, com o mesmo direito, dizer que vê o disco interno girar no sentido oposto (anti-horário) com velocidade ω. A pergunta é: quem vai sentir a força centrífuga, o observador A, o observador B ou os dois? Segundo Newton, vai senti-la aquele que estiver girando, ou seja, acelerado em relação ao espaço absoluto. Portanto, pode ser A, se B está parado; pode ser B, se A está parado; ou pode ser A e B, se ambos tiverem velocidades angulares ω_1 e ω_2, tal que $\omega = |\omega_1| + |\omega_2|$.

O fato de termos de nos segurar no gira-gira (quanto mais rápido, mais forte), nos dá a sensação clara de que sentimos a força centrífuga e que, portanto, o chão do parquinho deve ser bem próximo ao espaço absoluto. No entanto, pode ser que nossos corpos já estejam acostumados com certa rotação, como a da Terra, e que somente detectemos a diferença do que estamos acostumados.

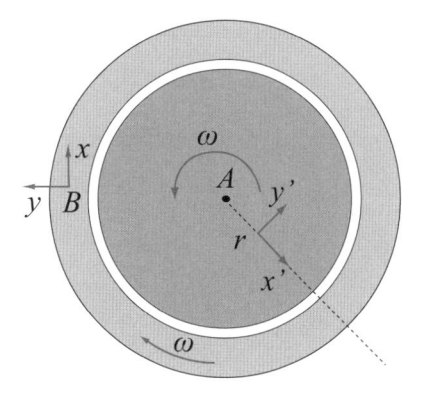

Figura 6.24: Um observador A está posicionado em um disco que gira com velocidade angular ω no sentido anti-horário, enquanto o observador B está posicionado no anel externo, que gira com a mesma velocidade angular ω, mas no sentido horário.

O fato de os planetas serem todos ligeiramente achatados na direção do eixo de rotação também é uma indicação de que o giro dos planetas é real com respeito a um referencial inercial, e que a força centrífuga atuando sobre a massa dos mesmos durante suas formações resultou nessa forma. Esse referencial das estrelas fixas, aquelas que aparentemente não se movem por estarem muito distantes, parece ser inercial com respeito ao espaço absoluto. Assim pensou Newton. Segundo Einstein, no entanto, a razão desse achatamento pode ser explicada pela rotação de certo planeta, considerando as estrelas fixas, ou exatamente pelo contrário, que as estrelas fixas giram e o planeta é estacionário, se sempre considerarmos a atração gravitacional dessas estrelas. Isto é, nenhum referencial é preferencial.

6.7 Estudo de Interações Relativas (Opcional)

Para completarmos nosso estudo de referenciais não inerciais, vamos escrever os resultados da seção 6.5 na forma vetorial. Assim, teremos a ferramenta básica para tratar qualquer problema de referenciais acelerados.

A Figura 6.25 mostra o esquema básico de coordenadas a ser empregado. Um referencial inercial A mede as coordenadas dos pontos usando o vetor $\mathbf{r}$. Um referencial acelerado B mede as coordenadas dos pontos usando o vetor $\mathbf{r}'$. A origem deste segundo referencial é medida no referencial inercial pelo vetor $\mathbf{u}$. Dois corpos de massas m_1 e m_2 também são mostrados, juntamente com a força total agindo sobre cada um deles, $F_{total,1}$ e $F_{total,2}$, respectivamente. Define-se o vetor $\mathbf{r_{21}} \equiv \mathbf{r_2} - \mathbf{r_1} = \mathbf{r_2}' - \mathbf{r_1}' \equiv \mathbf{r_{21}}'$, que é a coordenada relativa dos dois corpos. Notemos, também, que $\mathbf{r_1} = \mathbf{u} + \mathbf{r_1}'$ e $\mathbf{r_2} = \mathbf{u} + \mathbf{r_2}'$.

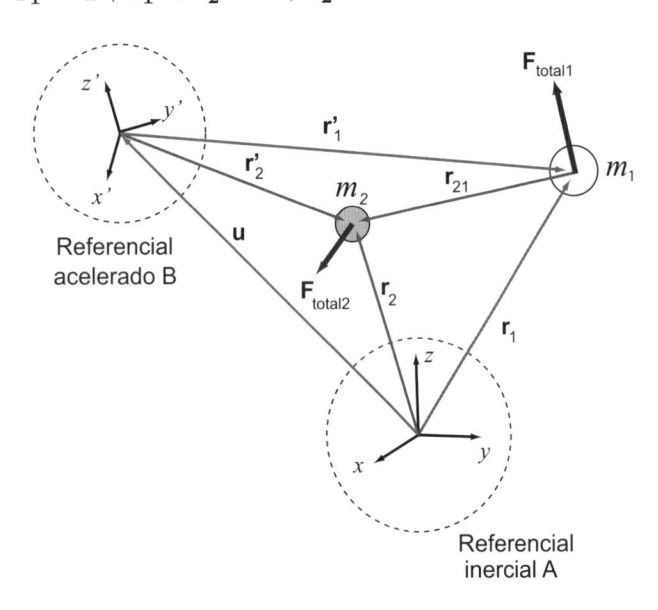

Figura 6.25: Referencial inercial e acelerado.

Vamos, inicialmente, tratar do corpo 1, para mostrar, em forma vetorial, uma expressão para a pseudoforça que surge quando usamos o referencial B. Para tanto, apliquemos a segunda lei de Newton para esse corpo, considerando as coordenadas do sistema inercial:

$$m_1 d^2\mathbf{r_1}/dt^2 = m_1 d^2(\mathbf{u} + \mathbf{r_1}')/dt^2 = \mathbf{F}_{total,1} \quad (6.44)$$

em que $\mathbf{r_1} = \mathbf{u} + \mathbf{r_1}'$.

Da mesma forma que fizemos no caso unidimensional, podemos isolar as coordenadas com respeito ao referencial acelerado $\mathbf{r_1}'$ para obter:

$$m_1 d^2\mathbf{r_1}'/dt^2 = \mathbf{F}_{total,1} - m_1 d^2\mathbf{u}/dt^2 \quad (6.45)$$

Portanto, quando a segunda lei de Newton é aplicada no referencial acelerado, surge uma pseudoforça dada por:

$$\mathbf{F_{p1}} = -m_1 d^2\mathbf{u}/dt^2 \quad (6.46)$$

Da mesma forma, para o corpo 2, obtemos:

$$m_2 d^2\mathbf{r_2}'/dt^2 = \mathbf{F}_{total,2} - m_2 d^2\mathbf{u}/dt^2 \quad (6.47)$$

com uma pseudoforça:

$$\mathbf{F_{p2}} = -m_2 d^2\mathbf{u}/dt^2 \quad (6.48)$$

Notemos que a pseudoforça é sempre proporcional à massa. É interessante observar que a força gravitacional também tem essa mesma propriedade. De fato, na relatividade geral de Einstein, mostra-se que as pseudoforças oriundas do tratamento de referenciais acelerados, como as inerciais, são indistinguíveis de forças gravitacionais.

Exemplo 6.16

Considere um referencial em um foguete de seção reta A e massa m, viajando horizontalmente no ar com velocidade $\mathbf{v} = v_0\mathbf{i}$, conforme mostra a Figura 6.26. Obtenha a pseudoforça em função do tempo, em relação ao referencial preso ao foguete, com origem no seu centro de massa, quando ele perde a potência e começa a cair, considerando a Terra como o referencial absoluto. Considere a resistência do ar no regime viscoso $\mathbf{F} = -B\mathbf{v}$ e despreze o empuxo.

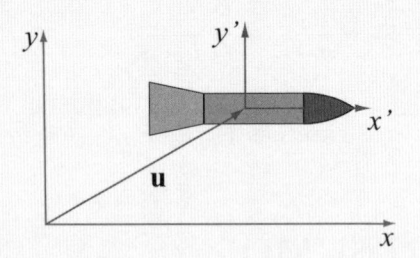

Figura 6.26: Foguete em movimento.

Solução: para encontrarmos a pseudoforça que um viajante dentro do foguete sente, temos de obter a aceleração do foguete $d^2\mathbf{u}/dt^2$ com relação ao nosso referencial inercial no solo (x, y), nos instantes subsequentes ao término do combustível. Para tanto, necessitamos encontrar a equação de movimento de $\mathbf{u} = x\mathbf{i} + y\mathbf{j}$ para o foguete. Duas forças agem sobre o foguete: a força gravitacional, $-mg\mathbf{i}$, e a de resistência do ar, $\mathbf{F} = -Bd\mathbf{u}/dt$. Portanto, separando as equações nas coordenadas x e y, temos:

$$m d^2x/dt^2 = -B dx/dt \quad (6.49)$$

$$m d^2y/dt^2 = -mg + B dy/dt \quad (6.50)$$

Para obter as acelerações, temos de resolver as equações diferenciais acima para as condições iniciais, que são $\mathbf{u} = 0$ e $d\mathbf{u}/dt = v_0\mathbf{i}$ em t = 0. Por inspeção, tentamos soluções do tipo: $x = A_1 + A_2 \exp \alpha t$ e $y = C_1 + C_2 t + C_3 \exp \beta t$. É fácil mostrar que, substituindo essas soluções nas equações 6.49 e 6.50, obtemos $A_2 = -v_0 m/B$; $\alpha = -B/m$; $C_3 = -g(m/B)^2$; $C_2 = -mg/B$; $\beta = -B/m$. Portanto, a aceleração fica:

$$d^2x/dt^2 = -\alpha v_0 e^{-\alpha t} \qquad (6.51)$$

$$d^2y/dt^2 = -g e^{-\alpha t} \qquad (6.52)$$

com $\alpha = -B/m$.

Portanto, a pseudoforça $\mathbf{F}_P = -m d^2\mathbf{u}/dt^2$ fica:

$$\mathbf{F_P} = m e^{-\alpha t}(\alpha v_0\mathbf{i} + g\mathbf{j}) \qquad (6.53)$$

Ou seja, inicialmente temos uma pseudoforça vertical igual ao peso, que tende a se anular para tempos maiores assim que se atinge a velocidade terminal. Ao mesmo tempo, a pseudoforça horizontal inicia com seu máximo valor $Bv_0 x$ para se anular em tempos superiores, quando não existir mais velocidade horizontal e o corpo cair verticalmente.

Nesse momento, é interessante prosseguir com o tratamento para obtermos as leis de Newton para as coordenadas relativas $\mathbf{r}_{21}$. Se subtrairmos a Equação 6.47 dividida por m_2 da equação 6.45 dividida por m_1, obtemos:

$$\frac{d^2\mathbf{r}'_2}{dt^2} - \frac{d^2\mathbf{r}'_1}{dt^2} = \frac{\mathbf{F}_{total,2}}{m_2} - \frac{\mathbf{F}_{total,1}}{m_1} - \frac{d^2\mathbf{u}}{dt^2} + \frac{d^2\mathbf{u}}{dt^2} \quad (6.54)$$

Então, para a coordenada relativa, podemos escrever:

$$\frac{d^2\mathbf{r}'_{21}}{dt^2} = \frac{\mathbf{F}_{total,2}}{m_2} - \frac{\mathbf{F}_{total,1}}{m_1} \qquad (6.55)$$

Consideremos, agora, a força total igual à soma de todas as forças externas $\mathbf{F}_{ext1}$, $\mathbf{F}_{ext2}$, e a força de interação, $\mathbf{F}_{21}$, do corpo 2 em 1 e $\mathbf{F}_{12}$, do corpo 1 em 2, respectivamente. Ou seja:

$$\begin{aligned}\mathbf{F}_{total,1} &= \mathbf{F}_{ext1}+\mathbf{F}_{21}\\ \mathbf{F}_{total,2} &= \mathbf{F}_{ext2}+\mathbf{F}_{12}\end{aligned} \qquad (6.56)$$

Evocando a terceira lei de Newton, $\mathbf{F}_{21} = -\mathbf{F}_{12} = \mathbf{F}$. Portanto, a Equação 6.55 fica:

$$\frac{d^2\mathbf{r}'_{21}}{dt^2} = \frac{\mathbf{F}(m_1 + m_2)}{m_1 m_2} + \frac{\mathbf{F}_{ext2}}{m_2} - \frac{\mathbf{F}_{ext1}}{m_1} \qquad (6.57)$$

Definindo uma **massa reduzida** $\mu \equiv (m_1 + m_2)/m_1 m_2$, podemos simplificar a Equação 6.57:

$$\frac{d^2\mathbf{r}'_{21}}{dt^2} = \mu\mathbf{F} + \frac{\mathbf{F}_{ext2}}{m_2} - \frac{\mathbf{F}_{ext1}}{m_1} \qquad (6.58)$$

Portanto, com exceção dos dois últimos termos, em 6.58 podemos estudar a força de interação real, $\mathbf{F}$, considerando a posição relativa entre os corpos e uma massa reduzida. A pergunta é: quando podemos eliminar estes dois últimos termos? Obviamente, em um caso em que qualquer efeito externo é desprezível com relação à interação interna. Mais ainda, em um caso mais especial, quando as forças externas são somente gravitacionais e os últimos dois termos ficam:

$$\frac{\mathbf{F}_{ext2}}{m_2} - \frac{\mathbf{F}_{ext1}}{m_1} = \mathbf{G}(\mathbf{r}_2) - \mathbf{G}(\mathbf{r}_1) \qquad (6.59)$$

em que G é chamado **campo gravitacional**, ou seja, a força gravitacional dividida pela massa e, portanto, tal função é independente da massa e depende somente da posição dos corpos. Mais ainda, se, na região de interesse, as posições dos corpos são tais que G não varia consideravelmente, esses termos se cancelam.

6.8 RESUMO

6.2 Forças Fundamentais da Natureza

As quatro forças fundamentais da Física são: gravitacional, eletromagnética, nuclear forte e nuclear fraca. Todo fenômeno da natureza pode, em princípio, ser decomposto na ação combinada dessas quatro forças fundamentais. A força da gravidade e a força de Coulomb, para o caso de cargas estáticas, são similares em forma:

$$\mathbf{F} = -G\frac{M_1 M_2}{r^2}\mathbf{u}_r \qquad \text{(força gravitacional)} \qquad (6.1)$$

$$\mathbf{F} = \frac{1}{4\pi\epsilon_0}\frac{Q_1 Q_2}{r^2}\mathbf{u}_r \qquad \text{(força elétrica - Coulomb)} \qquad (6.5)$$

6.3 Forças Elásticas – Lei de Hooke

Dada uma condição de equilíbrio caracterizada pela posição $\mathbf{r_0}$, pequenos desvios $\Delta\mathbf{r} = \mathbf{r}-\mathbf{r_0}$ dessa situação fazem surgir uma força restauradora da forma:

$$\mathbf{F}(\mathbf{r}) = -k\Delta\mathbf{r} \qquad \text{(lei de Hooke)} \qquad (6.8)$$

cuja direção se opõe ao deslocamento do equilíbrio, sendo proporcional à separação da posição de equilíbrio, ou seja, a distância de $\mathbf{r}$ a $\mathbf{r_0}$. Esta é a lei de Hooke, em que k é a constante elástica. Particularmente para um sólido, a força ou tensão de restauração $\mathbf{F(r)}$, também dita elástica, é proporcional à deformação. Em uma dimensão, podemos escrever a lei de Hooke como $F(x) = -k\Delta x$.

6.4 Forças de Interação com o Meio: Atrito e Arraste

Atrito

Considerando um corpo sobre uma superfície, temos duas situações para a força de atrito:

1) Estática: quando não existe movimento do corpo sobre a superfície. A força crítica que faz o corpo se mover é definida como $F_{at} = \mu_e N$, em que μ_e é chamado coeficiente de atrito estático e N é o módulo da força normal perpendicular à superfície. Portanto, nessa situação, $F_{at} \leq \mu_e N$.

2) Dinâmica: quando o corpo desliza na superfície, o coeficiente de atrito é menor que o estático e é chamado coeficiente de atrito dinâmico ou cinético, μ_d, sendo que a força é dada por $F_{at} = \mu_d N$. Resumidamente:

$$F_{at} \leq \mu_e N \qquad \text{(força de atrito estático)} \tag{6.18}$$

$$F_{at} = \mu_e N \qquad \text{(força de atrito dinâmico)} \tag{6.19}$$

Arraste

Os regimes de movimento podem ser divididos essencialmente em três: viscoso, turbulento e supersônico. O regime supersônico aplica-se para deslocamentos tão rápidos que superam as propriedades elásticas do meio em propagar compressões e descompressões. O regime viscoso aplica-se a velocidades relativas baixas, para as quais se causa pouco distúrbio ao meio. Nesses casos, a força de arraste é aproximadamente proporcional à velocidade relativa v entre o corpo e o meio, ou seja:

$$F = -Bv \qquad \text{(força de arraste em regime viscoso)} \tag{6.20}$$

em que B é uma constante, caracterizando a combinação de propriedades geométricas e do material e do fluido. O sinal negativo indica ser a força de arraste, no sentido de se opor ao movimento.

O regime turbulento ocorre para velocidades relativas altas entre o fluido e o corpo, nas quais a turbulência se forma no "rastro" próximo ao corpo. Nesse caso, a força de arraste é dada por:

$$F = -\frac{1}{2}\eta A \rho_f v^2 \qquad \text{(força de arraste em regime turbulento)} \tag{6.25}$$

Portanto, a força é aproximadamente proporcional ao quadrado da velocidade e diretamente proporcional à área da seção reta do corpo e à densidade do fluido. A constante η é chamada de coeficiente adimensional de arraste.

6.5 Forças em Referenciais Não Inerciais – Pseudoforças

Quando usamos um referencial com coordenada $u(t)$ em relação a um referencial inercial, surge uma pseudoforça F_f, dada por:

$$F_f = -m\frac{d^2u}{dt^2} \qquad \text{(pseudoforça)} \tag{6.33}$$

sendo exatamente igual à massa do corpo multiplicada pela aceleração do referencial com respeito ao referencial inercial. No caso de u ser uniforme, ou seja, de estarmos usando um referencial inercial, $F_f = 0$, essas forças são inteiramente geradas pela escolha do referencial.

6.6 Forças Centrípeta e Centrífuga

No caso do movimento circular uniforme, a aceleração é dada pela equação 4.40, $\mathbf{a} = -(v^2/R)\mathbf{u}_r$, onde $\mathbf{u}_r$ é um vetor unitário na direção radial. Ou seja, esse vetor está na direção radial. O sinal negativo indica que a aceleração aponta para o centro. Por essas características, a aceleração é chamada de aceleração radial ou aceleração centrípeta. Podemos, então, escrever a aceleração centrípeta (ou radial) como:

$$\mathbf{a}_c = -\frac{v^2}{R}\mathbf{u}_r \qquad \text{(aceleração centrípeta)} \tag{6.38}$$

O módulo da aceleração centrípeta é dado por:

$$a_c = \frac{v^2}{R} \tag{6.39}$$

Uma vez que existe uma aceleração, pode-se aplicar a segunda lei de Newton e, assim, afirmar a existência de uma força também na direção radial e apontando para o centro, que, por essa razão, é também chamada de **força centrípeta**.

$$\mathbf{F} = m\mathbf{a}_c = -m\frac{v^2}{R}\mathbf{u}_r \qquad \text{(força centrípeta)} \tag{6.39}$$

O módulo da força centrípeta é:

$$F = ma_c = m\frac{v^2}{R} \tag{6.40}$$

A pseudoforça que se obtém quando consideramos um referencial em repouso com o corpo em movimento circular é chamada força centrífuga e é dada por:

$$\mathbf{F}_f = -m\mathbf{a} = +m\frac{v^2}{r}\mathbf{r} \qquad \text{(força centrífuga)} \tag{6.41}$$

6.9 EXPERIMENTO 6.1: Lei de Hooke

Neste experimento, verificaremos a dependência de uma força elástica em função da elongação de uma mola em uma região em que a lei de Hooke é válida, ou seja, onde $F = -kx$. Trata-se de uma força que depende da posição. Será determinada a constante elástica de molas individuais e de associação de molas em série e em paralelo.

Aparato Experimental

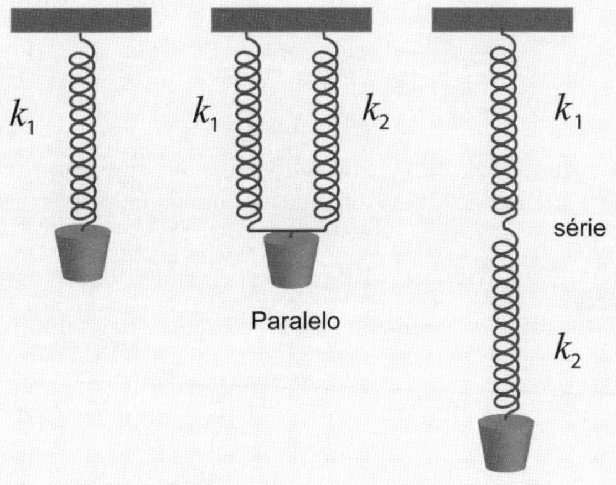

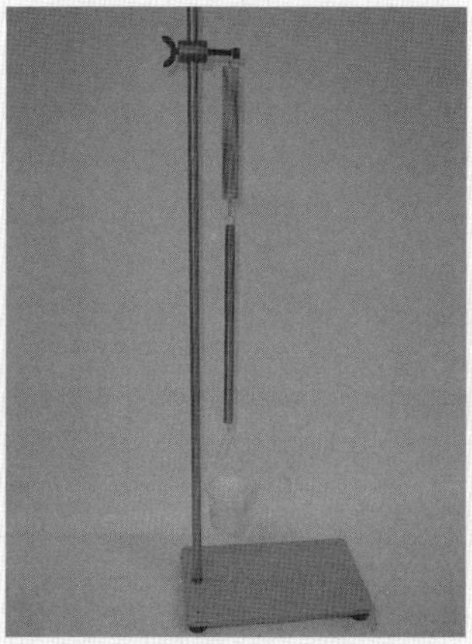

Figura 6.27: (a) Molas associadas em paralelo e em série. (b) Foto de uma montagem experimental. (Fonte: IFGW/Unicamp)

Para a realização do experimento, utiliza-se uma montagem simples, constituída de molas penduradas em um suporte fixo, um reservatório (por exemplo, um pequeno copo descartável de poliestireno) onde serão colocados alguns pesos. Para a associação em paralelo, é conveniente dispor de molas de mesmo comprimento, mas de diferentes constantes elásticas. Utiliza-se uma régua para se registrar a variação no comprimento das molas.

Experimento

1) Molas individuais: utilizando uma mola, varia-se o peso P adicionado ao copo e mede-se a variação do comprimento da mola x, adotando-se um ponto de referência adequado (p. ex., a borda do copo). Registra-se o peso adicionado e o comprimento da mola. Repete-se esse procedimento para todas as molas.

2) Molas em série em paralelo: repita o mesmo procedimento do item 1 para a associação em paralelo e em série (Figura 6.27a) para todas as combinações desejadas.

Análise dos Resultados

1) Utilizando os conjuntos de pontos obtidos (x,P) para todas as molas e para as montagens em série e em paralelo, faça os gráficos da força em função da elongação para cada uma das montagens utilizadas.

2) Verifique se o gráfico representa um comportamento linear, seguindo a lei de Hooke. Para isso, trace a melhor reta que passa pelos pontos, utilizando o método dos mínimos quadrados (regressão linear). Determine a constante elástica k da mola e seu respectivo erro Δk por meio da inclinação desta reta. Repita o procedimento para todos os gráficos do item (1).

3) Verifique se os valores da constante de mola obtidos para as associações em série e em paralelo estão de acordo com o modelo apresentado neste capítulo (exemplo 6.4, e problema 6.8), dentro do erro experimental. Justifique a origem de eventuais discrepâncias.

Elaborado por: Dante Ferreira Franceschini Filho

6.10   EXPERIMENTO 6.2: Atrito

O atrito tem sido estudado desde a Antiguidade, geralmente devido aos seus efeitos indesejáveis, como dissipação de energia em várias situações, mas, talvez, sua função mais importante seja altamente desejável. Graças a ele, podemos andar a pé ou de automóvel, frear, segurar objetos. Neste experimento, vamos estudar os atritos estático e cinético.

Aparato Experimental

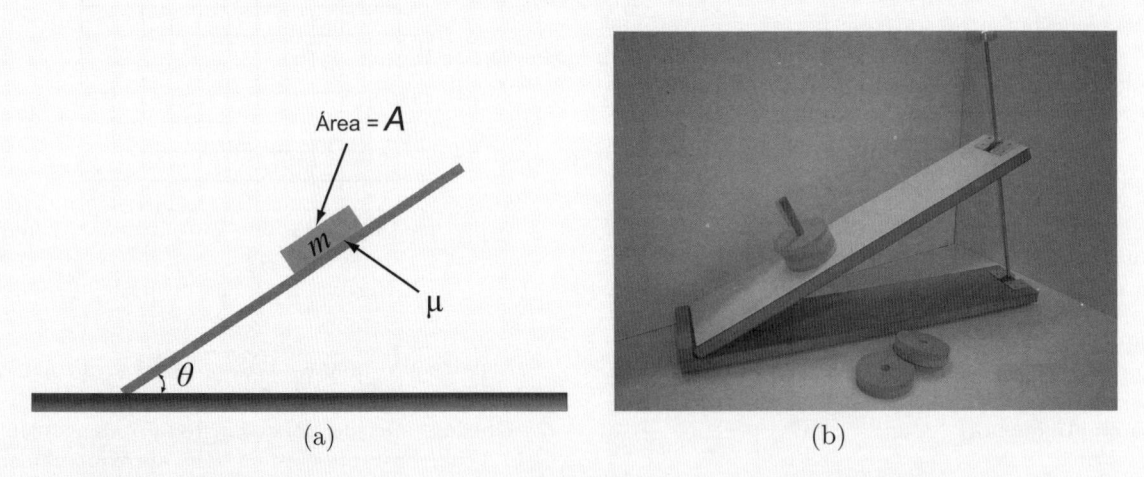

Figura 6.28: Bloco de massa m sobre um plano com atrito. (Fonte: IFGW/Unicamp)

Para este estudo, utilizaremos um plano inclinado e alguns blocos de diferentes massa m, superfícies e área de contato A com o plano. O ângulo de inclinação do plano pode ser alterado e medido com um transferidor ou utilizando relações trigonométricas elementares.

Experimento

1) Coeficiente de atrito estático: coloque um bloco sobre a rampa na posição horizontal e lentamente aumente o ângulo de inclinação, até que o bloco comece a deslizar. Repita a operação várias vezes para obter uma média do ângulo crítico. Repita o procedimento para diferentes massas e áreas da base de contato do bloco e diferentes materiais da superfície do bloco. Obs.: qualquer movimento brusco pode fazer o bloco deslizar sem ter atingido o ângulo crítico, pois o ângulo para atrito dinâmico será menor.

2) Coeficiente de atrito dinâmico: utilize o mesmo procedimento para determinar o coeficiente de atrito estático, mas, no caso do coeficiente de atrito dinâmico, altere o ângulo de inclinação dando leves pancadas na rampa. Quando o bloco começar a deslizar, significa que atingiu o ângulo crítico para atrito dinâmico. Repita o procedimento várias vezes e meça o ângulo crítico para diferentes massas e diferentes áreas da base dos blocos.

Análise dos Resultados

1) Utilizando os ângulos críticos obtidos nos procedimentos (1) e (2), determine o coeficiente médio de atrito estático μ_e e de atrito dinâmico μ_d para cada superfície, área e massa do bloco.
2) Monte gráficos de μ_e vs. m, μ_e vs. A, μ_d vs. m e μ_d vs. A e para cada tipo de material estudado. Comente sobre o resultado e as eventuais diferenças com o comportamento esperado.

Elaborado por: Francisco das Chagas Marques e Pedro Raggio

6.11 QUESTÕES, EXERCÍCIOS E PROBLEMAS

6.2 Forças Fundamentais da Natureza

6.1 Existe alguma razão fundamental para que a massa que aparece na segunda lei de Newton seja a mesma que cria o campo gravitacional?

6.2 Como você pode descrever o tato como uma interação eletromagnética?

6.3 Qual é o módulo da força de atração gravitacional entre duas pedras de 50 toneladas distantes 1 km uma da outra?

6.4 (a) Calcule e compare a força elétrica e a gravitacional entre dois prótons distantes 1×10^{-15}m um do outro. (b) Que módulo de força extra deve existir para que os prótons existam no núcleo do isótopo de hélio $(^2H_2)$?

6.3 Forças Elásticas – Lei de Hooke

6.5 No exemplo 6.5, o que aconteceria se a carga central fosse negativa? É possível ter um equilíbrio estável com essa carga negativa no centro?

6.6 Explique, em termos de forças restauradoras e energia de ligação, por que um metal pode ser dobrado levemente, voltando à condição inicial, mas, a partir de certa distorção, ele amassa ou até quebra?

6.7 Considere uma mola de constante elástica $k = 10,0$ N/m. Qual é o módulo da força necessária para (a) estender a mola 1 cm de sua posição de equilíbrio? (b) E para comprimi-la em 1 cm?

6.8 Mostre que a constante elástica k de uma mola formada por um conjunto de n molas, de constante elástica k_1, k_2, k_3,... k_n, colocadas em paralelo, é dada por:

$$k = \sum_{i=1}^{n} k_i$$

6.9 (Provão) No gráfico a seguir (Figura 6.29), estão representados, sem barras de erros, pontos obtidos em uma experiência realizada para a verificação da lei de Hooke. Na montagem, em um suporte vertical, foi pendurada uma mola em cuja extremidade inferior foram colocadas, sucessiva e cumulativamente, 10 massas-padrão idênticas. A cada massa colocada, foram medidos os correspondentes alongamentos sofridos pela mola em relação ao seu comprimento inicial, sem carga. No eixo y, estão colocados os módulos dos pesos dessas massas em newtons, $P(N)$, e, no eixo x, estão colocados os valores dos respectivos alongamentos em milímetros, x(mm).

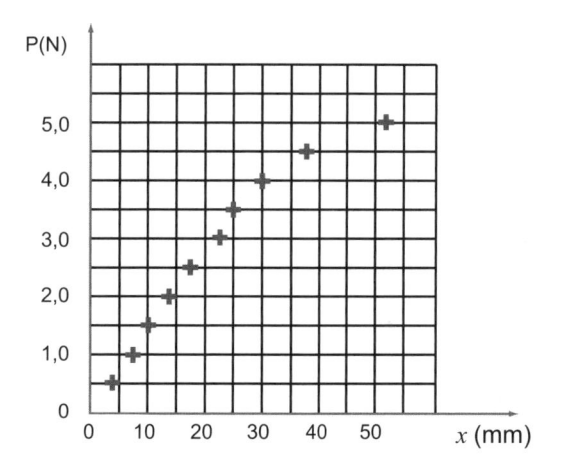

Figura 6.29: Problema 6.9.

A partir dos pontos obtidos, pode-se afirmar que essa mola:
(a) Obedece à lei de Hooke em todo o alongamento estudado e sua constante elástica vale, aproximadamente, 250 N/m.
(b) Só obedece à lei de Hooke nos alongamentos iniciais, nos quais sua constante vale, aproximadamente, 140 N/m.
(c) Obedece à lei de Hooke em todo o alongamento estudado e sua constante elástica vale, aproximadamente, 500 N/m.
(d) Só obedece à lei de Hooke nos alongamentos finais e sua constante elástica nesse trecho vale, aproximadamente, 100 N/m.
(e) Não obedece à lei de Hooke em nenhum trecho do alongamento estudado e não faz sentido determinar sua constante elástica.

6.10 A lei de Hooke para uma barra de comprimento ℓ e seção reta A, esticada longitudinalmente, pode ser escrita como $F = \mu A \frac{\Delta \ell}{\ell}$, ou seja, a força restauradora é proporcional à fração da variação relativa do comprimento, sendo a constante de proporcionalidade igual ao produto da seção reta da barra e uma constante μ, chamada módulo de

Young, com unidades de pressão (N/m² ou Pa). Por exemplo, os valores de μ para alumínio, ferro e tungstênio são aproximadamente 60 GPa (1 G = 10×10⁹ Pa), 200 GPa e 500 GPa, respectivamente. Considere uma barra com área de seção reta de 1 cm². (a) Qual é a força necessária para alongar uma barra desses materiais por 0,1%? (b) Qual é a razão entre a força para um dado alongamento percentual para o tungstênio e o alumínio? (c) Obviamente, essa expressão só é válida para pequenas distorções. O que deve ocorrer quando aplicamos uma força muito grande para esticar a barra?

6.11 Uma barra de um metal de densidade ρ é pendurada a partir de uma extremidade por um guindaste, em um local cuja aceleração da gravidade é g. A partir da lei de Hooke acima (problema 6.10), obtenha o aumento do comprimento da barra em função do comprimento inicial.

6.12 Considere um sistema descrito pela lei de Hooke onde um desvio do equilíbrio $\Delta r = (r-r_0)$ leva a uma força restauradora $F = -k\,\Delta r = Dr$. Usando a segunda lei de Newton, obtenha a equação diferencial para $\Delta r(t)$. Verifique que uma solução do tipo $\Delta r = A\,sen(\omega t)$, com $\omega = k/m$, é possível.

6.4 Forças de Interação com o Meio: Atrito e Arraste

Forças de Atrito

6.13 O que um adesivo promove em superfícies para colá-las? Como podemos relacionar esse efeito do adesivo ao atrito?

6.14 Qual é a função dos óleos lubrificantes?

6.15 (Provão) Muitos dos livros didáticos de Física para o ensino médio referem-se ao atrito como uma força que sempre se opõe ao movimento de um corpo. (a) Explique essa abordagem do ponto de vista da mecânica newtoniana. (b) Uma pessoa poderia andar se não existisse o atrito? Explique. (c) Enuncie um problema que contrarie o sentido da força de atrito, na abordagem dos livros didáticos citados. (d) Resolva o problema que você enunciou como se estivesse em sala de aula.

6.16 (Provão) Os esquemas abaixo (Figura 6.30) mostram duas formas diferentes de representar as forças que atuam sobre um bloco apoiado com atrito sobre um plano inclinado, em repouso e de ângulo α com a horizontal, como aparecem em textos didáticos de Física do ensino médio.

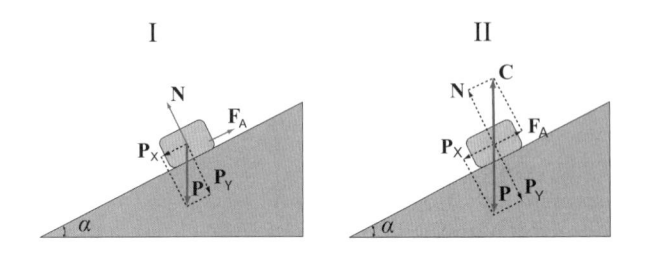

Figura 6.30: Problema 6.16.

No esquema **I**, o texto admite três forças atuando sobre o bloco: o peso $\vec{P}$, a reação normal do plano, $\vec{N}$, e a força de atrito entre o bloco e o plano, $\vec{F}_A$. No esquema **II**, o texto admite duas forças: o peso $\vec{P}$ e a força de contato $\vec{C}$, exercida pelo plano sobre o bloco. Nesse caso, admite-se que a reação normal, $\vec{N}$, e a força de atrito, $\vec{F}_A$, são componentes ortogonais da força de contato, $\vec{C}$, que é única e sempre igual a - $\vec{P}$. Em ambos os esquemas, estão representados também os componentes ortogonais do peso $\vec{P}$: $\vec{P}_X$, paralelo ao plano, e $\vec{P}_Y$, perpendicular ao plano. (a) Sabendo que em fenômenos dessa escala só há interações de natureza gravitacional e eletromagnética, qual é a natureza da força de atrito? Justifique. (b) Sendo $\vec{P}_X$ e $\vec{P}_Y$ componentes ortogonais de $\vec{P}$, pode-se escrever: $\vec{P} = \vec{P}_X + \vec{P}_Y$. Essa relação é válida para qualquer valor α? Justifique. (c) Em relação ao esquema **II**, sendo $\vec{F}_A$ e $\vec{N}$ componentes ortogonais de $\vec{C}$, pode-se escrever: $\vec{C} = \vec{F}_A + \vec{N}$. Sendo a força $\vec{C}$ sempre igual a - $\vec{P}$, essa relação é válida para qualquer valor de α mesmo que o bloco acelere? Justifique. (d) Qual dos esquemas apresentados é correto para qualquer valor de α? Justifique.

6.17 Considere um sistema de dois blocos A e B, de massas 16,0 kg e 4,0 kg, respectivamente, como mostrado na Figura 6.31. Determine a força horizontal mínima, F, aplicada de maneira que o bloco B não caia pela ação da força gravitacional. O coeficiente de atrito estático entre os blocos A e B é 0,50 e não há atrito entre os blocos e o piso.

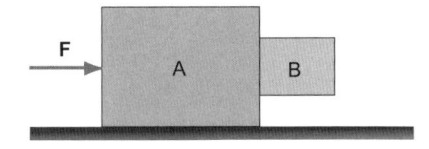

Figura 6.31: Problema 6.17.

6.18 A Figura 6.32 mostra três blocos idênticos de madeira sendo empurrados horizontalmente no ar com uma aceleração a, de tal forma que nenhum deles cai. Considerando os dados da Tabela 6.1. (a) Obtenha a máxima aceleração para que algum bloco caia. (b) Nesse caso, que bloco cairá primeiro? (c) Qual é a máxima aceleração para que os outros blocos caiam?

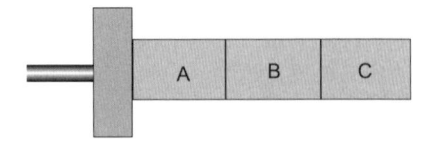

Figura 6.32: Problema 6.18.

6.19 Um bloco de massa de 1 kg é empurrado em um plano horizontal com coeficiente estático e dinâmico dado por μ_e = 1 e μ_d = 0,5. (a) Qual é a força de atrito para uma força **F** com módulo inferior a 9,8 N? (b) Qual é a força de atrito para compor uma força com módulo igual a 10,9 N? (c) Qual é aceleração do bloco após 1 segundo de aplicação de cada força nos itens (a) e (b)?

6.20 Uma moeda é colocada sobre um disco que gira a 33 rotações por minutos. Determine a distância máxima, em relação ao centro do disco, na qual podemos posicionar a moeda sem que ela deslize, sabendo-se que o coeficiente de atrito entre a moeda e o disco é 0,3.

6.21 Um bloco de 1 kg move-se livremente com velocidade de 10 m/s na direção horizontal, quando encontra uma superfície onde é freado em razão da força de atrito com coeficiente de atrito estático $\mu_d = 0,5$. (a) Qual é a força (módulo, direção e sentido) que age sobre o bloco? (b) Qual é a distância e o tempo que o bloco levará para parar? (c) Qual é a força quando o bloco para?

6.22 Um automóvel realiza um movimento circular, em uma estrada, com velocidade constante. Se a força de atrito entre o carro e o ar $\mathbf{F}_{ar}$ for representada conforme ilustrado na Figura 6.33, qual das outras forças, indicadas nesta figura, representaria melhor a força de atrito entre os pneus do carro e a estrada?

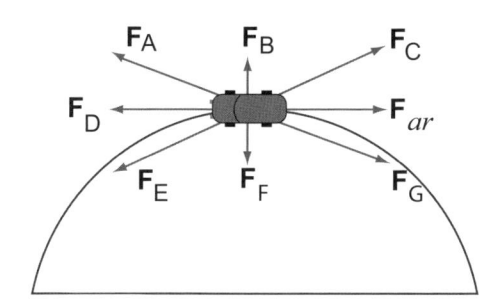

Figura 6.33: Problema 6.22.

6.23 Um bloco encontra-se em uma rampa de inclinação móvel com coeficientes de atrito estático e dinâmico iguais a μ_e e μ_d, respectivamente. (a) Qual é o menor ângulo de inclinação da rampa para que o corpo comece a se mover? (b) Nesse ângulo, qual será a aceleração do movimento na direção da rampa?

6.24 Calcule a distância percorrida para frear um automóvel de 1 tonelada, que inicia a frenagem com as rodas travadas a uma velocidade de 60 km/h em (a) asfalto seco e (b) asfalto molhado. (c) Como se modifica sua resposta se o carro é equipado com freio ABS de tal forma que a roda nunca desliza? Considerar $\mu_e = 4$ para borracha em asfalto molhado e seco; $\mu_d = 0,5$ para asfalto seco e $\mu_d = 0,25$ para asfalto molhado. (Obs.: no caso do freio ABS, temos de considerar o coeficiente estático, pois o pneu nunca desliza sobre o asfalto, apesar de estar girando.)

6.25 (USP) Um plano inclinado de um ângulo α é acelerado horizontalmente. A magnitude da aceleração aumenta gradualmente até que um bloco de massa m, originalmente em equilíbrio com respeito ao plano inclinado, começa a subir no plano. O coeficiente de atrito estático entre o bloco e o plano é $\mu = 5/4$. (a) Desenhe um diagrama mostrando as forças que atuam no bloco, pouco antes de ele subir no plano, visto de um referencial inercial. (b) Encontre a aceleração do plano quando o bloco começa a subir. (c) Repita o item (a) visto de um referencial não inercial, fixo no plano. Dados: $cos\alpha = 0,8$; $sen\alpha = 0,6$.

Forças de Arraste

6.26 No exemplo 6.8, o que acontecerá se a densidade do corpo for menor que a do fluido?

6.27 Qual é a unidade da constante B do regime viscoso?

6.28 A constante B no regime viscoso, para uma pequena esfera, pode ser dada pela expressão de Stokes $B = 6\pi\eta R$, em que η é a viscosidade do fluido e R é o raio da esfera. (a) Mostre que a unidade de viscosidade pode ser dada em Pa.s e (b) obtenha a constante B para o ar, a água e o mercúrio. Considere $\eta_{ar} = 1,8\times10^{-5}\,\mathrm{Pa\,s}$, $\eta_{\mathrm{agua}} = 1\times10^{-3}\,\mathrm{Pa\,s}$ e $\eta_{\mathrm{mercurio}} = 1,5\times10^{-3}\,\mathrm{Pa\,s}$. (c) Obtenha a força de arraste nos 3 casos para uma velocidade de 0,1 m/s.

6.29 Para o problema acima, obtenha a velocidade terminal na água para uma esfera de raio igual a 1 mm e densidade de $10\,\mathrm{g/cm^3}$.

6.30 Uma esfera de massa m é liberada, a partir do repouso, de um edifício, conforme ilustra a Figura 6.34. Determine a posição da esfera em função do tempo, $y = y(t)$, se o objeto estiver sujeito a uma força de arraste $F_R = -bdy/dt$.

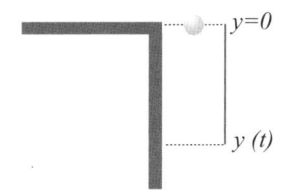

Figura 6.34: Problema 6.30.

6.31 Dois corpos esféricos de mesmo volume têm densidade ρ_1 e ρ_2 e estão com velocidade terminal v_1 e v_2 respectivamente, no regime viscoso, em um certo fluido. (a) Obtenha a constante B do regime viscoso para esses corpos e (b) a densidade do fluido.

6.32 Qual é a força de arraste no regime turbulento na água para um corpo de área de seção reta de $0,1\,\mathrm{m^2}$, com um coeficiente de arraste de 0,4 e com velocidade de 0,1 m/s?

6.33 Uma pessoa de paraquedas, com peso total de 80 kg, salta no ar (densidade $\rho = 1,2$ kg/m³). Considerando o coeficiente de arraste $\eta = 0,4$ e $\eta = 2$ para a pessoa com o paraquedas fechado ou aberto, respectivamente, e considerando a área de seção reta para o paraquedas igual a $A = 0,7\,\mathrm{m^2}$ e $A = 30\,\mathrm{m^2}$, fechado e aberto, respectivamente, obtenha (a) a velocidade terminal em km/h antes de abrir o paraquedas e (b) a velocidade terminal em km/h após abrir o paraquedas. (Obs.: O coeficiente de arraste maior que 1 para o paraquedas não faz sentido com a dedução feita no capítulo. No entanto, é um valor real devido à redução de pressão sobre o mesmo).

6.34 Um Corvette tem a área de arraste (produto do coeficiente de arraste η pela área de seção reta A) $\eta A \sim 0,6$ m², enquanto um carro de passageiro típico tem um valor em torno de $0,9\,\mathrm{m^2}$. Suponha que o Corvette tenha um motor que imponha ao carro uma força máxima que, sem a resistência do ar, resultaria em uma aceleração de 0,4 g e, o segundo, 0,1 g (em que **g** é a aceleração da gravidade). Se os dois carros têm a mesma massa de 1 tonelada, obtenha (a) a máxima velocidade que cada carro pode chegar. (b) Considerando que a potência do motor é igual à força multiplicada pela velocidade (ver Capítulo 7), qual é a razão entre a potência do Corvette e do carro de passageiro nessa velocidade máxima? Considere a densidade do ar $\rho = 1{,}2$ kg/m^3.

6.35 (Enade) Para avaliar se os estudantes haviam superado concepções comuns às da teoria medieval do *impetus* em relação à compreensão dinâmica da situação estudada, o professor propôs o problema apresentado a seguir. Qual das seguintes respostas seria típica de um aluno dito "newtoniano"? "Uma bola de futebol é lançada verticalmente para cima, a partir do telhado de um edifício de altura h_0, com velocidade v_0. Apresente uma explicação relativa ao lançamento, que leve em conta a resistência do ar."

(a) A força com que a bola foi lançada diminui com o tempo, até se igualar, na posição de altura máxima, à soma das forças peso e atrito com o ar.

(b) A força com que a bola foi lançada diminui pela ação do atrito com o ar, até se igualar ao peso da bola na posição de altura máxima.

(c) As forças que agem sobre a bola após o lançamento agem no sentido contrário ao movimento na subida e a favor do movimento na descida.

(d) As forças que agem sobre a bola após o lançamento agem no sentido contrário ao movimento na subida e em ambos os sentidos na descida.

(e) As forças que agem sobre a bola após o lançamento agem no mesmo sentido que o movimento na subida e na descida.

6.5 Forças em Referencias Não Inerciais – Pseudoforças

6.36 Se um corpo em certo referencial, que não sabemos se é inercial ou não, está parado, o que podemos afirmar em relação às forças agindo sobre este corpo?

6.37 Se não podemos saber se estamos em um referencial inercial, podemos afirmar que todas forças são, em princípio, pseudoforças?

6.38 De que fração seu peso, medido em uma balança, deve variar em um elevador acelerando a 2 m/s^2 (a) subindo e (b) descendo?

6.39 Considere um corpo descrevendo o movimento unidimensional dado pela equação horária $x(t) = At(e^{-t}-1)$. Considere um sistema referencial em repouso com esse corpo. Qual será a expressão da pseudoforça em função do tempo que deve surgir nesse referencial?

6.6 Forças Centrípeta e Centrífuga

6.40 Qual é a diferença entre força centrípeta e centrífuga? Explique em termos de pseudoforças.

6.41 Por que o achatamento dos planetas pode ser um argumento para nos convencer de que estes realmente estão girando em relação ao espaço absoluto?

6.42 Um arremessador de massas gira uma esfera de massa m em um raio R por meio de uma corda esticada. Ele consegue girar a uma velocidade de n voltas por segundo. (a) Qual é a velocidade com que a massa é arremessada quando ele solta a corda? (b) Qual é a tração mínima que a corda deve suportar?

6.43 Considere que, no átomo de hidrogênio, o elétron esteja a uma distância de 0,05 nm do próton, em uma órbita circular. (a) Qual é a força centrípeta que o elétron sente? (b) Qual é a energia cinética do elétron?

6.44 Uma esfera de massa m, presa ao teto por um fio de comprimento l e massa desprezível, move-se com velocidade angular ω, descrevendo uma trajetória circular de raio r, conforme ilustração abaixo. Determine a tensão suportada pelo fio.

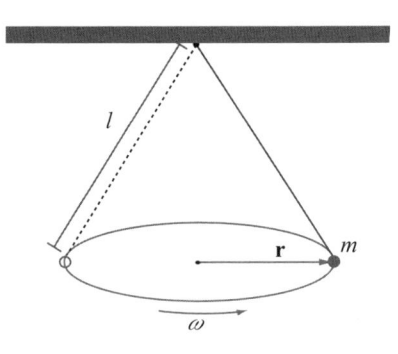

Figura 6.35: Problema 6.44.

6.45 (a) Escreva uma expressão para a razão entre o peso medido em uma balança no Equador e no polo em função da aceleração da gravidade, g, do período de rotação, T, e do raio R, e (b) obtenha este valor para a Terra. Considere a Terra esférica e com raio $R = 6x10^3$ km e a rotação com período de 24 h.

6.46 (UFRJ) Uma partícula de massa M, suspensa por um fio ideal de comprimento L, gira sob a ação do campo gravitacional uniforme g, descrevendo um cone cujo semiângulo de abertura é α, como mostra a Figura 6.36. (a) Desenhe o diagrama de forças que agem sobre a partícula. (b) Determine a força resultante sobre a partícula. (c) Determine a velocidade da partícula. (d) Determine o período do movimento.

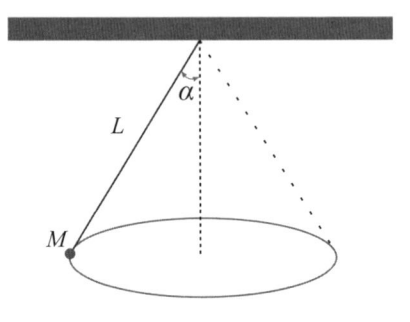

Figura 6.36: Problema 6.46.

6.47 (a) De quanto muda, no máximo, o peso de um carro de 1×10^3 kg que o amortecedor sente ao passar por uma lombada semicircular de raio 3 m a 10 km/h? (b) E no caso de o carro passar por uma valeta de mesmas dimensões?

6.48 Considere um corpo na superfície interna de um cilindro com raio R, girando conforme mostra a Figura 6.37. (a) Escreva uma expressão da velocidade angular ω mínima para a qual o corpo não cai. Escreva essa expressão em termos do coeficiente de atrito estático μ_e e da aceleração da gravidade g. (b) Para um raio de 2 m e $\mu_e = 1$, encontre ω em rotações por minuto.

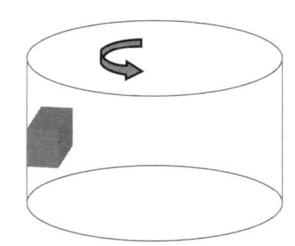

Figura 6.37: Problema 6.48.

6.49 De acordo com a seção 6.5, sabemos que um corpo girando é empurrado centrifugamente com uma força radial F_c. Considere um automóvel de massa m em uma curva de raio R que é inclinada de um ângulo θ, como mostra a Figura 6.38. Encontre a inclinação θ em função da força centrífuga, a massa m, a aceleração da gravidade g e o coeficiente de atrito estático μ para que o carro faça a curva sem derrapar.

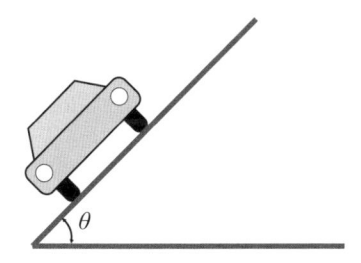

Figura 6.38: Problema 6.49.

6.50 Considere o problema 6.49 e (a) obtenha uma expressão para o ângulo de inclinação em função da velocidade tangencial v e o raio de curvatura R. (b) Para um raio de curvatura de 100 m e $m = 1$, obtenha a inclinação para uma velocidade de 60 km/h.

6.51 (UFRJ) Em um espetáculo circense, um artista apresentou-se sentado sobre um carrinho, em uma pista tipo "montanha-russa" e que termina em um *loop* no plano vertical. Supondo que o *loop* é uma circunferência de raio R, que o atrito entre o carrinho e a pista pode ser desprezado e que o artista está amarrado ao carrinho, qual é a menor velocidade escalar v que o carrinho deverá ter no topo do *loop* para permanecer **em contato** com a pista? Para determinar v, responda às perguntas abaixo, sabendo que, até o item (f), o referencial está fixo à Terra.

FORÇA   RESULTANTE   ACELERAÇÃO   VELOCIDADE

Figura 6.39: Problema 6.51.

(a) Coloque as forças (representadas por setas) que atuam no sistema carrinho-artista nos seguintes pontos do *loop* (Figura 6.39): ponto mais baixo, ponto mais à direita e ponto mais alto ou topo. Quais são a origem (quem produz) e o tipo (eletromagnética, forte, fraca ou gravitacional) de cada força? (b) Represente por setas a força resultante nos mesmos pontos. (c) Represente por setas a aceleração nos mesmos pontos. (d) Represente por setas a velocidade nos mesmos pontos. (e) Escreva a lei de Newton (vetorial) no topo do *loop*. (f) Escolha um sistema de coordenadas fixo no topo do *loop* e obtenha o valor da velocidade escalar v mínima para permanecer na pista. (g) Considere agora um referencial fixo no carrinho. O sistema de coordenadas a considerar segue o carrinho e tem o eixo X sempre apontado para o centro do *loop*. Como fica a lei de Newton e o cálculo de v? (h) Diga o que você entende pelas expressões "força centrípeta" e "força centrífuga".

6.52 Considere que uma mola de constante elástica k e comprimento natural ρ_0 seja presa em torno de uma haste radial presa ao centro de um disco, conforme a Figura 6.40. Na outra extremidade da mola, um corpo de massa m com um furo é inserido na haste e preso nela, de tal forma que, quando o disco está parado, se encontra $\rho = \rho_0$ distante do centro e, quando impomos uma rotação ρ, varia. (a) Como varia ρ com a rotação? Aumenta ou diminui? (b) Encontre a posição estável da mola em função da velocidade angular de rotação, $\rho(\omega)$. (c) Qual é o limite de velocidade angular que permite tal solução estável? (d) O que deve acontecer após esse limite? (Obs.: despreze o atrito do corpo com o disco).

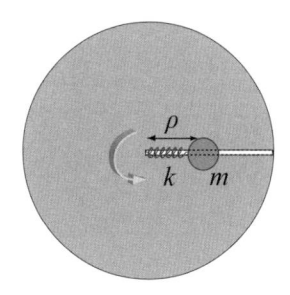

Figura 6.40: Problema 6.52.

6.7 Estudo de Interações Relativas

6.53 (a) Mostre que, em um referencial acelerado, a aceleração relativa $\mathbf{a_{12}} = \mathrm{d}^2(\mathbf{r_{12}})/\mathrm{dt}^2$ entre as massas M_1 e M_2 da Figura 6.1 é dada por $\boldsymbol{a}_{12} = \frac{G(M_1+M_2)}{r^2}\,\mathbf{u_r}$. (b) Mostre que, no caso de uma das massas ser muito maior que a outra, $M_1 >> M_2$, a aceleração relativa é independente da massa menor.

6.54 (a) Encontre a massa reduzida entre a Lua e a Terra. (b) Obtenha a razão entre a o campo gravitacional do Sol sobre a Lua e sobre a Terra quando esses três astros estão alinhados com a Lua entre a Terra e o Sol (eclipse solar total). (c) Resolva o item (b) para a situação em que a Terra está entre a Lua e o Sol (eclipse lunar total). Dados: distância média da Terra ao Sol $D_{ST} = 1{,}5\times10^8$ km; distância média da Terra à Lua $D_{TL} = 4\times10^5$ km; massa da Terra $M_T = 6\times10^{24}$ kg; massa da Lua $M_L = M_T/81$.

Capítulo 7

Trabalho e Conservação da Energia

Dante Ferreira Franceschini Filho

7.1 Introdução

Trabalho e energia são conceitos fundamentais em todas as áreas da Física. Estudiosos medievais da mecânica já supunham que alguma quantidade relacionada ao movimento era conservada. Leibinitz (1646-1716) propunha que uma grandeza, por ele denominada força viva (em latim, *vis viva*), igual a mv^2 (o dobro do que hoje se denomina energia cinética), seria esta grandeza conservada, a qual se constituía em uma medida da altura a que um corpo em movimento poderia erguer uma massa ou do dano que este corpo em movimento poderia causar após impacto.

Trabalho e energia representaram um papel importante também no desenvolvimento da termodinâmica, tendo sido introduzidos na discussão da eficiência de máquinas térmicas, por intermédio dos trabalhos de investigação de engenheiros como Sadi Carnot (1796--1832) e James Joule (1818-89), vindo a ser, mais tarde, expressos na primeira e na segunda lei da termodinâmica. A Termodinâmica, conforme proposto por William Thomson (1820-1907), ou Lord Kelvin, revolucionou a Física, explicitando claramente a conexão entre trabalho e energia e a definição precisa de diversos outros conceitos.

No contexto deste livro, a discussão de trabalho e energia será introduzida como um novo método para resolver alguns problemas de mecânica newtoniana. Até agora, ao resolvermos problemas de mecânica por meio da segunda lei de Newton, o que fizemos foi utilizar a Equação 5.6, considerando a dependência temporal da força e da posição, ou:

$$\mathbf{F}(t) = m \frac{d^2 \mathbf{r}(t)}{dt^2} \tag{7.1}$$

Assim, conhecendo-se $\mathbf{r}(t)$, podemos determinar a $\mathbf{F}(t)$ e vice-versa. Todavia, em geral, a força não é conhecida como função do tempo, mas como função da distância, como nos casos do sistema massa-mola ou do movimento dos astros. Mesmo considerando que, para o sistema massa-mola, a Equação 7.1 pode ser resolvida exatamente, a introdução dos conceitos de trabalho e energia permite tratá-lo, e a outros problemas, de forma mais simples, sem a necessidade de estabelecermos a dependência explícita da posição com o tempo.

Neste capítulo, os conceitos de trabalho e energia cinética serão introduzidos no contexto do Teorema do Trabalho-Energia Cinética. Diversos problemas de Mecânica, associados às forças dependentes da posição, serão tratados utilizando esse teorema. Os problemas serão discutidos com aumento gradativo de complexidade, começando pela Lei da Conservação da Energia Mecânica até chegarmos à formulação da Lei da Conservação da Energia Total, que é uma das leis de conservação fundamental da Física. Será discutido, também, o conceito de potência, que tem grande importância no nosso dia a dia, pois está relacionado ao consumo de energia em transportes, residências, fábricas, etc.

7.2 Trabalho e Energia Cinética em Uma Dimensão com Força Constante

Ao longo deste capítulo, teremos como tema de discussão o trabalho de uma força e sua conexão com a energia cinética, conceitos que já devem ter sido apresentados ao estudante no curso secundário. Faremos essa abordagem sem envolver o tempo, pois, em muitas das interações observadas na natureza, as forças não apresentam dependência explícita com o tempo.

É muito comum, porém, conhecermos algumas forças em função da posição. Nesta seção, faremos uma descrição do movimento de uma partícula em uma dimensão, submetida a uma força constante, em função de sua posição x e sua velocidade v, partindo de resultados obtidos pela aplicação da segunda lei de Newton.

Tratar do movimento de uma partícula de massa m submetida a uma força F constante em uma dimensão é uma tarefa simples. Esse problema corresponde ao movimento de uma partícula com aceleração constante, para o qual podemos utilizar a equação da posição em função do tempo, estudada no Capítulo 3 (Equação 3.17):

$$x = x_o + v_0 t + \frac{1}{2} a t^2 \tag{7.2}$$

em que x é a posição da partícula no tempo t, x_0 é a posição inicial, v_0 é a velocidade inicial e a_0 é a aceleração constante. Entretanto, fica mais fácil expressar o movimento da partícula em função de x e v utilizando a Equação 3.18, ou:

$$v^2 = v_o^2 + 2\,a\,(x - x_0) \tag{7.3}$$

Substituindo *(x - x_0)* por Δx e incorporando a segunda lei de Newton na Equação 7.3, substituindo a aceleração a por F/m, obtemos:

$$v^2 = v_o^2 + 2\,\frac{F}{m}\Delta x \tag{7.4}$$

que pode ser reescrita como:

$$F\Delta x = \frac{1}{2}mv^2 - \frac{1}{2}mv_0^2 \tag{7.5}$$

a qual constitui uma descrição do movimento das partículas em função de x e v. Testemos esse novo método aplicando-o a um problema já resolvido, como o de uma partícula em queda livre (ver seção 3.9).

Exemplo 7.1

Determine, utilizando a Equação 7.5, a velocidade, ao atingir o solo, de uma partícula largada do repouso de uma altura h, como mostra a Figura 7.1.

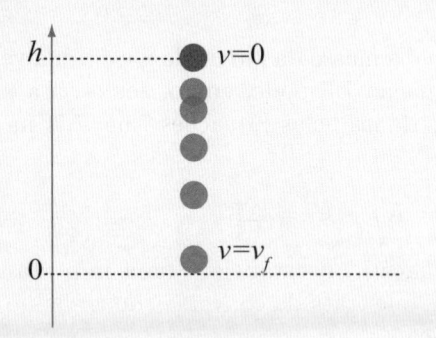

Figura 7.1: Uma partícula em queda livre.

Solução: adotando o referencial mostrado na Figura 7.1, a força constante que atua sobre a partícula em queda livre é igual ao peso da partícula, ou seja:

$$F = -mg$$

e a variação de posição é igual a:

$$\Delta x = -h$$

Substituindo os valores de F e Δx acima e $v_0 = 0$ na Equação 7.5, obtemos:

$$F\Delta x = (-mg).(-h) = \frac{1}{2}mv^2$$

da qual podemos obter a velocidade da partícula ao atingir o solo:

$$v = \sqrt{2gh}$$

Esse resultado é igual ao que se obtém aplicando-se a Equação 7.3 sem utilizar a força, mas fazendo $a_0 = -g$, como pode ser verificado pelo estudante.

Nas seções seguintes, trataremos de estender o método acima para outras situações mais complexas. Antes, porém, definiremos as grandezas que constituem o alvo principal deste capítulo: o trabalho de uma força e a energia cinética de uma partícula.

Chamamos de **trabalho** de uma força constante em uma dimensão e representamos por W (do inglês *work*) o produto da força F pelo deslocamento Δx da partícula durante o período de tempo que a força age, ou seja,

$$W = F\Delta x \quad \textbf{(trabalho de um força constante)} \tag{7.6}$$

Definimos a **energia cinética** de uma partícula, representada como K (do inglês *kinetic*), como:

$$K = \frac{1}{2}mv^2 \quad \textbf{(energia cinética de uma partícula)}$$
$$(7.7)$$

em que m é a massa da partícula e v é a sua velocidade.

A Equação 7.5 pode, então, ser escrita usando as definições dadas pelas Equações 7.6 e 7.7, na forma:

$$W = K_f - K_i = \Delta K \qquad (7.8)$$

A Equação 7.8 estabelece uma importante lei da mecânica, que trata da conversão do trabalho em energia cinética.

Teorema do trabalho-energia cinética: o trabalho da força resultante agindo sobre uma partícula é igual à variação da energia cinética desta mesma partícula, ou seja, $W = K_f - K_i = \Delta K$.

É importante ressaltar que esse teorema se aplica apenas se o trabalho envolvido for o da força resultante. Lembre-se que, para deduzir a Equação 7.8, foi feito uso da segunda lei de Newton. Ambas as grandezas, trabalho e energia cinética, são medidas em *Joule*, a unidade de energia no SI, que é abreviada por J e equivalente a $1\,\mathrm{N\,m}$ ou $1\,\mathrm{kg\,m^2 s^{-2}}$. Devemos atentar para o fato de a Equação 7.8 significar que "o efeito de uma força é alterar o estado do movimento da partícula". O trabalho carrega o significado de efeito da força e a variação da energia cinética carrega o significado de mudança do estado de movimento. O fato de a energia cinética ser dada pela velocidade ao quadrado resulta na perda da informação do sentido do movimento.

7.3 Trabalho de Forças Variáveis em Uma Dimensão

Continuaremos tratando do movimento em uma dimensão, mas vamos considerar que a partícula estudada se move sob a ação de uma força variável, como ilustra a Figura 7.2. A designação $F(x)$ dada a essa força deve ser compreendida como uma dependência da força F com a posição x.

Nosso problema consiste em estender o conceito de trabalho para uma força que não seja constante. Uma maneira de fazer isso é dividir o intervalo de posição que estamos interessados em estudar em um número $N-1$ de subintervalos e aproximar, por uma força constante, a função que descreve a força em cada subintervalo, como mostra a Figura 7.2. Por exemplo, no primeiro intervalo, entre x_1 e x_2, o valor da força será dado por $F(x_1)$, que chamaremos, para simplificar, de F_1. No i-ésimo intervalo, limitado à esquerda por x_i,

o valor da força será aproximado por $F(x_i)$, que chamaremos de F_i. Então, em cada intervalo de largura Δx_i ($\Delta x_i = x_{i+1} - x_i$), o trabalho será dado por:

$$W_i = F_i \Delta x_i \qquad (7.9)$$

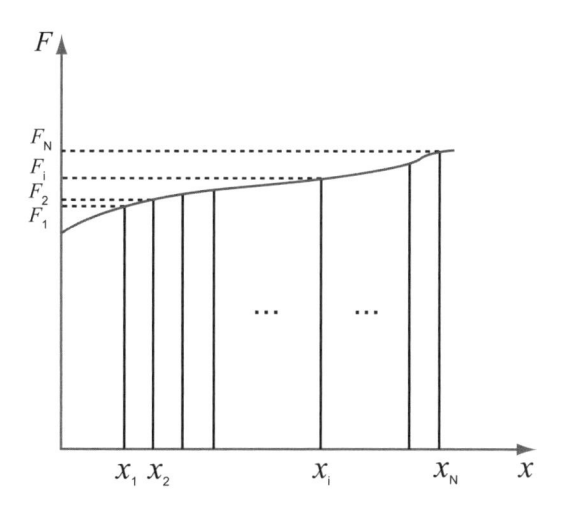

Figura 7.2: Força dependente da posição.

Assim, na nossa proposta, o trabalho em todo o intervalo que vai de x_1 a x_N poderá ser aproximado por:

$$W \cong \sum_{i=1}^{N} F_i \Delta x_i \qquad (7.10)$$

Nosso objetivo, no entanto, não é definir aproximadamente o trabalho, mas obter uma definição unívoca do trabalho que funcione para uma força que seja descrita por uma função genérica dependente da posição. Para alcançarmos esse objetivo, devemos observar que quanto menor for a largura de um intervalo Δx_i, melhor será a aproximação de força constante para esse intervalo, como mostra a Figura 7.3. No limite em que a largura do intervalo tende a zero, podemos admitir que a Equação 7.10 seja uma boa definição para o trabalho de uma força variável, ou seja:

$$W = \lim_{\substack{\Delta x_i \to 0 \\ (N \to \infty)}} \sum_{i=1}^{N} F_i \Delta x_i \qquad (7.11)$$

em que o somatório é feito sob a condição de que a largura de todos os intervalos tendam a zero. Isso é equivalente a N tender ao infinito.

Devemos atentar para o fato de que o trabalho em cada subintervalo é dado pelo teorema do trabalho-energia cinética (Equação 7.8), já que assumimos força constante em cada intervalo. Aplicando a Equação 7.8 em cada intervalo, obteremos:

$$W = \lim_{\substack{\Delta x_i \to 0 \\ (N \to \infty)}} \sum_{i=1}^{N-1} F_i \Delta x_i = \frac{1}{2}mv_2^2 - \frac{1}{2}mv_1^2$$
$$+ \frac{1}{2}mv_3^2 - \frac{1}{2}mv_2^2 + ... + \frac{1}{2}mv_N^2 - \frac{1}{2}mv_{N-1}^2 \tag{7.12}$$

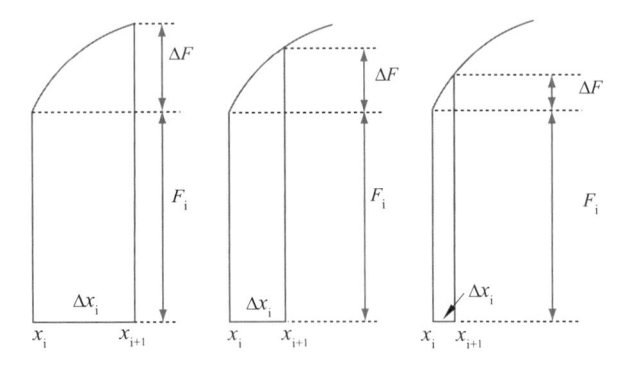

Figura 7.3: Qualidade da aproximação de força constante em função da largura dos subintervalos.

Observe que, nessa soma, à exceção dos extremos, todos os termos são anulados pelos seus simétricos, resultando em:

$$W = \lim_{\substack{\Delta x_i \to 0 \\ (N \to \infty)}} \sum_{i=1}^{N} F_i \Delta x_i = \frac{1}{2}mv_N^2 - \frac{1}{2}mv_1^2 \tag{7.13}$$

Ou seja, utilizando a Equação 7.11 como definição para o trabalho de uma força variável, percebemos, da mesma forma que para a força constante, que o trabalho de uma força variável é igual à variação da energia cinética da partícula. Chegamos, portanto, a uma definição de trabalho consistente com os nossos objetivos, mas devemos observar que, apesar de correta, a definição de trabalho dada pela Equação 7.11 não nos permite calcular facilmente o trabalho de uma força variável. É claro que podemos fazê-lo, por exemplo, computacionalmente, dividindo o intervalo de interesse em um número grande de subintervalos e realizando a soma dada pela Equação 7.11, obtendo o valor do trabalho com uma boa aproximação, como é pedido no problema 7.5. Contudo, é interessante obtermos um procedimento matemático analítico mais adequado para o cálculo do trabalho.

Uma maneira de obter um valor para o trabalho de uma força variável é a visualizada na Figura 7.4. Nessa figura, está ilustrada graficamente a passagem ao limite $\Delta x \to 0$ no cálculo do trabalho de uma força variável. Podemos observar, na sequência de gráficos mostrada na figura, que quanto menores são os subin-

tervalos utilizados, mais próxima fica a soma das áreas dos retângulos aproximativos do valor real da área da região situada entre a curva, que descreve a força, e o eixo das posições. Portanto, no limite em que $\Delta x \to 0$, o trabalho realizado por uma força variável é igual à área da superfície limitada pela curva que descreve a força, pelo eixo das posições e pelas posições inicial e final do intervalo considerado, como mostra a Figura 7.4.

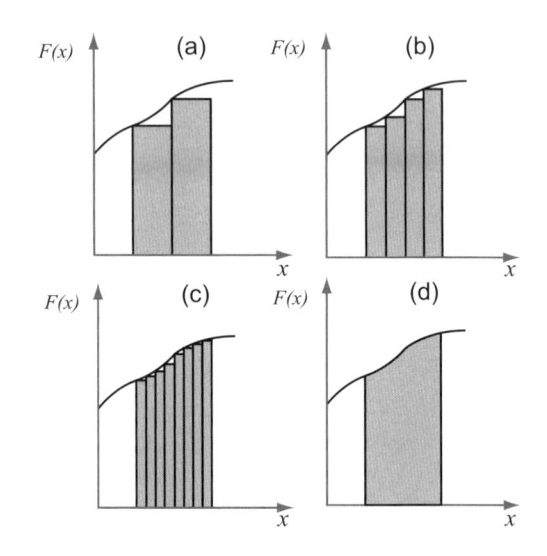

Figura 7.4: (a) Área do retângulo delimitado pelo intervalo e pelo valor da força em um de seus extremos. (b)-(d) Processo de passagem ao limite $\Delta x \to 0$.

A forma equivalente, mas mais rigorosa, para se calcular o trabalho é observar que a soma infinita descrita na Equação 7.11 é o que se conhece por integral definida (entre os extremos do intervalo no qual queremos calcular o trabalho) da função que descreve a força, ou seja:

$$W_a^b = \lim_{\substack{\Delta x_i \to 0 \\ (N \to \infty)}} \sum_{i=1}^{N} F_i \Delta x_i = \int_a^b F(x)dx \tag{7.14}$$

Com base nessa definição de trabalho de uma força variável, podemos mostrar, de forma mais rigorosa, o teorema do trabalho-energia cinética. Para tanto, como fizemos para força constante, introduziremos a segunda lei de Newton na definição de trabalho, substituindo $F(x) = ma = m\, dv/dt$, ou:

$$W_a^b = \int_a^b F(x)dx = \int_a^b m\frac{dv}{dt}dx \tag{7.15}$$

Podemos exprimir a velocidade v como uma função da posição x, $v = v(x(t))$. Para isso, utilizamos a regra da cadeia para as derivadas:[1]

---

[1]Regra da cadeia para derivadas: se f é uma função composta com g, ou seja, $f(x) = f(g(x))$, temos: $\frac{df(g(x))}{dx} = \frac{df(g)}{dg}\frac{dg(x)}{dx}$.

$$m\frac{dv}{dt} = m\frac{dv}{dx}\frac{dx}{dt} = mv\frac{dv}{dx}$$

Efetuando a substituição na Equação 7.15, obtemos:

$$W_a^b = \int_a^b mv\frac{dv}{dx}dx = m\int_a^b \frac{d}{dx}\left(\frac{v^2}{2}\right)dx$$
$$= \frac{1}{2}mv_b^2 - \frac{1}{2}mv_a^2 \qquad (7.16)$$

ou:

$$W_a^b = \int_a^b F(x)\,dx = \frac{1}{2}mv_b^2 - \frac{1}{2}mv_a^2 \qquad (7.17)$$

(teorema do trabalho-energia cinética – força variável em uma dimensão)

Assim, chegamos ao mesmo resultado obtido para força constante (Equação 7.8), ou seja, o trabalho da força agindo sobre uma partícula é igual à variação da energia cinética dessa mesma partícula.

Com a dedução do teorema do trabalho-energia cinética, torna-se possível a resolução de problemas de forças variáveis em uma dimensão, que, em alguns casos, é muito difícil de ser executada aplicando-se diretamente a segunda lei de Newton. Deve-se ressaltar, porém, que esse novo método de resolver problemas de mecânica não se constitui em uma substituição à segunda lei de Newton, mas em uma nova maneira de apresentá-la. Lembre-se que essa lei foi introduzida no desenvolvimento do método, na Equação 7.15.

Exemplo 7.2

No exemplo 7.1, calculamos a velocidade atingida por uma partícula de massa m largada do repouso, de uma altura h, como mostra a Figura 7.1, adotando a força $F = -mg$ constante. Entretanto, a força gravitacional varia com a distância ao centro da Terra r, sendo dada por $F = -\frac{GM}{r^2}m$ (Equação 6.1), onde M é a massa da Terra e G é a constante gravitacional. Calcule novamente a velocidade atingida pela partícula considerando essa equação para a força.

Solução: para utilizar a força gravitacional acima, devemos adotar o centro da Terra como referência, ou seja, os limites de integração da Equação 7.17 serão R e $R+h$ (em que R é o raio da Terra). Assim, adotando $v_0 = 0$ na Equação 7.17, teremos:

$$W_{R+h}^R = \int_{R+h}^R F(r)\,dr = \int_{R+h}^R -\frac{GM}{r^2}m\,dr = \frac{1}{2}mv^2$$

Fazendo a integração, obtemos:

$$\frac{GM}{r}m\Big|_{R+r}^R = \frac{1}{2}mv^2$$

que fornece:

$$v = \sqrt{2GM\left(\frac{1}{R} - \frac{1}{R+h}\right)} = \sqrt{2GM\frac{h}{R(R+h)}}$$

que é bem diferente do valor encontrado no exemplo 7.1 ($v = \sqrt{2gh}$). Entretanto, se h for pequeno ($h << R$) para a queda de objetos próximos à superfície da Terra, podemos aproximar a equação acima desprezando h no denominador, de forma que teremos:

$$v \approx \sqrt{2\frac{GM}{R^2}h}$$

O valor $\frac{GM}{R^2}$ corresponde à aceleração da gravidade g próximo à superfície da Terra, assim:

$$v \approx \sqrt{2gh}$$

que é o mesmo valor encontrado no exemplo 7.1.

7.4 Trabalho de Uma Força Elástica

As forças elásticas foram apresentadas no capítulo anterior, na seção 6.3. Um exemplo da ação de forças elásticas é o sistema massa-mola, mostrado na Figura 6.4. Como acontece com outras forças elásticas, a força que a mola exerce sobre a massa que se move sobre o plano horizontal é dada pela Lei de Hooke (Equação 6.9), $F(x) = -k\Delta x$, em que k é uma constante de proporcionalidade (constante de mola ou constante elástica) e Δx é o deslocamento da massa em relação à posição relaxada, na qual a mola tem seu comprimento natural. O sinal negativo indica que a força elástica é uma força restauradora, ou seja, atua no sentido de restaurar a posição de equilíbrio. Podemos descrever o estado de uma mola por meio da medida da posição de sua extremidade livre. Para isso, podemos utilizar um eixo de referência cuja origem corresponda à posição de equilíbrio, ou relaxada, da mola. Assim, podemos escrever a lei de Hooke como:

$$F(x) = -kx \qquad (7.18)$$

Dessa forma, ao esticarmos a mola, o valor da posição x de sua extremidade fixa será positivo, tornando-se negativo ao comprimirmos a mola. O sentido, ou o sinal, da força $F(x)$ também é facilmente obtido pelo valor de Δx. Ao esticarmos a mola ($\Delta x > 0$), a força da mesma sobre o corpo que está preso à sua extremidade livre aponta para a esquerda, portanto, $F(x) < 0$. Da mesma forma, ao comprimirmos a mola, o valor de $F(x)$ será positivo.

Calculemos o trabalho realizado por uma força elástica quando a partícula percorre um intervalo situado entre duas posições $x = a$ e $x = b$, como mostra a Figura 7.5. O trabalho é dado por:

$$W_a^b = \int_a^b F(x)dx = \int_a^b (-kx)dx$$

$$\qquad \qquad (7.19)$$

$$= -k\int_a^b x\,dx = -k[\frac{x^2}{2}]_a^b = \frac{1}{2}ka^2 - \frac{1}{2}kb^2$$

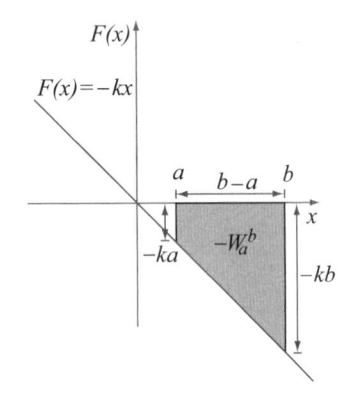

Figura 7.5: Cálculo do trabalho de uma força elástica.

Como a região abaixo da curva que descreve a força é geometricamente simples, também podemos calcular o trabalho mediante determinação direta da área abaixo da curva da força. A região de interesse, mostrada na Figura 7.5, é um trapézio, portanto, o trabalho será:

$$W_a^b = \frac{(-ka - kb)(b - a)}{2} = \frac{1}{2}ka^2 - \frac{1}{2}kb^2 \quad (7.20)$$

que, obviamente, é igual ao obtido pela integração (Equação 7.19). É importante ressaltar que, ao determinarmos o trabalho de uma força variável por meio do cálculo da área da curva da força em função da posição, vemos que a área pode ter valor tanto positivo como negativo, dependendo do valor da força e do sentido do cálculo do trabalho. Se, por exemplo, estivéssemos determinando o trabalho com a partícula indo de $x = b$ até $x = a$, obteríamos o resultado simétrico, ou seja, $1/2kb^2 - 1/2ka^2$.

A seguir, aplicaremos esse resultado no estudo do movimento de uma partícula submetida a uma força elástica, por meio de diversos exemplos.

Exemplo 7.3
Um bloco de massa m está preso a uma mola de constante elástica k, a qual tem a outra extremidade presa a uma parede fixa. O bloco pode deslizar sem atrito sobre uma superfície plana. Em um determinado instante, o bloco está passando pela posição de equilíbrio da mola com uma velocidade v_0 e com o sentido mostrado na Figura 7.6. Determine L, a distensão máxima da mola em relação à posição de equilíbrio.

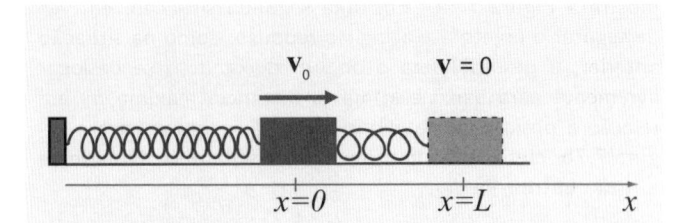

Figura 7.6: Um bloco preso a uma mola.

Solução: a distensão máxima da mola ocorrerá quando o bloco parar. A partir desse ponto, ela muda o sentido do movimento. Portanto, uma vez que a força resultante sobre a mola é a força elástica, podemos escrever, baseados no teorema do trabalho-energia, que:

$$W_0^L = \int_0^L (-kx)dx = \frac{1}{2}k0^2 - \frac{1}{2}kL^2$$

$$\qquad \qquad (7.21)$$

$$= \Delta K = \frac{1}{2}m0^2 - \frac{1}{2}mv_0^2$$

ou seja:

$$L = \sqrt{\frac{m}{k}}\,v_0 \qquad \qquad (7.22)$$

O cálculo do trabalho desse problema poderia ser obtido também calculando-se a área sob a curva. Como mostra a Figura 7.5, a área de interesse é a área do triângulo entre $x = 0$ e $x = L$. Essa área é negativa, pois os valores da força no trecho considerado são sempre negativos (apontam no sentido contrário ao do deslocamento, que é adotado como positivo), ou seja:

$$W = \frac{1}{2}L \times (-kL) = -\frac{1}{2}kL^2$$

que é igual ao resultado da integral 7.21. Atente para o problema inverso: qual é a velocidade do bloco ao passar pela posição de equilíbrio, se distendermos a mola de um comprimento L e a largarmos a partir do repouso? A solução seria totalmente análoga, ou seja:

$$W_L^0 = \int_L^0 (-kx)\,dx = \frac{1}{2}kL^2 = \Delta K = \frac{1}{2}mv_0^2$$

Portanto,

$$v_0 = \sqrt{\frac{k}{m}}\,L$$

Exemplo 7.4
Um objeto de massa m, preso a uma mola de comprimento L e constante elástica k, é segurado por uma pessoa em sua outra extremidade. Em uma primeira situação, a pessoa que segura a mola deixa o objeto se deslocar da posição de repouso da mola sem nenhum peso, retardando seu movimento com a mão, de modo a fazê-lo atingir o repouso. A distância entre a posição de equilíbrio da mola e a posição em que o objeto permanece em repouso é igual a h_1, como

mostra a Figura 7.7a. Em uma segunda situação, em vez de segurar o objeto até atingir o repouso, como na situação anterior, a pessoa libera o objeto, deixando-o se deslocar livremente para baixo e atingir a distância máxima h_2 em relação à posição de equilíbrio da mola, como mostra a Figura 7.7b, efetuando um movimento oscilatório. Determine a razão entre h_1 e h_2.

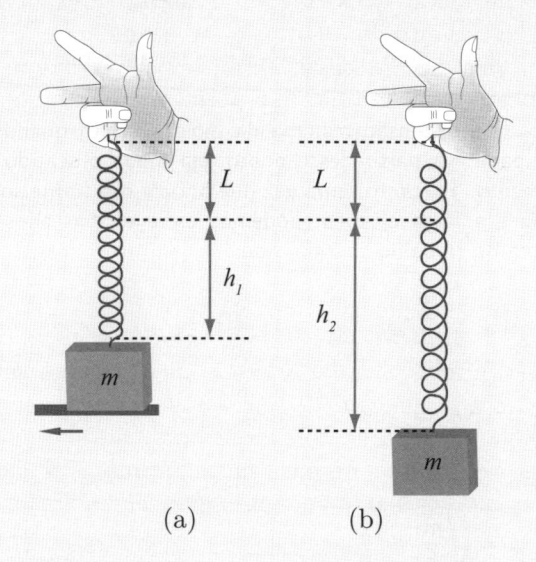

Figura 7.7: Um objeto preso a uma mola.

Solução: em primeiro lugar, devemos observar que, se o objeto está em repouso, a força da mola deverá anular o peso do objeto, ou seja:

$$-k(-h_1) - mg = 0$$

Portanto,

$$h_1 = \frac{mg}{k}$$

Para determinar h_2, devemos observar que o objeto estará executando um movimento sob a ação de seu peso e da força da mola, sem qualquer outra interferência. Ao chegar à elongação máxima da mola, igual a h_2, o objeto terá velocidade igual a zero, tendo também sido abandonado com velocidade nula. Portanto, a variação da energia cinética será nula. Logo, podemos escrever:

$$W_0^{-h_2} = \int_0^{-h_2} (-mg - kx)\, dx = \Delta K = 0$$

que resulta em:

$$mgh_2 - \frac{1}{2}kh_2^2 = 0$$

Portanto,

$$h_2 = \frac{2mg}{k}$$

ou seja,

$$\frac{h_1}{h_2} = \frac{1}{2}$$

Exemplo 7.5

Suponha que, na situação do exemplo 7.3, o bloco tenha a massa $m = 1\,\mathrm{kg}$, velocidade $v_0 = 1\,\mathrm{m/s}$ e constante elástica $k = 10\,\mathrm{N/m}$. Suponha, também, que o coeficiente de atrito dinâmico μ entre o bloco e a superfície onde ele se apoia seja igual a 0,3. Determine a elongação máxima L da mola nessa situação.

Solução: a diferença para o exemplo 7.3 é que, além da força da mola, existe também a força de atrito entre o bloco e a superfície. A equação do teorema trabalho-energia cinética fica:

$$W_0^L = \int_0^L (-\mu mg - kx)\, dx = -\mu mgL - \frac{1}{2}kL^2$$

$$= \Delta K = -\frac{1}{2}mv_0^2$$

que corresponde a uma equação de segundo grau:

$$\frac{1}{2}kL^2 + \mu mgL - \frac{1}{2}mv_0^2 = 0$$

cujas soluções são:

$$L = -\frac{\mu mg}{k} \pm \sqrt{\left(\frac{\mu mg}{k}\right)^2 + \frac{m}{k}v_0^2} \qquad (7.23)$$

da qual devemos tomar a raiz com o radical positivo, pois $L > 0$. Observe também que, se fizermos $\mu = 0$ nesse resultado, obteremos o mesmo resultado do exemplo 7.3. Substituindo os valores fornecidos no problema na Equação 7.23, teremos:

$$L = \frac{-0,3 \times 1,0\,\mathrm{kg} \times 9,81\,\frac{\mathrm{m}}{\mathrm{s}^2}}{10\,\frac{\mathrm{N}}{\mathrm{m}}} +$$

$$\sqrt{\left(\frac{0,3 \times 1,0\,\mathrm{kg} \times 9,81\,\frac{\mathrm{m}}{\mathrm{s}^2}}{10\,\frac{\mathrm{N}}{\mathrm{m}}}\right)^2 + \frac{1,0\,\mathrm{kg} \times 1\,\frac{\mathrm{m}^2}{\mathrm{s}^2}}{10\,\frac{\mathrm{N}}{\mathrm{m}}}}$$

$$= 0,14\,\mathrm{m}$$

Se não houvesse atrito, como no exemplo 7.3, a elongação máxima da mola seria de $L = 0,31\,\mathrm{m}$.

7.5 Teorema do Trabalho-Energia Cinética em Duas e Três Dimensões

Até o momento, utilizamos o teorema do trabalho-energia cinética apenas no contexto de movimento em uma dimensão. Para que esse método tenha aplicação geral, é necessário estendermos esse teorema para uma trajetória geral, curva, em um plano ou no espaço em três dimensões. Precisamos cunhar uma definição de trabalho que seja adequada a trajetórias curvas e que, é claro, atenda ao teorema do trabalho-energia cinética. Comecemos, então, analisando um movimento curvilíneo bastante conhecido: o movimento circular uniforme (ver Capítulo 4, seção

4.6). Nesse tipo de movimento, uma partícula percorre uma trajetória circular com velocidade angular constante, fazendo que o módulo de sua velocidade escalar também seja constante. A Figura 7.8 mostra uma partícula executando um movimento desse tipo. Na figura, estão representados os vetores velocidade e força, que atuam sobre a partícula. Como vimos no Capítulo 6 (seção 6.6), esse movimento é realizado com uma força centrípeta sempre perpendicular à trajetória, o que resulta na alteração apenas da direção do vetor velocidade, sendo seu módulo mantido constante durante todo o movimento. Portanto, no movimento circular uniforme, a energia cinética é constante. No contexto do movimento em uma dimensão, isso só seria possível se a força resultante fosse nula ou se o trabalho da força resultante fosse nulo.

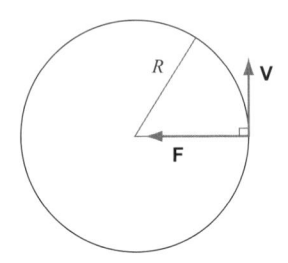

Figura 7.8: Partícula em movimento circular uniforme.

Essas características devem, portanto, fazer parte da definição de trabalho, garantindo que o trabalho de uma força perpendicular à trajetória seja nulo. No caso mais geral, em que a força $\mathbf{F}$ faz um ângulo θ com o deslocamento Δr (Figura 7.9), a definição de trabalho da força $\mathbf{F}$ é dada pelo produto escalar entre a força e o deslocamento, ou:

$$\Delta W = \mathbf{F} \cdot \Delta \mathbf{r} = |\mathbf{F}|\,|\Delta \mathbf{r}|\cos\theta = F\Delta r \cos\theta \quad (7.24)$$

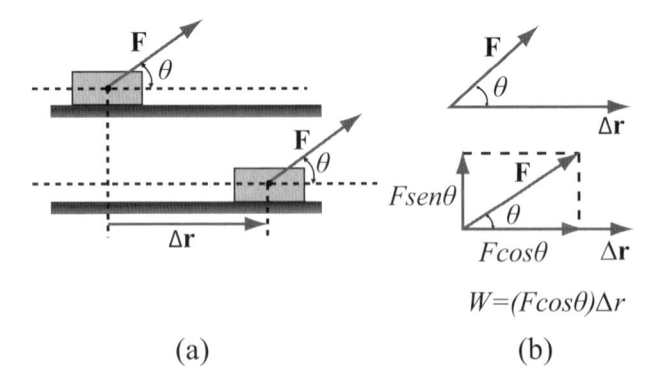

Figura 7.9: (a) Força $\mathbf{F}$ movendo um bloco. (b) Decomposição da força $\mathbf{F}$ em componentes, na direção do deslocamento e perpendicular ao deslocamento.

A Figura 7.9a ilustra uma força $\mathbf{F}$ atuando sobre um bloco e deslocando-o de uma distância Δr. O produto escalar da força com o deslocamento (Figura 7.9b)

mostra que apenas o componente da força na direção do movimento ($F\cos\theta$) realiza trabalho, como pode ser conferido pela Equação 7.24. O componente perpendicular ao movimento ($F\mathrm{sen}\,\theta$) não realiza trabalho. É interessante observar também que o trabalho da força $\mathbf{F}$ representado na Figura 7.9 não depende da massa e não considera a velocidade ou sua aceleração, mas apenas o produto da força pelo deslocamento.

Em uma situação mais geral, tanto a força quanto o deslocamento variam com a posição. Analisando um trecho suficientemente pequeno de uma trajetória curvilínea, de modo a podermos considerar a força constante no intervalo, podemos escrever para o intervalo Δr_i, se nele atua uma força $\mathbf{F}_i$, que:

$$\Delta W = \mathbf{F}_i \cdot \Delta \mathbf{r}_i$$

Esse produto escalar produz um resultado semelhante ao da Equação 7.5, pois somente o componente na direção do movimento é considerado nesse produto. Seguindo o que foi feito para encontrarmos as equações do teorema trabalho-energia cinética, podemos escrever:

$$\Delta W = \mathbf{F}_i \cdot \Delta \mathbf{r}_i = \frac{1}{2}mv_{final}^2 - \frac{1}{2}mv_{inicial}^2 \quad (7.25)$$

em que $v_{inicial}$ e v_{final} são as velocidades inicial e final no intervalo $\Delta \mathbf{r}_i$. O trabalho no intervalo completo seria, então, obtido pelo somatório:

$$W = \lim_{\Delta \mathbf{r_i} \to 0} \sum \mathbf{F_i} \cdot \Delta \mathbf{r_i} \quad (7.26)$$

Como visto anteriormente (Seção 3.6), essa é a definição de integral. Assim, podemos escrever:

$$W = \int dW = \int_C \mathbf{F} \cdot d\mathbf{r} = \lim_{\Delta \mathbf{r_i} \to 0} \sum \mathbf{F_i}.\Delta \mathbf{r_i} \quad (7.27)$$

$$W = \int dW = \int_C \mathbf{F} \cdot d\mathbf{r} = \mathbf{i} \cdot \mathbf{i}\int_a^b F_x dx = \frac{1}{2}mv_f^2 - \frac{1}{2}mv_i^2$$

A Figura 7.10 exemplifica a divisão da trajetória da partícula em subintervalos, de modo a podermos realizar o somatório mostrado na Equação 7.27. Nessa equação, a integral indicada envolve o produto escalar entre o vetor força e o vetor deslocamento. Na verdade, essa integral é definida pelo processo de limites efetuado para o somatório mostrado nessa equação, similar ao que fizemos anteriormente (ver Equações 7.11 e 7.13). Esse tipo de integral é chamada *integral de linha*.

Uma integral de linha deve ser calculada sobre uma determinada curva, especificada como C no símbolo de integral, para a qual estão definidos, a cada ponto, o vetor força e o ângulo entre o vetor força e o vetor deslocamento. Está fora do escopo deste livro discutir a implementação desse tipo de cálculo, mas isso será feito na discussão de um exemplo ao fim desta seção.

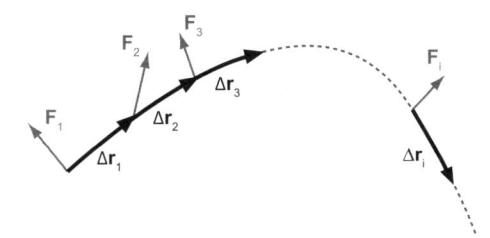

Figura 7.10: Divisão da trajetória em subintervalos.

Substituindo cada termo do somatório da Equação 7.27 pela Equação 7.25 e observando que só dois termos do somatório não se cancelarão, obteremos:

$$W = \int_C \mathbf{F} \cdot d\mathbf{r} = \frac{1}{2}mv_{final}^2 - \frac{1}{2}mv_{inicial}^2 \quad (7.28)$$

(teorema do trabalho-energia cinética – força variável em 3 dimensões)

O teorema foi estendido ao movimento de uma partícula sob a ação de uma força qualquer em três dimensões, pois os argumentos utilizados para curvas no plano valem também para curvas no espaço tridimensional. É interessante observar que, aplicando essa versão do teorema a problemas unidimensionais, recuperamos a forma mostrada na Equação 7.28. Suponha que $\mathbf{F} = F_x\mathbf{i}$, $d\mathbf{r} = dx\mathbf{i}$ e que queiramos calcular o trabalho em uma linha reta, no eixo x, que une os pontos $x = a$ e $x = b$. Teremos:

$$W = \int_C \mathbf{F} \cdot d\mathbf{r} = \mathbf{i} \cdot \mathbf{i} \int_a^b F_x dx = \frac{1}{2}mv_b^2 - \frac{1}{2}mv_a^2$$

Exemplo 7.6

Uma pequena esfera de massa m está presa à extremidade de uma haste leve, de comprimento l, que pode girar sem atrito em torno do ponto P, como mostra a Figura 7.11. A haste é largada, a partir do repouso, da posição horizontal, $\theta = 90^0$, como mostrado na figura. Determine a velocidade da esfera quando ela passa pelo ponto mais baixo da trajetória.

Solução: para resolver o problema, vamos recorrer à geometria mostrada na Figura 7.11. Primeiro, devemos observar que a força resultante sobre a partícula é a composição da força peso com a tração da haste sobre a partícula. Sabendo que a energia cinética inicial é nula e designando a velocidade final, no ponto O, como v_0, podemos escrever a equação do teorema trabalho-energia como:

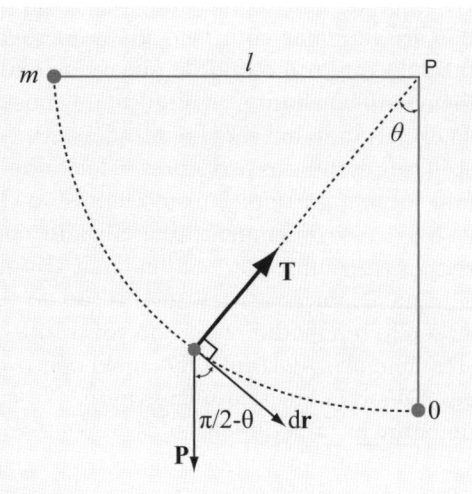

Figura 7.11: Uma esfera oscilando em torno de um ponto fixo.

$$W = \int_C \mathbf{F}d\mathbf{r} = \int (\mathbf{T} + \mathbf{P}) \cdot d\mathbf{r} = \frac{1}{2}mv_0^2$$

em que $\mathbf{T}$ é a tração na haste, $\mathbf{P}$ é o peso da esfera e a curva C é o arco de círculo indicado na figura. Como mostra a figura, o vetor deslocamento $d\mathbf{r}$ é sempre tangente à trajetória, enquanto a tração da haste é sempre perpendicular a esta. Portanto, o produto escalar desses vetores é nulo. Como o peso da esfera é dado por $-mg\mathbf{j}$, o produto escalar entre $\mathbf{P}$ e $d\mathbf{r}$ será dado por $mg|d\mathbf{r}|\cos\left(\frac{\pi}{2} - \theta\right) = mg|d\mathbf{r}|\,\text{sen}\,(\theta)$. Lembrando que $d\mathbf{r}$ é infinitesimal, seu módulo é igual ao comprimento de arco de círculo $|ld\theta| = -ld\theta$. O sinal é negativo porque o ângulo θ decresce ($d\theta$ é negativo). Então, o trabalho será dado por:

$$W = \int_C -mgl\,\text{sen}\,\theta\, d\theta = \int_{\pi/2}^0 -mgl\,\text{sen}\,\theta\, d\theta$$
$$= -mgl\left[-\cos\theta\right]_{\pi/2}^0 = mgl \quad (7.29)$$

Portanto,

$$\frac{1}{2}mv_0^2 = mgl$$

E, finalmente, teremos:

$$v_0 = \sqrt{2gl}$$

É interessante observar que o módulo da velocidade da esfera, no ponto mais baixo da trajetória, se iguala ao módulo da velocidade que a esfera teria se fosse largada em queda livre de uma altura l. De fato, a tração da haste não realiza trabalho, pois está sempre perpendicular à trajetória, restando apenas a força peso. De outra forma, sendo sempre perpendicular à velocidade, não contribui para a alteração do seu módulo e, portanto, da sua energia cinética.

Outra forma de ver esse exemplo está mostrada na Figura 7.12. Podemos aproximar a trajetória circular por uma curva composta apenas por deslocamentos paralelos às direções x e y, indicadas na figura. No limite, quando Δx e Δy tendem a zero, a curva coincide com o arco de círculo. Como o trabalho da tração é nulo (por ser perpendicular ao deslocamento), podemos considerar apenas o trabalho da força peso. Assim:

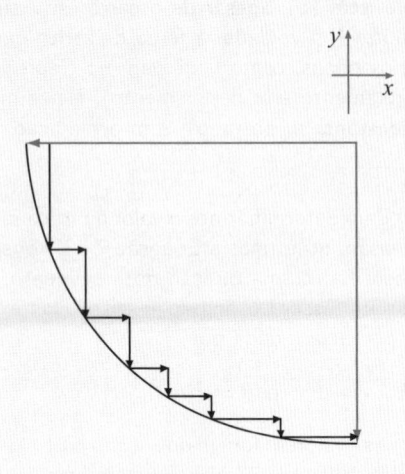

Figura 7.12: Aproximação da trajetória por deslocamentos paralelos às direções x e y.

$$W = \int_C \mathbf{P} \cdot (dx\mathbf{i} + dy\mathbf{j}) = \int_C (-mgy\mathbf{j}) \cdot (dx\mathbf{i} + dy\mathbf{j})$$

$$= \int_0^{-l} (-mg)dy = mgl$$

que é o mesmo valor obtido na Equação 7.29.

Exemplo 7.7

A Figura 7.13 mostra um objeto de massa m, que pode deslizar sem atrito sobre a superfície indicada na figura, sem perder o contato com ela. Mostre que, conhecendo a velocidade v_A do objeto na posição A, de altura h_A em relação ao solo, é possível determinar a velocidade do objeto em qualquer outro ponto B da superfície, com altura h_B.

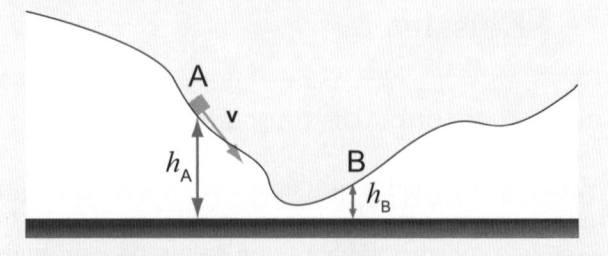

Figura 7.13: Um objeto deslizando, sem atrito, sobre uma superfície.

Solução: o primeiro passo para resolver esse exemplo é analisar as forças atuando sobre o objeto. Além do peso, está atuando apenas a força normal da superfície sobre o objeto, uma vez que não há atrito. A única força que realizará trabalho, então, será o peso do objeto, uma vez que a força normal é perpendicular à trajetória. Podemos, então, pro-

ceder como no exemplo anterior, no qual decompusemos a trajetória em deslocamentos infinitesimais horizontais e verticais, chegando a:

$$W_A^B = -mg \int_A^B dy = -mg(h_B - h_A) = \frac{1}{2}mv_B^2 - \frac{1}{2}mv_A^2$$

da qual se obtém a velocidade em B:

$$v_B = \sqrt{2g\left(h_A - h_B\right) + v_A^2}$$

É interessante notar também que, reescrevendo a equação do teorema trabalho-energia, obtemos:

$$\frac{1}{2}mv_A^2 + mgh_A = \frac{1}{2}mv_B^2 + mgh_B$$

Ou seja, aparentemente existe uma grandeza, com dimensão de energia, que se conserva ao longo do movimento. Essa característica, uma especificidade do exemplo discutido, é, na verdade, compartilhada por muitos sistemas físicos e incluída em um ramo muito especial da Física, as leis de conservação, que serão discutidas a partir da seção 7.8.

7.6   Potência

Nas seções anteriores, referimo-nos ao trabalho de uma força e à energia cinética sem fazer qualquer referência ao tempo. Quando, por exemplo, erguemos um objeto qualquer para colocá-lo em algum lugar, podemos fazê-lo com velocidades variadas, demorando mais ou menos tempo. O trabalho necessário para erguer esse objeto será sempre o mesmo, mas a taxa temporal com a qual o trabalho é realizado depende do tempo que demoramos para erguê-lo.

Para levar em conta esse fato, devemos definir a taxa de variação do trabalho em relação ao tempo, que chamamos de **potência**. Assim, potência é definida como:

$$P = \frac{\Delta W}{\Delta t} \qquad \textbf{(potência)} \qquad (7.30)$$

Uma vez que a potência é a taxa de variação de trabalho, que tem dimensões de energia, ela é expressa em J/s, unidade que foi nomeada de Watt (W).

O Watt é uma unidade muito presente em nosso dia a dia, especificando geralmente a capacidade de fornecer energia a dispositivos elétricos, como lâmpadas, sistemas de amplificação de som, transmissores de rádio, etc. Em nosso cotidiano, duas outras unidades de potência são utilizadas com bastante frequência, o *cavalo-vapor* (cv) (1 cv equivale a 735,5 W) e o *cavalo de força* (hp, do inglês *horsepower*) (1 hp equivale a 745,7 W), sendo ambas usadas na designação da potência de motores. A utilização dessas unidades em vez do Watt deve-se ao fato de terem sido consagradas na caracterização do rendimento de automóveis, um bem muito apreciado em nossa sociedade.

Exemplo 7.8

Determine a potência média necessária para uma pessoa de $80,0\,kg$ subir uma escada vertical, com velocidade constante, de maneira a elevar-se $10,0\,m$ em $30\,s$.

Solução: o trabalho necessário para a pessoa se elevar é o trabalho de uma força de valor da força peso, mas de sentido contrário, $F = mg$. Assim,

$$W = F\Delta y = mgh$$
$$= 80,0\,kg \times 9,81\,m\frac{m}{s^2} \times 10,0\,m = 78,5\,kJ$$

Portanto, a potência necessária será dada por:

$$P = \frac{W}{t} = \frac{78,5\,kJ}{30\,s} = 262\,W$$

Observe que o trabalho da força peso tem o mesmo valor do trabalho realizado pela força F acima, mas com sinal contrário, de forma que o trabalho total é zero, o que é consistente com o teorema do trabalho-energia cinética, uma vez que a variação da energia cinética é nula nesse caso.

Nem sempre a potência é constante com o tempo, como no exemplo acima. No caso de a potência variar com o tempo, devemos utilizar a definição de potência instantânea:

$$P = \lim_{\Delta t \to 0} \frac{\Delta W}{\Delta t} = \frac{dW}{dt} \ \textbf{(potência instantânea)}$$
$$(7.31)$$

A partir da definição de trabalho para força constante, podemos expressar a potência em função da velocidade:

$$P = \frac{dW}{dt} = \frac{\mathbf{F} \cdot d\mathbf{r}}{dt} = \mathbf{F} \cdot \frac{d\mathbf{r}}{dt} \qquad (7.32)$$

E, a partir da definição de velocidade instantânea, $\mathbf{v} = \frac{d\mathbf{r}}{dt}$, podemos escrever a equação acima como:

$$P = \mathbf{F} \cdot \mathbf{v} = Fv\cos\theta \qquad (7.33)$$

Ou seja, a potência instantânea é dada pelo produto escalar da força pela velocidade na posição considerada.

Exemplo 7.9

Um carro compacto pode atingir uma potência máxima de $100\,cv$. (a) Admitindo-se que o carro pode manter uma velocidade de $144\,km/h$, usando a potência máxima do motor, determine o valor da força que impulsiona o carro. (b) No item (a), apesar de o carro estar submetido à força do motor (na verdade, à força de atrito que o chão exerce sobre os pneus, como você verá no Capítulo 10, ao discutirmos rolamento sem deslizamento), ele se move com velocidade constante e, portanto, sem aceleração. Discuta esse fato.

Solução: (a) Para determinarmos o valor da força propulsora em uma dimensão, utilizamos a Equação 7.33, considerando que a força está na mesma direção do movimento, ou seja, na direção de **v**. Assim, o ângulo θ entre elas é zero, de forma que a potência é dada por

$$P = \mathbf{F} \cdot \mathbf{v} = Fv\cos\theta = Fv$$

Substituindo os valores fornecidos ($v = 144\,km/h = 40,0\,m/s$ e $P = 100\,cv = 73,55\,kW$), teremos:

$$P = F.40,0\,\frac{m}{s} = 73,6\,kW$$

Portanto,

$$F = 1,84\,kN$$

(b) A aplicação de força é necessária para contrabalançar os efeitos de forças dissipativas, como o arraste aerodinâmico (resistência do ar) e o atrito dos mancais. Na verdade, o trabalho líquido realizado sobre um automóvel em movimento com velocidade constante é nulo, sendo o trabalho da força propulsora anulado pelo trabalho das forças dissipativas, resultando em energia cinética constante e, portanto, velocidade constante.

7.7 Conservação da Energia em Uma Dimensão: Força Gravitacional e Força Elástica

Energia potencial e energia mecânica

Uma análise mais detalhada do exemplo 7.1, que estuda o movimento de uma partícula em queda livre, pode conduzir também a um resultado bem mais geral. Suponha que estamos analisando o problema da queda livre de uma partícula, lançada de uma altura h_1, com velocidade inicial v_0. Podemos calcular sua velocidade, ou sua energia cinética, em outra altura qualquer h_2. Para isso, utilizaremos o teorema do trabalho-energia cinética:

$$W_1^2 = (-mg)(h_2 - h_1) = \frac{1}{2}mv_2^2 - mv_1^2 \qquad (7.34)$$

ou seja,

$$mgh_1 - mgh_2 = \frac{1}{2}mv_2^2 - \frac{1}{2}mv_1^2$$

o que equivale a escrever que:

$$\frac{1}{2}mv_1^2 + mgh_1 = \frac{1}{2}mv_2^2 + mgh_2 \qquad (7.35)$$

Como já antecipamos no exemplo 7.7, a grandeza física $\frac{1}{2}mv^2 + mgh$, onde v é a velocidade da partícula e h a sua altura em relação ao solo, apresenta um valor constante. Dito de outra maneira, essa grandeza se conserva para uma partícula na presença apenas da força gravitacional. Ao longo da queda da partícula (redução de sua altura), sua energia cinética aumenta e o valor de mgh diminui, mas a soma das duas grandezas permanece constante. Essa grandeza é conhecida como **energia mecânica**. A grandeza representada por mgh tem dimensão de energia. Como a energia cinética pode aumentar conforme essa grandeza, convenciona-se chamá-la de **energia potencial,** em referência ao potencial de transformar-se em energia cinética, ou seja, em movimento. Assim, podemos definir a energia potencial gravitacional como:

$$U_G = mgh \text{ (energia potencial gravitacional)} \qquad (7.36)$$

tendo sido arbitrariamente atribuído $U_G = 0$ para $h = 0$, uma vez que o que nos interessa é a diferença de energia entre duas posições. Quando, por exemplo, carregamos um objeto qualquer para o topo de um edifício, aumentando sua altura, estamos acumulando energia potencial. Ao largar esse objeto do topo do prédio, essa energia potencial acumulada se transforma em energia cinética.

Uma imagem fisicamente mais esclarecedora desse processo é o lançamento de uma pedra para o alto, com velocidade v_0 dirigida para cima. Enquanto sobe, sua energia potencial gravitacional aumenta e sua energia cinética diminui (assim como, em consequência, sua velocidade), até chegar à altura máxima, onde sua energia cinética é nula (velocidade igual a zero) e sua energia potencial gravitacional é máxima.

A Figura 7.14 mostra esquematicamente esse processo, ilustrando as variações da energia cinética, da energia potencial gravitacional e a soma das duas, que é igual à energia mecânica. O diagrama apresentado será o mesmo, exceto pelo fato de o sentido da velocidade ser invertido, para uma pedra caindo de certa altura a partir do repouso.

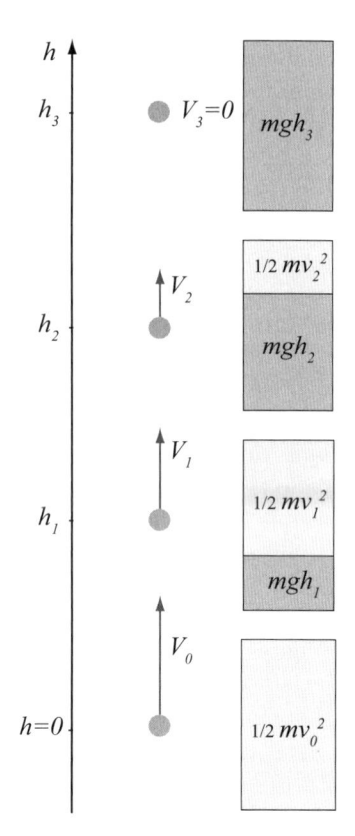

Figura 7.14: Variação da energia potencial gravitacional e da energia cinética de uma partícula lançada a partir do solo com velocidade v_0, submetida apenas à força gravitacional.

Podemos adotar o mesmo raciocínio do sistema massa-mola (Figura 7.6). Nesse caso, vamos considerar o teorema do trabalho-energia cinética, aplicando-o a duas posições (elongações da mola) genéricas, designadas por x_1 e x_2. Assim, o trabalho da força elástica será:

$$W_1^2 = \int_{x_1}^{x_2} -kx\,dx = \frac{1}{2}mv_2^2 - \frac{1}{2}mv_1^2 \qquad (7.37)$$

ou seja,

$$\frac{1}{2}kx_1^2 - \frac{1}{2}kx_2^2 = \frac{1}{2}mv_2^2 - \frac{1}{2}mv_1^2$$

uma equação que pode ser rearranjada como:

$$\frac{1}{2}mv_1^2 + \frac{1}{2}kx_1^2 = \frac{1}{2}mv_2^2 + \frac{1}{2}kx_2^2 \qquad (7.38)$$

Novamente, a aplicação do teorema do trabalho-energia cinética conduz a uma lei de conservação. Nesse caso, a energia potencial é igual a $\frac{1}{2}kx^2$ (que será abordada detalhadamente mais à frente). Como mencionado anteriormente, a soma da energia potencial U com a energia cinética K é definida como **energia mecânica**.

$$E = K + U \quad \textbf{(energia mecânica)} \quad (7.39)$$

Como vimos para o caso da força gravitacional e da força elástica, essa soma é constante. Entretanto, essa lei vale também para outras forças, desde que sejam conservativas, o que, em uma dimensão, são forças que dependem apenas da posição. Aparentemente, essa condição da força de depender apenas da posição traduz uma realidade puramente matemática. Para extrair um significado físico mais preciso dessa limitação, devemos lembrar das forças de atrito. Poderíamos, em uma primeira análise, concluir que a força de atrito atuando sobre um objeto que desliza sobre um plano rugoso seja constante e, portanto, esteja incluída entre as forças dependentes da posição, como são as forças gravitacional e elástica. Todavia, como foi comentado, a força de atrito depende explicitamente do sentido da velocidade (do sinal da velocidade), que pode ser expresso como $\mathbf{v}/|\mathbf{v}|$, sendo a força de atrito, portanto, uma força que não depende apenas da posição. Por isso, o teorema da conservação de energia não se aplica à força de atrito. As forças dependentes apenas da posição, no movimento em uma dimensão, são denominadas **forças conservativas** por serem compatíveis com a conservação da energia. Nos movimentos em duas e três dimensões, a condição necessária para a força ser conservativa não é a de depender apenas da posição, como será visto mais adiante.

Salto com Vara

O salto com vara é um esporte em que o atleta salta um obstáculo utilizando uma vara para aumentar a altura alcançada. Para saltar com vara, existem técnicas especiais para se tirar o maior proveito da energia do atleta. Inicialmente, o atleta corre com a vara atingindo certa velocidade, ou seja, adquirindo energia cinética (Figura 7.15). No momento do salto, o atleta posiciona a vara em um canto e, devido à sua energia cinética, transfere parte dessa energia em energia potencial elástica para a vara, que se curva, acumulando energia potencial (Figura 7.16a). A vara começa, então, a retomar sua posição de equilíbrio, transferindo a energia acumulada novamente em energia cinética e potencial e levantando o atleta em direção ao obstáculo a ser superado (Figura 7.16b).

Em um modelo simplificado, podemos imaginar que a energia cinética adquirida na corrida é transferida em energia potencial gravitacional na altura do obstáculo, estabelecendo, assim, a altura máxima possível (desprezando-se eventuais perdas). Dessa forma, a energia cinética no momento do pulo seria:

$$E_c = \frac{1}{2}mv^2$$

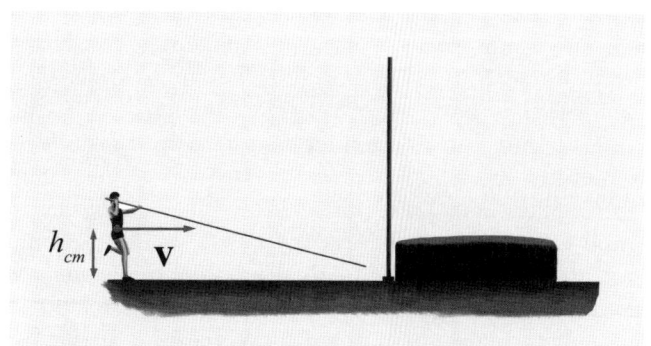

Figura 7.15: Atleta adquirindo energia cinética.

A energia potencial, em relação ao centro de massa do atleta, seria:

$$E_p = mgh$$

Igualando os dois termos, obtemos que a altura máxima possível em relação ao centro de massa do atleta é:

$$h = \frac{v^2}{2g}$$

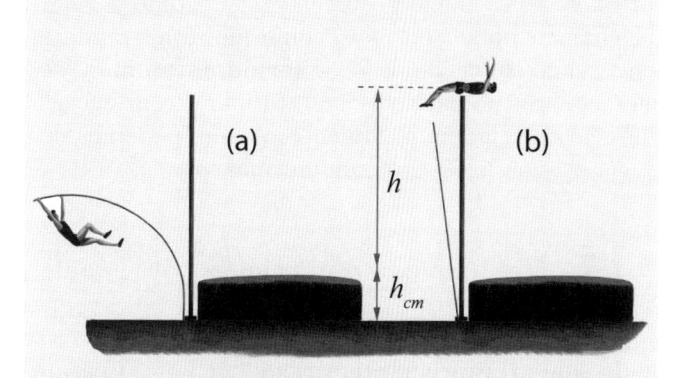

Figura 7.16: (a) Atleta iniciando o salto com vara e (b) atingindo a altura máxima.

Assim, a altura final (do centro de massa) H, atingida pelo atleta, será:

$$H = \frac{v^2}{2g} + h_{cm}$$

Para uma velocidade em torno de $10\,\text{m/s}$ (que é um valor um pouco abaixo do máximo que o homem consegue atingir), $h_{cm} = 1\,\text{m}$ e considerando $g \approx 10\,\text{m/s}^2$, obtemos $H \approx 6\,\text{m}$. O recorde mundial está um pouco acima de $6\,\text{m}$. Na prática, o atleta ainda pode acrescentar um pouco mais de energia a partir de sua força muscular, aumentando o envergamento da vara.

Teorema da conservação da energia mecânica em uma dimensão

Como vimos, o problema do movimento em uma dimensão para uma partícula submetida à força gravitacional ou elástica nos leva a encontrar uma lei de conservação de energia, que pode ser utilizada para resolver alguns problemas. Nesta seção, vamos estender essa lei de conservação para qualquer força conservativa (que será definida a seguir) em uma dimensão, e não apenas para as forças gravitacional e elástica. Mais adiante, vamos estender essa lei para duas e três dimensões.

Supondo que uma partícula esteja se movimentando entre as posições x_0, x_1 e x_2, sendo x_0 uma posição arbitrária e x_1 e x_2 duas posições quaisquer no eixo x, e que, durante esse movimento, a partícula esteja submetida a uma força $F(x)$ conhecida. Podemos representar o trabalho realizado entre x_0 e x_2 como:

$$W_{x_0}^{x_2} = \int_{x_0}^{x_2} F(x)dx = \int_{x_0}^{x_1} F(x)dx + \int_{x_1}^{x_2} F(x)dx \quad (7.40)$$

Aplicando o teorema do trabalho-energia cinética ao trecho ente x_1 e x_2, temos:

$$\int_{x_0}^{x_2} F(x)dx = \int_{x_0}^{x_1} F(x)dx + \frac{1}{2}mv_2^2 - \frac{1}{2}mv_1^2 \quad (7.41)$$

que pode ser escrita na forma:

$$\frac{1}{2}mv_1^2 - \int_{x_0}^{x_1} F(x)dx = \frac{1}{2}mv_2^2 - \int_{x_0}^{x_2} F(x)dx \quad (7.42)$$

equação que, mais uma vez, representa a lei de conservação da energia. Na Equação 7.41, em ambos os lados da igualdade, podemos fazer a seguinte substituição:

$$U(x) = -W_{x_0}^x = -\int_{x_0}^{x} F(x)dx \quad (7.43)$$

e chamar $U(x)$ de energia potencial, desde que a força seja conservativa. Podemos, então, escrever:

$$K_1 + U(x_1) = K_2 + U(x_2) = E_M \quad (7.44)$$

A Equação 7.44 estabelece uma lei de conservação para a soma da energia cinética com a energia potencial, que já foi denominada energia mecânica, de forma que podemos enunciar essa lei como:

Teorema da conservação da energia mecânica: a energia mecânica de uma partícula, $E = K + U$, conserva-se se ela estiver submetida a uma força resultante conservativa.

Um resultado adicional dessa formulação é a relação entre força e energia potencial. Como vimos no caso da força gravitacional e da força elástica, podemos escrever:

$$-\int_{x_0}^{x} F(x)dx = U(x) - U(x_0) = \Delta U \quad (7.45)$$

ou:

$$\Delta U = U(x) - U(x_0) = -\int_{x_0}^{x} F(x)dx \quad (7.46)$$

(energia potencial em uma dimensão)

Pela definição de integral, podemos escrever:

$$dU = -F(x)dx$$

e, a partir daí, obter a força:

$$F(x) = -\frac{dU(x)}{dx} \quad (7.47)$$

7.8   Sistema Massa-mola em Detalhe

Como um exemplo de aplicação da conservação da energia em uma dimensão, estudaremos o sistema massa-mola com mais detalhes, introduzindo a conservação da energia mecânica. Podemos calcular a energia potencial do sistema massa-mola, já que conhecemos a dependência da força elástica com a posição, que é dada pela Equação 7.18. O primeiro passo é escolhermos a origem para a qual atribuiremos uma energia potencial nula. O bom senso nos leva a escolher a posição $x = 0$ como origem, mas deve-se lembrar que essa escolha é arbitrária. Podemos escolher qualquer posição como origem do potencial (mais adiante, isso será verificado). Assim, a energia potencial será dada por:

$$U(x) = -\int_{0}^{x} (-kx)dx = \frac{1}{2}kx^2 \quad (7.48)$$

(energia potencial elástica)

A curva de energia potencial em função da posição, uma parábola, como mostra a Equação 7.48, está representada na Figura 7.17.

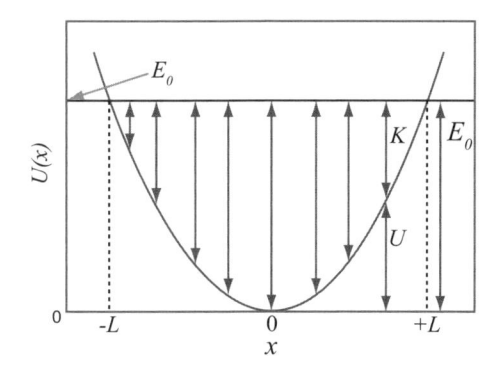

Figura 7.17: Análise do sistema massa-mola usando a curva de energia potencial.

Podemos analisar o movimento da massa presa à mola utilizando apenas o gráfico da energia potencial. Para tanto, devemos fixar o valor da energia mecânica, E_0, que está assinalado no gráfico da Figura 7.17. A primeira observação que podemos fazer, analisando o gráfico, é que existe uma região onde é possível que a partícula se movimente. Uma vez que $E_0 = U + K$, temos:

$$K = E_0 - \frac{1}{2}kx^2 = \frac{1}{2}mv^2 \geq 0 \qquad (7.49)$$

ou seja, o movimento está restrito à região em que a energia potencial é menor ou igual à energia mecânica, pois a energia cinética não pode ter valores negativos. A energia cinética do sistema massa-mola também está representada em algumas posições na Figura 7.17, na região onde o movimento da partícula é possível. Por meio do gráfico de energia potencial, podemos observar que a energia cinética aumenta quando a partícula se aproxima de $x = 0$ e se anula quando $U = E_0$. Esses pontos de anulação da energia cinética correspondem às elongações máximas da mola, representados no gráfico por $x = \pm L$.

Analisando o gráfico, podemos também estabelecer a sequência do movimento da partícula ao atingir $x = \pm L$. Para tanto, basta verificar o sentido da força atuando sobre ela. Uma vez que a partícula está em repouso momentâneo, ela se movimentará na direção em que a força está apontando. Em $x = -L$, por exemplo, a derivada dU/dx da energia potencial é negativa, como mostra a figura. Portanto, a força sobre a partícula nessa posição apontará para a direita (sentido positivo, uma vez que $F = -dU/dx$), sentido para o qual a partícula se movimentará quando atingir esse ponto.

Antes de atingir o ponto $x = -L$, a partícula estava se movimentando no sentido oposto. Essa análise também é válida para o ponto $x = L$. A partícula, antes de alcançá-lo, terá velocidade positiva. Como a força é negativa nesse ponto ($dU/dx > 0$), a partícula se movimentará no sentido negativo, após atingir $x = L$. Por

isso, os pontos $x = \pm L$ são denominados *pontos de retorno* do movimento.

A análise gráfica do sistema massa-mola a partir da curva de energia potencial nos conduz ao fato de que a partícula estará oscilando periodicamente entre $-L$ e $+L$, com a energia cinética atingindo o valor máximo em $x = 0$. Apenas para complementar, podemos obter, a partir da equação da conservação da energia mecânica (o leitor deverá verificar esses resultados, como exercício), os valores da elongação L e da velocidade máxima (em $x = 0$):

$$L = \sqrt{\frac{2E_0}{k}} \quad \text{e} \quad v = \sqrt{\frac{2E_0}{m}}$$

É importante observar que essa forma de discutir o movimento, por meio do gráfico da energia potencial, não se restringe ao estudo do sistema massa-mola. A Figura 7.18 trata-se de um gráfico de energia potencial genérico de uma partícula. Se a energia mecânica da partícula for igual à energia E_0 assinalada no gráfico, a situação física guarda fortes analogias com o sistema massa-mola, apesar de a forma da curva de energia potencial ser diferente. Analisando o gráfico, podemos identificar a região em que a partícula pode se mover entre x_{min} e x_{max}, os pontos de retorno desse movimento. Pode-se afirmar que a partícula estará oscilando, confinada entre x_{min} e x_{max}.

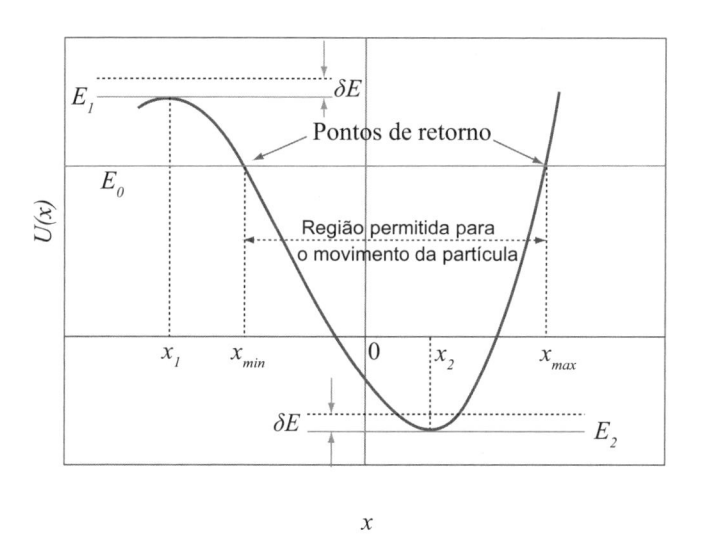

Figura 7.18: Curva de energia potencial genérica.

O gráfico da Figura 7.18 nos permite observar dois outros pontos característicos em curvas de energia potencial. Primeiramente, observamos que, se a energia mecânica da partícula for igual a E_1 ou E_2, a partícula estará em repouso, pois sua energia cinética será nula, assim como a força atuando sobre a partícula. A força será nula porque, nas localizações em que se encontram a partícula em cada uma das duas situações, a energia potencial apresenta um ponto extremo – ponto de máximo em x_1 ($E = E_1$) e ponto de mínimo em x_2 ($E = E_2$). Como a derivada dU/dx é nula em pontos de máximo e de mínimo, as forças nessas posições serão nulas. Como a partícula em ambos os casos estará em repouso, esses pontos são denominados pontos de equilíbrio. No caso de um ponto de mínimo, o ponto de equilíbrio é designado como estável, uma vez que, se aumentarmos em um valor muito pequeno a energia da partícula (no caso $E = E_2 + \delta E$), a partícula se movimentará em torno do ponto de mínimo (Figura 7.18). No caso de um ponto de máximo, o ponto de equilíbrio é designado como instável, uma vez que, se aumentarmos a energia em um valor pequeno ($E = E_1 + \delta E$), a partícula tenderá a se afastar de $x = x_1$. O assunto de equilíbrio será estudado com mais detalhes no Capítulo 12.

Exemplo 7.10

Um bloco de massa $m = 1,0\,\text{kg}$ oscila sobre o plano horizontal, preso a uma mola de constante elástica $k = 85\,\text{N/m}$ e deslizando sem atrito. Quando ele está a uma distância de $10\,\text{cm}$ do comprimento relaxado da mola, sua velocidade é igual a $3,4\,\text{m/s}$. Determine (a) a velocidade com que o bloco passa pela posição correspondente ao comprimento relaxado da mola e (b) a elongação máxima da mola.

Solução: (a) Supondo que o comprimento relaxado da mola faz o bloco situar-se na posição $x = 0$ e adotando esse ponto como origem da energia potencial, podemos calcular a energia mecânica do bloco, uma vez que conhecemos a velocidade do bloco na posição $x = 0,10\,\text{m}$.

$$E_M = \frac{1}{2}kx^2 + \frac{1}{2}mv^2 = 0,5 \times 85 \times (0,1)^2$$
$$+ 0,5 \times 1 \times (3,4)^2 = 0,425 + 5,78 \cong 6,2\,\text{J}$$

No comprimento relaxado, a energia potencial elástica é nula e, em consequência, a energia cinética nesse ponto é dada por:

$$K = E_M = 6,2\,\text{J}$$

A velocidade, então, será:

$$v = \sqrt{\frac{2E_M}{m}} = \sqrt{\frac{2 \times 6,2}{1,0}} \cong 3,5\,\text{m/s}$$

(b) Uma vez que, na elongação máxima, a velocidade é zero, a elongação máxima será dada por:

$$L = \sqrt{\frac{2E_M}{k}} = \sqrt{\frac{2 \times 6,2}{85}} = 0,38\,\text{m} = 38\,\text{cm}$$

7.9   Conservação da Energia em Duas e Três Dimensões

No Exemplo 7.7, que considera um objeto deslizando sem atrito, chegamos, por meio da aplicação do teorema do trabalho-energia cinética, a uma equação semelhante à da conservação da energia mecânica para uma partícula em queda livre. Essa semelhança não é casual e deve-se ao fato de que o trabalho realizado sobre uma partícula submetida à força gravitacional (além da força normal, que é perpendicular à trajetória e, portanto, não realiza trabalho) não depende do caminho utilizado para calcular esse trabalho, dependendo apenas das posições inicial e final. A seguir, mostraremos que essa independência do trabalho em relação ao caminho utilizado para o seu cálculo é a propriedade que define uma força conservativa em duas e três dimensões. Nossa discussão será restrita a duas dimensões, mas o leitor poderá facilmente generalizá-la para três dimensões.

Imagine que, em uma dada região, uma partícula é submetida à ação de uma força $\mathbf{F(r)}$, que depende apenas da posição $\mathbf{r}$ e é conservativa, ou seja, o trabalho não depende da trajetória utilizada. Calculemos, então, o trabalho entre as posições O e B, quando uma partícula percorre o caminho 1 (que contém o ponto A) ou o caminho 2, como mostra a Figura 7.19. Podemos exprimir o trabalho entre as posições O e B da seguinte forma:

$$W_1 = W_2$$

ou:

$$\left[\int_O^B \mathbf{F} \cdot \mathbf{dr}\right]_{caminho\ 1} = \left[\int_O^B \mathbf{F} \cdot \mathbf{dr}\right]_{caminho\ 2}$$

Como o ponto A pertence ao caminho 1, a integral da esquerda pode ser reescrita como:

$$\left[\int_O^A \mathbf{F} \cdot \mathbf{dr} + \int_A^B \mathbf{F} \cdot \mathbf{dr}\right]_{caminho\ 1} = \left[\int_O^B \mathbf{F} \cdot \mathbf{dr}\right]_{caminho\ 2}$$

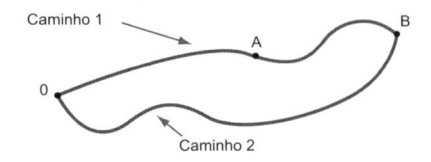

Figura 7.19: Dois caminhos para o cálculo do trabalho de uma força conservativa.

Como a força da qual está se calculando o trabalho é a força resultante, podemos aplicar o teorema do trabalho-energia cinética:

$$\int_O^A \mathbf{F} \cdot \mathbf{dr} + K_B - K_A = \int_O^B \mathbf{F} \cdot \mathbf{dr} \qquad (7.50)$$

em que dispensamos a designação dos caminhos para o cálculo do trabalho nos trechos OA e OB, por tratar-se de uma força conservativa. Agrupando os termos referentes a A e B, temos:

$$-\int_O^A \mathbf{F} \cdot d\mathbf{r} + K_A = -\int_O^B \mathbf{F} \cdot d\mathbf{r} + K_B \qquad (7.51)$$

Se agora designarmos $-\int_O^X \mathbf{F} \cdot d\mathbf{r}$ por U_r, ou energia potencial no ponto $\mathbf{r}$, teremos a equação que expressa a lei da conservação da energia mecânica:

$$U_A + K_A = U_B + K_B \qquad (7.52)$$

É importante ressaltar que partimos tão somente do fato de que o trabalho da força não dependia do caminho. Essa é uma formulação idêntica à que estudamos no caso da conservação da energia em uma dimensão, exceto pela introdução da propriedade de forças conservativas.

Podemos, então, estabelecer o teorema da conservação da energia mecânica para o movimento de uma partícula em duas ou três dimensões. Inicialmente, vamos definir uma força conservativa:

Força conservativa: uma força é conservativa se o trabalho que ela realiza em uma partícula não depende do caminho. Isto é, uma força é conservativa quando o trabalho sobre uma partícula que percorre qualquer trajetória fechada é nulo.

A equivalência entre essas duas definições pode ser aferida com base na análise da Figura 7.19, quando calculamos o trabalho de O até B pelo caminho 1 e o trabalho de B até O pelo caminho 2. Como o trabalho não depende do caminho determinado, ao percorrer o caminho 1, $[W_O{}^B]_{caminho1}$ terá o sinal invertido em relação o trabalho determinado ao percorrer o caminho 2, $[W_B{}^O]_{caminho2}$. O trabalho ao percorrer toda a trajetória de O a B pelo caminho 1, retornando a O pelo caminho 2, será:

$$W_{trajetória\ fechada} =$$
$$\left[W_O^B\right]_{caminho\ 1} + \left[W_B^O\right]_{caminho\ 2} = 0$$

equação que, explicitada em termos da definição de trabalho, pode ser escrita da seguinte forma:

$$\oint \mathbf{F} \cdot d\mathbf{r} =$$
$$\left[\int_O^B \mathbf{F} \cdot d\mathbf{r}\right]_{caminho\ 1} + \left[\int_B^O \mathbf{F} \cdot d\mathbf{r}\right]_{caminho\ 2} = 0$$

em que o símbolo $\oint$ indica uma integral em uma trajetória fechada.

Para enunciarmos o teorema da conservação da energia, precisamos ainda definir a energia potencial, que corresponde ao simétrico do trabalho de uma força calculado entre uma origem arbitrária r_0 e um ponto qualquer r do espaço.

$$U(\mathbf{r}) = -\int_{\mathbf{r_0}}^{\mathbf{r}} \mathbf{F} \cdot d\mathbf{r} \quad \textbf{(energia potencial)} \ (7.53)$$

A energia potencial é uma forma de energia armazenada que pode ser totalmente convertida em outra forma de energia. Quando forças não conservativas agem em um sistema (como a força de atrito), não é possível recuperar toda a energia potencial, transformado-a em energia cinética. Assim, a energia potencial só é definida para forças conservativas.

Podemos, agora, definir o teorema da conservação da energia:

Teorema da conservação da energia: se uma força é conservativa, sua energia mecânica, que é a soma das energias cinética e potencial, conserva-se.

Ou seja, se $\oint \mathbf{F} \cdot d\mathbf{r} = 0$, então:

$$U(\mathbf{r}) + \frac{1}{2}mv^2 = E = constante \qquad (7.54)$$

(conservação da energia mecânica)

Nota importante: no caso unidimensional, uma força conservativa equivale a uma força que depende apenas da posição, mas essa definição é equivalente ao trabalho não depender do caminho. Podemos mostrar isso calculando o trabalho em uma dimensão de uma força $F(x)$ entre duas posições x_1 e x_2 ($x_1 > x_2$), usando dois caminhos diferentes. O primeiro é o segmento que liga x_1 a x_2 e o segundo é dividido em dois segmentos, o primeiro de x_1 a $x_3 > x_2$, passando por x_2, e o segundo diretamente de x_3 a x_2. Calculando o trabalho, temos:

$$W_{caminho\ 1} = \int_{x_1}^{x_2} F(x)dx$$

$$W_{caminho\ 2} = \int_{x_1}^{x_2} F(x)dx +$$
$$\int_{x_2}^{x_3} F(x)dx + \int_{x_3}^{x_2} F(x)dx \qquad (7.55)$$

No cálculo do trabalho utilizando o caminho 2, as duas últimas integrais cancelam-se, por terem o mesmo integrando e limites idênticos e invertidos. Portanto, no caso de uma partícula movimentando-se em uma dimensão, submetida a uma força que só depende da posição $F(x)$, o trabalho dessa força calculado entre dois pontos não depende do caminho utilizado no cálculo.

A conservação da energia e o pêndulo

Podemos estudar o movimento de um pêndulo utilizando a conservação da energia. A base dessa discussão já foi realizada no Exemplo 7.6, que trata do movimento de uma haste leve, de comprimento l, que pode girar livremente em torno de uma das extremidades, com uma partícula de massa m presa à outra extremidade, como mostra a Figura 7.11.

Calculemos a velocidade da massa m em qualquer posição do pêndulo, quando ele é largado a partir da posição horizontal, como mostra a Figura 7.11. Para utilizarmos a conservação da energia para resolver o problema, devemos escolher a origem da energia potencial. Podemos adotar como origem o ponto mais baixo da trajetória do pêndulo, o ponto O da figura, que corresponde ao ângulo $\theta = 0$ das Figuras 7.11 e 7.12. Usando os cálculos antecipados no exemplo 7.6, $\int \mathbf{F} \cdot d\mathbf{r} = \int -mgl \, sen\theta \, d\theta$, podemos determinar a energia potencial para o problema:

$$U(\theta) = -\int_0^\theta -mgl \sin\theta \, d\theta = -mgl \left[\cos\theta\right]_0^\theta \quad (7.56)$$
$$= mgl \left[1 - \cos\theta\right] = mgy$$

em que y é a altura em relação ao ponto O. Podemos, então, determinar a velocidade de qualquer ponto a partir da posição dada pela altura em relação a O, ou ângulo θ, sabendo que sua energia mecânica, que é constante durante todo o movimento, equivale à energia potencial no ponto de lançamento do pêndulo, uma vez que este foi largado a partir do repouso:

$$\frac{1}{2}mv^2 + mgy = mgl$$

Portanto, a velocidade da massa m é descrita por:

$$v = \sqrt{2g\left(l - y\right)}$$

ou, em função do ângulo θ:

$$v = \sqrt{2lg\cos\theta}$$

Obviamente, para o ponto mais baixo da trajetória, obtemos o mesmo valor $v = \sqrt{2gl}$ que obtivemos no exemplo 7.6.

Exemplo 7.11

Uma partícula de massa m está presa a um fio de comprimento l fixado em uma das extremidades ao ponto O, como mostrado na Figura 7.20. Se a massa é largada do repouso quando o fio faz um ângulo de 30° com a horizontal, determine a tensão no fio quando a massa passa pelo ponto mais baixo da trajetória.

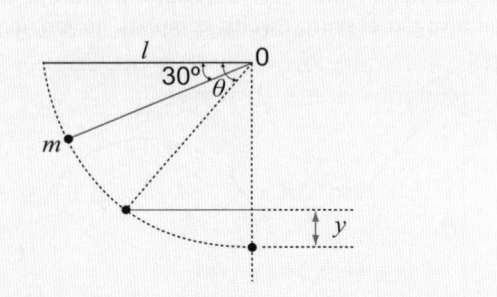

Figura 7.20: Uma partícula presa por um fio fixo em um ponto.

Solução: quando a massa passa pelo ponto mais baixo da trajetória, a força resultante sobre ela estará na direção vertical, com módulo igual a $T - mg$, em que T é a tensão no fio. Como a massa realiza um movimento circular, o componente da força resultante na direção radial deve ser igual à força centrípeta, portanto:

$$T - mg = F_C = \frac{mv^2}{l}$$

Podemos, utilizando a conservação da energia, calcular mv^2 para utilizar na equação acima. Para tanto, devemos calcular a energia mecânica da massa, tomando como origem da energia potencial, por exemplo, o ponto mais baixo da trajetória. Assim,

$$E = mgl(1 - sen\frac{\pi}{6}) = \frac{mgl}{2}$$

Na posição mais baixa da trajetória, a energia potencial é nula, de modo que podemos escrever:

$$\frac{1}{2}mv^2 = \frac{mgl}{2} \qquad \text{e} \qquad mv^2 = mgl$$

Assim, a tensão no fio será dada por:

$$T = \frac{mv^2}{l} + mg = \frac{mgl}{l} + mg = 2mg$$

Partícula na presença de força gravitacional e na ausência de forças de atrito

No Exemplo 7.7, foi mostrado que uma partícula submetida apenas à força de gravidade (além da força normal, que é perpendicular à trajetória e, portanto, não realiza trabalho) atende à conservação da energia mecânica. Essa característica permite discutirmos problemas físicos de interesse prático, como o descrito no exemplo a seguir.

Exemplo 7.12

Um vagão em um parque de diversões movimenta-se preso a um trilho, na ausência de atrito. Em uma determinada etapa do trajeto do vagão, ele é largado de uma altura h, movendo-se em direção a um *looping* circular de raio R como mostra a Figura 7.21. Determine a altura h mínima para que o vagão execute a volta completa no *looping*.

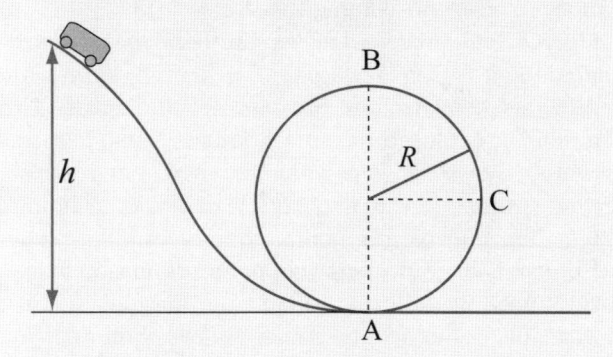

Figura 7.21: Um vagão em um *looping* de um parque de diversões.

Solução: em primeiro lugar, devemos definir qual é a condição física a ser observada para que o vagão dê uma volta completa no *looping*. Pode ser mostrado que isso equivale a dizer que o vagão não perderá o contato até atingir o topo do *looping*, onde a força normal será nula. Sendo assim, a força resultante sobre o vagão, nesse ponto, é seu peso. Como o vagão está executando uma trajetória circular, a força centrípeta agindo sobre ele deverá ser igual ao peso, uma vez que não há atrito, ou seja:

$$F_c = \frac{mv^2}{R} = mg$$

da qual podemos obter a energia cinética do vagão no ponto B, como:

$$K = \frac{mv^2}{2} = \frac{mgR}{2} \qquad (7.57)$$

Escolhendo o ponto A como o nível zero da energia potencial e utilizando a energia cinética dada pela Equação 7.57, a energia mecânica do vagão no ponto B será dada por:

$$E = K + U = \frac{mgR}{2} + 2mgR = \frac{5mgR}{2} \qquad (7.58)$$

No ponto de lançamento, a energia cinética é nula. Igualando a energia mecânica no ponto de lançamento, $E = mgh$, e no ponto mais alto do *looping* (Equação 7.58), teremos:

$$mgh = \frac{5mgR}{2}$$

Finalmente, encontramos a altura mínima para o lançamento:

$$h = \frac{5R}{2}$$

7.10 Generalização da Conservação da Energia

É importante analisarmos a ação das forças de atrito em termos da conservação da energia mecânica.

Para essa análise, podemos considerar o bloco de massa m mostrado na Figura 7.22. O bloco está ligado a uma mola, que, por sua vez, tem sua outra extremidade ligada a uma parede fixa. Suponha que, em um dado instante, o bloco está passando na posição correspondente ao comprimento relaxado da mola com velocidade igual a v_{final}, deslizando sobre uma superfície rugosa com coeficiente de atrito cinético μ, depois de ter sido lançado de $x = d$ com velocidade v_0. Podemos aplicar o teorema do trabalho-energia cinética, entre o instante inicial e após o bloco percorrer a distância d, da seguinte forma:

$$W = \int_d^0 [(-kx) - \mu mg]dx = \frac{1}{2}kd^2 + \mu mgd$$
$$= \frac{1}{2}mv_{final}^2 - \frac{1}{2}mv_0^2$$

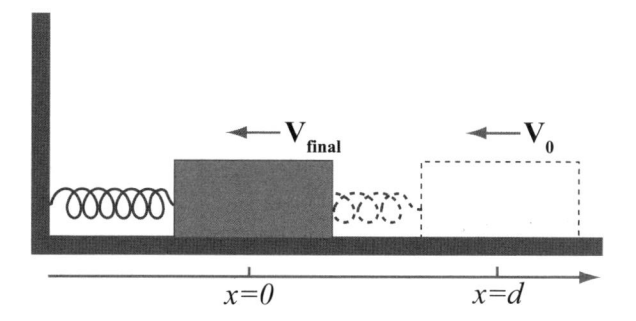

Figura 7.22: Sistema massa-mola com atrito.

Reagrupando os termos, temos:

$$\frac{1}{2}mv_o^2 + \frac{1}{2}kd^2 = \frac{1}{2}mv_{final}^2 - \mu mgd$$

O membro ao lado esquerdo da igualdade na equação é a energia mecânica do bloco ao ser lançado, ou seja, é a soma da energia potencial relativa à força conservativa que está agindo sobre o bloco na posição $x = d$, com a energia cinética naquela posição. Se a energia mecânica se conservasse, seu valor deveria ser igual a $1/2mv_{final}^2$ (pois, em $x = 0$, a energia potencial é nula). Entretanto, o valor obtido, considerando a força de atrito, é igual a $1/2mv_{final}^2 - \mu mgd$, ou seja, igual ao valor da energia mecânica final mais o trabalho da força de atrito, que é sempre negativo. Assim, na presença de forças de atrito, a energia mecânica de uma partícula *sempre* diminui.

Consideremos o exemplo acima, de maneira mais formal, para uma partícula movimentando-se em uma dimensão sob a ação de uma força, que é a soma de uma força conservativa F_{cons} com uma força de atrito F_{atrito}. Aplicando, para essa situação, o teorema do trabalho-energia cinética entre duas posições, x_{final} e $x_{inicial}$, lembrando que ela vale para a força resultante de todas as forças (conservativas ou não) que agem no sistema, teremos:

$$W_i^f = \int_{x_i}^{x_f} \{[F(x)]_{cons} + F_{atrito}\} \, dx$$
$$= \int_{x_i}^{x_f} [F(x)]_{cons} dx + \int_{x_i}^{x_f} [F(x)]_{atrito} dx \quad (7.59)$$
$$= K_f - K_i$$

Para a força conservativa, podemos escrever, utilizando a Equação 7.46:

$$\int_{x_i}^{x_f} [F(x)]_{cons} dx = -\Delta U = U_i - U_f \quad (7.60)$$

Portanto, considerando que o trabalho da força de atrito é $W_{atrito} = \int_{x_i}^{x_f} [F(x)]_{atrito} dx$, podemos escrever a Equação 7.59 como:

$$W_i^f = U_i - U_f + W_{atrito} = K_f - K_i \quad (7.61)$$

ou, rearranjando os termos,

$$U_f + K_f = U_i + K_i + W_{atrito} \quad (7.62)$$

Se designarmos por E_0 a energia mecânica inicial e por E a energia mecânica final, podemos escrever a Equação 7.62 como:

$$E = E_0 + W_{atrito} \quad (7.63)$$

ou:

$$\Delta E = E - E_0 = W_{atrito} \quad (7.64)$$

Ou seja, a energia mecânica sempre diminui sob a ação da força de atrito. Chamamos esse tipo de força de **força não conservativa**, uma vez que o teorema do trabalho-energia cinética não se conserva quando ela atua sobre o sistema. Os passos dados para chegar à Equação 7.64 podem ser facilmente repetidos para forças em duas e três dimensões, conduzindo ao mesmo resultado.

A ação das forças de atrito, ou **forças dissipativas**, tem outras consequências além de diminuir a energia mecânica. Todos sabemos que, ao atritarmos dois corpos rugosos entre si, a temperatura deles aumenta. Em geral, o aumento da temperatura de um corpo macroscópico está associado ao aumento de sua energia interna, o que pode ser traduzido, como no caso dos dois corpos atritados, em aumento da energia cinética de vibração dos átomos que os compõem (como será visto no volume 2 desta série).

Outros fenômenos parecem também manifestar o "aparecimento" ou o "desaparecimento" súbito da energia mecânica em um sistema de partículas. Um exemplo é a explosão de uma bomba. Nesse caso, as partículas que compõem a bomba estão em repouso, agregadas umas às outras. Após a explosão, a bomba parte-se em muitos fragmentos, que se espalham com alta velocidade. De um corpo em repouso, então, "surge" uma grande quantidade de energia cinética. Na verdade, como acontece com as forças de atrito, o que ocorre, nesse caso, é a transformação de uma forma de energia para outra. Uma reação química libera a energia associada à formação de ligações químicas, transferindo-a aos fragmentos da bomba, na forma de energia cinética. Nesse caso, a energia interna da bomba (na forma de energia de ligação química entre os átomos) diminuiu, possibilitando o aumento da energia mecânica.

Com base nessa discussão qualitativa, podemos estabelecer uma lei geral, a **lei da conservação da energia**, que pode ser expressa como:

> **Lei da conservação da energia**: a energia total de um sistema isolado é constante e independente das forças que atuam no sistema. A energia pode ser transformada em outra forma de energia ou transferida de um sistema para outro, mas nunca pode ser criada ou destruída.

Essa é uma das leis mais importantes da natureza. Além dela, apresentaremos a lei de conservação do momento linear (Capítulo 8) e a lei de conservação do momento angular (Capítulo 10), formando um conjunto de três leis fundamentais da Física.

A lei de conservação da energia mecânica, estudada neste capítulo, é apenas um caso particular da lei de conservação da energia total, quando há somente forças conservativas agindo e quando a energia interna não é considerada. Nesse caso, podemos expressar a lei de conservação da energia pela equação:

$$\Delta E_{\text{mecânica}} + \Delta U_{\text{int erno}} = \Delta E_{\text{total}} = 0 \quad (7.65)$$

A energia, portanto, nunca se extingue, apenas transforma-se de uma forma para outra. Por exemplo, em uma usina hidroelétrica, a energia potencial de uma grande quantidade de água acumulada transforma-se parte em energia elétrica, parte em energia cinética da água, que é despejada pelas turbinas.

Exemplo 7.13

O bloco mostrado na Figura 7.23 desliza sobre o plano horizontal, sem atrito, em direção a uma elevação. O trecho horizontal AB do trajeto, que tem $0,50\,\text{m}$ de comprimento, é o único trecho rugoso, apresentando um coeficiente de atrito cinético $\mu = 0{,}25$ com o bloco. Determine a velocidade v_O no ponto O, para que ele atinja o ponto C.

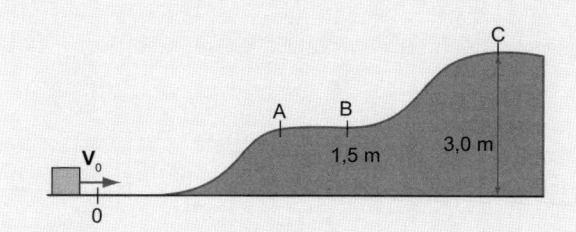

Figura 7.23: Um bloco deslizando sobre um plano horizontal.

Solução: o bloco, na situação limite, atingirá o ponto C com velocidade nula. Portanto, a energia mecânica em C será dada por:

$$E_C = mgh_C$$

Em O, a energia mecânica será dada por:

$$E_O = \frac{1}{2}mv_0^2$$

A relação entre E_O e E_C, dada pela Equação 7.64, será:

$$E_C = E_O - \mu mg\Delta x$$

Portanto,

$$mgh_C = \frac{1}{2}mv_0^2 - \mu mg\Delta x$$

Então, teremos:

$$v_0 = \sqrt{2g(h_C + \mu\Delta x)} = 7{,}8\,\frac{\text{m}}{\text{s}}$$

Observe que não foi necessário saber a altura do trecho AB para resolvermos esse problema.

7.11   RESUMO

7.2 Trabalho e Energia Cinética em Uma Dimensão com Força Constante

O trabalho de uma força constante em uma dimensão é o produto da força pelo deslocamento da partícula durante o período de tempo em que a força age, ou seja:

$$W = F\Delta x \qquad \text{(trabalho de um força constante)} \tag{7.6}$$

A energia cinética de uma partícula é dada por:

$$K = \frac{1}{2}mv^2 \qquad \text{(energia cinética de uma partícula)} \tag{7.7}$$

Essas duas definições de energia estão relacionadas pelo teorema do trabalho-energia cinética, que diz que o trabalho da força resultante agindo sobre uma partícula é igual à variação da energia cinética dessa mesma partícula, ou:

$$W = K_f - K_i = \Delta K \qquad \text{(teorema do trabalho-energia cinética)} \tag{7.8}$$

7.3 Trabalho de Forças Variáveis em Uma Dimensão

O trabalho de uma força variável é dado por:

$$W_a^b = \int_a^b F(x)\,dx \qquad \text{(trabalho de uma força variável)} \tag{7.18}$$

Alguns problemas de mecânica podem ser estudados em função da posição e da velocidade, por meio da utilização do teorema do trabalho-energia cinética que, em uma dimensão, é formulado como:

$$W_a^b = K_f - K_i = \frac{1}{2}mv_b^2 - \frac{1}{2}mv_a^2 \qquad \text{(teorema do trabalho-energia cinética – força variável)} \tag{7.17}$$

7.4 Trabalho de Uma Força Elástica

Um dos problemas que podem ser resolvidos pelo teorema do trabalho-energia cinética é o das forças elásticas. Nesse caso, o trabalho realizado para distender ou comprimir uma mola é dado por:

$$W_a^b = \int_a^b F(x)dx = \int_a^b (-kx)\,dx = \frac{1}{2}ka^2 - \frac{1}{2}kb^2 \tag{7.19}$$

7.5 Teorema do Trabalho-Energia Cinética em Duas e Três Dimensões

Em três dimensões, a equação do teorema trabalho-energia cinética (7.17) torna-se:

$$W = \int_C \mathbf{F} \cdot d\mathbf{r} = \frac{1}{2}mv_{final}^2 - \frac{1}{2}mv_{inicial}^2 \quad \text{(teorema do trabalho-energia cinética em duas e três dimensões)} \quad (7.28)$$

7.6 Potência

A taxa de variação temporal do trabalho de uma força é denominada potência e definida como:

$$P = \frac{\Delta W}{\Delta t} \qquad \text{(potência média)} \quad\quad\quad (7.30)$$

ou:

$$P = \frac{dW}{dt} = \mathbf{F} \cdot \mathbf{v} = Fv\cos\theta \qquad \text{(potência instantânea)} \quad\quad (7.33)$$

7.7 Conservação da Energia em Uma Dimensão: Força Gravitacional e Força Elástica

A energia potencial de uma partícula submetida a uma força gravitacional é dada por:

$$U_G = mgh \qquad \text{(energia potencial gravitacional)} \quad\quad\quad (7.36)$$

A energia mecânica de uma partícula é definida como:

$$E = K + U \qquad \text{(energia mecânica)} \quad\quad\quad (7.39)$$

A energia mecânica de uma partícula conserva-se, se ela estiver submetida a uma força resultante que dependa apenas da posição. Esse tipo de força é definido como força conservativa. Esse teorema pode ser escrito como:

$$K_1 + U(x_1) = K_2 + U(x_2) = E_M \quad\quad\quad (7.44)$$

A energia potencial de uma partícula submetida a uma força conservativa é definida por:

$$\Delta U = U(x) - U(x_0) = -\int_{x_0}^{x} F(x)dx \qquad \text{(energia potencial em uma dimensão)} \quad\quad (7.46)$$

que, pela definição de integral definida, conduz a:

$$F(x) = -\frac{dU(x)}{dx} \quad\quad\quad (7.47)$$

7.8 O Sistema Massa-mola em Detalhe

A energia potencial de um sistema massa-mola é dada por:

$$U(x) = -\int_0^x (-kx)dx = \frac{1}{2}kx^2 \qquad \text{(energia potencial elástica)} \quad\quad (7.48)$$

7.9 Conservação da Energia em Duas e Três Dimensões

Força conservativa: uma força é conservativa se o trabalho que ela realiza em uma partícula não depende do caminho. Em outras palavras, uma força é conservativa quando o trabalho sobre uma partícula que percorre qualquer trajetória fechada é nulo. A energia potencial corresponde ao simétrico do trabalho de uma força, calculado entre uma origem arbitrária $\mathbf{r_0}$ e um ponto qualquer $\mathbf{r}$ do espaço.

$$U(r) = -\int_{r_0}^{r} \mathbf{F} \cdot d\mathbf{r} \qquad \text{(energia potencial)} \quad\quad (7.53)$$

Se uma força é conservativa, sua energia mecânica, que é a soma das energias cinética e potencial, conserva-se, ou seja, se $\oint \mathbf{F} \cdot d\mathbf{r} = 0$, então,

$$U(r) + \frac{1}{2}mv^2 = E = constante \qquad \text{(conservação da energia mecânica)} \quad\quad (7.54)$$

7.10 Generalização da Conservação da Energia

Na presença de forças dissipativas, como forças de atrito, a variação da energia mecânica é dada por:

$$\Delta E = E - E_0 = W_{atrito} \tag{7.64}$$

Uma das leis mais importantes da Física é a lei da conservação da energia total, segundo a qual a energia total de um sistema isolado é constante e independente das forças que atuam no sistema. A energia pode ser transformada em outra forma de energia ou transferida de um sistema para outro, mas nunca pode ser criada ou destruída.

A lei de conservação da energia mecânica é apenas um caso particular da lei de conservação da energia total, quando há somente forças conservativas e quando a energia interna não é considerada. Levando em conta apenas a energia mecânica e a energia internada de um sistema isolado, essa lei pode ser escrita como:

$$\Delta E_{\text{mecânica}} + \Delta U_{\text{interno}} = \Delta E_{\text{total}} = 0 \tag{7.65}$$

7.12 EXPERIMENTO 7.1: Sistema Massa-mola

Neste experimento, vamos complementar o estudo iniciado com o sistema massa-mola do Experimento 6.1, no qual determinamos as constantes elásticas de molas e de associações de molas em série e paralelo. Agora, utilizaremos a mesma montagem para estudarmos o trabalho de uma força conservativa variável e a conservação da energia mecânica. Para a realização deste experimento, utilizaremos as medidas das constantes elásticas das molas obtidas no Experimento 6.1.

Aparato Experimental

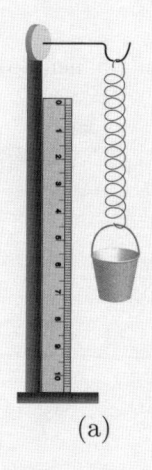 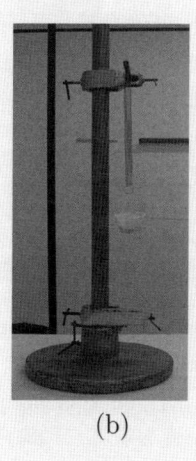

(a)   (b)

Figura 7.24: (a) Uma mola é distendida por um peso. (b) Foto de uma montagem experimental. (Fonte: IFGW/Unicamp)

A montagem é semelhante à do Experimento 6.1. Utilizaremos algumas molas penduradas em um suporte fixo e um reservatório, onde serão colocados alguns pesos. É necessário uma régua para registrar a variação no comprimento das molas.

Experimento

1) Obtenha a elongação das molas para diferentes massas, mantendo-a em repouso, para as diferentes molas (se for necessário, obtenha novamente as constantes elásticas das molas a partir desses dados).

2) Utilizando uma das massas, registre novamente sua elongação e levante a massa até a posição de elongação nula da mola. Abandone cuidadosamente a massa e registre a elongação máxima da mola sem interferir em seu movimento, deixando-a descer até parar e retornar. Essa determinação deve ser cuidadosa, pois a massa estará em movimento. O estudante deve desenvolver uma técnica adequada para essa observação e repetir as mesmas determinações para diversos pesos e diversas molas.

3) Realize as medidas necessárias para reproduzir o experimento proposto no problema 7.24, utilizando apenas duas molas.

Análise dos Resultados

1) Utilizando os conjuntos de pontos obtidos (x,P) do procedimento experimental 1, em que P é o peso da massa presa à mola, verifique a relação entre a variação da energia potencial gravitacional U_g e a variação da energia potencial elástica U_k. Para isso, faça um gráfico de U_g vs. U_k e determine o coeficiente angular da reta obtida. Determine qual é o valor teórico esperado. Comente sobre eventuais diferenças.

2) Repita novamente o item 1, graficando novamente U_g vs. U_k, mas utilizando os dados do procedimento experimental 2 e comparando os valores dos coeficientes angulares obtidos aos do item 1. Determine qual deveria ser o valor esperado e explique as diferenças observadas entre os dois coeficientes angulares.

3) Para cada peso adicionado, determine a razão entre o comprimento da mola em repouso e a elongação máxima da mola com o reservatório em movimento. Faça a média de todas as razões obtidas, compare com o resultado do exemplo 7.24 e estabeleça suas conclusões a respeito dessa comparação. Ao final, resolva o exemplo 7.4 utilizando a conservação da energia.

4) Resolva novamente o problema 7.24 utilizando apenas duas molas e verifique se as medidas realizadas no item 3 do procedimento experimental confirmam seus resultados.

7.13   EXPERIMENTO 7.2: Forças Não Conservativas

Neste experimento, estudaremos um movimento de um objeto quando uma força não conservativa atua no sistema. Para tanto, utilizaremos uma montagem onde a força de atrito age sobre um bloco em movimento (ver Experimento 6.2, que utiliza a mesma montagem experimental).

Aparato Experimental

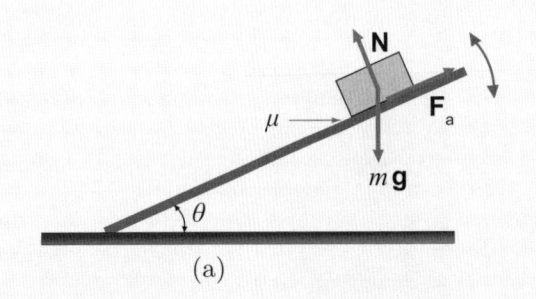
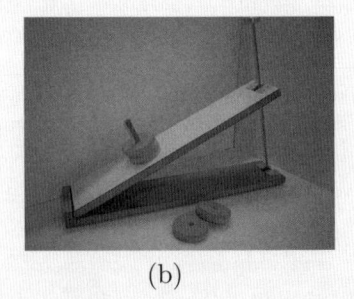

(a)   (b)

Figura 7.25:   (a) Disco deslizando com atrito em um plano inclinado.   (b) Foto de um sistema.   (Fonte: IFGW/Unicamp)

Utilizaremos um plano inclinado e alguns blocos de diferentes superfícies, colocados sobre a rampa. O ângulo da rampa pode ser alterado e medido com um transferidor ou utilizando relações trigonométricas. Usa-se um cronômetro para medir o tempo (ou dois fotossensores, um no início e outro no final da rampa).

Experimento

Posicione a rampa em um ângulo um pouco maior que o ângulo crítico para atrito estático e meça várias vezes o tempo de descida do bloco. Repita o mesmo procedimento para vários ângulos e para as diferentes superfícies.

Análise dos Resultados

1) Utilizando a média dos tempos obtidos, determine a aceleração do bloco, adotando a equação do movimento uniformemente acelerado, e obtenha a velocidade do bloco no final da rampa, utilizando a equação de Torricelli. Faça um gráfico da aceleração em função do ângulo.

2) Utilizando a velocidade final, determine a energia cinética final dos blocos.

3) Determine a energia mecânica inicial e final do bloco e encontre a energia dissipada.

4) Utilizando a energia dissipada, determine a força de atrito F_a para os diferentes ângulos, utilizando o conceito de trabalho da força de atrito.

5) Monte um gráfico da força de atrito em função do ângulo de inclinação da rampa desde zero até 90^0. Para tanto, utilize o valor do coeficiente de atrito estático obtido no Experimento 6.2 para obter a força de atrito na região de ângulo em que o bloco não desliza (de zero até o ângulo crítico).

Elaborado por: Francisco das Chagas Marques e Pedro Raggio

7.14   QUESTÕES, EXERCÍCIOS E PROBLEMAS

7.2 Trabalho e Energia Cinética em Uma Dimensão com Força Constante

7.1 Um bloco de massa $m = 5,0$ kg desliza sem atrito com uma velocidade de $v = 5,0$ m/s, quando atinge uma região rugosa do chão com 1,0 m de extensão, que tem um coeficiente de atrito cinético com o bloco igual a 0,30. Determine o trabalho da força de atrito e, a partir dele, a velocidade com que o bloco sai da região rugosa.

7.2 (Enade) Ao saltar com vara, um atleta corre e atinge a velocidade de 10 m/s. Verifica-se que o atleta alcança uma altura de 5,2 m. Pode-se afirmar que o atleta:
(a) Utilizou exclusivamente a energia cinética adquirida na corrida e conseguiu aproveitá-la integralmente.
(b) Utilizou exclusivamente a energia cinética adquirida na corrida e só conseguiu aproveitá-la parcialmente.
(c) Utilizou exclusivamente a energia cinética adquirida na corrida, mas obteve um rendimento maior graças ao uso da vara.
(d) Acrescentou à energia cinética adquirida na corrida mais energia, resultante de sua própria força muscular.
(e) Não utilizou a energia cinética adquirida na corrida, mas a sua própria força muscular obtida do envergamento da vara.

7.3 Um homem está empurrando um caixote de 60,0 kg, aplicando sobre ele uma força horizontal, como mostra a Figura 7.26. A força aplicada é suficiente para equilibrar a força de atrito e permitir o movimento do caixote com uma velocidade constante. Sabendo que o coeficiente de atrito cinético entre o caixote e o chão é igual a 0,25, calcule o trabalho necessário para empurrar o caixote por uma distância igual a 2,0 m.

Figura 7.26: Problema 7.3.

7.4 Um bloco de madeira, com massa igual a 1,5 kg, desliza em um plano com inclinação de 60^0 em relação à horizontal. (a) Determine o trabalho da força resultante quando o bloco desce 60,0 cm no plano e (b) calcule o valor de sua velocidade ao completar o percurso, sabendo que a velocidade inicial era igual a 1,5 m/s no lançamento. (c) Faça o mesmo para o caso em que o coeficiente de atrito é igual a 0,2.

7.3 Trabalho de Forças Variáveis em Uma Dimensão

7.5 Uma partícula percorre uma trajetória em linha reta, enquanto, sobre ela, atua uma força que varia com a posição. Essa força $F(x)$ varia, em uma determinada região, de acordo com a equação: $F(x) = F_0 e^{-x^2}$. (a) Esboce o gráfico da variação da força em função da posição, entre $x = -2$ e $x = 2$, e determine, aproximadamente, o trabalho realizado pela força, calculando o somatório aproximativo (Equação 7.10) e dividindo o intervalo em (b) 5 subintervalos e (c) 15 subintervalos. (d) Compare os resultados obtidos com o cálculo explícito (Equação 7.14) do trabalho entre $x = -\infty$ e $x = \infty$.

7.6 Uma partícula de massa igual a 1,0 kg está submetida a uma força dependente da posição $F(x)$, da qual só se conhecem alguns valores, em posições bem determinadas. Esses valores, determinados entre $x = 0$ e $x = 2$ m, estão mostrados na Tabela 7.1. Determine a variação da velocidade dessa partícula em função da posição, quando ela trafega no sentido positivo do eixo x entre 0,0 m e 2,0 m, por meio do cálculo aproximado do trabalho da força F nesse intervalo. No instante inicial, x = 0 m, a partícula está em repouso.

Tabela 7.1: Problema 7.6.

x(m)	F(x) (N)
0	0
0,2	0,36
0,4	0,64
0,6	0,84
0,8	0,96
1	1
1,2	0,96
1,4	0,84
1,6	0,64
1,8	0,36
2	0

7.7 (Enade) Uma força no plano x-y é dada por $F = \frac{F_0}{r}(y\mathbf{i} - x\mathbf{j})$, em que F_0 é uma constante e $r = \sqrt{x^2 + y^2}$. O trabalho realizado por essa força sobre uma partícula é:

(a) Igual a $-2\pi R F_0$, se a partícula descrever uma circunferência completa de raio R, no sentido anti-horário.

(b) Igual a $F_0 r$, se a partícula se deslocar em linha reta, desde a origem até o ponto localizado em $\vec{r} = x\mathbf{i} + y\mathbf{j}$.

(c) Nulo, se a partícula percorrer um número inteiro de ciclos sobre uma circunferência.

(d) Sempre nulo, para qualquer deslocamento sobre um arco de circunferência.

(e) Independente da trajetória no plano onde a partícula se desloca.

7.8 Uma corrente fina e uniforme de $6{,}0\,\mathrm{m}$ tem densidade de massa $1{,}0\,\mathrm{kg/m}$. Uma ponta da corrente está presa a uma roldana horizontal de raio pequeno, comparado com o tamanho da corrente. Se a corrente está inicialmente pendurada verticalmente, qual é o trabalho requerido para enrolar toda a corrente lentamente na roldana?

7.9 Uma partícula com massa igual a $3{,}5\,\mathrm{kg}$ movimenta-se em linha reta, e a sua velocidade em função da posição é dada pelo gráfico mostrado na Figura 7.27. Determine o trabalho realizado pela força resultante nos trechos OA, AB, BC, CD e DE.

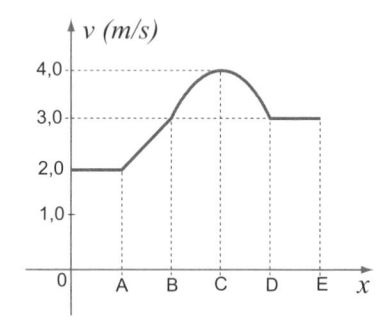

Figura 7.27: Problema 7.9.

7.4 Trabalho de Uma Força Elástica

7.10 Repita o problema 7.5 para uma partícula submetida à força elástica de uma mola de constante $k = 13\,\mathrm{N/m}$, também para a região $-2 < x < 2$. (Obs.: calcule ponto a ponto o valor da força, para os números de intervalos daquele problema.)

7.5 Teorema do Trabalho-Energia Cinética em Duas e Três Dimensões

7.11 A mesma tarefa exposta no problema 7.3 é realizada de outra forma, como mostra a Figura 7.28. Agora, o homem puxa o mesmo caixote por meio de uma corda esticada, que faz um ângulo de $30°$ com a horizontal. Determine (a) o módulo de **F** para que o caixote se movimente com velocidade constante e (b) o trabalho realizado por essa força para deslocar o caixote em $2{,}0\,\mathrm{m}$.

Figura 7.28: Problema 7.11.

7.12 Uma partícula movimenta-se em um plano, sendo a força que atua sobre ela dada por $\mathbf{F} = y\mathbf{i} + 2x\mathbf{j}$. Calcule o trabalho realizado por essa força, entre os pontos A (0,0) e B (2,2), quando a partícula trafega por cada um dos três caminhos mostrados na Figura 7.29 (I, II, e III).

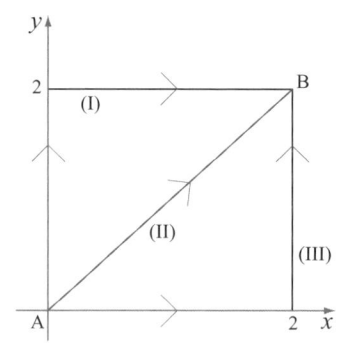

Figura 7.29: Problema 7.12.

7.6 Potência

7.13 Em uma linha de produção de máquinas, um braço mecânico é utilizado para empurrar uma peça de uma máquina, que tem massa igual a $25\,\mathrm{kg}$, por um percurso retilíneo de $1{,}0\,\mathrm{m}$ (Figura 7.30). O coeficiente de atrito entre a peça e a superfície sobre a qual ela desliza é igual a 0,2. Sabendo que a produção é de 30 peças por minuto e supondo que o braço mecânico empurra a peça com uma velocidade constante, (a) determine a potência média utilizada pelo braço mecânico e (b) calcule e expresse em kWh a economia de energia, em um dia de trabalho contínuo, proveniente da redução para $m = 0{,}12$ do coeficiente de atrito entre as superfícies. (Obs.: o kWh (quilo-watt hora) é uma unidade de energia muito utilizada, principalmente para descrever o consumo de energia elétrica, sendo equivalente a $1{,}000\,\mathrm{W} \times 3{,}600\,\mathrm{s}$, ou seja, $3{,}6 \times 10^6\,\mathrm{J}$, no SI. Ver Apêndice A.)

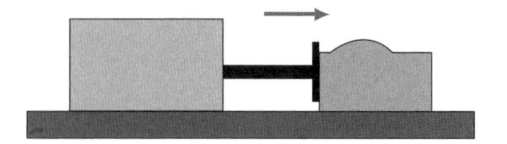

Figura 7.30: Problema 7.13.

7.14 (Enade) Um professor propõe aos seus alunos o seguinte problema:

"Um automóvel de passeio tem velocidade constante de $72\,$km/h em uma estrada retilínea e horizontal. Sabendo que o módulo da resultante das forças de resistência ao movimento do automóvel é, em média, de 2 x 10^4 N, determine a potência média desenvolvida pelo motor desse automóvel".

Esse problema é:

(a) Adequado, porque o valor da potência obtido é típico de um automóvel.

(b) Adequado, porque a situação faz parte do cotidiano do aluno.

(c) Inadequado, porque um automóvel nunca atinge essa velocidade.

(d) Inadequado, porque essa situação não faz parte do cotidiano do aluno.

(e) Inadequado, porque o resultado obtido está fora da realidade.

7.15 Uma pessoa, com a finalidade de fazer fogo, está atritando dois pedaços de madeira entre si, de modo que o calor gerado pelo trabalho da força de atrito inicia o processo de combustão. Sabendo que a força normal entre os pedaços de madeira é igual a 20 N, que o coeficiente de atrito cinético é igual a 0,35, que a amplitude do movimento relativo dos pedaços de madeira é de 10 cm e que cada "esfregada" completa (movimento de ida e volta) dos pedaços de madeira demora 0,5 s, determine a potência associada à força de atrito.

7.7 Conservação da Energia em Uma Dimensão: Força Gravitacional e Força Elástica

7.16 Resolva os itens (b) e (c) do problema 7.4 usando a lei da conservação da energia mecânica.

7.17 Uma bola de borracha cai de uma altura h. Ao saltar do chão, sua velocidade é de 70 % do valor que tinha antes de tocar no chão. Qual é a próxima altura alcançada pela bola?

7.18 Uma partícula movimenta-se em linha reta sob a ação de uma força, cuja variação está mostrada na Figura 7.31. Determine as equações que descrevem, em cada trecho de sua trajetória, a energia potencial da partícula, utilizando a posição $x = 0$ como origem da energia potencial.

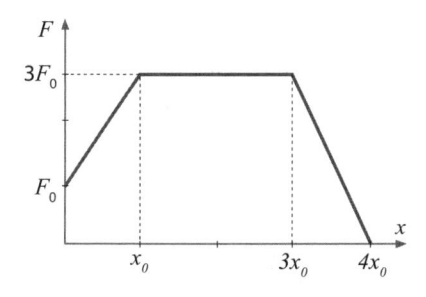

Figura 7.31: Problema 7.18.

7.19 (Enade) Em virtude de graves acidentes ocorridos recentemente, realizaram-se dois ensaios para testar a segurança de praticantes de *bungee jump*, utilizando uma pedra de massa $M = 60,0\,$kg presa à extremidade de uma corda elástica, solta de uma ponte de altura $H = 60\,$m, acima da superfície de um rio. Suponha que a corda, no estado relaxado, tenha comprimento $L = 30\,$m e se alongue de acordo com a lei de Hooke, com constante elástica $k = 150\,$N/m. No ensaio A, foram medidas a elongação máxima da corda (d) e a menor distância atingida pela pedra em relação à superfície do rio (h), e, no ensaio B, a posição de equilíbrio da pedra (l), conforme o esquema abaixo.

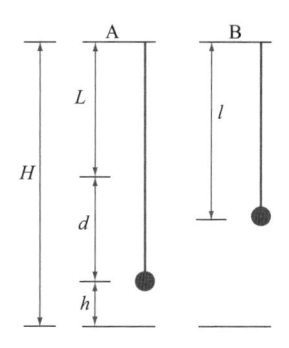

Figura 7.32: Problema 7.19.

Adotando $g = 10\,$m/s^2 e desprezando a resistência do ar, quais são os valores de d, h e l, respectivamente, medidos em metros?

7.20 Uma partícula de massa $m = 1\,$kg movimenta-se com a energia potencial dada por $U(x) = 12x^3 - 48x^2 + 48x$, com unidades no SI. (a) Esboce o gráfico de $U(x)$ para a região $-0,4 < x < 2,4$m. (b) Descreva qualitativamente os movimentos possíveis para a partícula quando sua energia mecânica é dada por $E_0 = 20\,$J, $E_1 = 10\,$J e $E_3 = -10\,$J. (c) Determine os pontos de equilíbrio possíveis para a partícula. (d) Se a energia mecânica da partícula é igual a 10 J, determine a velocidade da partícula ao passar por $x = 2\,$m.

7.21 Em um laboratório, consegue-se submeter uma partícula, em uma região limitada ($-L < x < L$), a uma força dada por $F(x) = F_0 sen(\frac{2\pi x}{L})$. Sabendo que, fora dessa região, a força exercida sobre a partícula é nula, (a) determine uma expressão para a energia potencial. (b) Sabendo que a partícula tem energia mecânica $E < F_0 L/\pi$, descreva os possíveis movimentos da partícula em função de sua energia mecânica.

7.22 A Figura 7.33 mostra a energia potencial $U(x)$, à qual uma partícula de massa m está submetida. Sabendo que, no gráfico mostrado, $U_0 < U_1 < U_2 < U_3$ responda aos itens a seguir. (a) Qual é a energia cinética mínima que a partícula deve ter em $x = 0$, de modo a ultrapassar a posição $x = x_1$? (b) Nas condições do item (a), qual é a energia mecânica da partícula em $x = x_0$? (c) Descreva os movimentos possíveis para a partícula, na região representada no gráfico, para uma energia mecânica E tal que $U_1 < E < U_2$. (d) Se $E = 2U_3$, determine a velocidade da partícula quando ela passa por $x = x_2$.

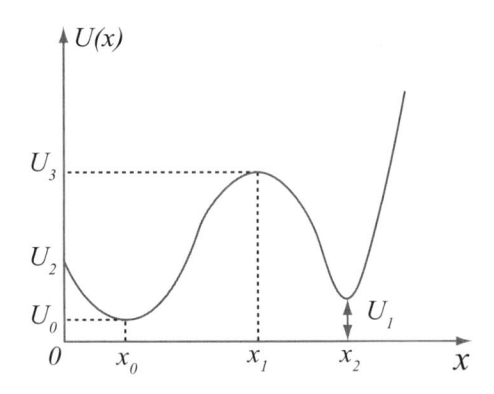

Figura 7.33: Problema 7.22.

7.8 O Sistema Massa-mola em Detalhe

7.23 Uma solução da equação de movimento para o sistema massa-mola, ou oscilador harmônico, é dada por: $x = x_0 \cos(\omega t)$, em que $\omega_0 = \sqrt{\frac{k}{m}}$. A partir dessa equação, determine a velocidade da partícula e substitua os valores de $x(t)$ e $v(t)$ na equação que exprime a conservação da energia do sistema massa-mola, verificando que a energia mecânica é constante.

7.24 (Enade) Dispondo-se de três molas idênticas e um corpo de massa m, realiza-se a seguinte atividade experimental em sala de aula:
1) Pendura-se, verticalmente, em um suporte, o corpo em uma dessas molas e verifica-se que o alongamento da mola é Δx.
2) Em seguida, associam-se as três molas em série, pendura-se o corpo nessa associação e verifica-se que, agora, o alongamento do conjunto formado é $3\Delta x$.
3) Dessa forma, pode-se demonstrar que, teoricamente, nessas condições, o sistema formado pelas três molas em série adquire o triplo da energia potencial elástica obtida pelo sistema formado por uma única mola.

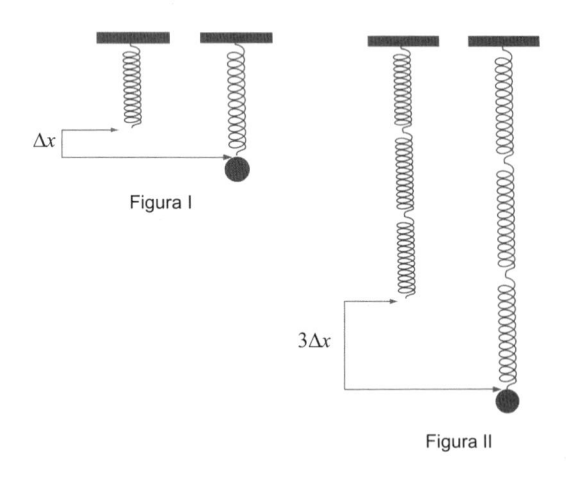

Figura 7.34: Problema 7.24.

(a) Explique fisicamente o resultado obtido em 2. (b) Faça a demonstração citada em 3. (c) Alguns alunos duvidam do resultado obtido em 3. Argumentam que, como o corpo pendurado nas duas situações é o mesmo, a energia não

poderia ter triplicado. Como é possível refutar essa argumentação? Qual é a causa dessa "multiplicação" da energia?

7.25 Na Figura 7.35, um bloco de massa m movimenta-se com velocidade v_0 após ter sido lançado, a partir do repouso, pela mola de constante k no lado esquerdo do trajeto. O bloco desliza sem atrito por toda a pista, exceto no trecho de comprimento d assinalado na figura. Determine (a) a compressão máxima da mola da esquerda antes do lançamento; (b) a velocidade do bloco logo após terminar de subir o plano inclinado e (c) a compressão máxima da mola da direita, também de constante k, após ter sido atingida pelo bloco.

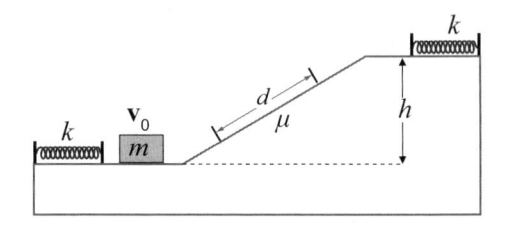

Figura 7.35: Problema 7.25.

7.26 Ao verificar experimentalmente a Lei de Hooke em uma mola defeituosa, um estudante de Física concluiu que a equação que melhor se ajustava aos seus resultados experimentais era: $F(x) = -k_1 x - k_2 x^3$, em que $k_1 = 8,7\,\text{N/m}$ e $k_2 = 3\,\text{N/m}^3$. Determine (a) a energia potencial de um sistema massa-mola com essa mola, com origem em $x = 0$, e (b) a elongação máxima da mola, sabendo que a massa ($m = 0,2\,\text{kg}$) passa pela posição $x = 0$ com velocidade igual a $1,3\,\text{m/s}$.

7.27 (Enade) A Figura 7.36 representa um bloco de massa $m = 1,0\,\text{kg}$ apoiado sobre um plano inclinado no ponto A. A mola tem constante elástica $k = 10\,\text{N/m}$ e está vinculada ao bloco. O bloco é solto da altura $h = 40\,\text{cm}$, com a mola na vertical, sem deformação.

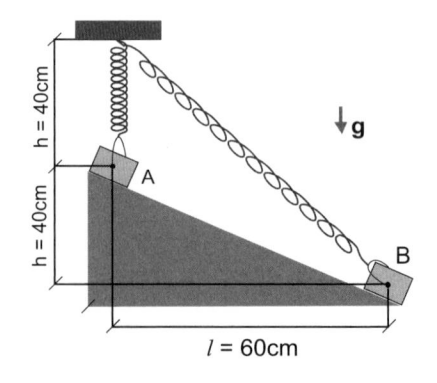

Figura 7.36: Problema 7.27.

Adotando $g = 10\,\text{m/s}^2$, qual é a velocidade do bloco, em m/s, ao passar pelo ponto B?

7.28 Uma partícula está submetida a uma força dependente da posição, dada pela equação $F(x) = -kxe^{-\alpha x^2}$, em que k e α são constantes. Observe que, para uma região em torno de $x = 0$, a equação representa aproximadamente a lei de Hooke e que, para x tendendo a infinito, a força se anula, podendo ser entendida, portanto, como uma força elástica "blindada" ou restrita a uma dada região. (a) Esboce o gráfico da força para $k = 1,0\,\text{N/m}$ e $\alpha = 1\times10^{-3}\,\text{m}^{-2}$. (b) Determine a energia potencial para k e α qualquer, usando $x = 0$ como origem. (c) Discuta os movimentos possíveis para a partícula, em função do valor da energia mecânica.

7.9 Conservação da Energia em Duas e Três Dimensões

7.29 Com base na resposta dada ao problema 7.12, (a) diga se a força **F** é conservativa. (b) Repita o problema 7.12 para uma força dada por $\mathbf{F} = x\mathbf{i} + y\mathbf{j}$, mostrando que essa nova força é compatível com a definição de força conservativa.

7.30 Uma pequena esfera está presa a um fio de comprimento R, que será largada, a partir do repouso, com o fio fazendo um ângulo θ com a vertical, como mostra a Figura 7.37. O fio está preso à extremidade de um prego cravado em uma parede fixa, sendo o comprimento do prego suficiente para que a esfera não toque a parede. Na mesma parede, em A, está preso um outro prego a uma distância d do ponto O, vertical à linha que une O a A. Determine o ângulo θ de modo que a esfera dê uma volta completa em torno de A, após o fio atingir o prego preso a este ponto.

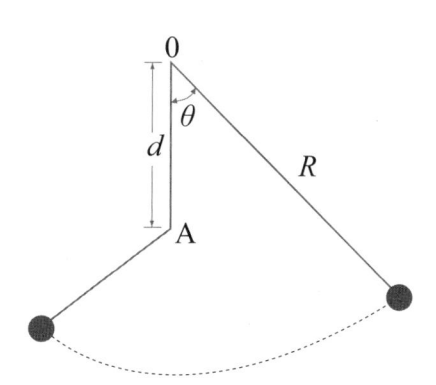

Figura 7.37: Problema 7.30.

7.31 Considere a situação do exemplo 7.12, mostrada na Figura 7.21, e determine a força normal que o trilho exerce sobre o vagão nos pontos A e C da trajetória, se o vagão é largado de uma altura $h = (5/2)R$, ou seja, da altura mínima para atingir o ponto B, no topo do *looping*. Considere a massa do vagão igual a m.

7.32 Uma partícula de massa M move-se em numa órbita circular de raio r submetida a uma força de atração $F = \frac{k}{r^3}$, em que k é uma constante. Qual é a energia total da partícula nessa órbita se a energia total dela em repouso, a uma distância infinita do centro de força, é zero?

7.33 (USP) Um objeto de massa m desliza em um trilho liso como mostrado na Figura 7.38. Inicialmente, o objeto está em repouso, a uma altura h acima do topo do semicírculo AC.

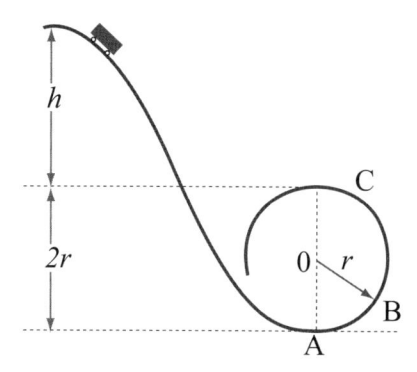

Figura 7.38: Problema 7.33.

(a) Faça um diagrama das forças que agem no objeto quando ele está no ponto B do semicírculo. Defina θ como o ângulo do vetor posição medido em relação à direção **0**. Escreva as equações de movimento nas direções radial e tangencial. (b) Qual é a magnitude e direção da força exercida no objeto pelo trilho, quando ele passa no ponto A? (c) Mostre que $h \geq r/2$, para que o objeto atinja o ponto C do trilho. (d) Para $h \leq r/2$, o objeto abandona o trilho antes de atingir o ponto C. Mostre que isso ocorre na posição tal que $-3\cos\theta = 2 + 2h/r$.

7.34 Uma caixinha de fósforos é abandonada, a partir do repouso, sobre uma superfície esférica lisa, sem atrito, de raio R, na posição mostrada na Figura 7.39. Determine o ângulo θ no qual a caixa perde contato com a esfera.

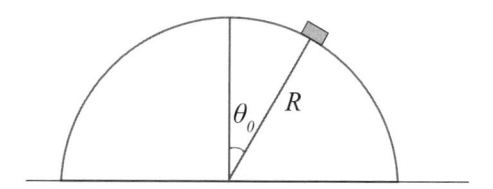

Figura 7.39: Problema 7.34.

7.10 Generalização da Conservação da Energia

7.35 A mola da Figura 7.40 tem constante elástica $k = 13,0\,\text{N/m}$. O plano inclinado faz um ângulo de $45°$ com a horizontal e a altura h mostrada é de $0,54\,\text{m}$. O bloco, que tem massa igual a $1,0\,\text{kg}$, pode escorregar pelo plano inclinado livre de atrito, a não ser na região hachurada, em que o coeficiente de atrito é igual a $0,27$. Determine a compressão máxima da mola quando o bloco a atinge, após ser abandonado, a partir do repouso, na posição mostrada na figura.

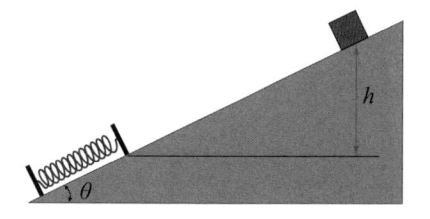

Figura 7.40: Problema 7.35.

7.36 Um sistema massa-mola é composto por um bloco de massa igual a 0,5 kg, que pode deslizar com atrito sobre o solo, e uma mola com constante elástica igual a 10 N/m. O bloco é deslocado a uma distância de 5 m da posição relaxada da mola e largado a partir do repouso. Sabendo que o bloco para na posição relaxada da mola, determine o coeficiente de atrito entre o bloco e o solo.

7.37 Em um brinquedo de parque de diversões (Figura 7.41), um vagão com massa igual a 100 kg passa pelo ponto A com velocidade igual a 30,0 m/s. Espera-se que ele atinja o ponto C do *looping* mostrado na figura, passando antes pelo túnel na posição B, sem que seja necessária qualquer propulsão. Entretanto, o trilho apresenta um problema dentro do túnel, que faz com que parte da energia do vagão seja dissipada por forças de atrito. Determine o valor máximo admissível para esta perda de energia, de forma que o vagão ainda consiga atingir com segurança o ponto C.

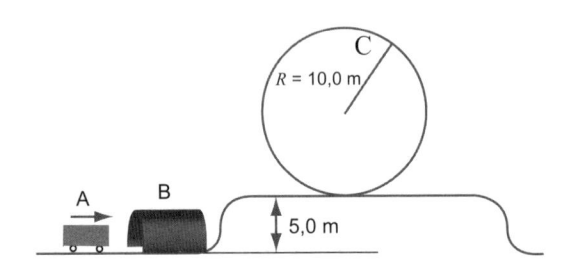

Figura 7.41: Problema 7.37.

7.38 Um objeto desliza sem atrito na pista mostrada na Figura 7.42. Ele é impulsionado no ponto A com velocidade v_0, de modo a atingir o ponto D com velocidade igual a 5,0 m/s. (a) Determine v_0. (b) Determine qual deve ser o valor de v_0 para que o objeto não consiga ultrapassar o ponto D. (c) Considerando o valor original de v_0, determine a distância d para que o objeto não ultrapasse o ponto D, supondo que, no trecho BC, a superfície seja rugosa e apresente, com o objeto, coeficiente de atrito igual a 0,2.

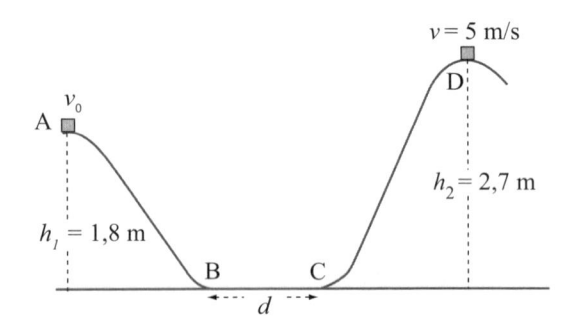

Figura 7.42: Problema 7.38.

7.39 A Figura 7.43 mostra uma pedra de gelo prestes a ser largada na borda de uma tigela de vidro. A pedra de gelo desliza praticamente sem atrito na superfície da tigela, a não ser em seu fundo plano, que é rugoso. Sabendo que o coeficiente de atrito entre a pedra de gelo e o fundo da tigela é igual a 0,10, que a altura $h = 20$ cm e que $d = 10$ cm, determine a posição em que a pedra de gelo para.

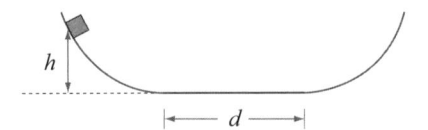

Figura 7.43: Problema 7.39.

Capítulo 8

Conservação do Momento Linear – Sistemas de Várias Partículas

Mauro Monteiro Garcia de Carvalho

8.1 Introdução

Na Física, o conhecimento das grandezas que se conservam é fundamental para a solução dos problemas. Como foi visto no Capítulo 7, a energia é uma dessas grandezas. Neste capítulo, trataremos da conservação do momento linear, também chamado de quantidade de movimento, e, no Capítulo 10, será tratada a conservação do momento angular. Para partículas vistas individualmente, essas três leis da conservação são suficientes para a solução da maioria dos problemas de dinâmica de partículas.

Quando várias partículas são tratadas em conjunto, é extremamente útil o conceito de centro de massa. Ele nos permite simplificar a solução de problemas do movimento de um sistema de várias partículas resolvendo o problema do movimento do centro de massa e em relação ao centro de massa das partículas. Isso se aplica muito bem aos corpos rígidos, por exemplo. Neste capítulo, estudaremos a conservação do momento linear, as colisões entre partículas, os sistemas com massa variável e o conceito de centro de massa em um sistema de várias partículas.

8.2 Momento Linear

A definição de **momento linear** de uma partícula, também chamado de **quantidade de movimento**, foi dada por Newton:

$$\mathbf{p} = m\mathbf{v} \qquad (8.1)$$

(momento linear ou quantidade de movimento)

em que m e $\mathbf{v}$ são, respectivamente, a massa e a velocidade da partícula. Pela sua definição, $\mathbf{p}$ é um vetor que tem a mesma direção e o mesmo sentido da velocidade e é medido, no SI, em kg.m/s.

Apesar de ser uma definição, o momento tem um sentido físico. Intuitivamente, esperamos que um caminhão batendo em um muro a 20 km/h faça um estrago muito maior do que uma bicicleta batendo no mesmo muro com a mesma velocidade. Por outro lado, uma bola de boliche, ao atingir uma garrafinha, provoca menos estrago do que uma bala de revólver de massa muito menor, mas que tem velocidade muito maior. Portanto, o efeito de um corpo em movimento sobre outro não depende unicamente de sua massa ou de sua velocidade, mas do produto da massa pela velocidade, ou seja, do seu momento linear (que doravante chamaremos de momento, apenas).

Newton usou o momento para enunciar sua segunda lei que, de fato, define a força sobre uma partícula (ver Equação 5.8):

$$\mathbf{F} = \frac{d\mathbf{p}}{dt} \qquad (8.2)$$

Se a massa da partícula for constante, essa expressão se reduz à expressão mais conhecida, mas menos geral, $\mathbf{F} = m\mathbf{a}$.

Consideremos, então, duas partículas isoladas[1] 1 e 2 que se chocam. Antes e depois do choque, não havendo forças sobre as partículas, seus momentos não variam. Em certo instante, durante o choque, a força que atua na partícula 1 devido ao choque é dada por:

$$\mathbf{F}_{12} = \frac{d\mathbf{p}_1}{dt} \tag{8.3}$$

No mesmo instante, a força que atua na partícula 2 é:

$$\mathbf{F}_{21} = \frac{d\mathbf{p}_2}{dt} \tag{8.4}$$

Pela terceira lei de Newton:

$$\mathbf{F}_{12} = -\mathbf{F}_{21} \tag{8.5}$$

Das expressões 8.3, 8.4 e 8.5, temos:

$$\frac{d\mathbf{p}_1}{dt} = -\frac{d\mathbf{p}_2}{dt} \tag{8.6}$$

que pode ser escrita como $\frac{d\mathbf{p}_1}{dt} + \frac{d\mathbf{p}_2}{dt} = 0$, ou:

$$\frac{d(\mathbf{p}_1 + \mathbf{p}_2)}{dt} = 0 \tag{8.7}$$

Portanto,

$$\mathbf{p}_1 + \mathbf{p}_2 = constante \tag{8.8}$$

A Equação 8.8 foi obtida para duas partículas, mas vale também para a interação simultânea de um número qualquer de partículas, desde que somente forças internas atuem no sistema, ou seja, que a resultante das forças externas sobre as partículas seja *zero*. Neste caso, podemos escrever:

$$\mathbf{P} = \sum_i \mathbf{p}_i = m_1\mathbf{v}_1 + m_2\mathbf{v}_2 + m_3\mathbf{v}_3 + ...$$
$$= constante \tag{8.9}$$

(lei da conservação do momento linear)

em que $\mathbf{p}_i$ é o momento linear da partícula i e $\mathbf{v}_1$, $\mathbf{v}_2$, $\mathbf{v}_3$... são as velocidades das partículas 1, 2, 3.... Essa é a **lei de conservação do momento linear**, que pode ser resumida como:

Lei de conservação do momento linear: Se a força externa resultante sobre um sistema for nula, o momento total do sistema permanece constante, $\mathbf{P} = \sum_i \mathbf{p}_i = $ **constante**.

Embora, para a dedução aqui apresentada, tenhamos usado a terceira lei de Newton, que nem sempre é válida[2], a conservação do momento linear é sempre válida[3], desde que a resultante das forças externas sobre as partículas seja nula. A lei da conservação do momento vale até mesmo quando as massas de duas ou mais partículas de um sistema isolado variam, desde que a massa total seja constante, ou seja:

$$m_1\mathbf{v}_1 + m_2\mathbf{v}_2 + m_3\mathbf{v}_3 + ...$$

$$= m_1'\mathbf{v}_1' + m_2'\mathbf{v}_2' + m_3'\mathbf{v}_3' + ... \tag{8.10}$$

se $m_1 + m_2 + m_3 + ... = m'_1 + m'_2 + m'_3 + ...$

A energia cinética de uma partícula pode também ser expressa em termos do momento linear. Utilizando a definição de energia cinética, temos:

$$E_c = \frac{1}{2}m\mathbf{v}^2 = \frac{(m\mathbf{v})^2}{2m} = \frac{\mathbf{p}^2}{2m} = \frac{p^2}{2m} \tag{8.11}$$

Exemplo 8.1

Um menino de 50,0 kg está sobre um carrinho de rolimã, de 5,0 kg, parado sobre um piso horizontal. O menino salta para a frente do carrinho com velocidade de 1,0 m/s em relação ao piso. Desprezando qualquer forma de atrito, qual é a velocidade do carrinho após o salto do menino?

Solução: este é um exemplo de conservação de momento com redistribuição de massa. Inicialmente, o menino e o carrinho formam uma "partícula" com massa de 55 kg e velocidade zero, ou seja, momento linear zero. Após o salto, o menino (com massa de 50,0 kg) tem velocidade de 1,0 m/s, enquanto o carrinho (com massa 5,0 kg) tem uma velocidade ainda desconhecida. Pela conservação do momento $\mathbf{p}_{inicial} = \mathbf{p}_{final}$, o que nos dá:

$$55 \times 0 = 50 \times 1,0 + 5,0 \times v_s$$

$$v_s = -10\,\text{m/s}$$

Neste problema, tratamos o momento como escalar, pois trabalhamos em uma dimensão. O caráter vetorial do problema está "escondido" na interpretação do sinal negativo da velocidade, que significa sentido oposto à velocidade do menino. Problemas em mais de uma dimensão, como o exemplo que se segue, requerem tratamento vetorial.

---

[1] Nas quais não atuam forças externas ou que a resultante das forças externas é nula.

[2] Em alguns casos, como o da força magnética entre duas cargas em movimento, a terceira lei de Newton não vale. Esses casos são especiais e não serão estudados neste livro.

[3] A conservação do momento linear pode ser obtida baseada na invariância galileana e na conservação da energia, que são leis mais gerais da natureza. Veja, por exemplo, Kittel C, Knight WD, Ruderman MA. *Berkeley physics course*. v.1. Vildbjerg: Edgard Blücher, 1973.

Exemplo 8.2

Uma granada em repouso, pendurada em um fio muito fino, explode em três pedaços. Orientando o eixo z na direção do fio, o eixo x na direção e no sentido leste e o eixo y na direção e no sentido norte, as velocidades de dois dos pedaços da granada, de massas $140\,g$ e $150\,g$, imediatamente após a explosão, foram $\mathbf{v}_1 = 50,0\mathbf{i} + 100\mathbf{j} + 100\mathbf{k}$ (m/s) e $\mathbf{v}_2 = -60\mathbf{i} - 80\mathbf{k}$ (m/s), respectivamente. Determine a velocidade do terceiro pedaço, de massa $100\,g$, logo após a explosão. Despreze a massa de explosivo.

Solução: como a granada estava em repouso, seu momento inicial é zero. Como o momento se conserva *logo após* a explosão (por que "*logo após*"?), a soma dos momentos dos pedaços deve ser zero também. Então,

$$0,140 \times (50,0\mathbf{i} + 100\mathbf{j} + 100\mathbf{k})$$

$$+0,150 \times (-60,0\mathbf{i} - 80\mathbf{k}) + 0,100 \times \mathbf{v}_3 = 0$$

$$\mathbf{v}_3 = 20,0\mathbf{i} - 140\mathbf{j} - 20,0\mathbf{k}\,(\text{m/s})$$

8.3   Interações/Colisões

O exemplo mais direto da conservação do momento linear é a interação entre corpos ou partículas[4], quando não há força externa ou quando esta pode ser desprezada.

Normalmente, em uma interação entre corpos, a energia cinética não se conserva. Por exemplo, no choque entre dois automóveis, grande parte da energia cinética antes do choque é usada para deformar suas carrocerias. Todavia, em algumas interações, a perda de energia cinética é desprezível. Nesses casos, podemos considerar que a energia cinética dos corpos envolvidos se conserva e a interação é classificada como elástica.

As interações não elásticas são denominadas inelásticas ou plásticas. Portanto, uma interação é **elástica** quando a energia cinética total é conservada, isto é, quando as somas das energias cinéticas antes e após a interação são iguais. A interação é **inelástica** quando as somas das energias cinéticas antes e após a interação são diferentes. Um importante caso particular das interações inelásticas é quando, após a interação, os corpos se mantêm ligados (portanto, com a mesma velocidade). Chama-se esse tipo de interação de "**totalmente inelástica**".

Consideremos vários corpos (ou partículas) de massas m_1, m_2, m_3, etc., que interagem em certo instante. Se os corpos têm velocidades $\mathbf{v}_1$, $\mathbf{v}_2$, $\mathbf{v}_3$... e $\mathbf{v'}_1$, $\mathbf{v'}_2$, $\mathbf{v'}_3$... antes e após a interação, respectivamente, podemos ter:

Interação elástica:

$$m_1\mathbf{v}_1 + m_2\mathbf{v}_2 + m_3\mathbf{v}_3 + ... \\ = m_1\mathbf{v'}_1 + m_2\mathbf{v'}_2 + m_3\mathbf{v'}_3 + ... \tag{8.12}$$

$$\frac{1}{2}(m_1 v_1^2 + m_2 v_2^2 + m_3 v_3^2 + ...) \\ = \frac{1}{2}(m_1 v'^2_1 + m_2 v'^2_2 + m_3 v'^2_3 + ...) \tag{8.13}$$

Interação inelástica:

$$m_1\mathbf{v}_1 + m_2\mathbf{v}_2 + m_3\mathbf{v}_3 + ... \\ = m_1\mathbf{v'}_1 + m_2\mathbf{v'}_2 + m_3\mathbf{v'}_3 + ... \tag{8.14}$$

$$\frac{1}{2}(m_1 v_1^2 + m_2 v_2^2 + m_3 v_3^2 + ...) \\ = \frac{1}{2}(m_1 v'^2_1 + m_2 v'^2_2 + m_3 v'^2_3 + ...) + \Delta E \tag{8.15}$$

Interação totalmente inelástica

$$m_1\mathbf{v}_1 + m_2\mathbf{v}_2 + m_3\mathbf{v}_3 + ... \\ = (m_1 + m_2 + m_3 + ...)\mathbf{v'} \tag{8.16}$$

$$\frac{1}{2}(m_1 v_1^2 + m_2 v_2^2 + m_3 v_3^2 + ...) \\ = \frac{1}{2}(m_1 + m_2 + m_3 + ...)v'^2 + \Delta E \tag{8.17}$$

Note que, em todos os casos, o momento se conserva, o que não acontece com a energia cinética. Nas Equações 8.15 e 8.17, ΔE é a diferença entre as energias cinéticas antes e após a interação, podendo ser positiva ou negativa. Em geral, não se pode determinar ΔE com precisão (salvo nas interações totalmente inelásticas).

São poucos os casos em que se pode obter uma solução geral do problema de vários corpos ou partículas que se chocam. Um problema simples consiste em, conhecidas as velocidades iniciais de duas partículas, calcular suas velocidades finais. Como veremos, este é um problema de fácil solução se a interação é elástica ou totalmente inelástica. Todavia, o mesmo problema com três ou mais partículas é analiticamente insolúvel de forma geral, uma vez que é impossível calcular as três velocidades, após a interação, com apenas as duas equações que as relacionam (conservação de momento e conservação da energia cinética). Finalmente, se a interação é inelástica (mas não totalmente inelástica), o cálculo das velocidades finais é impossível, mesmo para duas partículas, sem outras informações sobre a interação.

---

[4]Preferimos utilizar o termo "interação", que é um termo mais geral em comparação ao termo "colisão". Colisão nos faz pensar em contato entre corpos ou partículas, o que é um caso particular na análise que faremos. Dois prótons, por exemplo, podem interagir sem se chocarem.

Exemplo 8.3

Sobre um trilho retilíneo, um carrinho de massa m_1 e velocidade $\mathbf{v}_1$ choca-se com outro carrinho, de massa m_2 e velocidade $\mathbf{v}_2$. Após interagirem elasticamente, passam a ter velocidades $\mathbf{v'}_1$ e $\mathbf{v'}_2$, respectivamente (Figura 8.1). Desprezando qualquer tipo de atrito, determine v'_1 e v'_2.

Solução: como os carrinhos estão sempre na mesma reta, podemos tratar o problema escalarmente. Para tanto, vamos convencionar que a velocidade é positiva para a direita.

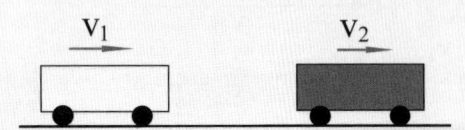

Figura 8.1: Colisão entre dois carrinhos na mesma reta.

Pela conservação do momento, temos:

$$m_1 v_1 + m_2 v_2 = m_1 v'_1 + m_2 v'_2 \tag{8.18}$$

Pela conservação da energia cinética, temos:

$$m_1 v_1{}^2 + m_2 v_2{}^2 = m_1 v'_1{}^2 + m_2 v'_2{}^2 \tag{8.19}$$

Das Equações 8.18 e 8.19, temos:

$$m_1(v_1 - v'_1) = m_2(v'_2 - v_2) \quad \text{e} \tag{8.20}$$

$$m_1(v_1{}^2 - v'_1{}^2) = m_2(v'_2{}^2 - v_2{}^2)$$

que, fatorada, nos dá:

$$m_1(v_1 - v'_1)(v_1 + v'_1) = m_2(v'_2 - v_2)(v'_2 + v_2) \tag{8.21}$$

Dividindo a Equação 8.21 pela 8.20, obtemos:

$$v_1 + v'_1 = v'_2 + v_2 \tag{8.22}$$

Com as Equações 8.22 e 8.18, obtemos facilmente v'_1 e v'_2:

$$v'_1 = \frac{m_1 - m_2}{m_1 + m_2} v_1 + \frac{2m_2}{m_1 + m_2} v_2 \tag{8.23}$$

$$v'_2 = \frac{2m_1}{m_1 + m_2} v_1 + \frac{m_2 - m_1}{m_1 + m_2} v_2 \tag{8.24}$$

É interessante observar que a Equação 8.22 pode ser escrita na forma:

$$v_1 - v_2 = -(v'_1 - v'_2) \tag{8.25}$$

o que significa que o choque faz a velocidade do carrinho 1 em relação ao carrinho 2 inverter-se, sem mudança no seu valor absoluto (veja Experimento 8.1). As Equações 8.23 e 8.24 mostram que as velocidades dos carrinhos depois do choque dependem de suas massas e de suas velocidades antes do choque. Vamos analisar, por exemplo, o que acontece quando $v_2 = 0$, ou seja, quando o carrinho de massa m_2 encontra-se em repouso antes do

choque. Fazendo $v_2 = 0$ em 8.23 e 8.24, obtemos, para v'_1 e v'_2:

$$v'_1 = \frac{m_1 - m_2}{m_1 + m_2} v_1 \qquad v'_2 = \frac{2m_1}{m_1 + m_2} v_1$$

Esses resultados mostram que:

(a) Se $m_1 > m_2 \Rightarrow v'_1 > 0$ e $v'_2 > v'_1$, a velocidade do carrinho de massa m_1 continua no mesmo sentido que tinha antes do choque e a do carrinho de massa m_2 é maior que v'_1.

(b) Se $m_1 \gg m_2 \Rightarrow v'_1 \approx v_1$ e $v'_2 \approx 2v_1$, o carrinho de massa m_1 quase "não percebe" a existência do carrinho de massa m_2.

(c) Se $m_1 = m_2 \Rightarrow v'_1 = 0$ e $v'_2 = v_1$, o carrinho de massa m_1 para com o choque e o carrinho de massa m_2 adquire a velocidade que tinha o carrinho de massa m_1 antes do choque.

(d) Se $m_1 < m_2 \Rightarrow v'_1 < 0$, a velocidade do carrinho de massa m_1 depois do choque tem o sentido contrário do que tinha antes do choque.

(e) Se $m_1 \ll m_2 \Rightarrow v'_2 \approx 0$ e $v'_1 \approx v_1$, o carrinho de massa m_1 bate e volta com a mesma velocidade (em valor absoluto). É como jogar uma bola em uma parede. Observe que a variação de sua velocidade é $v_1 - (-v_1) = 2v_1$.

A Figura 8.2 ilustra essas conclusões. Nos casos (b) e (e), estamos fazendo uma aproximação. Na verdade, v'_1 é ligeiramente menor que v_1.

	Antes			Depois		
$m_1 > m_2$	$\xrightarrow{v_1}$ $\boxed{m_1}$		$\boxed{m_2}$	$\xrightarrow{v'_1}$ $\boxed{m_1}$		$\xrightarrow{v'_2}$ $\boxed{m_2}$
$m_1 = m_2$	$\xrightarrow{v_1}$ $\boxed{m_1}$		$\boxed{m_2}$	$\boxed{m_1}$		$\xrightarrow{v'_2}$ $\boxed{m_2}$
$m_1 < m_2$	$\xrightarrow{v_1}$ $\boxed{m_1}$		$\boxed{m_2}$	$\xrightarrow{v'_1}$ $\boxed{m_1}$		$\xrightarrow{v'_2}$ $\boxed{m_2}$
$m_1 \ll m_2$	$\xrightarrow{v_1}$ $\boxed{m_1}$		$\boxed{m_2}$	$\xrightarrow{v'_1}$ $\boxed{m_1}$		$\boxed{m_2}$

Figura 8.2: Possibilidades no choque de uma partícula em movimento com outra partícula parada, para diferentes relações entre suas massas.

Exemplo 8.4

Uma tora de madeira de massa M é pendurada na posição horizontal por dois fios. Uma arma dispara uma bala de massa m horizontalmente, que atinge a tora em uma de suas extremidades. Com o impacto, a tora eleva-se até a altura Δy, conforme mostra a Figura 8.3. Determine a velocidade da bala v. Esse método de determinação da velocidade de uma bala é denominado **pêndulo balístico**.

Solução: para a resolução deste problema, vamos assumir que os fios são longos, a massa da tora é grande e o tempo de penetração da bala na tora é curto, de forma que possamos considerar que *logo após a bala parar*, a tora tem uma velocidade essencialmente horizontal. Assim, o momento imediatamente antes e imediatamente depois do choque se conserva, ou:

$$mv = (M + m)V \qquad (8.26)$$

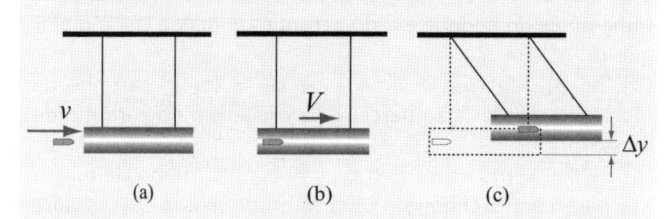

Figura 8.3: Pêndulo balístico: (a) antes do choque, (b) imediatamente após o choque e (c) ao atingir a altura Δy máxima.

Por outro lado, logo após o choque, a tora adquire uma energia cinética que se transforma em energia potencial quando ela atinge a altura máxima Δy, ou seja,

$$\frac{1}{2}(M + m)V^2 = (M + m)g\Delta y \qquad (8.27)$$

Das Equações 8.26 e 8.27, chegamos a:

$$v = \frac{(M + m)\sqrt{2g\Delta y}}{m} \qquad (8.28)$$

Exemplo 8.5

Uma esfera 1, com velocidade **v**, choca-se elasticamente com outra esfera 2, de mesma massa e em repouso (Figura 8.4). Desprezando qualquer tipo de atrito, calcule (a) o ângulo entre as velocidades das esferas após o choque. (b) Se a velocidade da esfera 1 sofre um desvio de $30°$ decorrente do choque, determine as velocidades das esferas após o choque.

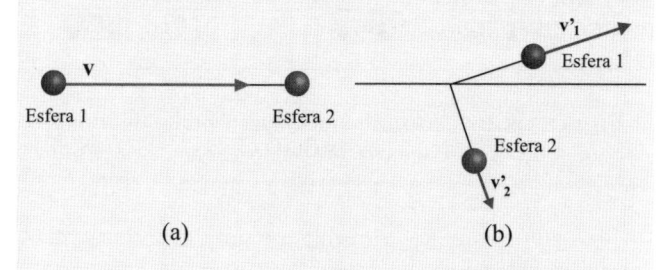

Figura 8.4: Movimento de duas esferas (a) antes e (b) depois do choque.

Solução: (a) a interação é bidimensional e, portanto, devemos tratar o problema vetorialmente.
Pela conservação do momento:

$$m\mathbf{v} = m\mathbf{v}'_1 + m\mathbf{v}'_2 \quad \Rightarrow \quad \mathbf{v} = \mathbf{v}'_1 + \mathbf{v}'_2 \qquad (8.29)$$

Pela conservação da energia cinética:

$$\frac{1}{2}mv^2 = \frac{1}{2}m(v'^2_1 + v'^2_2) \ \Rightarrow \ v^2 = v'^2_1 + v'^2_2 \qquad (8.30)$$

A representação geométrica da Equação 8.29 está mostrada na Figura 8.5.

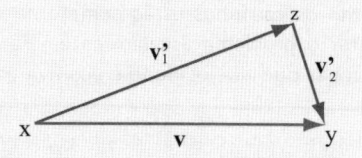

Figura 8.5: Representação geométrica da Equação 8.29.

A Equação 8.30 nos diz que, neste triângulo xyz, o quadrado do lado xy (v^2) é igual à soma dos quadrados dos lados xz (v'^2_1) e yz (v'^2_2). Essa é a relação entre hipotenusa e catetos nos triângulos retângulos (e só nos triângulos retângulos). Portanto, o ângulo entre $\mathbf{v}'_1$ e $\mathbf{v}'_2$ é $90°$. Observemos que esse ângulo só é $90°$ porque as partículas têm a mesma massa e o choque foi elástico, o que reduziu as equações de conservação de momento e energia às Equações 8.29 e 8.30.

(b) Vamos projetar os momentos das duas esferas, antes e após o choque, nos eixos x e y, conforme a Figura 8.6.

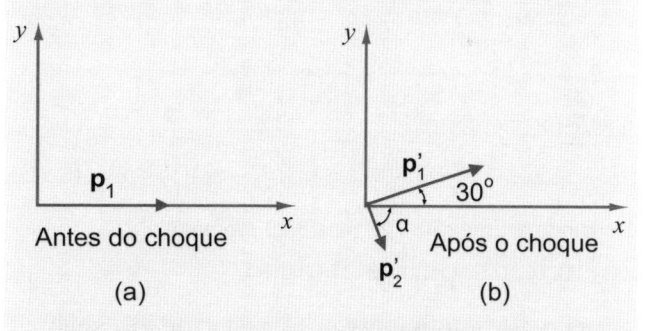

Figura 8.6: Representação dos momentos nos eixos x e y.

A conservação do momento nos dá, em x:

$$mv = mv'_1 \cos 30° + mv'_2 \cos\alpha \quad \text{ou}$$
$$v = v'_1 \frac{\sqrt{3}}{2} + v'_2 \cos\alpha \qquad (8.31)$$

em y:

$$0 = v'_1 \sin 30° - v'_2 \sin\alpha \quad \text{ou}$$
$$0 = v'_1 \frac{1}{2} - v'_2 \sin\alpha \qquad (8.32)$$

A conservação da energia cinética nos dá:

$$v^2 = v'^2_1 + v'^2_2 \qquad (8.33)$$

Assim, temos três Equações (8.31, 8.32 e 8.33) e três incógnitas (v'_1, v'_2 e α) a determinar. Nesse caso particular, poderíamos usar o resultado do item anterior para determinar α. Como vimos, $\alpha+30° = 90°$, portanto, $\alpha = 60°$. No caso mais geral de massas diferentes, α tem de ser determinado pelas equações de conservação do momento e da energia cinética, como está sendo apresentado aqui.

A resolução do sistema formado pelas Equações 8.31, 8.32 e 8.33 é elementar e nos dá:

$$v_1' = \frac{\sqrt{3}}{2}v, \quad v_2' = \frac{1}{2}v \quad \text{e} \quad \alpha = 60°$$

Na resolução deste problema, fomos capazes de calcular o ângulo entre as velocidades após o choque. Entretanto, para calcular os módulos das velocidades após o choque, foi necessário o conhecimento de pelo menos uma das variáveis associadas ao choque, no caso, o ângulo de espalhamento da esfera 1. Isso ocorre porque esse ângulo depende da posição relativa das esferas no choque, conforme mostra a Figura 8.7.

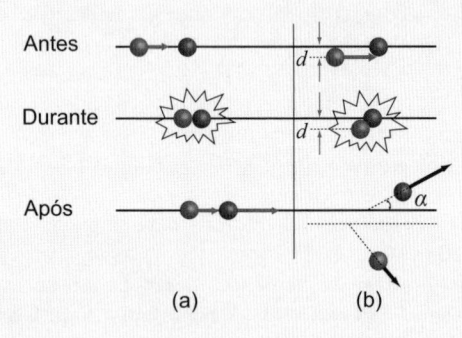

Figura 8.7: (a) Choque frontal antes, durante e após. Neste caso, as esferas não mudam de direção. (b) Choque não frontal antes, durante e após. Neste caso, α depende de d e da velocidade de uma esfera em relação à outra.

Coeficiente de restituição

Define-se **coeficiente de restituição** (simbolizado por ϵ) para um *choque frontal* como a razão entre as velocidades relativas das partículas (ou dos corpos) antes e após o choque.

$$\epsilon = -\frac{v_1' - v_2'}{v_1 - v_2} \tag{8.34}$$

(coeficiente de restituição)

em que v_1 e v_2 são as velocidades das partículas 1 e 2 antes do choque e v_1' e v_2' são suas velocidades após o choque.

O coeficiente de restituição está compreendido entre 0 e 1. É zero quando a interação é totalmente inelástica, pois, nesse caso, as partículas ligam-se após o choque e, consequentemente, $v_1' = v_2'$. No caso da interação elástica, a Equação 8.25 nos garante que $\epsilon = 1$. Portanto, o coeficiente de restituição dá uma medida de quão elástico foi o choque.

Exemplo 8.6

Dois carrinhos, de mesma massa e sobre um trilho retilíneo sem atrito, chocam-se inelasticamente. Antes do choque, um dos carrinhos tinha velocidade v_1 e o outro estava parado. O coeficiente de restituição do choque foi 0,5. Determine as velocidades dos carrinhos após o choque.

Solução: a conservação do momento linear, com as devidas simplificações, nos dá:

$$v_1 = v_1' + v_2' \tag{8.35}$$

Como a interação é inelástica, a energia cinética não se conserva. Todavia, o coeficiente de restituição nos dá outra equação que permitirá a solução do problema. Assim, usando a Equação 8.34 e os dados do problema, temos:

$$0,5 = -\frac{v_1' - v_2'}{v_1}, \qquad \text{ou seja,}$$
$$0,5v_1 = -v_1' + v_2' \tag{8.36}$$

Somando as Equações 8.35 e 8.36, obtemos $1,5v_1 = 2v_2'$. Assim,

$$v_2' = 0,75v_1 \qquad \text{e} \qquad v_1' = 0,25v_1$$

8.4   Impulso

Se a dependência com o tempo de uma força é conhecida, a variação no momento que essa força provoca sobre uma partícula é dada pela segunda lei de Newton:

$$\frac{d\mathbf{p}}{dt} = \mathbf{F}(t) \quad \Rightarrow \quad d\mathbf{p} = \mathbf{F}(t)dt \quad \text{ou}$$
$$\mathbf{p}_2 - \mathbf{p}_1 = \int_{t_1}^{t_2} \mathbf{F}(t)dt \tag{8.37}$$

em que $\Delta t = t_2 - t_1$ é o intervalo de tempo em que a força $\mathbf{F}$(t) atuou.

A integral do lado direito da Equação 8.37 é definida como o impulso $\mathbf{I}$, provocado pela força $\mathbf{F}(t)$ no intervalo de tempo Δt, ou seja,

$$\mathbf{I} = \int_{t_1}^{t_2} \mathbf{F}(t)dt \quad \textbf{(impulso)} \tag{8.38}$$

Pela sua definição, o impulso é uma grandeza vetorial e é medido, no SI, em Ns.

O conceito de impulso é particularmente interessante em interações muito rápidas, como entre duas esferas maciças, entre uma bola e o pé que a chuta etc. Nesses casos, é muito difícil, senão impossível, determinar a força sobre os corpos que interagem. Já o impulso é facilmente determinado se tivermos a variação do momento de um dos corpos. Assim, o conhecimento do impulso permite determinar a força média na interação. Por exemplo, para uma bola chutada, a força média $\overline{\mathbf{F}}$ que atua durante o contato pé-bola é a força constante que, no mesmo intervalo de tempo, provocaria a mesma variação de momento, ou seja,

$$\overline{\mathbf{F}} = \frac{\Delta \mathbf{p}}{\Delta t} = \frac{\mathbf{p}_2 - \mathbf{p}_1}{t_2 - t_1} \qquad (8.39)$$

em que $\mathbf{p}_1$ é o momento inicial em $t = t_1$ e $\mathbf{p}_2$ é o momento em que a bola deixa o pé no instante $t = t_2$. Pela definição de impulso, temos:

$$\overline{\mathbf{F}} = \frac{1}{\Delta t}\mathbf{I} \qquad (8.40)$$

A Figura 8.8 mostra como seria, aproximadamente, a força real e a força média na bola. O módulo de $\mathbf{I}$ é a área sob a curva $\mathbf{F}(t)$ entre t_1 e t_2 (área sombreada). Como a força média resulta no mesmo impulso, a área e a força média entre t_1 e t_2 (hachurada) devem ser as mesmas.

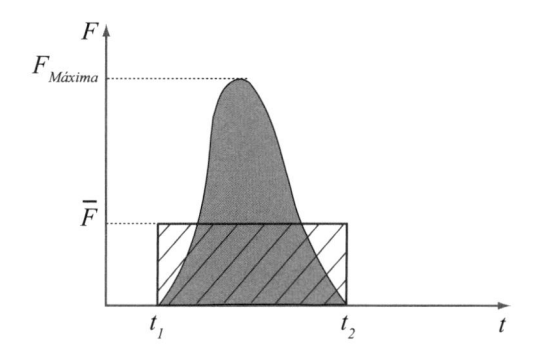

Figura 8.8: Valor absoluto da força que atua na bola que foi chutada. A ação do pé sobre a bola deu-se entre os instantes t_1 e t_2. É praticamente impossível determinar a força com precisão, mas seu valor médio $\overline{\mathbf{F}}$ pode ser determinado se conhecermos Δt.

Tirar a Toalha Sem Derrubar o Copo

Um truque muito conhecido é a retirada de uma toalha de uma mesa sem derrubar a louça que está em cima dela. O princípio físico para esse fato é bem simples e requer que a toalha seja retirada muito rapidamente, deixando o fato ainda mais intrigante para um leigo. Por que a retirada da toalha deve ser rápida?

Quando a pessoa está puxando a toalha, a força de atrito age no copo, empurrando-o também junto com a toalha. Se a toalha for retirada lentamente, o copo move-se junto com a toalha em razão da força de atrito estático da toalha sobre o copo. Nessa situação, o copo vai cair ao final do movimento. Se o processo for rápido ao ponto de a velocidade da toalha ser maior que a velocidade que o copo adquire, então a força que age sobre o copo será a força de atrito

cinética, que é menor que a força de atrito estático, pois $\mu_c < \mu_e$, reduzindo o tempo de ação da força sobre o copo. Nessa situação, o copo adquire certa velocidade, que vai depender do **impulso** $I = F_a\Delta t$, uma vez que, nesse caso, $v = \frac{I}{m}$. Assim, $v = \frac{F_a\Delta t}{m}$.

Para evitar que o copo caia, é necessário reduzir o tempo de ação dessa força, diminuindo o impulso I, o que é obtido puxando a toalha o mais rápido possível. Assim, reduzindo suficientemente o tempo, o impulso sobre o copo será tão pequeno que é bem possível que ele se desloque apenas poucos milímetros, permanecendo estável. Para a realização desse feito, alguns outros detalhes são importantes, como a técnica para puxar a toalha sem causar turbulência, além do fato de que a toalha, a mesa e o próprio copo devem ser lisos.

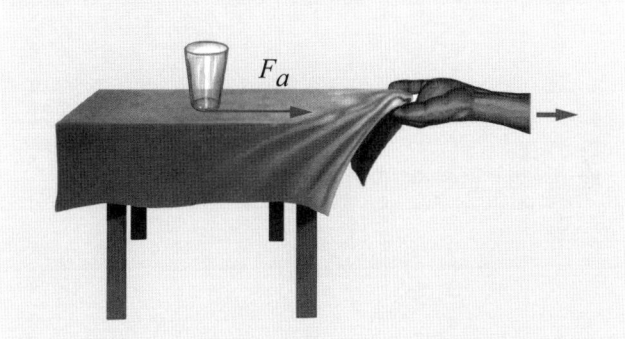

Figura 8.9: Tirando a toalha sem derrubar o copo.

Exemplo 8.7

Uma esfera metálica de $0{,}5\,\mathrm{kg}$ de massa cai no chão, a partir do repouso, de uma altura de $5{,}0\,\mathrm{m}$ e sobe novamente a uma altura de $3{,}2\,\mathrm{m}$. O tempo de impacto da esfera com o chão foi de $0{,}02\,\mathrm{s}$. Qual foi a força média que atuou na esfera durante o impacto? Considere $g = 10\,\mathrm{m/s^2}$.

Solução: usando a equação $v^2 = v_o^2 + 2a\Delta y$, podemos calcular as velocidades da esfera ao tocar o solo. Como v_o é zero, o cálculo da velocidade da esfera ao tocar o solo nos dá:

$$v_1^2 = 2 \times 9{,}8 \times 5{,}0\,\mathrm{m/s} \quad \Rightarrow \quad v_1 = -9{,}9\,\mathrm{m/s}$$

O sinal negativo de v_1 significa que a velocidade aponta para baixo. Ao subir, a velocidade da esfera após subir $3{,}2\,\mathrm{m}$ (velocidade final) é zero. Portanto, ela saiu do chão com velocidade:

$$v_2^2 = 2 \times 9{,}8 \times 3{,}2\,\mathrm{m/s} \quad \Rightarrow \quad v_2 = 7{,}9\,\mathrm{m/s}$$

Das Equações 8.39 e 8.40, podemos obter o impulso recebido pela esfera:

$$I = mv_2 - mv_1 = 0{,}5 \times 7{,}9 - 0{,}5 \times (-9{,}9) = 8{,}9\,\mathrm{Ns}$$

Assim, usando a Equação 8.40, a força média na esfera é:

$$\overline{F} \times 0{,}02 = 8{,}9 \quad \text{ou} \quad \overline{F} = 445\,\mathrm{N}$$

dirigida verticalmente para cima.

Exemplo 8.8

Uma mangueira de $10\,mm$ de diâmetro jorra água com uma vazão de $10\,l/min$. O jato d'água atinge perpendicularmente uma parede de papelão sem respingar. Determine a força sobre a parede.

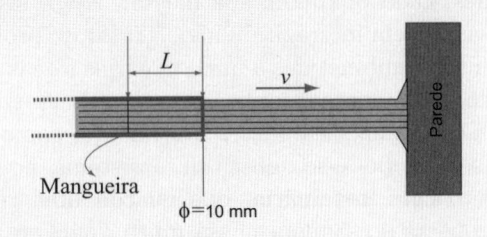

Figura 8.10: Um jato d'água bate na parede, onde é totalmente absorvido.

Solução: consideremos a massa Δm de água contida em um comprimento L da mangueira. Essa massa tem uma velocidade v e, após sair da mangueira e chocar-se com a parede, sofre uma variação de momento $-\Delta mv$ ($\Delta mv_{final} = 0$), que é o impulso que ela sofre da parede. Ou seja, pela Equação 8.39,

$$\overline{F}\Delta t = -\Delta mv \qquad (8.41)$$

Mas $\Delta m = \rho V_L$, em que ρ é a densidade da água ($10^3\,kg/m^3$) e V_L é o volume contido no comprimento L, ou seja, $V_L = AL$, em que A é a área da seção reta da mangueira. Assim, a Equação 8.41 pode ser escrita como:

$$\overline{F}\Delta t = -\rho V_L v = -\rho ALv, \quad \text{ou seja,}$$

$$\overline{F} = -\rho Av^2 \qquad (8.42)$$

pois $L/\Delta t = v$. A vazão volumétrica da mangueira ($10\,l/min$) é dada por:

$$R = \frac{V_L}{\Delta t} = Av \qquad (8.43)$$

Calculando v pela Equação 8.43 e substituindo na Equação 8.42, obtemos:

$$\overline{F} = -\frac{\rho R^2}{A} \qquad (8.44)$$

Substituindo os valores dados na Equação 8.44, temos, finalmente:

$$\overline{F} = 36\,N$$

8.5   Força quando a Massa Varia

Quando há variação de massa de um corpo, seu momento também pode variar, fazendo surgir uma força, mas a análise do problema deve ser cuidadosa. Vamos analisar o caso geral de variação da massa e da velocidade. A força será dada por:

$$\mathbf{F} = \frac{d\mathbf{p}}{dt} = \frac{d(m\mathbf{v})}{dt} = m\frac{d\mathbf{v}}{dt} + \mathbf{v}\frac{dm}{dt} \qquad (8.45)$$

O termo $m\frac{d\mathbf{v}}{dt}$, bastante conhecido por todos, é a força que atua no corpo se sua massa não varia. O termo $\mathbf{v}\frac{dm}{dt}$ só aparece se a massa varia. É importante observar que esse termo só tem efeito se o corpo já tem uma velocidade $\mathbf{v}$. Se ele estiver em repouso, esse termo será nulo. Por exemplo, um pequeno orifício na base de um saco de arroz pode esvaziá-lo, variando, portanto, sua massa, sem fazê-lo se mexer (por quê?). Se em vez do saco de arroz tivermos um balão de ar, é possível que o balão se mova, mas, inicialmente, seu movimento não será causado pela variação da massa do próprio balão, mas sim pela saída do ar. O ar do balão, apesar de ter uma massa pequena, será expelido com velocidade muito maior que o arroz do saco. O balão se deslocará no sentido contrário ao do jato de ar para manter o momento total nulo.

Outro ponto importante a ser observado é que os termos $\mathbf{v}\frac{dm}{dt}$ e $m\frac{d\mathbf{v}}{dt}$ são vetores que podem ter direções e sentidos diferentes e, até mesmo, opostos. Por exemplo, se um corpo está sendo freado, sua aceleração, isto é, $\frac{d\mathbf{v}}{dt}$, tem o sentido oposto de $\mathbf{v}$. Portanto, se $\frac{dm}{dt}$ é positivo, $\mathbf{v}\frac{dm}{dt}$ e $m\frac{d\mathbf{v}}{dt}$ terão sentidos opostos.

Exemplo 8.9

Em um dia de chuva, um operário conduz uma carriola em linha reta com velocidade de $2,0\,m/s$. A carriola, inicialmente vazia, enche a uma taxa de $40\,l/h$. Desprezando qualquer forma de atrito, qual é a força (horizontal) que o operário deve fazer para manter a velocidade da carriola?

Solução: a força será dada pela Equação 8.45:

$$\mathbf{F} = m\frac{d\mathbf{v}}{dt} + \mathbf{v}\frac{dm}{dt}$$

Se a velocidade deve ser mantida constante, então:

$$\frac{d\mathbf{v}}{dt} = 0$$

Como a densidade da água é $10\times10^3\,kg/m^3$, então, para $40\,l/h$,

$$\frac{dm}{dt} = 0,011\,kg/s$$

Assim, a força necessária para manter a carriola com velocidade de $2\,m/s$ será:

$$F = 2 \times 0,011\,N, \quad \text{ou seja,} \quad F = 0,022\,N$$

Exemplo 8.10

Um foguete desloca-se no espaço, onde a resultante das forças sobre ele é desprezível. Para se deslocar em linha reta, o foguete lança combustível para trás com uma velocidade u em relação a ele. Determine sua aceleração e a velocidade em função do tempo.

Solução: no instante t, a velocidade do foguete em relação a um referencial inercial é v e sua massa é m, ou seja, seu momento é mv. No instante $t+dt$, sua velocidade é $v+dv$, e ele joga para trás uma massa infinitesimal de combustível $-dm$ (dm é negativo porque m está diminuindo). Como a velocidade do combustível em relação ao foguete é u, em relação ao referencial onde o problema está sendo tratado ela é $v' = v - u$ e seu momento é $-dm(v + dv - u)$.

Figura 8.11: Um foguete acelerando em dois instantes subsequentes.

A conservação do momento nos dá:

$$mv = (m + dm)(v + dv) - dm(v - u) \quad \text{ou}$$

$$mv = mv + mdv + vdm + dmdv - vdm + udm \quad (8.46)$$

Fazendo algumas simplificações algébricas, a Equação 8.46 fica:

$$mdv = -udm \quad (8.47)$$

da qual tiramos:

$$m\frac{dv}{dt} = -u\frac{dm}{dt} \quad \text{ou}$$

$$a = -\frac{u}{m}\frac{dm}{dt} \quad (8.48)$$

Para o cálculo da velocidade, integramos a Equação 8.47 da seguinte forma:

$$\int_{v_0}^{v} dv = -u \int_{m_0}^{m} \frac{dm}{m}$$

que nos dá:

$$v - v_0 = -u ln(\frac{m}{m_0}) \quad \text{ou}$$

$$v = v_0 + u ln(\frac{m_0}{m}) \quad (8.49)$$

A relação com o tempo nas Equações 8.48 e 8.49 está em função da massa m. Se dm/dt é constante, então:

$$m = m_0 + (\frac{dm}{dt})t$$

Como dm é negativo, m sempre diminui com o tempo (como era de se esperar).

8.6 Centro de Massa de Um Sistema de Partículas

Consideremos um sistema formado por várias partículas, cada qual com sua massa. Nesse sistema, as massas podem interagir ou não. Tratar do problema dessas massas submetidas a uma ou várias forças externas pode ser bastante complicado ou mesmo impossível de se resolver analiticamente. Felizmente, como veremos a seguir, pode-se substituir o sistema por uma única partícula imaginária, que guarda uma relação com as outras do sistema. Essa única "partícula", situada em um ponto denominado **centro de massa**, tem massa igual à soma das massas do sistema e, nela, aplica-se a soma de todas as forças que atuam nas partículas. Uma vez determinados o movimento do centro de massa e o movimento de todas as partículas em relação a ele, o movimento de cada partícula também fica determinado.

Quando dizemos "todas as forças que atuam nas partículas", referimos-nos a todas as forças externas, uma vez que a soma das forças internas, pela terceira lei de Newton, é nula. Por exemplo, se temos um sistema formado por duas massas em queda livre e ligadas por um elástico, a soma de todas as forças será igual à soma dos seus pesos, uma vez que as forças que uma transmite à outra através do elástico são, pela terceira lei de Newton, iguais e opostas, ou seja, anulam-se na soma.

Para determinar a posição do centro de massa, que passaremos a abreviar como CM, vamos considerar como se sobre ele estivesse concentrada toda a massa do sistema e a soma das forças externas que atuam em suas partículas. Assim, o componente x da força no CM é:

$$F_x = \sum f_{x_i} = \sum m_i \frac{d^2 x_i}{dt^2} \quad (8.50)$$

em que f_{xi} é o componente x da força que atua na partícula i de massa m_i e posição x_i. Como m_i é constante, podemos escrever:

$$m_i \frac{d^2 x_i}{dt^2} = \frac{d^2}{dt^2}(m_i x_i)$$

que, aplicado à Equação 8.50, nos fornece:

$$F_x = \frac{d^2}{dt^2}\sum(m_i x_i) \quad (8.51)$$

Pela nossa definição, essa é a força no CM. Considerando toda a massa do sistema concentrada no CM, essa força também pode ser escrita como:

$$F_x = MA_x = M\frac{d^2 X}{dt^2} = \frac{d^2}{dt^2}(MX) \quad (8.52)$$

em que A_x é a aceleração e X a posição do centro de massa. $M = \sum m_i$ é a massa total do sistema. Comparando as Equações 8.51 e 8.52, temos:

$$MX = \sum m_i x_i$$

ou:

$$X = \frac{1}{M} \sum m_i x_i$$

Assim, achamos a coordenada x do vetor posição do CM. É evidente que a equação acima vale para qualquer coordenada, portanto, as coordenadas X, Y e Z do CM são:

$$X = \frac{1}{M} \sum m_i x_i \quad Y = \frac{1}{M} \sum m_i y_i$$
$$Z = \frac{1}{M} \sum m_i z_i \tag{8.53}$$

(coordenadas do centro de massa)

nas quais x_i, y_i e z_i são as coordenadas da partícula i. É importante notar que cada coordenada do CM é a média ponderada entre coordenadas das partículas do sistema, tendo as massas correspondentes como peso. Isso garante que o CM estará sempre entre as partículas, ou seja, entre os valores máximos e mínimos de x, y e z.

Em notação vetorial, podemos escrever o centro de massa, utilizando a Equação 8.53, como:

$$\mathbf{R}_{cm} = X\mathbf{i} + Y\mathbf{j} + Z\mathbf{k} = \frac{1}{M} \sum_i m_i \mathbf{r}_i \tag{8.54}$$

(centro de massa – sistema de partículas)

em que $\mathbf{r_i}$ é o vetor posição da partícula i.

O cálculo dos componentes V_x, V_y e V_z da velocidade $\mathbf{V}$ e A_x, A_y e A_z da aceleração $\mathbf{A}$ do CM é feito pela derivação da Equação 8.53, fornecendo:

$$V_x = \frac{1}{M} \sum m_i v_{ix} \quad V_y = \frac{1}{M} \sum m_i v_{iy}$$
$$V_z = \frac{1}{M} \sum m_i v_{iz} \tag{8.55}$$

e

$$A_x = \frac{1}{M} \sum m_i a_{ix} \quad A_y = \frac{1}{M} \sum m_i a_{iy}$$
$$A_z = \frac{1}{M} \sum m_i a_{iz} \tag{8.56}$$

nas quais v_{ix}, v_{iy}, v_{iz} e a_{ix}, a_{iy}, a_{iz} são, respectivamente, os componentes da velocidade e da aceleração da partícula i.

A partir das Equações 8.55, verifica-se facilmente que:

$$P_x = MV_x = \sum m_i v_{ix} \quad P_y = MV_y = \sum m_i v_{iy}$$
$$P_z = MV_z = \sum m_i v_{iz}$$
$$\tag{8.57}$$

ou seja, o momento total do sistema pode ser escrito como:

$$\mathbf{P}_t = \sum \mathbf{p}_i = M\mathbf{V} \tag{8.58}$$

(momento do centro de massa)

Portanto, o momento total de um sistema de partículas $\mathbf{P}_t$, ou seja, a soma dos momentos das partículas que constituem o sistema, pode também ser calculado simplesmente por $\mathbf{P}_t = M\mathbf{V}$, em que $\mathbf{V}$ é a velocidade do centro de massa do sistema de partículas.

Na determinação da posição do centro de massa aqui apresentada, tratamos de sistemas de massas discretas. Um sólido (corpo rígido) é um sistema de um número muito grande de partículas muito próximas umas das outras na nossa escala macroscópica. Assim, deve ser tratado como um contínuo de massas e, consequentemente, as somatórias que aparecem nas expressões 8.53, 8.55 e 8.56 são substituídas por integrais sobre a massa, ou seja:

$$X = \frac{1}{M} \int x\,dm \quad Y = \frac{1}{M} \int y\,dm$$
$$Z = \frac{1}{M} \int z\,dm \tag{8.59}$$

$$V_x = \frac{1}{M} \int v_x\,dm \quad V_y = \frac{1}{M} \int v_y\,dm$$
$$V_z = \frac{1}{M} \int v_z\,dm \tag{8.60}$$

$$A_x = \frac{1}{M} \int a_x\,dm \quad A_y = \frac{1}{M} \int a_y\,dm$$
$$A_z = \frac{1}{M} \int a_z\,dm \tag{8.61}$$

O vetor posição do CM pode ser escrito como $\mathbf{R} = X\mathbf{i} + Y\mathbf{j} + Z\mathbf{k}$. Assim, para uma distribuição contínua de massa,

$$\mathbf{R} = \frac{\mathbf{i}}{M} \int x\,dm + \frac{\mathbf{j}}{M} \int y\,dm + \frac{\mathbf{k}}{M} \int z\,dm \quad \text{ou}$$

$$\mathbf{R}_{CM} = \frac{1}{M} \int (X\mathbf{i} + Y\mathbf{j} + Z\mathbf{k})\,dm = \frac{1}{M} \int \mathbf{r}\,dm \tag{8.62}$$

(centro de massa – distribuição contínua de massa)

em que **r** é o vetor posição do elemento infinitesimal de massa dm. Analogamente, podemos escrever equações semelhantes para $\mathbf{V}_{CM}$ e $\mathbf{A}_{CM}$:

$$\mathbf{V}_{CM} = \frac{1}{M} \int \mathbf{v}\, dm \tag{8.63}$$

$$\mathbf{A}_{CM} = \frac{1}{M} \int \mathbf{a}\, dm \tag{8.64}$$

Esses cálculos não serão tratados neste livro por envolverem integrais ainda não estudadas. Todavia, algumas propriedades de simetria do CM nos sólidos homogêneos podem ser utilizadas na sua determinação:

a) se o corpo tem uma linha de simetria, o CM está sobre ela;

b) se o corpo tem duas ou mais linhas de simetria, o CM está na interseção dessas linhas.

Assim, é fácil concluir que o CM de uma esfera está no seu centro e que o de um quadrado ou losango está na intersecção de suas diagonais, etc.

Resumindo, estabelecemos as seguintes propriedades para o CM de um sistema de partículas:

I. O CM move-se como se fosse uma partícula de massa M igual à soma das massas das partículas que constituem o sistema.

II. A força no CM é a soma das forças externas que atuam nas partículas do sistema.

III. O momento linear total de um sistema de partículas é o mesmo que de uma partícula de massa M na posição do CM movendo-se como ele.

Dessas três propriedades, deduz-se que a força resultante que atua em um sistema de partículas ou corpo rígido pode ser escrita como:

$$\mathbf{F}_R = \frac{d\mathbf{P}_t}{dt} \tag{8.65}$$

Se a massa não varia, essa relação pode ser escrita na forma:

$$F_R = MA_{CM} \tag{8.66}$$

Essas propriedades serão muito úteis no estudo do movimento de corpos rígidos que podem sofrer translação e rotação simultaneamente. Evidentemente, quando não há força externa atuando no corpo (ou sistema de partículas), o CM desloca-se em linha reta e a rotação, se houver, faz-se em torno dele. Isso simplifica bastante os problemas do movimento de um corpo rígido.

Exemplo 8.11
Dois carrinhos, ambos com $0{,}50\,\text{kg}$ de massa, estão sobre um trilho sem atrito. Em $t = 0$, um dos carrinhos está em $x_1 = 0$ e o outro está em $x_2 = 100\,\text{cm}$ e movem-se com a mesma velocidade absoluta, mas em sentidos opostos.
(a) Determine a posição inicial do CM dos dois carrinhos.
(b) Determine a velocidade do CM dos dois carrinhos.

Solução: (a) nesse caso, temos: $x_1 = 0$, $x_2 = 100$ e $m_1 = m_2 = 0{,}5$. Portanto, usando a Equação 8.53,

$$X = \frac{0{,}50 \times 0 + 0{,}50 \times 100}{0{,}50 + 0{,}50} = 50\,\text{cm}$$

Em razão do fato de as massas dos carrinhos serem iguais, não precisaríamos ter feito contas para chegar ao valor acima. Nesses casos, o centro de massa está sempre no ponto médio da linha que une as duas massas.

(b) As velocidades dos carrinhos são v e $-v$. Assim, pela primeira das Equações 8.55,

$$V = \frac{0{,}50v + 0{,}50(-v)}{0{,}50 + 0{,}50} = 0$$

Mesmo sem fazer as contas acima, poderíamos dizer que o CM permanece em repouso porque, sendo os momentos dos carrinhos iguais em valores absolutos e opostos, o momento total é zero, o que significa também que o momento do CM é zero. Observemos que, independentemente do tipo de choque entre os carrinhos (elástico ou não), o momento do centro de massa mantém-se nulo (ou seja, o CM permanece parado) porque não há forças externas atuando no sistema.

Exemplo 8.12
Resolva novamente o problema com os carrinhos do exemplo 8.11, mas agora com velocidades $v_1 = 0{,}50\,\text{m/s}$ e $v_2 = -1{,}00\,\text{m/s}$.

Solução: (a) a posição inicial do CM é igual a do exemplo anterior, porque as massas e as posições iniciais não mudaram.

(b) Nesse caso, a velocidade do CM será:

$$V = \frac{0{,}50 \times 0{,}50 + 0{,}50 \times (-1{,}00)}{0{,}50 + 0{,}50} = -0{,}25\,\text{m/s}$$

O CM tem uma velocidade negativa (da direita para a esquerda) constante porque não há forças externas atuando no sistema.

Exemplo 8.13
Um homem de 80 kg está sentado na popa de um barco de 5 m de comprimento e 120 kg de massa, que flutua em um lago muito calmo. O centro de massa do barco vazio fica a 2 m da popa. Desprezando o atrito entre o barco e a água, (a) qual é a posição do centro de massa do sistema homem-barco? (b) Se o homem passa da popa para a proa do barco, qual é o deslocamento do barco?

Solução: (a) a Figura 8.12 mostra a posição do homem no barco. Tomando a popa como origem, a posição do CM é:

$$X = \frac{80 \times 0 + 120 \times 2}{200} = 1{,}2\,\text{m}$$

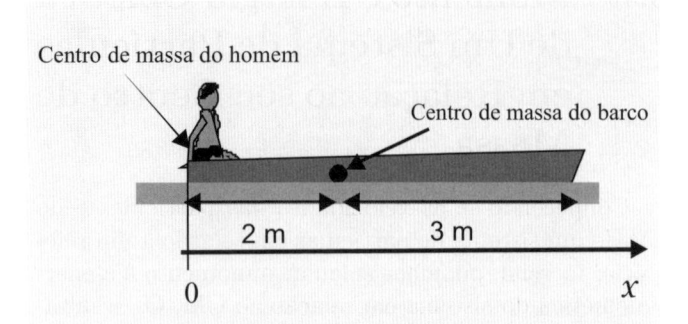

Figura 8.12: Um homem na popa de um barco.

(b) Na situação inicial, o CM está a 1,2 m da popa. Quando o homem passa para a proa, a nova posição do CM será:

$$X' = \frac{80 \times 5 + 120 \times 2}{200} = 3,2\,\text{m}$$

ou seja, o CM ficará a 3,2 m da popa. Como nenhuma força externa atuou no sistema, o CM não pode ter se movido. Se o CM permaneceu parado e sua posição em relação à popa do barco mudou de 1,2 m para 3,2 m, então o barco deslocou-se de 2,0 m para trás, conforme mostra a Figura 8.13.

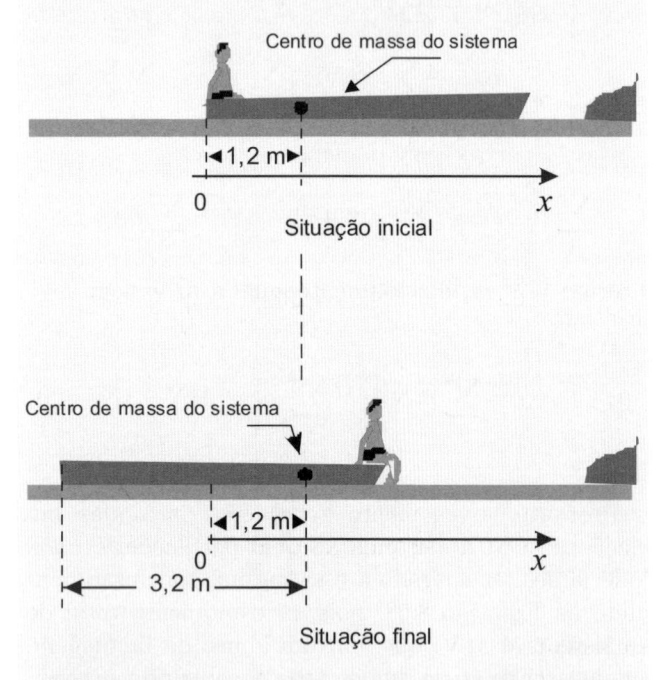

Figura 8.13: Um homem passa da popa para a proa de um barco.

Exemplo 8.14
Uma folha metálica é cortada conforme mostra a Figura 8.14. Determine seu centro de massa.

Solução: podemos pensar no problema como duas partículas situadas nos CM dos dois retângulos formados, conforme mostra a Figura 8.15.

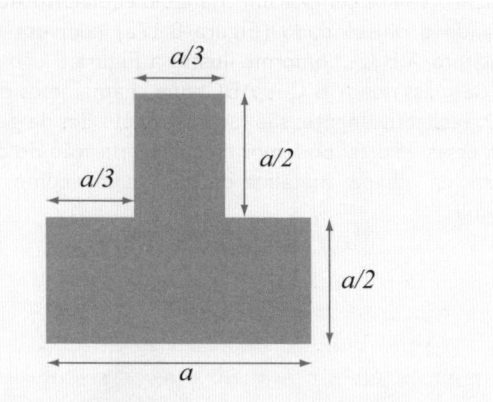

Figura 8.14: Folha metálica cortada.

Se a massa do retângulo de lados a e $a/2$ é M, então a do retângulo de lados $a/2$ e $a/3$ é $M/3$ (devido à razão entre as áreas). O centro de massa dos dois retângulos terá coordenadas X e Y dadas por:

$$Y = \frac{M\frac{a}{4} + \frac{M}{3}\frac{3a}{4}}{M + \frac{M}{3}} = \frac{3}{8}a$$

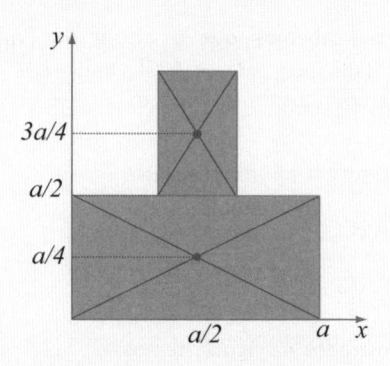

Figura 8.15: Folha metálica da Figura 8.14 dividida em dois retângulos.

Exemplo 8.15
Uma chapa metálica uniforme é cortada conforme a Figura 8.16. Determine seu CM. (Obs.: o CM nos triângulos fica a 1/3 da base e 2/3 do vértice.)

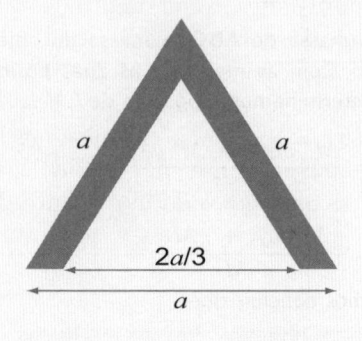

Figura 8.16: Chapa triangular cortada.

Solução: vamos compor um triângulo equilátero ABC, completando o objeto dado (Figura 8.17a) com um triângulo equilátero A'B'C', conforme ilustra a Figura 8.17b. Os centros de massa de A'B'C' e ABC, que chamaremos de CM1 e CM2, respectivamente, são facilmente obtidos da geometria. Com esses valores, podemos calcular a posição do centro de massa da chapa metálica do problema, como veremos a seguir.

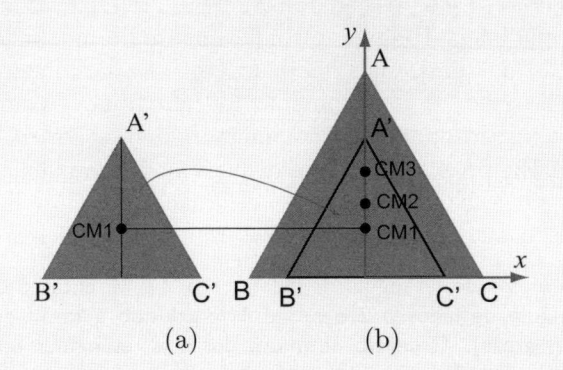

(a) (b)

Figura 8.17: O triângulo ABC é composto pelo objeto cujo CM queremos determinar e pelo triângulo A'B'C'.

Da geometria, sabemos que a altura de um triângulo equilátero é dada por: $H = L\frac{\sqrt{3}}{2}$, onde L é o lado do triângulo. Então, a altura de ABC é:

$$H = a\frac{\sqrt{3}}{2}$$

A altura de A'B'C' ($L = 2a/3$) é:

$$H' = a\frac{\sqrt{3}}{3}$$

Nos eixos mostrados na figura, temos:

$$y_{CM1} = a\frac{\sqrt{3}}{9} \quad e \quad y_{CM2} = a\frac{\sqrt{3}}{6}$$

Se M é a massa de ABC, a massa de A'B'C' será:

$$M' = M\frac{Área\, de\, A'B'C'}{Área\, de\, ABC} \quad ou$$

$$M' = M\frac{\frac{1}{2}\left(\frac{2a}{3}\frac{a\sqrt{3}}{3}\right)}{\frac{1}{2}\left(a\frac{a\sqrt{3}}{2}\right)} = \frac{4}{9}M$$

Como M é a massa de ABC, a massa do objeto restante é $M'' = \frac{5}{9}M$. Com as massas e as duas posições do CM conhecidas, determinamos a posição de CM3:

$$y_{CM2} = \frac{M'' y_{CM3} + M' y_{CM1}}{M} \quad ou$$

$$a\frac{\sqrt{3}}{6} = \frac{\frac{5}{9}My_{CM3} + \frac{4}{9}Ma\frac{\sqrt{3}}{9}}{M}$$

da qual podemos concluir que:

$$y_{CM3} = \frac{19\sqrt{3}}{90}a$$

8.7 Momento e Energia Cinética de Um Sistema de Partículas em Relação ao seu Centro de Massa

Conhecendo-se as velocidades das partículas e do CM de um sistema de partículas em relação a um referencial inercial, podemos calcular o momento e a energia cinética do sistema em relação ao CM. Os resultados são muito importantes e facilitam alguns cálculos.

Momento

A velocidade $\mathbf{u_i}$ da partícula i em relação ao CM é $\boldsymbol{u}_i = \boldsymbol{v}_i - \boldsymbol{V}$, onde $\boldsymbol{v}_i$ é a velocidade no referencial inercial e $\boldsymbol{V}$ é a velocidade do centro de massa. Portanto, o **momento** da partícula i em relação ao centro de massa é:

$$\mathbf{p}_{i,CM} = m_i\mathbf{u}_i = m_i(\mathbf{v}_i - \mathbf{V})$$

Logo, o momento total em relação ao centro de massa será:

$$\mathbf{p}_{Total,CM} = \sum_i m_i(\mathbf{v}_i - \mathbf{V})$$

$$= \sum_i m_i\mathbf{v}_i - \sum_i m_i\mathbf{V} = \sum_i m_i\mathbf{v}_i - \mathbf{V}\sum_i m_i$$

Das Equações 8.55, podemos escrever:

$$\sum_i m_i v_i = M\mathbf{V}, \quad em\, que \quad M = \sum_i m_i$$

O termo $V\sum_i m_i$ é obviamente igual a $M\mathbf{V}$, logo:

$$\mathbf{p}_{Total,CM} = \sum_i m_i\mathbf{v}_i - \mathbf{V}\sum_i m_i = M\mathbf{V} - M\mathbf{V} = 0 \tag{8.67}$$

Portanto, o momento total das partículas em relação ao CM do sistema ao qual pertencem é *nulo*. Poderíamos ter chegado a essa mesma conclusão pensando na Equação 8.58, pois, se o momento total de um sistema é $M\mathbf{V}$, que, em um abuso de linguagem, podemos chamar de "momento do centro de massa", obviamente o momento total do sistema em relação ao centro de massa tem de ser nulo.

Energia cinética

A **energia cinética** de um sistema de partículas é a soma das energias cinéticas das partículas que o constituem. Portanto,

$$E_c = \frac{1}{2}\sum_i m_i v_i^2$$

A velocidade da partícula i em relação ao CM é:

$$\mathbf{u}_i = \mathbf{v}_i - \mathbf{V}$$

Portanto, podemos escrever:

$$\mathbf{v}_i = \mathbf{u}_i + \mathbf{V}$$

Calculando $\mathbf{v}_i^2$, temos:

$$\mathbf{v}_i^2 = \mathbf{u}_i^2 + \mathbf{V}^2 + 2\mathbf{u}_i \cdot \mathbf{V} \quad \text{ou}$$

$$v_i^2 = u_i^2 + V^2 + 2\mathbf{u}_i \cdot \mathbf{V}$$

Utilizando essa expressão no cálculo de E_c, obtemos:

$$E_c = \frac{1}{2}\sum m_i u_i^2 + \frac{1}{2}\sum m_i V^2 \sum m_i \mathbf{u}_i \cdot \mathbf{V}$$

O terceiro termo dessa expressão pode ser escrito na forma:

$$\sum m_i \mathbf{u}_i \cdot \mathbf{V} = \mathbf{V} \cdot \sum m_i \mathbf{u}_i = 0$$

pois, como foi demonstrado anteriormente, a soma dos momentos em relação ao CM é nulo.

Como $\mathbf{u}_i$ é a velocidade da partícula i no referencial do CM, então o primeiro termo da expressão achado é a soma das energias cinéticas no referencial do CM. Como V é independente de i, o segundo termo de E_c pode ser escrito como:

$$\frac{1}{2}\sum m_i V^2 = \frac{1}{2}V^2 \sum m_i = \frac{1}{2}MV^2$$

Portanto, podemos escrever:

$$E_c = \sum E_{c_{i,CM}} + \frac{1}{2}MV^2 \tag{8.68}$$

(energia cinética de um sistema de partículas)

em que $E_{c_{i,CM}}$ é a **energia cinética** da partícula i no referencial do CM.

8.8   Massa Reduzida

Consideremos duas partículas a e b que interagem entre si. A força que a exerce em b é $\boldsymbol{F}_{ab}$ e a que b exerce em a é $\boldsymbol{F}_{ba}$, sendo $\boldsymbol{F}_{ab} = -\boldsymbol{F}_{ba}$, ou seja, as partículas podem tanto se atrair como se repelir.

Figura 8.18: No referencial do centro de massa (CM), m_a está na posição X_a e m_b está na posição X_b. A distância entre m_a e m_b é $r = X_a - X_b$. Na figura, as partículas repelem-se.

Como determinar o movimento de m_a e m_b? Se existe uma força externa atuando no conjunto, determinamos o movimento do CM do sistema aplicando a segunda lei de Newton à soma das massas, ou seja,

$$F = (m_a + m_b)\frac{d^2\mathbf{r}_{CM}}{dt^2} \tag{8.69}$$

em que $\mathbf{r}_{CM}$ é a posição do CM em um referencial inercial qualquer. Todavia, o conhecimento do movimento do CM das partículas não acarreta necessariamente o conhecimento de seus movimentos individuais. Vamos, então, determinar esses movimentos em relação ao CM.

A Figura 8.18 mostra a disposição das partículas e suas respectivas posições no referencial do CM. Para facilitar sua compreensão, trataremos o problema escalarmente. No referencial do CM, podemos escrever:

$$m_a\frac{d^2X_a}{dt^2} = F_{ba}, \quad \text{ou seja,} \quad \frac{d^2X_a}{dt^2} = \frac{F_{ba}}{m_a} \tag{8.70}$$

e

$$m_b\frac{d^2X_b}{dt^2} = F_{ab}, \quad \text{ou seja,} \quad \frac{d^2X_b}{dt^2} = \frac{F_{ab}}{m_b} \tag{8.71}$$

Subtraindo essas duas equações, temos:

$$\frac{d^2X_a}{dt^2} - \frac{d^2X_b}{dt^2} = \frac{F_{ba}}{m_a} - \frac{F_{ab}}{m_b}$$

E, lembrando que $F_{ba} = -F_{ab}$,

$$\frac{d^2(X_a - X_b)}{dt^2} = F_{ba}\left(\frac{1}{m_a} + \frac{1}{m_b}\right)$$

Como $X_a - X_b = r$ e definindo $\frac{1}{\mu} = \left(\frac{1}{m_a} + \frac{1}{m_b}\right)$, temos:

$$\mu\frac{d^2r}{dt^2} = F_{ba} \tag{8.72}$$

Observe que μ pode ser expresso por:

$$\mu = \frac{m_a m_b}{m_a + m_b} \quad \textbf{(massa reduzida)} \tag{8.73}$$

Assim, podemos tratar as duas partículas que se atraem ou repelem como uma única partícula de massa μ, a uma distância r da origem e submetida a uma força F_{ba}. A massa μ é chamada **massa reduzida** do sistema.

O uso da massa reduzida é muito útil quando estudamos o movimento de dois corpos que interagem, como dois planetas, duas cargas, duas massas ligadas por uma mola, etc. Na interação entre dois astros ou duas cargas, é comum que uma massa seja muito maior que a outra. Nesses casos, a massa reduzida é igual à massa da partícula de menor massa (faça $m_b >> m_a$

e demonstre que, nesse caso, $\mu \approx m_a$). Por outro lado, o CM do sistema fica praticamente sobre o CM da partícula de maior massa. Assim, para determinar a equação do movimento de um satélite artificial da Terra em torno dela, por exemplo, a segunda lei de Newton pode ser usada na forma:

$$m\frac{d^2r}{dt^2} = F$$

em que m é a massa do satélite, r é sua distância ao centro da terra e F é a força de atração da Terra sobre o satélite.

8.9 RESUMO

8.2 Momento Linear

O momento linear de uma partícula, também chamado de **quantidade de movimento**, é dado pela equação:

$$\mathbf{p} = m\mathbf{v} \qquad \text{(momento linear ou quantidade de movimento)} \tag{8.1}$$

Se nenhuma força *externa* atua em um sistema de partículas, o momento linear total conserva-se, isto é,

$$\sum_i p_i = m_1v_1 + m_2v_2 + m_3v_3 + ... = constante \qquad \text{(lei de conservação do momento linear)} \tag{8.9}$$

8.3 Interações/Colisões

As interações/colisões podem ser de dois tipos: elásticas e inelásticas (ou plásticas).
Elásticas: a energia cinética do sistema conserva-se.
Inelásticas: a energia cinética do sistema não se conserva.
Em qualquer colisão, não havendo forças externas, o momento conserva-se.
O coeficiente de restituição para um choque frontal é definido como a razão entre as velocidades relativas das partículas (ou corpos) após e antes do choque:

$$\epsilon = -\frac{v_1' - v_2'}{v_1 - v_2} \qquad \text{(coeficiente de restituição)} \tag{8.34}$$

8.4 Impulso

Em uma interação, o impulso é dado por:

$$\mathbf{I} = \int_{t_1}^{t_2} \mathbf{F}(t)dt \qquad \text{(impulso)} \tag{8.38}$$

em que $\mathbf{F}(t)$ é a força durante a interação e t_1 e t_2 são os instantes em que a interação começa e termina, respectivamente.
A *força média* em uma interação pode ser dada por: $\overline{\mathbf{F}} = \frac{1}{\Delta t}\mathbf{I}$.

8.5 Força quando a Massa Varia

Para um corpo em movimento, a variação de massa faz o momento variar e, consequentemente, aparecer uma força, dada por:

$$\mathbf{F} = m\frac{d\mathbf{v}}{dt} + \mathbf{v}\frac{dm}{dt} \tag{8.45}$$

8.6 Centro de Massa de Um Sistema de Partículas

As coordenadas do centro de massa de um sistema de partículas são dadas por:

$$X = \frac{1}{M}\sum m_ix_i \quad Y = \frac{1}{M}\sum m_iy_i \quad Z = \frac{1}{M}\sum m_iz_i \tag{8.53}$$

que, em notação vetorial, assumem a forma:

$$\mathbf{R} = X\mathbf{i} + Y\mathbf{j} + Z\mathbf{k} = \frac{1}{M}\sum_i m_i\mathbf{r}_i \qquad \text{(centro de massa - sistema de partículas)} \tag{8.54}$$

A velocidade e a aceleração do centro de massa são calculadas pelas derivações sucessivas de suas coordenadas. Assim, temos:

Componentes da velocidade do centro de massa:

$$V_x = \frac{1}{M} \sum m_i v_{ix} \qquad V_y = \frac{1}{M} \sum m_i v_{iy} \qquad V_z = \frac{1}{M} \sum m_i v_{iz} \qquad (8.55)$$

Componentes da aceleração do centro de massa:

$$A_x = \frac{1}{M} \sum m_i a_{ix} \qquad A_y = \frac{1}{M} \sum m_i a_{iy} \qquad A_z = \frac{1}{M} \sum m_i a_{iz} \qquad (8.56)$$

Para o caso de uma densidade de partículas muito grande, como um sólido, as equações acima transformam-se, respectivamente, em:

$$X = \frac{1}{M} \int x\,dm \qquad Y = \frac{1}{M} \int y\,dm \qquad Z = \frac{1}{M} \int z\,dm \qquad (8.59)$$

$$V_x = \frac{1}{M} \int v_x\,dm \qquad V_y = \frac{1}{M} \int v_y\,dm \qquad V_z = \frac{1}{M} \int v_z\,dm \qquad (8.60)$$

$$A_x = \frac{1}{M} \int a_x\,dm \qquad A_y = \frac{1}{M} \int a_y\,dm \qquad A_z = \frac{1}{M} \int a_z\,dm \qquad (8.61)$$

As coordenadas do centro de massa em notação vetorial assumem a forma:

$$\mathbf{R}_{cm} = \frac{1}{M} \int (x\mathbf{i} + y\mathbf{j} + z\mathbf{k})\,dm = \frac{1}{M} \int \mathbf{r}\,dm \qquad \text{(centro de massa - distribuição contínua de massa)} \qquad (8.62)$$

A força resultante que atua em um sistema de partículas ou corpo rígido pode ser escrita como:

$$\mathbf{F}_R = \frac{d\mathbf{P}_t}{dt} \qquad (8.64)$$

em que $\mathbf{P} = M\mathbf{V}_{CM}$ é o momento linear total do sistema de partícula ou do corpo. Para um sistema no qual a massa não varia, podemos escrever:

$$\mathbf{F}_R = M\mathbf{A}_{CM} \qquad ((8.65))$$

8.7 Momento e Energia Cinética de Um Sistema de Partículas em Relação ao seu Centro de Massa

Momento: o momento total de um sistema de partículas em relação ao centro de massa é zero.
Energia cinética:

$$Ec = \sum_i E_{c_{i,CM}} + E_{c_{CM}} \qquad (8.67)$$

em que Ec é a energia cinética do sistema em um referencial inercial S. $\Sigma Ec_{i,CM}$ é a soma das energias cinéticas das partículas no referencial do centro de massa e Ec_{CM} é a energia cinética do centro de massa no referencial S.

8.8 Massa Reduzida

Em um sistema de duas partículas de massas m_a e m_b que interagem obedecendo a terceira lei de Newton, a força entre as partículas pode ser expressa por:

$$\mu \frac{d^2 r}{dt^2} = F_{ba} \qquad (8.72)$$

em que μ é a massa reduzida do sistema, dada por:

$$\mu = \frac{m_a m_b}{m_a + m_b} \qquad \text{(massa reduzida)} \qquad (8.73)$$

8.10 EXPERIMENTO 8.1: Colisões

Neste experimento, estudaremos o choque entre duas esferas de aço em diferentes condições de colisão, frontal e não frontal. Este experimento simula situações envolvendo um dos fenômenos mais estudado em Física (interações entre partículas) e outros muito comuns no nosso dia a dia.

Aparato Experimental

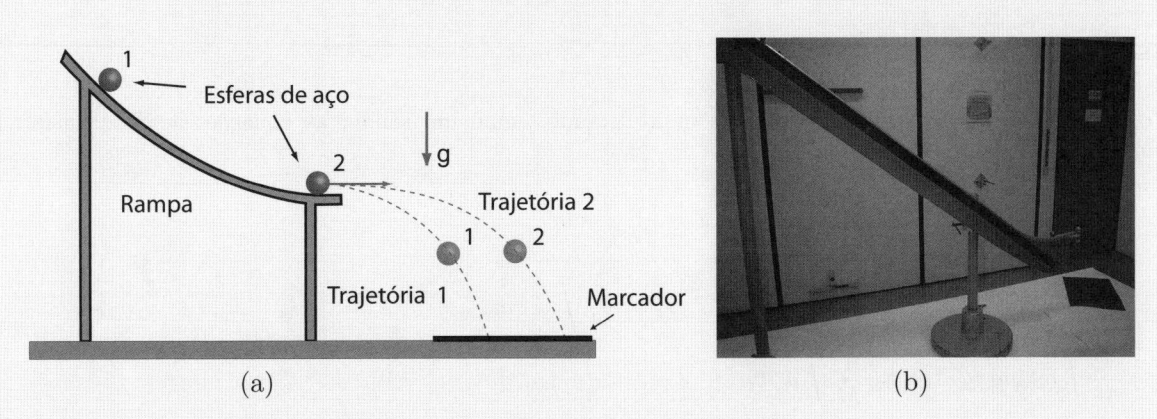

Figura 8.19: (a) Rampa para estudo de colisão entre esferas. (b) Foto de um sistema (Fonte: IFGW/Unicamp)

Para obtermos um choque entre duas esferas, utilizaremos uma rampa inclinada, que consiste de um trilho, onde uma esfera de aço 1 pode descer, atingindo uma velocidade horizontal no final (ver Experimento 4.1). Nesse ponto, essa esfera em movimento choca-se com a esfera 2 em repouso, cuja posição pode ser alterada de forma que o choque entre elas ocorra em diferentes posições (frontal e não frontal) deslocando-se lateralmente a esfera 2, alterando a trajetória final das duas esferas. Após o choque, as duas esferas caem sobre uma mesa, onde uma folha de papel carbono, por exemplo, junto com uma cartolina branca, pode ser colocada para se determinar a posição onde as esferas caem. Como as esferas não podem ser consideradas pontuais, verifique quais cuidados devem ser tomados para não incluir a dimensão da esfera nos resultados obtidos.

Experimento

Antes de iniciar o experimento com colisão, é necessário sabermos qual é a velocidade com que uma esfera colide com a outra esfera. Para tanto, determine o alcance da esfera livre, sem choque. Utilizando as equações de lançamento de projéteis (procedimento adotado no Experimento 4.1), podemos encontrar a velocidade da esfera 1 antes do choque. Em seguida, faça vários lançamentos colocando a segunda esfera em diferentes posições. As velocidades finais após o choque podem ser determinadas da mesma maneira que no caso da esfera livre, ou seja, por meio do alcance de cada esfera. Para cada posição, faça vários lançamentos, liberando a esfera sempre da mesma posição, para garantir que a velocidade de choque seja sempre a mesma.

Análise dos Resultados

1) Mostre como obter as velocidades das esferas por meio de seu alcance.
2) Determine os vetores velocidade **v** (incluindo o erro) antes e após o choque (utilizando notação vetorial com os vetores unitários **i** e **j**). Encontre a direção θ e o módulo v dos vetores. Utilize os valores médios dos alcances.
3) Determine o momento linear **p** (com seu respectivo erro) de cada esfera, antes e após o choque, em notação vetorial.
4) Determine a velocidade relativa entre as duas esferas antes e após o choque (em notação vetorial). Comente sobre o resultado encontrado. Represente essas velocidades relativas graficamente e observe visualmente o resultado.
5) Verifique se essas colisões obedecem à lei de conservação do momento linear, dentro do erro experimental.
6) Observe que as esferas caem em posições que fazem parte de um arco de circunferência. Mostre, teoricamente, que isso é esperado. Observe que o centro dos arcos é diferente para cada esfera e verifique que a distância entre os arcos tem uma relação com o diâmetro das esferas.

Elaborado por: Francisco das Chagas Marques

8.11   QUESTÕES, EXERCÍCIOS E PROBLEMAS

8.3 Interações/Colisões

8.1 Um conhecido brinquedo consiste em bolinhas iguais de aço suspensas por fios, conforme mostra a Figura 8.20a.

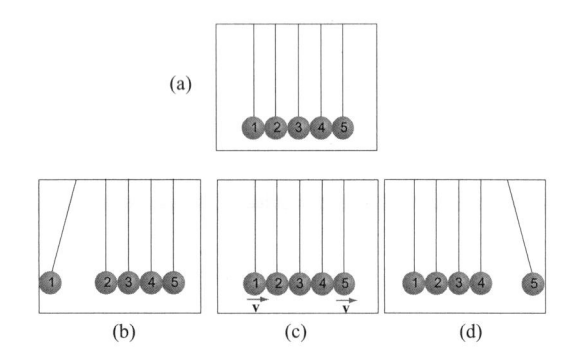

Figura 8.20: Problema 8.1.

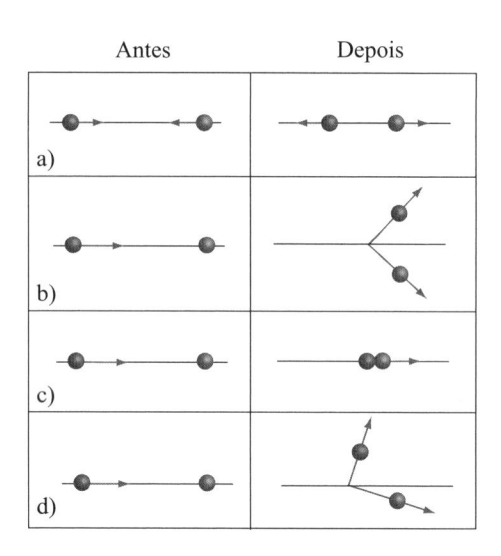

Figura 8.21: Problema 8.5.

Quando a bola 1 é afastada de sua posição de equilíbrio (b) e solta, ela bate na bola 2 (c) e, imediatamente, a bola 5 desloca-se (d), como se fosse ela a atingida pela bola 1, todas as outras bolas permanecendo paradas. Considere todos os choques perfeitamente elásticos.

(a) Mostre que a velocidade de saída da bola 5 é igual à de chegada da bola 1 e que só ela pode se mover.

(b) Mostre que, se afastarmos as bolinhas 1 e 2 juntas e as soltarmos, as bolinhas 4 e 5 se afastarão juntas da posição de equilíbrio.

(c) O que acontecerá se afastarmos e soltarmos as bolinhas 1, 2 e 3 juntas?

8.2 Em um choque frontal totalmente inelástico entre um caminhão de 5.000 kg e um carro de 1.000 kg, ambos param. A velocidade do caminhão antes do choque era de 20 km/h. Qual é a velocidade do carro?

8.3 Um esquiador de 90 kg desliza sobre o gelo com velocidade de 5 km/h. Uma esquiadora de 60 kg, esquiando a 5 km/h no sentido oposto, é segurada no colo pelo esquiador. Qual é a velocidade final do casal?

8.4 Um carrinho parado de 0,60 kg apoia-se sobre um trilho retilíneo e horizontal sem atrito. Uma massa de modelar de 0,15 kg é atirada sobre o carrinho na direção do trilho, fazendo o carrinho se movimentar com velocidade de 0,20 m/s. (a) Qual é a velocidade com que a massa atingiu o carrinho? (b) Qual energia foi usada na deformação da massa?

8.5 Das colisões mostradas na Figura 8.21, qual ou quais são possíveis e quais não são certamente elásticas?

8.6 (UFRJ) Um caminhão de massa $M = 10$ toneladas, com velocidade $v_1 = 80$ km/h, colide a 90^0 com um carro de massa $m = 800$ kg, com velocidade $v_2 = 100$ km/h. Se a colisão for totalmente inelástica (isto é, o carro e o caminhão seguem juntos após a colisão), (a) determine a quantidade de energia cinética perdida na colisão e (b) o ângulo de deflexão da trajetória do caminhão.

8.7 Uma bola de borracha de 200 g cai verticalmente sobre o solo horizontal, onde bate e volta até a metade da altura de onde caíra. Qual é o coeficiente de restituição do choque da bola com o solo?

8.8 Uma bola de borracha maciça cai de uma altura h, quica no chão, sobe a uma altura h_1, volta a cair e assim sucessivamente. Mostre que, se ϵ é o coeficiente de restituição em cada choque, após o enésimo quique, a bola subirá a uma altura $h_n = \epsilon^{2n}\, h$.

8.9 Uma bola de borracha maciça cai de uma altura de 1,0 m. Verifica-se que, após o décimo choque no chão, a bola sobe a uma altura de 15 cm. Qual é o coeficiente de restituição (suposto constante) do choque da bola com o chão?

8.10 Duas pequenas esferas, A e B, de massas M e $3M$, respectivamente, estão presas ao teto por um fio de comprimento l, conforme mostra a Figura 8.22. A esfera A é levantada de uma altura h_0 e liberada. Após chocar-se com a esfera B, ambas movem-se unidas. Determine a altura atingida pelo conjunto das duas esferas.

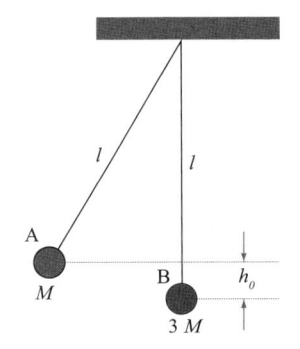

Figura 8.22: Problema 8.10.

8.11 Uma partícula desloca-se sobre uma superfície horizontal, sem atrito, com velocidade v, quando se choca com outra partícula idêntica e parada. O coeficiente de restituição do choque é ϵ. (a) Determine as velocidades das partículas após o choque. (b) Determine a perda de energia no choque. Analise o resultado considerando $\epsilon = 1$ (choque elástico) e $\epsilon = 0$ (choque totalmente inelástico).

8.12 Uma partícula de massa $2\,m$ colide com outra de massa m, que está inicialmente em repouso. Qual é a fração da energia cinética inicial perdida na colisão se as duas partículas permanecem juntas após a colisão?

8.13 Um trenó de massa M desloca-se sem atrito, com velocidade v. Em um dado instante, um pacote de massa M cai com uma velocidade vertical sobre o trenó e fica grudado nele. Qual é a velocidade do trenó com o pacote? O momento total foi conservado? Explique sua resposta.

8.14 (Enade) Observe a Figura 8.23 abaixo.

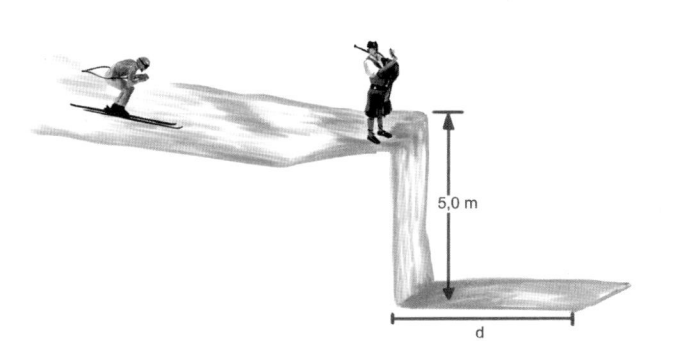

Figura 8.23: Problema 8.14.

Um escocês toca sua gaita, distraidamente, parado na beira de um barranco, coberto de neve, com 5,0 m de altura. Um esquiador, apesar de seus esforços para brecar, atinge o escocês com uma velocidade de 10 m/s e, agarrados, precipitam-se pelo barranco. Sabendo que os dois homens, com seus respectivos apetrechos, têm a mesma massa e que a aceleração gravitacional local é igual a 10 m/s², eles cairão a uma distância d da base do barranco. Qual é o valor aproximado de d, em metros?

8.15 Um carrinho de 0,40 kg tem velocidade de 0,40 m/s imediatamente antes de uma subida, quando é atingido por trás por um carrinho de 0,60 kg de massa e velocidade 0,50 m/s. O choque é totalmente inelástico e os carrinhos sobem a rampa juntos. (a) Calcule a altura que os dois carrinhos atingirão. (b) Que altura atingiria o carrinho mais lento se não houvesse o choque?

8.16 Um átomo de hélio, com massa $4u$ e velocidade v, atinge uma superfície composta de outro material, com incidência normal à sua superfície. Após um choque, elástico, o átomo de hélio retorna na direção contrária, com velocidade $-0,6\,v$. Qual, entre os citados abaixo, deve ser o átomo atingido pelo átomo de hélio? (Obs.: considere que a energia total do átomo atingido é desprezível em relação à energia do átomo de hélio.) (a) Hidrogênio; (b) hélio, (c) carbono; (d) oxigênio; e (e) silício.

8.17 Uma partícula com velocidade v_o choca-se com outra partícula de mesma massa e em repouso. Após o choque, uma das partículas sai com velocidade v e um ângulo ϕ em sua direção original. A outra partícula sai com um ângulo $-\theta$ em relação à mesma direção, conforme mostra a Figura 8.24. Calcule a velocidade dessa segunda partícula (em valor absoluto).

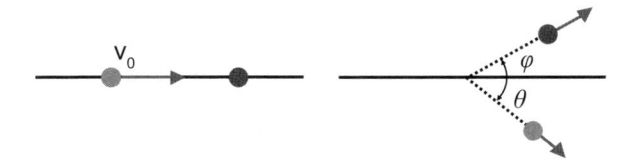

Figura 8.24: Problema 8.17.

8.18 Uma partícula com massa m e velocidade v colide com outra de massa $2m$, inicialmente em repouso (Figura 8.25). Após a colisão, a primeira partícula fica em repouso, e a segunda é dividida em duas partículas com massas iguais m, seguindo trajetórias simétricas e fazendo um ângulo θ com o eixo de incidência da primeira partícula. Qual das seguintes afirmações a respeito da partícula dividida está correta?

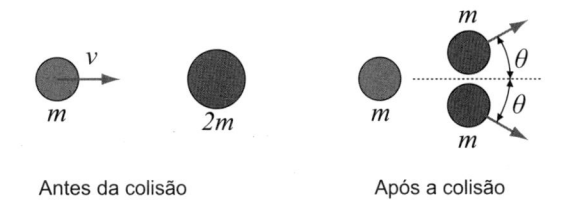

Antes da colisão   Após a colisão

Figura 8.25: Problema 8.18.

(a) A velocidade de cada partícula é igual a v.
(b) A velocidade de cada partícula é igual a $v/2$.
(c) A velocidade de uma partícula é igual a v e a da outra é menor que v.
(d) A velocidade de uma partícula é igual a $v/2$ e a da outra é maior que $v/2$.
(e) A velocidade de cada partícula é maior que $v/2$.

8.19 Dois carrinhos movem-se em um trilho retilíneo sem atrito. Em $t = 0$, um dos carrinhos, de massa 0,40 kg, está a -50 cm da origem (situada no centro do trilho), e o outro, de 0,10 kg de massa, está a +20 cm. Os dois carrinhos são colocados em movimento simultaneamente. O gráfico da Figura 8.26 ilustra seus movimentos até o choque, totalmente elástico.

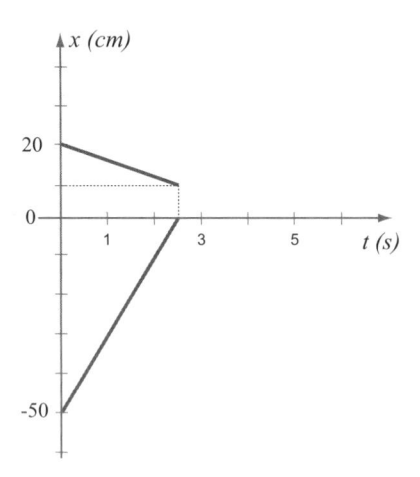

Figura 8.26: Problema 8.19.

(a) Complete o gráfico até o instante $t = 6$ s, desprezando detalhes do choque propriamente dito e considerando sua duração menor que 0,5 s. (b) Faça o gráfico da velocidade em função do tempo para os dois caminhos, até $t = 6$ s. (c) Faça um gráfico dos momentos dos dois carrinhos em função do tempo (até $t = 6$ s) e, no mesmo gráfico, represente a soma desses momentos. (d) Mostre que o ponto de coordenadas $x = (x_1 m_1 + x_2 m_2)/(m_1 + m_2)$ não muda de velocidade com o choque. (e) Faça um gráfico das velocidades dos carrinhos 1 e 2 em relação à velocidade do ponto x. O que é o ponto x?

8.20 Resolva o problema anterior considerando a interação entre os carrinhos totalmente inelástica.

8.4 Impulso

8.21 No problema 8.8, suponha que a bola de borracha atinja o solo com velocidade de 6,0 m/s. Qual é o impulso do solo sobre a bola?

8.22 No exercício anterior, sabe-se que o tempo que a bola ficou em contato com o chão foi de 0,15 s. Qual é a força média do solo sobre a bola?

8.23 (Provão) Um ovo quebra quando cai de determinada altura em um piso rígido, mas não quebra se cair da mesma altura em um tapete felpudo. Isso ocorre porque:
(a) A variação da quantidade de movimento do ovo é maior quando ele cai no piso.
(b) A variação da quantidade de movimento do ovo é maior quando ele cai no tapete.
(c) O tempo de interação do choque é maior quando o ovo cai no tapete.
(d) O tempo de interação do choque é maior quando o ovo cai no piso.

(e) O impulso do piso sobre o ovo é maior que o impulso do tapete.

8.24 Um homem de 80 kg cai de uma altura de 4,0 m. Ao atingir o chão, para em aproximadamente 0,2 s. Qual é a força média do chão sobre o homem?

8.25 Uma força F atua sobre uma partícula, conforme mostra a Figura 8.27. Qual é o impulso aplicado nessa partícula durante o período representado na figura?

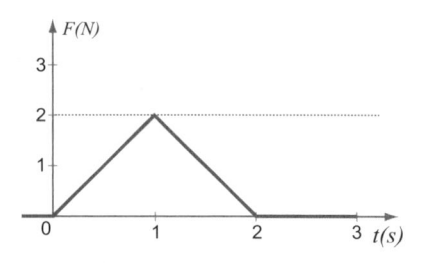

Figura 8.27: Problema 8.25.

8.26 No choque de uma bola de borracha maciça de 0,10 kg com uma parede, a força tem o comportamento mostrado na Figura 8.28. (a) Determine a força média (no tempo) sobre a bola. (b) Considerando a interação elástica, determine a velocidade da bola imediatamente antes (ou depois) do choque.

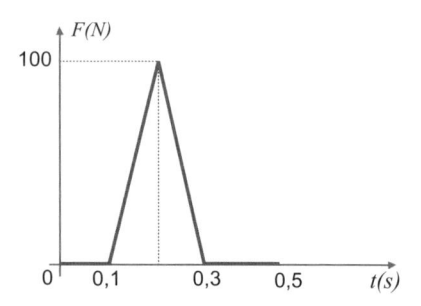

Figura 8.28: Problema 8.26.

8.5 Força quando a Massa Varia

8.27 Qual é a força que um motor deve fazer para manter uma esteira (Figura 8.29) com velocidade constante de 0,50 m/s, com cimento caindo sobre ela com uma taxa de 20 kg/s? Despreze todos os atritos entre a esteira e a base sobre a qual ela desliza.

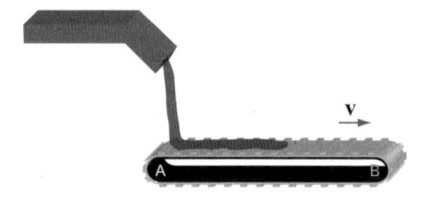

Figura 8.29: Problema 8.27.

8.28 No exercício anterior, o que acontece quando o cimento começa a sair da esteira pelo lado B?

8.29 Um carrinho de massa igual a 200 g carrega uma caçamba com uma massa de 500 g de um líquido muito volátil, que evapora com uma taxa de 0,5 g/s. O carrinho é lançado com velocidade de 1,0 m/s em linha reta sobre um piso sem atrito. Determine a velocidade do carrinho em função do tempo. Qual é a velocidade máxima que o carrinho atinge?

8.30 Na conservação do momento linear, uma das aplicações que estudamos foi a do foguete sem forças externas (exemplo 8.10). Resolva agora o mesmo problema para um foguete subindo verticalmente com a aceleração da gravidade constante g.

8.31 Uma das extremidades de uma corda de massa específica linear μ (massa por unidade de comprimento) está em repouso sobre uma mesa, enquanto a outra extremidade é puxada por uma força F, de modo a manter constante sua velocidade (Figura 8.30). Calcule F.

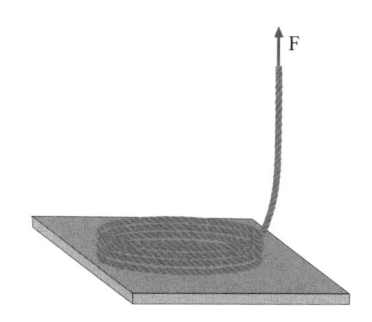

Figura 8.30: Problema 8.31.

8.32 (Enade) No dia 19 de agosto de 2008 foi lançado, pelo foguete russo Proton Breeze M, o I4-F3, um dos maiores satélites já construídos, que será utilizado para serviços de telefonia e Internet. O conjunto foguete + satélite partiu de uma posição vertical. Sendo a massa m do satélite igual a 6 toneladas, a massa M do foguete igual a 690 toneladas e a velocidade de escape dos gases no foguete (v_{gases}) igual a 1.500 m/s, qual é a quantidade mínima de gás expelida por segundo ($\Delta m_{gases}/\Delta t$) para que o foguete eleve o conjunto no instante do lançamento? (Obs.: considere $g = 10$ m/s^2.)
(a) $9,3 \times 10^3$ kg/s;
(b) $4,6 \times 10^3$ kg/s;
(c) $2,3 \times 10^3$ kg/s;
(d) $2,3 \times 10^2$ kg/s;
(e) $2,2 \times 10^4$ kg/s.

8.6 Centro de Massa de Um Sistema de Partículas

8.33 Uma partícula a, em repouso no laboratório, é atingida por uma partícula b, de mesma massa e velocidade **v**. Após o choque (Figura 8.31), a partícula b é espalhada segundo um ângulo de 60°, com a direção de sua velocidade original, e a partícula a é espalhada segundo um ângulo de $-30°$, com a mesma direção.

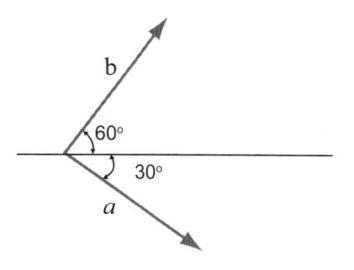

Figura 8.31: Problema 8.33.

(a) Determine a velocidade (módulo, direção e sentido) do centro de massa das partículas antes e após a colisão e (b) o ângulo entre as direções das velocidades iniciais e finais no referencial do centro de massa.

8.34 Um cubo de aresta a tem uma massa m em cada um de seus vértices. Um dos vértices do cubo está em (0,0,0) e as três arestas que nele concorrem têm as direções dos eixos x, y e z. (a) Determine a posição do centro de massa do cubo e (b) a posição do centro de massa do cubo se a massa situada em (a, a, a) for retirada.

8.35 Uma chapa plana e uniforme tem a forma indicada na Figura 8.32. Determine seu centro de massa.

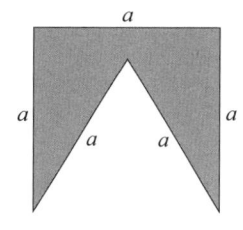

Figura 8.32: Problema 8.35.

8.7 Momento e Energia Cinética de Um Sistema de Partículas em Relação ao seu Centro de Massa

8.36 Dois blocos de massa $M1$ e $M2$ estão presos por um barbante que mantém uma mola de massa desprezível comprimida, armazenando uma energia U (Figura 8.33). Os dois blocos estão em repouso e apoiam-se em uma superfície lisa e horizontal. Quando o barbante que os liga é cortado, cada bloco sai para um lado e a mola perde o contato com eles. Nessas condições, determine (a) a razão entre as velocidades dos blocos e (b) entre suas energias cinéticas. (c) Calcule a energia cinética de cada bloco em função de U.

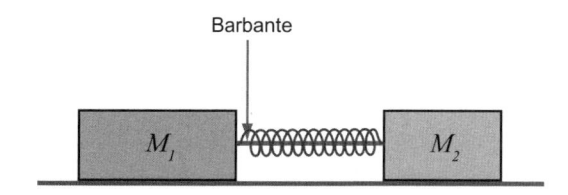

Figura 8.33: Problema 8.36.

8.37 Suponha que os dois blocos do problema anterior tenham massas $0{,}60\,\text{kg}$ e $0{,}40\,\text{kg}$ e estejam presos à mola, cuja constante é $8{,}64\,\text{N/m}$. O barbante mantém a mola comprimida em $2{,}0\,\text{cm}$. O barbante é, então, queimado e rompido, deixando os blocos oscilarem, ligados pela mola. (a) Qual é a velocidade do centro de massa dos blocos após a queima do barbante? (b) Qual é a variação da distância entre os blocos?

8.8 Massa Reduzida

8.38 As massas da Terra e da Lua são, respectivamente, $m_T = 5{,}98 \times 10^{24}\,\text{kg}$ e $m_L = 7{,}36 \times 10^{22}\,\text{kg}$. A força entre a Terra e a Lua é dada por:

$$\mathbf{F} = -G\frac{m_T m_L}{r^2}\mathbf{r}$$

em que G é a constante de gravitação universal e r é a distância entre o centro de massa da Terra e o da Lua. Para determinarmos $\mathbf{r}(t)$, temos de resolver a equação:

$$\mu\frac{d^2\mathbf{r}}{dt^2} = -G\frac{m_T m_L}{r^2}\mathbf{r}$$

em que μ é a massa reduzida do sistema Terra-Lua. Mostre que, em boa aproximação, a equação acima pode ser escrita como:

$$\frac{d^2\mathbf{r}}{dt^2} = -G\frac{m_T}{r^2}\mathbf{r}$$

Capítulo 9

Rotação

Mário Alberto Tenan

9.1 Introdução

Em muitas situações, quando analisamos o movimento de um corpo material, seja ele uma molécula de dióxido de carbono ou uma bola de futebol "chutada com efeito", devemos levar em conta a sua extensão. Partes diferentes do corpo podem ter velocidades e acelerações diferentes. Por isso, é conveniente considerar o corpo constituído por pontos materiais, cada um deles com velocidade e aceleração próprias, submetido a forças que determinam o seu movimento, sejam decorrentes de outros pontos do corpo ou outros corpos. Em muitos problemas, a análise do movimento pode ser bastante complexa, no entanto, em muitos outros, pode ser bem simplificada, quando se admite o modelo de corpo rígido. Define-se **corpo rígido** como um corpo indeformável, qualquer que seja seu movimento ou quaisquer que sejam as forças nele aplicadas.

No exemplo da molécula de dióxido de carbono, CO_2, podemos modelá-la como um rotor rígido formado por três pontos materiais alinhados, que representam os três átomos constituintes da molécula (com os oxigênios dispostos simetricamente em relação ao carbono). Já no caso de um corpo macroscópico, como um disco rígido de um computador ou as pás de um helicóptero, uma boa descrição é feita considerando-se uma distribuição contínua de pontos materiais.

O movimento mais geral de um corpo rígido pode ser considerado uma combinação de dois movimentos básicos: o **movimento de translação** e o **movimento de rotação** (Figura 9.1). Na translação pura (Figura 9.2), a reta definida por quaisquer dois pontos do corpo mantém-se paralela a si mesma. Na rotação

pura (Figura 9.3), os pontos do corpo descrevem trajetórias circulares cujos centros situam-se em uma reta denominada **eixo de rotação**.

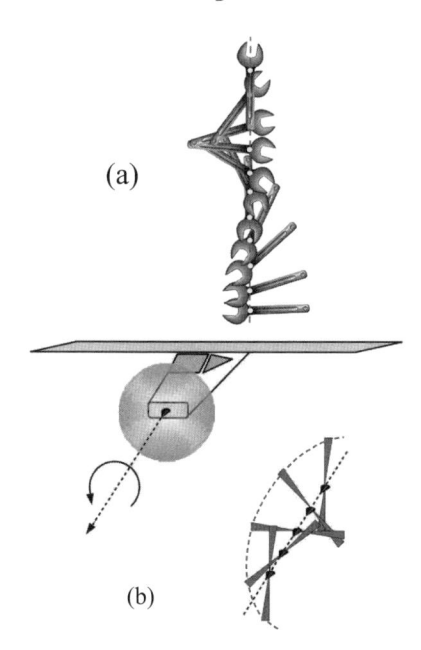

Figura 9.1: (a) Movimento de uma chave que se desloca sobre a superfície lisa de uma mesa: ao mesmo tempo em que a chave se translada, ela gira em torno de um eixo imaginário (perpendicular ao plano da figura) que passa pelo seu centro de massa, marcado com um ponto amarelo. (b) Movimento da hélice de um avião, do ponto de vista de um observador fixo no solo: conforme o avião segue em uma trajetória retilínea (na pista ou no ar), o movimento da hélice é de translação combinada com rotação.

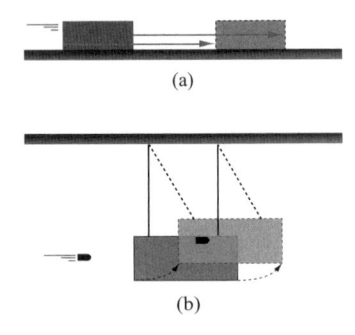

Figura 9.2: Exemplos de movimento de translação.
(a) Bloco de gelo deslizando sobre uma superfície
plana. Todos os pontos do bloco descrevem trajetórias retilíneas paralelas. Este é um exemplo de
movimento de translação retilínea. (b) Pêndulo
balístico. Após ser atingido pelo projétil, o bloco adquire um movimento de translação, garantido pelos
cabos de suspensão. Todos os pontos do bloco descrevem trajetórias curvilíneas, mas qualquer reta que
liga dois pontos do bloco permanece sempre paralela
a si mesma. Este é um exemplo de **movimento de
translação curvilínea.**

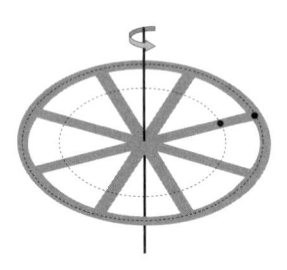

Figura 9.3: Rotação: uma reta ligando dois pontos
do objeto não permanece paralela após a rotação.

Neste capítulo, estudaremos a rotação de um corpo
rígido em torno de um eixo fixo. O caso do **rolamento**
de um disco em uma superfície plana (Figura 9.4), cujo
eixo muda de posição, será analisado no Capítulo 10.

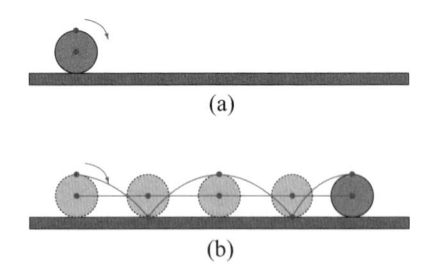

Figura 9.4: Rolamento sem escorregamento. (a) Um
disco (com duas marcas, uma no centro e outra na
sua periferia) é posto a rolar, sem escorregar, em uma
superfície horizontal. (b) Conforme o disco rola sem
escorregar, as duas marcas traçam trajetórias bem distintas. A periférica descreve uma cicloide e a central,
uma reta.

9.2 Cinemática da Rotação em Torno de Um Eixo Fixo – Grandezas Angulares

Consideremos um corpo rígido que pode girar em
torno de um eixo fixo AA' (Figura 9.5). Como veremos
a seguir, para a descrição do movimento, basta considerarmos uma seção plana do corpo perpendicular ao
eixo de rotação. A Figura 9.6 mostra uma seção representativa do corpo que está contida no plano $x - y$ (a
origem O é o ponto de intersecção do plano $x - y$ com
o eixo AA').

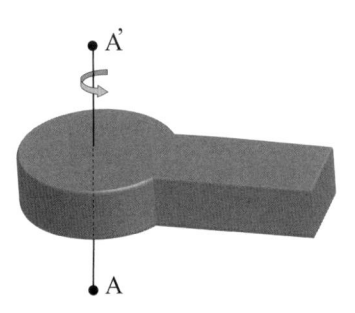

Figura 9.5: O corpo rígido pode girar em torno do
eixo AA', que é mantido fixo por meio de mancais (não
mostrados na figura) em A e A'.

Um modo de descrever o movimento é tomar um
ponto P do corpo na seção escolhida e determinar a
sua posição relativamente ao sistema de eixos cartesianos $x-y$, mantido fixo no espaço, conforme Figura 9.6.
As coordenadas de P convenientes à descrição do movimento são as coordenadas polares r e θ. Dada a rigidez
do corpo, a coordenada r, que mede a distância de P
ao eixo de rotação, permanece constante durante todo
o movimento. Por outro lado, a coordenada θ varia
e suas variações são as mesmas para todos os pontos
do corpo rígido não coincidentes com o eixo AA'. Por
essa razão, o ângulo θ é denominado **coordenada de
posição** ou **posição angular** do corpo rígido. É importante notar que a unidade de θ no SI é o radiano
(símbolo rad).

Digamos que, em um dado instante t, o ponto P
esteja na posição angular θ e que, em um instante
posterior $t + \Delta t$, o ponto ocupe a posição angular
$\theta + \Delta\theta$. Diz-se que o corpo rígido sofre um **deslocamento angular** $\Delta\theta$ no intervalo de tempo, com
duração Δt (Figura 9.7). Analogamente ao que se fez
no caso de um ponto material, a **velocidade angular
média** $\bar{\omega}$ do corpo rígido é definida como a razão entre
o deslocamento angular $\Delta\theta$ e o intervalo de tempo Δt.

$$\bar{\omega} = \frac{\Delta\theta}{\Delta t} \quad \text{(velocidade angular média)} \quad (9.1)$$

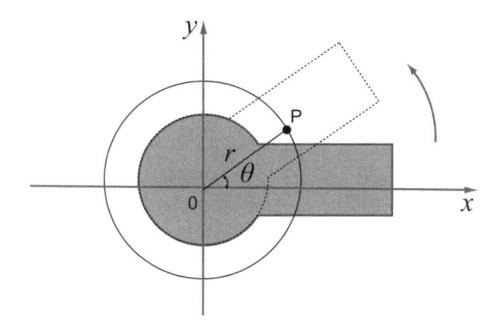

Figura 9.6: Seção representativa do corpo rígido contida no plano x-y perpendicular ao eixo de rotação que passa pela origem 0. Os eixos cartesianos estão fixos no espaço. Conforme o corpo gira, o ponto P descreve uma circunferência de raio r e a sua posição, em cada instante, é determinada pela coordenada polar θ.

A **velocidade angular instantânea** (ou simplesmente **velocidade angular**) ω é definida como o limite da razão na Equação 9.1, quando Δt tende a zero.

$$\omega = \lim_{\Delta t \to 0} \frac{\Delta\theta}{\Delta t} = \frac{d\theta}{dt} \quad (9.2)$$

(velocidade angular instantânea)

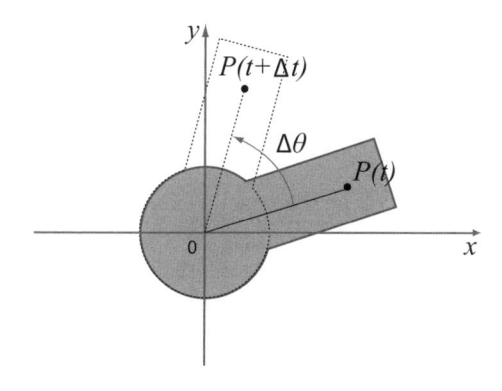

Figura 9.7: Deslocamento angular $\Delta\theta$ de um corpo, em um intervalo de tempo Δt.

Uma vez que a posição angular é medida em radianos e o tempo, em segundos, a unidade SI de velocidade angular é o radiano por segundo (rad/s). Outra unidade de uso popular é a rotação por minuto (rpm). Entende-se por rotação, nesse caso, uma volta completa, correspondendo, portanto, a um deslocamento angular de 2π radianos. A relação entre essa unidade e a do SI é, por conseguinte, $\omega(rad/s) = \frac{2\pi\omega(rpm)}{60}$.

Exemplo 9.1

(a) Um rotor gira a 2.400 rpm. Qual é sua velocidade angular em rad/s? (b) Se o rotor girasse com uma velocidade angular $\omega = 377,0\,\text{rad/s}$, qual seria sua velocidade em rpm?

Solução: (a) para a conversão da velocidade angular em rad/s, calculamos:

$$\omega = \frac{2\pi \times 2400}{60}\text{rad/s} = 251,3\,\text{rad/s}$$

(b) Sendo $\omega = 377,0\,\text{rad/s}$, então,

$$\omega = \frac{60 \times 377,0}{2\pi}\text{rpm} = 3.600\text{rpm}$$

Se a velocidade angular varia de $\Delta\omega$ em um intervalo de tempo Δt, diz-se que o corpo tem uma **aceleração angular média** $\bar{\alpha}$, nesse intervalo, dada por:

$$\bar{\alpha} = \frac{\Delta\omega}{\Delta t} \quad \text{(aceleração angular média)} \quad (9.3)$$

A **aceleração angular instantânea** α será dada pelo limite quando Δt tende a zero, ou:

$$\alpha = \lim_{\Delta t \to 0} \frac{\Delta\omega}{\Delta t} = \frac{d\omega}{dt} \quad (9.4)$$

(aceleração angular instantânea)

Exemplo 9.2

Verifica-se que a posição angular do volante do motor de um carro em teste varia no tempo, a partir do instante $t = 0$, de acordo com a expressão $\theta = 1,88\,t^3$, onde θ é dado em radianos e t, em segundos. Calcule a velocidade e a aceleração angulares do volante, 3 s após o início do movimento.

Solução: a derivada temporal da posição angular θ nos dá a velocidade angular instantânea ω:

$$\omega = \frac{d\theta}{dt} = 5,64\,t^2 \quad \text{(expresso em rad/s)}$$

e a derivada temporal da velocidade angular nos dá a aceleração angular instantânea:

$$\alpha = \frac{d\omega}{dt} = 11,3\,t \quad \text{(expresso em rad/s}^2\text{)}$$

Substituindo $t = 3\,\text{s}$ nas equações acima, obtemos os seguintes valores para a velocidade angular ω e a aceleração angular α do volante em teste:

$$\omega = 50,8\,\text{rad/s} \quad (= 485\,\text{rpm}) \quad \text{e} \quad \alpha = 33,9\,\text{rad/s}^2$$

9.3 Movimentos de Rotação Uniforme e Uniformemente Acelerado

Movimento de rotação uniforme

Quando a velocidade angular de um corpo rígido permanece constante, diz-se que o movimento de rotação é uniforme.

Conhecendo a velocidade angular ω e a posição angular inicial θ_0 de um corpo rígido em **movimento de rotação uniforme**, podemos integrar a Equação 9.2 para encontrar a posição angular θ em um dado instante t. Seguindo o mesmo procedimento adotado para o cálculo da posição de um ponto material em movimento retilíneo uniforme, temos:

$$\omega = \frac{d\theta}{dt} \quad \text{ou} \quad d\theta = \omega dt$$

Integrando o ângulo entre θ_0 e θ e o tempo entre $t = 0$ e t, obtemos:

$$\int_{\theta_0}^{\theta} d\theta = \int_0^t \omega dt = \omega \int_0^t dt$$

do que resulta:

$$\theta - \theta_0 = \omega\,(t - 0)$$

e finalmente,

$$\theta = \theta_0 + \omega t \tag{9.5}$$

Exemplo 9.3
A hélice de um avião gira uniformemente a 1.900 rpm. Quanto tempo a hélice gasta para girar de um ângulo de 45,5°?

Solução: primeiramente, vamos expressar o deslocamento angular em radianos e a velocidade angular em rad/s. Temos:

$$\Delta\theta = \frac{45,5\pi}{180}\,\text{rad} = 0{,}794\,\text{rad}$$

e

$$\omega = \frac{2\pi \times 1900}{60}\,\text{rad/s} = 199\,\text{rad/s}$$

Uma vez que o movimento de rotação é uniforme, podemos utilizar a Equação 9.5 e escrever:

$$\Delta\theta = \theta - \theta_0 = \omega t$$

da qual podemos obter:

$$t = \frac{\Delta\theta}{\omega} = \frac{0{,}794}{199{,}0}\,\text{s} = 3{,}99\,\text{ms}$$

Movimento de rotação uniformemente acelerado

O exemplo mais simples de movimento de rotação acelerado é aquele em que a aceleração angular é constante:

$$\alpha = constante \tag{9.6}$$

Esse movimento é denominado **movimento de rotação uniformemente acelerado**.

As equações cinemáticas para um corpo rígido em rotação uniformemente acelerada podem ser obtidas de modo análogo ao que se deduziu para o movimento retilíneo de um ponto material com aceleração constante. De fato, considerando a definição de aceleração angular, nas Equações 9.4 e 9.6, temos:

$$\frac{d\omega}{dt} = \alpha = constante$$

logo,

$$\int_{\omega_0}^{\omega} d\omega = \alpha \int_0^t dt$$

Efetuando os cálculos e rearranjando os termos da equação, obtemos a velocidade angular ω do corpo em função do tempo:

$$\omega = \omega_0 + \alpha t \tag{9.7}$$

em que ω_0 é a velocidade angular inicial, isto é, a velocidade angular no instante $t = 0$.

Considerando a definição de velocidade angular (Equação 9.2) e a expressão para ω dada pela Equação 9.7, temos:

$$\frac{d\theta}{dt} = \omega_0 + \alpha t$$

logo,

$$\int_{\theta_0}^{\theta} d\theta = \int_0^t (\omega_0 + \alpha t)\,dt$$

Após efetuarmos os cálculos e rearranjarmos os termos da equação, obtemos a posição angular θ em função do tempo:

$$\theta = \theta_0 + \omega_0 t + \frac{1}{2}\alpha t^2 \tag{9.8}$$

em que θ_0 é a posição angular inicial no instante $t = 0$.

Finalmente, considerando as Equações 9.7 e 9.8, podemos obter, pela "eliminação" do tempo t, uma equação muito útil (*válida somente para o movimento uniformemente acelerado*) que relaciona as velocidades angulares, a aceleração angular e o deslocamento angular $\Delta\theta = \theta - \theta_0$:

$$\omega^2 = \omega_0^2 + 2\alpha\Delta\theta \qquad (9.9)$$

Outro procedimento para a dedução da Equação 9.9 consiste em, primeiramente, considerar a **regra da cadeia** para expressar a aceleração angular em termos da velocidade angular e de sua derivada em relação à posição angular θ:

$$\alpha = \frac{d\omega}{dt} = \frac{d\omega}{d\theta}\frac{d\theta}{dt} = \omega\frac{d\omega}{d\theta}$$

A seguir efetuamos a integração nas variáveis ω e θ:

$$\int_{\omega_0}^{\omega} \omega d\omega = \int_{\theta_0}^{\theta} \alpha d\theta \quad \Rightarrow \quad \frac{1}{2}\omega^2\big|_{\omega_0}^{\omega} = \alpha\int_{\theta_0}^{\theta} d\theta = \alpha\theta\big|_{\theta_0}^{\theta}$$

$$= \frac{1}{2}(\omega^2 - \omega_0^2) = \alpha(\theta - \theta_0)$$

Finalmente, rearranjando o resultado acima, obtemos a Equação 9.9.

Na Tabela 9.1, resumimos, para efeito de comparação, as equações dos movimentos uniformemente acelerados para um ponto material em movimento retilíneo (Tabela 3.2) e para um corpo rígido em rotação em torno de um eixo fixo. Observe que as equações são idênticas e que, para obter as equações do movimento de rotação, basta substituir x por θ, v por ω e a por α nas equações do movimento retilíneo uniformemente acelerado.

Tabela 9.1: Comparação entre movimentos uniformemente acelerados.

Movimento retilíneo de um ponto material	Movimento de rotação de um corpo rígido
$a = $ constante	$\alpha = $ constante
$v = v_0 + at$ (3.16)	$\omega = \omega_0 + \alpha t$ (9.7)
$x = x_0 + v_0 t + \frac{1}{2}at^2$ (3.17)	$\theta = \theta_0 + \omega_0 t + \frac{1}{2}\alpha t^2$ (9.8)
$v^2 = v_0^2 + 2a\,(x - x_0)$(3.18)	$\omega^2 = \omega_0^2 + 2\alpha\,(\theta - \theta_0)$(9.9)

Exemplo 9.4

O rotor de um motor elétrico está girando a 1.800 rpm no instante em que se retiram a carga e a energia motriz. O rotor, então, executa 3.660 voltas até atingir o repouso. Determine (a) a aceleração angular α ($\alpha < 0$) do rotor e (b) o tempo gasto por ele até parar, supondo movimento uniformemente (des)acelerado após a retirada da carga e o desligamento simultâneo do motor.

Solução: com a hipótese de movimento de rotação com aceleração constante, podemos fazer uso da Equação 9.9 para determinarmos a aceleração angular e, a seguir, usar a Equação 9.7 para o cálculo do tempo de desaceleração.

(a) Cálculo da aceleração angular.

Velocidade angular inicial:

$$\omega_0 = \frac{2\pi 1800}{60}\text{rad/s} \quad \Rightarrow \quad \omega_0 = 188\,\text{rad/s}$$

Velocidade angular final (atinge-se o repouso): $\omega = 0$

Deslocamento angular:

$$\Delta\theta = 3.660\,\text{voltas} = 3.660 \times 2\pi \text{ rad} = 2,30 \times 10^4\text{rad}$$

Substituindo esses dados na Equação 9.9, obtemos:

$$0^2 = 188^2 + 2 \times 2,30 \times 10^4\alpha$$

logo:

$$\alpha = -0{,}768\,\text{rad/s}^2$$

(b) Conhecida a aceleração, obtemos da Equação 9.7 o tempo gasto pelo rotor até parar:

$$0 = 188 - 0,768t \qquad \text{ou}$$

$$t = 245\,\text{s} = 4\,\text{min e }5\,\text{s}$$

9.4 Rotação e Movimento Circular de Um Ponto de Um Corpo Rígido

Dado um corpo rígido em rotação em torno de um eixo fixo, tomemos nele um ponto P a uma distância r do eixo de rotação (Figura 9.6). Como foi visto na seção 9.2, o ponto P tem movimento circular. Vamos, portanto, relacionar as grandezas cinemáticas (velocidade e aceleração) do ponto em seu movimento circular (seção 4.6) com as grandezas cinemáticas (velocidade e aceleração angulares) do corpo em rotação (seção 9.2). Podemos escrever que, quando o corpo gira em um ângulo $\Delta\theta$ (Figura 9.7), o deslocamento Δs de P ao longo de sua trajetória circular é dado por:

$$\Delta s = r\Delta\theta \qquad (9.10)$$

onde:

$$\frac{ds}{dt} = r\frac{d\theta}{dt}$$

O termo ds/dt é a velocidade escalar instantânea v do ponto P, enquanto $d\theta/dt$ é a velocidade angular ω do corpo definido pela Equação 9.2. Substituindo essas relações na equação acima, podemos escrever a seguinte relação entre a velocidade escalar (ou módulo da velocidade) de P e a velocidade angular do corpo rígido:

$$v = r\omega \qquad (9.11)$$

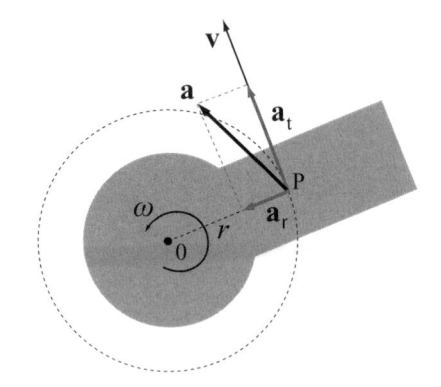

Figura 9.8: Cada ponto P do corpo em rotação tem movimento circular. Sua velocidade, tangente à trajetória, tem módulo $v = \omega r$. A aceleração de P pode ser decomposta nas direções tangencial ($\mathbf{a}_t$) e radial ($\mathbf{a}_r$), com $a_t = \alpha r$ e $a_r = \omega^2 r$, respectivamente.

Considerando que a coordenada tangencial da aceleração de P (Figura 9.8) é dada por $a_t = dv/dt$, podemos derivar a Equação 9.11 em relação ao tempo e, assim, relacionar a *coordenada tangencial da aceleração* de P com a *aceleração angular do corpo*. De fato, $a_t = \frac{dv}{dt} = \frac{d(\omega r)}{dt} = r\frac{d\omega}{dt}$, logo:

$$a_t = \alpha r \qquad (9.12)$$

Finalmente, lembrando que a coordenada radial da aceleração de P (Figura 9.8) relaciona-se com a velocidade escalar segundo a expressão $a_r = v^2/r$ (ver Equação 4.41 no Capítulo 4), podemos utilizar a Equação 9.11 para escrever a seguinte relação entre a *coordenada radial da aceleração* de P e a *velocidade angular do corpo*:

$$a_r = \omega^2 r \qquad (9.13)$$

9.5   Energia Cinética na Rotação – Momento de Inércia

De acordo com a Equação 9.11, a velocidade escalar de qualquer ponto P de um corpo rígido em rotação em torno de um eixo fixo é $v = \omega\, r$, em que r é a distância do ponto ao eixo e ω é a velocidade angular do corpo. Consideremos, por simplicidade, que o corpo rígido é

formado por pontos P_i, de massas m_i e velocidades v_i. Lembrando a definição da energia cinética de um ponto material, temos, para P_i, $\frac{1}{2}m_i v_i^2 = \frac{1}{2}m_i r_i^2 \omega_i^2$. Portanto, a energia cinética total do corpo rígido, que é a soma das energias cinéticas de todos os pontos que o formam, é dada por:

$$E_c = \frac{1}{2}m_1 r_1^2 \omega^2 + \frac{1}{2}m_2 r_2^2 \omega^2 + \ldots = \sum_i \frac{1}{2}m_i r_i^2 \omega^2$$

Como o fator $\frac{1}{2}\omega^2$ é o mesmo para todos os pontos, podemos fatorá-lo na expressão da **energia cinética do corpo rígido** e escrever:

$$E_c = \frac{1}{2}I\omega^2 \qquad (9.14)$$

(energia cinética do corpo rígido)

em que:

$$I = \sum_i m_i r_i^2 \qquad (9.15)$$

(momento de inércia – sistema discreto)

A grandeza I, definida pela Equação 9.15, é denominada **momento de inércia** do corpo, em relação ao eixo de rotação, e sua unidade no SI é o quilograma-metro quadrado (kg.m^2). Notemos que a expressão 9.14 é análoga à da energia cinética de um ponto material (na qual o momento de inércia e a velocidade angular do corpo em rotação correspondem à massa e à velocidade do ponto material, respectivamente). A analogia também vale em relação à energia cinética do corpo rígido em translação. Nesse caso, o momento de inércia e a velocidade angular correspondem, respectivamente, à massa do corpo e à velocidade de translação, visto que, na translação, todos os pontos do corpo têm a mesma velocidade.

É importante observar que o momento de inércia de um corpo depende do eixo de rotação, o que deverá estar sempre claro em qualquer cálculo ou descrição que se fizer.

Exemplo 9.5

Uma molécula de HCl pode ser modelada como um rotor rígido formado por duas massas puntiformes, girando em torno de um eixo perpendicular à linha H-Cl e que passa pelo centro de massa da molécula (Figura 9.9).

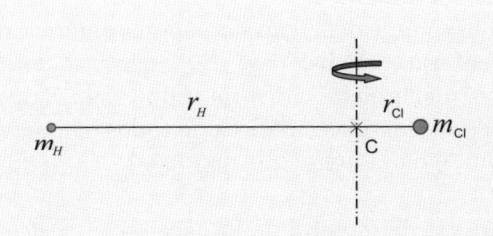

Figura 9.9: Molécula de HCl como um rotor rígido formado por duas massas puntiformes. O rotor gira em torno de um eixo perpendicular à linha H-Cl, que passa pelo centro de massa da molécula.

A partir de dados espectroscópicos, é possível estimar, para o momento de inércia, em relação ao eixo considerado, o valor $I = 2{,}69 \times 10^{-47}$ kgm². Considerando esse dado, façamos uma estimativa da distância aparente entre o núcleo do hidrogênio e o do cloro.

Solução: no caso da molécula de HCl, a Equação 9.15 é expressa por:

$$I = m_H r_H^2 + m_{Cl} r_{Cl}^2 \qquad (9.16)$$

Nessa equação, m_H e m_{Cl} são as massas do hidrogênio e do cloro, respectivamente, e r_H e r_{Cl} são as distâncias dos núcleos desses átomos ao eixo de rotação (Figura 9.9). Podemos reescrever a Equação 9.16 em termos da distância d entre os núcleos do hidrogênio e do cloro. Para isso, lembremo-nos de que r_H e r_{Cl} também correspondem às distâncias dos núcleos ao centro de massa da molécula, valendo, portanto, a relação:

$$m_H r_H = m_{Cl} r_{Cl} \qquad (9.17)$$

Segue da Equação 9.18 e de $d = r_H + r_{Cl}$ que:

$$r_H = \frac{m_{Cl}}{m_H + m_{Cl}} d \qquad (9.18)$$

$$r_{Cl} = \frac{m_H}{m_H + m_{Cl}} d \qquad (9.19)$$

Introduzindo as Equações 9.18 e 9.19 em 9.16, obtemos:

$$I = \frac{m_H \, m_{Cl}}{m_H + m_{Cl}} d^2 \qquad (9.20)$$

Considerando o valor fornecido, $I = 2{,}69 \times 10^{-47}$ kgm², e os valores da massa do hidrogênio, $m_H = 1{,}67 \times 10^{-27}$ kg, e do cloro, $m_{Cl} = 5{,}69 \times 10^{-26}$ kg, obtemos a distância internuclear no HCl:

$$d = 1{,}29 \times 10^{-10} \text{ m} \qquad (9.21)$$

Para o cálculo do momento de inércia de um corpo macroscópico, como uma esfera de aço ou um bastão de vidro, o somatório na Equação 9.15 deve ser calculado pelos métodos do cálculo integral, isto é, considerando-se uma distribuição contínua de massa (Figura 9.10), de modo que a definição de **momento de inércia** passa a ser:

$$I = \int_{corpo} r^2 dm \qquad (9.22)$$

(momento de inércia – distribuição contínua de massa)

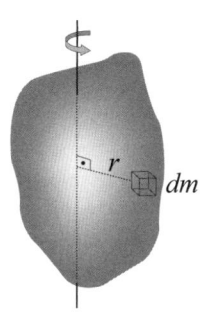

Figura 9.10: Corpo com distribuição contínua de matéria. Para o cálculo do momento de inércia, considera-se o corpo subdividido em elementos de massa dm. O momento de inércia do corpo, em relação ao eixo de rotação, é dado pela integral dos produtos $r^2 dm$ correspondentes aos elementos de massa que formam o corpo.

Na próxima seção, usaremos a Equação 9.22 para calcular alguns momentos de inércia de *corpos homogêneos*, isto é, corpos que têm massas específicas constantes.

Exemplo 9.6
Um bloco de massa m pende de um fio ideal, que está enrolado na borda de uma polia de raio R e momento de inércia I. A polia pode girar sem atrito em torno de seu eixo horizontal fixo (Figura 9.11). O bloco é abandonado do repouso de uma altura h acima do piso. Vamos utilizar as ideias discutidas acima e a condição de que, na ausência de atrito, há conservação da energia mecânica do sistema para encontrar a velocidade com que o bloco atinge o piso.

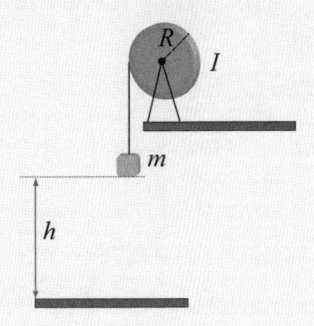

Figura 9.11: O bloco de massa m, partindo do repouso, aciona, por meio do fio, a polia de raio R e o momento de inércia I. Ambos os corpos adquirem energia cinética à custa da energia potencial gravitacional associada ao bloco.

Solução: inicialmente, isto é, na partida, o sistema bloco-polia tem energia cinética nula. Adotando o piso como nível de energia potencial gravitacional nula, a energia potencial do sistema é dada por E_p(na partida) $= mgh$. Ao atingir o piso, a energia potencial é nula, mas a cinética não, pois o bloco e a polia estão em movimento. A energia cinética do sistema na chegada ao piso, é, então:

$$E_c(\text{na chegada}) = \frac{1}{2}mv^2 + \frac{1}{2}I\omega^2$$

A velocidade do bloco e a velocidade angular da polia estão relacionadas por: $v = \omega R$, porque, devido à inextensibilidade do fio (e supondo que este não escorregue na polia), a velocidade escalar do bloco tem de ser igual à de um ponto da borda da polia. Com essas relações e impondo a conservação da energia mecânica do sistema, E_c(na partida) $+ E_p$(na partida) $= E_c$(na chegada) $+ E_p$(na chegada), obtemos:

$$mgh = \frac{1}{2}mv^2 + \frac{1}{2}I\left(\frac{v}{R}\right)^2 = \frac{1}{2}m\left(1 + \frac{I}{mR^2}\right)v^2$$

$$v = \sqrt{\frac{2gh}{1 + \frac{I}{mR^2}}}$$

O que se espera para a velocidade v de chegada do bloco se $I \ll mR^2$? Responda à pergunta e comente o resultado.

9.6 Cálculo de Momento de Inércia – Corpos Rígidos Homogêneos

No caso de distribuição contínua de matéria, consideramos o corpo subdividido em elementos de massa dm e a uma distância r do eixo de rotação (Figura 9.10). O momento de inércia do corpo rígido em relação ao eixo de rotação é, então, calculado pela Equação 9.22.

Se dV representa o volume do elemento de massa dm, então a massa específica ρ do material de que é feito o corpo é dada por $\rho = \frac{dm}{dV}$. A Equação 9.22 pode ser reescrita, em termos de ρ e dV como:

$$I = \int_{corpo} r^2 dm = \int_{corpo} r^2 \rho dV \qquad (9.23)$$

Se a massa específica é a mesma em todos os pontos, diz-se que o corpo é *homogêneo*. Nesse caso,

$$I = \rho \int_{corpo} r^2 dV \qquad (9.24)$$

(corpo homogêneo)

O cálculo da integral da Equação 9.24 pode ser razoavelmente simples para corpos com formas simples, como barras retas delgadas, anéis, placas retangulares, discos, paralelepípedos, cilindros, esferas. Notemos que, quando se usa a Equação 9.24, qualquer elemento de volume pode ser adotado, bastando que todos os pontos do elemento estejam à mesma distância r do eixo de rotação. A escolha do elemento de volume conveniente será determinada pela geometria do corpo.

Exemplo 9.7
Barra delgada homogênea, eixo perpendicular passando pelo centro
A Figura 9.12a mostra uma barra reta homogênea de comprimento L. Calculemos seu momento de inércia em relação a um eixo que é perpendicular à barra e passa pelo seu centro.

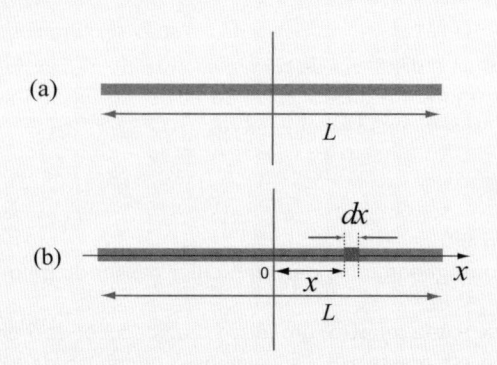

Figura 9.12: (a) Barra reta, delgada e homogênea. O eixo é perpendicular à barra e passa pelo seu centro. (b) Barra subdividida em pedaços elementares de comprimento dx.

Solução: vamos considerar que a massa da barra seja M e que a sua seção transversal tenha área A. Tomemos, como elemento de volume, uma seção de comprimento d a uma distância x de O (Figura 9.12b). Então:

$$dV = Adx \qquad (9.25)$$

Fazendo $\rho = \frac{M}{AL}$ e $r = x$ na Equação 9.24 e considerando a Equação 9.25 acima, temos:

$$I = \rho \int_{barra} r^2 dV = \frac{M}{AL} \int_{-L/2}^{L/2} x^2 A dx = \frac{M}{L}\frac{x^3}{3}\Big|_{-L/2}^{L/2}$$

$$I = \frac{1}{12}ML^2 \qquad (9.26)$$

Exemplo 9.8
Anel delgado, eixo perpendicular passando pelo centro
A Figura 9.13 mostra um anel de raio R. Sendo M a massa do anel, calcule seu momento de inércia em relação ao eixo perpendicular que passa pelo seu centro.

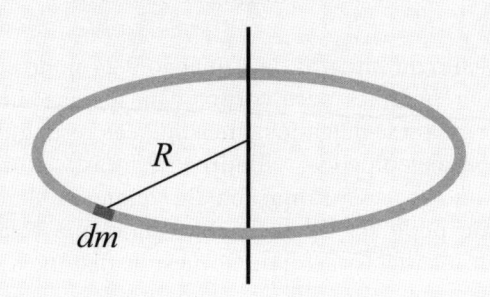

Figura 9.13: Anel delgado, com eixo perpendicular passando pelo centro.

Solução: como todo elemento de massa d no anel está à mesma distância $r = R$ do eixo, podemos utilizar diretamente a expressão definidora $I = \int_{anel} r^2 dm$. Assim,

$$I = \int_{anel} R^2 dm = R^2 \int_{anel} dm$$

$$I = MR^2 \tag{9.27}$$

Pelo fato de a distância de todo elemento de massa do anel estar à mesma distância $r = R$ do eixo, o resultado acima é válido, seja o anel homogêneo ou não.

Exemplo 9.9
Disco homogêneo, eixo perpendicular passando pelo centro
A Figura 9.14a mostra um disco homogêneo de raio R, espessura e e massa M. Calculemos o momento de inércia do disco em relação ao eixo perpendicular que passa pelo seu centro.

Solução: podemos considerar o disco formado por anéis concêntricos de larguras elementares dr (Figura 9.14b) e, portanto, de massas elementares. Nesse caso, o momento de inércia do disco pode ser calculado pela integral dos momentos de inércia desses anéis. De acordo com a Equação 9.27, o momento de inércia de um anel de massa dm_{anel} e raio r é $dI_{anel} = r^2 dm_{anel}$, portanto,

$$I = \int_{disco} dI_{anel} = \int_{disco} r^2 dm_{anel} \tag{9.28}$$

Para cada anel de raio r e largura dr, a massa nele contida é dada por:

$$dm_{anel} = \rho e 2\pi r dr \tag{9.29}$$

Substituindo 9.29 em 9.28, obtemos:

$$I = \int_0^R r^2 2\pi \rho e r dr = 2\pi \rho e \int_0^R r^3 dr = \frac{1}{2}\rho(\pi R^2 e)R^2$$

$$I = \frac{1}{2}MR^2 \tag{9.30}$$

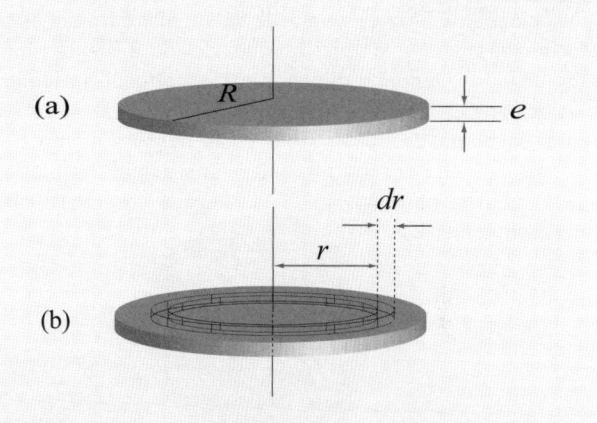

Figura 9.14: (a) Disco homogêneo, com eixo coincidente com o eixo de simetria. (b) Disco subdividido em anéis de largura infinitesimal dr.

Exemplo 9.10
Cilindro homogêneo, eixo coincidente com o eixo de simetria
A Figura 9.15a apresenta um cilindro de raio R, homogêneo e com massa M. Calculemos o momento de inércia do cilindro em relação a um eixo coincidente com seu eixo de simetria.

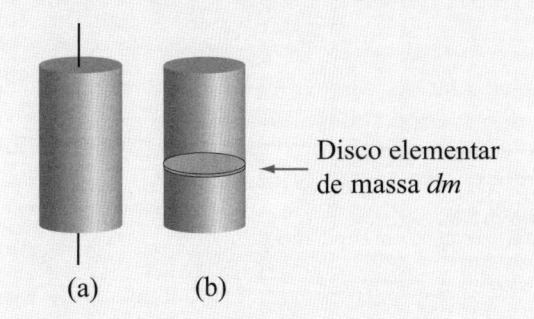

Figura 9.15: (a) Cilindro homogêneo, com eixo coincidente com o eixo de simetria. (b) Cilindro subdividido em discos elementares, cada um de massa dm.

Solução: podemos supor que o cilindro seja formado por discos de espessura infinitesimal de massa dm (Figura 9.15b). Para cada disco, podemos considerar a Equação 9.30, que, nesse caso, nos dá $dI_{disco} = \frac{1}{2}R^2 dm$. O momento de inércia do cilindro homogêneo será, portanto, a integral dos momentos de inércia elementares dos discos, ou seja:

$$I = \int\limits_{cilindro} dI_{disco} = \int\limits_{cilindro} \frac{1}{2} R^2 dm$$

$$I = \frac{1}{2} MR^2 \qquad (9.31)$$

Exemplo 9.11
Esfera homogênea, eixo passando pelo centro
A Figura 9.16a representa uma esfera homogênea de massa M e raio R, para a qual vamos calcular o momento de inércia em relação a um eixo que passa pelo seu centro.

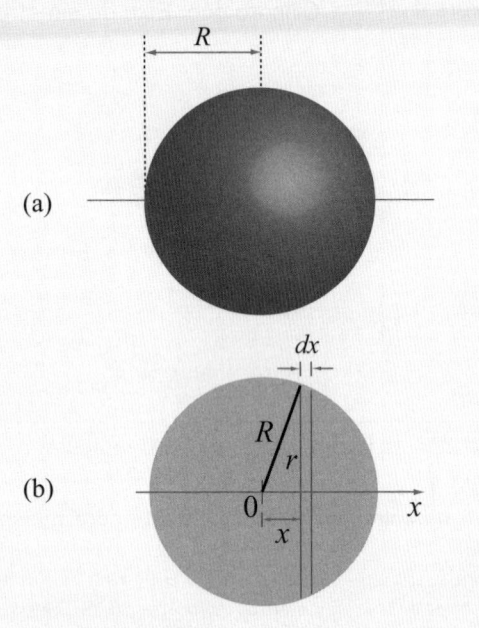

(a)

(b)

Figura 9.16: (a) Esfera homogênea, com eixo diametral. (b) Esfera (em corte) subdividida em discos elementares, cada um deles de espessura dx e centro no eixo.

Solução: vamos considerar a esfera subdividida em discos elementares, como indicado na Figura 9.16b. O disco de espessura dx, com centro no eixo x e distante x do centro da esfera tem um raio r dado por:

$$r = \sqrt{R^2 - x^2}$$

Seu volume é:

$$dV = \pi r^2 dx = \pi (R^2 - x^2)dx$$

e sua massa é:

$$dm = \rho dV = \pi \rho (R^2 - x^2)dx$$

Pela Equação 9.30, o momento de inércia do disco elementar, em relação ao eixo x, é:

$$dI_{disco} = \frac{1}{2} r^2 dm = \frac{\pi \rho}{2}(R^2 - x^2)^2 dx$$

Para a esfera, tem-se, portanto,

$$I = \int\limits_{esfera} dI_{disco} = \frac{\pi \rho}{2} \int\limits_{-R}^{R} (R^2 - x^2)^2 dx$$

$$= 2\frac{\pi \rho}{2} \int\limits_{0}^{R} (R^2 - x^2)^2 dx I = \frac{8\pi \rho}{15} R^5 \qquad (9.32)$$

Introduzindo a massa da esfera, $M = \rho V = \rho \frac{4\pi}{3} R^3$, na Equação 9.32, obtemos:

$$I = \frac{2}{5} MR^2 \qquad (9.33)$$

Cálculos de momento de inércia semelhantes aos das ilustrações acima podem ser feitos para outros corpos homogêneos com formas simples. Na Figura 9.17, são fornecidos os valores dos momentos de inércia (em relação a eixos específicos) de vários corpos homogêneos. Para facilidade de consulta, foram incluídos na figura os momentos de inércia dos corpos considerados nos exemplos acima.

9.7   Teorema dos Eixos Paralelos

Um resultado que pode ser muito útil para se calcular o momento de inércia de um corpo rígido é fornecido pelo **teorema dos eixos paralelos**. De acordo com esse teorema, o momento de inércia I de um corpo rígido, em relação a um dado eixo, é igual à soma do momento de inércia I_{CM}, em relação a um eixo que é paralelo ao primeiro e que passa pelo centro de massa do corpo, com o produto da massa do corpo pelo quadrado da distância entre os dois eixos. Assim, tem-se:

$$I = I_{CM} + M d^2 \qquad (9.34)$$

(teorema dos eixos paralelos)

em que M é a massa do corpo e d é a distância entre os eixos (Figura 9.18). Esse resultado é particularmente útil quando a "geometria" do corpo favorece o cálculo de I_{CM}, como se viu nas ilustrações na Seção 9.6. Desse modo, torna-se fácil calcular o momento de inércia em relação a outro eixo paralelo ao anterior, para o qual o cálculo direto por integração seria complicado.

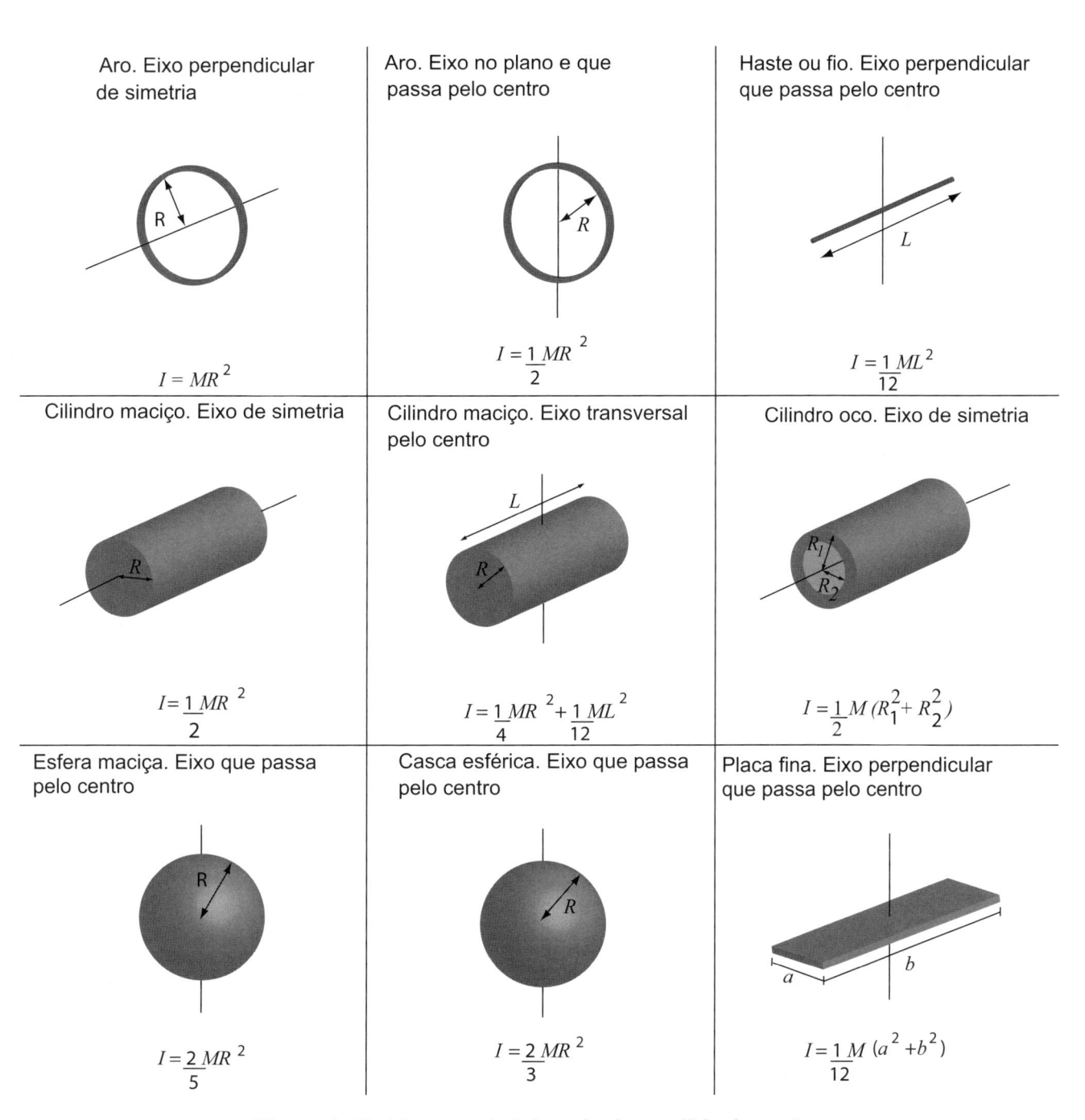

Figura 9.17: Momentos de inércia de alguns sólidos homogêneos.

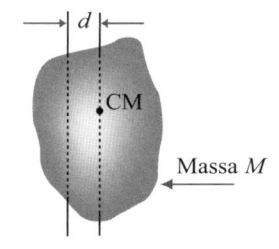

Figura 9.18: Teorema dos eixos paralelos. Se M é a massa do corpo e d é a distância entre os eixos paralelos, então $I = I_{CM} + M d^2$.

Para deduzir a Equação 9.34, consideremos um corpo rígido plano (Figura 9.19), o que facilitará os cálculos. A generalização para um corpo rígido tridimensional segue a mesma linha de raciocínio, não apresentando maiores complicações.

O plano $x - y$ foi escolhido como o plano do corpo e o eixo z é coincidente com o eixo de rotação. Além disso, a origem O foi escolhida de modo a coincidir com o centro de massa CM. Sendo dm a massa de um elemento localizado em um ponto P de coordenadas

(x,y), de acordo com a Equação 9.22, o momento de inércia I_{CM}, em relação ao eixo z, é dado por:

$$I_{CM} = \int\limits_{corpo} r^2 dm = \int\limits_{corpo} \left(x^2 + y^2\right) dm \qquad (9.35)$$

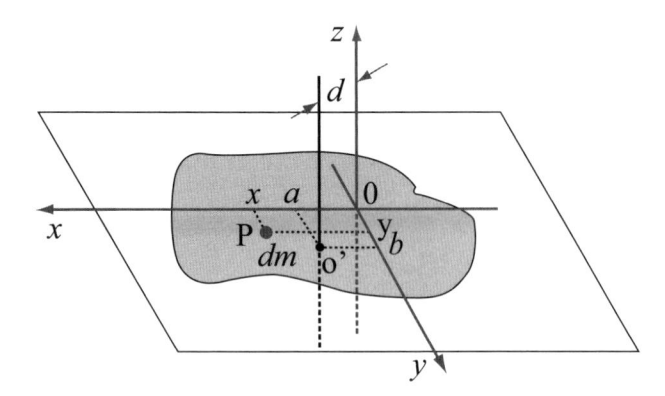

Figura 9.19: Corpo rígido plano contido no plano x-y. A origem O coincide com o centro de massa do corpo e o eixo z é o eixo de rotação. Por O', passa outro eixo paralelo ao eixo z.

Vamos considerar um eixo paralelo ao eixo z que passa pelo ponto O' de coordenadas (a,b), sendo $d = \sqrt{a^2 + b^2}$. Em relação a esse eixo, o momento de inércia do corpo é dado por:

$$I = \int\limits_{corpo} \left[(x - a)^2 + (y - b)^2\right] dm \qquad (9.36)$$

Expandindo os termos da Equação 9.36 e rearranjando o resultado, teremos:

$$\begin{aligned} I = & \int\limits_{corpo} \left(x^2 + y^2\right) dm - 2a \int\limits_{corpo} x dm \\ & - 2b \int\limits_{corpo} y dm + \left(a^2 + b^2\right) \int\limits_{corpo} dm \end{aligned} \qquad (9.37)$$

Reconhecemos a primeira soma no segundo membro da Equação 9.37 como o momento de inércia I_{CM} (Equação 9.35). A segunda e a terceira soma anulam-se, pois correspondem às coordenadas do CM que coincidem com a origem O. De fato, como o CM se localiza na origem O, tem-se: $0 = x_{CM} = \frac{1}{M} \int\limits_{corpo} x\, dm$ e $0 = y_{CM} = \frac{1}{M} \int\limits_{corpo} y\, dm$.

Finalmente, a última soma é o produto da massa total do corpo, $M = \int\limits_{corpo} dm$, pelo quadrado da distância entre os eixos paralelos, $d^2 = a^2 + b^2$. Com esses resultados, vemos que a Equação 9.37 se reduz à Equação 9.34.

Exemplo 9.12

Um "T", formado por duas hastes delgadas e homogêneas, pode girar em torno de um eixo que passa pela extremidade C (Figura 9.20). Calculemos seu momento de inércia em relação ao eixo de rotação.

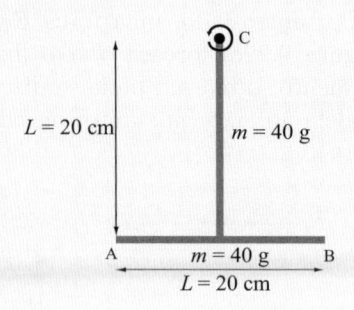

Figura 9.20: O "T" pode girar em torno do eixo perpendicular ao plano da figura e que passa por C.

Solução: o momento de inércia I do "T", em relação ao eixo perpendicular ao plano da Figura 9.20 e que passa por C, é a soma dos momentos de inércia, I_h e I_v, das hastes horizontal e vertical, respectivamente. Sendo I_{CM} o momento de inércia de cada haste, em relação a um eixo perpendicular à haste e passando pelo seu CM, pelo teorema dos eixos paralelos temos:

$$I_h = I_{CM} + md_h^2 \quad e \quad I_v = I_{CM} + md_v^2$$

em que $d_h = L$ e $d_v = L/2$ são as distâncias entre os eixos que passam pelos centros de massa das hastes e são paralelas ao eixo de rotação por C (Figura 9.21).

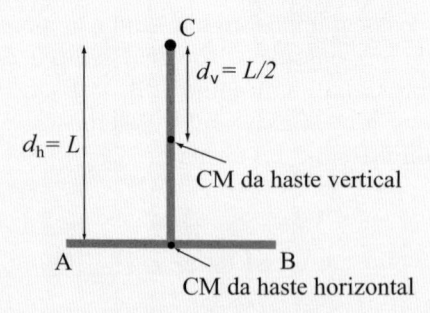

Figura 9.21: Como as hastes são homogêneas, seus centros de massa localizam-se nos respectivos pontos médios.

De acordo com a Equação 9.26, $I_{CM} = \frac{1}{12}mL^2$. Logo:

$$I_h = \frac{1}{12}mL^2 = \frac{13}{12}mL^2$$

$$I_v = \frac{1}{12}m\frac{L^2}{2} = \frac{1}{3}mL^2$$

Assim, o momento de inércia do "T" é:

$$I = I_h + I_v = \frac{17}{12}mL^2 = 2{,}3 \times 10^{-3}\,\text{kg m}^2$$

9.8 Torque, Trabalho e Potência

Consideremos uma barra que pode girar em torno de um eixo fixo (Figura 9.22a) e examinemos a ação de forças a ela aplicadas. Uma força $\mathbf{F}_1$, perpendicular à barra e ao eixo (Figura 9.22b), causará um movimento de rotação. Por outro lado, uma força $\mathbf{F}_2$ na direção da barra (Figura 9.22c) forçará o eixo fixo, mas não causará movimento; o mesmo pode-se dizer para uma força $\mathbf{F}_3$ paralela ao eixo (portanto, perpendicular ao plano da figura).

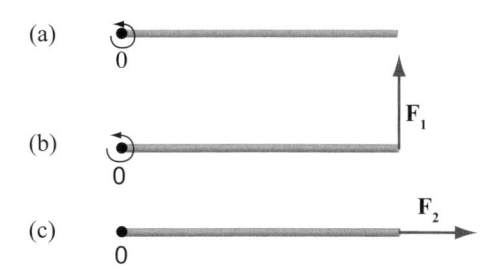

Figura 9.22: Ação de forças aplicadas à barra pivotada em O: (a) uma barra rígida pivotada em O pode girar apenas em torno do eixo perpendicular ao plano da figura. (b) A força $\mathbf{F}_1$ causa rotação em torno do eixo fixo perpendicular ao plano da figura. (c) A força $\mathbf{F}_2$ não pode movimentar a barra.

Assim, para estudarmos a ação de forças capazes de produzir, em qualquer corpo rígido, um movimento de rotação em torno de um eixo fixo, será suficiente considerarmos apenas forças, como ilustra a Figura 9.23. Se, em um intervalo de tempo infinitesimal dt, o corpo sofre um deslocamento angular $d\theta$ e o ponto P de aplicação da força desloca-se de $d\mathbf{r}$ (Figura 9.23), então $\mathbf{F}$ realiza um trabalho mecânico $dW = \mathbf{F} \cdot d\mathbf{r} = F\,|d\mathbf{r}|$. Uma vez que $|d\mathbf{r}| = ds = rd\theta$, podemos reescrever o trabalho infinitesimal na forma:

$$dW = Frd\theta \tag{9.38}$$

em que r denota a distância de P ao eixo de rotação.

Notemos, na Equação 9.38, que o trabalho realizado é dependente do produto Fr, de modo que não só a intensidade da força é importante, mas também a distância r do ponto de aplicação de $\mathbf{F}$ ao eixo de rotação. Assim, o trabalho de uma força de pequena intensidade poderá se igualar ao trabalho de outra força de maior intensidade, porém aplicada em um ponto mais próximo ao eixo de rotação (Figura 9.24). O produto Fr é denominado **torque** ou **momento** da força **$\mathbf{F}$ em relação ao eixo de rotação**, e sua unidade, no SI, é o newton-metro (N.m). Denotando o torque por τ, escrevemos:

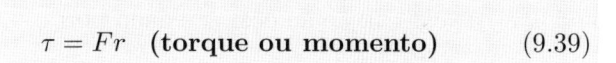

$$\tau = Fr \quad \textbf{(torque ou momento)} \tag{9.39}$$

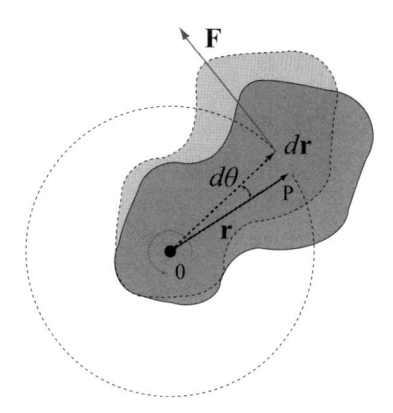

Figura 9.23: Força $\mathbf{F}$ aplicada em um ponto P de uma seção representativa de um corpo rígido, que pode girar em torno de um eixo perpendicular ao plano da figura e que passa por O. A força, por ser perpendicular a OP e ao eixo de rotação, é capaz de produzir um deslocamento angular e, portanto, realizar trabalho.

A definição mais geral de torque, em três dimensões e com qualquer ângulo entre $\mathbf{r}$ e $\mathbf{F}$, é apresentada no Capítulo 10, no qual veremos que a Equação 9.39 acima representa um caso particular, em que a força é perpendicular ao vetor $\mathbf{r}$, ou, equivalentemente, se considerarmos apenas o componente da força perpendicular (ou transversal) ao vetor $\mathbf{r}$ (Figura 9.26).

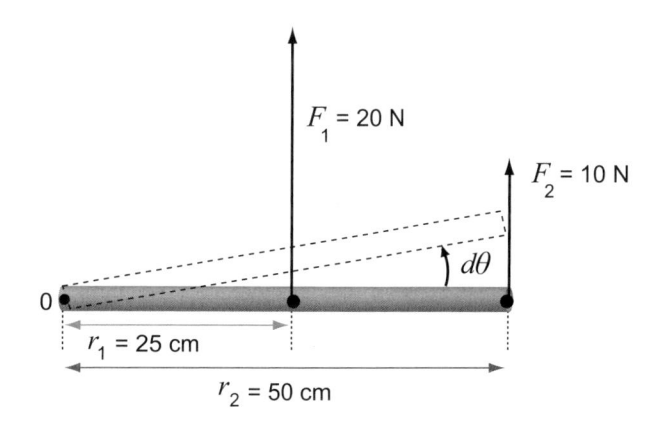

Figura 9.24: Trabalhos iguais realizados por forças de diferentes intensidades, embora $F_1 > F_2$, $F_1r_1 = F_2r_2 = 5{,}0\,\text{Nm}$. Portanto, $dW_1 = F_1r_1\,d\theta = F_2r_2\,d\theta = dW_2$.

Por convenção, atribuímos ao *escalar* τ um sinal positivo ou negativo, dependendo do sentido da rotação que a força impõe ao corpo (Figura 9.25).

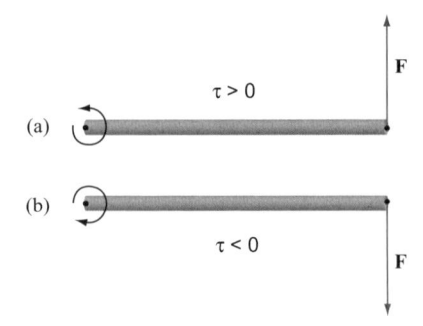

Figura 9.25: O sinal do torque depende do sentido esperado para a rotação, que seria imposta pela força aplicada ao corpo rígido. (a) Torque positivo para o sentido anti-horário. (b) Torque negativo para o sentido horário.

Substituindo a Equação 9.39 na Equação 9.38, podemos expressar o trabalho infinitesimal em termos do torque da força aplicada e do deslocamento angular do corpo rígido por:

$$dW = \tau d\theta \tag{9.40}$$

Em um deslocamento angular finito de θ_1 a θ_2, o **trabalho do torque** realizado W, então, é dado pela integração da Equação 9.40:

$$W = \int_{\theta_1}^{\theta_2} \tau d\theta \quad \textbf{(trabalho do torque)} \tag{9.41}$$

Pode ser mostrado que a expressão 9.40 continua válida mesmo no caso mais geral, em que a força também possui um componente radial (Figura 9.26). Todavia, a expressão 9.39 para o torque deve ser substituída por $\tau = F_t r$, na qual F_t é a intensidade do componente transversal da força. Notemos que apenas esse componente pode (a) produzir rotação em torno do eixo fixo e (b) realizar trabalho em um deslocamento angular.

Quando dividimos ambos os membros da Equação 9.40 pelo intervalo de tempo infinitesimal dt, durante o qual se realiza o trabalho da força **F**, obtemos a potência P desenvolvida pela força:

$$P = \frac{dW}{dt} = \frac{\tau d\theta}{dt}$$

Lembrando a Equação 9.2, podemos expressar a potência em termos do torque aplicado e da velocidade angular do corpo:

$$P = \tau \omega \tag{9.42}$$

Notemos que a Equação 9.42 é análoga ao resultado $P = Fv$ válido para o caso de força aplicada a um ponto material em movimento retilíneo (força na direção da trajetória retilínea, Equação 7.33, Capítulo 7).

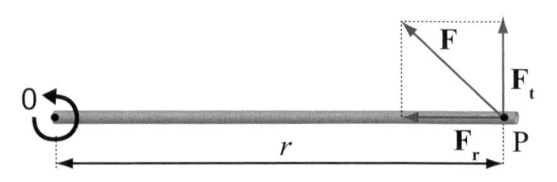

Figura 9.26: A força **F** pode ser decomposta nas direções transversal e radial. Apenas o componente transversal é responsável pela rotação do corpo em torno do eixo fixo, perpendicular ao plano da figura. Além disso, apenas esse componente realiza trabalho em um deslocamento angular do corpo, pois o componente radial mantém-se ortogonal ao deslocamento do seu ponto de aplicação, P.

Exemplo 9.13
O manual de um veículo 1.0 informa que o torque máximo líquido a 3.000 rpm é 81 N.m. Calculemos a correspondente potência desenvolvida (em kW e em cv). Fator de conversão: 1 cv = 735,5 W.

Solução:

$$\omega = 2\pi \times 3000/60 \,\text{rad/s} = 314 \,\text{rad/s}$$

Logo:

$$P = \tau \omega = 81 \times 314 W = 25,4 \,\text{kW} = 2,54 \times 10^4/735,5 \,\text{cv}$$
$$P = 34,6 \,\text{cv}$$

9.9   Dinâmica da Rotação em Torno de Um Eixo Fixo

Para estabelecer uma relação entre causa e efeito no caso do movimento de rotação de um corpo rígido em torno de um eixo fixo, podemos partir do teorema da energia cinética, segundo o qual a variação da energia cinética do corpo é igual ao trabalho das forças a ele aplicadas.

Consideremos que um corpo rígido em rotação em torno de um eixo fixo esteja submetido a um torque τ. Em um intervalo de tempo dt, o corpo sofre um deslocamento angular $d\theta$, resultando na realização de um trabalho elementar $dW = \tau\, d\theta$. Em decorrência da realização desse trabalho, ocorre uma variação de energia cinética dE_c, que, de acordo com o teorema da energia cinética, é dada por:

$$dE_c = dW$$

ou:

$$dE_c = \tau d\theta \tag{9.43}$$

Dividindo por dt ambos os membros da Equação 9.43 e levando em conta as Equações 9.2 e 9.14, além do fato de que o momento de inércia para um dado eixo é constante, podemos escrever:

$$\frac{dE_c}{dt} = \tau \frac{d\theta}{dt}$$

$$\frac{1}{2}I\frac{d(\omega^2)}{dt} = \tau\omega$$

$$I\omega\frac{d\omega}{dt} = \tau\omega \tag{9.44}$$

Simplificando a Equação 9.44 e lembrando a Equação 9.4, obtemos a equação dinâmica expressa em termos do torque aplicado (causa) e da aceleração angular (efeito):

$$\tau = I\alpha \tag{9.45}$$

Se vários torques agem sobre o corpo, a equação de movimento (9.44) generaliza-se facilmente para:

$$\sum_i \tau_i = I\alpha \tag{9.46}$$

pois cada torque realiza trabalho e a soma desses trabalhos corresponde à variação da energia cinética do corpo.

É interessante notar o paralelo entre a Equação 9.46 para a rotação do corpo rígido em torno do eixo fixo e a equação dinâmica para o movimento retilíneo de um ponto material $\sum_i F_i = ma$ (Equação 5.9).

Exemplo 9.14

Qual é a aceleração angular adquirida por um disco homogêneo, de raio $r = 10\,cm$ e massa $m = 50\,kg$ (Figura 9.27), se o fio é puxado com uma força $F = 30\,N$? Suponha que um torque de atrito de intensidade $1,5\,N\,m$ se opõe ao movimento rotacional do disco.

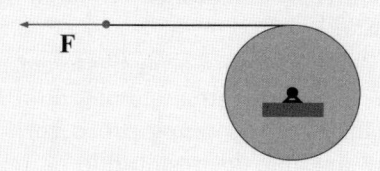

Figura 9.27: Um fio enrolado na borda de um disco é puxado com uma força **F**.

Solução: o disco fica submetido a dois torques de sinais opostos (Figura 9.28).

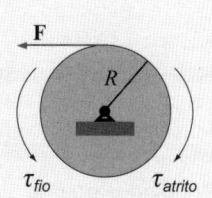

Figura 9.28: A força **F** do fio impõe um torque $\tau_{fio} = FR > 0$, que faz o disco girar no sentido anti-horário, enquanto o torque de atrito, $\tau_{atrito} < 0$, se opõe ao movimento (sentido horário).

O torque da força do fio sobre o disco é dado por:

$$\tau_{fio} = FR = 30 \times 0,10\,N\,m = 3,0\,N\,m$$

enquanto o torque do atrito é $\tau_{atrito} = -1,5\,N\,m$. Logo, o torque resultante é:

$$\sum_i \tau_i = \tau_{fio} + \tau_{atrito} = (3,0-1,5)Nm = 1,5\,Nm \tag{9.47}$$

Como o disco é homogêneo, seu momento de inércia é:

$$I = \frac{1}{2}MR^2 = \frac{1}{2} \times 50 \times 0,10^2 = 0,25\,kg\,m^2 \tag{9.48}$$

Podemos obter a aceleração angular substituindo os valores encontrados acima (Equações 9.47 e 9.48) na Equação 9.46:

$$\alpha = \frac{\sum_i \tau_i}{I} = \frac{1,5}{0,25} = 6,0\,rad/s^2$$

Exemplo 9.15 O sistema blocos-polia, mostrado na Figura 9.29 e conhecido como **máquina de Atwood**, é abandonado do repouso. Supondo que o fio ideal não deslize na periferia da polia e que não haja atrito no eixo desta última, calculemos a velocidade de cada bloco e a velocidade angular da polia no instante em que o bloco mais pesado atinge o piso. O raio R e o momento de inércia I da polia são $R = 0,200\,m$ e $I = 0,500\,kg\,m^2$, respectivamente.

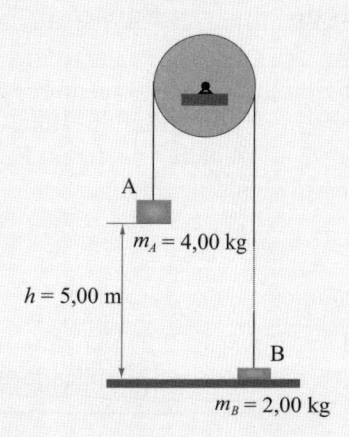

Figura 9.29: O sistema blocos-polia é abandonado do repouso, na configuração mostrada.

Solução: desprezando também o atrito dos sólidos com o ar, podemos impor a conservação da energia mecânica para o sistema e escrever: $E_c(inicial) + E_p(inicial) = E_c(final) + E_p(final)$. O sistema parte do repouso, logo $E_c(inicial) = 0$. Quando o bloco A atinge o piso, os três componentes do sistema estão em movimento (Figura 9.30). Tem-se, portanto, $E_c(final) = \frac{1}{2}m_A v_A^2 + \frac{1}{2}m_B v_B^2 + \frac{1}{2}I\omega^2$. Adotando o piso como o nível de energia potencial gravitacional nula, podemos escrever para a energia potencial gravitacional inicial do sistema blocos-polia: $E_p(inicial) = m_A g h$. Para a energia potencial gravitacional final: $E_p(final) = m_B g h$. Notemos que não é necessário incluir a energia potencial gravitacional associada à polia, pois essa energia permanece invariável (visto que o eixo de rotação é fixo). Assim,

$$0 + m_A g h = \frac{1}{2}m_A v_A^2 + \frac{1}{2}m_B v_B^2 + \frac{1}{2}I\omega^2 + m_B g h \quad (9.49)$$

Como o fio é ideal (flexível, inextensível e de massa nula) e não escorrega na borda da polia, valem as relações cinemáticas: $v_A = v_B = v_P = \omega R$. Expressando na Equação 9.49 as velocidades dos blocos em termos da velocidade angular da polia e rearranjando o resultado, obtemos:

$$\omega = \sqrt{\frac{2(m_A - m_B)gh}{(m_A + m_B)R^2 + I}}$$

Portanto,

$$v_A = v_B = \omega R = \sqrt{\frac{2(m_A - m_B)gh}{(m_A + m_B)R^2 + I}}\, R$$

Com os valores numéricos, encontramos, para as velocidades,

$$v_A = v_B = 3{,}25\,\text{m/s} \quad \text{e} \quad \omega = 16{,}3\,\text{rad/s}$$

Esta montagem permite calcularmos o momento de inércia de uma roldana pela determinação do tempo de queda do bloco, conhecendo-se as massas e a aceleração gravitacional,

ou, ainda, determinar a constante gravitacional, conhecendo-se o momento de inércia da polia. Veja o experimento adiante sobre momento de inércia. O estudante deve também verificar a solução de um problema similar (exemplo 5.6, Capítulo 5), mas considerando uma polia com massa desprezível.

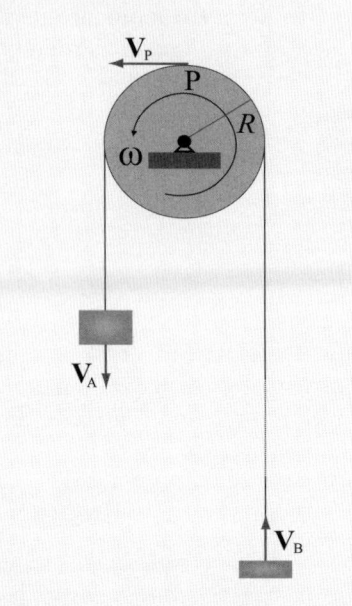

Figura 9.30: O fio é inextensível, de modo que todos os seus pontos têm a mesma velocidade escalar. O fio não escorrega na polia, assim, todos os seus pontos têm a mesma velocidade escalar dos pontos da periferia da polia: $v_A = v_B = v_P = \omega R$.

Na Tabela 9.2, está apresentada uma comparação de várias variáveis de rotação com as de translação, mostrando a semelhança das equações nos dois casos, em que a força é substituída pelo torque, a massa, pelo momento de inércia, e as variáveis de movimento, pelas receptivas variáveis aprestada na Tabela 9.1.

Tabela 9.2: Comparações entre algumas variáveis do movimento de rotação com as de translação (ver, também, Tabela 9.1).

Movimento de translação	Equação		Movimento de rotação	Equação	
Força	F		Torque	τ	
Posição	r		Posição	θ	
Velocidade	v		Velocidade angular	ω	
Aceleração	a		Aceleração angular	α	
Massa	m		Momento de inércia	$I = \sum_i m_i r_i^2$	(9.15)
				$I = \int r^2 dm$	(9.22)
Equação dinâmica	$F = ma$	(5.3)	Equação dinâmica	$\tau = I\alpha$	(9.45)
Energia cinética	$E_c = \frac{1}{2}mv^2$	(7.7)	Energia cinética	$E_c = \frac{1}{2}I\omega^2$	(9.14)
Potência	$P = Fv$	(7.33)	Potência	$P = \tau\omega$	(9.42)
Trabalho	$W = \int F dr$	(7.28)	Trabalho	$W = \int \tau d\theta$	(9.41)

9.10 Grandezas Escalares e Vetoriais

Para uma primeira análise de movimentos de rotação de um corpo rígido em torno de um eixo fixo, foi suficiente utilizar grandezas escalares (velocidade e aceleração angulares, torque em relação a um eixo e momento de inércia). No entanto, para uma análise mais completa desses movimentos ou de outros mais complexos, torna-se necessário estender as definições, introduzindo grandezas vetoriais[1]. Esse assunto está desenvolvido no Capítulo 10.

9.11 RESUMO

9.2 Cinemática da Rotação em torno de Um Eixo Fixo – Grandezas Angulares

A posição angular de um corpo rígido que gira em torno de um eixo fixo é definida pela coordenada angular θ de um ponto P qualquer desse corpo (P não pertencente ao eixo de rotação). Sua velocidade angular ω é definida como a derivada da posição angular em relação ao tempo:

$$\omega = \lim_{\Delta t \to 0} \frac{\Delta \theta}{\Delta t} = \frac{d\theta}{dt} \qquad \text{(velocidade angular instantânea)} \tag{9.2}$$

A aceleração angular α do corpo é definida pela derivada da velocidade angular em relação ao tempo:

$$\alpha = \lim_{\Delta t \to 0} \frac{\Delta \omega}{\Delta t} = \frac{d\omega}{dt} \qquad \text{(aceleração angular instantânea)} \tag{9.4}$$

9.3 Movimentos de Rotação Uniforme e Uniformemente Acelerado

Quando a velocidade angular de um corpo rígido permanece constante, diz-se que o movimento de rotação é uniforme. A equação horária para um corpo rígido em rotação uniforme em torno de um eixo fixo é dada por:

$$\theta = \theta_0 + \omega t \tag{9.5}$$

O exemplo mais simples de movimento de rotação acelerado em torno de um eixo fixo é aquele em que a aceleração angular é constante. Nesse caso, diz-se que o movimento de rotação é uniformemente acelerado. As equações cinemáticas para um corpo rígido em movimento de rotação uniformemente acelerado em torno de um eixo fixo são dadas por:

$$\alpha = const \tag{9.6}$$

$$\omega = \omega_0 + \alpha t \tag{9.7}$$

$$\theta = \theta_0 + \omega_0 t + \frac{1}{2}\alpha t^2 \tag{9.8}$$

$$\omega^2 = \omega_0^2 + 2\alpha\,\Delta\theta \tag{9.9}$$

9.4 Rotação e Movimento Circular de Um Ponto de Um Corpo Rígido

Quando um corpo rígido está em rotação em torno de um eixo fixo, cada ponto P do corpo descreve uma circunferência de centro no eixo e raio r, definido pela distância do ponto ao eixo. Se tomarmos o ponto P do corpo, distante r do centro de rotação, podemos escrever que seu deslocamento Δs, quando o corpo gira de um ângulo $\Delta\theta$, é dado por:

$$\Delta s = r\Delta\theta \tag{9.10}$$

Sua velocidade, tangente à trajetória, tem módulo:

$$v = \omega r \tag{9.11}$$

A aceleração de P pode ser decomposta nas direções tangencial e radial. A coordenada tangencial a_t do ponto P está relacionada à aceleração angular α do corpo:

$$a_t = \alpha r \tag{9.12}$$

e a aceleração radial a_r está relacionada à velocidade angular ω:

$$a_r = \omega^2 r \tag{9.13}$$

---

[1]Ou mesmo grandezas tensoriais, como o tensor de inércia, que relaciona os vetores "momento angular" e "velocidade angular".

9.5 Energia Cinética na Rotação – Momento de Inércia

A energia cinética de um corpo rígido em rotação em torno de um eixo fixo é dada por:

$$E_c = \frac{1}{2} I \omega^2 \qquad \text{(energia cinética do corpo rígido)} \tag{9.14}$$

em que I é o momento de inércia do corpo em relação ao eixo de rotação, definido como:

$$I = \sum_i m_i r_i^2 \qquad \text{(momento de inércia - sistema discreto)} \tag{9.15}$$

na qual m_i é a massa do ponto P_i do corpo, que está a uma distância r_i do eixo. Para sistemas com distribuição contínua de massa, considera-se o corpo subdividido em elementos de massa dm, sendo o momento de inércia dado por:

$$I = \int_{corpo} r^2 dm \qquad \text{(momento de inércia - distribuição contínua de massa)} \tag{9.22}$$

em que r é a distância de dm ao eixo de rotação.

9.6 Cálculo de Momento de Inércia – Corpos Rígidos Homogêneos

No caso de distribuição contínua de matéria, se dV representa o volume do elemento de massa dm, que está a uma distância r do eixo de rotação, e se ρ representa a massa específica do material de que é feito o corpo, então o momento de inércia do corpo rígido, em relação ao eixo de rotação, é calculado por:

$$I = \int_{corpo} r^2 dm = \int_{corpo} r^2 \rho \, dV \tag{9.23}$$

Se a massa específica é a mesma em todos os pontos, diz-se que o corpo é homogêneo. Nesse caso,

$$I = \rho \int_{corpo} r^2 dV \qquad \text{(corpo homogêneo)} \tag{9.24}$$

9.7 Teorema dos Eixos Paralelos

Dado um corpo rígido, se I é o seu momento de inércia em relação a um dado eixo e I_{CM} é o seu momento de inércia, em relação a um eixo que é paralelo ao primeiro e passa pelo centro de massa, então:

$$I = I_{CM} + M d^2 \tag{9.34}$$

em que M é a massa do corpo e d é a distância entre os eixos.

9.8 Torque, Trabalho e Potência

Se a um ponto P de uma seção representativa de um corpo rígido for aplicada uma força $\mathbf{F}$ capaz de produzir um deslocamento angular $d\theta$, haverá a realização de um trabalho infinitesimal:

$$dW = \tau d\theta \tag{9.40}$$

em que o escalar:

$$\tau = Fr \tag{9.39}$$

é denominado torque da força $\mathbf{F}$, em relação ao eixo de rotação (r é a distância de P ao eixo). Subentende-se, da Equação 9.39, que a força $\mathbf{F}$, paralela à seção representativa do corpo, é perpendicular ao raio OP, sendo O o ponto de interseção da seção representativa do corpo e do eixo de rotação.

Em um deslocamento finito, o trabalho realizado é dado por:

$$W = \int_{\theta_1}^{\theta_2} \tau d\theta \tag{9.41}$$

A potência desenvolvida por um torque τ aplicado a um corpo que gira com velocidade angular ω é dada por:

$$P = \tau \omega \tag{9.42}$$

9.9 Dinâmica da Rotação em Torno de Um Eixo Fixo

A equação dinâmica que governa o movimento de rotação de um corpo rígido em torno de um eixo fixo é dada por:

$$\sum_i \tau_i = I\alpha \tag{9.46}$$

em que $\sum_i \tau_i$ representa a soma ou a resultante dos torques aplicados ao corpo.

9.12 EXPERIMENTO 9.1: Momento de Inércia

Nesta experiência, será estudada a dinâmica de rotação de um corpo rígido, que nos permite obter o momento de inércia de um disco, utilizando a chamada **máquina de Atwood**. Serão abordados temas como torque, momento de inércia e aceleração angular e linear. Em vários problemas de Física deste livro, utilizamos polias e, por simplificação, desprezamos sua massa. Entretanto, isso nem sempre pode ser feito se o momento de inércia da polia for grande, como é o caso de uma polia de metal, cujo peso é comparável aos pesos utilizados no experimento.

Aparato Experimental

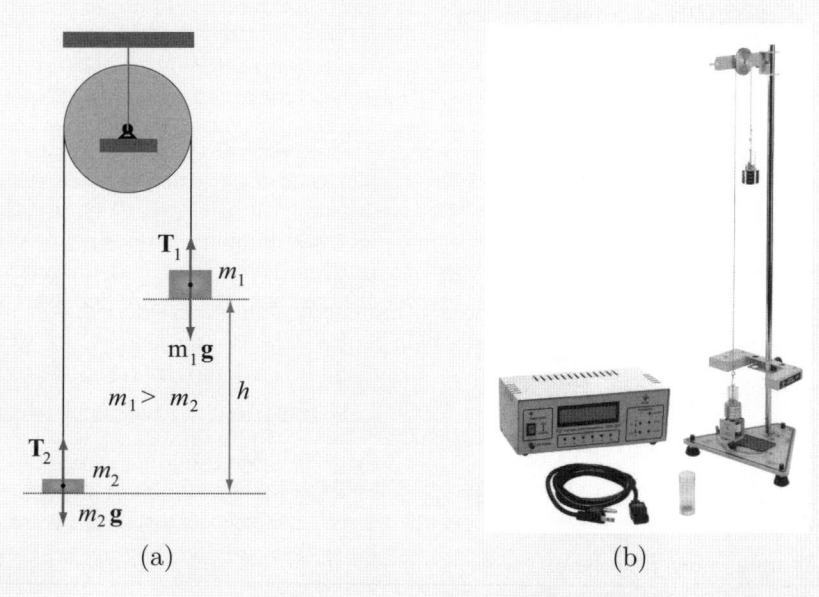

(a)   (b)

Figura 9.31: (a) Diagrama esquemático da máquina de Atwood. (b) Máquina de Atwood. (Fonte: Cidepe)

A máquina de Atwood consiste em uma polia (de raio R e massa M) que pode girar em torno de um eixo fixo, um fio inextensível passando pela polia e dois corpos pendurados em suas extremidades, com massa m_1 e m_2. A diferença de peso entre os dois corpos pendurados é responsável por um torque τ_T, que faz a polia girar com aceleração angular constante, devido às tensões T_1 e T_2. Apesar da existência de um rolamento no eixo da polia, sempre existe atrito neste eixo, o que dá origem a um torque de atrito τ_a, que se opõe ao movimento da polia.

Experimento

Para o experimento, utilize um conjunto de massas (p. ex., vários anéis metálicos), distribuindo-os sobre as duas extremidades do fio. Adotemos $m_1 > m_2$. Com uma pequena diferença de massa, $\Delta m = m_1 - m_2$, meça o tempo t (utilizando um cronômetro ou fotossensores) que m_1 leva para atingir o solo a partir de uma altura h. Repita a mesma medida algumas vezes e realize o experimento para vários Δm, mas mantendo a massa total do conjunto ($M=m_1+m_2$) constante em todo o experimento.

Análise dos Resultados

1) Mostre que, se o fio não escorregar e se houver atrito no eixo da polia,

$$\Delta m = \frac{2h(I + MR^2)}{gR^2}\left(\frac{1}{t^2}\right) + \frac{\tau_a}{gR}$$

2) Utilizando o conjunto de valores $(\Delta m, t)$ obtidos no experimento, considere uma representação gráfica linear da equação do item (3), isto é, faça um gráfico Δm *vs.* t^{-2}. Encontre a reta que melhor representa esse conjunto de pontos e determine o momento de inércia I e o torque de atrito τ_a a partir do valor experimental do coeficiente angular e linear desta reta, com seus respectivos erros. Compare o resultado experimental obtido para I com o valor teórico determinado a partir da massa e do raio da polia.

3) Determine a aceleração angular da polia e a aceleração linear das massas.

Elaborado por: Francisco das Chagas Marques

9.13 QUESTÕES, EXERCÍCIOS E PROBLEMAS

9.2 Cinemática da Rotação em torno de Um Eixo Fixo – Grandezas Angulares

9.1 Calcular o número de voltas completas de um disco que desenvolveu uma velocidade angular média de 7 rad/s em um tempo de 2 s.

9.2 A Figura 9.32 mostra o gráfico "posição angular *vs.* tempo" para um disco que gira em torno de um eixo fixo. Calcule a velocidade angular média do disco entre os instantes (a) $t = 0,00$ s e $t = 0,50$ s; (b) $t = 0,00$ s e $t = 0,75$ s; (c) $t = 0,00$ s e $t = 1,00$ s; (d) $t = 0,00$ s e $t = 1,25$ s; (e) $t = 0,25$ s e $t = 0,75$ s e (f) $t = 0,25$ s e $t = 1,50$ s.

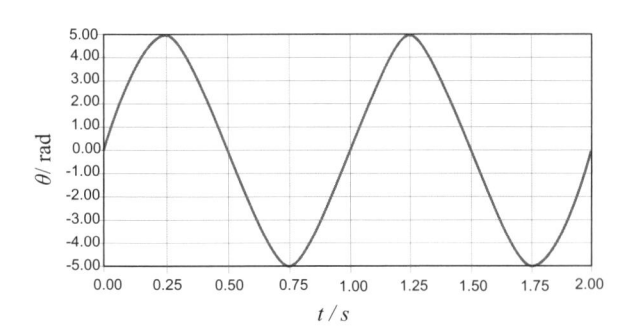

Figura 9.32: Problema 9.2.

9.3 A velocidade angular de um rotor varia no tempo de acordo com a expressão $\omega = 6,00 + 3,25\ t^3$, em que ω é dado em rad/s e t em segundos. Calcule (a) o deslocamento angular do rotor entre $t = 1,50$ s e $t = 2,35$ s; (b) a aceleração angular média entre $t = 1,50$ s e $t = 2,35$ s; (c) a aceleração angular em função do tempo e (d) a aceleração angular nos instantes $t = 1,50$ s e $t = 2,35$ s.

9.4 A posição angular θ (medida em radianos) de uma peça que gira em torno de um eixo fixo varia no tempo (medido em segundos), de acordo com a expressão $\theta = 3,00t^3$. (a)

Calcule a velocidade angular ω e a aceleração angular α da peça, em função do tempo. (b) Em quanto tempo, a partir do instante inicial ($t = 0$), a peça completa 5 voltas? (c) Em quanto tempo, a partir do instante calculado no item anterior, a peça completa mais 5 voltas?

9.5 Considerando o movimento da peça descrito no problema anterior, calcule (a) as velocidades angulares ω_1, no instante $t_1 = 2,00$ s, e ω_2, no instante $t_2 = 4,00$ s, e (b) a velocidade angular média $\bar{\omega}$ no intervalo de tempo $t_1 \leq t \leq t_2$. (c) Compare a velocidade angular média calculada no item (b) com a média aritmética $\tilde{\omega} = \frac{\omega_1 + \omega_2}{2}$.

9.3 Movimento de Rotação Uniforme e Uniformemente Acelerado

9.6 Um disco rígido de computador gira a 4.200 rpm. Calcule (a) a velocidade angular em rad/s, (b) o tempo que o disco leva para realizar uma volta e (c) o deslocamento angular (em radianos e em graus) em um intervalo de tempo de 7,15 ms.

9.7 Observou-se que, para um volante sofrer um deslocamento angular de 18,0 rad, foram necessários 3,50 s. No fim desse tempo, a velocidade angular do volante era $\omega = 8,00$ rad/s. Supondo rotação uniformemente acelerada, calcule (a) a aceleração angular e (b) a velocidade angular inicial do volante.

9.8 As lâminas de um ventilador com eixo estacionário giram com velocidade angular dada por $\omega = A - Bt^2$, com $A = 6,00$ rad/s, $B = 0,600$ rad/s^3 e t dado em segundos. (a) Em que instante a velocidade angular se anula? (b) Calcule a aceleração angular das lâminas em função do tempo. (c) Se a posição angular inicial ($t = 0$) de uma das lâminas for tomada como $\theta_0 = 0$, calcule a posição angular dessa lâmina em função do tempo. (d) Quantas voltas completas são dadas por uma lâmina, desde o instante inicial até o instante em que a velocidade angular se anula?

9.4 Rotação e Movimento Circular de Um Ponto de Um Corpo Rígido

9.9 Um motor de corrente contínua traciona uma carga, como mostra a Figura 9.33. A velocidade da carga varia no tempo segundo a expressão $v = v_\infty \left(1 - e^{-t/\tau}\right)$, com $v_\infty = 4,08\,\text{m/s}$ e $\tau = 0,908\,\text{s}$. Calcule, em função do tempo, (a) a aceleração a da carga, (b) a velocidade angular ω e a aceleração angular α da polia. (c) Determine os valores iniciais e os valores "finais" ou de estado estacionário de v, a, ω e α. (d) Que comprimento de fio é enrolado durante o primeiro segundo de ação do motor? A polia tem um raio $R = 3,50\,\text{cm}$.

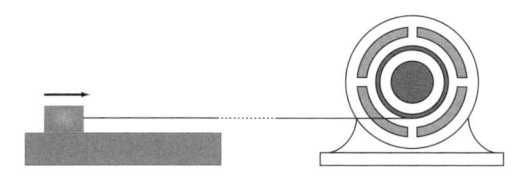

Figura 9.33: Problema 9.9.

9.10 Na Figura 9.34, a correia é suficientemente tensa para não escorregar nas superfícies laterais dos discos. O disco menor tem $10,0\,\text{cm}$ de raio e gira a 750 rpm. Calcule (a) a velocidade angular do disco maior, que tem $30,0\,\text{cm}$ de raio, (b) as velocidades dos pontos P_1, P_2 e P_3 e (c) as acelerações radiais desses três pontos.

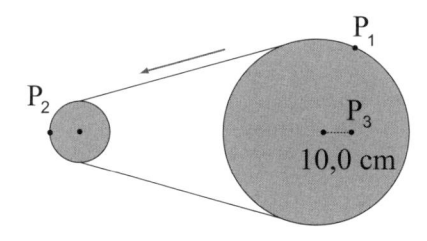

Figura 9.34: Problema 9.10.

9.11 A Figura 9.35 mostra um esquema de um redutor de velocidade formado por quatro engrenagens. As engrenagens B e C estão fixadas no mesmo eixo. Um motor aciona o eixo da engrenagem A, produzindo nela uma aceleração angular $\alpha_A = \alpha_{A0}e^{t/\tau}$, em que $\alpha_{A0} = 1,53\,\text{rad/s}^2$, $\tau = 0,980\,\text{s}$ e o tempo t é expresso em segundos. (a) Calcule as velocidades angulares das engrenagens A e D, no instante $t = 1,5$ s, supondo que o sistema estava inicialmente em repouso. (b) Se A gira no sentido indicado na figura, qual deve ser o sentido da rotação de D? Dados: $R_A = 24\,\text{mm}$, $R_B = 96\,\text{mm}$, $R_C = 36\,\text{mm}$ e $R_D = 144\,\text{mm}$.

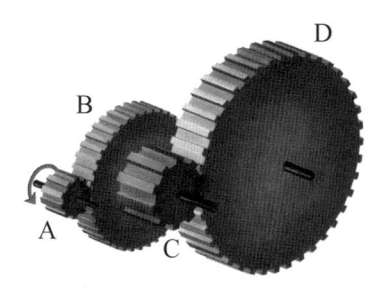

Figura 9.35: Problema 9.11.

9.5 Energia Cinética na Rotação – Momento de Inércia

9.12 Faça uma estimativa da energia cinética máxima que pode ser armazenada em um disco homogêneo de massa $M = 25,0\,\text{kg}$ e raio $R = 40,0\,\text{cm}$, posto a girar em torno do eixo perpendicular que passa pelo seu centro. A estrutura do disco não pode suportar acelerações radiais acima de $3,20\times10^3\,\text{m/s}^2$ em pontos da sua periferia.

9.13 Em razão de atritos, um rotor de momento de inércia $1,50\times10^{-4}\,\text{kg m}^2$ tem sua velocidade angular diminuída a uma taxa constante $d\omega/dt = -2,35\,\text{rad/s}$. Calcule a taxa de perda de energia cinética do rotor (a) no instante em que a sua velocidade angular é de 1.500 rpm e (b) 1 minuto após essa velocidade ter sido atingida.

9.14 A Figura 9.36 mostra a estrutura simplificada da molécula de água, H_2O. Determine o momento de inércia da molécula em relação ao eixo AA', supondo que as massas são puntiformes (a hipótese de massas puntiformes é bastante boa, pois quase toda a massa de um átomo concentra-se no núcleo, cujo diâmetro é cerca de 100 mil vezes menor que o diâmetro atômico). Massa do hidrogênio: $m_H = 1,67\times10^{-27}\,\text{kg}$.

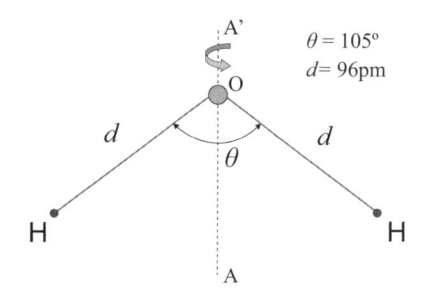

Figura 9.36: Problema 9.14.

9.15 O comportamento de átomos e moléculas é corretamente descrito apenas com o emprego da mecânica quântica, mas, ainda assim, é um exercício interessante fazer uma estimativa da velocidade angular que se espera classicamente para uma molécula de oxigênio, cuja energia cinética é $5,72\times10^{-23}\,\text{J}$. Estime essa velocidade angular, considerando a separação entre os núcleos dos oxigênios igual a $1,21\times10^{-10}$ m e a massa de um átomo da molécula igual $2,66\times10^{-26}\,\text{kg}$.

9.16 Raio de giração. Para um corpo rígido de massa M e momento de inércia I, em relação a um dado eixo de rotação AA', define-se o raio de giração K do corpo, em relação a esse eixo, como $K = \sqrt{I/M}$. De acordo com essa definição, um corpo rígido, constituído por um ponto material de massa M e preso ao eixo AA' por uma haste rígida de massa desprezível e comprimento K, tem o mesmo momento de inércia I, em relação a AA' (Figura 9.37). Obtenha o raio de giração para cada um dos corpos mostrados na Figura 9.17.

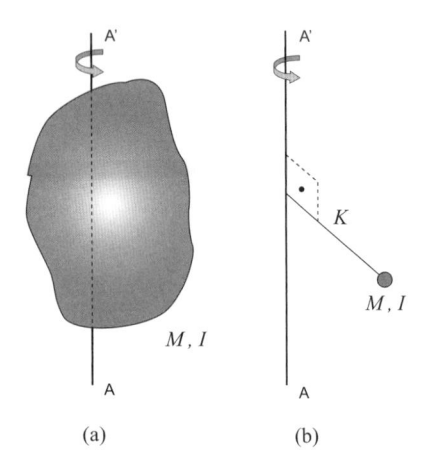

(a)   (b)

Figura 9.37: Problema 9.16.

9.17 Outro resultado útil, embora restrito, pois se aplica apenas a *corpos planos*, é fornecido pelo **teorema dos eixos perpendiculares**. O teorema é útil ao cálculo de alguns momentos de inércia a partir do conhecimento de outros momentos de inércia. Consideremos, em um corpo rígido plano, dois eixos de rotação mutuamente perpendiculares, que podemos tomar como os eixos cartesianos x e y (Figura 9.38). De acordo com o teorema dos eixos perpendiculares, se I_x, I_y e I_z são os momentos de inércia do corpo em relação aos eixos de rotação x, y e z, perpendiculares entre si, então, $I_z = I_x + I_y$. Deduza esse resultado. Sugestão: observe na Figura 9.38, que x, y e $r = \sqrt{x^2 + y^2}$ são as distâncias do ponto P aos eixos y, x e z, respectivamente, e utilize esta observação ao escrever a Equação 9.22 para cada momento de inércia I_x, I_y e I_z.

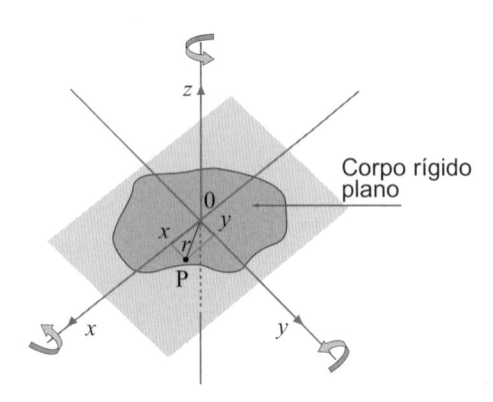

Figura 9.38: Problema 9.17.

9.18 Dada uma placa homogênea quadrada, de lado a e massa M, use o teorema dos eixos perpendiculares para calcular o momento de inércia da placa em relação ao eixo localizado no seu plano e que passa pelo seu centro, como mostrado na Figura 9.39. Resolva o mesmo problema novamente, mas desta vez considerando um anel, de massa M e raio R, e o eixo contido no plano do anel e que passa pelo seu centro.

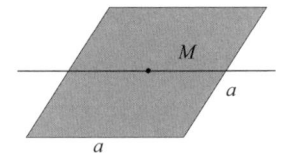

Figura 9.39: Problema 9.18.

9.19 Calcule o momento de inércia de um cilindro não homogêneo em relação ao seu eixo longitudinal, considerando que sua massa específica varia com a distância r ao eixo de acordo com a expressão $\rho = \rho_0 - \beta\, r$. O cilindro tem raio R e comprimento L. Dados: $\rho_0 = 7{,}8$ g/cm^3, $\beta = 1{,}0$ g/cm^4, $R = 1{,}0$ cm e $L = 10{,}0$ cm.

9.6 Cálculo de Momento de Inércia – Corpos Rígidos Homogêneos

9.20 Utilize a Equação 9.24 para calcular o momento de inércia de uma barra homogênea em relação a um eixo que é perpendicular à barra e passa por uma de suas extremidades. A massa da barra é M e seu comprimento é L.

9.21 Calcule o momento de inércia de um tubo homogêneo, de massa M e raios R_1 (interno) e R_2 (externo), em relação ao eixo de simetria.

9.22 Calcule o momento de inércia de um cone homogêneo, de massa M e raio da base R, em relação ao seu eixo de simetria.

9.7 Teorema dos Eixos Paralelos

9.23 Usando o teorema dos eixos paralelos (seção 9.7), calcule o momento de inércia (a) de um cilindro homogêneo, de massa M e raio R, em relação a um eixo que é paralelo ao eixo de simetria e passa a uma distância d deste último, e (b) de uma esfera homogênea, de massa M e raio R, em relação a um eixo tangente à esfera.

9.24 Sete discos de massa m e raio r são colocadas em um arranjo hexagonal planar tocando uns nos outros, como mostrado na Figura 9.40. Qual é o momento de inércia do sistema dos sete discos em relação ao eixo perpendicular ao plano da figura e que passa pelo centro do disco central? Sugestão: leve em conta a aditividade do momento de inércia (Equações 9.15 e 9.22) e o teorema dos eixos paralelos.

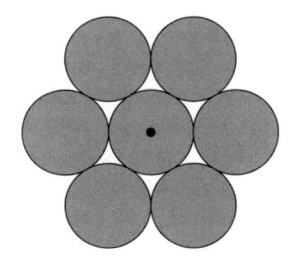

Figura 9.40: Problema 9.24.

9.25 Consideremos dois corpos rígidos A e B, cujos momentos de inércia, em relação a um mesmo eixo de rotação, são I_A e I_B, respectivamente. Se os corpos forem ligados rigidamente um ao outro, formando um único corpo rígido, então, pela aditividade do momento de inércia (Equações 9.15 e 9.22), este novo corpo terá momento de inércia $I = I_A + I_B$. Use esse resultado e o teorema dos eixos paralelos para determinar o momento de inércia do corpo rígido em relação ao eixo de rotação, como mostrado na Figura 9.41. O corpo rígido, de massa M e raio externo R, foi obtido de um cilindro maciço e homogêneo, do qual se removeu um cilindro de raio r (distância entre eixos $= d$). Dados: $R = 10,0$ cm, $r = 4,5$ cm, d $= 5,0$ cm e $M = 7,00$ kg. Sugestão: o cilindro maciço (cujo momento de inércia é facilmente calculável pela informação da Figura 9.17 e pelo teorema dos eixos paralelos) pode ser interpretado como a união do cilindro perfurado (cujo momento de inércia deve ser calculado) com o cilindro que foi removido (cujo momento de inércia é informado na Figura 9.17). Assim, pelo resultado citado anteriormente, I(cilindro maciço de raio R) $= I$(cilindro perfurado) $+ I$(cilindro maciço de raio r) ou I(cilindro perfurado) $= I$(cilindro maciço de raio R) $- I$(cilindro maciço de raio r).

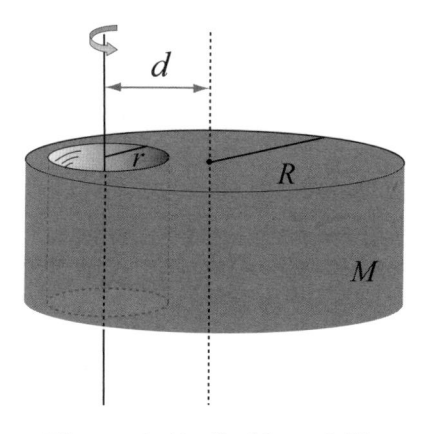

Figura 9.41: Problema 9.25.

9.8 Torque, Trabalho e Potência

9.26 Que torque é aplicado por um motor que gira a 5.600 rpm, se a potência desenvolvida é de 67,5 kW? Consulte o manual do usuário de um veículo e analise as informações sobre torque, velocidade de rotação e potência fornecidas pelo fabricante.

9.27 Deseja-se comunicar uma velocidade angular ω a uma barra inicialmente em repouso. A barra é homogênea e pode ser pivotada (1) no seu centro ou (2) em uma das extremidades. A barra deverá girar em um plano horizontal. O movimento será imposto por uma força perpendicular à barra, de intensidade constante e aplicada em uma extremidade (situação 1) ou na outra (situação 2). Em qual das duas situações o trabalho realizado será maior? Desconsidere o atrito.

9.9 Dinâmica da Rotação em torno de Um Eixo Fixo

9.28 Um disco de momento de inércia $I = 5,00\,\mathrm{kg\,m^2}$, em relação ao eixo de rotação, está submetido a um torque $\tau = 5,00t$, em que τ é dado em N.m e t é dado em segundos. Determine a velocidade angular quando $t = 4,00\,\mathrm{s}$, considerando que o disco parte do repouso. Os atritos são desprezíveis.

9.29 Uma barra homogênea, presa por um pino no seu centro O (Figura 9.42), pode girar sem atrito em torno do eixo que passa por O e é perpendicular ao plano da figura. Para o sistema de forças aplicadas mostrado na figura, calcule (a) a resultante dos torques aplicados em relação ao eixo de rotação e (b) a aceleração angular imposta à barra de massa $M = 300\,\mathrm{g}$. (c) Calcule a aceleração angular da barra, se também houver um torque de atrito de intensidade 2,00 Nm.

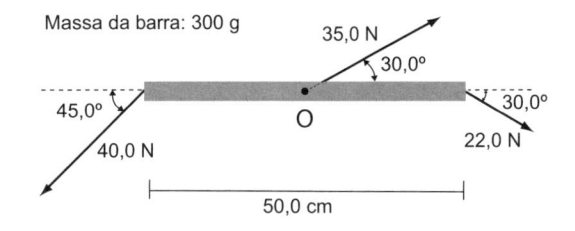

Figura 9.42: Problema 9.29.

9.30 Um cilindro com momento de inércia $4,0\,\mathrm{kg\,m^2}$, em relação a um eixo fixo, gira a 80 rad/s em torno desse eixo. Um torque constante é então aplicado para reduzir a velocidade para 40 rad/s. (a) Qual é a energia cinética perdida pelo cilindro? (b) Se o cilindro levar 10 segundos para atingir a velocidade angular de 40 rad/s, qual é o valor do torque?

9.31 Um disco, acionado por um motor que exerceu um torque constante, acelerou de 0 a 70 rpm em 1,0 s. Ao atingir a velocidade de 70 rpm, o motor foi desligado. Devido às perdas por atrito, verificou-se que o disco efetuou 15 voltas até parar. Supondo que o torque de atrito permaneceu constante durante todo o movimento do disco (tanto na aceleração quanto na desaceleração), qual fração da potência desenvolvida pelo motor é dissipada pelo atrito durante o processo de aceleração?

9.32 Uma roda homogênea, com 1,00 m de diâmetro e massa de 100 kg, pode girar com atrito desprezível em torno de um eixo fixo. Para imobilizar a roda que gira a 50 rpm, a sapata do freio aplica-lhe uma força compressiva radial de 70,0 N (Figura 9.43). Se o tempo de ação do freio for de 6,00 s, determine o coeficiente de atrito cinético roda-sapata (suposto constante).

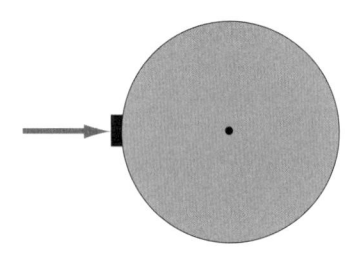

Figura 9.43: Problema 9.32.

9.33 (USP – adaptada) Considere duas esferas homogêneas com mesmo diâmetro e mesma massa, uma maciça e outra oca, como indica a Figura 9.44. (a) Considerando os eixos indicados, qual esfera possui maior momento de inércia? Justifique. (b) Descreva em detalhe e justifique um experimento mecânico não destrutivo que permita determinar qual esfera é sólida e qual esfera é oca.

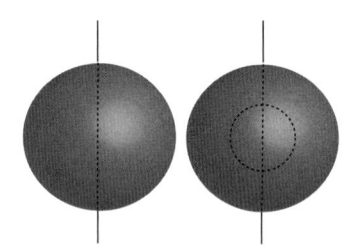

Figura 9.44: Problema 9.33.

9.34 Prende-se uma bolinha de 50 g na borda de um disco homogêneo, com 150 g de massa e 15 cm de raio. O disco é, então, preso a um eixo horizontal, perpendicular à superfície do disco e passando pelo seu centro. Considere que o disco seja abandonado em uma posição tal que o raio bolinha-centro do disco seja horizontal (Figura 9.45). (a) Calcule a velocidade da bolinha ao passar pela posição mais baixa. (b) Compare o resultado àquele que se obteria se, em vez do disco, a bolinha estivesse presa a uma haste de 15 cm de comprimento e massa desprezível (um pêndulo). Despreze atritos.

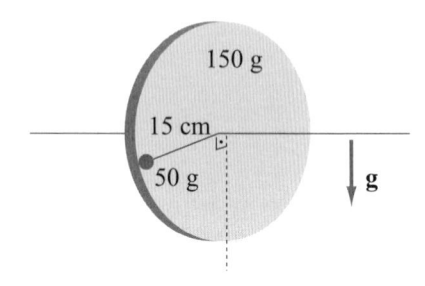

Figura 9.45: Problema 9.34.

9.35 Um fio foi enrolado em um carretel cilíndrico de 50,0 cm de raio e 0,125 kg m^2 de momento de inércia, em relação a um eixo fixo passando pelo seu centro. O carretel, que pode girar sem atrito em torno do eixo, está inicialmente em repouso. Puxa-se, então, a extremidade livre do fio com uma aceleração constante de 2,50 m/s^2. (a) Que trabalho se realiza sobre o carretel até este atingir a velocidade angular de 8,00 rad/s? (b) Que comprimento de fio se desenrola até o carretel atingir essa velocidade angular? Considere o fio com massa e espessura desprezíveis.

9.36 Determine (a) a aceleração dos blocos A e B, (b) a aceleração angular da polia P e (c) as tensões no cabo do sistema mostrado na Figura 9.46. Suponha que o cabo não deslize na polia e os atritos dos blocos com o ar e dos mancais com o eixo da polia que sejam desprezíveis. Os blocos A e B têm massas m_A e m_B, respectivamente. A polia tem raio R e momento de inércia I em relação ao seu eixo de rotação. Considere $m_A > m_B$.

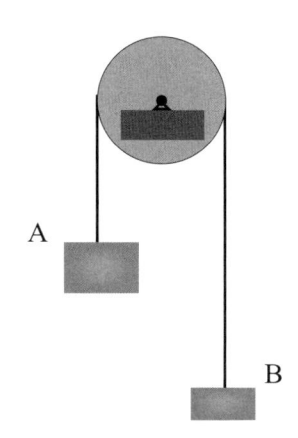

Figura 9.46: Problema 9.36.

9.37 Uma barra homogênea, de 4,00 kg e 60,0 cm de comprimento, está conectada a uma mola de torção e pode girar em torno de um pino no seu centro O (Figura 9.47). A mola tem uma rigidez $k = 7{,}20$ N m/rad, de modo que o torque aplicado à barra é $\tau = -k\theta$, em que θ é dado em radianos. Se a barra é solta do repouso quando está na posição $\theta = 45°$, determine sua velocidade angular no instante em que $\theta = 0$. Despreze atritos.

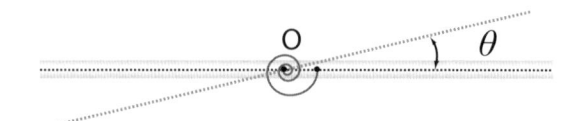

Figura 9.47: Problema 9.37.

9.38 Modelo mais elaborado para um motor de corrente contínua que traciona uma carga. No problema 9.9, a velocidade da carga tracionada pelo cabo, $v = v_\infty \left(1 - e^{-t/\tau}\right)$, é resultado da ação dos seguintes torques aplicados ao rotor e à polia de raio R a ele acoplada: (1) torque motor τ_m, devido à ação do campo magnético sobre a corrente elétrica no enrolamento do rotor[2]; (2) torque τ_F, da força $\mathbf{F}$ de tração do cabo sobre a polia; (3) torque de atrito τ_{at}, devido a atritos no eixo; e (4) torque do atrito viscoso τ_{visc}, devido ao movimento do rotor e da polia no ar. O torque $\tau_F = -FR$ pode ser expresso em termos da massa m e da aceleração $a = \frac{dv}{dt}$ da carga tracionada, pois $F = m\frac{dv}{dt}$. O torque de atrito τ_{at} pode ser considerado constante. O torque de atrito viscoso τ_{visc} pode ser considerado proporcional à velocidade angular, ω, sendo escrito como $\tau_{visc} = -D\omega$, em que D é uma constante. (a) Com essas informações, calcule, para o instante inicial: o torque motor, τ_m; a potência desenvolvida pelo motor, $P_m = \tau_m\omega$;

as potências $P_F = \tau_F\omega = -mv\frac{dv}{dt}$, $P_{at} = \tau_{at}\omega = -|\tau_{at}|\,\omega$, $P_{visc} = \tau_{visc}\omega = -D\omega^2$ e a taxa de variação $\frac{dE_c}{dt}$ da energia cinética rotacional do rotor e polia acoplada. (b) Repita o cálculo para o estado estacionário, isto é, para tempos muito grandes, de modo que a velocidade da carga se torna praticamente constante ($v \approx v_\infty$). Dados: $|\tau_{at}| = 4{,}00\times10^{-2}\,\mathrm{N\,m}$, $D = 3{,}00\times10^{-4}\,\mathrm{N\,m\,rad^{-1}\,s}$, $m = 100\,\mathrm{g}$, $I = 1{,}50\times10^{-4}\,\mathrm{kg\,m^2}$ (momento de inércia do rotor e polia acoplada) e $R = 3{,}50\,\mathrm{cm}$. Para a constante de tempo τ e a velocidade limite v_∞ que aparecem na equação para a velocidade, adote os valores $\tau = 0{,}908\,\mathrm{s}$ e $v_\infty = 4{,}08\,\mathrm{m/s}$.

---

[2]A ação de campos magnéticos sobre correntes elétricas e sua aplicação a motores elétricos são objeto de estudo do Volume 3 desta série.

Capítulo 10

Conservação do Momento Angular

Myriano Henriques de Oliveira Junior, Gustavo Alexandre Viana e César Augusto Dartora

10.1 Introdução

Neste capítulo, serão abordados os conceitos de torque, momento angular e lei de conservação do momento angular. Apesar desses tópicos serem apresentados em seções distintas, tratam-se de temas correlacionados, assim como ocorre para outros conceitos, como trabalho e força. Esse conjunto de parâmetros, associado ao movimento de rotação, é uma ferramenta poderosa na solução e na compreensão de muitos problemas relacionados não só à Física Clássica, mas também aos conceitos mais modernos, propostos e desenvolvidos, por exemplo, pela Física Quântica e pela cosmologia. São ferramentas aplicadas a problemas que vão desde escalas subatômicas, tratados pela Física de partículas, até escalas de ordem astronômicas, como problemas envolvendo órbitas de planetas e cometas e a formação de galáxias e suas respectivas estruturas, tratados com o auxílio da mecânica celeste.

Entre essas duas escalas extremas de grandeza, existe uma gama enorme de problemas que podem ser tratados com o auxílio desses conceitos. Dentre eles, destacam-se os problemas de rotação de corpos rígidos, que estão entre os principais temas abordados neste capítulo.

Durante grande parte do desenvolvimento da Física e de seus conceitos, creditava-se às leis que a descreviam, como as *leis de Newton*, o papel mais fundamental dentro da natureza. No entanto, com o decorrer do tempo, junto às evoluções ferramentais da matemática, surgiu uma corrente que atribui às *leis de simetria* o papel de agente fundamental na descrição das propriedades e dos fenômenos da natureza, desde as *quebras de simetria* propostas para explicar a distinção entre as forças gravitacional, forte e eletrofraca, até as simetrias apresentadas pelas estruturas cristalinas, como sal de cozinha, diamantes, metais, etc. Uma breve explanação sobre o papel e a importância da simetria nas leis de conservação é apresentada no final do capítulo.

10.2 Torque

No Capítulo 9, vimos que o **torque**, em uma dimensão, foi definido como $\tau = rF_t$ (Equação 9.39), em que F_t é o componente da força transversal ao vetor **r**. De acordo com a Figura 10.1, assumindo que uma força **F**, aplicada sobre uma partícula, faça um ângulo θ com o vetor posição **r** desta partícula em relação ao eixo de rotação, o componente da força transversal ao vetor **r** é dado por $F_t = F\,sen\theta$, resultando em um torque de magnitude $\tau = rF\,sen\theta$.

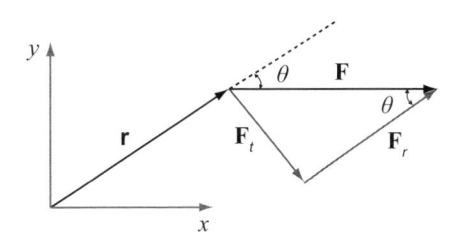

Figura 10.1: A força **F**, aplicada em um ponto distante **r** do eixo de rotação, pode ser decomposta em duas contribuições: uma radial, que não exerce torque, F_r ($F_r = F\cos\theta$), e é paralela a **r**, e uma transversal F_t ($F_t = F\,sen\theta$), perpendicular a **r**, responsável pelo torque.

Entretanto, assim como a força, o torque é uma grandeza vetorial, possuindo módulo, direção e sentido. Para entendermos a natureza vetorial dessa grandeza, vamos assumir o caso de uma partícula de massa m, localizada no plano $x - y$, a uma distância fixa r da origem do sistema de coordenadas, e que seja submetida à ação de uma força $\mathbf{F}$ contida no mesmo plano, conforme mostrado na Figura 10.2. Por definição, o torque experimentado por essa partícula, em relação à origem do sistema de coordenadas devido à força $\mathbf{F}$, é dado por:

$$\boldsymbol{\tau} = \mathbf{r} \times \mathbf{F} \quad \textbf{(torque)} \qquad (10.1)$$

Assim, a orientação do torque é determinada por um produto vetorial (seção 2.7), ou seja, é perpendicular ao plano que contém os vetores $\mathbf{r}$ e $\mathbf{F}$. O seu sentido pode ser obtido pela regra da mão direita (ou regra do parafuso), conforme discutido na seção 2.7. No caso particular ilustrado na Figura 10.2, o torque é paralelo ao eixo z e aponta para cima, já que os vetores $\mathbf{r}$ e $\mathbf{F}$ estão contidos no plano $x - y$. O módulo do torque, de acordo com as propriedades do produto vetorial apresentadas no Capítulo 2 (Equação 2.6), é dado por:

$$\tau = rF sen\theta \quad \textbf{(módulo do torque)} \qquad (10.2)$$

em que θ é o ângulo entre $\mathbf{r}$ e $\mathbf{F}$.

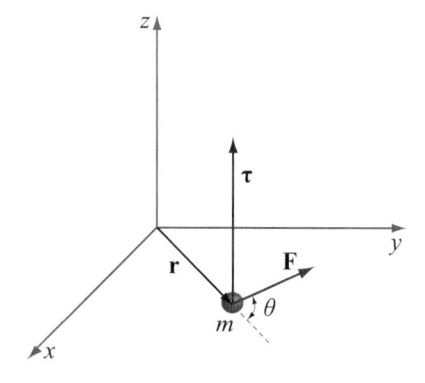

Figura 10.2: O torque sobre a partícula é perpendicular ao plano formado pelos vetores $\mathbf{r}$ e $\mathbf{F}$.

Na forma apresentada pela Equação 10.1, o torque está relacionado apenas a grandezas lineares. Como o torque está associado a movimentos de rotação, é conveniente, para muitos problemas, escrevê-lo em função de grandezas angulares. Substituindo a segunda lei de Newton, $F = m d^2 r / dt^2$, na Equação 10.1, e utilizando a regra da derivada do produto para derivada temporal, podemos reescrever esta equação como:

$$\boldsymbol{\tau} = m\mathbf{r} \times \frac{d^2\mathbf{r}}{dt^2} = m\left[\frac{d}{dt}\left(\mathbf{r} \times \frac{d\mathbf{r}}{dt}\right) - \left(\frac{d\mathbf{r}}{dt} \times \frac{d\mathbf{r}}{dt}\right)\right]$$

Como o segundo termo do lado direito da equação é nulo devido ao fato do produto vetorial entre dois vetores iguais ser nulo, temos que:

$$\boldsymbol{\tau} = m\frac{d}{dt}\left(\mathbf{r} \times \frac{d\mathbf{r}}{dt}\right) = m\frac{d}{dt}\left[\mathbf{r} \times (\boldsymbol{\omega} \times \mathbf{r})\right] \quad (10.3)$$

em que $\mathbf{v} = \boldsymbol{\omega} \times \mathbf{r}$, sendo $\boldsymbol{\omega}$ a velocidade angular da partícula.

Aplicando a fórmula de Lagrange $\mathbf{A} \times (\mathbf{B} \times \mathbf{C}) = \mathbf{B}(\mathbf{C} \cdot \mathbf{A}) - \mathbf{C}(\mathbf{A} \cdot \mathbf{B})$ na Equação 10.3, podemos escrevê-la como:

$$\boldsymbol{\tau} = m\frac{d}{dt}\left[\boldsymbol{\omega} r^2 - \mathbf{r}(\boldsymbol{\omega} \cdot \mathbf{r})\right]$$

Como no caso considerado $\boldsymbol{\omega}$ e $\mathbf{r}$ são ortogonais entre si, o produto interno entre eles é nulo. Aqui, devemos também lembrar que a distância r entre a partícula e a origem do sistema de coordenadas é constante, o que faz com que sua derivada temporal também seja nula. Dessa forma, a partir da equação acima, obtemos:

$$\boldsymbol{\tau} = mr^2\frac{d\boldsymbol{\omega}}{dt} = mr^2\boldsymbol{\alpha} \qquad (10.4)$$

em que $\boldsymbol{\alpha}$ é a aceleração angular da partícula. Como mr^2 é o momento de inércia da partícula ($I = mr^2$) em relação à origem, o torque pode ser escrito em função apenas de grandezas angulares:

$$\boldsymbol{\tau} = I\boldsymbol{\alpha} \qquad (10.5)$$

Essa equação é equivalente à segunda lei de Newton para grandezas angulares na forma vetorial. Embora, para a sua dedução, tenhamos considerado o caso específico de uma partícula localizada a uma distância fixa em relação ao eixo de rotação, essa equação é válida para qualquer corpo rígido que rotacione em torno de um eixo fixo. A consideração do caso específico apresentado tem como finalidade apenas simplificar o tratamento matemático, mas sem perda de generalidade dos conceitos envolvidos.

No Capítulo 5, vimos que a força resultante exercida sobre um corpo rígido ou um sistema de partículas é dada pela soma vetorial de todas as forças atuantes no sistema em pontos distintos, pois a força é uma grandeza aditiva. Tal propriedade também se aplica ao torque, sendo o torque resultante sobre um corpo rígido ou sistema de partículas sob a ação de várias forças é dado por:

$$\boldsymbol{\tau} = \sum_i \boldsymbol{\tau}_i = \sum_i \mathbf{r}_i \times \mathbf{F}_i \quad \textbf{(torque resultante)} \quad (10.6)$$

que, para o caso específico de uma única partícula, se reduz à Equação 10.1.

Exemplo 10.1

Uma placa quadrada, de lado a e massa m uniformemente distribuída, está suspensa por um ponto Q localizado no meio de uma de suas arestas, conforme ilustrado na Figura 10.3, e encontra-se instantaneamente paralela ao plano horizontal $x - y$. Nesse mesmo instante, são aplicadas duas forças à placa, dadas por $\mathbf{F}_1 = F_1\mathbf{k}$ e $\mathbf{F}_2 = F_2\mathbf{i}$. Qual é o torque resultante sobre a placa nesse instante em relação ao ponto de suspensão?

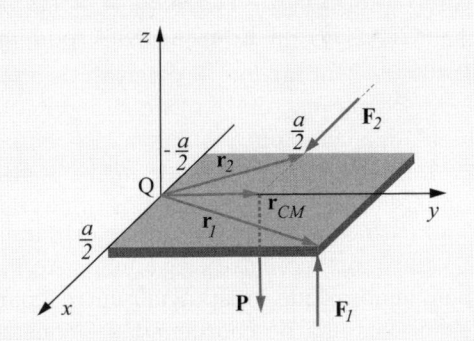

Figura 10.3: Forças aplicadas em pontos distintos de uma placa.

Solução: considerando o ponto de suspensão da placa, Q, como a origem do sistema de coordenadas, as forças $\mathbf{F}_1$ e $\mathbf{F}_2$ e a força peso $\mathbf{P} = -mg\mathbf{k}$ estão aplicadas nas posições $\mathbf{r}_1$, $\mathbf{r}_2$ e no centro de massa da placa $\mathbf{r}_{CM}$, respectivamente. De acordo com a figura, essas posições são dadas por:

$$\mathbf{r}_1 = a(\tfrac{1}{2}\mathbf{i} + \mathbf{j}), \quad \mathbf{r}_2 = \frac{a}{2}(-\mathbf{i} + \mathbf{j}) \text{ e } \mathbf{r}_{CM} = \frac{a}{2}\mathbf{j}$$

A partir das forças e dos vetores de posição fornecidos acima e utilizando a Equação 10.6, o torque resultante sobre a placa em relação ao ponto de suspensão Q é dado por:

$$\boldsymbol{\tau} = \sum_i \mathbf{r}_i \times \mathbf{F}_i = \mathbf{r}_1 \times \mathbf{F}_1 + \mathbf{r}_2 \times \mathbf{F}_2 + \mathbf{r}_{CM} \times \mathbf{P}$$

$$\boldsymbol{\tau} = a(\tfrac{1}{2}\mathbf{i} + \mathbf{j}) \times F_1\mathbf{k} + \frac{a}{2}(-\mathbf{i} + \mathbf{j}) \times F_2\mathbf{i} + \frac{a}{2}\mathbf{j} \times (-mg)\mathbf{k}$$

$$= F_1 a(-\tfrac{1}{2}\mathbf{j} + \mathbf{i}) - F_2\frac{a}{2}\mathbf{k} - (mg)\frac{a}{2}\mathbf{i}$$

da qual se obtém:

$$\boldsymbol{\tau} = a(F_1 - \frac{mg}{2})\mathbf{i} - F_1\frac{a}{2}\mathbf{j} - F_2\frac{a}{2}\mathbf{k}$$

Portanto, o torque resultante é:

$$\boldsymbol{\tau} = a[(F_1 - \frac{mg}{2})\mathbf{i} - \frac{F_1}{2}\mathbf{j} - \frac{F_2}{2}\mathbf{k}]$$

10.3 Momento Angular

Nesta seção, veremos a definição do momento angular, que é uma grandeza extremamente útil na Física quando lidamos com rotações. Os conceitos aqui vistos estendem-se também a outras áreas da Física, como a mecânica quântica, cujos comportamentos não podem ser tratados com as leis de Newton. O momento angular, junto com o momento linear $\mathbf{p}$ e suas leis de conservação, constituem um dos pilares da Física.

De forma análoga ao torque, o momento angular é definido como um produto vetorial entre o vetor posição e uma grandeza linear. Consideremos o caso de uma partícula de massa m, movendo-se com velocidade $\mathbf{v}$ no plano $x - y$, conforme mostrado na Figura 10.4. O momento angular $\mathbf{l}$ dessa partícula em relação à origem do sistema de coordenadas (eixo de rotação) é definido como:

$$\mathbf{l} = \mathbf{r} \times \mathbf{p} \quad \textbf{(momento angular)} \qquad (10.7)$$

em que $\mathbf{r}$ é o vetor posição da partícula e $\mathbf{p} = m\mathbf{v}$ é seu momento linear. Portanto, o momento angular $\mathbf{l}$ é perpendicular ao plano que contém os vetores $\mathbf{r}$ e $\mathbf{p}$. Assim como para o caso do torque, o sentido do momento angular pode ser determinado pela regra da mão direita e o módulo por:

$$l = rp\,\mathrm{sen}\theta \quad \textbf{(módulo do momento angular)}$$
$$(10.8)$$

em que θ é o ângulo formado entre os vetores $\mathbf{r}$ e $\mathbf{p}$ (ver seção 2.7, sobre produto vetorial).

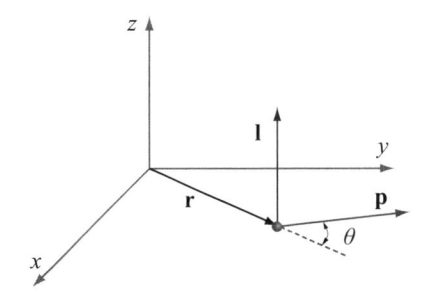

Figura 10.4: Momento angular l de uma partícula em movimento.

De forma análoga ao momento linear total, à força e ao torque resultantes, o momento angular total $\mathbf{L}$ de um sistema composto por N partículas é obtido pela soma vetorial dos momentos angulares de cada partícula que compõe o sistema. Logo, podemos escrever o momento angular total como:

$$\mathbf{L} = \sum_{i=1}^{N} \mathbf{r}_i \times \mathbf{p}_i = \sum_{i=1}^{N} \mathbf{l}_i \quad \textbf{(momento angular total)}$$
$$(10.9)$$

sendo $\mathbf{r}_i$, $\mathbf{p}_i$ e $\mathbf{l}_i$ a posição, o momento linear e o momento angular da i-ésima partícula, respectivamente.

Exemplo 10.2
Uma partícula realiza um movimento circular de raio r com velocidade v. Qual é o valor de seu momento angular?

Solução: utilizando a Equação 10.7 e sabendo que o vetor $\mathbf{r}$ é perpendicular ao vetor momento linear $\mathbf{p} = m\mathbf{v}$ da partícula, obtemos:

$$l = rp = rmv$$

O vetor $\mathbf{l}$ é perpendicular ao plano formado por $\mathbf{r}$ e por $\mathbf{p}$ e seu sentido pode ser obtido pela *regra da mão direita* (Figura 10.5).

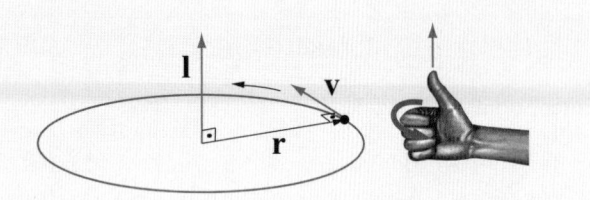

Figura 10.5: Uma partícula realizando um movimento circular.

Da mesma forma que estabelecemos uma equação para o torque envolvendo apenas grandezas angulares, também é conveniente encontrar equações dinâmicas envolvendo apenas o momento angular e outras grandezas angulares. Tomemos, inicialmente, a derivada temporal do momento angular:

$$\frac{d\mathbf{L}}{dt} = \frac{d}{dt}\left(\mathbf{r} \times \mathbf{p}\right) = \frac{d\mathbf{r}}{dt} \times \mathbf{p} + \mathbf{r} \times \frac{d\mathbf{p}}{dt}$$

Lembrando que o produto vetorial entre vetores iguais é nulo e aplicando a segunda lei de Newton, $\mathbf{F} = d\mathbf{p}/dt$, podemos reescrever a equação acima da seguinte forma:

$$\frac{d\mathbf{L}}{dt} = m\frac{d\mathbf{r}}{dt} \times \frac{d\mathbf{r}}{dt} + \mathbf{r} \times \mathbf{F} = \mathbf{r} \times \mathbf{F} \qquad (10.10)$$

Note que o último termo da Equação 10.10 é a própria definição de torque (Equação 10.1). Assim, relacionando a derivada temporal do momento angular de um corpo ao torque exercido sobre o mesmo, temos a seguinte relação:

$$\frac{d\mathbf{L}}{dt} = \boldsymbol{\tau} \qquad (10.11)$$

Portanto, como a força externa resultante sobre um corpo é responsável pela variação do momento linear do mesmo (Equação 5.8), o torque é o responsável pela variação do momento angular. Considerando as Equações 10.5 e 10.11, podemos, então, escrever:

$$\frac{d\mathbf{L}}{dt} = \boldsymbol{\tau} = I\boldsymbol{\alpha} \qquad (10.12)$$

(segunda lei de Newton para a rotação)

Devido à analogia existente entre as equações dinâmicas lineares e angulares, essa relação entre o torque e a derivada temporal do momento angular recebe o nome de segunda lei de Newton para grandezas angulares, sendo equivalente à Equação 10.5.

O leitor deve lembrar que a variação do momento linear de um corpo em um determinado intervalo de tempo foi definida como impulso linear (Equação 8.38). Da mesma forma, a variação de momento angular em um determinado intervalo de tempo recebe o nome de impulso angular. Para determinar tal impulso, basta integrar a Equação 10.12 no intervalo de tempo considerado:

$$\Delta\mathbf{L} = \int d\mathbf{L} = \int_{t_1}^{t_2} \boldsymbol{\tau}(t)dt \qquad (10.13)$$

Portanto, o impulso angular $\mathbf{I}_\omega = \Delta\mathbf{L}$ é igual à integral do torque resultante nesse intervalo:

$$\mathbf{I}_\omega = \int_{t_1}^{t_2} \boldsymbol{\tau}(t)dt \quad \textbf{(impulso angular)} \qquad (10.14)$$

Outra forma bastante conveniente de se escrever o momento angular consiste em relacioná-lo à velocidade angular do corpo. Para tanto, basta substituirmos a própria definição da aceleração angular $\boldsymbol{\alpha} = d\boldsymbol{\omega}/dt$ na Equação 10.12:

$$\frac{d\mathbf{L}}{dt} = I\boldsymbol{\alpha} = I\frac{d\boldsymbol{\omega}}{dt} = \frac{dI\boldsymbol{\omega}}{dt}$$

de onde podemos concluir que:

$$\mathbf{L} = I\boldsymbol{\omega} \qquad (10.15)$$

No capítulo anterior, vimos que a energia cinética de rotação de um corpo rígido foi escrita em função apenas da velocidade angular e do momento de inércia (Equação 9.14), na forma:

$$E_c = \frac{1}{2}I\omega^2$$

Substituindo a Equação 10.15 na equação anterior, obtemos uma relação direta entre a energia cinética de rotação de um corpo rígido e seu momento angular:

$$E_c = \frac{L^2}{2I} \quad \textbf{(energia cinética de rotação)} \qquad (10.16)$$

Exemplo 10.3

Um projétil de massa m é disparado por um canhão na direção vertical, para cima, com velocidade inicial $\mathbf{v}_0 = v_0\mathbf{k}$. Determine (a) o momento angular e (b) o torque exercido pela força gravitacional em função do tempo, em relação a um observador localizado a uma distância x do canhão, mas no mesmo nível. (c) Determine o impulso angular total sobre ao projétil entre o instante do disparo ($t = 0$) e o momento em que o projétil atinge o ponto mais alto de sua trajetória, em relação ao mesmo observador.

Solução: (a) como o momento angular é definido como $\mathbf{l} = \mathbf{r} \times \mathbf{p}$ (Equação 10.7), devemos, inicialmente, encontrar os vetores $\mathbf{r}$ e $\mathbf{p}$. Para facilitar o tratamento matemático, vamos assumir que o observador esteja localizado na origem do sistema de coordenadas e que o canhão esteja sobre o eixo x. Assim, a posição inicial do projétil é:

$$\mathbf{r}(0) = x\mathbf{i}$$

Após o lançamento, a única força experimentada pelo projétil é a força peso, portanto, sua aceleração é dada por:

$$\frac{d\mathbf{v}}{dt} = -g\mathbf{k}$$

em que g é o módulo da aceleração gravitacional. Integrando-se a equação acima e lembrando que a velocidade inicial é $\mathbf{v}_0 = v_0\mathbf{k}$, encontramos que a velocidade do projétil em função do tempo é:

$$\mathbf{v}(t) = (v_0 - gt)\mathbf{k} \tag{10.17}$$

Portanto, o momento linear é:

$$\mathbf{p} = m\mathbf{v}(t) = m(v_0 - gt)\mathbf{k} \tag{10.18}$$

A posição do projétil pode, então, ser facilmente determinada integrando-se a velocidade em relação ao tempo:

$$\mathbf{r}(t) = x\mathbf{i} + \left(v_0 t - \frac{gt^2}{2}\right)\mathbf{k}$$

na qual a posição inicial $t = 0$ é conhecida ($= x\mathbf{i}$). De acordo com a Equação 10.7, o momento angular é dado por:

$$\mathbf{l} = \mathbf{r} \times \mathbf{p} = \left[x\mathbf{i} + \left(v_0 t - \frac{gt^2}{2}\right)\mathbf{k}\right] \times m(v_0 - gt)\mathbf{k} \tag{10.19}$$

$$\mathbf{l} = xm(v_0 - gt)\mathbf{i} \times \mathbf{k} + \left(v_0 t - \frac{gt^2}{2}\right)m(v_0 - gt)\mathbf{k} \times \mathbf{k}$$

Portanto:

$$\mathbf{l} = -xm(v_0 - gt)\mathbf{j} \tag{10.20}$$

pois $\mathbf{k} \times \mathbf{k} = 0$ e $\mathbf{i} \times \mathbf{k} = -\mathbf{j}$.

(b) Aplicando-se a segunda lei de Newton para grandezas angulares na forma da Equação 10.12, temos que o torque decorrente da força gravitacional é:

$$\boldsymbol{\tau} = \frac{d\mathbf{l}}{dt} = mgx\mathbf{j} \tag{10.21}$$

(c) O impulso angular pode ser facilmente calculado pela integração do torque em relação ao tempo entre o instante inicial $t = 0$ e o instante em que o projétil atinge o ponto mais alto de sua trajetória t_f:

$$\mathbf{I}_\omega = \int_0^{t_f} \boldsymbol{\tau}(t)dt = \mathbf{j}\int_0^{t_f} mgxdt = mgx\mathbf{j}\int_0^{t_f} dt = mgxt_f\mathbf{j}$$

No ponto mais alto de sua trajetória, a velocidade do projétil é zero, portanto:

$$\mathbf{v}(t_f) = m(v_0 - gt_f)\mathbf{k} = 0$$

ou seja:

$$t_f = \frac{v_0}{g}$$

Então, o impulso angular é:

$$\mathbf{I}_\omega = mxv_0\mathbf{j} \tag{10.22}$$

Momento angular na mecânica quântica (opcional)

O conceito de momento angular é muito importante também na mecânica quântica. De forma muito simplificada, Niels Bohr propôs um modelo atômico no qual a energia dos elétrons assume apenas alguns valores discretos, em vez de valores contínuos. Nesse caso, dizemos que a energia é quantizada. A quantização dos níveis de energia atômicos aparece como consequência da quantização do momento angular orbital. Para o átomo mais simples, que é o hidrogênio, constituído de um núcleo com apenas um próton, contendo quase toda a massa do átomo, e um elétron, que orbita o núcleo, o esquema de Bohr fornece a resposta à quantização, postulando:

$$L = mvr = n\frac{h}{2\pi} \tag{10.23}$$

em que $n = 1,2,3...$, podendo assumir qualquer valor inteiro, e h é uma constante conhecida como a *constante de Planck*. A proposta de Bohr não está inteiramente correta, fornecendo as energias exatas apenas para o átomo de hidrogênio. Para uma descrição completa, é necessário recorrer aos formalismos da *mecânica quântica* utilizando a *equação de Schrodinger*. Mesmo que o esquema de Bohr conduza à resposta certa para o hidrogênio, a proposição inicial não é correta, dado que o momento angular no hidrogênio pode assumir valor nulo, sendo uma feliz coincidência, nesse caso, que a quantização do momento angular, como feita por Bohr, leve à quantização correta dos níveis de energia. Entretanto, tal proposição tem valor histórico e, à parte os detalhes formais, o momento angular é uma grandeza fundamental para a compreensão dos fenômenos atômicos, moleculares e nucleares, aparecendo quantizado na mecânica quântica.

Quando tratamos das partículas elementares, como elétrons, neutrinos, fótons e outras, necessitamos de um momento angular intrínseco da partícula, denominado *spin* (do inglês *spinning*, que significa giro), que pode ser pensado intuitivamente como um movimento de rotação próprio da partícula. O momento angular de *spin* na mecânica quântica também aparece quantizado, podendo assumir apenas valores inteiros ou semi-inteiros. Para os elétrons, o *spin* pode assumir apenas dois valores, s = +1/2 e s = -1/2. Para os fótons, s = +1 ou s = -1.

O fato de o *spin* assumir valor inteiro ou semi-inteiro está relacionado às propriedades gerais das partículas. Toda partícula de *spin* semi-inteiro, como o elétron, é chamada *férmion* e segue o *princípio da exclusão de Pauli*, obedecendo a estatística de *Fermi-Dirac*, ou seja, dois férmions não podem ter os mesmos números quânticos. Toda partícula de *spin* inteiro, como o fóton, é chamada *bóson* e obedece a estatística de *Bose-Einstein*, não obedecendo ao princípio da exclusão.

10.4   Conservação do Momento Angular

Considerando um sistema constituído de N partículas, podemos escrever a segunda lei de Newton como:

$$\frac{d\mathbf{L}}{dt} = \boldsymbol{\tau}_{ext} = \sum \boldsymbol{\tau}_i = \sum \frac{d\mathbf{l}_i}{dt} \tag{10.24}$$

sendo $\boldsymbol{\tau}_{ext}$ o torque externo exercido sobre o sistema. A aplicação do torque externo acarreta uma mudança temporal do momento angular total do sistema. Supondo que não haja qualquer agente externo atuando, ou seja, $\boldsymbol{\tau}_{ext} = 0$, a variação do momento angular total do sistema também é nula ou,

$$\frac{d\mathbf{L}}{dt} = 0 \tag{10.25}$$

(lei de conservação do momento angular)

(sistema isolado)

Isso requer que o momento angular total $\mathbf{L}$ do sistema seja uma constante de movimento:

$$\mathbf{L} = \sum \mathbf{l}_i = \mathbf{L}_0 \tag{10.26}$$

o que significa que, na ausência de torques externos, o momento angular total de um sistema de N partículas se conserva, ou seja, mantém-se constante. Essa é a lei geral de conservação do momento angular, válida em qualquer circunstância. As partículas internas do sistema podem trocar momento angular entre si, mas o momento angular total $\mathbf{L}$ permanece constante, o que significa que, se uma partícula tem um ganho de momento angular, outra partícula do sistema cedeu esse momento. A lei de conservação de momento angular é válida também no domínio da mecânica quântica, onde se observa a conservação do *momento angular orbital* e de *spin*.

Toda lei de conservação está associada a uma simetria. A conservação do momento angular está associada à simetria rotacional, como será visto mais adiante. Um exemplo muito simples de conservação do momento angular é o movimento orbital da Terra em torno do Sol, já que não existem torques externos atuando sobre ele, se desprezarmos as interações com outros planetas. Essa lei de conservação pode ser utilizada para demonstrar a *Lei das Áreas* de Kepler (ver Capítulo 11).

Vimos que o momento angular de um corpo rígido girando em relação a um eixo fixo pode ser dado por $\mathbf{L} = I\boldsymbol{\omega}$. Considerando a conservação do momento angular, se nenhuma força externa agir sobre o sistema, o valor $I\boldsymbol{\omega}$ será o mesmo. Isto é, se a velocidade angular mudar, é porque o momento de inércia também mudou, mas o produto entre eles continuará sendo o mesmo, ou:

$$I_i\boldsymbol{\omega}_i = I_f\boldsymbol{\omega}_f \tag{10.27}$$

Esse fenômeno é utilizado frequentemente por dançarinas e atletas de patinação para aumentar sua velocidade angular, como já deve ter sido visto pelo aluno. Para tanto, é necessário que o momento de inércia da dançarina seja reduzido, o que é possível quando ela coloca os braços junto ao corpo. Assim, inicialmente, a dançarina dá um impulso angular com os braços abertos e começa a girar. Em seguida, ela encolhe os braços e sua velocidade angular é aumentada significativamente.

A Tabela 10.1 resume as principais equações do movimento de rotação, comparando-as às de translação, já estudadas neste capítulo.

Tabela 10.1: Comparações entre algumas variáveis do movimento de rotação e de translação (veja também Tabelas 9.1 e 9.2, que comparam outras variáveis)

Movimento de translação	Equação		Movimento de rotação	Equação	
Força	$\mathbf{F}$		Torque	$\boldsymbol{\tau} = \mathbf{r} \times \mathbf{F}$	(10.1)
Quantidade de movimento linear	$\mathbf{p} = m\mathbf{v}$	(8.1)	Quantidade de movimento angular	$\mathbf{l} = \mathbf{r} \times \mathbf{p}$	(10.7)
Momento linear resultante	$\mathbf{P} = \sum_i \mathbf{p}_i$	(8.9)	Momento angular resultante	$\mathbf{L} = \sum_i \mathbf{l}_i$	(10.9)
	$\mathbf{P} = M\mathbf{v}_{cm}$	(8.58)	Momento angular corpo rígido	$\mathbf{L} = I\boldsymbol{\omega}$	(10.15)
Segunda lei de Newton	$\mathbf{F} = \frac{d\mathbf{p}}{dt}$	(8.2)	Segunda lei de Newton	$\boldsymbol{\tau} = \frac{d\mathbf{L}}{dt}$	(10.12)
Conservação do momento linear	$\mathbf{P} = constante$	(8.9)	Conservação do momento angular	$\mathbf{L} = constante$	(10.26)
Energia cinética	$E_c = \frac{p^2}{2m}$	(8.11)	Energia cinética	$E_c = \frac{L^2}{2I}$	(10.16)
Impulso linear	$\mathbf{I} = \int_{t_1}^{t_2} \mathbf{F}(t)dt$	(8.38)	Impulso angular	$\mathbf{I}_\omega = \int_{t_1}^{t_2} \boldsymbol{\tau}(t)dt$	(10.14)

Exemplo 10.4

Uma partícula de massa m move-se com velocidade v_0 sobre uma mesa lisa e sem atrito, em um círculo de raio r_0. A massa está presa a um barbante que passa por um furo sobre a mesa, como mostrado na Figura 10.6. O barbante é puxado por uma pessoa, de forma que a partícula passa a girar em um círculo de raio r. Qual é a velocidade angular ω da partícula após a alteração no raio de rotação?

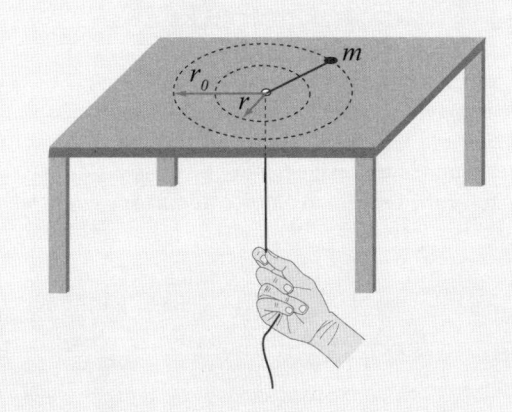

Figura 10.6: Uma partícula girando sobre uma mesa e puxada por um barbante.

Solução: as forças atuando na partícula são a tensão do barbante, o peso da partícula e a normal. Nenhuma dessas forças exerce torque sobre a partícula, como pode ser verificado pelo estudante. Assim, podemos utilizar a lei de conservação do momento angular (Equação 10.27) e escrever que:

$$I_0\omega_0 = I\omega$$

ou seja,

$$\omega = \frac{I_0}{I}\omega_0 \qquad (10.28)$$

O momento de inércia para a partícula antes e após a redução do raio é, respectivamente,

$$I_0 = mr_0^2 \quad \text{e} \quad I = mr^2$$

Substituindo esses valores na Equação 10.28 acima, obtemos:

$$\omega = \left(\frac{r_0}{r}\right)^2 \omega_0$$

Exemplo 10.5

Mostre que a energia cinética E_c total de uma partícula pode ser expressa em termos do momento angular $\mathbf{L}$.

Solução: decompondo o momento linear $\mathbf{p}$ em uma parcela paralela *ao vetor posição* $\mathbf{r}$ e uma parcela perpendicular, denotados por $p_{||}$ e $p_\perp$ respectivamente, tem-se:

$$\mathbf{L} = \mathbf{r} \times \mathbf{p} = \mathbf{r} \times (\mathbf{p}_{||} + \mathbf{p}_\perp) = \mathbf{r} \times \mathbf{p}_\perp$$

$$\mathbf{L}^2 = \mathbf{L} \cdot \mathbf{L} = (\mathbf{r} \times \mathbf{p}_\perp) \cdot (\mathbf{r} \times \mathbf{p}_\perp) = r^2 p_\perp^2$$

$$p_\perp^2 = \frac{\mathbf{L}^2}{r^2} \qquad (10.29)$$

A energia cinética de uma partícula é dada por $E_c = \frac{p^2}{2m}$ (Equação 8.11), que também pode ser escrita, em notação vetorial, como:

$$E_c = \frac{\mathbf{p}^2}{2m} = \frac{(\mathbf{p}_{||} + \mathbf{p}_\perp)^2}{2m} \qquad (10.30)$$

Considerando a decomposição do momento linear no componente paralelo e perpendicular ao vetor posição, o produto escalar entre esses componentes é nulo. Assim, podemos escrever:

$$E_c = \frac{\mathbf{p}^2}{2m} = \frac{\mathbf{p}_{||}^2}{2m} + \frac{\mathbf{p}_\perp^2}{2m} = \frac{p_{||}^2}{2m} + \frac{p_\perp^2}{2m} \qquad (10.31)$$

Exprimindo o componente perpendicular do momento linear em termos do momento angular $\mathbf{L}$ (Equação 10.29), tem-se, finalmente:

$$E_c = \frac{p_{||}^2}{2m} + \frac{1}{2mr^2}\mathbf{L}^2 \qquad (10.32)$$

A expressão acima é muito útil em mecânica quântica na definição do operador momento angular e nas análises de conservação de energia. Em problemas nos quais L^2 é conservado, a energia cinética de rotação também será, desde que o momento de inércia $I = mr^2$ se mantenha constante. No caso em que o torque é sempre perpendicular ao momento angular, podemos escrever:

$$\boldsymbol{\tau} \cdot \mathbf{L} = \frac{d\mathbf{L}}{dt} \cdot \mathbf{L} = \frac{1}{2}\frac{d}{dt}\left(\mathbf{L}^2\right) = 0 \qquad (10.33)$$

ou seja, a quantidade $\mathbf{L}^2$ permanece constante no tempo. A energia cinética rotacional da partícula, então, conserva-se, desde que mr^2 se mantenha também constante.

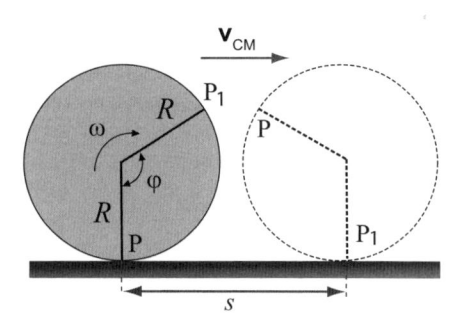

Figura 10.7: O espaço percorrido pelo centro de massa é igual ao comprimento do arco φR para um corpo que rola sem deslizar.

10.5   Rolamento

O movimento realizado por um corpo que gira sobre uma superfície, como o movimento das rodas de uma bicicleta ou de um carro em movimento, recebe o nome de **movimento de rolamento**. Para que possamos estudar esse movimento de forma detalhada, vamos assumir o simples caso de um disco (ou uma roda) de raio R e massa m, que se desloca sem deslizar sobre uma superfície plana horizontal, conforme ilustrado na Figura 10.7. Chamemos de P o ponto do disco que se encontra em contato com a superfície em um determinado instante, e de P_1 o ponto do disco em contato com essa superfície após o disco girar por um ângulo φ em torno do eixo perpendicular ao plano do disco e que passa pelo seu centro de massa (CM). Como o disco não desliza, após girar por esse ângulo, o deslocamento s do centro de massa do disco será, naturalmente, igual ao comprimento de arco relacionado ao ângulo, ou seja:

$$s = R\varphi \qquad (10.34)$$

Consequentemente, a velocidade de deslocamento do centro de massa do disco, v_{CM}, pode ser determinada simplesmente se derivando o deslocamento s em relação ao tempo, o que resulta em:

$$v_{CM} = \frac{ds}{dt} = R\frac{d\varphi}{dt} = R\omega \qquad (10.35)$$

sendo ω a velocidade angular do disco em relação ao eixo que passa pelo seu CM. Pela própria definição, derivando-se a velocidade em relação ao tempo, obtemos a aceleração do CM:

$$a_{CM} = \frac{dv_{CM}}{dt} = R\frac{d\omega}{dt} = R\alpha \qquad (10.36)$$

em que α é a aceleração angular do disco.

Embora o movimento de rolamento seja uma combinação de um movimento de translação com um movimento de rotação, observamos, a partir das Equações 10.35 e 10.36, que esses movimentos não são independentes. De acordo com a Equação 10.35, existe uma relação direta entre a velocidade de translação do centro de massa do disco e sua velocidade de rotação em torno de um eixo fixo.

Como Funciona a Roda

Acredita-se que a **roda** surgiu na Ásia há cerca de 6.000 anos. É provável que tenha surgido da observação do uso de troncos de árvores para ajudar no transporte de grandes pedras. A roda, que revolucionou o transporte e a comunicação, funciona reduzindo o atrito durante seu movimento. Veja como isso ocorre na Figura 10.8.

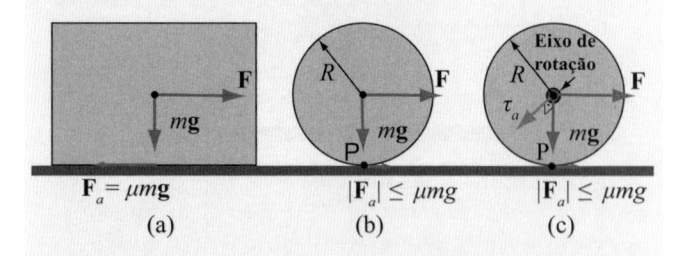

Figura 10.8: (a) Forças atuando sobre um bloco retangular. (b) e (c) Forças sobre uma roda em movimento.

Para mover um objeto retangular, por exemplo, é necessária uma força **F** maior ou igual à força de atrito (Figura 10.8a), dada por $\mathbf{F}_a = \mu_e \mathbf{N} = \mu_e mg$ (em que μ_e = coeficiente de atrito estático), cujo sentido é contrário ao da força **F**. Após o objeto começar a se mover, o coeficiente de atrito muda para coeficiente de atrito cinético, μ_c. No caso da *roda ideal* (Figura 10.8b), a força **F** faz a roda girar, como se o ponto P fosse um ponto instantâneo de rotação, pela ação de um torque em relação ao eixo que passa por P. A existência desse único ponto de contato, sem que ele precise deslizar sobre o solo, faz toda diferença entre a roda e o objeto retangular da Figura 10.8a. Observe que, nesse caso de uma roda ideal, *qualquer* força faz a roda se mover. Assim, com uma pequena força, poderíamos mover um peso muito grande. A força de atrito da roda com o solo não impede a roda de se mover, pelo contrário, é responsável pelo fato de a roda girar. A intensidade e o sentido dessa força de atrito dependem do movimento da roda. Logo no início do movimento, ela é contrária ao sentido da força **F**, mas pode inverter de sentido para algumas velocidades da roda. Se a velocidade angular da roda for suficientemente alta, ela começa a deslizar e a força de atrito, que terá o mesmo sentido da força **F**, será igual à força de atrito cinético, $F_a = \mu_c mg$. A força de atrito máxima seria quando a roda estivesse na iminência de "patinar", quando $F_a = \mu_e mg$. Observe que esse atrito não se opõe ao movimento da roda. Entretanto, não existem rodas ideais. Na prática, as rodas possuem um eixo de rotação com atrito (Figura 10.8c). Nesse caso, um torque τ_a devido ao atrito do eixo atua no sentido contrário ao movimento da roda. Para reduzir esse atrito, é comum o uso de rolamentos e lubrificantes.

Exemplo 10.6

Considerando o caso do disco em movimento de rolamento sobre uma superfície horizontal discutido nesta seção, encontre a velocidade total de deslocamento da parte superior do disco (ponto P_1) e do ponto de contato com o piso (ponto P), em relação a um observador fixo no plano de rolamento, conforme ilustrado na Figura 10.9.

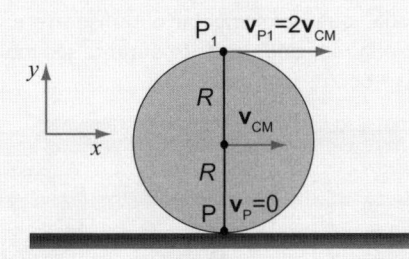

Figura 10.9: Os vetores indicados na figura representam a velocidade total de deslocamento de três pontos distintos de um disco em movimento de rolamento, o ponto mais alto (P_1), o centro de massa (CM) e o ponto de contato com a superfície plana (P).

Solução: A velocidade de deslocamento de qualquer ponto da borda do disco possui duas contribuições, uma devido ao movimento de translação, $\mathbf{v}_{CM}$, e outra devido a rotação do disco, $\mathbf{v}_R$. Assim, a velocidade de deslocamento de qualquer um destes pontos é dada pela soma vetorial:

$$\mathbf{v} = \mathbf{v}_{CM} + \mathbf{v}_R$$

Assumindo que o movimento de translação ocorra na direção x, ou seja $\mathbf{v}_{CM} = v_{CM}\mathbf{i}$, podemos reescrever a equação acima como:

$$\mathbf{v} = v_{CM}\mathbf{i} + \mathbf{v}_R$$

Sabemos que em um movimento circular, a velocidade linear de rotação de um corpo é tangente à trajetória do mesmo, ou seja, a velocidade de deslocamento decorrente da rotação em torno de um eixo é perpendicular ao raio da circunferência traçada por este movimento. Portanto, o componente y da velocidade de rotação para ambos os pontos, P e P_1, é nula. Desta forma, observamos que para estes pontos a velocidade total pode ser escrita da seguinte forma:

$$\mathbf{v} = (v_{CM} + v_R)\mathbf{i}$$

Como a velocidade de rotação de um ponto da borda do disco é dada pelo produto $R\omega$, onde ω é a velocidade angular do disco, então $|v_R| = |R\omega|$. Devido ao sentido do movimento de rotação, temos que a velocidade de rotação do ponto P_1 aponta para o mesmo sentido que o eixo x e que a velocidade do ponto P aponta para o sentido oposto, o que nos permite escrever:

$$\mathbf{v}_{RP_1} = \omega R\mathbf{i}$$

$$\mathbf{v}_{RP} = -\omega R\mathbf{i}$$

onde $\mathbf{v}_{RP_1}$ e $\mathbf{v}_{RP}$ referem-se às velocidades de rotação dos pontos P_1 e P, respectivamente. Entretanto, devemos nos lembrar de que o produto $R\omega$ é a própria velocidade de deslocamento do centro de massa, conforme mostrado na equação 10.35. Assim, a velocidade total de deslocamento $\mathbf{v}_{P_1}$ e $\mathbf{v}_P$ dos pontos P_1 e P é dada por:

$$\mathbf{v}_{P_1} = v_{CM}\mathbf{i} + \omega R\mathbf{i} = v_{CM}\mathbf{i} + v_{CM}\mathbf{i} = 2v_{CM}\mathbf{i} \quad (10.37)$$

$$\mathbf{v}_P = v_{CM}\mathbf{i} - \omega R\mathbf{i} = v_{CM}\mathbf{i} - v_{CM}\mathbf{i} = 0 \quad (10.38)$$

Exemplo 10.7

Considere um corpo com simetria cilíndrica ou esférica de massa m e raio R que desce rolando livremente por um plano inclinado que faz um ângulo θ com a horizontal (Figura 10.10). Se μ_e é o coeficiente de atrito estático entre o corpo e o plano inclinado, qual é o valor máximo do ângulo de inclinação θ para que o corpo realize um movimento de rolamento sem deslizar?

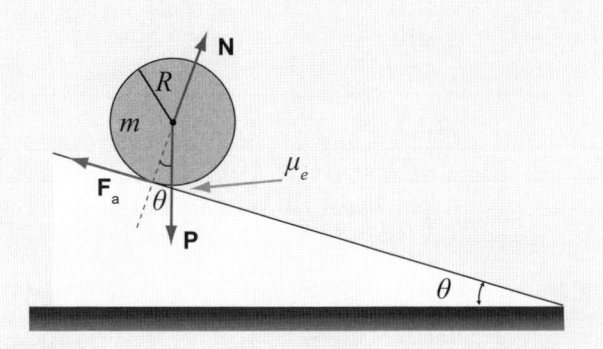

Figura 10.10: Um corpo, com simetria cilíndrica, rolando em um plano inclinado.

Solução: Como a força normal **N** é anulada pelo componente do peso perpendicular ao plano inclinado, a força resultante sobre o corpo é dada pela soma vetorial da força de atrito $\mathbf{F}_a$ com o componente do peso paralelo ao plano inclinado. Assim, aplicando-se a segunda lei de Newton, podemos escrever a força resultante como:

$$F = P\,sen\theta - F_a = ma_{CM} \tag{10.39}$$

Como a normal não exerce torque, o torque resultante em relação ao centro de massa do corpo é devido unicamente à força de atrito, ou seja:

$$\tau = F_a R$$

que, com auxílio da segunda lei de Newton para rotações (equação 10.5) pode ser escrita como:

$$\tau = F_a R = I\alpha = \frac{I a_{CM}}{R}$$

Isolando a aceleração na equação acima, temos:

$$a_{CM} = \frac{F_a R^2}{I}$$

Substituindo na equação 10.39:

$$P\,sen\theta - F_a = \frac{m F_a R^2}{I}, \quad \text{ou}$$

$$P\,sen\theta = F_a \left(1 + \frac{mR^2}{I}\right)$$

A partir desta última equação percebemos que quanto maior o ângulo de inclinação, maior é a força de atrito estático, já que as demais grandezas envolvidas na equação são constantes. Assim, o ângulo máximo de inclinação para que o corpo role sem deslizar deve ser aquele em que a força de atrito seja igual à força de atrito estático máxima, ou seja:

$$P\,sen\theta_{max} = F_{a_{max}} \left(1 + \frac{mR^2}{I}\right) \tag{10.40}$$

Entretanto, a força de atrito estático máxima é definida como $F_{a_{max}} = \mu_e N$, que no caso do plano inclinado é equivalente a:

$$F_{a_{max}} = \mu_e P\,cos\theta$$

Substituindo a equação acima na equação 10.40, para o caso de $\theta = \theta_{max}$, resulta em:

$$\tan\theta_{max} = \mu_e \left(1 + \frac{mR^2}{I}\right)$$

Portanto, a inclinação máxima do plano para que o corpo desça em movimento de rolamento é:

$$\theta_{max} = \tan^{-1}\left[\mu_e \left(1 + \frac{mR^2}{I}\right)\right]$$

Conforme mostrado no exemplo 10.7, no movimento de rolamento sem deslizamento, o ponto do disco em contato com a superfície está em repouso em relação a essa superfície. Assim, podemos tratar o movimento do disco como um movimento de rotação pura em torno do eixo instantâneo que passa por P (perpendicular ao plano do disco) e que é fixo em relação à superfície (Figura 10.11). Como consequência, podemos escrever a energia cinética total do disco como:

$$E_c = \frac{1}{2}I_P\omega_P^2 \tag{10.41}$$

em que I_P é o momento de inércia do disco em relação ao eixo instantâneo que passa por P e ω_P é a velocidade angular de rotação do disco em torno desse mesmo eixo. Para encontrarmos ω_P, basta calcularmos a razão entre a velocidade linear de rotação de um ponto qualquer do disco pela sua distância em relação ao ponto P. Como já conhecemos a velocidade total do ponto P_1 (Figura 10.11), conforme mostrado no exemplo 10.7, temos que:

$$\omega_P = \frac{2v_{CM}}{2R} = \frac{v_{CM}}{R} = \omega \tag{10.42}$$

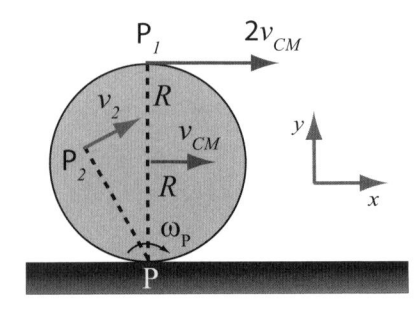

Figura 10.11: Como o eixo que passa por P é fixo na superfície, a velocidade angular de rotação do disco em torno desse eixo pode ser calculada pela razão entre a velocidade total de qualquer ponto do disco e sua distância em relação a esse eixo.

Portanto, a velocidade angular de rotação do disco em torno do eixo instantâneo que passa por P é igual à velocidade angular de rotação do disco em torno do eixo que passa pelo seu centro de massa. Assim, a Equação 10.41 pode ser reescrita como:

$$E_C = \frac{1}{2}I_P\omega^2 \tag{10.43}$$

De acordo com o teorema dos eixos paralelos (Equação 9.34), podemos escrever:

$$I_P = I_{CM} + mR^2 \tag{10.44}$$

o que nos permite reescrever a energia cinética como:

$$E_C = \frac{1}{2}I_{CM}\omega^2 + \frac{1}{2}mR^2\omega^2 \qquad (10.45)$$

Utilizando a relação estabelecida pela Equação 10.35, temos como resultado:

$$E_C = \frac{1}{2}I_{CM}\omega^2 + \frac{1}{2}mv_{CM}^2 \qquad (10.46)$$

(energia cinética para rolamento)

Verificando equação acima, notamos que a energia cinética total de um corpo em rolamento sem deslizamento é composta pela soma da energia cinética associada ao movimento de rotação pura em torno do eixo que passa pelo centro de massa e da energia cinética associada ao movimento de translação pura.

Exemplo 10.8

Considere um corpo rígido qualquer de simetria cilíndrica ou esférica, de raio R e massa m, inicialmente em repouso sobre um plano inclinado de um ângulo θ. O corpo é colocado a uma altura h em relação à base do plano (Figura 10.12). Seja I seu momento de inércia em relação ao eixo de rotação que passa pelo seu centro de massa, encontre o tempo que esse corpo, rolando sem deslizar, leva para atingir o solo após ser abandonado.

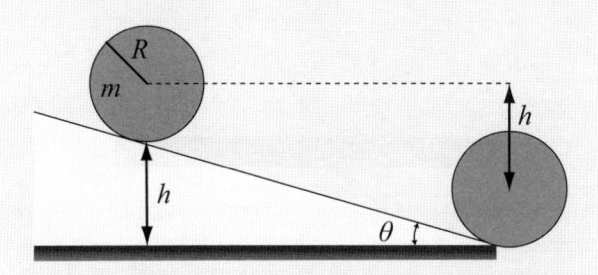

Figura 10.12: Um corpo de simetria cilíndrica ou esférica rolando sobre um plano inclinado.

Solução: a energia total inicial do sistema é a energia potencial gravitacional. Como só nos interessa a variação da posição do centro de massa do corpo, podemos escrever que $E_i = mgh$. No instante em que esse corpo atinge o solo, sua energia é puramente cinética, sendo parte devido ao movimento de rotação em torno do seu próprio eixo e parte devido ao movimento de translação:

$$E_f = \frac{1}{2}mv^2 + \frac{1}{2}I\omega^2$$

Como o corpo não desliza, podemos utilizar a Equação 10.35:

$$E_f = \frac{1}{2}\left(m + \frac{I}{R^2}\right)v^2$$

Utilizando a conservação de energia $E_i = E_f$, obtemos a velocidade:

$$v = \sqrt{\frac{2gh}{1 + \frac{I}{mR^2}}} \qquad (10.47)$$

Assim, podemos determinar o tempo utilizando as equações da cinemática (Equações 3.16 e 3.17), adotando $v_0 = 0$, ou seja, $v = at$ e $s = \frac{at^2}{2}$, em que s é o deslocamento do corpo. Após algumas operações algébricas, obtemos:

$$t = \frac{2h}{v\,sen\theta} \qquad (10.48)$$

Assim, substituindo v da Equação 10.47 na Equação 10.48, obtemos o tempo gasto para o corpo atingir o solo:

$$t = \sqrt{\left(\frac{2h}{g\,sen^2\theta}\right)\cdot\left(1 + \frac{I}{mR^2}\right)}$$

Exemplo 10.9

Um cilindro de massa m e raio R, localizado sobre um plano inclinado, e um bloco de massa $2m$ estão presos nas extremidades de uma corda inextensível de massa desprezível que se estende paralelamente ao plano inclinado, conforme mostrado na Figura 10.13. A corda passa por uma polia de raio R e massa m_p sem deslizar. Considerando que o cilindro não desliza e que o plano inclinado faça um ângulo θ com a horizontal, qual é a velocidade e a aceleração do bloco em função do tempo antes que este atinja o solo, assumindo que o sistema parta do repouso no instante $t = 0$?

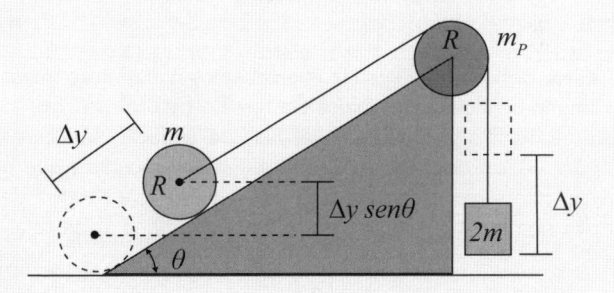

Figura 10.13: Um cilindro sobe, rolando e sem deslizar, um plano inclinado decorrente da ação do peso de um corpo preso na outra extremidade do fio.

Solução: Consideremos um instante t qualquer após o sistema sair do repouso, de tal forma que t seja menor que o tempo necessário para o bloco atingir o solo. Neste intervalo, o bloco se desloca de uma distância Δy. Pela conservação de energia, temos que $E_i = E_t$, onde E_i é a energia total do sistema no estado inicial (em repouso) e E_t a energia total no instante t. Assim, a energia cinética do sistema no instante t mais a variação da energia potencial gravitacional do cilindro deve ser igual, em módulo, à variação de energia potencial gravitacional do bloco entre os dois estados, ou seja, $2mg\Delta y$.

No instante t a energia total é dividida em diferentes contribuições, sendo elas: a energia cinética de translação do cilindro e do bloco, a energia cinética de rotação da polia e do cilindro e a variação de energia potencial do cilindro. Assim temos:

$$2mg\Delta y = \frac{1}{2}mv^2 + \frac{1}{2}2mv^2 + \frac{1}{2}I_c\omega_c^2 + \frac{1}{2}I_p\omega_p^2 + mg\Delta y sen\theta$$

onde I_c e ω_c e I_p e ω_p correspondem ao momento de inércia e à velocidade angular do cilindo e da polia, respectivamente. Como a corda não desliza na polia, então $\omega_p = v/R$. Da mesma forma, como o cilindro está em movimento de rolamento, $\omega_c = v/R$. Portanto, podemos escrever:

$$\frac{1}{2}\left(3m + \frac{I_c}{R^2} + \frac{I_p}{R^2}\right)v^2 + mg\Delta y sen\theta = 2mg\Delta y \quad (10.49)$$

Lembrando que o momento de inércia do cilindro I_c e da polia I_p (disco) são dados por:

$$I_c = \frac{1}{2}mR^2 \quad \text{e} \quad I_p = \frac{1}{2}m_pR^2$$

a equação 10.49 torna-se:

$$\frac{1}{4}\left(7m + m_p\right)v^2 = mg\Delta y(2 - sen\theta), \quad \text{ou}$$

$$v^2 = \frac{4mg\Delta y(2 - sen\theta)}{7m + m_p} \quad (10.50)$$

Utilizando a equação 3.18, podemos escrever que o quadrado da velocidade escalar do bloco é dado por $v^2 = 2a\Delta y$, onde a é a aceleração do bloco. Substituindo esta igualdade na equação 10.50, obtemos a aceleração de queda do bloco:

$$a = \frac{2mg(2 - sen\theta)}{7m - m_p}$$

Como $v = at$, pois o sistema parte do repouso, então a velocidade de queda do bloco em função do tempo é:

$$v = \frac{2mg(2 - sen\theta)t}{7m + m_p}$$

10.6   Precessão do Momento Angular: o Giroscópio e o Pião

Provavelmente, o estudante já viu um pião girando. Dependendo da situação, apesar de ficar inclinado o pião não cai, mas fica girando em torno de um eixo que passa pelo ponto de contato do pião com o solo, descrevendo a forma de um cone. Chamamos esse tipo de movimento de **precessão**, que está associado a um torque exercido sobre um sistema com momento angular, em torno de seu próprio eixo, produzindo a mu-

dança de direção do mesmo. No caso do pião, o torque é proveniente da força gravitacional, como veremos a seguir. Considere um pião, conforme mostrado nas Figuras 10.15 e 10.16.

Figura 10.14: Pião, o giroscópio mais conhecido. (Fonte: Dreamstime)

O pião gira em torno do seu eixo de simetria com uma ponta fixa na origem O do sistema de coordenadas. Se o pião estiver deslocado de um ângulo θ do eixo vertical, seu eixo de simetria descreverá um movimento em forma de cone em torno do eixo vertical. As leis do momento angular nos permitem prever e descrever esses movimentos. Supondo que o momento angular de precessão seja desprezível em relação ao momento angular do pião em torno de seu próprio eixo, que chamamos de **L**, e que o único torque atuante seja decorrente do peso do próprio pião, que atua no seu centro de gravidade, tem-se, utilizando as Equações 10.1 e 10.12:

$$\boldsymbol{\tau} = \mathbf{r} \times m\mathbf{g} = \frac{d\mathbf{L}}{dt} \quad (10.51)$$

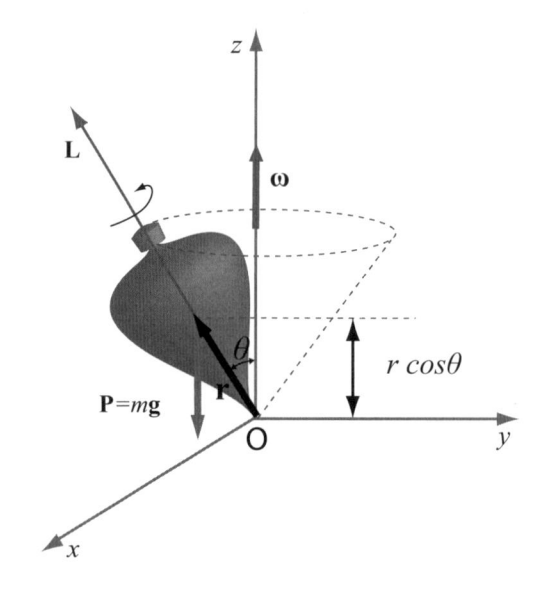

Figura 10.15: Diagrama esquemático do pião em precessão.

Dado que o vetor aceleração gravitacional **g** aponta para baixo, conforme mostra a Figura 10.15, o torque resultante aponta para fora do plano do papel (verificar pela regra da mão direita) e é perpendicular a **L**. O módulo do torque é dado por:

$$\tau = mgr\,sen\theta \tag{10.52}$$

A aplicação do torque em um pequeno intervalo de tempo Δt é responsável por uma mudança ΔL no momento angular, sendo essa mudança perpendicular à direção de **L**. Temos, então,

$$mgr\Delta t\,sen\theta = \Delta L \tag{10.53}$$

No período Δt, o eixo de simetria do pião sofre um deslocamento angular $\Delta\phi$, chamado ângulo de precessão (Figura 10.16), tal que:

$$\tan\Delta\phi \approx \Delta\phi = \frac{\Delta L}{L\,sen\theta} \tag{10.54}$$

Combinando ambas as equações, chegamos à **frequência de precessão** ou **velocidade angular de precessão** ω_P:

$$\omega_P = \frac{\Delta\phi}{\Delta t} = \frac{mgr}{L} \tag{10.55}$$

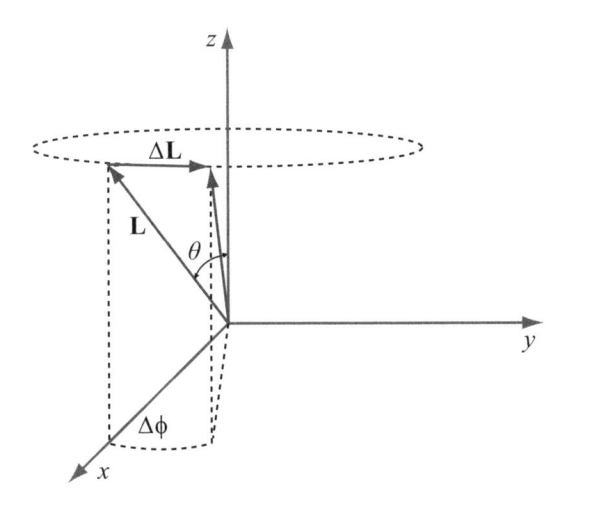

Figura 10.16: Ângulo de precessão do pião.

Obviamente, essas expressões são válidas somente quando **L** (momento angular do pião em torno do seu eixo de simetria) é muito maior que o momento angular adicional devido à precessão. Quando ambos são comparáveis em magnitude, são necessárias correções que levem em conta o momento angular de precessão.

A precessão é um movimento que ocorre em muitos sistemas para os quais o torque pode ter origem gravitacional, eletromagnética ou outra qualquer. Um exemplo é a precessão dos equinócios. O eixo de

rotação da Terra possui um ângulo de 23° em relação ao plano da órbita. Devido ao fato de o formato da Terra não ser perfeitamente esférico, surge um torque que produz a mudança de direção do momento angular de rotação da Terra. O *spin* do elétron também é sujeito ao fenômeno de precessão, quando submetido ao torque devido a um campo magnético, conforme será visto no volume 4.

Voltando ao problema do pião, para avaliarmos a frequência de precessão, podemos retomar a Equação 10.51:

$$\boldsymbol{\tau} = \mathbf{r} \times m\mathbf{g} = \boldsymbol{\omega}_P \times \mathbf{L} \tag{10.56}$$

O vetor velocidade angular de precessão $\boldsymbol{\omega}_P$ está na direção de z e forma um ângulo θ com o momento angular interno **L** do pião. Tem-se, então,

$$\tau = mgr\,sen\theta = \omega_P L\,sen\theta \tag{10.57}$$

cujo resultado é idêntico ao anterior, ou seja, $\omega_P = mgr/L$. Como já foi comentado, tal resultado só tem validade se o momento angular do pião em torno de seu próprio eixo L for muito maior que o momento angular adicional devido à precessão. Quando levamos em conta esse momento angular adicional, além de o pião ter movimento de precessão, ele também faz um movimento oscilatório, afastando-se e aproximando-se do eixo de precessão, chamado de **nutação**. Quando o momento angular do pião em torno de seu eixo interno é muito maior que o momento angular devido à precessão, a nutação torna-se desprezível.

O pião é um tipo de **giroscópio**. Sua desvantagem, entretanto, é o atrito com o ponto de apoio. Para minimizar as perdas por atrito, os giroscópios mais sofisticados consistem, essencialmente, em um rotor que pode girar livremente em torno de seus eixos geométricos, sendo construídos sobre uma suspensão do tipo Cardan, conforme mostrado nas Figuras 10.17 e 10.19. Para cancelar as perdas por atrito, o volante (rotor) pode ser um motor elétrico. O rotor gira em torno do seu próprio eixo de rotação, que passa pela origem O do sistema coordenado, sendo que seus eixos estão fixos ao anel interno, que tem eixo de rotação BB' em torno do eixo y, e este anel interno é conectado a um anel externo, que pode girar livremente em torno do eixo AA' ao longo da direção do eixo z. Desse modo, o rotor pode assumir qualquer direção no espaço.

As massas dos eixos e dos anéis são desprezíveis quando comparadas à massa do volante e, na verdade, os eixos e anéis não são necessários para haver um comportamento de giroscópio. Um giroscópio é constituído de um corpo rígido que possui três graus de liberdade de giro: rotação em torno do seu eixo de simetria, responsável pelo momento angular em torno de seu próprio eixo de simetria; rotação em torno do eixo z, produzindo o movimento de precessão; e nutação, responsável pelo movimento de afastamento e aproximação do eixo z (Figura 10.15). A análise desses fenômenos é bastante complicada, levando a um conjunto de parâmetros conhecido como *ângulos de Euler*, que satisfazem a um conjunto de equações diferenciais não lineares. Esse assunto, porém, está fora do escopo deste livro.

Figura 10.17: Giroscópio. (Fonte: Dreamstime)

O elétron e outras partículas dotadas de *spin*, sujeitas a torque externo, também se comportam como giroscópios. O torque exercido por um campo magnético em um momento de dipolo magnético é dado por $\mathbf{m} \times \mathbf{B}$, sendo $\mathbf{m}$ o momento de dipolo magnético, que, no caso do elétron, é $\mathbf{m} = g\mathbf{S}$, em que g é uma constante relacionada à carga eletrônica e $\mathbf{S}$ é o *spin*. Na presença de um campo magnético, o *spin* do elétron sofre precessão regular.

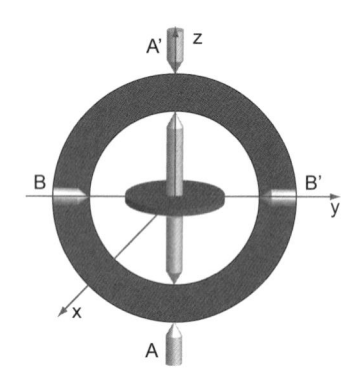

Figura 10.18: Esquema ilustrativo de um giroscópio.

Os giroscópios são muito utilizados para manter ou corrigir rotas de navegação aérea e marítima. O emprego de giroscópios como bússola tem a vantagem de não estarem sujeitos a variações devido aos campos eletromagnéticos e à presença de metais, como é o caso da bússola magnética. Outra vantagem é que o eixo da bússola giroscópica aponta sempre para o Norte geográfico.

Exemplo 10.10

Considere uma roda de bicicleta presa a um eixo, conforme mostrado na Figura 10.19. Qual é o torque necessário para deslocar o eixo de rotação de um ângulo $\Delta\theta$ em um tempo Δt com aceleração angular constante, mantendo o centro da roda na mesma posição, (a) se a roda estiver parada e (b) se a roda tiver um momento angular $\mathbf{L}$?

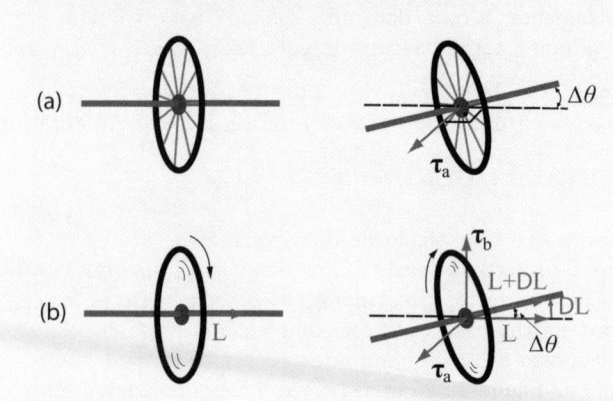

Figura 10.19: Uma roda de bicicleta (a) parada e (b) com momento angular $\mathbf{L}$.

Solução: (a) para girarmos a roda parada de um ângulo $\Delta\theta$ em um tempo Δt, com aceleração angular constante, devemos realizar um torque médio τ, dado pela Equação 10.12, ou:

$$\boldsymbol{\tau} = I\boldsymbol{\alpha} \tag{10.58}$$

Partindo de $\theta_0 = 0$, $\omega_0 = 0$, podemos escrever $\Delta\theta = \frac{1}{2}\alpha(\Delta t)^2$ (Equação 9.8). Assim, o módulo do torque será:

$$\tau_a = 2I\frac{\Delta\theta}{(\Delta t)^2}$$

apontando para frente e perpendicular ao plano da Figura 10.19a.

(b) Inclinando o eixo de rotação da roda (que se encontra girando com momento angular $\mathbf{L}$) de um ângulo $\Delta\theta$, o momento angular $\mathbf{L}$ é alterado de um valor $\Delta\mathbf{L}$ no tempo Δt (Figura 10.19b). Assim, de acordo com a Equação 10.12, o torque necessário para fazer esse movimento é:

$$\boldsymbol{\tau} = \frac{\Delta\mathbf{L}}{\Delta t} \tag{10.59}$$

Para $\Delta\theta$ pequeno, $\Delta L = sen\Delta\theta$. Assim, o módulo do torque é dado por:

$$\tau_b = \frac{Lsen\Delta\theta}{\Delta t}$$

O torque acima tem a mesma direção e o mesmo sentido de ΔL, ou seja, aponta para cima e não para fora do plano, como no caso do item (a). Assim, ele tende a fazer a roda girar para a esquerda da pessoa que está segurando a roda. Em outras palavras, para inclinar a roda para cima (com movimento angular em torno de seu próprio eixo), a pessoa precisa fazer um torque como se tentasse fazê-la girar para sua esquerda (considerando $\tau_b \gg \tau_a$). Em vez de se mover para a esquerda, a roda acaba subindo. Esse fenômeno nos parece completamente estranho, mas pode ser verificado experimentalmente. Utilizando a mesma montagem da Figura 10.19, ao tentar fazer o eixo da roda girar para cima rapidamente, a roda dará uma guinada para a direita, de modo que o torque necessário para fazer o eixo subir deve ser para a esquerda.

Como Funciona o Segway

O Segway é um veículo de duas rodas com autoequilíbrio para transporte pessoal. Para funcionar, usa uma combinação de microprocessadores, motores e sensores localizados em sua base. O sensor de equilíbrio desse dispositvo é composto de um conjunto de giroscópios (o modelo mostrado na Figura 10.20 utiliza cinco microgiroscópios). Basicamente, são constituídos de discos girando em alta rotação, que resistem a variações em seu eixo de rotação. Se o dispositivo se inclina para frente ou para trás, o giroscópio desloca-se para o lado (como no caso da roda de bicicleta, visto no exemplo 10.10).

Esse movimento do giroscópio funciona como sensor, indicando ao sistema de controle, através de microprocessadores, as correções que devem ser feitas nas rodas por meio do uso de um sistema de motores. Assim, o giroscópio é usado para detectar desvio no equilíbrio do dispositivo.

Figura 10.20: Um dos modelos de Segway. (Fonte: Segway)

10.7 Leis de Conservação e Simetria na Física

Com este capítulo, concluímos a apresentação de três leis de conservação fundamental da natureza, cuja apresentação, neste volume, está relacionada à área da mecânica do movimento. São elas: lei de conservação da energia total, lei de conservação do momento linear e lei de conservação do momento angular. Em resumo, elas afirmam que a energia total, o momento linear e o momento angular resultantes de um sistema isolado, sem a ação de forças ou torques externos, são constantes. Veremos, nesta seção, que essas leis também estão associadas a alguma simetria observada na natureza.

Um ponto essencial na discussão de vários sistemas físicos é encontrar quais **simetrias** são relevantes e classificar as propriedades ou os estados do sistema com respeito a elas. O ferramental matemático necessário para a descrição das simetrias é provido pela *Teoria de Grupos e Representações*, que está fora do escopo deste livro.

As simetrias podem ser de naturezas diferentes para diferentes tipos de objetos, como partículas (partículas elementares, átomos, moléculas) e sistemas de muitas partículas (cristais, líquidos, fluidos), além dos campos e corpos macroscópicos.

Podemos distinguir as **simetrias** entre **universais** e **especiais**. Como exemplo de simetrias universais, podemos destacar a **simetria do espaço-tempo** de sistemas invariantes sob transformações, de *Lorentz* (Fig. 10.21) e *Poincaré* (Fig. 10.22).

Figura 10.21: Hendrick Antoon Lorentz. Fonte: Wikimedia Commons.

Para ilustrar a invariância de Lorentz, tomemos o exemplo de um pêndulo em duas ocasiões. Na primeira, observamos o movimento do pêndulo em um sistema fixo, como em um laboratório, por exemplo. Para a segunda, iremos colocar nosso aparato em um carro, que realiza um movimento retilíneo e uniforme com velocidade **v**. Pela invariância de Lorentz, as leis físicas que regem os sistemas (em nosso caso, um pêndulo) tanto no laboratório quanto no carro serão exatamente as mesmas, como ilustra a Figura 10.23.

Figura 10.22: Henri Poincaré. Fonte: Wikimedia Commons.

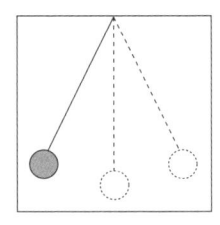

Sistema fixo.

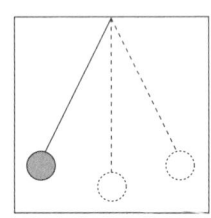

Sistema em movimento retilíneo e uniforme com velocidade v.

Figura 10.23: Invariância de Lorentz.

Para sistemas de muitas partículas, podemos citar, como exemplo, a simetria de permutação (troca) entre partículas idênticas. A conservação de carga elétrica também é um tipo de simetria que se enquadra dentro das simetrias universais.

Simetrias especiais são, frequentemente, de natureza geométrica. Assim, existe um número de operações de simetria que transforma o sistema físico nele próprio, ou seja, o deixa invariante espacialmente. Simetrias cristalinas, por exemplo, pertencem a esse tipo de simetria. O número de tais operações, em geral, é finito ou, ao menos, enumerável.

As propriedades de invariância de um sistema físico no espaço e no tempo definem quantidades fisicamente conservadas, como energia, momento linear, momento angular e carga elétrica. Essa é uma das razões pelas quais simetrias são tão importantes na Física. Veremos, agora, a relação entre as três leis de conservação estudadas neste livro e as simetrias relacionadas a elas.

Tomemos, como exemplo, o comprimento de uma régua. Na linguagem da Física, dizemos que o compri-

mento é conservado ou *invariante sob translação*, ou seja, as escalas de sua régua, centímetros e milímetros, não irão se alterar quando você simplesmente a deslocar de um lugar para outro. Isso pode parecer óbvio, mas, na verdade, ocorre porque o espaço físico onde fazemos tal translação é *homogêneo*, isto é, ele é o mesmo em todos os pontos. A homogeneidade do espaço é um tipo de simetria responsável pela **conservação do momento linear** de um sistema quando simplesmente o transladamos como um todo no espaço. Assim, podemos dizer que *a conservação do momento linear está associada à homogeneidade do espaço* (simetria de translação no espaço).

Como um segundo exemplo, podemos considerar um pêndulo preso a um recipiente, como mostrado na Figura 10.24. De acordo com a homogeneidade do espaço e considerando apenas uma translação do mesmo, esperamos que as leis da Física a atuarem sobre o sistema sejam as mesmas. As leis que se aplicam em um local do espaço em nosso aparato devem ser exatamente as mesmas a atuarem no aparato quando ele é deslocado (transladado) por certo valor.

Similarmente, para o comprimento de uma régua ou o momento linear de um sistema, não se espera observar alterações por rotação, como, por exemplo, um ângulo de 90° ou qualquer outro ângulo. Novamente, dizemos, em termos físicos, que o comprimento de nossa régua é *invariante sob rotação*. Isso ocorre porque o espaço é *isotrópico*, ou seja, é o mesmo em todas as direções. Assim como a homogeneidade, a isotropia também é um tipo de simetria, que, por sua vez, está relacionada ao princípio de **conservação do momento angular**. Dizemos, então, que *a conservação do momento angular está associada à isotropia do espaço* (simetria de rotação no espaço).

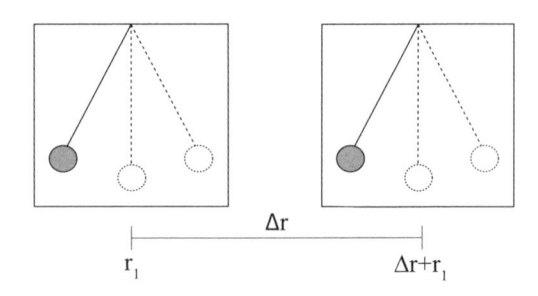

Figura 10.24: Invariância por deslocamento espacial: conservação do momento linear.

Usemos novamente o exemplo do pêndulo. Quando dizemos que o espaço é isotrópico, estamos dizendo que as leis físicas que regem o movimento desse pêndulo não irão se alterar quando, por exemplo, giramos nosso aparato em um ângulo de 180°, como na Figura 10.25, ou em qualquer outro ângulo.

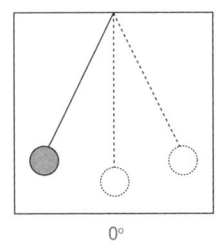 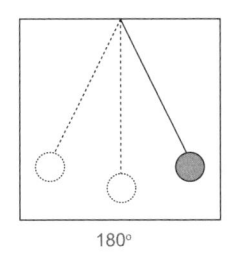

Figura 10.25: Invariância por rotações: conservação do momento angular.

A simetria como *homogeneidade temporal* relaciona-se ao princípio de invariância, no qual as leis da Física permanecem as mesmas para qualquer tempo. Essa simetria se associa à lei de **conservação da energia**, ou seja, no exemplo dado, o pêndulo deve experimentar as mesmas leis físicas agindo sobre ele em um experimento realizado, por exemplo, hoje e amanhã, como tenta exemplificar a Figura 10.26. Dizemos, então, que *a conservação da energia total de um sistema isolado está associada à homogeneidade temporal* (simetria de translação no tempo).

As simetrias e os princípios de invariância associados às outras leis de conservação são mais complexos, necessitando, em alguns casos, de maiores esforços na direção de uma maior compreensão. Três outras leis especiais de conservação têm sido definidas com respeito às simetrias e aos princípios de invariância associados

às *inversões temporal, espacial e de carga*. A simetria de inversão espacial está associada a uma quantidade conservada correspondente chamada de *Paridade (P)*. De maneira similar, a simetria associada à invariância em relação à reversibilidade temporal e à conjugação de cargas (a troca de partículas por suas antipartículas) resultam na conservação de quantidades conhecidas como paridade temporal *(T)* e paridade de carga *(C)*. Embora essas três leis de conservação não se mantenham individualmente para todos os possíveis processos, a combinação de todas as três pode ser tomada como uma única lei de conservação, conhecida como *Teorema CPT*.

Dessa forma, leis de conservação são importantes para entendermos melhor o universo e os objetos que o compõem[1].

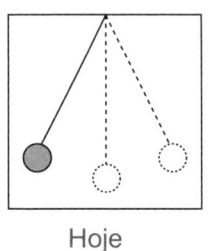 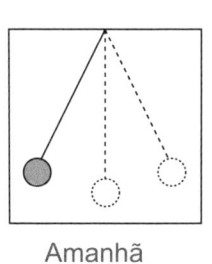

Hoje   Amanhã

Figura 10.26: Invariância por deslocamento temporal: conservação da energia.

10.8 RESUMO

10.2 Torque

O torque sobre uma partícula pontual em uma posição $\mathbf{r}$ devido a uma força $\mathbf{F}$ é:

$$\boldsymbol{\tau} = \mathbf{r} \times \mathbf{F} \qquad \text{(torque)} \tag{10.1}$$

Já para um sistema de partículas, o torque é dado por:

$$\boldsymbol{\tau} = \sum_i \boldsymbol{\tau}_i = \sum_i \mathbf{r}_i \times \mathbf{F}_i \qquad \text{(torque resultante)} \tag{10.6}$$

No caso geral, tanto para um sistema de partículas quanto para uma única partícula, o torque é dado por:

$$\boldsymbol{\tau} = I\boldsymbol{\alpha} \tag{10.5}$$

10.3 Momento Angular

O momento angular de uma partícula em uma posição $\mathbf{r}$ e o momento linear $\mathbf{p}$, em um dado referencial, é dado pela expressão:

$$\mathbf{l} = \mathbf{r} \times \mathbf{p} \tag{10.7}$$

---

[1]Para maiores detalhes sobre este assunto, um texto muito bom e bastante ilustrativo do papel das simetrias dentro das leis da Física pode ser encontrado no livro *Lectures on Physics*, de Richard P. Feynmam, Vol. 1, Cap. 52.

Para o caso de um corpo rígido ou um sistema de partículas, o momento angular é expresso por:

$$\mathbf{L} = \sum_{i=1}^{N} \mathbf{r}_i \times \mathbf{p}_i = \sum_{i=1}^{N} \mathbf{l}_i \qquad \text{(momento angular total)} \tag{10.9}$$

ou:

$$\mathbf{L} = I\boldsymbol{\omega} \tag{10.15}$$

A evolução temporal do momento angular é descrita por:

$$\frac{d\mathbf{L}}{dt} = \boldsymbol{\tau} = I\boldsymbol{\alpha} \qquad \text{(segunda lei de Newton para a rotação)} \tag{10.12}$$

A variação ΔL é definida como o impulso angular, ou:

$$\mathbf{I}_\omega = \Delta\mathbf{L} = \int_{t_1}^{t_2} \boldsymbol{\tau}(t)dt \qquad \text{(impulso angular)} \tag{10.14}$$

A energia cinética de um corpo girando em torno de um eixo fixo é dada por:

$$E_c = \frac{L^2}{2I} \qquad \text{(energia cinética de rotação)} \tag{10.16}$$

10.4 Conservação do Momento Angular

Para o caso em que não existam torques externos aplicados ao sistema, o momento angular é conservado:

$$\frac{d\mathbf{L}}{dt} = 0 \qquad \text{(lei de conservação do momento angular)} \tag{10.25}$$

Isso requer que o momento angular total do sistema seja uma constante de movimento:

$$\mathbf{L} = \sum \mathbf{l}_i = \mathbf{L}_0 \tag{10.26}$$

10.5 Rolamento

A velocidade e a aceleração do centro de massa de um corpo de raio r em movimento de rolamento estão relacionadas à velocidade e à aceleração angular por:

$$v_{CM} = R\omega \tag{10.35}$$

$$a_{CM} = R\alpha \tag{10.36}$$

Enquanto a energia cinética total pode ser expressa como:

$$E_C = \frac{1}{2}I_{CM}\omega^2 + \frac{1}{2}mv_{CM}^2 \qquad \text{(energia cinética para rolamento)} \tag{10.46}$$

10.6 Precessão do Momento Angular: o Giroscópio e o Pião

A frequência de precessão de um pião de massa m, que gira em relação a um sistema fixo de coordenadas, é dada por:

$$\frac{\Delta\phi}{\Delta t} = \omega_P = \frac{mgr}{L} \tag{10.55}$$

10.7 Leis de Conservação e Simetria na Física

As propriedades de invariância de um sistema físico no espaço e no tempo definem quantidades fisicamente conservadas. As leis de conservação estudadas neste volume também estão associadas a alguma simetria observada na natureza:

1) a conservação da **energia** total de um sistema isolado está associada à *homogeneidade temporal*;
2) a conservação do **momento linear** está associada à *homogeneidade do espaço*;
3) a conservação do **momento angular** está associada à *isotropia do espaço*.

10.9 EXPERIMENTO 10.1: Energia Mecânica na Rotação

O objetivo deste experimento é verificar a conservação da energia mecânica utilizando um sistema de lançamento de projétil, adotando a mesma montagem do Experimento 4.1. Serão estudadas a variação da energia potencial, a energia cinética de translação e a energia cinética de rotação de uma esfera rolando sobre uma **rampa de lançamento**, submetida apenas à força de gravidade (que é conservativa) e à força de contato com a rampa, que é perpendicular ao movimento da esfera e, portanto, não realiza trabalho.

Aparato Experimental

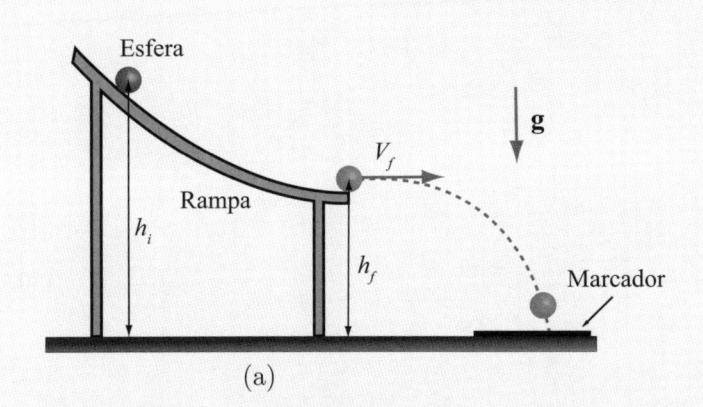
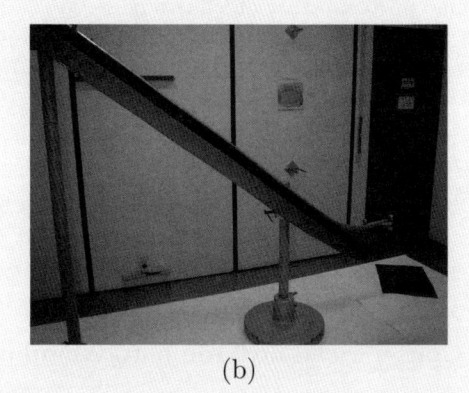

Figura 10.27: (a) Rampa para estudo da conservação da energia mecânica. (b) Foto. (Fonte: IFGW-Unicamp)

A rampa consiste em um trilho no qual uma esfera pode se mover girando sobre ele. O trilho é colocado a certa altura e em um determinado ângulo, de forma que a velocidade no final da rampa é horizontal. Após o lançamento, a esfera cai sobre a mesa, onde uma folha de papel carbono sobre uma folha em branco, por exemplo, pode ser colocada, de forma que a esfera deixe uma marca na posição atingida por ela.

Experimento

Posicione a esfera em certa altura. Partindo do repouso, deixe a esfera descer a rampa. Para determinar a velocidade final da esfera antes que ela saia da rampa, determine seu alcance utilizando a marca deixada no papel sobre a mesa e as equações do movimento de um projétil, estudado no Capítulo 4 e no Experimento 4.1. Realize vários lançamentos, liberando a esfera sempre da mesma posição (para garantir que a velocidade de lançamento seja sempre a mesma), e calcule a média dos dados obtidos. Repita o mesmo procedimento abandonando a esfera de várias alturas diferentes. Certifique-se de que a esfera desce girando sem escorregar. Como a esfera move-se em uma calha, seu raio de rotação é diferente do raio da própria esfera. Assim, use o resultado do problema 10.44 para fazer a devida correção na velocidade utilizada no cálculo da energia cinética de rotação. Opcionalmente, pode-se utilizar um fotossensor para determinar a velocidade da esfera no final da rampa ou em qualquer outro lugar.

Análise dos Resultados

1) Determine os valores experimentais de energia potencial, energia cinética de rotação e energia cinética de translação para as posições utilizadas.
2) Calcule o erro entre os valores experimentais e teóricos da energia mecânica. Justifique possíveis discrepâncias.
3) Verifique se há conservação da energia mecânica dentro do erro experimental.

Elaborado por: Francisco das Chagas Marques

10.10 QUESTÕES, EXERCÍCIOS E PROBLEMAS

10.2 Torque

10.1 Defina, de maneira qualitativa, o conceito de torque.

10.2 Quatro massas m puntiformes encontram-se dispostas nos vértices de um quadrado de lado L (Figura 10.28). (a) Encontre o momento de inércia para o sistema em relação a um eixo perpendicular que passe pelo seu centro (Figura 10.28a). (b) Proceda da mesma forma que no item anterior para calcular o momento de inércia, agora de um retângulo de lados a e b (Figura 10.28b).

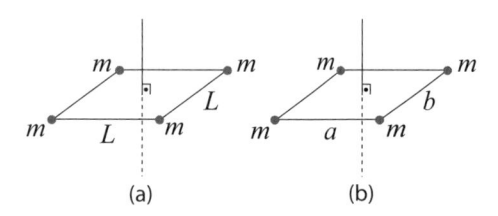

Figura 10.28: Diagrama ilustrativo do problema 10.2.

10.3 A uma esfera de raio R, aplica-se uma força de módulo f, como mostrado na Figura 10.29a. (a) Escreva os vetores **F** e **r** em termos dos versores **i**, **j** e **k** para, em seguida, calcular o torque promovido pela força na esfera em relação à origem do sistema de coordenadas. (b) Proceda da mesma forma que no item anterior, agora para a situação mostrada no diagrama (b) da Figura 10.29.

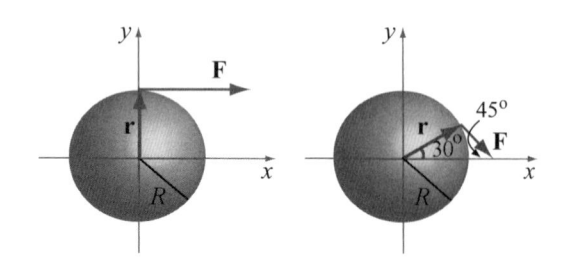

Figura 10.29: Problema 10.3.

10.4 (Provão) Um cone sólido é pendurado por um pivô, sem atrito, na origem 0, como mostrado na Figura 10.30. Utilizando vetores unitários **i**, **j** e **k** e a, b e c constantes positivas, qual das seguintes forças **F**, aplicadas na base do cone no ponto P, resulta em um torque τ no cone com componente τ_z negativo?

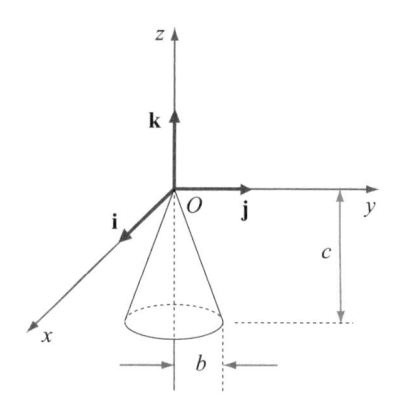

Figura 10.30: Problema 10.4.

(a) **F** $= a$**k**, P em *(0,b, -c)*.
(b) **F** $= -a$**k**, P em *(0,-b, -c)*.
(c) **F** $= a$**j**, P em *(-b,0, -c)*.
(d) **F** $= a$**j**, P em *(b,0, -c)*.
(e) **F** $= -a$**k**, P em *(-b,0, -c)*.

10.5 Uma chapa fina de massa M, comprimento L e largura $2d$ é montada verticalmente em um eixo longo, sem atrito, no eixo z, como mostrado na Figura 10.31. Inicialmente, o objeto está em repouso. A chapa recebe uma martelada com um torque τ, que produz um impulso angular H em torno do eixo z, de intensidade $H = \int \tau dt$. Qual é a velocidade angular da placa em torno do eixo z após o impulso?

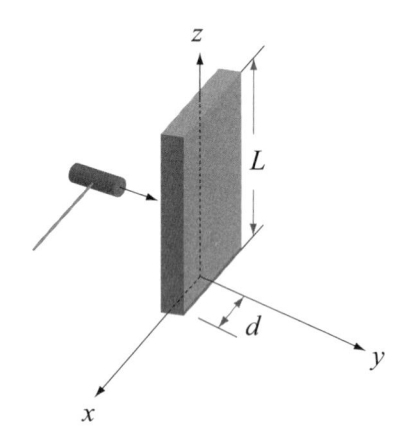

Figura 10.31: Problema 10.5.

10.6 (Provão) O moto-perpétuo é uma máquina capaz de produzir movimento na ausência de ações externas. Sistemas desse tipo foram muito difundidos ao longo da história, particularmente no final da Idade Média e no Renascimento. A ideia básica era construir máquinas capazes de se manterem em movimento indefinidamente ou de aumentá-lo continuamente. A crença nos motos-perpétuos foi uma barreira à formulação do conceito de energia e sua conservação. Ainda hoje, pode-se encontrar, entre estudantes da educação básica e até mesmo em adultos, raciocínios intuitivos que sustentam o funcionamento de equipamentos do tipo moto-perpétuo. O esquema da Figura 10.32 representa um moto-perpétuo muito difundido na Idade Média. A partir da situação mostrada na figura, a haste da bolinha superior é colocada na vertical e levemente empurrada no sentido horário. Acreditava-se, com isso, que a queda subsequente das bolinhas, depois de atingir a posição superior, faria a roda adquirir uma determinada aceleração angular.

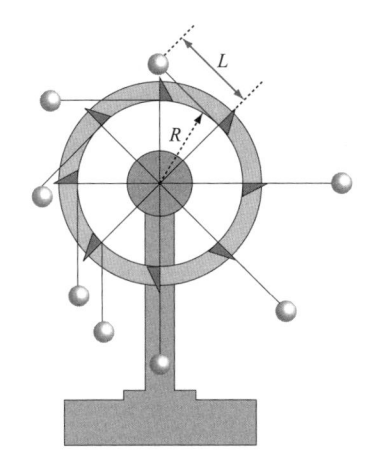

Figura 10.32: Problema 10.6.

(a) Explique de que maneira o funcionamento desse moto-perpétuo se opõe ao princípio de conservação de energia. (b) Explique como se pode demonstrar que esse sistema não adquire aceleração angular. (c) Escreva como poderia ser utilizada a discussão sobre o moto-perpétuo para introduzir o princípio de conservação da energia em sala de aula.

10.3 Momento Angular

10.7 A integral do torque em relação ao tempo é denominada impulso angular. Mostre que o impulso angular é igual à variação do momento angular.

10.8 Considere um sistema com momento angular $\mathbf{L} = \mathbf{L}_0(1 + bt)$, em que $\mathbf{L}_0$ é um vetor constante. (a) Calcule o torque e diga qual é a sua direção. (b) Para o caso em que $\mathbf{L} = \mathbf{L}_0 + mgRt\mathbf{k}$, calcule o torque e diga se é possível que o momento angular inicial e o torque tenham direções distintas.

10.9 É possível modificar o momento angular por efeito de uma força central? Explique baseando-se na expressão vetorial para o torque. Com base na sua resposta, o momento angular da Terra, sob efeito da força gravitacional exercida pelo Sol, é alterado?

10.10 Dado o torque $\boldsymbol{\tau} = fR\mathbf{k}$, em que f e R são constantes, aplicado em um disco a partir de $t = 0$, (a) calcule o momento angular do disco, de raio $2R$ e massa m, em

torno do seu eixo de simetria em um tempo t qualquer e (b) determine a aceleração angular do disco.

10.11 Três esferas pequenas de massas iguais são conectadas por barras rígidas, de comprimentos iguais e massas desprezíveis, formando um triângulo equilátero. O conjunto gira em torno de eixos perpendiculares ao plano formado pelo triângulo. Determine a razão entre a energia cinética do sistema girando em torno de um eixo que passa em um dos vértices do triângulo e em torno de um eixo passando pelo centro do triângulo, mantendo, porém, a mesma velocidade angular.

10.4 Conservação do Momento Angular

10.12 Uma partícula em movimento retilíneo uniforme pode possuir momento angular não nulo? Explique.

10.13 (Enade) Uma roda de raio $R = 0,7\,\mathrm{m}$ e massa $M = 10\,\mathrm{kg}$ gira a uma frequência de $1\,\mathrm{Hz}$ em torno de seu eixo. A roda é colocada em um tanque redondo fixo, com $1.000\,kg$ de água. Considerando desprezível a dissipação de energia nas paredes do tanque, qual será a frequência final da roda, em Hz? Dados: momento de inércia da água $= 500\,\mathrm{kgm^2}$; momento de inércia da roda $= MR^2$.

10.14 Considere um acelerador de partículas circular de raio R, no qual as partículas com massa m são inseridas com velocidade inicial v_0 (tendo adquirido tal velocidade em um acelerador linear), e considere que um torque τ constante é exercido sobre uma partícula no intervalo angular $\theta = 0$ a $\theta = \theta_0 < 2\pi$. (a) Qual é o momento angular final da partícula ao final de 1 volta, supondo que as perdas de energia (por radiação eletromagnética ou outro tipo de perda) sejam desprezíveis? (b) Qual é o trabalho realizado pelo torque ao final de 1 volta? Mostre, a partir da diferença de energia cinética, que o resultado é igual ao obtido por $W = \int \tau d\theta$.

10.15 Um planeta possui momento angular $L_0 = mv_0r_0$ no seu periélio (ponto de maior aproximação com o Sol). Calcule a velocidade do planeta quando a sua distância r ao Sol for a maior possível (no afélio) em termos da excentricidade da órbita. Utilize a equação da elipse em coordenadas polares ($r = \frac{r_0(1+\epsilon)}{1-\epsilon\cos\theta}$, sendo r_0 a distância mínima e a excentricidade definida por $\epsilon = f/a$, sendo f o foco da elipse e $2a$ o eixo maior da elipse). O periélio ocorre em $\theta = \pi$.

10.16 Uma pessoa de massa M está em pé na borda de um carrossel de massa $9M$, que pode ser considerado um disco de momento de inércia $I = 9MR^2/2$, sem atrito e em repouso. A pessoa joga uma pedra de massa m, com velocidade v em relação ao solo, em uma direção que é tangente à borda do carrossel. Qual é a velocidade angular adquirida pelo carrossel?

10.17 Uma criança está em pé na borda de um carrossel que tem a forma de um disco sólido (como mostrado na Figura 10.33). A massa da criança é de $40\,\mathrm{kg}$. O carrossel tem massa de $200\,\mathrm{kg}$, raio de $2,5\,\mathrm{m}$ e está girando com uma velocidade angular $\omega = 2,0\,\mathrm{rad/s}$. A criança começa a caminhar lentamente em direção ao centro do carrossel. Qual será a velocidade angular final do carrossel quando a criança atingir o centro? Desconsidere as dimensões relativas à criança.

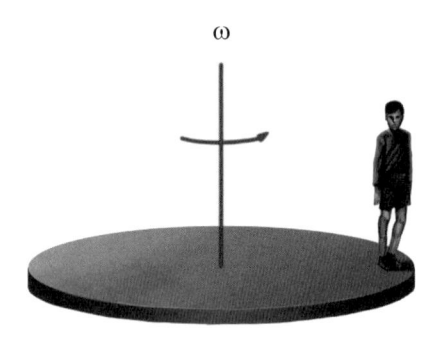

Figura 10.33: Problema 10.17.

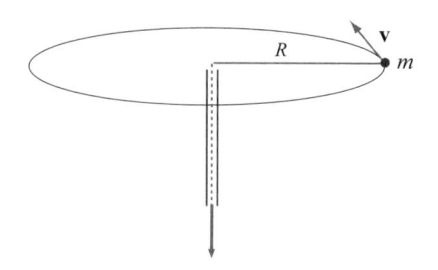

Figura 10.35: Problema 10.20.

10.18 Uma partícula de massa m e velocidade v desliza sobre uma superfície, sem atrito, até sofrer uma colisão totalmente elástica com uma esfera de massa M e dimensões muito maiores que a partícula inicial. A esfera tem raio R e a colisão ocorre conforme mostrado na Figura 10.34. (a) Quais grandezas físicas são conservadas nessa colisão? (b) Qual deve ser a razão entre a massa da partícula e a massa da esfera para que a partícula transfira toda sua energia cinética, seu momento angular e seu momento linear para a esfera?

10.21 Suponha uma partícula descrevendo uma trajetória circular de raio R e momento linear P. Se, após certo momento, a partícula tiver seu valor do momento linear duplicado, pergunta-se: (a) em quanto se altera o valor do momento angular? (b) Em quanto se altera o valor do momento angular se, ao invés de duplicarmos o valor de P, duplicarmos o raio sem promover qualquer alteração na velocidade da partícula?

10.22 A Figura 10.36 mostra dois discos com distribuição de massa não uniforme. Inicialmente, o disco com raio R está girando com uma velocidade angular ω, enquanto o disco com raio R_2 está girando em sentido oposto ao primeiro, com velocidade angular ω_2. Os discos são aproximados de modo que, no momento exato em que ocorre o contato entre eles, o acoplamento é perfeito, ou seja, não há deslizamento entre os discos. Calcule a velocidade angular ω_2 para levar o sistema ao repouso logo após ocorrido o acoplamento entre os discos. Despreze as forças de atrito. Dados: $\rho_1 = c_1 r^2$ e $\rho_2 = c_2 r$, em que c_1 e c_2 são duas constantes de dimensões apropriadas, tal que $[c_1]/[c_2] = L^{-1}$. Adote $R_2 = (1/2)R$.

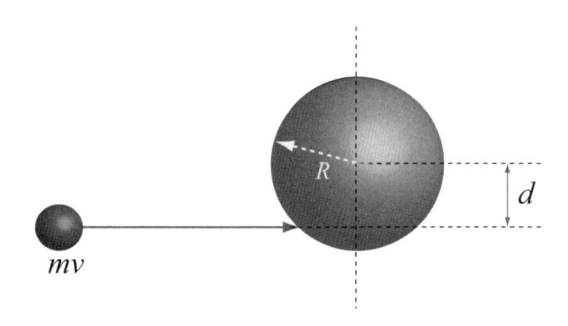

Figura 10.34: Problema 10.18.

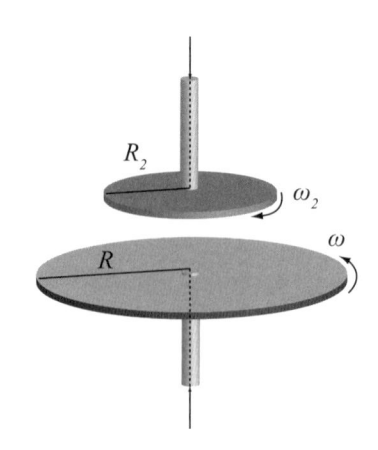

Figura 10.36: Problema 10.22.

10.19 Um avião de massa M voa a uma altura h em relação ao solo (eixo x), com uma velocidade $\mathbf{v} = v\mathbf{i}$. Qual é o momento angular do avião em relação a qualquer ponto do solo?

10.20 Um corpo puntiforme de massa m realiza um movimento circular de raio R e velocidade v. Esse corpo é preso a uma corda passando por um tubo disposto na vertical (Figura 10.35) e que pode ser puxada. Encurtando-se a corda de forma que o corpo passe a executar um movimento circular de $R/2$, calcule (a) a nova velocidade escalar; (b) a nova energia cinética e sua variação e (c) o trabalho realizado para puxar o corpo, comparando este resultado com a variação da energia cinética calculada no item anterior.

10.23 Um disco com momento de inércia I_1 gira com velocidade angular ω_1 (Figura 10.37). Um segundo disco, com momento de inércia I_2 e velocidade angular ω_2, girando no mesmo sentido de rotação, gruda no primeiro disco de forma que os dois discos passam a girar em conjunto. Qual é o valor da velocidade angular final do conjunto?

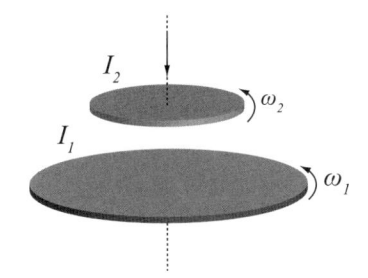

Figura 10.37: Problema 10.23.

10.24 Um cilindro sólido de massa M e raio R está em rotação com velocidade angular ω_0 (Figura 10.38). Uma camada cilíndrica fina de massa m entra em contato com o cilindro e eles passam a girar em conjunto. Qual é a velocidade angular final do sistema?

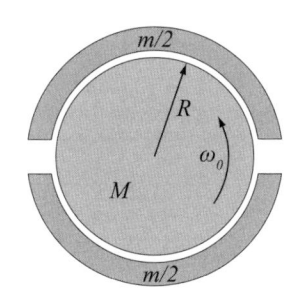

Figura 10.38: Problema 10.24.

10.25 (USP) Dois patinadores de mesma massa estão sobre a superfície de um lago congelado. Um deles, A, está em repouso, enquanto o outro, B, se aproxima do primeiro com velocidade $\mathbf{v}$ e parâmetro de impacto b menor que o comprimento dos braços dos patinadores. No instante em que a distância entre eles é mínima, eles se seguram pelas mãos. (a) Qual é a velocidade angular de rotação dos patinadores em torno do centro de massa? (b) Qual é o tempo mínimo que eles devem permanecer unidos para que o patinador que estava parado, A, saia formando um ângulo de $30°$ com a direção de $\mathbf{v}$ no sistema do laboratório? (c) Qual é a tensão nos braços dos patinadores?

10.26 (Enade) Um disco gira livremente, com velocidade angular, em torno de um eixo vertical que passa pelo seu centro. O momento de inércia do disco em relação ao eixo é I_1. Um segundo disco, inicialmente sem rotação, é colocado no mesmo eixo e cai sobre o primeiro disco, como mostra a Figura 10.39. Após algum tempo, o atrito faz com que os dois discos girem juntos. Se o momento de inércia do segundo disco é I_2, qual é a velocidade angular final de rotação do conjunto?

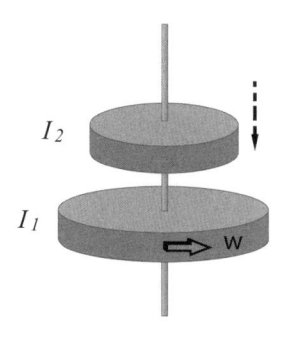

Figura 10.39: Problema 10.26.

(a) ω;
(b) $\frac{\omega}{2}$;
(c) $\omega \frac{I_1}{I_2}$;
(d) $\omega \frac{I_1}{I_1+I_2}$;
(e) $\omega \sqrt{\frac{I_1}{I_1+I_2}}$

10.5 Rolamento

10.27 Uma bola de gude e outra de boliche, paradas no topo de um plano inclinado, partem do repouso simultaneamente. Qual delas chegará primeiro à base do plano? Por quê?

10.28 Um disco rola sobre uma superfície horizontal sem deslizar. Existe algum ponto do disco em que, pelo menos instantaneamente, a velocidade seja puramente vertical? Se existe, quais são esses pontos?

10.29 Para um corpo rígido girando ao redor de um eixo com velocidade angular ω, encontre uma expressão para a velocidade $\mathbf{v}$ para um ponto em uma determinada posição radial $\mathbf{r}$.

10.30 (Enade) Em um jogo de futebol, um jogador fez um lançamento em profundidade para o atacante. Antes de chegar a ele, a bola toca o gramado e o atacante não consegue alcançá-la. Um conhecido locutor de televisão assim narrou o lance: "a bola quica no gramado e ganha velocidade". Considere as possíveis justificativas abaixo para o aumento da velocidade linear da bola, como narrou o locutor. A velocidade linear da bola:
I. Sempre aumenta, pois, independentemente do tipo de choque entre a bola e o solo, ao tocar o solo, a velocidade de rotação da bola diminui.
II. Pode aumentar, se a velocidade angular da bola diminuir no seu choque com o solo.
III. Aumenta quando o choque é elástico, assim como aumenta sua energia cinética de rotação.
Quais das afirmações acima estão corretas?

10.31 Uma barra de comprimento L e massa m é liberada de sua posição de repouso na vertical e cai. Supondo que a ponta que toca o solo não deslize devido à força de atrito, calcule a velocidade com que a extremidade da barra toca o solo. Lembre-se de que o momento de inércia de uma barra que gira em torno de um eixo que passa por uma de suas extremidades é $I = (mL^2)/3$.

10.32 (USP) Uma barra uniforme de comprimento L e massa M está em equilíbrio em uma mesa horizontal, sobre a qual ela pode se mover sem atrito. Em um dado instante, a barra recebe um impulso J de curta duração, perpendicular à barra em um ponto P da mesma, tal que $OP = r$, sendo O o centro de massa da barra. (a) Logo após o impulso, qual é a velocidade do centro de massa da barra? (b) Qual é a velocidade angular da barra em torno do centro de massa? (c) Qual é a velocidade da extremidade da barra mais afastada do ponto de impacto P? (d) Qual é a localização de um ponto Q da barra para o qual a velocidade instantânea é nula?

10.33 Um cilindro de raio R, momento de inércia I e massa m uniformemente distribuída gira sem deslizar, sobre um plano horizontal, com velocidade escalar v (Figura 10.40). Calcule a razão r entre a energia cinética de rotação e a de translação. Em seguida, calcule o trabalho necessário para levar o cilindro ao estado de repouso.

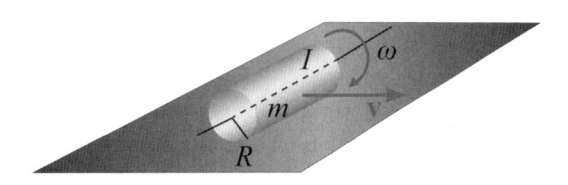

Figura 10.40: Problema 10.33.

10.34 Proceda de maneira semelhante ao exercício anterior para (a) uma esfera e (b) um aro.

10.35 (Provão) Um anel cilíndrico de massa M e raio r está pendurado por um fio inextensível nele enrolado, conforme mostra a Figura 10.41.

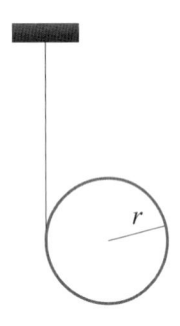

Figura 10.41: Problema 10.35.

Sendo g a aceleração da gravidade local, qual é a aceleração com que o fio desce verticalmente?

10.36 (USP) Uma partícula e uma barra podem se mover livremente sobre a superfície lisa de uma mesa horizontal (Figura 10.42). A barra tem comprimento D e massa m igual à massa da partícula. Inicialmente, a barra está em repouso e a partícula move-se com velocidade v perpendicular à barra. Suponha que a partícula colida com a barra e que a colisão seja elástica. (a) Descreva os movimentos subsequentes da partícula e da barra quando a partícula

colide com a barra no seu centro de massa (Figura 10.42a). (b) Descreva os movimentos subsequentes da partícula e da barra quando a partícula colide com a barra em uma das suas extremidades (Figura 10.42b). (c) No caso do item (b), determine as velocidades da partícula, v_p e da barra, v_b, assim como a velocidade angular de rotação da barra em torno do seu centro de massa, ω. Dados: momento de inércia da barra relativo a um eixo passando pelo centro de massa e perpendicular à barra: $I = MD^2/12$.

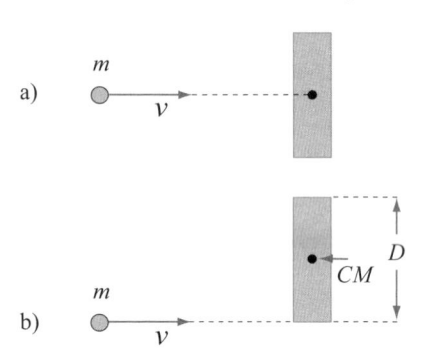

Figura 10.42: Problema 10.36.

10.37 (UFRJ) A Figura 10.43 representa a vista de cima de um plano (mesa) horizontal, onde desliza, sem atrito, um disco de massa M com velocidade $\mathbf{v}$. Em repouso, está um disco idêntico ao que desliza e que tem, fixada lateralmente, uma haste de tamanho L e massa desprezível com a forma indicada na figura. Os dois discos podem ser considerados objetos puntuais. O objeto que desliza e tem sua velocidade $\mathbf{v}$ perpendicular à haste encaixa-se na haste, nela ficando solidário por uma cola existente na haste. O sistema dos dois discos move-se, formando, então, um halter.

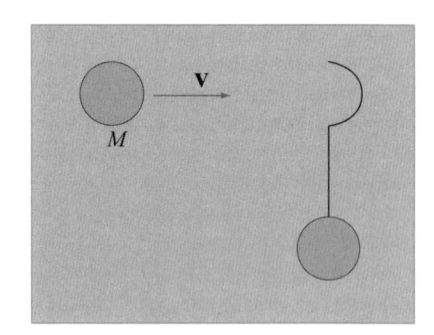

Figura 10.43: Problema 10.37.

(a) Entre as grandezas do sistema dos dois discos (energia cinética, momento linear e momento angular), diga quais se conservam, ou seja, têm o mesmo valor antes, durante e depois que os dois discos ficam solidários. (b) Calcule a velocidade do centro de massa do sistema antes, durante e depois que os discos ficam solidários. (c) Calcule a velocidade de cada disco em relação ao centro de massa após os dois discos ficarem solidários.

10.38 Uma pequena esfera sólida, de densidade constante e raio r, rola, sem deslizar, sobre um trilho, conforme é mostrado na Figura 10.44. A esfera parte do topo do trilho de uma altura h. Qual deve ser o valor mínimo de h para que a esfera consiga dar uma volta completa no aro?

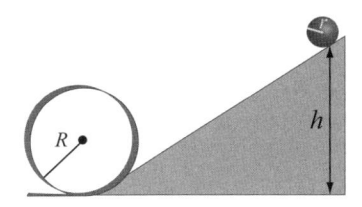

Figura 10.44: Problema 10.38.

10.39 Um cilindro (Figura 10.45) com massa M e raio R tem uma densidade de massa dependente do raio. O cilindro está inicialmente em repouso e começa a rolar, sem deslizar, em um plano inclinado de altura H. Na base do plano, sua velocidade de translação é de $(8gH/7)^{1/2}$. Qual é a inércia rotacional do cilindro?

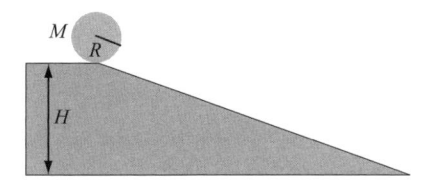

Figura 10.45: Problema 10.39.

10.40 Uma esfera maciça homogênea de massa m e raio r está em repouso sobre uma das extremidades de um plano na horizontal (Figura 10.46). No instante $t = 0$, o lado do plano onde está a esfera começa a se erguer, de forma que a taxa de variação do ângulo de inclinação do plano por unidade de tempo é constante $d\theta/dt = k$. (a) Admitindo que a esfera role sem deslizar, encontre a posição do centro de massa da esfera em relação ao plano como função do tempo. (b) Suponha que o coeficiente de atrito estático máximo entre o plano e a esfera seja μ_e. A partir de qual instante a esfera começa a deslizar?

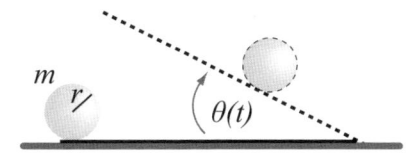

Figura 10.46: Problema 10.40.

10.41 Um disco uniforme de massa m e raio r parte do repouso, sem deslizar, de uma distância d da borda inferior de uma rampa de inclinação θ (Figura 10.47). Supondo que a base da rampa esteja a uma altura h em relação ao solo, (a) encontre a velocidade angular de rotação do disco em torno do seu centro de massa no instante em que ele abandona a rampa, em função de d, r e θ. (b) Encontre, também, uma expressão para a distância atingida pelo disco ao atingir o solo x, em relação à parede da rampa, como função apenas de d, h e θ.

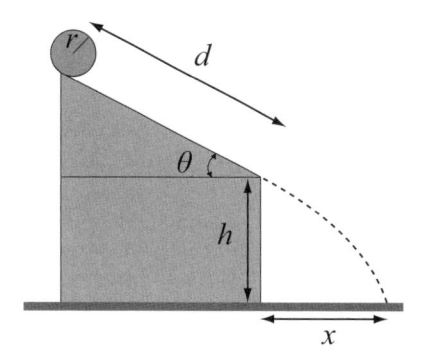

Figura 10.47: Problema 10.41.

10.42 Uma esfera maciça de massa m sobe rolando, sem deslizar, uma rampa com ângulo de inclinação θ. Na base do plano, a velocidade do centro de massa da esfera é v_0. Escreva uma expressão para a energia cinética total da esfera na base da rampa como função apenas de v_0 e m. Qual é a distância que a esfera percorre ao subir no plano?

10.43 (UFRJ) Um aro circular (anel fino) de massa $m = 10\,g$ e raio $r = 8\,cm$ é solto, com uma velocidade inicial nula, do alto de uma canaleta de altura $H = 0\,cm$, por onde desce rolando e sem deslizar, até chegar a sua parte inferior horizontal, situada a uma altura $h = 20\,cm$ acima do chão (Figura 10.48). O final da canaleta tem coordenada horizontal $x = 0$. (a) Qual é a coordenada x do ponto de primeiro contato do aro com o chão? Considere agora que, ao invés de um aro, se utiliza um disco de densidade uniforme com o mesmo raio e mesma massa total que o aro. (b) Calcule o momento de inércia do disco. (c) Qual é a nova resposta do item (a) se o disco substitui o aro? (d) Há mudança no item (c) se usarmos uma esfera (de mesmo raio e massa total) em vez de um disco? Justifique. (Obs.: uma comparação intermediária com um cilindro pode facilitar a resposta sem a necessidade de um novo cálculo de momento de inércia.)

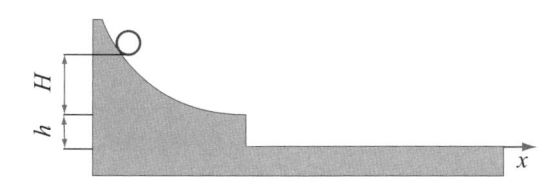

Figura 10.48: Problema 10.43.

10.44 Uma esfera de raio R e massa m rola, em uma calha de largura d, com velocidade do centro de massa v_{cm}, como mostra a Figura 10.49a. (a) Mostre que a velocidade de um ponto na parte superior da esfera é dada por $v_t = v_{cm}\frac{R+r}{r}$, em que $r = \sqrt{R^2 - \frac{d^2}{4}}$ (Figura 10.49), e que a energia cinética de rotação é dada por $E_{CR} = \frac{mv_{cm}^2}{5}\left(\frac{R}{r}\right)^2$.

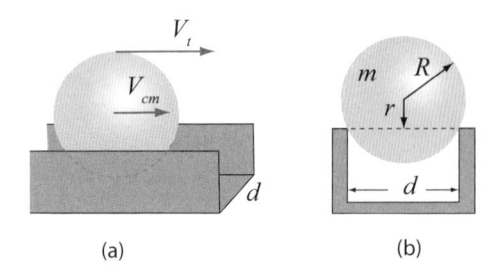

Figura 10.49: Problema 10.44.

10.45 Um carro de massa M possui quatro rodas de massa $m = M/50$ cada uma. Qual fração da sua energia cinética total é devida à rotação das rodas em torno de seus eixos, considerando as rodas de cilindros idênticos?

10.46 Em um grande trilho circular horizontal sem atrito e de raio R estão duas pequenas esferas de massas m e M. Entre as duas esferas, existe uma mola comprimida que não está presa a nenhuma das duas, sendo as esferas mantidas unidas por um fio. A mola está fixa. Se o fio se rompe, a mola comprimida lança as duas esferas em sentidos opostos, enquanto ela mesma não se desloca. (a) Em que ponto do trilho ocorre a colisão das duas esferas? Tal ponto pode ser descrito convenientemente pelo ângulo descrito pelo raio que localiza M. (b) Sendo U a energia potencial armazenada na mola e admitindo não haver perdas, qual é o tempo transcorrido até a colisão? (c) Em que ponto as bolas se chocarão novamente?

10.47 Uma roda gira com velocidade angular de $3\,600\,\text{rpm}$ em torno de um eixo que possui momento de inércia desprezível. Uma segunda roda, inicialmente em repouso, cujo momento de inércia corresponde à metade do momento de inércia da primeira, é repentinamente encaixada no mesmo eixo. Calcule a velocidade angular da combinação resultante do eixo com as duas rodas e a variação da energia cinética rotacional no sistema.

10.48 Calcule a aceleração do centro de massa de um corpo rígido de momento de inércia I que desce rolando, sem escorregamento, um plano inclinado de ângulo θ. Encontre os valores se o corpo for um cilindro ($I = mR^2/2$), uma esfera ($I = 2mR^2/5$) ou um anel ($I = mR^2$), todos de mesma massa m e raio R.

10.49 Considerando o problema anterior, (a) encontre o período de tempo necessário para um corpo rígido, de momento de inércia I e abandonado do repouso, descer um plano inclinado cuja altura inicial em relação ao solo seja h. (b) Calcule a velocidade final do objeto e forneça suas respostas em termos de I, h, g e do ângulo do plano inclinado.

10.50 (Enade) Um jogador de sinuca dá uma tacada horizontal em uma bola. A direção da força aplicada está contida no plano vertical que passa pelo centro de massa da bola. Considerando-se o movimento adquirido pela bola, é correto afirmar que:

(a) Independentemente da posição do ponto de aplicação da força, a bola girará apenas no sentido horário.

(b) Se não houver atrito entre a bola e o piso, a bola nunca rolará, apenas escorregará.

(c) Se a tacada for na direção do centro de massa, a bola nunca rolará.

(d) A força de atrito estático não dependerá do sentido da rotação da bola.

(e) O sentido de rotação da bola dependerá do ponto de aplicação da força.

10.6 Precessão do Momento Angular: o Giroscópio e o Pião

10.51 O que acontece ao momento angular de *spin* e orbital da Terra se um objeto de massa m, atraído pela força gravitacional da Terra, colide com a mesma? O resultado final é que esse objeto se funde com a Terra? O que acontece à duração do dia e do ano terrestre?

10.52 (UFRJ) Um cometa de massa m choca-se com a Terra, permanecendo incrustado no ponto de impacto. Sua trajetória estava contida no plano do Equador da Terra, fazendo um ângulo θ com a direção radial no ponto de incidência. Sua velocidade relativa à Terra, no instante do impacto, era $\mathbf{v}_0$. Supondo que a Terra seja uma esfera homogênea, de massa M e raio R, determine a variação do dia em consequência desse choque. Explique todas as hipóteses e aproximações que usar. Dado: momento de inércia de uma esfera em relação a um eixo passando por seu centro: $\frac{2}{5}MR^2$.

10.53 Um giroscópio consiste de uma esfera girante de raio R, cujo centro encontra-se a uma distância L de um eixo de comprimento total $2L$ e com massa que pode ser desprezada em comparação à massa M da esfera. A esfera gira em torno desse eixo com velocidade angular ω. O único torque a que o sistema está sujeito é devido à força gravitacional no centro de massa. (a) Calcule a velocidade angular de precessão se pudermos desprezar o efeito de nutação. (b) Considere, em vez da esfera, um disco rígido de mesmo raio e mesma massa e calcule a nova velocidade angular de precessão. (c) Em qual dos casos o período de precessão é menor e qual é a razão entre o período de precessão da esfera e do disco?

Capítulo 11

Gravitação e Leis de Kepler

Luis Gregório Dias da Silva

11.1 Introdução

O movimento dos corpos celestes é um dos fenômenos da natureza que observamos com mais facilidade. Todos percebem o movimento diário do Sol de leste para oeste, o ciclo periódico de fases da Lua e, com um pouco mais de atenção, o movimento das estrelas na esfera celeste de leste para oeste. Com ainda mais cuidado e paciência, é possível acompanhar, durante algumas semanas de observação sistemática, o movimento dos planetas[1] em relação ao fundo de estrelas fixas.

Por ser uma medida relativamente simples, esse movimento celestial intrigou a humanidade desde os tempos remotos. Uma explicação perfeitamente condizente com nossa observação cotidiana é a de que os astros estão fixos em uma esfera celestial que está, por sua vez, em rotação uniforme ao redor da Terra. Afinal, vemos o Sol nascer ao leste e se pôr ao oeste, o que torna razoável a suposição de que é ele que se move em torno de nós, e não o contrário. Esse modelo *geocêntrico*, com a Terra ocupando o centro do universo tem dificuldades, no entanto, para descrever o movimento dos planetas em relação às estrelas.

Os planetas descrevem um movimento mais complicado no céu, com "laçadas" retrógradas em relação ao fundo de estrelas.

Em 1543, durante o Renascimento europeu, Nicolau Copérnico (1473-1543) propôs um modelo **heliocêntrico**, com o Sol ocupando o centro do Universo, em torno do qual se movem a Terra e os demais planetas em órbitas *circulares*. O efeito aparente das **laçadas dos planetas** seria, então, explicado pela "ultrapassagem" (relativa ao Sol) entre esses planetas e a Terra. O modelo heliocêntrico ganhou força posteriormente, com o trabalho de **Johannes Kepler** (1571-1630), que formulou suas famosas leis para o movimento dos planetas após uma detalhada análise das meticulosas medidas do astrônomo dinamarquês **Tycho Brahe** (1546-1601)[2]. Kepler foi o primeiro a propor formas "não perfeitas" (no caso, elipses) para explicar as órbitas dos planetas.

No entanto, o grande passo para entender *como* os planetas se moviam em torno do Sol foi dado por **Isaac Newton**. Ao elaborar a **teoria da gravitação universal**, Newton fez muito mais do que propor um modelo ou formular leis empíricas para o movimento dos planetas, como Kepler. Seu êxito foi mostrar, a partir de uma teoria única, que fenômenos tão distintos, como o movimento da Lua ao redor da Terra ou a queda de uma maçã no solo são descritos pelo *mesmo* mecanismo: uma força gravitacional que atua sobre todos os corpos. Para uma apresentação mais detalhada desse processo de evolução do conhecimento do movimento dos astros celestes, veja o capítulo Introdução deste livro.

---

[1] A palavra "planeta" vem da denominação grega para "corpo errante".

[2] É interessante notar que as medições de Tycho Brahe, que tinham extraordinária precisão para a época, foram feitas sem o auxílio de lunetas ou telescópios. Esses objetos seriam utilizados em observações astronômicas pela primeira vez por Galileu, cerca de 20 anos após a morte de Brahe.

Neste capítulo, estudaremos a lei da gravitação universal de Newton e suas várias implicações. Veremos, também, as leis propostas por Kepler para o movimento dos planetas e como elas estão contempladas dentro da teoria de Newton.

11.2 Lei da Gravitação Universal de Newton

Nesta seção, aprofundaremos o conceito de *força gravitacional*, visto no Capítulo 6. A teoria da gravitação universal de Newton, formulada em 1665, mas publicada apenas 22 anos depois, no *Principia Mathematica*, parte de uma ideia muito simples, porém, por esse mesmo motivo, extremamente poderosa: a de que "todo corpo no Universo atrai qualquer outro corpo". Em outras palavras, existe uma força atrativa *universal* que age sobre todas as partículas em *todo* o Universo, diretamente proporcional ao produto das massas das partículas e inversamente proporcional ao quadrado da distância entre elas.

Considere duas partículas a e b de massas M e m, respectivamente, separadas por uma distância r. A **força gravitacional** que a exerce sobre b é representada matematicamente por:

$$\mathbf{F}_{ab} = -\frac{GMm}{r^2}\mathbf{u}_r \quad \text{(força gravitacional)} \quad (11.1)$$

Na equação acima, $\mathbf{u}_r$ é o vetor unitário na direção radial que une as massas em um referencial centrado em a (Figura 11.1). A constante de proporcionalidade G é denominada **constante de gravitação universal** e tem o valor $G = 6{,}67\times10^{-11}\,\mathrm{Nm^2/kg^2}$. Comparada às outras interações na natureza (eletromagnética, nuclear forte e interação fraca), a força gravitacional é extremamente fraca. Por exemplo, a força gravitacional entre dois prótons é cerca de 10^{-39} vezes mais fraca que a interação nuclear forte e cerca de 10^{-36} vezes mais fraca que a força elétrica[3] entre eles.

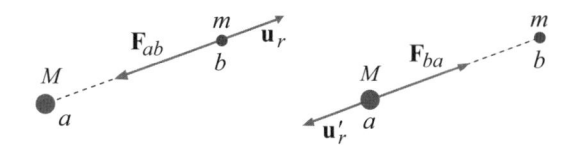

Figura 11.1: Forças gravitacionais entre partículas a e b, com os versores $\mathbf{u}_r$ e $\mathbf{u}'_r$ também mostrados.

O sinal negativo em $\mathbf{F}_{ab}$ indica que a força gravitacional é *atrativa*, ou seja, a força que a exerce sobre

b está sempre apontada na direção de a. Pelo enunciado de Newton, decorre que a partícula b também exerce uma força gravitacional sobre a, na forma:

$$\mathbf{F}_{ba} = -\frac{GMm}{r^2}\mathbf{u}'_r \quad (11.2)$$

em que $\mathbf{u}'_r$ é um vetor unitário radial em um referencial centrado na partícula b. Note que, embora $\mathbf{F}_{ab}$ e $\mathbf{F}_{ba}$ tenham mesmo módulo e sentidos contrários, o ponto de aplicação de cada uma é diferente. Assim, não é estritamente correto dizer $\mathbf{F}_{ab} = -\mathbf{F}_{ba}$, pois tratam-se de vetores que atuam em pontos diferentes do espaço.

> **Exemplo 11.1**
> Calcule a força gravitacional média entre o Sol e a Terra.
>
> **Solução**: a força gravitacional média que o Sol exerce sobre a Terra será, em módulo,
>
> $$F_{S-T} = \frac{GM_S M_T}{D_{S-T}^2}$$
>
> em que M_S e M_T são as massas do Sol e da Terra, respectivamente, e D_{S-T} é a distância média entre ambos. A partir dos dados $M_S = 1{,}99\times10^{30}\,\mathrm{kg}$, $M_T = 5{,}97\times10^{24}\,\mathrm{kg}$ e $D_{S-T} = 1{,}496\times10^{8}\,\mathrm{m}$, obtemos $F_{S-T} = 3{,}54\times10^{28}\,\mathrm{N}$. Essa força será igual à força F_{T-S} que a Terra exerce sobre o Sol. No entanto, as *acelerações* nos dois corpos serão bem distintas. Pela segunda lei do movimento de Newton ($F = ma$), a aceleração a_T da Terra devido à força exercida pelo Sol será:
>
> $$F_{S-T} = M_T a_T \quad \text{ou}$$
>
> $$a_T = \frac{F_{S-T}}{M_T} \quad (11.3)$$
>
> Analogamente, a aceleração do Sol devido à força exercida pela Terra será:
>
> $$a_S = \frac{F_{T-S}}{M_S} \quad (11.4)$$
>
> Como $F_{S-T} = F_{T-S}$, vemos que a razão entre as acelerações do Sol e da Terra será igual à razão inversa das massas, na forma:
>
> $$\frac{a_T}{a_S} = \frac{M_S}{M_T} \cong 3{,}3\times10^5$$
>
> ou seja, a aceleração da Terra devido à atração gravitacional do Sol é cerca de 100 mil vezes maior que a aceleração do Sol devido à atração gravitacional da Terra.

A teoria de Newton tem várias implicações importantes. Newton conseguiu, pela primeira vez, fazer uma estimativa da aceleração centrípeta da Lua e explicar o efeito das **marés** como resultado da atração da Lua sobre os oceanos.

---

[3]A força elétrica será vista no Volume 3 desta série. Assim como a força gravitacional, a força elétrica também varia com o inverso do quadrado da distância entre as cargas.

O Efeito das Marés

Além do movimento dos corpos celestes, outro fenômeno da natureza facilmente observável nas regiões costeiras é a dinâmica das **marés.** Durante o dia, a altura do nível do mar (medida em relação a um referencial em terra) oscila entre um valor máximo (denominado *preamar*) e um valor mínimo (*baixa-mar*). Essa oscilação ocorre a cada 12 horas e 25 min, em média (duas vezes por dia, aproximadamente), e o conhecimento dos horários e dos valores de preamar e baixa-mar são muito importantes em várias atividades marítimas. Entre elas, podemos destacar a pesca (algumas espécies de peixes do mar costumam adentrar os rios e canais do litoral para se alimentarem nas enchentes das marés) e a navegação (os horários das operações de atracamento de alguns navios cargueiros dependem dos horários da preamar e baixa-mar. Além disso, navios maiores necessitam de maré cheia para atracar ou desatracar em alguns portos; caso contrário, podem, encalhar).

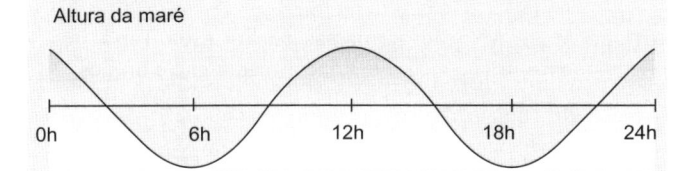

Figura 11.2: Representação da oscilação da maré em função do tempo.

Newton foi o primeiro a explicar o fenômeno das marés como consequência da atração gravitacional da Lua e, em menor escala, do Sol sobre os oceanos da Terra. Em uma primeira aproximação, podemos pensar que os oceanos formam uma "massa líquida" em torno da crosta terrestre e que tal massa está sujeita à atração gravitacional da Lua (Figura 11.3). Uma primeira teoria para explicar as marés seria pensar que apenas a parte da massa líquida na face mais próxima à Lua se deforma, causando uma protuberância que, em conjunto com a rotação da Terra, causaria uma elevação no nível do mar. No entanto, esse modelo prevê apenas *uma* oscilação de maré por dia, ao contrário do observado. Na verdade, outra protuberância forma-se no lado oposto, o que leva ao efeito de duas oscilações de maré a cada 24 horas, aproximadamente.

Aplicando a teoria da gravitação de Newton para o sistema Terra-oceanos-Lua, podemos entender por que se formam duas protuberâncias (Figura 11.3). Na face da Terra voltada para a Lua, a atração gravitacional da Lua sobre a superfície do oceano (ponto 1) é maior que a atração sobre a superfície da Terra (ponto 2), ou seja, $\mathbf{F}_{Lua}(1) > \mathbf{F}_{Lua}(2)$. Considerando que a força gravitacional exercida pela Terra é praticamente a mesma nos pontos 1 e 2, a força gravitacional resultante nos pontos 1 e 2 será:

$$\mathbf{F(1)} = \mathbf{T}_{Terra} - \mathbf{F}_{Lua}(1) \quad e \quad \mathbf{F(2)} = \mathbf{T}_{Terra} - \mathbf{F}_{Lua}(2)$$

resultando em:

$$\mathbf{F}(1) < \mathbf{F}(2) \tag{11.5}$$

Assim, a força gravitacional resultante sobre a superfície dos oceanos é *menor* do que na superfície da Terra. Esse gradiente de força provoca uma deformação na massa líquida, formando uma protuberância na direção Lua-Terra.

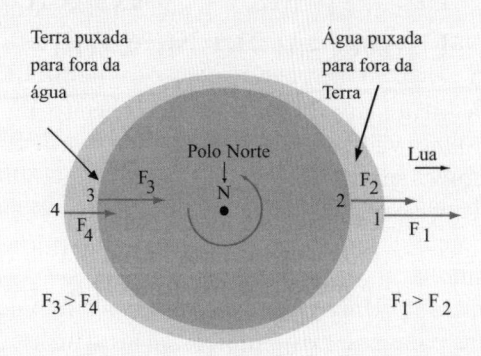

Figura 11.3: Efeitos gravitacionais da Lua sobre as marés.

Na face oposta, temos a seguinte situação: a atração gravitacional da Lua sobre a superfície do oceano (ponto 4), mais distante, é menor que a atração sobre a superfície da Terra (ponto 3), isto é, $\mathbf{F}_{Lua}(3) > \mathbf{F}_{Lua}(4)$. Temos, então,

$$\mathbf{F(3)} = \mathbf{T}_{Terra} - \mathbf{F}_{Lua}(3) \quad e \quad \mathbf{F(4)} = \mathbf{T}_{Terra} - \mathbf{F}_{Lua}(4)$$

resultando em:

$$\mathbf{F}(4) < \mathbf{F}(3) \tag{11.6}$$

o que provoca uma segunda protuberância no lado oposto ao da primeira. A formação dessas protuberâncias, junto com o movimento de rotação da Terra, resulta em *duas* oscilações de maré por dia, conforme o observado empiricamente.

É importante notar que o ciclo de **marés** não está rigorosamente em fase com o dia solar (de 24 horas), mas sim com o **dia lunar**[a], de 24 horas e 50 min em média, de modo que os horários da preamar e da baixa-mar se modificam a cada dia[b]. Os horários de preamar e baixa-mar, bem como uma estimativa para a altura da maré para uma determinada localidade, são tabelados em uma *tábua de marés*.

---

[a]Define-se "dia lunar" como o período decorrido entre dois alinhamentos de pontos nas superfícies da Terra e da Lua. Esse período é ligeiramente maior que um dia solar em razão do movimento da Lua, que ocorre na mesma direção da rotação da Terra e com uma velocidade de rotação em torno de 29,5 vezes menor. Assim, um "dia lunar" será aproximadamente 1 + 1/29,5 dias terrestres ou 24 horas e 50 min, em média.

[b]Vide animação em http://oceanservice.noaa.gov/education /kits/tides/media/supp_tide05.html.

A teoria de Newton também explica o movimento da Lua e a queda de um objeto ao chão como manifestações distintas do mesmo fenômeno. No Capítulo 4, vimos que um objeto lançado paralelamente à superfície da Terra descreverá uma trajetória parabólica (devido ao efeito da gravidade) e que a distância horizontal percorrida será proporcional à velocidade inicial. Como a Terra é aproximadamente esférica, espera-se que, se a velocidade inicial for suficientemente grande (esse valor será calculado no problema 11.4), a distância percorrida será maior que a distância até a linha do horizonte e, na ausência de dissipação, o objeto poderá continuar "caindo" sem nunca encontrar o solo (Figura 11.4), sendo sua trajetória aproximadamente circular, cujo centro corresponde ao centro da Terra. Em outras palavras, entrará em **órbita** em torno da Terra.

Na prática, objetos em órbita, como satélites artificiais, devem estar a grandes alturas, a fim de diminuir os efeitos de dissipação do atrito com a atmosfera terrestre.

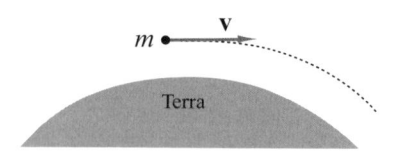

Figura 11.4: Objeto em órbita da Terra. Devido à curvatura da Terra, se a velocidade horizontal v for suficientemente grande, o objeto cairá sem nunca encontrar o solo.

11.3 Teorema das Camadas

A teoria da gravitação universal de Newton tem a grande virtude de conseguir explicar fenômenos naturais aparentemente tão distintos, como a queda de um objeto próximo à superfície da Terra e o movimento orbital da Lua, utilizando o mesmo princípio básico: um corpo (no caso, a Terra) atrai qualquer outro corpo (um objeto ou a Lua) com uma força proporcional ao produto de suas massas e inversamente proporcional ao quadrado da distância entre eles. No entanto, existe uma dificuldade fundamental na aplicação desse princípio nos casos citados acima: qual é a "distância" a ser utilizada, uma vez que, em ambos os casos, a Terra não pode ser considerada uma partícula pontual?

Newton contornou esse problema, inicialmente, *assumindo* que a teoria poderia ser aplicada considerando que a massa da Terra estivesse toda concentrada em seu centro - hipótese longe de ser óbvia, mas que simplifica enormemente o problema. Posteriormente (em seu livro ***Principia***), Newton conseguiu *provar* esse argumento, no caso de distribuições de massa esfericamente simétricas, ao demonstrar o chamado **teorema**

das camadas, utilizando o recém-inventado cálculo diferencial[4]. Apresentaremos, a seguir, a dedução desse teorema e discutiremos algumas de suas consequências.

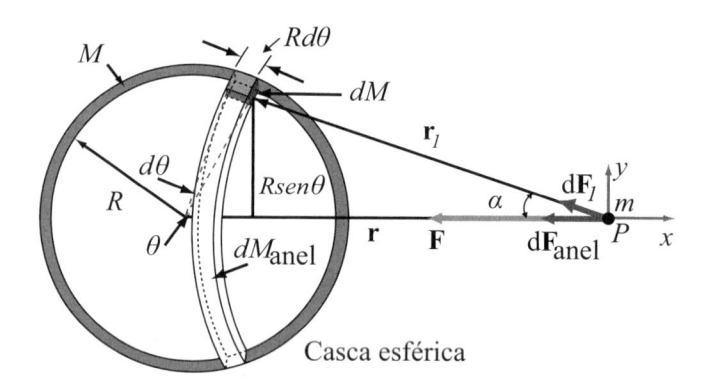

Figura 11.5: Teorema das camadas.

Considere uma distribuição uniforme e superficial de massa esférica ("casca esférica" ou "esfera oca") de raio R, conforme mostrado na Figura 11.5. Queremos calcular a força gravitacional exercida pela casca esférica de massa M sobre uma partícula P de massa m, localizada a uma distância r de seu centro. Nosso objetivo final é mostrar que essa força será dada pela Equação 11.1. Na figura, representamos, como x, o eixo que une o centro da esfera à partícula P e, como y, o eixo perpendicular a x no plano da figura. Primeiro vamos determinar a contribuição da força devido a um anel infinitesimal de massa dM_{anel}. A força gravitacional de um elemento de massa dM desse anel (Figura 11.5), localizado a uma distância r_1 de P no plano x-y, terá módulo $GmdM/(r_1{}^2)$ e estará na direção que une P e dM:

$$d\mathbf{F}_1 = -\frac{GmdM}{r_1^2}(\cos\alpha\,\mathbf{i} + \operatorname{sen}\alpha\,\mathbf{j}) \qquad (11.7)$$

em que α é o ângulo entre $\mathbf{r}$ e $\mathbf{r}_1$ e $\cos\alpha\,\mathbf{i} + \operatorname{sen}\alpha\,\mathbf{y}$ é um vetor unitário na direção de $\mathbf{r_1}$. Por simetria, existe um elemento de massa em uma posição diametralmente oposta e à mesma distância r_1 de P, cuja força gravitacional sobre m será:

$$d\mathbf{F}_2 = -\frac{GmdM}{r_1^2}(\cos\alpha\,\mathbf{i} - \operatorname{sen}\alpha\,\mathbf{j}) \qquad (11.8)$$

de modo que a resultante das forças devido a esses dois elementos de massa terá apenas um componente na direção radial $\mathbf{i}$:

$$d\mathbf{F}_1 + d\mathbf{F}_2 = -\frac{GmdM}{r_1^2}\cos\alpha\,\mathbf{i} \qquad (11.9)$$

---

[4]Acredita-se que Newton tenha sido o primeiro a enunciar o teorema fundamental do cálculo e a desenvolver métodos de cálculo diferencial e integral. No entanto, na mesma época e de modo paralelo, resultados semelhantes foram obtidos pelo matemático alemão Gottfried Wilhelm Leibnitz, que publicou seus trabalhos em 1684, três anos antes da publicação do *Principia*. Ambos são considerados coinventores do cálculo.

O mesmo raciocínio pode ser aplicado a todos os pares de elementos de massa que estão a uma distância r_1 de P, formando um *anel*, conforme mostrado na Figura 11.5. Concluimos, então, que a força gravitacional resultante desse anel sobre a partícula P estará na direção radial $\mathbf{i}\,(=\mathbf{u_r})$ e será dada por:

$$d\mathbf{F}_{anel} = -\frac{Gm\cos\alpha\,dM_{anel}}{r_1^2}\mathbf{u_r} \tag{11.10}$$

em que dM_{anel} é a massa do anel. A força gravitacional total será $\mathbf{F} = \int d\mathbf{F}_{anel}$. Como o argumento de simetria também vale para qualquer anel de espessura infinitesimal na casca esférica, obtemos um importante resultado: as componentes tangenciais da força gravitacional da casca esférica anulam-se e a força resultante estará na direção *radial* $\mathbf{u_r}$. Resta agora mostrar que o módulo F dessa força tem a forma dada pela Equação 11.1.

Em termos do ângulo azimutal θ, o anel terá raio $R\,\mathrm{sen}\,\theta$ e espessura $Rd\theta$. A densidade superficial de massa da casca esférica é $\sigma = M/(4\pi R^2)$, de modo que a massa do anel será $dM_{anel} = \sigma(2\pi R\,\mathrm{sen}\,\theta)Rd\theta = (M/2)\,\mathrm{sen}\,\theta d\theta$. Podemos calcular F integrando em dM_{anel}:

$$F = \int dF_{anel} = \int \frac{Gm\cos\alpha\,dM_{anel}}{r_1^2}$$

$$F = \frac{GMm}{2}\int_0^\pi \frac{\cos\alpha\,\mathrm{sen}\,\theta\,d\theta}{r_1^2} \tag{11.11}$$

em que:

$$r_1^2 = R^2 + r^2 - 2Rr\cos\theta$$

$$R^2 = r_1^2 + r^2 - 2rr_1\cos\alpha \quad\Rightarrow\quad \cos\alpha = \frac{r_1^2 + r^2 - R^2}{2rr_1} \tag{11.12}$$

O passo seguinte é mudar a variável de integração na Equação 11.11 de θ para r_1. Se $r > R$, os limites de integração na nova variável passam a ser $r_1(\theta = 0) = r - R$ e $r_1(\theta = \pi) = r + R$. Diferenciando da primeira Equação 11.12, temos $r_1 dr_1 = Rr\,\mathrm{sen}\,\theta\,d\theta$. Com isso, a integral na Equação 11.11 fica na forma:

$$F = \frac{GMm}{2}\int_{r-R}^{r+R}\left[\frac{r_1^2 + r^2 - R^2}{2rr_1}\right]\frac{1}{r_1^2}\frac{r_1 dr_1}{Rr} \tag{11.13}$$

e o resultado final fica:

$$F = \frac{GMm}{4Rr^2}\left[\int_{r-R}^{r+R}dr_1 - (R^2 - r^2)\int_{r-R}^{r+R}\frac{1}{r_1^2}dr_1\right]$$

$$= \frac{GMm}{r^2}\left[\frac{2R + 2R}{4R}\right] = \frac{GMm}{r^2} \quad (r > R) \tag{11.14}$$

ou seja, a força tem a *mesma forma* da força gravitacional exercida por uma massa pontual M sobre um corpo de massa m a uma distância r, como queremos demonstrar. Note que esse resultado só é obtido devido à dependência de F com $1/r^2$. Caso contrário, teríamos termos dependentes de R como resultado das integrais na Equação 11.14 (ver problema 11.17). Para $r < R$, as integrais da Equação 11.14 *anulam-se* (ver problema 11.16) e temos $F = 0$. Isto é, a força gravitacional exercida pela casca esférica é nula em pontos em seu interior.

Utilizando a equação da força gravitacional acima para um corpo de massa m submetido à **aceleração da gravidade g**, podemos escrever, utilizando a segunda lei de Newton,

$$\mathbf{F} = -G\frac{Mm}{R^2}\mathbf{u}_r = m\mathbf{a} = m\mathbf{g}$$

da qual concluímos que a aceleração da gravidade é dada por:

$$\mathbf{g} = -\frac{GM}{R^2}\mathbf{u}_r \quad \text{(aceleração da gravidade)} \tag{11.15}$$

ou seja, não depende do corpo de prova de massa m e tem a mesma direção e o mesmo sentido da força gravitacional, apontando, assim, para baixo. O módulo da aceleração da gravidade é, portanto, dado por:

$$g = \frac{GM}{R^2} \tag{11.16}$$

(módulo da aceleração da gravidade)

Exemplo 11.2
Esfera Maciça
Mostre que a força gravitacional exercida por uma distribuição de massa esfericamente simétrica de raio R sobre uma partícula a uma distância $r > R$ tem a mesma forma da força gravitacional exercida por um corpo pontual de mesma massa localizada em seu centro. Discuta o caso $r < R$ para uma esfera com densidade *constante* e compare a um caso "real": o planeta Terra.

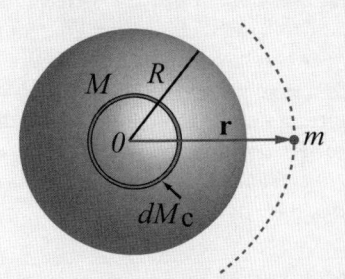

Figura 11.6: Teorema das camadas em uma esfera maciça.

Solução: se considerarmos uma esfera maciça de raio R e massa total M com uma densidade de massa $\rho(r)$ esfericamente simétrica, a atração gravitacional resultante em uma partícula de massa m situada a uma distância $r > R$ de seu centro (Figura 11.6) também será da forma da Equação 11.1. Podemos novamente utilizar argumentos de simetria e o teorema das camadas para justificar o seguinte resultado: se a densidade depender apenas de r, a esfera maciça pode ser considerada constituída de um número infinito de cascas esféricas de diferentes raios (Figura 11.6) e massas infinitesimais dM_c com $M = \int dM_c$. Aplicando o teorema das camadas, vemos que a força gravitacional de cada camada será:

$$d\mathbf{F}_c = -\frac{Gm\,dM}{r^2}\mathbf{u_r} \qquad (11.17)$$

e a força total exercida pela esfera maciça será simplesmente:

$$\mathbf{F} = \int d\mathbf{F}_c = -\frac{Gm\int dM_c}{r^2}\mathbf{u_r} = -\frac{GMm}{r^2}\mathbf{u_r} \quad (11.18)$$

Essa situação é modificada se $r < R$. Nesse caso, a força gravitacional *não* é nula, como no caso da esfera oca que vimos anteriormente, porque existe um contínuo de camadas, com raio menor que r exercendo efeito gravitacional sobre a partícula, conforme mostrado na Figura 11.6. Todavia, essa força não será, em geral, da forma dada pela Equação 11.1, proporcional a $1/r^2$.

Vejamos o que ocorre no caso mais simples possível, quando a densidade é *uniforme* em toda a esfera, ou seja, quando $\rho(r) = \rho_0 =$ constante. Pelo teorema das camadas, a fração de massa que exercerá uma força sobre a partícula será aquela concentrada em um raio menor ou igual a r, ou seja, $\overline{M} = (4/3\pi^3)\rho_0 = M(r/R)^3$. Assim, a força gravitacional exercida por essa fração de massa será:

$$F_{int} = -\frac{G\overline{M}m}{r^2} = -\frac{GMm}{R^3}r \qquad (11.19)$$

Nesse modelo de densidade constante, a aceleração da gravidade a uma distância $r < R$ do centro seria proporcional a r (ver problema 11.20).

Como podemos ver na Tabela 11.1, a densidade da Terra *não* é constante. Aumenta quando o raio diminui, sendo maior no centro da Terra. Note também que a aceleração da gravidade não é simplesmente proporcional à distância do centro da Terra, mas oscila devido à variação de densidade. Finalmente, a força gravitacional faz com que o material no interior da Terra seja submetido a pressões gigantescas, da ordem de 3,5 Mbar (1 Mbar $= 10^6$ bar, correspondente a cerca de um milhão de vezes a pressão atmosférica de ~ 1 bar). Com pressões dessa ordem, acredita-se que o núcleo da Terra seja formado essencialmente por ferro sólido e tenha densidades da ordem de 13 g/cm³.

Tabela 11.1: Interior da Terra.[5]

	Raio aprox. r (km)	Densidade (g/cm^3)	g (m/s^2) em função de r (km)	Temperatura; pressão (Mbar); composição
Crosta	6.370–6.400	$1,0-2,9$	$9,81$ $r = 6.380$	$< 1.000K$; $0,0002 - 0,006$; rochas sílicas, basalto
Manto superior	5.700–6.370	$3,4-4,4$	$10,0$ $r = 5.771$	$2.200K$; $0,1 - 0,2$; rochas ígneas, silicatos, compostos de SiMg/SiFe
Manto inferior	3.480–5.700	$4,4-5,6$	$10,4$ $r = 3.700$	$3.100K$; $0,2 - 1,3$; perovskita, silicatos, compostos MgO e FeO
Núcleo exterior	1.220–3.480	$9,9-12$	$6,7$ $r = 2.000$	$2.600/5.000K$; $1,3 - 3,2$; fluido de Fe, FeO, enxofre, ligas de Ni
Núcleo interior	0–1.220	$4,4-5,6$	$3,62$ $r = 1.000$	$6.150/7.000K$; $3,2 - 3,6$; sólido de Fe, FeO, enxofre, ligas de Ni

11.4   A Constante Gravitacional: o Experimento de Cavendish

A proporcionalidade entre a força gravitacional e a razão entre o produto das massas e o quadrado da distância é dada pela **constante de gravitação universal** G. Newton não se preocupou com o valor exato de G basicamente por dois motivos: primeiro porque não havia, na época, um parâmetro de massa consistente e universalmente aceito, o que gerava imprecisões em qualquer medida das massas envolvidas, e segundo porque a atração gravitacional entre dois objetos cujas massas possam ser medidas é tão mais fraca do que a atração exercida pela Terra que qualquer medida de G seria impraticável.

Assim, a determinação experimental do valor da constante gravitacional G foi obtida, pela primeira vez, somente um século e meio após a publicação da obra de Newton. Em 1798, o inglês **Henry Cavendish** realizou uma cuidadosa montagem experimental para medir a pequena força gravitacional entre esferas de chumbo. A Figura 11.7 mostra esquematicamente a montagem de Cavendish.

[5]Compilado de Anderson D.L. *Theory of the Earth*. Boston: Blackell Scientic Publication, 1989. Disponível em: resolver.caltech.edu/CaltechBOOK:1989.001.

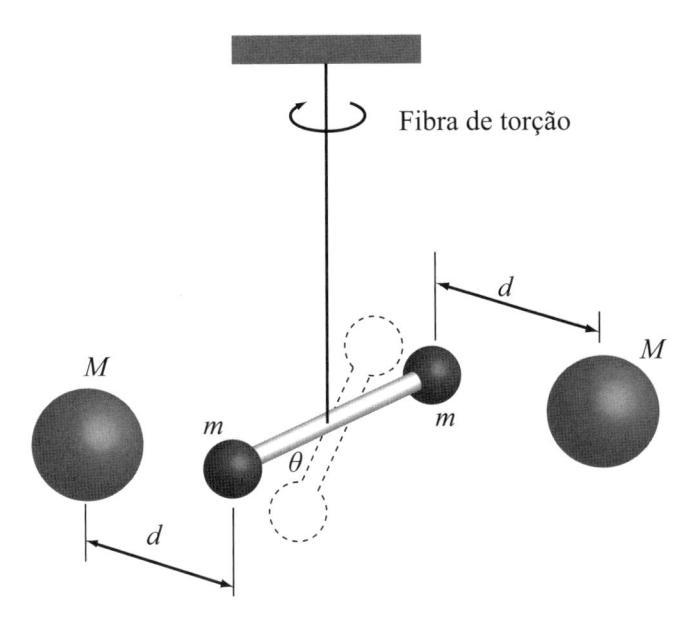

Figura 11.7: Arranjo experimental do experimento de Cavendish.

Duas esferas de chumbo[6] de massa m são colocadas nas pontas de uma haste pendurada por uma fibra de quartzo. Duas outras esferas maiores, de massa M, estão fixas em duas configurações possíveis (Figura 11.7). Em cada uma das configurações, as esferas atraem-se, gerando uma torção no fio e deslocando a haste de um ângulo θ. O mesmo ocorre na outra configuração, desta vez gerando um deslocamento $-\theta$. Medindo a abertura 2θ, pode-se calcular o torque no fio e, utilizando diferentes valores de M, m e d, determina-se G. Vários cuidados devem ser tomados para minimizar interferências externas na média, como colocar a montagem em um ambiente fechado e eletricamente neutro (ver problema 11.16).

O objetivo de Cavendish com esse experimento era medir a massa da Terra, uma vez que a aceleração da gravidade g está relacionada a G, segundo a Equação 11.16, da qual podemos escrever:

$$M = \frac{gR^2}{G} \tag{11.20}$$

Assim, medindo-se G, é possível obter M, uma vez que g e o raio da Terra R já eram conhecidos com razoável precisão (R foi medido primeiramente por **Erastostenes** por volta de 230 a.C.). Cavendish chegou ao resultado $G = 6,71 \times 10^{-11}\,\mathrm{Nm^2kg^{-2}}$, o que implica uma massa de $5,94 \times 10^{24}\,\mathrm{kg}$ para a Terra. Tais valores são bem próximos aos valores atuais de $G = 6,67 \times 10^{-11}\,\mathrm{Nm^2kg^{-2}}$ e $M_T = 5,97 \times 10^{24}\,\mathrm{kg}$.

11.5 Energia Potencial Gravitacional

A força gravitacional entre duas partículas é uma **força central**, ou seja, está sempre orientada na direção da reta que une as partículas. Além disso, depende apenas da distância entre elas e das massas (não depende de suas velocidades, por exemplo). Dessa forma, é possível mostrar que a força gravitacional é *conservativa*, o que significa que o trabalho realizado por ela não depende do caminho do deslocamento, mas apenas das posições inicial e final (conforme visto no Capítulo 7, seção 7.9). Vimos também que podemos associar um campo de energia potencial às forças conservativas. No caso da força gravitacional, esse campo é denominado **energia potencial gravitacional** $U(r)$. A relação entre ambos é dada por:

$$F(r) = -\frac{dU(r)}{dr} \tag{11.21}$$

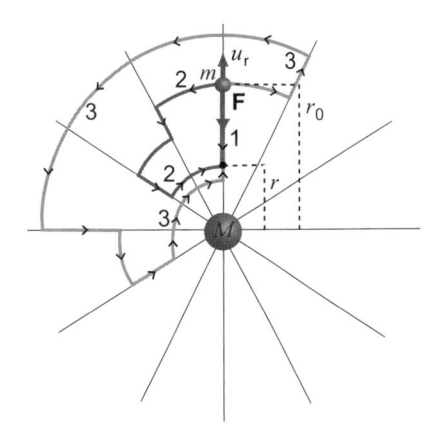

Figura 11.8: Potencial gravitacional: massas M e m e caminhos possíveis de r_0 a r.

Podemos derivar uma expressão para $U(r)$ da seguinte forma: sabemos, de acordo com o que vimos no Capítulo 7 (Equação 7.28), que o trabalho W realizado por uma força por um determinado caminho C é dado por:

$$W = \int_C \mathbf{F} \cdot d\mathbf{r} \tag{11.22}$$

e que, no caso de forças conservativas, é igual à diferença de energia potencial entre os pontos inicial e final do deslocamento:

---

[6]Por que chumbo? O chumbo é uma substância relativamente comum e extremamente densa. A densidade do chumbo é de $11,36\,\mathrm{g/cm^3}$ (bem maior que a do ferro [$7,87\,\mathrm{g/cm^3}$] ou a do cobre [$8,96\,\mathrm{g/cm^3}$], por exemplo), de modo que se obtém uma maior concentração de massa em um mesmo volume. Isso é desejável no experimento, uma vez que a força gravitacional é proporcional à massa dos corpos e queremos obter a maior força possível. Além disso, o chumbo é um material não magnético, o que minimiza interferências de campos eletromagnéticos externos de massas determinadas colocadas a distâncias conhecidas.

$$W = U(r_F) - U(r_1) \qquad (11.23)$$

Vamos considerar duas massas M e m, conforme mostrado na Figura 11.8. A força gravitacional entre as duas será:

$$\mathbf{F} = -G\frac{Mm}{r^2}\mathbf{u_r} \qquad (11.24)$$

em que $\mathbf{u}_r$ é um vetor unitário na direção radial entre M e m. Calculemos, agora, o trabalho da força gravitacional quando m se desloca de uma distância r_0 até uma distância r de M. Note que podemos escolher *qualquer* caminho que vá de r_0 até r (Figura 11.8), uma vez que o resultado será o mesmo. O cálculo fica mais simples se escolhermos o caminho 1. Nesse caso, o deslocamento ocorre em direção à massa M (direção $-\mathbf{u_r}$ na figura), na mesma direção e no mesmo sentido da força gravitacional. Temos, então, $d\mathbf{r} = -\mathbf{u_r}dr$ e $\mathbf{F} = F(r)(-\mathbf{u_r})$ e o trabalho fica:

$$W = \int_C \mathbf{F} \cdot d\mathbf{r} = \int_{r_0}^{r} Fr'dr' = GMm \int_{r_0}^{r} \frac{1}{r'^2}dr'$$

$$= GMm\left(\frac{1}{r_0} - \frac{1}{r}\right) = \left(-\frac{GMm}{r}\right) - \left(-\frac{GMm}{r_0}\right) \qquad (11.25)$$

que, pela Equação 11.23, deve ser igual à diferença dos potenciais gravitacionais em r e r_0: $W = U(r) - U(r_0)$. Assim, a partir da Equação 11.25, podemos concluir que uma forma possível para o potencial $U(r)$ é:

$$U(r) = -\frac{GMm}{r} \qquad (11.26)$$

Comprovamos isso mostrando que, de fato, a Equação 11.21 é satisfeita. Note que, com essa forma para $U(r)$, estamos assumindo que $U(r_0) = 0$ para $R_0 \to \infty$. Ou seja, a definição para $U(r)$ pode ser escrita na forma:

$$U(r) = \int_{\infty}^{r} \mathbf{F} \cdot d\mathbf{r} = -\frac{GMm}{r} \qquad (11.27)$$

(energia potencial gravitacional)

Qual é o significado físico da energia potencial gravitacional? A Equação 11.26 mostra que $U(r) = -GMm/r$ corresponde ao trabalho realizado pela força gravitacional para deslocar a partícula de massa m desde o "infinito" até uma distância r do corpo de massa M. Por outro lado, vimos também, no Capítulo 7, que podemos transformar energia potencial em energia cinética.

A **energia mecânica** da partícula é a soma de sua energia cinética e da energia potencial gravitacional:

$$E = \frac{1}{2}m\mathbf{v}^2 + U(r) = \frac{1}{2}m\mathbf{v}^2 - \frac{GMm}{r} \qquad (11.28)$$

Note que a energia potencial $U(r)$ é *negativa* e aumenta em módulo (fica "mais negativa") quando r diminui. Assim, pelo princípio de conservação de energia mecânica (E = constante), à medida que a partícula se aproxima da massa M, há um ganho em sua energia cinética, já que $U(r)$ decresce em valores absolutos (mas cresce em módulo). Do mesmo modo, há uma perda de energia cinética se a distância entre elas aumenta.

No Capítulo 7, vimos que a energia potencial gravitacional foi dada por $U_G = mgh$, portanto, diferente do valor apresentado pela Equação 11.27. A diferença entre as duas definições deve-se ao fato de que, no Capítulo 7, adotamos pequenas distâncias da superfície da Terra, de forma que assumimos a aceleração da gravidade g constante, enquanto, na Equação 11.27, g diminui com a altura. Além disso, adotamos a superfície da Terra ou alguma outra posição adequada como referência de energia zero, de forma que a energia aumenta quando a altura aumenta. Na Equação 11.27, a energia potencial é zero para distância infinita. Assim, para qualquer outra distância, a energia potencial é negativa, indicando uma situação em que uma massa com essa energia estaria presa à atração gravitacional da Terra (sistema ligado). Entretanto, a energia potencial também aumenta com o aumento da distância ao centro da Terra, assim como no caso da definição do Capítulo 7.

Velocidade de escape

Considere um objeto lançado radialmente da superfície da Terra a uma velocidade v_0. Sua energia mecânica inicial será:

$$E_i = \frac{1}{2}mv_0^2 + U(r) = \frac{1}{2}mv_0^2 - \frac{GM_Tm}{R_T} \qquad (11.29)$$

Como vimos, a energia cinética do objeto diminui à medida que a distância r à Terra aumenta. Se sua energia cinética inicial for pequena (menor que GM_Tm/R_T), existirá uma certa distância r na qual a energia cinética do objeto se anula e, estando sob ação da força gravitacional, o objeto é "recapturado" e atraído de volta à superfície da Terra.

A **velocidade de escape** geralmente é definida como a velocidade mínima que um objeto (um foguete ou uma sonda, por exemplo) precisa ter para "escapar" da atração gravitacional de um corpo de maior massa (como um planeta ou uma estrela). Em outras palavras, é a mínima velocidade inicial necessária para que o objeto não seja "recapturado". Podemos calcular essa velocidade para o caso da Terra como descrito a seguir.

Para que o objeto "escape" da atração gravitacional, é necessário que a distância r em que sua energia cinética se anula tenda ao infinito ($r \to \infty$). Nesse caso, a energia mecânica na situação final será igual à energia potencial gravitacional $U(r \to \infty)$:

$$E_f = 0 + U(r \to \infty) \tag{11.30}$$

No entanto, conforme vimos anteriormente $U(r)$ é *nula* para $r \to \infty$ por definição, e temos $E_f = 0$. Concluímos, então, que, na condição de "escape", a energia mecânica total do corpo deve ser nula, ou seja:

$$E_i = E_f \quad \Rightarrow \quad \frac{1}{2}mv_0^2 - \frac{GM_T m}{R_T} = 0 \tag{11.31}$$

Dessa forma, a velocidade de escape para um objeto lançado verticalmente da Terra será:

$$v_0 = \sqrt{\frac{2GM_T}{R_T}} \cong 11,3\,\mathrm{km/s} \tag{11.32}$$

Note que esse valor *independe* da massa do objeto.

11.6 Leis de Kepler

Vimos que a forma proposta por Newton para a lei de gravitação universal (força proporcional ao produto das massas e ao inverso do quadrado da distância) tem propriedades singulares que acarretam simplificações importantes, como o teorema das camadas. Mas o que levou Newton a propor especificamente essa forma para a força gravitacional?

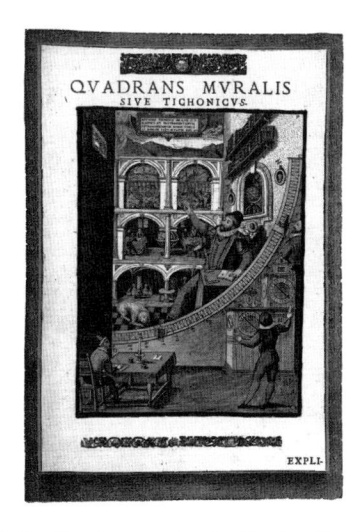

Figura 11.9: Equipamento de Tycho Brahe. (Fonte: Wikimedia Commons)

Embora fosse dotado de grande inteligência (considerado por alguns o maior gênio que a humanidade

já teve), Newton não "adivinhou" a forma da lei, mas foi levado a ela por acreditar na validade das **leis de Kepler** em relação ao movimento orbital dos planetas. **Johannes Kepler** (1571-1630) formulou suas três leis sobre o movimento orbital dos planetas após uma cuidadosa análise dos dados observacionais obtidos por seu mentor, o astrônomo dinamarquês **Tycho Brahe** (1546-1601).

Primeira lei de Kepler

Um dos objetivos das observações astronômicas conduzidas por Tycho Brahe era tentar verificar o modelo proposto por **Nicolau Copérnico** (1473-1543), segundo o qual os planetas descrevem órbitas *circulares* em torno do Sol. Kepler notou que, embora a concordância entre os dados experimentais de Tycho Brahe e o modelo de Copérnico fosse boa em primeira aproximação, havia desvios nos dados que estavam além do erro experimental, particularmente no caso das observações do planeta Marte.

Após várias tentativas, incluindo uma modificação no modelo original de Copérnico, colocando o Sol no centro geométrico das órbitas circulares, Kepler concluiu que a curva que melhor descreveria a órbita de Marte, de acordo com o experimento, seria uma **elipse**, com o Sol ocupando um dos focos. A generalização dessa ideia para os outros planetas foi expressa por Kepler na primeira de suas três leis:

Primeira lei de Kepler: a órbita descrita pelos planetas ao redor do Sol é uma elipse, com o Sol ocupando um dos focos.

Elipse

Uma **elipse** é uma curva em um plano definida como o conjunto de pontos cuja soma das distâncias a dois pontos determinados (denominados **focos da elipse**) seja constante. Em outras palavras, dado um ponto P na elipse com focos F_1 e F_2, a distância r_1 e r_2 de P aos focos obedece à relação:

$$r_1 + r_2 = 2a \tag{11.33}$$

sendo a um número real (o fator 2 é escolhido por conveniência). Na Figura 11.10a, vemos uma maneira de criar uma elipse utilizando um barbante de comprimento fixo preso em dois pontos (focos) e, na Figura 11.10b são mostrados os parâmetros de uma elipse. Em coordenadas cartesianas, uma elipse (Figura 11.10b), centrada em (x_0, y_0) é caracterizada pelo conjunto de pontos (x, y) que satisfazem uma relação geral do tipo:

$$\frac{(x - x_0)^2}{a^2} + \frac{(y - y_0)^2}{b^2} = 1 \tag{11.34}$$

em que $b^2 = a^2 - c^2$, sendo $2c$ a distância entre os focos, localizados nas coordenadas $(x_0 \pm c, y_0)$. É possível mostrar que as duas definições (Equações 11.33 e 11.34) são equivalentes.

Os parâmetros a e b são denominados *semieixo maior* e *semieixo menor*, respectivamente, e representam as distâncias máxima e mínima ao centro da elipse. Outro parâmetro importante é a *excentricidade*, definida como a razão entre a distância entre os focos ($2c$) e o eixo maior ($2a$): $e = c/a$. Assim, quanto maior a excentricidade e, mais "achatada" é a elipse.

Na elipse mostrada na Figura 11.10b, estão representados o eixo maior ($2a$), o eixo menor ($2b$) e a posição dos focos $(x_0 \pm c, y_0)$.

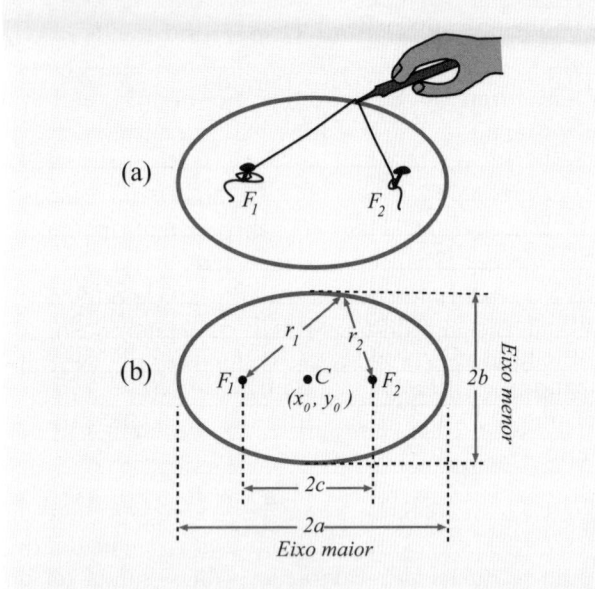

Figura 11.10: (a) Construção de uma elipse e (b) parâmetros de uma elipse.

Segunda lei de Kepler

Pelos dados de Brahe, Kepler percebeu, também, que o movimento dos planetas não é uniforme, ou seja, o módulo de sua velocidade orbital *varia* ao longo da órbita elíptica, sendo maior quando o planeta está mais próximo ao Sol (ponto denominado **periélio** da órbita) e menor quando está mais afastado (ponto denominado **afélio** da órbita)[7]. No entanto, embora o módulo da velocidade orbital não seja constante, a *área* varrida em intervalos de tempo iguais pelo vetor que liga o planeta ao Sol é constante, o que levou Kepler a formular sua segunda lei.

Segunda lei de Kepler (lei das áreas iguais): o raio vetor que liga um planeta ao Sol descreve áreas iguais em tempos iguais.

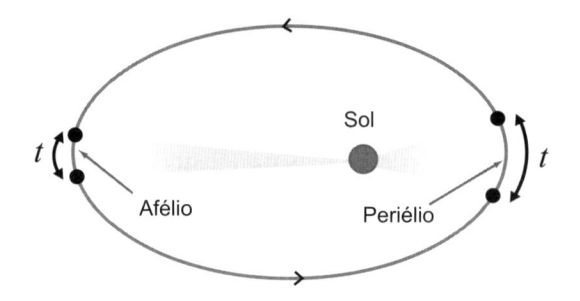

Figura 11.11: Ilustração da segunda lei de Kepler: as órbitas dos planetas varrem áreas iguais em tempos iguais.

A segunda lei de Kepler é essencialmente uma manifestação da lei de conservação do momento angular, vista no Capítulo 10. Na Figura 11.12, representamos a órbita elíptica de uma partícula de massa m em torno de um corpo de massa M localizado no foco. Utilizando coordenadas polares com a origem em M, a área percorrida pelo raio vetor de comprimento r em um intervalo de tempo Δt (hachurada) será aproximadamente a área de um triângulo de base $r\Delta\theta$ e altura r, ou seja, $\Delta A \approx r(r\Delta\theta)/2$, em que $\Delta\theta$ é a variação da coordenada angular. A taxa instantânea de variação da área será:

$$\frac{dA}{dt} = \frac{1}{2}r^2\left(\frac{d\theta}{dt}\right) = \frac{1}{2}r^2\dot{\theta} \qquad (11.35)$$

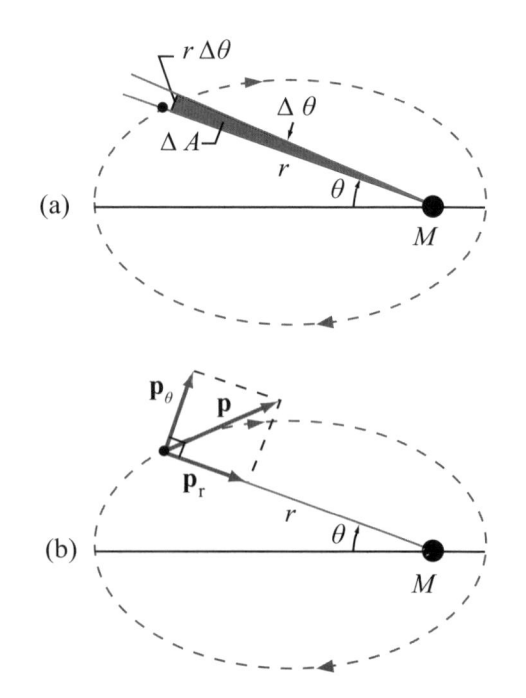

Figura 11.12: Dedução da segunda lei de Kepler.

Para deduzir a segunda lei, basta mostrar que dA/dt é constante, ou seja, que a variação da área é a

[7]Vide animação em http://www.phy.ntnu.edu.tw/java/Kepler/Kepler.html.

mesma para intervalos iguais de tempo. Podemos verificar isso utilizando o momento angular $\mathbf{L}$ da partícula, que é dado por:

$$\mathbf{L} = \mathbf{r} \times \mathbf{p} = r\mathbf{u_r} \times (p_r\mathbf{u_r} + p_\theta\mathbf{u_\theta}) = rp_\theta\mathbf{k}$$

$$|\mathbf{L}| = L = rp_\theta = r(mv_\theta) = mr^2\dot{\theta} \qquad (11.36)$$

uma vez que, em coordenadas polares, $\mathbf{v} = \dot{r}\mathbf{u_r} + r\dot{\theta}\mathbf{u_\theta}$ e $v_\theta = r\dot{\theta}$. A conservação do momento angular implica $\frac{d\mathbf{L}}{dt} = 0$, de modo que $L = $ constante. Assim, substituindo a Equação 11.36 na Equação 11.35, temos:

$$\frac{dA}{dt} = \frac{L}{2m} = constante \qquad (11.37)$$

Terceira lei de Kepler

As duas primeiras leis de Kepler, publicadas simultaneamente em 1605, referem-se aos movimentos individuais dos planetas. Kepler, no entanto, sempre buscou alguma regularidade que relacionasse as diferentes órbitas dos planetas, procurando demonstrar que estes executavam uma "harmonia celeste" em seu movimento ao redor do Sol. Eventualmente, Kepler descobriu tal regularidade e expressou-a na forma de sua terceira lei, publicada 14 anos depois das duas primeiras. Segundo ela, os quadrados dos períodos de revolução de dois planetas quaisquer estão entre si como os cubos das suas distâncias médias ao Sol. Em outras palavras, dados dois planetas A e B, os períodos T_A e T_B estão relacionados aos semieixos maiores (que são iguais às distâncias médias ao Sol)[8] de suas órbitas a_A e a_B através da relação:

$$\frac{T_A^2}{T_B^2} = \frac{a_A^3}{a_b^3} \qquad (11.38)$$

ou ainda:

$$\frac{T_A^2}{a_A^3} = \frac{T_B^2}{a_B^3} = constante \qquad (11.39)$$

Assim, outra forma de expressar a terceira lei é:

Terceira lei de Kepler: o quadrado do período de revolução de qualquer planeta é proporcional ao cubo do semieixo maior de sua órbita. A constante de proporcionalidade é a mesma para todos os planetas, ou $\frac{T_A^2}{a_A^3} = \frac{T_B^2}{a_B^3} = constante$.

Em muitos casos, particularmente em astronomia, é conveniente expressar distâncias em Unidades Astronômicas (UA), definidas como a distância média entre a Terra e o Sol $1\ UA = 1,496\times10^{11}$ m. Se a

for medido em UA e T for medido em anos (tal que $T_{Terra} = 1$), a constante na terceira lei de Kepler assume o valor 1, por definição (já que $a_{Terra} = 1$ UA).

Na Tabela 11.2, mostramos os valores experimentais de a, T e T^2/a^3 para os planetas do sistema solar, que confirmam, com boa aproximação, a terceira lei de Kepler. Note que a aproximação é particularmente boa no caso dos planetas de menor massa e mais próximos ao Sol (Mercúrio, Vênus, Marte). Veremos como a massa do planeta introduz correções na lei de Kepler na seção 11.7.

Tabela 11.2: Verificação da terceira lei de Kepler para os planetas do sistema solar

Planeta	Semieixo maior a (UA)	Período ($T_{Terra}=1$)	T^2/a^3
Mercúrio	0,387096	0,24085	1,00009
Vênus	0,723342	0,61521	1,00004
Terra	1	1	1
Marte	1,523705	1,88089	1,00006
Júpiter	5,204529	11,8622	0,998128
Saturno	9,575133	29,4577	0,988469
Urano	19,30375	84,0139	0,981245
Netuno	30,20652	164,793	0,985316
Plutão	39,91136	247,686	0,964969

No caso de órbitas *circulares*, a terceira lei de Kepler pode ser deduzida com relativa facilidade, partindo-se da lei de gravitação e da segunda lei de movimento de Newton ($\mathbf{F} = m\mathbf{a}$). Nesse caso, o movimento será circular uniforme e $\mathbf{a}$ será a aceleração centrípeta. Usando a segunda lei de Newton:

$$\frac{GMm}{R^2} = mR\omega^2 \quad \Rightarrow \quad \frac{GM}{R^3} = \frac{4\pi^2}{T^2}$$

$$\Rightarrow \quad \frac{R^3}{T^2} = \frac{GM}{4\pi^2} = constante \qquad (11.40)$$

Pode ser mostrado que esse resultado permanece válido para o caso de órbitas elípticas. Historicamente, Newton *usou* a segunda e a terceira leis de Kepler para intuir sua lei de gravitação. Assim, a partir do conhecimento da forma da força gravitacional, Newton pôde *deduzir* que as órbitas dos planetas são elípticas (primeira lei de Kepler) sem necessitar de hipóteses adicionais, o que se constituiu em um grande sucesso de sua teoria. Outro grande mérito de Newton foi generalizar a aplicabilidade de sua lei para *todos* os corpos do Universo e não somente ao movimento planetário estudado por Kepler.

---

[8]A distância média até o Sol é *igual* ao semieixo maior de sua órbita elíptica (ver Problema 11.35).

Movimento orbital de satélites

Uma aplicação moderna da lei de gravitação de Newton e das leis de Kepler é o caso do movimento orbital de satélites artificiais terrestres. Os satélites artificiais têm uma imensa gama de aplicações, como telecomunicações, previsão do tempo e estudo do clima, mapeamento fotográfico em regiões de difícil acesso e aplicações militares em espionagem e defesa. Em geral, os satélites são colocados em órbitas circulares ou elípticas em alturas que variam de algumas centenas a dezenas de milhares de quilômetros acima da superfície da Terra.

No caso de órbitas circulares, podemos aplicar a terceira lei de Kepler ao movimento dos satélites ao redor da Terra, de modo que as distâncias e os períodos se referem à *Terra* e não ao Sol. Se a órbita do satélite está a uma altura h acima da superfície da Terra, o raio de sua órbita será $R_T + h$, em que $R_T = 6{,}38{\times}10^3$ m é o raio da Terra. Assim, o *período* de revolução do satélite será dado por:

$$\frac{(R_T + h)^3}{T^2} = \frac{GM_T}{4\pi^2} \;\Rightarrow\; T = 2\pi\sqrt{\left(\frac{(R_T + h)^3}{GM_T}\right)}$$

$$(11.41)$$

em que $M_T = 5{,}98{\times}10^{24}$ kg é a massa da Terra. Vemos, então, que o período de revolução dos satélites cresce com a altura de sua órbita e *independe* da massa do satélite.

Outro resultado importante para o movimento dos satélites é que o plano de sua órbita deve sempre conter o centro da Terra (ver problema 11.38). Esse é um corolário da primeira lei de Kepler, aplicada ao caso atual, com a Terra situada em um dos focos da elipse (ou, por exemplo, no centro de uma órbita circular). Dessa forma, além da altura, um outro parâmetro importante da órbita de um satélite é a *inclinação* do plano de sua órbita em relação ao plano do Equador. A Estação Espacial Internacional (ISS), por exemplo, tem uma órbita com $h = 354$ km e inclinação de $51{,}6°$ em relação ao Equador. Quanto maior a inclinação, maior é o intervalo de latitudes "varrido" pelo satélite. Assim, satélites de baixa inclinação são geralmente usados para monitorar um intervalo de latitudes pequeno (satélites meteorológicos, por exemplo), enquanto satélites de alta inclinação, chegando a órbitas quase polares, com inclinações próximas a $90°$, são usados para varreduras geográficas (como satélites de obtenção de imagens de alta resolução).

11.7   Problema de Dois Corpos

Até aqui, consideramos os efeitos gravitacionais em situações nas quais a massa de um dos corpos envolvidos é muito maior que as massas dos demais corpos.

A massa do Sol, por exemplo, é cerca de 3.000.000 vezes maior que a da Terra e cerca de 1.000 vezes maior que a de Júpiter, o maior planeta do sistema solar. A massa da Terra ($5{,}98{\times}10^{124}$ kg), por sua vez, é cerca de 80 vezes maior que a massa da Lua.

Nessas situações, é válido assumir que o corpo de maior massa (p. ex., o Sol) permanece fixo e que apenas o corpo de menor massa (um planeta) se move sob a ação da força gravitacional. No entanto, isso é apenas uma *aproximação,* que deixa de ser válida quando as massas dos corpos envolvidos são da mesma ordem. Um exemplo astronômico é o caso de *estrelas duplas,* um sistema em que duas estrelas relativamente próximas sofrem a atração gravitacional uma da outra. Nesse caso, o que ocorre é que *ambos* os corpos se movem, geralmente orbitando um centro de gravidade comum.

Nesta seção, apresentaremos alguns resultados para sistemas de dois corpos de massas semelhantes atraídos pela força gravitacional.

Referencial do centro de massa e massa reduzida

Considere dois corpos de massa m_1 e m_2 com posições $\bar{r}_1$ e $\bar{r}_2$ em um sistema de coordenadas com origem em O (Figura 11.13).

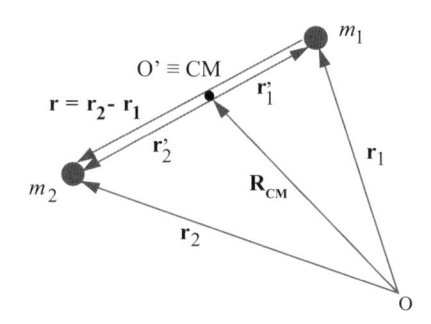

Figura 11.13: Problema de dois corpos.

Conforme visto no Capítulo 8 (Equação 8.4), a posição do centro de massa ($\overline{R}_{CM}$) do sistema será dada por:

$$M_T \mathbf{R}_{CM} = m_1 \mathbf{r}_1 + m_2 \mathbf{r}_2 \qquad (11.42)$$

em que $M_T = m_1 + m_2$ é a massa total do sistema. Em um referencial com origem na posição do centro de massa O', é possível mostrar (problema 11.44) que as posições $\mathbf{r}'_1$ e $\mathbf{r}'_2$ das partículas serão dadas por:

$$\mathbf{r}'_1 = -\frac{m_2}{M_T}\mathbf{r} \quad \text{e} \quad \mathbf{r}'_2 = \frac{m_1}{M_T}\mathbf{r} \qquad (11.43)$$

em que $\mathbf{r} = \mathbf{r}_2 - \mathbf{r}_1$ é a posição relativa da partícula 2 em relação à partícula 1 (Figura 11.13).

A partícula 2 está sujeita à força gravitacional atrativa exercida pela partícula 1 na direção $+\mathbf{u_r} = \mathbf{r}/\left|\mathbf{r}\right|$, dada pela Equação 11.1, ou:

$$\mathbf{F} = -\frac{Gm_1 m_2}{r^2}\mathbf{u_r} \qquad (11.44)$$

Já a partícula 1 está sujeita à força gravitacional exercida pela partícula 2, com mesmo módulo e direção, mas sentido oposto ao de $\mathbf{F}$. Aplicando a segunda lei de Newton para cada partícula, no referencial do centro de massa, temos:

$$m_1\ddot{\mathbf{r}}'_1 = -\mathbf{F} \quad \text{e} \quad m_2\ddot{\mathbf{r}}'_2 = \mathbf{F} \qquad (11.45)$$

Nesse sistema de coordenadas, tanto $\mathbf{r}'_1$ e $\mathbf{r}'_2$ como $\mathbf{F}$ dependem apenas de $\mathbf{r}$, o que simplifica bastante a descrição. Substituindo a Equação 11.43 na Equação 11.45, as duas equações acima reduzem-se a uma só:

$$\frac{m_1 m_2}{M_T}\ddot{\mathbf{r}} = -\mathbf{F} \quad \Rightarrow \quad \mu\ddot{\mathbf{r}} = -\mathbf{F} \qquad (11.46)$$

em que $\mu = m_1 m_2/(m_1 + m_2)$ é denominada a **massa reduzida** do sistema (ver seção 8.7). Essa equação única descreve completamente o sistema de duas partículas. Conhecendo-se a solução $\mathbf{r}(t)$, é possível, fazendo algumas substituições simples, obter $\mathbf{r}_1(t)$ e $\mathbf{r}_2(t)$.

Note que a Equação 11.46 tem a forma da equação da segunda lei Newton ($\mathbf{F} = m\mathbf{a}$) para uma partícula fictícia de massa μ na posição $\mathbf{r}$ e sujeita a uma força $\mathbf{F}$. Em outras palavras, o sistema de duas partículas com interação gravitacional foi reduzido a um problema de uma partícula "fictícia" sob a ação de uma força externa. Essa simplificação não se restringe apenas à força gravitacional; na verdade, qualquer sistema de duas partículas interagindo via uma força que dependa apenas da distância entre elas pode ser mapeado em um sistema de partícula única.

Órbitas circulares

Uma solução possível da Equação 11.46 é $\mathbf{r}(t) = R\mathbf{u_r}(t)$, em que a distância R entre as partículas é *constante* e o versor $\mathbf{u_r}(t)$ será periódico no tempo com frequência ω: $\mathbf{u_r}(t) = \cos\omega\ \mathbf{i} + \sin\omega\ \mathbf{j}$. Essa solução corresponde a uma *órbita circular* de raio R e frequência $\omega = 2\pi/T$ para a "partícula fictícia" de massa μ. Substituindo na Equação 11.43, as órbitas para as partículas 1 e 2 serão, no referencial do centro de massa,

$$\mathbf{r}'_1(t) = -\left(\frac{m_2 R}{M_T}\right)\mathbf{u_r}(t) = -R_1\mathbf{u_r}(t) \quad \text{e}$$

$$\mathbf{r}'_2(t) = -\left(\frac{m_1 R}{M_T}\right)\mathbf{u_r}(t) = -R_2\mathbf{u_r}(t) \qquad (11.47)$$

ou seja, as duas partículas descrevem órbitas circulares com o *mesmo período* ($T_1 = T_2 = T$). Note que esse movimento circular se dá em um referencial cuja origem é o centro de massa do sistema. Em outras palavras, o centro de massa será o centro geométrico das órbitas circulares. Com isso, o raio da órbita de cada partícula será igual à distância do corpo ao centro de massa: $R_1 = m_2 R/M_T$; $R_2 = m_1 R/M_T$ e $R = R_1 + R_2$.

Em analogia à terceira lei de Kepler, é possível estabelecer uma relação entre o período e a distância R entre as partículas. A aceleração centrípeta será dada por:

$$\ddot{r} = \frac{F}{\mu} = \frac{G(m_1 + m_2)}{r^2} \qquad (11.48)$$

logo:

$$\omega^2 R = \frac{G\left(m_1 + m_2\right)}{R^2} \quad \Rightarrow \quad \frac{R^3}{T^2} = \frac{Gm_1}{4\pi^2}\left(1 + \frac{m_2}{m_1}\right) \qquad (11.49)$$

A partir desse resultado, podemos estimar correções à lei de Kepler no sistema solar levando em conta os efeitos gravitacionais dos planetas sobre a órbita do Sol. Considerando a partícula 1 como sendo o Sol ($m_1 = m_s$) e a partícula 2 como sendo um planeta ($m_2 = m_p$) em órbitas circulares em torno do centro de massa do sistema Sol + planeta. Se R for expresso em UA e T em anos ($T_{Terra} = 1$), a Equação 11.49 fica na forma:

$$\frac{R^3}{T^2} = 1 + \frac{m_p}{m_s} \qquad (11.50)$$

Vemos, então, que a primeira correção à terceira lei de Kepler devido ao fato de a posição do Sol não estar fixa é da ordem de m_P/m_S. Na Tabela 11.3, estão mostradas as razões m_P/m_S para os planetas do sistema solar. A correção à terceira lei de Kepler é pequena (mesmo no caso de Júpiter, que tem a maior massa, a razão é da ordem de 10^{-3}). Assim, pode-se afirmar que os desvios do valor $\frac{R^3}{T^2} = 1$, mostrados na Tabela 11.3, decorrem de outros efeitos como os de interação gravitacional de outros corpos na órbita dos planetas.

Tabela 11.3: Razão entre a massa do Sol e dos planetas do sistema solar

Astro	Massa ($M_{Terra} = 1$)	m_P/m_S
Sol	$3,3\times10^5$	1
Mercúrio	0,558	$1,68\times10^{-6}$
Vênus	0,815	$2,45\times10^{-6}$
Terra	1	$3,01\times10^{-6}$
Marte	0,107	$3,22\times10^{-7}$
Júpiter	318	$9,56\times10^{-4}$
Saturno	95,1	$2,86\times10^{-4}$
Urano	14,5	$4,36\times10^{-5}$
Netuno	17,2	$5,17\times10^{-5}$

11.8   RESUMO

11.2 Lei da Gravitação Universal de Newton

A força que um corpo de massa M exerce sobre outro de massa m é dada por:

$$\mathbf{F}_{ab} = -\frac{GMm}{r^2}\mathbf{u_r} \qquad \text{(força gravitacional)} \tag{11.1}$$

11.3 Teorema das Camadas

A força gravitacional exercida por uma distribuição esférica de massa sobre objetos em seu exterior pode ser calculada como se toda a massa estivesse concentrada em seu centro. No caso de objetos no interior de uma distribuição no formato de uma casca esférica, a atração gravitacional devida a ela é *nula*.

11.5 Energia Potencial Gravitacional

A energia potencial gravitacional de dois corpos com massas M e m é dada por:

$$U(r) = -\frac{GMm}{r} \qquad \text{(energia potencial gravitacional)} \tag{11.26}$$

11.6 Leis de Kepler

Primeira lei de Kepler: a órbita descrita pelos planetas ao redor do Sol é uma elipse, com o Sol ocupando um dos focos.

Segunda lei de Kepler: o raio vetor que liga um planeta ao Sol descreve áreas iguais em tempos iguais.

Terceira lei de Kepler: os quadrados dos períodos de revolução dos planetas são proporcionais ao cubo das suas distâncias médias ao Sol e a constante de proporcionalidade é a mesma para todos os planetas, ou seja,

$$\frac{T_A^2}{a_A^3} = \frac{T_B^2}{T_B^3} = constante \tag{11.38}$$

11.7 Problema de Dois Corpos

A dinâmica de um sistema de dois corpos interagindo gravitacionalmente pode ser descrita por uma única equação de movimento no referencial do centro de massa do sistema:

$$\mu\ddot{\mathbf{r}} = -\mathbf{F} \tag{11.46}$$

em que $\mu = m_1 m_2/(m_1 + m_2)$ é denominado *massa reduzida* do sistema e $\mathbf{r} = \mathbf{r}_2 - \mathbf{r}_2$ é a posição relativa da partícula 2 em relação à partícula 1.

Referências

Nussenzveig MH. Curso de física básica. v.1. 3^a ed. São Paulo: Edgar Blucher, 2008.

Resnick R, Halliday D. Física: v.2. 4^a ed., Rio de Janeiro: Livros Técnicos e Científicos Editora, 1984.

Alonso M, Finn E. *Fundamental university physics*, v.1. 1^a ed. Reading: Addison-Wesley, 1967.

CVC Social Studies. Leis de Kepler com animação. Disponível em http://home.cvc.org/science/kepler.htm. Acessado em 05/04/2012.

University of Tennesse. Lei de gravitação de Newton. Disponível em http://csep10.phys.utk.edu/astr161/lect/history/newtonkepler.html. Acessado em 05/04/2012.

University of Toronto. Kepler. Disponível em http://www.astro.utoronto.ca/~zhu/ast210/kepler.html. Acessado em 05/04/2012.

Leyden Science. Experimento de Cavendish. Disponível em http://www.leydenscience.org/physics/gravitation/cavendish.ht Acessado em 05/04/2012.

Universidade de Cornell. Simulação das leis de Kepler. Disponível em http://instruct1.cit.cornell.edu/courses/astro101/java/binary/binary.htm. Acessado em 05/04/2012.

11.9 LEITURA COMPLEMENTAR: Satélites e Lançadores

Otavio Durão

Figura 11.14: Estação Espacial Internacional. (Fonte: Nasa)

I – Sistemas Espaciais

Um sistema espacial é compreendido por três segmentos: o espacial em si (o satélite e seu lançador), o de solo (centro de lançamento, centro de controle, estações de recebimento de dados e rede) e o de aplicações (tratamento e distribuição dos dados de carga útil – imagens, dados científicos e meteorológicos, etc.). A operação, o projeto e a especificação desses três segmentos são analisados em cada projeto pelo que se chama "análise de missão", na qual, para o objetivo pretendido, são especificados os requisitos necessários desses três segmentos para seu desenvolvimento, sua operação e sua distribuição de dados. A análise de missão também estuda qual a melhor órbita para a obtenção dos resultados da missão (altitude, tipo – circular, elíptica, geoestacionária –, inclinação em relação ao plano equatorial, etc.); do local e da janela temporal de lançamento; das necessidades de manobras; controle, etc. Enfim, estuda a integração da operação de todos os componentes da missão (satélite, lançador e solo) para o seu sucesso.

II – Segmento Espacial

O segmento espacial constitui-se de dois componentes: o satélite e seu lançador.

Satélites

Não há uma classificação padronizada para a definição dos tipos de satélites, mas eles podem ser diferenciados de acordo com suas órbitas, suas massas e seus propósitos. Assim, no primeiro caso, os satélites podem ser diferenciados como:

a) de órbita baixa (no jargão: LEO, de *low earth orbit*): usualmente ao redor de 700 km de altitude e própria dos satélites de sensoriamento remoto, com órbitas polares (inclinação próxima a 90°) e período orbital de cerca de 90 min;

b) geoestacionários: 36.000 km de altitude e que estão sincronizados com a rotação da Terra (próprios dos satélites de comunicação), colocados sobre a região de interesse;

c) outras órbitas mais específicas: geralmente para satélites científicos e de exploração do espaço profundo (*deep space* – satélites interplanetários).

Em relação à massa, os satélites podem ser classificados simplesmente como nanos, micros, pequenos, médios e grandes. Não há limites universalmente aceitos para essa classificação.

Os nanossatélites são objetos de pesquisa e não seguem a classificação rigorosa das nanodimensões, como em outras áreas da Engenharia. Um cubo de cerca de 20 cm de aresta pode ser considerado um nano satélite em virtude dos requisitos de miniaturização impostos aos seus componentes (atuadores, eletrônica, etc.). Um microssatélite pode ser considerado aquele de até 50 kg. São satélites de baixo custo, cujas aplicações são muito limitadas, geralmente destinados a estudos científicos e universitários. Os pequenos satélites vão até cerca de 500 kg e os de médio porte, até cerca de 1 a 2 toneladas.

A tendência mundial atual é para o desenvolvimento de grandes satélites, acima de 2 ou 3 toneladas. Essa tendência é imposta pelo segmento dos satélites de comunicação, comercialmente o único segmento viável em termos financeiros. Por essa razão, há uma grande tendência no desenvolvimento de lançadores de alta capacidade para atender a este crescente mercado.

Quanto aos seus propósitos, os satélites podem ser classificados conforme suas aplicações: telecomunicações, sensoriamento remoto, científicos, localização (p. ex., satélites do sistema GPS), etc. Quase sempre uma combinação desses quatro diferentes tipos de classificação define um satélite.

Subsistemas de um satélite

Um satélite divide-se basicamente em duas partes principais, chamadas plataformas (*bus*, em inglês). Uma que aloja a carga útil, ou seja, os equipamentos que geram os dados para os quais a missão foi concebida (*transponder* para missão de telecomunicações, câmeras para sensoriamento remoto, sensores para missões científicas, etc.), e outra, chamada de plataforma de serviços, que abriga todos os subsistemas necessários para o funcionamento do satélite. Esses subsistemas são:

- comunicações (telemetria e telecomando): antenas, *transponders* e RF;
- estrutura: cilindro central e painéis estruturais;
- energia: baterias e painéis solares;
- computadores de bordo: CPU e *software*;
- controle térmico: componentes ativos e passivos;
- propulsão (para controle angular e manobras de órbita): propulsores, tanques e válvulas;
- controle de atitude: sensores e atuadores de posicionamento angular (ângulos de Euler).

Para o projeto desses subsistemas, são utilizados instrumentos de modelagem e simulação, como técnicas de elementos finitos para estruturas e projetos de controle térmico, para posterior validação por testes físicos em modelos desenvolvidos para este fim (modelos de engenharia e qualificação). O modelo de voo é o que é lançado efetivamente, embora, por motivos econômicos, alguns projetos não sigam exatamente essa diferenciação.

Testes de um satélite

Os testes de um satélite são de extraordinária importância para seu sucesso, pelo simples motivo de que seu conserto em órbita é impraticável ou muito caro. Missões de manutenção têm sido realizadas apenas em satélites de grante porte, como o telescópio espacial Hubble e o da Estação Espacial Internacional. Entretanto, algumas operações de reconfigurações de *software* de bordo têm sido feitas por transmissão do solo. Por outro lado, os testes de satélites representam um grande custo para seu desenvolvimento, o que faz com que sejam um item de profunda análise e muitas considerações.

Figura 11.15: Medida de compatibilidade magnética do satélite brasileiro SCD1 em uma câmera anecóica do LIT/INPE. (Fonte: Inpe)

Basicamente, os testes são de cinco tipos:

- estruturais (de vibração e choque): emulam as vibrações transmitidas pelo lançador ao satélite acomodado em sua coifa durante o período de ignição, lançamento e ejeção (realizados em vibradores – *shakers*);

- termo vácuo: emulam os ciclos e gradientes térmicos aos quais os satélites são submetidos no espaço, causados pelas eclipses nos satélites de órbita baixa e ausência de refração (realizados em câmaras de termo vácuo);

- acústico: emulam a reverberação causada pelas ondas acústicas refletidas no satélite na coifa do lançador durante o lançamento (somente para satélites de maior porte);

- compatibilidade e interferência eletromagnética: realizados em câmaras anecoicas.

Lançadores

Os **lançadores** são constituídos de estágios, que são motores necessários para vencer a gravidade e o arrasto atmosférico, carregando sua carga útil de algumas toneladas, às vezes, e injetando-a corretamente em sua órbita inicial. Para a colocação na órbita definitiva, geralmente se usa a própria capacidade de propulsão do satélite.

Os estágios são ativados em série por eletrônica, sensores e temporização, com pirotécnicos acionados para separar o estágio queimado. Assim, o primeiro estágio sempre fornece o maior empuxo para vencer a maior resistência e assim sucessivamente.

Figura 11.16: Concepção artística das sequências de lançamento do satélite CBERS pelo foguete chinês Longa Marcha 4B, do Centro de Lançamento de Taiyuan, China. (Fonte: Inpe)

Os lançadores são classificados pelo número de estágios que possuem (geralmente 4, nos casos dos lançadores mais modernos) e pelo tipo de propelente que atuam nos motores que compõem seus estágios, se combustível sólido ou líquido. É possível, também, em um mesmo lançador, utilizar combustível sólido em um estágio e líquido em outro. Os estágios com combustíveis líquidos são bipropelentes, como hidrogênio e oxigênio, e, em geral, possuem maior capacidade de empuxo que os de combustível sólido. Em contrapartida, os combustíveis líquidos são de mais difícil manuseio e requerem que o carregamento dos estágios seja feito no local do lançamento, exigindo toda uma infraestrutura local para isso, com muitos requisitos de segurança. Os estágios a combustíveis sólidos podem ser carregados em outras instalações antes de serem enviados ao local de lançamento.

Uma grande vantagem dos combustíveis líquidos é que eles permitem o controle da queima, por meio da regulagem de sua vazão por um sistema de válvulas, e, por conseguinte, do desempenho do motor. O combustível sólido, uma vez iniciado, só pode ser apagado, caso necessário, mas não pode ser controlado, semelhantemente a uma vela caseira. Essa diferença faz que, pelo menos para o último estágio de um lançador, seja altamente recomendável o uso de combustíveis líquidos, a fim de garantir a precisão da injeção do satélite.

III – Outras Estruturas Espaciais

Com o avanço da tecnologia e o consequente aumento da capacidade de satelização, outras estruturas espaciais que não se caracterizam como satélites ou lançadores estão sendo lançadas. Um primeiro exemplo é o ônibus espacial Shuttle, que é, ao mesmo tempo, "lançador", permanecendo em órbita por vários dias, com todos os requisitos de aerodinâmica, propulsão e proteção térmica externa que ambas as funções requerem. Outro exemplo é o telescópio espacial Hubble (Figura 11.17), com uma estrutura montada ao redor do telescópio em si. Mais recentemente, a montagem no espaço da Estação Espacial Internacional (com a qual o Brasil também colabora) abre uma nova era de exploração e desafios.

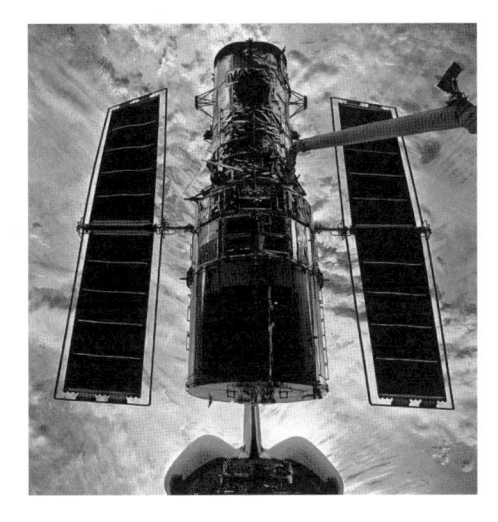

Figura 11.17: Telescópio Espacial Hubble, responsável por importantes descobertas desde seu lançamento. (Fonte: Commons Wikimedia)

IV – O Brasil no Espaço

O Brasil já está desenvolvendo satélites, lançadores, centros de controle, centros de lançamento e estações terrenas. Os primeiros satélites foram de pequeno porte (Figura 11.18), de 100 kg de coleta e transmissão de dados. Atualmente, são desenvolvidos satélites de grande porte com 1.400 kg para sensoriamento remoto.

O país desenvolve, também, um lançador de pequeno porte, com 4 estágios de combustível sólido, para satélites

de 200 kg em órbitas de cerca de 700 km de altitude (Figura 11.19).

Figura 11.18: Primeiro satélite brasileiro (SCD-1) sendo integrado ao lançador americano Pegasus. (Fonte: Orbital Sciences Corporation, EUA)

Além disso, o Brasil também possui um centro de lançamento localizado a 2° de latitude sul da linha do Equador, no Estado do Maranhão, na cidade de Alcântara. Essa localização torna o Brasil altamente indicado para o lançamento de satélites geoestacionários de comunicação que ficam em órbita no plano equatorial e é um dos grandes motivadores comerciais das atividades espaciais até o momento. Nessa localização, o movimento de rotação da Terra é maximamente aproveitado, diminuindo a necessidade de massa de propelentes do lançador e transferindo esse ganho para a massa do satélite, ou seja, satélites maiores com um maior número de canais de comunicação podem ser lançados pelo mesmo lançador e perdem essa capacidade quando partem de outros centros de lançamento.

Figura 11.19: O veículo nacional lançador de satélites (VLS). (Fonte: Inpe)

Referências da Leitura Complementar

Agência Espacial Brasileira (AEB). Disponível em: http://www.aeb.gov.br.

Centro Técnico Aeroespacial (CTA). Disponível em: http://www.cta.br.

Instituto Nacional de Pesquisas Espaciais (INPE). Disponível em: http://www.inpe.br.

National Aeronautics and Space Administration (Nasa). Disponível em: http://www.nasa.gov.

Pisacane VL, Moore RC. Fundamental of space systems. Oxford University Press, 1994.

Fortescue P, Stark J. Spacecraft systems engineering. Wiley, 1991.

Wertez JR, Larson WJ. Space mission analysis and design. Kluwer Academic Publishers, 1991.

Sobre o autor da leitura complementar: Dr. Otávio Durão é engenheiro do Instituto Nacional de Pesquisas Espaciais (Inpe). Automação Industrial pela *Pennsylvania State University*, USA. Atua em planejamento, controle, microgravidade e nanossatélites.

11.10   EXPERIMENTO 11.1: Aceleração da Gravidade

Existem várias maneiras de se medir a **aceleração da gravidade**. No Experimento 1.1, utilizamos uma bola descendo uma rampa e no Experimento 3.1, utilizamos um trilho de ar com faiscador. Neste experimento, vamos adotar um método mais direto, que consiste em deixar um objeto cair na vertical e medir o tempo de queda.

Aparato Experimental

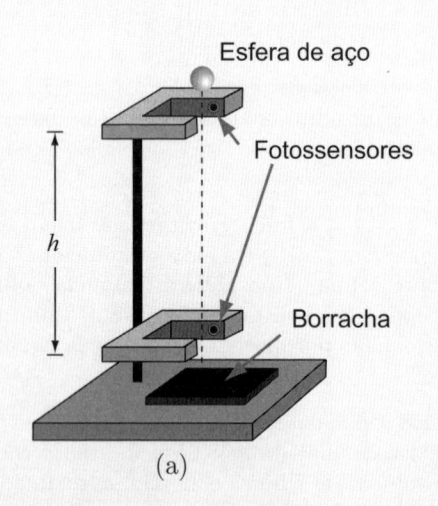

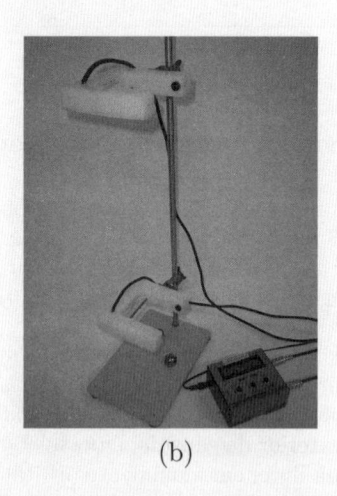

Figura 11.20: (a) Diagrama esquemático da montagem. (b) Foto do experimento. (Fonte: IFGW/Unicamp)

Dispondo-se de dois fotossensores, colocados em posições separadas por uma distância h, deixa-se cair um esfera de aço e mede-se o tempo de queda. Alguns cuidados são necessários, como o alinhamento dos fotossensores e da posição inicial de lançamento. Quanto maior a separação entre os fotossensores, melhor a precisão da medida. Alternativamente, o experimento pode ser realizado utilizando-se um cronômetro com acionamento manual. Nesse caso, é importante soltar a esfera de uma altura que permita obter a medida do tempo com precisão.

Experimento

Deixe a esfera de aço cair, a partir do repouso, de uma posição imediatamente acima do sensor superior. Realize algumas dezenas de medidas do tempo de queda da esfera, soltando-a sempre da mesma posição.

Análise dos Resultados

1) Calcule a média do tempo $\bar{t}$ de queda da esfera, o desvio-padrão σ (Equação 1.4) e o desvio-padrão da média $\sigma_{\hat{t}}$ (Equação 1.7).

2) Monte um histograma, faça uma estimativa visual do valor médio de tempo e de seu desvio-padrão e compare aos valores encontrados no item 1.

3) Determine o valor de g e seu respectivo erro a partir dos resultados obtidos no item 1.

4) Compare o valor obtido para g ao valor conhecido para sua região. Conhecendo-se a massa e o raio da Terra e a altitude do local onde as medidas foram realizadas, calcule qual deveria ser o valor de g utilizando a Equação 11.16 ($g = \frac{GM}{R^2}$). Compare com o valor obtido neste experimento.

5) Como o valor de g varia com a altitude, calcule teoricamente (utilizando a Equação 11.16) qual seria a diferença no valor de g entre as duas alturas utilizadas neste experimento.

Elaborado por: Varlei Rodrigues e Monica Cotta

11.11   QUESTÕES, EXERCÍCIOS E PROBLEMAS

Tabela 11.4: Dados úteis

	Massa (kg)	*Raio (km)*	*Distância média (m)*
Terra	$5{,}98{\times}10^{24}$	$6{,}37{\times}10^{3}$	$1{,}50{\times}10^{11}$ (ao Sol)
Lua	$7{,}36{\times}10^{22}$	$1{,}74{\times}10^{3}$	$3{,}84{\times}10^{8}$ (à Terra)
Sol	$1{,}99{\times}10^{30}$	$6{,}95{\times}10^{5}$	–

Constante de gravitação universal:
$G = 6{,}67{\times}10^{-11}\,\mathrm{Nm^2kg^{-2}}$

11.2 Lei da Gravitação Universal de Newton

11.1 O que exerce uma maior força gravitacional sobre você: seu amigo, a 3 m de distância, ou o planeta Júpiter? A massa de Júpiter é aproximadamente $2 \times 10{\times}10^{27}$ kg e sua distância à Terra é de aproximadamente $7 \times 10{\times}10^{11}$ m.

11.2 Imagine que você esteja dentro de uma cápsula fechada e que, a partir de certo momento, você passe a não sentir mais o próprio peso. Sem ter acesso a qualquer informação vinda do exterior da cápsula, é possível distinguir se você está em queda livre, em movimento orbital ao redor da Terra ou simplesmente flutuando no espaço sideral?

11.3 A Estação Espacial Internacional (SSI) encontra-se em órbita a cerca de 353 km de altitude acima da superfície terrestre. Vemos rotineiramente, na televisão, imagens da SSI mostrando objetos flutuando em seu interior. Muitas vezes, o interior da estação é referido como um "ambiente de gravidade zero". (a) Existem forças gravitacionais atuando sobre os objetos dentro da estação? (b) Qual é a ordem do valor da aceleração gravitacional no interior da estação? (c) Imagine que os astronautas queiram fazer algum tipo de atividade física com halteres. Faz alguma diferença exercitar-se com um halteres de 5 kg ou 10 kg no espaço? (d) Você consegue pensar em um jeito de os astronautas se pesarem no espaço?

11.4 Calcule a velocidade necessária para que um projétil lançado horizontalmente próximo à superfície entre em órbita circular em torno da Terra. Despreze os efeitos de atrito com o ar. Expresse sua resposta em termos de G, M_T e R_T. Usando $M_T = 5{,}97{\times}10^{24}$ kg, $G = 6{,}67{\times}10^{-11}\,\mathrm{Nm^2kg^{-2}}$ e $R_T = 6{,}38{\times}10^{6}$ m, compare o resultado com a velocidade do som no ar ($v_s = 340\,\mathrm{ms^{-1}}$).

11.5 A que distância do centro da Terra (na linha que une o centro da Terra ao centro da Lua) as forças gravitacionais da Lua e da Terra se anulam?

11.6 Calcule a razão $F_{Terra-Sol}/F_{Terra-Lua}$ entre as forças gravitacionais Terra-Sol e Terra-Lua, respectivamente.

11.7 Agora calcule a razão $F_{Sol-Lua}/F_{Terra-Lua}$, sendo $F_{Terra-Lua}$ a força gravitacional que o Sol exerce sobre a Lua e $F_{Terra-Lua}$ é a força gravitacional que a Terra exerce sobre a Lua. Considere a distância Sol-Lua aproximadamente igual à distância Terra-Sol. Com base no resultado, responda: por que a Lua não entra em órbita ao redor do Sol?

11.8 Uma das luas de Marte, *Phobos,* tem uma órbita quase circular de 9.380 km de raio e com um período de revolução de 7 horas e 39 min, aproximadamente. A partir desses dados, determine a massa de Marte. Compare com o valor mostrado na Tabela 11.3.

11.9 Em 1997, a sonda *Mars Pathfinder* aterrissou no *Ares Vallis,* no hemisfério norte de Marte, levando um pequeno veículo de exploração sobre rodas (*rover*), batizado de *Sojourner.* Considere a massa e o raio de Marte $M_M = 0{,}107M_T$ e $R_M = 0{,}53R_T$. (a) Se a massa do *Sojourner* é de 16 kg, qual é o seu peso em Marte? (b) A força de tração entre as rodas do *rover* e o solo é proporcional à força de atrito de contato entre essas superfícies. Se, na Terra, essa tração é T, qual será a tração em Marte?

11.10 (a) Calcule a variação relativa $\Delta g/g$ entre a aceleração da gravidade g na superfície da Terra e a uma altura h acima da superfície. (b) Qual é a variação percentual de g no topo do Monte Everest ($h = 8\,850\,\mathrm{m}$)? (c) A que altura você deve chegar para que g seja reduzida em 10%?

11.11 Encontre uma expressão para a densidade de um planeta envolvendo apenas a aceleração da gravidade em sua superfície g_P e seu raio R_P.

11.12 Um jogador de vôlei tem uma impulsão de 90 cm na Terra. Qual seria a impulsão desse mesmo jogador em um planeta com uma densidade 2 vezes maior e um raio 3 vezes maior que a Terra?

11.13 Mostre que a força de maré exercida por uma lua (ou outro corpo celeste) de massa M_L sobre um objeto de massa m na superfície de um planeta é proporcional a $M_L m/r^3$, sendo r a distância entre a superfície do planeta e o centro da lua (Figura 11.21). Considere R o raio do planeta.

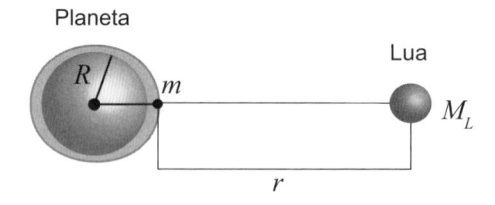

Figura 11.21: Problema 11.13.

(a) Comece escrevendo a expressão para a força F_{Lm} exercida pela lua sobre o objeto (no caso do sistema Lua-Terra, o "objeto" seria um volume de água de massa m). (b) Calcule a força F_{Lc} exercida pela lua sobre um objeto de massa m no interior do planeta. (c) A diferença $F_{Lm} - F_{Lc}$ entre as duas forças é denominada **força de maré**. Mostre que, se $R << r$, força de maré é dada por:

$$F_{\text{maré}} = \frac{2GM_L mR}{r^3}$$

11.14 Foi mencionado, na seção 11.2, que as marés na Terra também sofrem efeitos devido ao Sol, além da influência da Lua. Neste exercício, pretendemos obter uma ideia quantitativa da intensidade de cada um desses efeitos. Enquanto a força gravitacional entre dois corpos de massas M e m é proporcional a Mm/r^2, a força de maré, apesar de também ser um efeito gravitacional, é proporcional a Mm/r^3 (ver problema 11.13). Calcule a razão F_{Sol}^M/F_{Lua}^M entre as forças de maré devido ao Sol e à Lua (considere as distâncias entre os centros dos corpos).

11.15 Uma das luas de Júpiter, *Europa* (Figura 11.22), é considerada um dos mais promissores abrigos para formas de vida extraterrestre, pois acredita-se que exista uma grande quantidade de água líquida embaixo da crosta de gelo externa. Essa crosta de gelo apresenta grandes rachaduras, provenientes dos efeitos de força de maré causados por Júpiter. Usando a expressão obtida no problema 11.13, calcule a razão entre a força de maré F_{JE} exercida *por* Júpiter *sobre* Europa (note que a lua é que recebe a influência da força de maré) e a força de maré F_{LT} da Lua sobre a Terra. Dados: Júpiter: $M_J = 318M_T$, Europa: $R_E = 0,246R_T$. Sua distância até Júpiter é de aproximadamente 670.000 km.

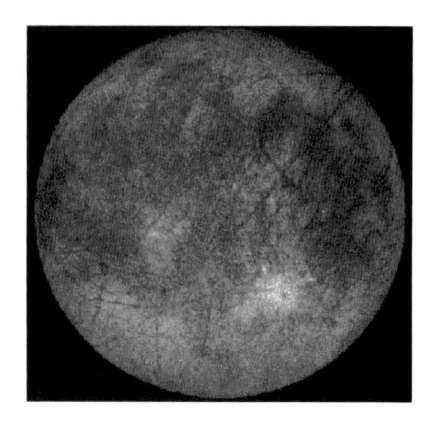

Figura 11.22: Europa, um dos satélites de Júpiter. (Fonte: Nasa)

11.3 Teorema das Camadas

11.16 Mostre que a força gravitacional no interior de uma casca esférica é *nula*. (Obs.: siga os mesmos passos da demonstração apresentada na seção 11.4, mas considerando $r < R$)

11.17 Considere, por um momento, que a interação gravitacional varia com o inverso do *cubo* da distância entre as massas, na forma:

$$\mathbf{F} = \frac{Km_1 m_2}{|\mathbf{r}_1 - \mathbf{r}_2|^3}\mathbf{u_r}$$

Nesse caso, calcule a força exercida por uma casca esférica de massa M e raio R sobre uma partícula de massa m em seu interior, posicionada em uma distância $r < R$ de seu centro. O que ocorre para $r \to 0$?

11.18 Considere que a Terra seja uma esfera de densidade uniforme ρ_0 e raio R. (a) Mostre que a aceleração da gravidade a uma distância $r < R$ do centro é dada por $g(r) = g_0(r/R)$, em que g_0 é a aceleração da gravidade na superfície. Compare com os valores mostrados na Tabela 11.1. (b) Se g_1 é a aceleração da gravidade a 4.000 km acima da superfície e g_2 é a aceleração da gravidade a 4.000 km abaixo da superfície, calcule a razão g_1/g_2.

11.19 Desde a publicação de *Viagem ao centro de Terra*, de Júlio Verne, em 1871, autores de ficção científica utilizam o tema de "planetas ocos" em suas histórias. Mas como poderíamos saber se um planeta é oco ou não? Digamos que um astronauta esteja em órbita de um planeta com raio R = 6.000 km (determinado por observações astronômicas). O astronauta desce à superfície e mede a densidade na superfície do planeta, obtendo $\rho = 5{,}50\,\mathrm{g/cm}^3$. Ele mede também a aceleração da gravidade e surpreende-se com o resultado de $g = 6{,}50\,\mathrm{m/s}^2$. (a) Qual valor de g o astronauta esperaria encontrar se o planeta fosse uma esfera maciça de raio R e densidade uniforme ρ_S? (b) O astronauta decide considerar a hipótese de que o planeta não seja uma esfera maciça, mas uma "casca oca" de raio R, densidade ρ_S e espessura h. Qual é o valor de h compatível com as medições de g, ρ_S e R? (c) Outro modelo seria considerar que a densidade do planeta não é uniforme, mas varia com a distância r ao centro do planeta. O astronauta assume, então, uma densidade que varia linearmente com r, na forma $\rho(r) = \rho_0 - (\rho_0 - \rho_S)\frac{r}{R}$. Qual é o valor de ρ_0 compatível com as medições de g, ρ_0 e R? (d) Com base no valor de ρ_0 obtido, qual das hipóteses formuladas pelo astronauta você considera mais plausível frente aos dados experimentais? Explique. (Obs.: note que $\rho(r = 0) = \rho_0$.)

11.20 Calcule a força gravitacional de uma meia casca esférica de raio R sobre um ponto a uma distância r de seu centro, como mostram as Figuras 11.23 e 11.24.

(a) $r > R$

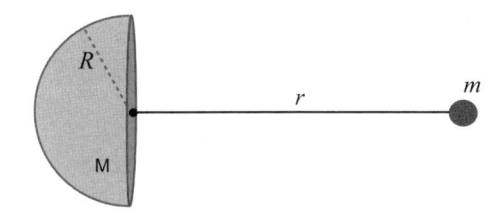

Figura 11.23: Problema 11.20(a).

(b) $r < R$

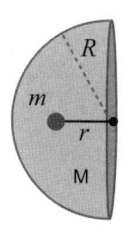

Figura 11.24: Problema 11.20(b).

11.4 A Constante Gravitacional: o Experimento de Cavendish

11.21 Um dos cuidados necessários no **experimento de Cavendish** é limitar ao máximo a influência de eventuais cargas elétricas nas esferas de chumbo, pois a força elétrica entre as cargas pode facilmente mascarar os efeitos gravitacionais. Considere dois corpos esféricos com $5,00\,\text{cm}$ de raio e $5,00\,\text{kg}$ de massa. Digamos que eles estão eletricamente carregados com uma densidade superficial de carga relativamente baixa de $\sigma = 0,001\ \mu\text{C/cm}^2$. Calcule a razão entre a força elétrica F_{el} (que será vista com mais detalhes no volume 3) e a força gravitacional F_g entre os dois corpos e mostre que essa razão *independe* da distância entre eles. (Obs.: a força elétrica pode ser obtida pela Equação 6.4.)

$$\mathbf{F} = \frac{1}{4\pi\epsilon_0}\frac{Q_1 Q_2}{r^2}\mathbf{u_r}$$

11.22 O objetivo principal de Cavendish, em seu experimento, foi determinar a massa da Terra. Determine a massa da Terra em função da constante gravitacional G, do raio da Terra R_T e da aceleração da gravidade g na superfície da Terra.

11.5 Energia Potencial Gravitacional

11.23 Em abril de 1970, a nave Apollo 13 teve problemas em um de seus tanques de oxigênio na metade do caminho entre a Terra e a Lua e foi decidido que a melhor alternativa seria continuar o percurso, dar a volta em torno da Lua e só então retornar à Terra. Por que eles não decidiram voltar imediatamente?

11.24 A gravidade realiza algum trabalho em um satélite em órbita circular em torno da Terra? E se a órbita for elíptica?

11.25 Um meteoro move-se em direção ao sistema solar com velocidade v_0, em uma direção que passaria a uma distância d do Sol se não fosse atraído pela sua força gravitacional (Figura 11.25). Se a massa do Sol é M, encontre a distância b de aproximação mínima entre o meteoro e o Sol. (*Sugestão:* utilize conservação de energia e momento angular.)

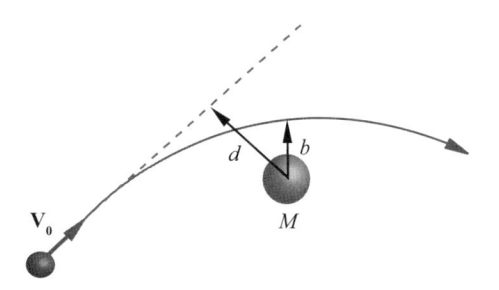

Figura 11.25: Problema 11.25.

11.26 Suponha que você seja o comandante da nave *Elliptica*, orbitando um planeta inexplorado, cuja massa é metade da massa da Terra, em uma órbita circular de 10×10^3 km de raio. (a) Qual é a sua velocidade orbital atual? (b) Os cientistas em sua tripulação estão tendo a seguinte discussão: um deles prefere ficar na órbita atual para estudar a magnetosfera do planeta, enquanto o outro prefere chegar mais próximo à superfície e estudar a geologia e o relevo. Em uma tentativa de contentar ambos, você coloca sua nave em uma órbita elíptica, com um afélio igual ao raio atual e um periélio igual à metade desse raio. Qual deve ser a mudança na velocidade da *Elliptica* para que isso ocorra? (Obs.: considere que a modificação na velocidade é praticamente instantânea. *Sugestão:* aplique as leis de conservação aos dois extremos da órbita desejada.)

11.27 Um dos principais custos associados à exploração espacial é o transporte de carga e pessoas ao espaço. Um dos componentes desse custo é a energia necessária para colocar objetos em órbita. Em 2001, o americano Dennis Tito pagou 20 milhões de dólares para ser levado à Estação Espacial Internacional a bordo de uma nave *Soyuz* tornando-se o primeiro "turista espacial" da história. (a) Determine o trabalho necessário para elevar um homem de 80 kg a uma altura de 350 km acima da superfície da Terra. (b) Calcule o trabalho adicional para colocar o mesmo homem em órbita circular em torno da Terra nessa altura. (c) Compare com a energia necessária para acelerar um automóvel ($m = 1.300$ kg) de 0 a 100 km/h.

11.28 Em um futuro distante, um astronauta de uma companhia mineradora descobre um asteroide quase esférico de aproximadamente $3\,$km de raio, composto inteiramente de titânio. Percebendo o enorme lucro potencial, o astronauta coloca sua nave em órbita circular a $2\,$km da superfície do asteroide e desce à superfície para fazer um planejamento inicial da extração do metal. Na euforia de sua descoberta, porém, ele esquece de conferir o nível de combustível em seu jato portátil e, ao chegar à superfície, percebe que não terá combustível suficiente para retornar à nave. (a) O astronauta decide, então, calcular a aceleração da gravidade no asteroide. A que resultado ele chega? A densidade do titânio é de $4{,}54\mathrm{g/cm}^3$. (b) Se, na Terra, o astronauta pode saltar a uma altura de $20\,$cm (vestindo seu traje especial), é possível retornar à nave sem o auxílio de seu propulsor portátil? Explique.

11.29 Uma nave espacial afasta-se da Terra em uma órbita radial. Assim que deixa a atmosfera, sua velocidade é de $5\,$km/s. Se os motores da espaçonave pararem de funcionar nesse ponto, a que distância do centro da Terra a nave chega antes que sua velocidade radial seja nula? Considere que a altura da atmosfera terrestre é muito menor que o raio da Terra.

11.6 Leis de Kepler

11.30 A Terra demora 1 ano para completar uma volta em torno do Sol a uma distância de 1 UA. Se um cometa leva 8 anos para completar a órbita, qual é sua distância média ao Sol?

11.31 O que aconteceria com a duração do ano na Terra se a massa do Sol duplicasse instantaneamente e a distância Terra-Sol permanecesse a mesma?

11.32 O que podemos dizer a respeito da órbita de um planeta sabendo apenas que a força gravitacional depende da distância entre ele e o Sol?

11.33 Seria possível fazer um satélite orbitar em torno da Terra seguindo a linha do Trópico de Capricórnio?

11.34 A base de Alcântara, no Maranhão, é considerada um dos melhores pontos de lançamentos de satélites de órbitas não polares. Cite duas razões para isso.

11.35 Mostre que a distância média de um planeta até o Sol é igual ao semieixo maior de sua órbita. (*Sugestão:* use as propriedades geométricas da elipse.)

11.36 Os satélites usados para telecomunicações e transmissões de sinais de TV utilizam, em sua maioria, **órbitas geoestacionárias**, ou seja, sua órbita está sincronizada com a rotação sideral da Terra. Para um observador da Terra, o satélite fica estacionário em um mesmo ponto fixo no céu. (a) Qual é a inclinação da órbita geoestacionária? (b) Calcule a altura de um satélite para que ele permaneça em órbita geoestacionária. Considere o **período sideral**[9] da Terra ($T = 23$h 56min 4s). (c) Calcule a velocidade orbital do satélite.

11.37 Recentemente, satélites de baixa órbita têm sido usados para fotografar regiões metropolitanas e rurais com objetivos comerciais e militares. Um desses satélites é o LANDSAT 7, lançado em 1999 em uma órbita circular quase polar de $705\,$km de altura e capaz de obter fotografias da superfície com uma resolução inferior a $15\,$m. A cada órbita, o satélite capta em torno de 250 imagens. (a) Calcule a velocidade e o período orbital do LANDSAT 7. (b) Estime o tempo necessário para a obtenção de cada imagem e o comprimento na superfície varrido por cada foto.

11.38 Mostre que o plano da órbita de um satélite deve, necessariamente, conter o centro da Terra. (*Sugestão:* usando o teorema das camadas e a lei de gravitação de Newton, mostre que uma órbita que não contenha o centro da Terra em seu plano é impossível.) As antenas parabólicas caseiras captam o sinal de televisão (ou rádio) refletido por satélites em órbita e, portanto, devem estar sempre apontadas para um desses satélites. Sendo assim, por que não precisamos ajustar continuamente o ângulo das antenas?

11.39 (Enade) A Figura 11.26 mostra as órbitas de quatro satélites artificiais da Terra e três elipses, descritas pelos satélites S1, S2 e S3, nas quais a Terra ocupa um dos focos e uma circunferência, descrita por S4, em que a Terra está no centro.

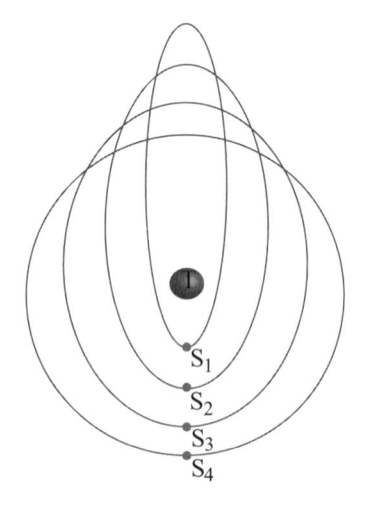

Figura 11.26: Problema 11.39.

A superposição dessas órbitas resulta na Figura 11.27.

[9]O período sideral (ou *dia sideral*) corresponde ao intervalo de tempo em que a Terra rotaciona $360°$ em torno de seu próprio eixo em um referencial fixo em relação às estrelas distantes. Vista da Terra, uma estrela aparecerá no mesmo ponto do céu a cada período sideral. O dia sideral é ligeiramente menor que o *dia solar* devido ao movimento de translação da Terra em torno do Sol (vide http://aerospacescholars.jsc.nasa.gov/HAS/cirr/em/9/9.cfm).

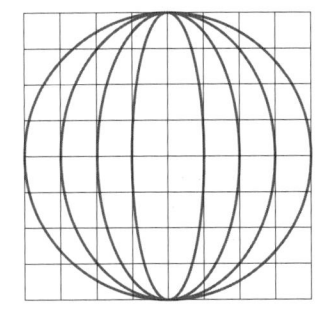

Figura 11.27: Problema 11.39.

Sabendo que o satélite S4 tem um período de 4 horas, calcule o período de S1, S2 e S3.

11.40 Considere um cometa em órbita elíptica em torno do Sol (massa M). Se d_1 e d_2 são as distâncias cometa-Sol no afélio e no periélio da órbita, respectivamente, calcule as velocidades v_1 e v_2 nesses pontos. (*Sugestão:* use as leis de conservação da energia e do momento angular.)

11.41 O *cometa Halley* é um dos mais famosos cometas do sistema solar. Este cometa, como outros cometas peródicos, tem uma órbita elíptica de alta excentricidade e é visível a olho nu na Terra a cada 76 anos. Sua última aparição, em 1986, foi amplamente divulgada pela mídia. (a) Qual é o semieixo maior da órbita do cometa Halley? Expresse sua resposta em UA. (*Sugestão:* utilize a Tabela 11.2) (b) A excentricidade da órbita do cometa Halley é $e = 0,967$. Utilizando as expressões encontradas no problema anterior, calcule a velocidade no afélio e no periélio de sua órbita. (c) O cometa Halley é visível tipicamente quando está a menos de 1 UA do Sol. Isso ocorre por apenas alguns meses em sua órbita de 76 anos. Explique o porquê, baseando-se na Lei de Kepler.

11.42 Uma sonda espacial de massa m está em uma órbita elíptica em torno de um planeta de massa M ($m \ll M$) (Figura 11.28). As distâncias do centro do planeta ao afélio (A) e ao periélio (P) da órbita são respectivamente d_A e d_P.

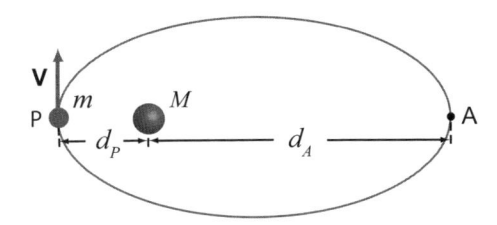

Figura 11.28: Problema 11.42.

(a) Quais são os parâmetros da órbita (semieixos a e b) e a distância interfocal c (distância entre os dois focos) em termos de d_A e d_P? Na passagem da sonda pelo periélio, seus instrumentos mostram que sua velocidade é **v** e que a força gravitacional exercida pelo planeta vale F. Algum tempo depois, os instrumentos mostram que a força caiu de F para $4F/(1 + d_A/d_P)^2$. Nessa situação, (b) qual é a

distância da sonda ao planeta? (c) Qual é a distância da sonda ao centro geométrico da órbita eliptica? (d) Qual é a velocidade da sonda? (e) Qual é a taxa dA/dt com que varia a área percorrida pelo raio vetor da órbita? (f) Qual será a velocidade da sonda no afélio?

11.43 (MEC) O período T de revolução de um planeta em órbita no sistema solar é proporcional a R^α, sendo R o semieixo maior da órbita. A constante α pode ser obtida pelo gráfico da Figura 11.29, que mostra $log_{10}T$ em função de $log_{10}R$. Um asteroide hipotético X também está assinalado no gráfico.

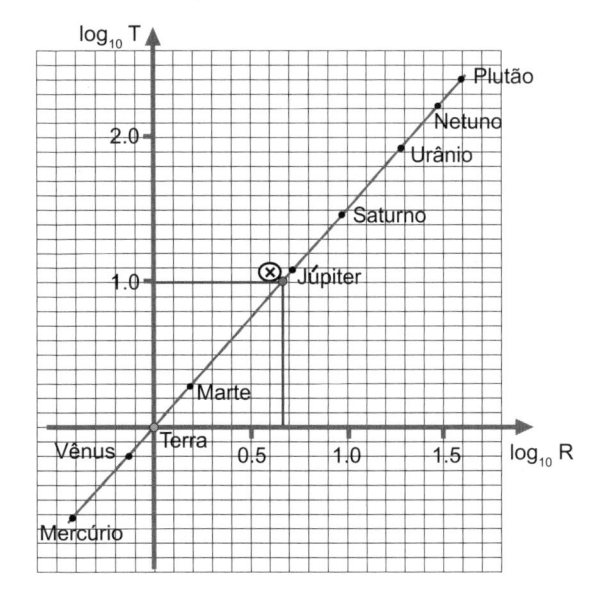

Figura 11.29: Problema 11.43.

Qual é a razão entre o semieixo maior de X e o da Terra?

11.7 Problema de Dois Corpos

11.44 Considere um sistema de dois corpos de massas m_1 e m_2 nas posições $\mathbf{r}_1$ e $\mathbf{r}_2$. Mostre que, no referencial do centro de massa do sistema, as posições $\mathbf{r'}_1$ e $\mathbf{r'}_2$ das partículas serão dadas por:

$$\mathbf{r'}_1 = -\frac{m_2}{M_T}\mathbf{r} \quad \text{e} \quad \mathbf{r'}_2 = -\frac{m_1}{M_T}\mathbf{r}$$

em que $\mathbf{r} = \mathbf{r}_2 - \mathbf{r}_1$ é a posição relativa da partícula 2 em relação à partícula 1 e $M_T = m_1 + m_2$ é a massa total do sistema.

11.45 O *cinturão de asteroides*, localizado entre as órbitas de Marte e Júpiter, contém algumas centenas de milhares de asteroides de diversos tamanhos e formatos. Curiosamente, em alguns raros casos, asteroides são acompanhados por "luas", isto é, asteroides menores em órbita do asteroide principal.

O primeiro desses asteroides a ser descoberto foi *Ida*, em 1993, acompanhado pelo asteroide-satélite *Dactyl* (Figura 11.30). *Dactyl* descreve uma órbita com período $T = 1,54$ dias terrestres e está a uma distância média $d = 108$ km de *Ida*, cuja massa é $M = 4,2 \times 10^{16}$ kg. Considerando a órbita de *Dactyl* como sendo aproximadamente circular, determine sua massa.

Figura 11.30: O cinturão de asteroides entre Marte e Júpiter abriga cerca de 500.000 asteroides. Na foto, vemos o asteroide Ida, com dimensões de 56 km de comprimento e 24 km de largura, acompanhado de sua pequena lua, Dactyl. (Fonte: Nasa)

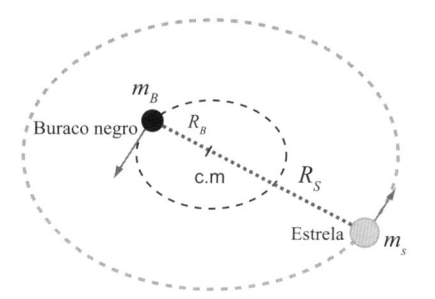

Figura 11.31: Problema 11.47.

11.46 A determinação da massa estelar pode ser feita por meio do estudo do movimento orbital de *estrelas binárias*, sistemas de duas estrelas que orbitam um único centro de gravidade. No caso das chamadas *binárias eclipsantes*, o período de revolução T pode ser determinado pela variação da luminosidade das estrelas quando uma passa na "frente da outra", do ponto de vista do observador da Terra. (Obs.: considere órbitas cirulares.) (a) Se ambas as estrelas forem idênticas ao Sol, qual é a distância entre elas para que o período de revolução seja de 1 ano terrestre? Compare com a distância da Terra ao Sol ($1,50 \times 10^8$ km). (b) Se uma das estrelas for uma supergigante vermelha ($M_1 = 15 M_{Sol}$) com raio R e a outra for uma estrela idêntica ao Sol a uma distância de $100R$, qual será a distância entre elas se $T = 2$ anos terrestres?

11.47 Um problema análogo ao anterior é o caso de uma estrela orbitando um *buraco negro*. A partir de observações astronômicas, é possível detectar o movimento de uma estrela em torno de um centro de gravidade sem que outra estrela seja observada. Uma das explicações possíveis é que a estrela forma um sistema de dois corpos com um buraco negro massivo. Considere a situação mostrada na Figura 11.31, em que a estrela de massa m_s e o buraco negro de massa m_b percorrem trajetórias circulares.
(a) Se $R_s = 3R_b$, qual é a razão m_b/m_s entre as massas?
(b) Se o período de revolução da estrela é T, qual é a massa do buraco negro em termos de R_b?

11.48 Uma área da Astronomia que tem tido grande atividade é a que trata da descoberta de planetas fora do sistema solar. Centenas de planetas extrassolares já foram descobertos, a maioria com tamanhos comparáveis ao de Júpiter. Em geral, esses planetas não podem ser diretamente observados e sua existência é *inferida* a partir de perturbações na posição da estrela em torno da qual orbitam. Um dos métodos utilizados para observar a sua existência é a medição do "desvio Doppler" na luz emitida pela estrela. Isso fornece informação sobre o período T do movimento orbital da estrela em torno do centro de massa do sistema estrela + planeta. Fornece também a *velocidade radial* (componente da velocidade da estrela na direção que une a estrela e a Terra) da estrela, que pode ser expressa na forma $v \sin \theta_i$, em que v é a velocidade orbital da estrela e θ_i é o ângulo de inclinação do plano da órbita visto da Terra. Veremos que essas informações podem levar a uma boa estimativa da massa do planeta.

Considere um planeta de massa M_p (desconhecida) em órbita circular de período T em torno de uma estrela de massa M. Se a velocidade orbital v da estrela for obtida pelo método descrito acima (considere órbitas circulares), (a) mostre que M_p é dada por:

$$M_p^3 = v^3 T \frac{(M + M_p)^2}{2\pi G}$$

(*Sugestão:* lembre das propriedades de órbitas circulares.)
(b) Atualmente, a técnica de desvio Doppler consegue medir apenas velocidades orbitais maiores que $v_{min} = 30\,\text{m/s}$. Considerando $M_p << M$ na expressão obtida no item anterior, qual seria a massa mínima necessária para que um planeta com período $T = 1$ ano pudesse ser detectado por esse método? Compare com a massa de Júpiter ($M_J = 318 M_{Terra}$).

Capítulo 12

Equilíbrio

Francisco das Chagas Marques

12.1 Introdução

Na Antiguidade, o homem aprendeu a desenvolver estruturas que têm permanecido em situação de equilíbrio por séculos, como as famosas pirâmides do Egito, as muralhas da China e o coliseu de Roma. Entretanto, as condições necessárias para construir uma estrutura em equilíbrio não eram conhecidas na época em que foram erguidas. Tais estruturas eram geralmente projetadas pela experiência adquirida ao longo do tempo. Somente após o estabelecimento das equações de Newton é que esse problema ficou matematicamente resolvido. Na verdade, vários trabalhos antecederam os de Newton e, quando suas leis foram anunciadas, algumas das condições de equilíbrio já eram conhecidas. Nos dias de hoje, cálculos complexos são realizados para a construção de obras fenomenais, que só se tornaram possíveis graças à compreensão dos requisitos físicos necessários para se obter a condição de equilíbrio das estruturas.

No Capítulo 5, foram introduzidas as condições de equilíbrio estático de uma *partícula*. Neste capítulo, vamos tratar de equilíbrio de **corpos rígidos**, ou seja, de corpos não pontuais e que não se deformam com a aplicação de forças. Na prática, todos os corpos sofrem alguma alteração em sua forma em função da força aplicada. Esse assunto, entretanto, será visto no capítulo de elasticidade, no segundo volume desta série.

Neste capítulo, faremos uma abordagem inicial de equilíbrio de algumas estruturas simples. Um tratamento mais abrangente, envolvendo casos mais complexos, é apresentado em textos específicos sobre esse assunto em cursos de Engenharia.

12.2 Condições de Equilíbrio

No Capítulo 5, quando foram apresentadas as leis de Newton, aprendemos que, para um corpo pontual estar em repouso ou em movimento retilíneo com velocidade constante, basta que as forças que atuam sobre esse corpo tenham uma resultante nula ou, similarmente, que o momento linear total seja constante. Essa condição, entretanto, refere-se apenas ao movimento de translação. Na prática, os corpos não podem ser considerados pontuais. Assim, a condição acima só pode ser aplicada ao centro de massa do corpo, como foi apresentado no Capítulo 8. Mesmo que a força resultante atuando sobre um corpo seja nula e que seu centro de massa esteja parado ou com velocidade constante, o restante do corpo pode estar girando em torno do centro de massa com alguma aceleração angular. Para garantirmos que as demais partes do corpo também estejam em repouso ou com velocidade angular constante, a resultante dos torques agindo sobre ele também deve ser nula. Assim, dizemos que um corpo está em **equilíbrio** se as duas condições acima forem satisfeitas, ou seja, se o momento linear do centro de massa for constante:

$$\mathbf{P} = constante \text{ (\textbf{equilíbrio de translação})} \quad (12.1)$$

e o momento angular for constante:

$$\mathbf{L} = constante \quad \text{(\textbf{equilíbrio de rotação})} \quad (12.2)$$

As equações acima podem ser reescritas em função das forças. Nos Capítulos 8 e 10, vimos que a força resultante F_R (Equação 8.2) e o torque resultante τ_R (Equação 10.7) são dados pelas relações:

$$\mathbf{F}_R = \frac{d\mathbf{P}}{dt} \tag{12.3}$$

$$\tau_R = \frac{d\mathbf{L}}{dt} \tag{12.4}$$

Se $\mathbf{P}$ e $\mathbf{L}$ são constantes, $d\mathbf{P}/dt = 0$ e $d\mathbf{L}/dt = 0$. Assim, podemos escrever as condições de equilíbrio em função das forças que agem no corpo se a resultante das forças externas agindo sobre o corpo for nula:

$$\mathbf{F}_R = \sum_i \mathbf{F}_i = 0 \quad \textbf{(equilíbrio de translação)}$$

$$\tag{12.5}$$

e se a resultante do torque externo agindo sobre o corpo for nula:

$$\tau_R = \sum_i \tau_i = 0 \quad \textbf{(equilíbrio de rotação)} \tag{12.6}$$

A Figura 12.1 ilustra três casos em que forças são aplicadas de diferentes maneiras a um disco rígido. Na Figura 12.1a, podemos observar que a resultante das forças é nula, mas o torque é diferente de zero. Neste caso, o centro de massa está em repouso, mas o corpo tem uma aceleração angular constante. Na Figura 12.1b, o torque é nulo e o corpo não tem movimento de rotação com aceleração angular, mas tem movimento de translação com aceleração constante. Na Figura 12.1c, as duas condições de equilíbrio são satisfeitas. Note que, pela primeira lei de Newton, o disco pode estar se movendo com velocidade constante (não acelerado) e/ou com movimento de rotação com velocidade angular constante.

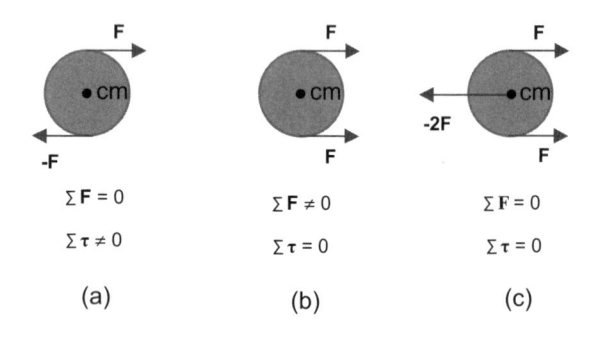

Figura 12.1: Forças aplicadas a um disco. (a) aceleração angular constante; (b) translação com aceleração constante; (c) condição de equilíbrio.

As Equações 12.5 e 12.6 envolvem grandezas vetoriais, de modo que podemos reescrever as condições

para equilíbrio tratando o problema em três dimensões e considerando os componentes dos vetores:

$$\sum F_x = 0, \quad \sum F_y = 0 \quad \text{e} \quad \sum F_z = 0 \tag{12.7}$$

(equilíbrio de translação)

$$\sum \tau_x = 0, \quad \sum \tau_y = 0 \quad \text{e} \quad \sum \tau_z = 0 \tag{12.8}$$

(equilíbrio de rotação)

Exemplo 12.1
A Figura 12.2 mostra um bloco de massa $M = 60,0\,\text{kg}$ sendo segurado por duas pessoas. O bloco está apoiado em uma tábua leve de comprimento $L = 2,00\,\text{m}$ e localizado a uma distância $a = 50,0\,\text{cm}$ da pessoa que se encontra à direita. Determine a força realizada por cada uma das pessoas.

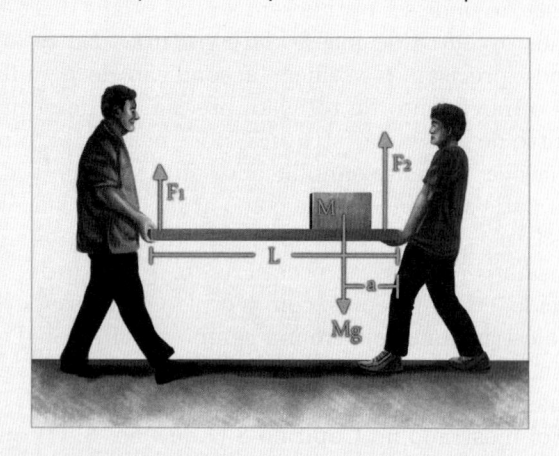

Figura 12.2: Duas pessoas seguram um bloco colocado em uma tábua.

Solução: chamemos de $\mathbf{F}_1$ e $\mathbf{F}_2$ as forças realizadas pelas pessoas do lado esquerdo e direito, respectivamente. Desprezando o peso da tábua, podemos escrever a condição de equilíbrio, na Equação 12.5:

$$F_R = \sum_i F_i = F_1 + F_2 - Mg = 0, \quad \text{ou}$$

$$F_1 + F_2 = Mg \tag{12.9}$$

Observe que essa condição de equilíbrio não é suficiente para obtermos separadamente as forças F_1 e F_2, mas apenas a soma das duas. Assim, precisamos de mais uma informação independente. Para tanto, utilizamos a segunda condição de equilíbrio (Equação 12.6 ou uma das Equações 12.8, usando a posição da pessoa do lado esquerdo como referência):

$$\tau_R = \sum_i \tau_i = F_1 \times 0 + Mg(L - a) - F_2 L = 0$$

da qual obtemos o valor da força F_2:

$$F_2 = \frac{Mg(L-a)}{L} = \frac{(60,0)(9,81)(1,50)}{2} = 442\,\text{N}$$

Substituindo o valor de F_2 na Equação 12.9, obtemos F_1:

$$F_1 = Mg - F_2 = (60,0)(9,81) - 442 = 147\,\text{N}$$

ou seja, a pessoa do lado direito exerce uma força 3 vezes maior que a pessoa do lado esquerdo. O leitor pode verificar que este problema pode ser resolvido de várias maneiras, como utilizando o lado direito como referência. Na verdade, qualquer local pode ser utilizado como referência, mas é sempre mais cômodo utilizar referenciais que reduzam as operações algébricas e simplifiquem a solução do problema.

12.3 Centro de Gravidade

Na maioria das situações de cálculos de estruturas em equilíbrio, uma das forças que precisamos considerar é a própria força peso, ou melhor, a força da gravidade exercida sobre a estrutura. A determinação da condição de equilíbrio em relação ao movimento de translação pode ser obtida sem a necessidade de conhecermos o centro de massa da estrutura. Entretanto, quando precisamos verificar a condição de equilíbrio para o movimento de rotação, precisamos determinar o centro de massa da estrutura, pois, nesse caso, o problema fica bastante simplificado, uma vez que toda a força pode ser considerada como atuando no centro de massa (ver Capítulos 8 e 10). Estritamente falando, precisamos determinar o **centro de gravidade**, que coincide, como veremos, com o centro de massa, desde que a estrutura esteja em um campo gravitacional uniforme, que é basicamente o caso de quase todos os problemas tratados neste livro.

Foi mostrado no Capítulo 8 (Equação 8.54) que o centro de massa de um conjunto de partícula é definido por:

$$\mathbf{R}_{cm} = \frac{1}{M} \sum_i m_i \mathbf{r}_i \tag{12.10}$$

em que $M = \sum_i m_i$ é a massa total do sistema e $\mathbf{r}_i$ é a posição de cada partícula do sistema. Para o caso de um sistema contínuo, a Equação 12.10 para o centro de massa é definida pela integral (8.62):

$$\mathbf{R}_{cm} = \frac{1}{M} \int \mathbf{r}\,dm \tag{12.11}$$

em que $M = \int dm$ é a massa total do corpo e $\mathbf{r}$ é a posição do elemento infinitesimal de massa dm. O centro de massa corresponde à média ponderada das posições do corpo, e a massa representa o peso para cada posição. Se o corpo tem densidade constante, o centro de massa é igual ao centro geométrico.

O centro de gravidade corresponde à posição em relação à qual a contribuição de todas as forças gravitacionais, agindo em todas as partículas do corpo, produz um torque resultante nulo. Para uma distribuição de partículas, o centro de gravidade do componente x é definido como:

$$x_{cg} = \frac{1}{W} \sum_i w_i x_i \tag{12.12}$$

(centro de gravidade – sistema discreto)

em que $W = \sum_i m_i g_i$ é o peso total das partículas e w_i é o peso de cada partícula m_i submetida à aceleração da gravidade local g_i (que é dependente da posição).

A Figura 12.3 mostra uma situação de distribuição de partículas em duas dimensões, na qual a aceleração da gravidade aponta no sentido contrário ao eixo y. Na situação de um corpo contínuo, o componente x do centro de gravidade é definido por:

$$x_{cg} = \frac{1}{W} \int x\,dw \tag{12.13}$$

(centro de gravidade – distribuição contínua)

em que, $W = \int g_i dm$ é o peso do corpo e x é a posição do elemento infinitesimal de peso dw.

A Figura 12.4 ilustra um caso particular no plano, com $\mathbf{g}$ apontando para baixo. Se o valor da aceleração da gravidade para qualquer posição for o mesmo, as Equações 12.12 e 12.13 ficarão iguais ao componente em x das Equações 8.53 e 8.59, respectivamente (ver problema 12.8). Isto é, o centro de gravidade está localizado na mesma posição do centro de massa se o campo gravitacional for o mesmo ao longo de todo o corpo.

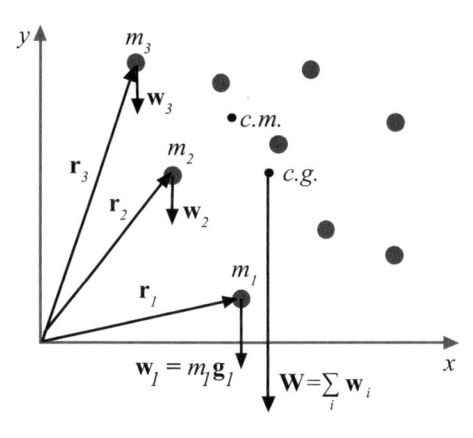

Figura 12.3: Distribuição de partículas. Estão também indicados o centro de massa e o centro de gravidade.

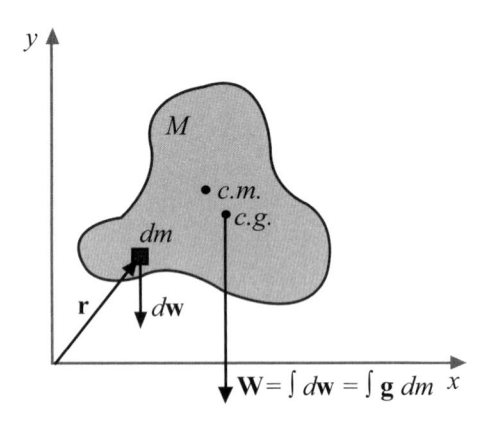

Figura 12.4: Distribuição contínua de massa. Estão também indicados o centro de massa e o centro de gravidade.

Como pode ser observado, o centro de gravidade tem uma definição muito semelhante à do centro de massa. Dessa forma, o centro de gravidade corresponde à média ponderada das posições do corpo, mas, nesse caso, o peso dos componentes do somatório (ou da integral) é a força gravitacional ou o peso da partícula (ou do elemento de partícula). Como veremos nos exemplos da próxima seção, a determinação das condições de equilíbrio fica muito mais simplificada se soubermos onde se localiza o centro de gravidade do sistema de massas envolvidas.

Exemplo 12.2
Dois satélites artificiais a e b de massa m encontram-se momentaneamente alinhados em relação ao centro da Terra, em órbitas diferentes, a $200\,km$ e $400\,km$ da superfície da Terra, respectivamente (Figura 12.5). Qual é a distância de separação entre o centro de massa e o centro de gravidade do sistema formado pelos dois satélites?

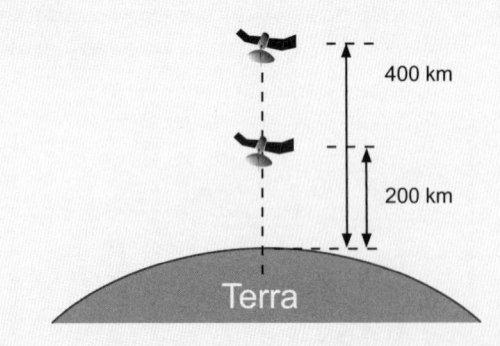

Figura 12.5: Dois satélites em órbita em torno da Terra.

Solução: o centro de massa encontra-se no centro geométrico entre os dois satélites, ou seja, a 300 km da superfície da Terra ou a 6.670 km do centro da Terra (considerando o raio médio da Terra igual a 6.370 km, ver Apêndice A.6). Para determinarmos o centro de gravidade, é necessário estabelecer o peso (ou melhor, a força gravitacional) dos dois satélites. Assim,

$$W = \sum_i m_i g_i = mg_a + mg_b \qquad (12.14)$$

com o valor de W acima, podemos obter o centro de gravidade pela Equação 12.12:

$$r_{cg} = \frac{1}{W} \sum_i w_i r_i = \frac{1}{mg_a + mg_b}(mg_a r_a + mg_b r_b)$$

$$= \frac{g_a r_a + g_b r_b}{g_a + g_b} \qquad (12.15)$$

A aceleração da gravidade é dada pela Equação 11.16, $g = \frac{GM}{R^2}$, em que G é a constante gravitacional, M é a massa da Terra e R é a distância do corpo ao centro da Terra. Substituindo $g_a = \frac{GM}{r_a^2}$ e $g_b = \frac{GM}{r_b^2}$ na Equação 12.15, obteremos, após algumas operações algébricas,

$$r_{cg} = r_a r_b \frac{r_a + r_b}{r_a^2 + r_b^2} \qquad (12.16)$$

uma expressão que não depende de G nem de M. Substituindo na Equação 12.16 os valores de r_a e r_b em relação ao centro Terra, obtemos $r_{cg} = 6.667$ km. Assim,

$$r_{cm} - r_{cg} = (6670 - 6667)\,km = 3\,km$$

Dessa forma, o centro de gravidade está a $3\,km$ do centro de massa do sistema, estando mais próximo do satélite que se encontra na trajetória mais baixa, o que é esperado, uma vez que o peso tem uma dependência com $1/r^2$, sendo mais pesado quanto mais próximo estiver da Terra. Observe que, sem o uso de valores com pelo menos 4 dígitos significativos na posição dos satélites, não seria possível encontrarmos uma diferença confiável (no quarto dígito significativo). Junta-se a isso o fato de que o raio da Terra varia entre 6.357 km (Polo Norte) a 6.378 km (Equador), uma variação maior que a diferença encontrada entre o centro de massa e o centro de gravidade deste exemplo.

12.4 Exemplos de Equilíbrio Estático

Exemplo 12.3
Uma pessoa segura um balde com água, com massa total $M = 10\,kg$, na posição horizontal, conforme a Figura 12.6, que representa uma forma simplificada do braço. O bíceps (músculo do antebraço) está fixado à estrutura óssea do antebraço a uma distância de $4,0\,cm$ da junta do cotovelo. O centro de gravidade do braço, de massa $m = 1,5\,kg$, encontra-se a uma distância $D = 15\,cm$ da junta e o balde está seguro pela mão a uma distância $l = 35\,cm$ da junta. Qual é a tensão T exercida pelo bíceps nesta situação? E pela estrutura da junta do cotovelo?

Solução: considerando a posição de equilíbrio, as forças envolvidas no problema podem ser representadas conforme ilustrado na Figura 12.6. A condição de equilíbrio para movimento de translação é atendida considerando, além do peso do balde, que é igual a Mg, o peso do braço, mg, a tensão T exercida pelos bíceps e uma força F atuando no eixo de rotação do braço. Assim, utilizando as condições para equilíbrio de translação, Equação 12.5, a resultante das forças atuando sobre o braço é:

$$F_R = \sum_i F_i = F + mg + Mg - T = 0 \qquad (12.17)$$

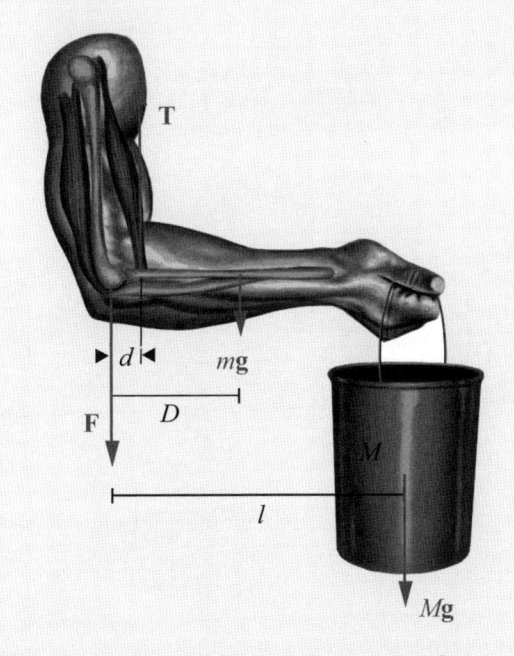

Figura 12.6: Balde suspenso por um braço.

Nessa equação, temos duas incógnitas, F e T. Para resolver o problema, precisamos de mais uma informação independente. Utilizaremos, então, a segunda condição de equilíbrio, que considera o torque das forças. Usando o eixo de rotação do braço como referência, teremos, utilizando a Equação 12.6,

$$\tau_R = \sum_i \tau_i = T \times d - mg \times D - Mg \times l = 0$$

da qual podemos obter a tensão T do bíceps ou:

$$T = \frac{mg \times D + Mg \times l}{d} = 9{,}1 \times 10^2 \, \text{N}$$

Substituindo o valor de T acima na Equação 12.17 e utilizando os valores fornecidos no enunciado, obtemos a força F:

$$F = T - mg - Mg = 8{,}0 \times 10^2 \, \text{N}$$

Observe que $T/Mg = 9{,}3$, ou seja, a força exercida pelo bíceps é muito maior (9,3 vezes) que o peso do balde.

Exemplo 12.4

Uma escada homogênea de comprimento $L = 5{,}0\,\text{m}$ e massa $m = 10\,\text{kg}$ está em equilíbrio, apoiada sobre uma parede, a $4{,}0\,\text{m}$ do chão, tocando o chão a uma distância $a = 3{,}0\,\text{m}$ da parede (Figura 12.7). Considerando que não existe atrito entre a escada e a parede (na prática, sempre existe) e que o coeficiente de atrito entre a escada e o chão é de 0,50, determine as forças exercidas pela parede e pelo chão sobre a escada.

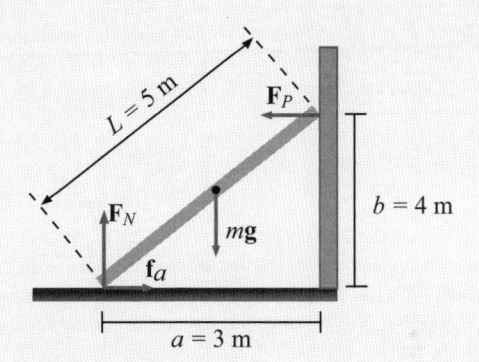

Figura 12.7: Uma escada em equilíbrio apoiada em uma parede.

Solução: a Figura 12.7 mostra um diagrama das forças envolvidas no problema. Como desprezamos o atrito entre a escada e a parede, a força que a parede exerce sobre a escada só tem um componente, o horizontal. O chão, por outro lado, contribui com uma força horizontal (decorrente do atrito) e uma vertical (força normal). Assim, a força resultante exercida pelo chão sobre a escada tem uma inclinação, cujos componentes são a força de atrito e a normal. Para atender à primeira condição de equilíbrio, Equação 12.5, a força resultante sobre a escada deve ser nula. Assim,

$$\sum F_x = f_a - F_P = 0 \qquad \text{e}$$

$$\sum F_y = F_N - mg = 0$$

das quais concluímos que:

$$f_a = F_P \qquad \text{e} \qquad (12.18)$$

$$F_N = mg = 10kg \times 9{,}8\frac{m}{s^2} = 98\,\text{N} \qquad (12.19)$$

Para obtermos F_P, usaremos a segunda condição de equilíbrio (Equação 12.6). Para isso, devemos calcular o torque em relação a algum eixo. Um eixo apropriado é o ponto de encontro da escada com o chão. Assim,

$$\tau_R = \sum_i \tau_i = F_P b - mg \frac{a}{2} = 0$$

da qual obtemos:

$$F_P = \frac{mga}{2b}$$

ou, substituindo os valores,

$$F_P = \frac{(10\,\text{kg})(9{,}8\,\frac{\text{m}}{\text{s}^2})(3{,}0\,\text{m})}{2 \times 4{,}0} = 37\,\text{N}$$

logo, da Equação 12.18,

$$f_a = F_P = 37\,\text{N}$$

Observe que a força de atrito, neste caso, poderia ser de até $f_a^{\text{máx}} = \mu N = \mu F_N = (0{,}50)(98) = 49\,\text{N}$, o que nos permite também afirmar que a escada não escorregará.

Exemplo 12.5

Um bloco de massa M é suspenso por uma haste horizontal de massa m, com $4{,}0\,\text{m}$ de comprimento, e suportado por um cabo preso a $3{,}0\,\text{m}$ acima da haste, conforme mostra a Figura 12.8a. Determine os valores da tensão T, suportada pelo cabo, e da força F, exercida pela parede.

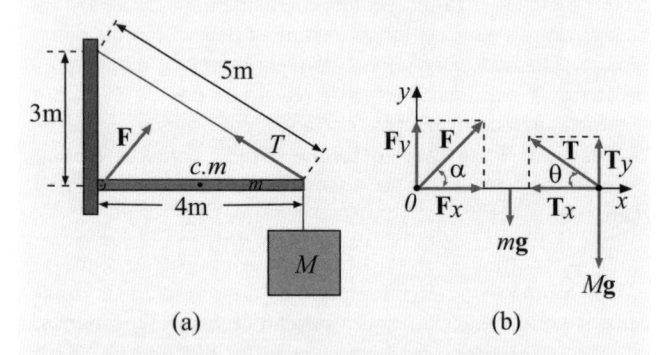

(a)   (b)

Figura 12.8: Um bloco é suspenso por uma haste presa a um cabo (a); forças envolvidas (b).

Solução: neste problema, em princípio, temos quatro incógnitas a serem determinadas: os módulos e as orientações das forças **F** e **T**. Alternativamente, podemos determinar os dois componentes de **F** e os dois componentes de **T** nas direções x e y. Qualquer um dos procedimentos é suficiente, uma vez que podemos obter as direções a partir dos componentes e vice-versa. Entretanto, a direção da tensão **T** já está definida pela posição do cabo, restando, portanto, apenas três incógnitas. Assim, necessitamos de três equações independentes para resolver o problema. Utilizando as condições de equilíbrio das forças (Equação 12.5) e dos torques (Equação 12.6), temos quatro informações independentes (duas para cada orientação, ver Equações 12.7 e 12.8), que são mais do que suficientes para resolvermos o problema.

A Figura 12.8b ilustra as forças envolvidas no problema. As forças **F** e **T** foram decompostas nos seus componentes. Além dessas forças, também atuam o peso do bloco e o peso da haste, já conhecidos. Podemos determinar T_y facilmente, utilizando o equilíbrio dos torques (Equação 12.6) em relação ao ponto 0, ou seja:

$$\sum_i \tau_i = T_y - mg \times 2 - Mg \times 4 = 0$$

da qual obtemos:

$$T_y = 2{,}2{\times}10^3\,\text{N}$$

Conhecendo o ângulo θ, podemos obter T_x por meio da tangente do ângulo, ou:

$$tg\theta = \frac{T_y}{T_x}$$

ou:

$$T_x = \frac{T_y}{tg\theta} = \frac{2{,}2{\times}10^3\,\text{N}}{3/4} = 2{,}9{\times}10^3\,\text{N}$$

Assim,

$$T = \sqrt{T_x^2 + T_y^2} = 3{,}6{\times}10^3\,\text{N}$$

Para obtermos F e α, usaremos o equilíbrio das forças (Equação 12.5):

$$\sum_x F_x = F_x - T_x = 0$$

ou:

$$F_x = T_x = 2{,}9{\times}10^3\,\text{N} \quad \text{e}$$

$$\sum_y F_y = Mg + mg - F_y - T_y = 0$$

da qual podemos obter:

$$F_y = 1{,}6{\times}10^3\,\text{N}$$

Assim, podemos determinar o ângulo α:

$$tg\alpha = \frac{F_y}{F_x} = \frac{1{,}6\,\text{N}}{2{,}9\,\text{N}} = 0{,}55 \quad \text{ou}$$

$$\alpha = tg^{-1}0{,}55 = 29^\circ$$

12.5   Par de Forças

Em algumas situações de equilíbrio, as forças atuando sobre um corpo podem ser reduzidas a duas forças de mesma intensidade e mesma direção (portanto, paralelas), mas de sentidos contrários e separadas por uma distância. Esse **par de forças** é conhecido como **par binário** ou **conjugado**. Essas forças tendem a produzir rotação, mas a força resultante é nula.

A Figura 12.9 ilustra uma situação na qual duas forças **F** iguais em módulo, paralelas e opostas em sentido atuam em uma barra. Além disso, as linhas de ação das duas forças não coincidem, estando separadas por uma distância d.

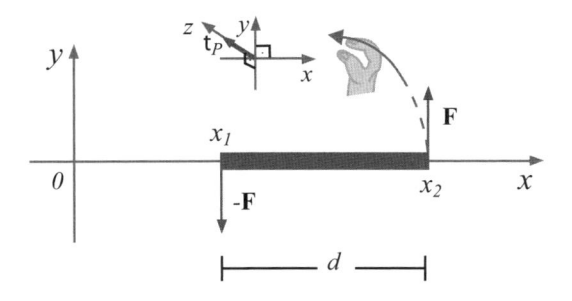

Figura 12.9: Um binário atuando em uma barra.

As forças **F** atuando nos extremos de uma barra (posições x_1 e x_2) são paralelas, têm sentidos opostos e estão separadas por uma distância d. Nessa situação, a força resultante é:

$$F_R = F - F = 0$$

Portanto, o binário não produz movimento de translação. O torque resultante desse binário é:

$$\tau_R = F \times x_2 - F \times x_1 = F(x_2 - x_1) = Fd \quad (12.20)$$

Observe que o cálculo do torque não depende da origem do eixo de referência utilizado, mas apenas das forças e da distância entre elas. Na verdade, o cálculo do torque dará o mesmo valor qualquer que seja o ponto no plano em relação ao qual é feito o cálculo. Como o torque não é nulo, o corpo terá um movimento de rotação, apesar de não ter movimento de translação. Isto é, a barra girará no sentido anti-horário. Para que um corpo sujeito a um binário fique em equilíbrio, outro torque de mesma intensidade e sentido contrário (devido a outro binário) deve atuar sobre ele, de forma a anular o efeito do primeiro binário.

Apesar de a Equação 12.20 ter sido obtida utilizando o eixo perpendicular às forças, o torque gerado por um binário é sempre o mesmo, ou:

$$\tau_b = Fd \quad (12.21)$$

em que d é a distância entre as duas linhas de ação das forças.

O exemplo acima foi feito com forças perpendiculares à barra. O aluno pode verificar (exercício 12.35) que, se essas forças fizerem um ângulo θ com a barra, o resultado para o torque será:

$$\tau_b = Fd\,sen\theta \quad (12.22)$$

Podemos escrever a equação geral para o **torque de um binário** (consistente com as Equações 12.21 e 12.22) como o produto vetorial entre a força **F** e o vetor de posição **d** ligando os dois pontos de aplicação das forças (Equação 10.1), ou seja,

$$\boldsymbol{\tau_b = d \times F} \quad \textbf{(torque de um binário)} \quad (12.23)$$

cujo módulo é fornecido pela Equação 12.22. O sentido do torque pode ser obtido pela regra da mão direita. Se as forças tendem a girar o corpo no sentido anti-horário, o torque aponta para cima, perpendicular ao plano da figura, como ilustra a Figura 12.9.

Exemplo 12.6
No exemplo 12.4, determinamos a condição de equilíbrio de uma escada apoiada em uma parede (Figura 12.7). Mostre que a condição de equilíbrio também pode ser obtida utilizando-se dois binários que se anulam.

Solução: no exemplo 12.4, concluímos que a força peso da escada era igual à normal atuando na base da escada, ou seja, que essas forças formam um binário. Podemos concluir que este binário (que não contribui para translação) produz um torque cujo módulo é dado por:

$$\tau_1 = mg\frac{a}{2} \quad (12.24)$$

Como a escada está em equilíbrio e as demais forças atuam na horizontal, as duas forças restantes devem formar outro binário. De fato, concluímos, naquele exemplo, que a força de atrito f_a era igual à força de reação da parede F_P sobre a escada, não contribuindo, portanto, para o movimento de translação. Nesse caso, o torque gerado por esse binário deve anular o anterior e ter o sentido contrário, com módulo dado por:

$$\tau_2 = F_P b$$

Substituindo o valor de F_P, obtido no exemplo 12.4, temos:

$$\tau_2 = \frac{mga}{2b}b = mg\frac{a}{2} \quad (12.25)$$

ou seja, o módulo do torque do primeiro binário (Equação 12.24) é igual ao módulo do torque do segundo binário (Equação 12.25). Entretanto, eles têm sinais contrários, pois o primeiro binário tende a girar a escada no sentido horário (negativo), enquanto o segundo tende a girar a escada no sentido anti-horário (positivo). Logo, os dois binários anulam-se, como esperado.

12.6 Tríade de Forças

Quando um corpo está em equilíbrio estático sob a ação de três forças, podemos afirmar que:

1. Forças paralelas: a resultante de quaisquer duas forças tem mesma intensidade e direção, mas sentido oposto à terceira força, e atua na mesma *linha de ação*.

2. Forças não paralelas: as linhas de ação das três forças têm uma interseção comum.

Essas características são decorrentes das condições de equilíbrio, expostas nas Equações 12.5 e 12.6. Como exemplo, a Figura 12.10 ilustra a ação de três forças paralelas, $\mathbf{F}_1$, $\mathbf{F}_2$ e $\mathbf{F}_3$, em equilíbrio. A relação entre os módulos das três forças pode ser obtida utilizando-se a Equação 12.5 (equilíbrio de translação):

$$F_1 + F_2 + F_3 = 0 \quad \text{ou} \quad F_3 = -(F_1 + F_2)$$

Assim, a força $\mathbf{F}_3$ tem o mesmo módulo da resultante das forças $\mathbf{F}_1$ e $\mathbf{F}_2$, mas sentido contrário.

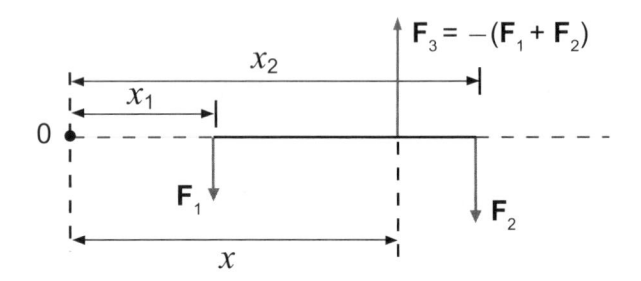

Figura 12.10: Tríade de forças paralelas.

Considerando a Equação 12.6 (equilíbrio de rotação), podemos escrever a seguinte expressão entre os torques produzidos pelas forças em relação a um eixo perpendicular ao plano passando pelo ponto O:

$$F_3 x = -F_1 x_1 - F_2 x_2$$

Assim, a linha de ação da força $\mathbf{F}_3$ passa por:

$$x = \frac{F_1 x_1 + F_2 x_2}{F_1 + F_2}$$

que corresponde também à linha de ação da resultante das forças $\mathbf{F}_1$ e $\mathbf{F}_2$. Logo, a força $\mathbf{F}_3$ tem a mesma intensidade e direção, mas sentido contrário, e age na mesma linha de ação da resultante das forças $\mathbf{F}_1$ e $\mathbf{F}_2$.

No caso de forças não paralelas, imaginemos as forças atuando na escada da Figura 12.8. As linhas de ação da força peso e da força de repulsão da parede (que são forças perpendiculares) são facilmente encontradas, como mostra a Figura 12.11, e se encontram no ponto O. A terceira força F, atuando na base da escada, composta pela normal F_N e pela força de atrito f_a, deve passar por esse ponto; caso contrário, o torque em relação a esse ponto seria diferente de zero, em contradição à segunda condição de equilíbrio. Nesse caso, o ângulo θ pode facilmente ser obtido por estes argumentos geométricos:

$$\theta = tg^{-1} \frac{b}{a/2}$$

Observe que o ângulo também pode ser obtido pelos componentes das forças, ou $\theta = tg^{-1} \frac{F_N}{f_a}$.

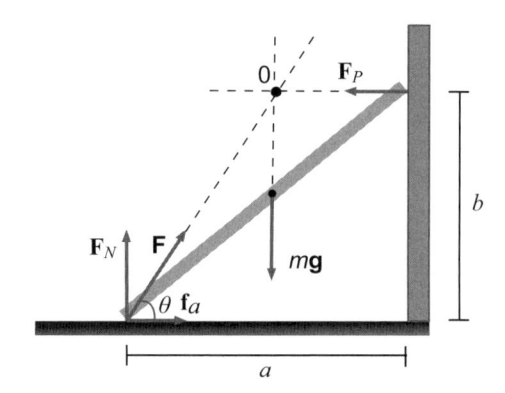

Figura 12.11: Em uma tríade de forças não paralelas, as linhas de ação das três forças têm um ponto comum.

12.7   Equilíbrio em Um Campo Gravitacional

As situações de **equilíbrio estático** de um corpo em um campo gravitacional podem ser divididas em três categorias: estável, instável e indiferente (ou neutro). Para a definição dessas situações de equilíbrio, consideraremos a variação da energia potencial do corpo em questão. No Capítulo 7, vimos que uma força conservativa $\mathbf{F} = F_x \mathbf{i} + F_y \mathbf{j} + F_z \mathbf{k}$, como é o caso da força gravitacional, e a energia potencial $U(x, y, z)$ estão relacionadas pelas equações:

$$F_x = -\frac{\partial U}{\partial x}, \quad F_y = -\frac{\partial U}{\partial y}, \quad F_z = -\frac{\partial U}{\partial z} \quad (12.26)$$

Consideremos, inicialmente, o caso de uma partícula. Nesse caso, as condições de equilíbrio são restritas ao movimento de translação. Como vimos na seção 12.2, se a força resultante atuando sobre a partícula for nula, a partícula estará em equilíbrio. Para o caso da direção $0x$, isso acontece nas situações em que $\partial U / \partial x$ é nulo. A relação é similar para as demais orientações. A derivada da função $U(x, y, z)$ é nula nos pontos de máximo e nos pontos de mínimo. Além disso, a derivada pode ser nula em uma faixa de comprimento.

A Figura 12.12 ilustra, em uma dimensão, uma função potencial com as três situações citadas. Um exemplo prático seria o potencial gravitacional de uma região acidentada, seguindo o mesmo padrão da figura. Uma partícula em repouso nos pontos A e B e na região C estará em equilíbrio, uma vez que a força resultante é nula.

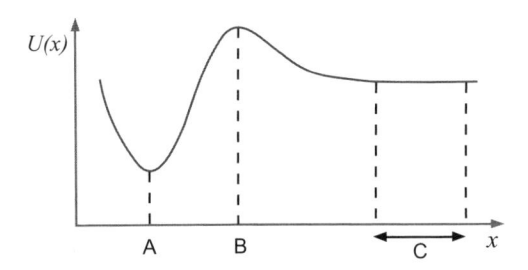

Figura 12.12: Uma função potencial.

Utilizemos a Figura 12.12 para definir as condições de equilíbrio, que podem ser caracterizadas como descrito a seguir.

• **Equilíbrio estável:** considere uma partícula em equilíbrio na posição A (mínimo do potencial) da Figura 12.12. Qualquer deslocamento da partícula fará com que uma força (nesse caso, gravitacional, igual a $-\partial U(x)/\partial x$) aja sobre a partícula, fazendo-a retornar à posição de equilíbrio. Para que a partícula seja retirada da sua posição de equilíbrio, é necessário que uma força externa (não a força gravitacional, que deu origem ao potencial em questão) atue sobre a partícula, realizando trabalho para afastá-la da posição de equilíbrio e aumentando, assim, sua energia potencial.

• **Equilíbrio instável:** considere uma partícula em equilíbrio na posição B (máximo do potencial). Um deslocamento infinitesimal na direção x fará com que uma força igual a $-\partial U(x)/\partial x$ passe a atuar sobre a partícula, de forma que ela tenderá a se afastar ainda mais da posição de equilíbrio. Nesse caso, não é necessária qualquer força externa realizando trabalho para deslocar a partícula. A força que atua sobre o corpo e que realiza trabalho é uma força interna (nesse caso, gravitacional), que faz com que a energia potencial diminua.

• **Equilíbrio indiferente:** considere uma partícula em equilíbrio na região C. Nesse caso, se ocorrer algum deslocamento da partícula, nenhuma força atuará sobre ela restaurando sua posição original ou afastando-a ainda mais. A energia potencial da partícula não será alterada.

Analisemos, agora, um caso de um corpo não pontual. A Figura 12.13 mostra um cone em três situações diferentes, onde também está indicado o centro de gravidade (nesse caso, equivalente ao centro de massa) do cone. Podemos analisar o movimento de translação do cone considerando o movimento que uma partícula de mesma massa teria quando localizada no centro de gravidade do cone.

Na Figura 12.13a, o cone está apoiado em sua base. Consideremos que a força de atrito seja suficiente para que o cone não deslize em nenhuma das situações da figura. A linha tracejada mostra a trajetória que o centro de gravidade faria se tentássemos inclinar o cone com uma força horizontal. Ao tentarmos fazer isso, ele tende a voltar para a mesma posição original, requerendo a realização de trabalho para inclinar o cone, uma vez que o centro de gravidade se eleva, aumentando, assim, sua energia potencial. Se considerássemos toda a massa do cone concentrada no centro de massa e seguíssemos a trajetória indicada na figura, ela teria energia potencial mínima na posição de equilíbrio do cone, ou seja, a aplicação de uma força eleva o centro de gravidade. Nesse caso, dizemos que o cone está em equilíbrio estável.

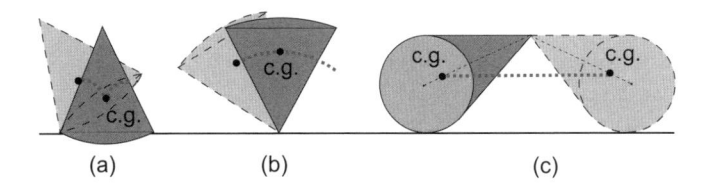

Figura 12.13: Exemplos de equilíbrio (a) estável, (b) instável e (c) indiferente.

Na situação da Figura 12.13b, se aplicarmos uma pequena força horizontal ao cone, alterando sua inclinação, ele tenderá a se inclinar ainda mais. A linha tracejada mostra a trajetória do centro de gravidade do cone, indicando um abaixamento de sua posição e, portanto, uma redução da energia potencial. Isto é, na posição de equilíbrio o cone tem energia potencial máxima, de forma que a aplicação de uma força externa abaixa o centro de gravidade do cone. Nessa situação, o cone está em equilíbrio **instável**.

Na situação da Figura 12.13c, um cone deitado tende a ficar em uma posição equivalente se alguma força externa atuar sobre ele, ou seja, o centro de gravidade não é elevado nem rebaixado. A linha tracejada mostra a trajetória, no eixo x, do centro de gravidade. Assim, a energia potencial do cone não é alterada quando uma força horizontal atua sobre ele. Dizemos, então, que o cone está em equilíbrio indiferente.

12.8 Equilíbrio em Referenciais Acelerados

Em algumas situações, um corpo pode estar em repouso em relação a um referencial uniformemente acelerado. Nessa situação, a força resultante sobre o corpo é diferente de zero. Para que o corpo permaneça em repouso em relação ao sistema de referência uniformemente acelerado, a aceleração do centro de massa do corpo a_{cm} deve ser igual à aceleração do sistema de referência a_r (em relação a um referencial inercial). Por outro lado, a segunda lei de Newton para rotação ($\sum \tau_{cm} = I_{cm}\alpha$) vale para torque em relação ao centro de massa, independentemente da aceleração do centro de massa. Assim, as condições de equilíbrio dinâmico de um corpo em um sistema acelerado são:

$$\mathbf{F}_R = \sum_i \mathbf{F}_i = m\mathbf{a}_{cm} = m\mathbf{a}_r \qquad (12.27)$$

$$\tau = \sum \tau_{cm} = 0 \qquad (12.28)$$

Exemplo 12.7
Considere uma caixa de altura h, base quadrada de lado L e massa m sendo carregada por um avião de carga com aceleração a em um processo de decolagem. Determine a aceleração máxima que o avião pode imprimir sem que a caixa tombe. Considere que o atrito é alto o suficiente de forma que a caixa não escorregue.

Solução: a caixa possui a mesma aceleração do avião ($a_c = a$) e a força que a faz acelerar é a força de atrito f_a. Assim, a primeira condição de equilíbrio (Equação 12.27) é aplicada e, usando a condição de equilíbrio para as forças na direção x, temos:

$$F_x = \sum_x F_x = f_a = ma_c = ma \qquad (12.29)$$

Figura 12.14: Uma caixa retangular é conduzida por um avião com aceleração a no trecho da pista para decolagem.

Por outro lado, também atuam na caixa as forças peso mg e a normal F_N que o piso do avião exerce sobre a caixa, assim:

$$F_y = \sum_y F_y = F_N - mg = 0 \quad \text{ou}$$

$$F_N = mg \qquad (12.30)$$

Essas condições não nos permitem determinar a aceleração máxima do sistema. Assim, apliquemos a segunda condição

de equilíbrio. A força de atrito exerce um torque no sentido anti-horário. Se tomarmos o centro de massa como referência, com o objetivo de usarmos a segunda condição de equilíbrio, veremos que é necessária outra força para compensar o torque exercido pela força de atrito. A única outra força que atua no sistema e que não passa pelo centro de massa é a força normal F_N, que se desloca para a borda da caixa (ver indicação da seta na figura) no momento em que ela está tendendo a tombar. Assim, aplicando a segunda condição de equilíbrio dos torques, teremos:

$$\tau = \sum \tau_{cm} = f_a \frac{h}{2} - F_N \frac{L}{2} = 0 \quad \text{ou}$$

$$f_a \frac{h}{2} = F_N \frac{L}{2} \qquad (12.31)$$

Substituindo f_a da Equação 12.29 e F_N da Equação 12.30 na Equação 12.31, obtemos, após algumas operações algébricas,

$$a = \frac{Lg}{h}$$

12.9 Problemas Envolvendo Elasticidade

As equações e os conceitos estudados neste capítulo não são suficientes para a solução de alguns problemas. Por exemplo, consideremos uma mesa de quatro pernas (Figura 12.15) com uma caixa pesada sobre ela. As situações a e b são aparentemente iguais (a mesa está em equilíbrio nos dois casos), mas com soluções completamente diferentes. Na Figura 12.15a, temos uma mesa com pernas exatamente iguais em um piso perfeitamente plano. Nesse caso, podemos afirmar que cada perna suporta 1/4 de todo o peso. Essa afirmação atende às condições de equilíbrio estudadas neste capítulo.

Entretanto, na prática, é impossível atendermos aos requisitos acima e é bem provável que a solução proposta não seja a solução real. Todos nós já tivemos experiências de termos de colocar um calço sob uma das pernas de uma mesa para deixá-la em equilíbrio. Então, as dimensões das pernas não são exatamente as mesmas, o piso é irregular ou ambos.

A Figura 12.15b mostra uma mesa semelhante à da Figura 12.15a, mas com duas das pernas (em cantos opostos) um pouco menores que as outras duas (também em cantos opostos), de forma que, sem o peso, essas pernas não tocariam no chão. Ao colocarmos o mesmo bloco pesado sobre a mesa, o tamanho das outras duas pernas é reduzido (assumindo que a plataforma de apoio do bloco não seja deformada). Suponhamos que o peso foi tal que a redução das duas pernas fez com que as outras duas pernas menores apenas tocassem o chão. Dessa forma, visualmente, a situação é semelhante à da Figura 12.15a, mas, nesse caso, as duas pernas menores não exercem qualquer força para suportar o peso em cima da mesa. Assim, teríamos outra solução diferente para o mesmo problema, em que cada uma das duas pernas mais longas suportam metade do peso da caixa.

Nossa limitação na resolução desse problema, levando em conta os conceitos apresentados neste capítulo, é considerar que todos os corpos são perfeitamente rígidos e não se deformam. Na verdade, essa condição não existe na natureza. Todos os corpos possuem **elasticidade** e a força exercida por eles depende de quanto o corpo foi deformado. No caso da mesa da Figura 12.15, a força suportada por cada perna depende do quanto cada uma delas foi deformada.

Para resolver problemas dessa natureza, necessitamos de mais informações relativas à elasticidade dos materiais utilizados. Esse assunto será abordado no próximo volume desta série.

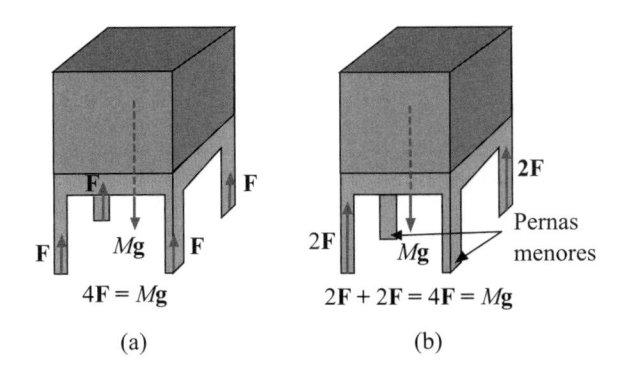

Figura 12.15: (a) Um bloco pesado é colocado em uma mesa com as quatro pernas exatamente iguais em um piso perfeitamente plano, e (b) em outra mesa com duas das pernas ligeiramente menores. As outras duas pernas encurtaram por causa do grande peso sobre a mesa e da elasticidade das pernas, ficando do mesmo tamanho que as outras duas pernas.

12.10 RESUMO

12.2 Condições de Equilíbrio

Um corpo está em equilíbrio se as seguintes condições forem satisfeitas:

1. o momento linear do centro de massa do corpo for constante: $\mathbf{P}$ = constante;
2. o momento angular do corpo for constante: $\mathbf{L}$ = constante.

Podemos também escrever as condições de equilíbrio em função das forças e do torque que agem no corpo, como:

- se a resultante das forças externas agindo sobre o corpo for nula:

$$\mathbf{F}_R = \sum_i \mathbf{F}_i = 0 \qquad \text{(equilíbrio de translação)} \tag{12.5}$$

- se a resultante do torque externo agindo sobre o corpo for nula:

$$\boldsymbol{\tau}_R = \sum_i \boldsymbol{\tau}_i = 0 \qquad \text{(equilíbrio de rotação)} \tag{12.6}$$

12.3 Centro de Gravidade

O centro de gravidade corresponde à posição em relação à qual a contribuição de todas as forças gravitacionais agindo em todas as partículas do corpo produz um torque resultante nulo. Para uma distribuição de partículas, o centro de gravidade do componente x é definido como:

$$x_{cg} = \frac{1}{W} \sum_i w_i x_i \qquad \text{(centro de gravidade – sistema discreto)} \tag{12.12}$$

Na situação de um corpo contínuo, o componente x do centro de gravidade é definido por:

$$x_{cg} = \frac{1}{W} \int x\,dw \qquad \text{(centro de gravidade – distribuição contínua de massa)} \tag{12.13}$$

12.5 Par de Forças

Par de forças binário ou conjugado é um conjunto de duas forças de mesmas intensidade e direção, mas de sentidos contrários, atuando sobre um corpo em linhas de ação diferentes. Essas forças tendem a produzir rotação, mas a força resultante é nula.

O torque de um binário é dado pelo produto vetorial entre a força e o vetor de posição ligando os dois pontos de aplicação das forças, ou:

$$\boldsymbol{\tau}_p = \mathbf{d} \times \mathbf{F} \qquad \text{(torque de um binário)} \tag{12.23}$$

cujo módulo é dado por:

$$\tau_p = F d \, sen\theta \tag{12.22}$$

12.6 Tríade de Forças

Quando um corpo está em equilíbrio estático sob a ação de três forças, podemos afirmar que:

- forças paralelas: a resultante de quaisquer das duas forças tem mesmas intensidade e direção, mas sentido oposto à terceira força, e atua na mesma *linha de ação*;
- forças não paralelas: as linhas de ação das três forças têm uma interseção comum.

12.7 Equilíbrio em Um Campo Gravitacional

As situações de equilíbrio estático de corpo em um potencial $U(x, y, z)$ podem ser divididas em três categorias: estável, instável e indiferente ou neutro. O potencial e a força conservativa que o gera $\mathbf{F} = F_x \mathbf{i} + F_y \mathbf{j} + F_z \mathbf{k}$ estão relacionados pelas equações:

$$F_x = -\frac{\partial U}{\partial x}, \qquad F_y = -\frac{\partial U}{\partial y}, \qquad F_z = -\frac{\partial U}{\partial z} \tag{12.26}$$

12.8 Equilíbrio em Referenciais Acelerados

As condições de equilíbrio dinâmico de um corpo em um sistema acelerado são:

$$\mathbf{F}_R = \sum_i \mathbf{F}_i = m\mathbf{a}_{cm} = m\mathbf{a}_r \tag{12.27}$$

$$\boldsymbol{\tau} = \sum \boldsymbol{\tau}_{cm} = 0 \tag{12.28}$$

12.11   LEITURA COMPLEMENTAR: Caos

Marcus Aloizio Martinez de Aguiar

Os sistemas mecânicos que estudamos neste livro são todos relativamente simples. Além do movimento uniformemente acelerado, tratamos do sistema massa-mola, do pêndulo, das órbitas elípticas de Kepler, etc. Mesmo que a matemática necessária para resolvê-los pareça complicada à primeira vista, o movimento executado por todos esses sistemas é sempre bastante regular, como o retilíneo, o parabólico ou o circular. No caso dos sistemas oscilatórios, temos movimentos que se repetem infinitamente: a massa oscila em torno de seu ponto de equilíbrio sob a ação da mola, o pêndulo balança de um lado para o outro sob a ação da gravidade e os planetas giram eternamente em torno do centro de gravidade do sistema. Embora simples

e repetitivos, a solução desses problemas representou importantes marcos na evolução da Física e das ferramentas matemáticas associadas a ela. Além disso, esses sistemas tornaram-se muito úteis, pois os períodos precisos de seus movimentos puderam ser usados como relógios para medir a passagem do tempo.

Mas será que todo sistema físico exibe esse tipo de movimento simples? O movimento dos planetas em torno do Sol e o da Lua em torno da Terra parece, de fato, ser desse tipo: periódico e previsível. Mas será mesmo? Em vez de olhar para o sistema solar em detalhes (que, de fato, é bastante complicado e caótico), vamos analisar alguns problemas mais simples.

Considere uma rampa inclinada onde colocamos pequenas estacas, como pregos, espaçadas a intervalos regulares umas das outras e formando uma rede de saliências sobre a superfície da rampa (Figura 12.16). Imagine agora o que acontece se você deixar uma bolinha deslizar pela rampa, colidindo com os pregos. Você consegue adivinhar, ou mesmo calcular, onde a bolinha vai parar ao final da rampa? Se você repetir esse experimento várias vezes, notará que a bolinha quase nunca rolará para o mesmo ponto no final da rampa. De fato, se realizarmos a experiência um número muito grande de vezes, vamos descobrir que a *probabilidade P(x)* de a bolinha atingir o final da rampa a uma distância x medida horizontalmente a partir do ponto de lançamento é dada pela função:

$$P(x) = \frac{1}{\sqrt{\pi \sigma^2}}\, e^{\frac{-x^2}{2\sigma^2}},$$

conhecida como curva do sino, distribuição normal ou, ainda, Gaussiana, que aparece tipicamente em processos aleatórios. A bolinha tem maior probabilidade de parar logo abaixo do ponto onde foi lançada, mas também pode cair longe dali. A largura da distribuição, ou desvio-padrão, σ, dá uma ideia da distância típica do local onde esperamos que a bolinha caia. Ela depende do tamanho da rampa, do espaçamento entre os pregos, etc.

Como pode uma distribuição associada a processos aleatórios aparecer em sistemas mecânicos determinísticos? Se lançamos a bolinha sempre do mesmo lugar e se as equações que descrevem seu movimento são bem determinadas, como pode acontecer de sua posição ao final da rampa não ser sempre a mesma? A resposta a essa pergunta, que aparece em diversos contextos da Física, está na **teoria do caos**. O que acontece, basicamente, é que pequenas diferenças no posicionamento inicial da bolinha têm grandes consequências para seu movimento. De fato, nunca conseguimos repetir o lançamento das bolinhas exatamente da mesma forma. Essas diferenças minúsculas no seu posicionamento são amplificadas pelas múltiplas colisões com os obstáculos, levando a uma nova trajetória a cada lançamento.

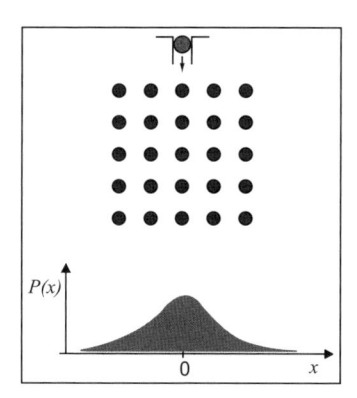

Figura 12.16: *Mesa de pregos.* A bolinha desce pela mesa, colidindo com os pregos. Depois de cada lançamento, anotamos a posição final da bolinha ao longo do eixo x. Após vários lançamentos, vemos que a posição final é aleatória, com probabilidade dada pela curva Gaussiana.

Esse fenômeno de amplificação de pequenos efeitos ficou conhecido como *sensibilidade às condições iniciais* ou, mais popularmente, **efeito borboleta**. O efeito borboleta é a marca registrada do caos. Embora seja difícil precisar quem foi o primeiro a notar sua presença constante na Física, tudo indica que James C. Maxwell tenha sido um dos primeiros a fazê-lo. O matemático francês Henri Poincaré, no final do século XIX, desenvolveu grande parte da teoria de caos em sistemas conservativos. Uma de suas motivações foi o movimento da Lua em torno da Terra na presença do Sol, o chamado *problema dos três corpos*.

Apesar do avanço teórico importante dado pelo trabalho de Poincaré, a teoria do caos ficou esquecida até a década de 1960, quando o meteorologista americano Edward Lorenz redescobriu o efeito borboleta (e deu-lhe esse nome) durante seus estudos teóricos sobre a dinâmica da atmosférica terrestre. A história do efeito borboleta merece ser contada.

Lorenz construiu um modelo constituído por três equações diferenciais que descreviam a velocidade e a temperatura de um fluido confinado por duas placas horizontais, a de cima a uma temperatura baixa e a de baixo a uma temperatura mais alta. Enquanto integrava essas equações com a ajuda de um computador, uma pane elétrica interrompeu o cálculo. Depois de reiniciar o computador, Lorenz resolveu continuar o cálculo do ponto onde tinha parado quando a energia caiu. No entanto, em vez de entrar com os últimos dados calculados, Lorenz entrou com dados um pouco anteriores aos últimos. E, para simplificar sua entrada, digitou os dados com apenas três dígitos de precisão, ao invés dos sete que apareciam em sua listagem impressa. Sua surpresa, ao comparar os dados produzidos por essa continuação do cálculo àqueles últimos dados que tinha da rodada inicial, foi que os resultados não batiam. Os valores da temperatura e da velocidade eram próximos no início, mas rapidamente ficavam diferentes. Lorenz percebeu que seu sistema era bastante instável e que pequenas mudanças causavam grandes efeitos futuros.

A ideia de Lorenz ao cunhar o efeito borboleta era que uma perturbação tão pequena quanto o bater das asas de uma borboleta no Brasil poderia causar um furacão no Texas (esse foi, na verdade, o título de um seminário proferido por Lorenz em 1972, na conferência anual da American Association for the Advancement of Science – *Predictability: does the flap of a butterfly's wings in Brazil set off a tornado in Texas?*).

Sistemas com sensibilidade às condições iniciais são ditos caóticos, pois qualquer imprecisão na determinação de sua condição inicial se propaga rapidamente até impossibilitar a determinação do estado futuro do sistema. No caso das bolinhas na rampa com obstáculos, qualquer pequena tremida de mão na hora do lançamento provoca um desvio em relação aos lançamentos anteriores. Se observarmos as trajetórias correspondentes a dois lançamentos da bolinha, notaremos que elas começam muito próximas e seguem aproximadamente iguais no começo do percurso. No entanto, depois de certo tempo, as trajetórias passam a divergir e tornam-se bem diferentes. O tempo característico para que isso ocorra é chamado de **tempo de Lyapunov** e o seu inverso é conhecido como **expoente de Lyapunov**, em homenagem ao matemático russo Aleksandr M.

Lyapunov, que estudou essas características pela primeira vez.

Atualmente, sabe-se que diversos sistemas mecânicos, biológicos e mesmo econômicos são caóticos. Cada um deles tem seu próprio tempo de Lyapunov. Para o movimento planetário no sistema solar, o tempo de Lyapunov é da ordem de 10 milhões de anos. Embora seja muito grande para nossos padrões diários (o que mostra que é muito razoável usar o movimento dos astros como *relógios*), esse tempo é pequeno na escala de bilhões de anos do sistema solar. É, portanto, impossível prever onde estava Marte há 10 milhões de anos, o que torna as teorias sobre a evolução do sistema solar bastante complicadas. Previsões do tempo são limitadas por um tempo de Lyapunov estimado entre 12 e 15 dias e, para operações na bolsa NASDAQ, o tempo de Lyapunov foi estimado em cerca de 10 dias.

Um exemplo simples de sistema caótico é dado pelo **mapa logístico**, modelo que foi inventado por Pierre François Verhulst para descrever o crescimento demográfico de uma população sujeita a uma quantidade limitada de alimento. Considere, inicialmente, que a população de uma determinada espécie na geração $(n+1)$ seja descrita, em termos da população na geração anterior, pela equação $x_{n+1} = \mu\, x_n$, em que o parâmetro μ mede a taxa de natalidade. Então, se $\mu > 1$, a população crescerá indefinidamente, o que não é realista, pois supõe a existência de uma quantidade infinita de recursos disponíveis. Se $\mu < 1$, a população desaparece, o que também não é interessante. Para contornar esse problema e levar em conta que os recursos são finitos, introduz-se a nova equação:

$$x_{n+1} = \mu x_n (1 - x_n)$$

Nessa equação, a variável x_n pode ser interpretada como $x_n = \rho_n/R$, em que ρ_n representa o número de indivíduos da população na geração n e R é o valor máximo permitido devido às restrições quanto ao alimento disponível. O valor $x = 1$ representa a população máxima permitida. A limitação de alimentos está modelada implicitamente no termo $\mu(1\text{-}x_n)$, que funciona como uma taxa de natalidade efetiva: quando x_n fica próximo de 1, $\mu(1\text{-}x_n)$ fica pequeno, a taxa de natalidade diminui e a população reduz seu crescimento.

Se $\mu < 1$, qualquer população inicial x_0 gera um sequência x_1, x_2 etc. (chamada de **órbita da condição inicial** x_0) que tende à zero, ou seja, à extinção da população, como no primeiro modelo mais simples que discutimos. No entanto, se $\mu > 1$, a dinâmica é bem diferente. Para $1 < \mu < 3$, a população converge para um equilíbrio cujo valor depende de μ: $x_{eq} = (\mu-1)/\mu$. Se a taxa de natalidade é maior que 3, várias coisas interessantes acontecem. Primeiro, para $3 < \mu < 1+\sqrt{6}$, a sequência de valores x_0, x_1, etc. nunca tende a um valor de equilíbrio. Em vez disso, a solução converge para uma oscilação entre dois valores que dependem também de μ. Tome, por exemplo, $\mu = 3{,}3$ e $x_0 = 0{,}5$ e calcule a órbita desse ponto com a ajuda de uma calculadora, usando a equação acima. Você notará que existe sempre um *transiente*, como um conjunto inicial

de valores que depende do ponto inicial x_0. No entanto, para tempos longos, a órbita sempre tende para os mesmos dois pontos, independentemente de qual é o ponto de partida. Chamamos essa solução para tempos longos de *solução assintótica*.

Conforme μ aumenta, a solução assintótica passa a oscilar entre quatro valores, depois oito, dezesseis, etc. Rapidamente, conforme μ se aproxima de 3,57 (aproximadamente), as oscilações de x_n ficam extremamente complicadas e caóticas. A Figura 12.17 mostra como a solução assintótica depende de μ. Como exemplo, fixe o valor da taxa de natalidade em $\mu = 3{,}95$ e calcule a órbita de duas condições iniciais muito próximas. Tome primeiro $x_0 = 0{,}5$ e depois $x_0 = 0{,}5001$. Quantas iterações da equação são necessárias para que a distância entre as duas órbitas atinja o valor de 0,1?

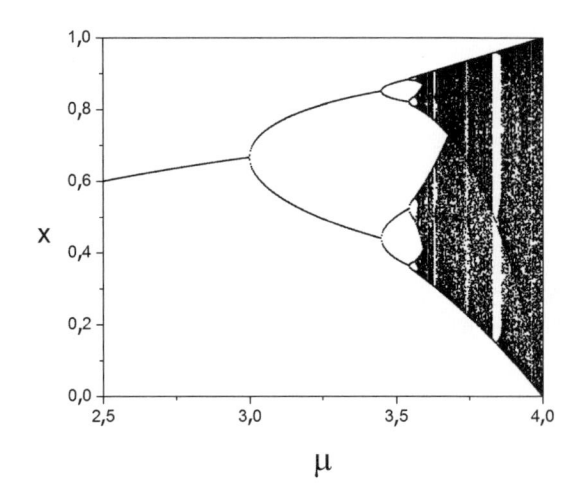

Figura 12.17: Solução assintótica em função de μ.

Sobre o autor da leitura complementar: Marcus Aloizio Martinez de Aguiar é professor titular do Instituto de Física Gleb Wataghin (IFGW) da Universidade Estadual de Campinas (Unicamp). Doutor em Física pela Universidade de São Paulo. Tem experiência na área de Física Geral, atuando principalmente em limite semiclássico, estados coerentes, caos quântico e dinâmica de populações.

12.12   EXPERIMENTO 12.1: Equilíbrio de Três Forças

Este experimento mostra várias situações de equilíbrio entre três forças mecânicas, indicando que, quando aplicadas a um ponto material, este permanecerá em repouso (ou em movimento retilíneo uniforme). Também serão vistas algumas das características vetoriais de forças mecânicas. Como descrito no Capítulo 2, um vetor possui módulo, direção e sentido. Em um sistema de coordenadas cartesianas, podemos decompor o vetor em vetores componentes alinhados com cada eixo. A soma vetorial desses vetores componentes conduz ao vetor original.

Aparato Experimental

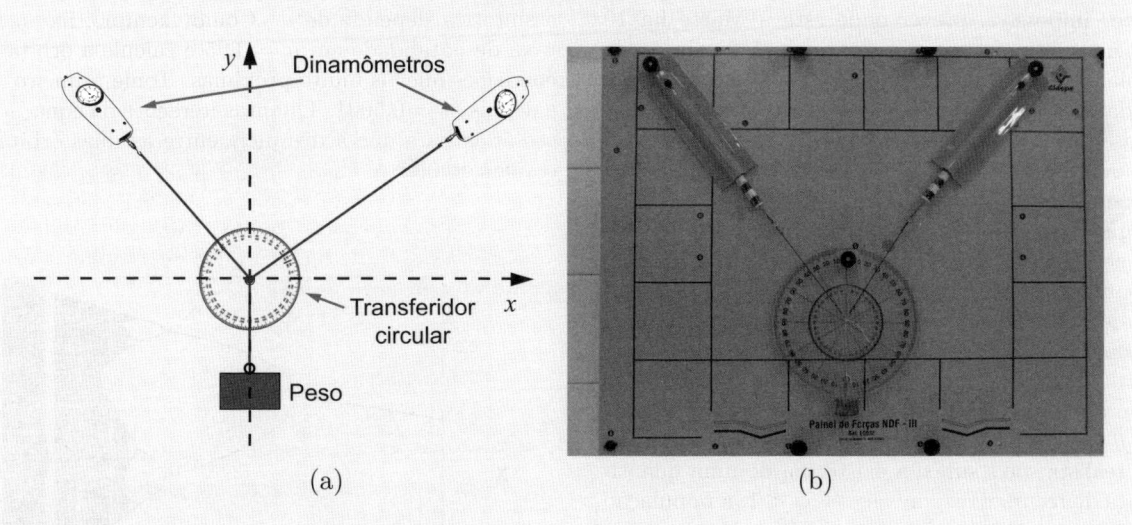

(a)   (b)

Figura 12.18: (a) Diagrama esquemático da montagem e (b) foto do experimento. (Fonte: Universidade Estadual de São Paulo)

Neste experimento, um ponto material é representado por uma argola central que sustenta as três cordas (duas conectadas com os dinamômetros e uma com o peso). Quando se consegue o equilíbrio deste ponto material, existirão três forças atuando simultaneamente em equilíbrio. Os ângulos de colocação dos dinamômetros podem ser alterados livremente, permitindo muitas combinações. Um transferidor é posicionado no centro da argola e é utilizado para a determinação dos ângulos das forças obtidas nos dinamômetros. Os componentes x e y dessas forças podem facilmente ser obtidos a partir desses dados. Montagens alternativas podem utilizar molas calibradas ou, ainda, elásticos calibrados no lugar dos dinamômetros.

Experimento

Utilize várias configurações de equilíbrio diferentes, alterando a posição dos dinamômetros. Para cada conjunto de ângulos dos dinamômetros, utilize diferentes pesos.

Análise dos Resultados

1) Faça uma tabela com os valores escalares e os ângulos das forças utilizadas em cada montagem. Utilize-a em cada montagem. Utilize um sistema cartesiano de coordenadas onde y esteja na vertical e x na horizontal (indicado pelas linhas tracejadas da figura).

2) Escreva, na forma vetorial, as forças que atuam no ponto material.

3) No caso de decomposição de um vetor força em dois vetores nas direções x e y, some vetorialmente esses componentes e confirme que o vetor soma corresponde ao vetor força original.

4) Verifique se a soma vetorial das três forças é zero ($\sum_{i=1}^{3} F_i = 0$). Se a soma vetorial não for exatamente zero, como esse resultado pode ser explicado?

Elaborado por: Angel Vilche Pena

12.13   QUESTÕES, EXERCÍCIOS E PROBLEMAS

12.2 Condições de Equilíbrio

12.1 Uma gangorra em um parque de diversão tem 3,0 m de comprimento (Figura 12.19). Se uma pessoa de 30 kg fica posicionada na borda de uma das pontas da gangorra, a qual distância d em relação ao centro da gangorra uma pessoa de 45 kg deve se sentar para equilibrar a gangorra?

Figura 12.19: Problema 12.1.

12.2 Duas pessoas seguram uma tábua de 4,0 m com duas caixas sobre ela, uma de 40 kg e posicionada a 3,0 m de uma das pessoas (Figura 12.20). Qual deve ser a posição d para que a segunda caixa, de 20 kg, seja colocada de forma que as pessoas exerçam a mesma força?

Figura 12.20: Problema 12.2.

12.3 Uma tábua de 20 kg e 3,0 m de comprimento é presa com pregos em dois suportes A e B (Figura 12.21). Um bloco de 40 kg encontra-se em repouso em uma das bordas. Encontre as forças F_A e F_B atuando nos suportes A e B, respectivamente. Mostre que a resposta será a mesma para um eixo de rotação de referência qualquer (perpendicular ao plano formado pelas forças externas que atuam no sistema).

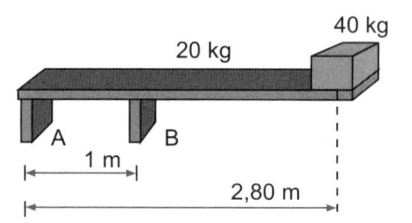

Figura 12.21: Problema 12.3.

12.4 Uma força $\mathbf{F}_1 = \mathbf{i} + 2\mathbf{j}$ atua sobre uma barra, no ponto $(0,0)$, como mostrado na Figura 12.22. Outra força $\mathbf{F}_2 = -3\mathbf{i} - 1\mathbf{j}$ atua no ponto $(4,0)$. Determine a força $\mathbf{F}$ necessária para que a barra fique em equilíbrio estático e o ponto de aplicação dessa força.

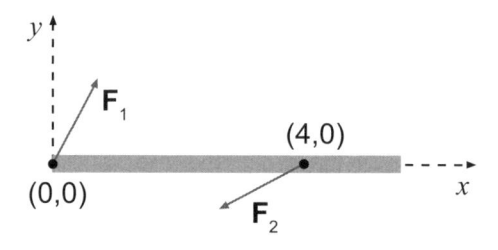

Figura 12.22: Problema 12.4.

12.5 Um corpo sem peso, de formato triangular (Figura 12.23), está submetido a duas forças nos vértices A e B, com valores e orientações mostrados na figura. (a) Qual deve ser a força F aplicada no vértice C para que o triângulo fique em equilíbrio de translação? (b) Nesse caso, é possível obter equilíbrio de rotação? (c) Em que posição a força F do item (a) deveria ser aplicada para que o triângulo fique em equilíbrio estático?

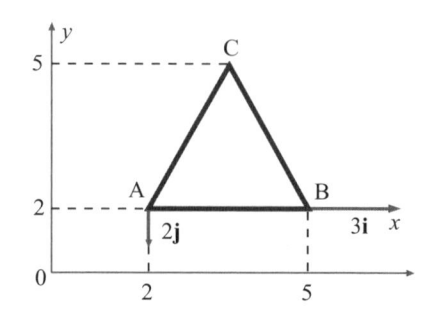

Figura 12.23: Problema 12.5.

12.3 Centro de Gravidade

12.6 Qual é o ponto de equilíbrio de um objeto se a aceleração da gravidade não for constante? (a) Centro de massa ou (b) centro de gravidade?

12.7 Sugira situações em que o centro de gravidade não esteja localizado em uma posição onde exista matéria.

12.8 Mostre que as Equações 12.12 e 12.13 são reduzidas às Equações 8.53 e 8.59 respectivamente, se a aceleração da gravidade em todo o corpo for constante.

12.9 Um pedaço quadrado de cartolina de 50 cm de lado é preso com um prego em uma parede, ficando livre para girar em torno do prego (Figura 12.24). Faça um esboço da posição final do corpo em equilíbrio.

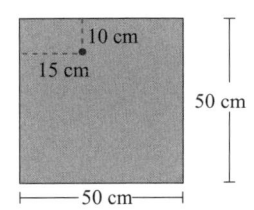

Figura 12.24: Problema 12.9.

12.10 Dois blocos estão separados de uma distância L entre seus centros de massa. Um dos blocos tem o dobro da massa do outro. Determine o centro de gravidade do sistema utilizando a Equação 12.12.

12.11 Um corpo de densidade uniforme tem o formato mostrado na Figura 12.25. (a) Determine seu centro de gravidade utilizando a Equação 12.13. (b) Essa posição depende do valor da aceleração da gravidade se ela for a mesma em todos os pontos?

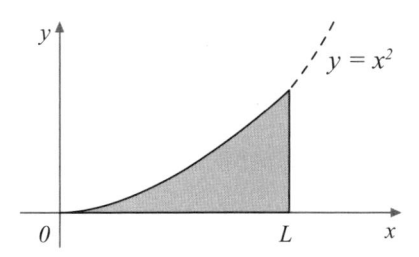

Figura 12.25: Problema 12.11.

12.12 A que altura do solo se encontra o centro de massa e o centro de gravidade de uma torre uniforme de 500 m de altura, considerando a variação da aceleração da gravidade em função da distância em relação ao solo?

12.4 Exemplos de Equilíbrio Estático

12.13 Uma caixa de 20 cm de base e 80 cm de altura (Figura 12.26) repousa sobre uma prancha inclinada. Determine o ângulo máximo no qual a caixa não tomba. Considere que o coeficiente de atrito é suficiente para evitar que a caixa deslize sobre a prancha até ela tombar.

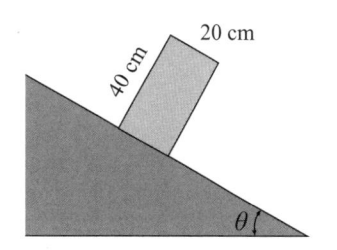

Figura 12.26: Problema 12.13.

12.14 Uma esfera de massa igual a 1.000 kg está pendurada no teto por um cabo de aço de 10 m (Figura 12.27). (a) De qual distância d, em relação à posição de repouso da esfera, uma pessoa de 70 kg consegue deslocar a esfera horizontalmente, mantendo-a em equilíbrio, se o coeficiente de atrito estático entre a pessoa e o solo é de 0,50? (b) Qual seria a força realizada pela pessoa?

Figura 12.27: Problema 12.14.

12.15 Uma chapa metálica de 100 kg e 80 cm de comprimento está apoiada sobre uma mesa quadrada de 50 kg, 1 m de lado e base quadrada de 50 cm de lado (Figura 12.28). Qual é o comprimento máximo que a chapa pode ficar para fora da mesa para que o sistema continue em equilíbrio?

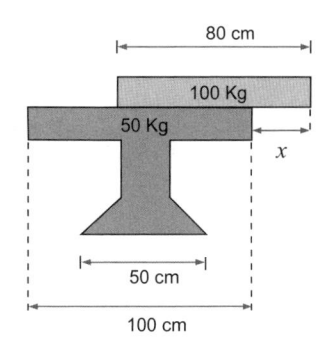

Figura 12.28: Problema 12.15.

12.16 Um guindaste mantém um carro em uma exibição de automóveis, conforme ilustra a Figura 12.29. Se a massa do guindaste é de 5 toneladas e a do carro é de 1 tonelada, qual é o ângulo mínimo que o guindaste pode posicionar o carro sem tombar? Despreze o peso da haste do guindaste que sustenta o carro.

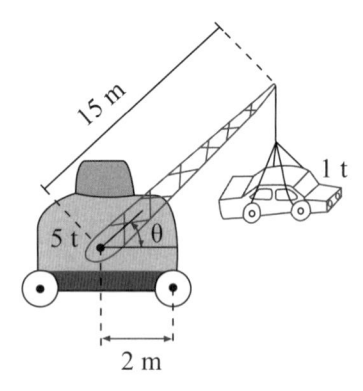

Figura 12.29: Problema 12.16.

12.17 Três cilindros iguais lisos, de massa M, estão posicionados conforme a Figura 12.30. Os dois cilindros de baixo estão quase se tocando. (a) Qual é a força F e a direção que cada cilindro exerce sobre o cilindro de cima? (b) Qual é a força que as paredes laterais exercem sobre os cilindros?

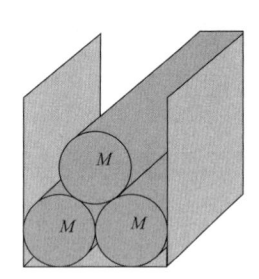

Figura 12.30: Problema 12.17.

12.18 Determine a massa M máxima para manter o sistema da Figura 12.31 em equilíbrio. O coeficiente de atrito entre o bloco de massa m e a mesa é μ.

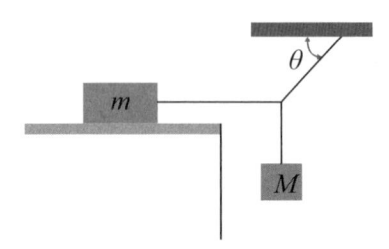

Figura 12.31: Problema 12.18.

12.19 Um bloco de massa M é suspenso por uma haste de comprimento L, massa despresível e suportado por um cabo preso a uma distância d do ponto de fixação da haste (Figura 12.32). Determine a tensão suportada pelo cabo em função da distância x de fixação do cabo na haste e analise o resultado em termos das posições extremas de fixação do cabo.

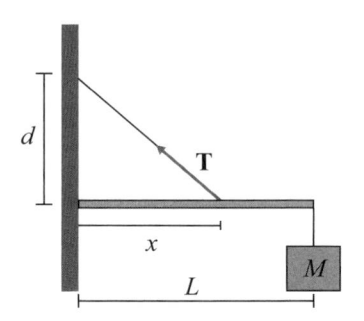

Figura 12.32: Problema 12.19.

12.20 Uma roda de 10 kg e de 30 cm de raio está suportada por um cabo preso ao eixo da roda, conforme a Figura 12.33. Considerando que não há atrito no contato da roda com a parede nem no eixo da roda, determine (a) a tração no cabo e (b) a direção e a força que a parede exerce sobre a roda na condição de equilíbrio estático. (c) Quais seriam as respostas dos itens (a) e (b) se houvesse atrito entre a roda e a parede?

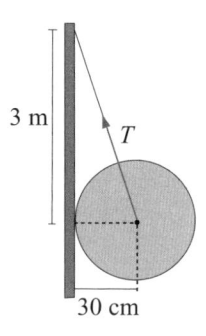

Figura 12.33: Problema 12.20.

12.21 Considere novamente a mesma condição do problema 12.20, mas com um peso de 10 kg preso à roda, conforme mostra a Figura 12.34. O coeficiente de atrito é suficientemente alto para evitar que a roda gire. Determine (a) a tração no cabo e (b) a direção e a força que a parede exerce sobre a roda na condição de equilíbrio estático. (c) Se o coeficiente de atrito entre a roda e a parede for de 0,40, qual será o valor máximo da massa que pode ser pendurada sem que a roda gire?

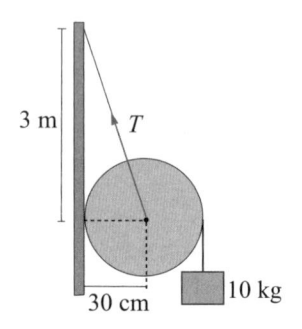

Figura 12.34: Problema 12.21.

12.22 Considere novamente o Exemplo 12.4. Determine qual é o peso máximo que a escada poderia ter sem escorregar.

12.23 Um cilindro de massa M está em repouso sobre um apoio formado por duas superfícies (Figura 12.35). Determine as forças N_1 e N_2 exercidas pelas superfícies sobre o cilindro nos pontos de contato 1 e 2, respectivamente. Desconsidere o atrito.

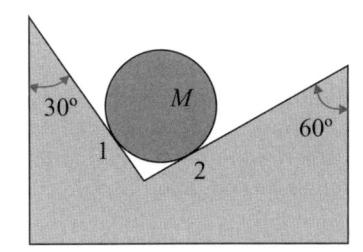

Figura 12.35: Problema 12.23.

12.24 Uma pinça é utilizada para segurar uma esfera (Figura 12.36), de forma que uma força F é aplicada nos contatos da esfera com a pinça. A pinça está aberta em um ângulo θ. Qual deve ser o coeficiente de atrito μ para que a esfera fique segura pela pinça (a) considerando a esfera com massa desprezível e (b) considerando a esfera com massa M?

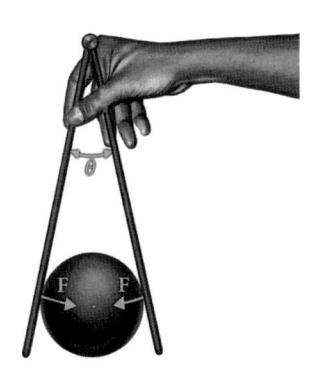

Figura 12.36: Problema 12.24.

12.25 Determine novamente a força de atrito f_a e a força normal da parede F_P sobre a escada do exemplo 12.4, considerando agora que o coeficiente de atrito entre a escada e a parede é de 0,30.

12.26 Um bloco de massa m está no topo de uma escada de dois lados, presos por uma haste na altura h e aberta em um ângulo θ (Figura 12.37), sem atrito com o piso. Determine (a) as forças atuando em cada perna e (b) a tensão na haste. Analise a variação da tensão em função da altura h com ângulo θ constante e verifique os valores extremos da tensão quando $l \to 0$ e $l \to L$.

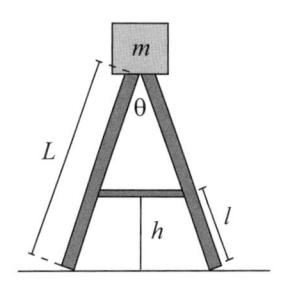

Figura 12.37: Problema 12.26.

12.27 Uma escada homogênea de comprimento L é apoiada sobre uma parede. Se o coeficiente de atrito estático entre a escada e o chão é de 0,60, determine o ângulo mínimo entre a escada e a horizontal em que a escada pode ficar em equilíbrio nas seguintes situações: (a) não existe atrito da escada com a parede; (b) o coeficiente de atrito entre a escada e a parede é 0,4.

12.28 Uma tábua repousa sobre o canto de uma parede (Figura 12.38) com coeficiente de atrito μ. (a) Para quais ângulos a escada escorrega? (b) Em uma situação de equilíbrio, qual é o valor da força de contato do canto com a tábua? (c) Qual é o ângulo que essa força faz com a horizontal? Desconsidere o atrito da escada com o solo.

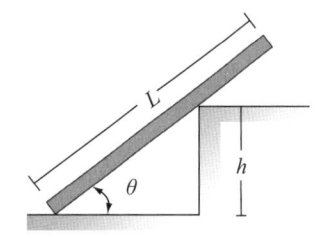

Figura 12.38: Problema 12.28.

12.29 (a) Qual é a força F necessária para manter a roda, de massa M e raio r, em uma posição de equilíbrio (Figura 12.39)? (b) Determine os componentes da força de contato que o canto do degrau exerce sobre a roda. (c) Qual é o ângulo que essa força faz com a horizontal?

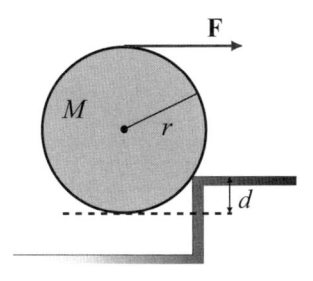

Figura 12.39: Problema 12.29.

12.30 Um bloco de massa igual a 200 kg é preso por um suporte leve, que está seguro por um cabo (Figura 12.40). Determine (a) a tensão no cabo; (b) a força atuando na base do suporte (utilizando os vetores unitários **i** e **j**); e (c) o ângulo que essa força faz com a horizontal.

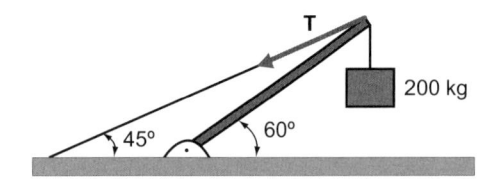

Figura 12.40: Problema 12.30.

12.31 (Provão) Uma massa m está presa a uma haste de comprimento b, que tem outra extremidade articulada em A (Figura 12.41). Do ponto B da haste à distância c da extremidade articulada atua uma mola de constante elástica k. Considere a massa da haste muito menor que m e a articulação sem atrito.

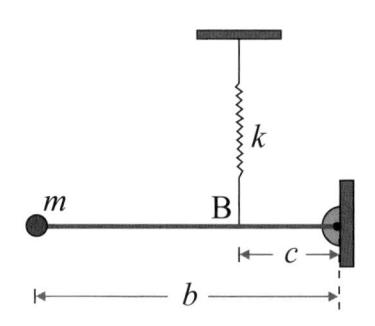

Figura 12.41: Problema 12.31.

Escreva a equação de equilíbrio para que este se dê na horizontal.

12.32 Vários tijolos iguais, de densidade uniforme, são empilhados de forma que fiquem em equilíbrio, e cada tijolo, a partir do tijolo superior, projeta-se o máximo possível sobre o tijolo de baixo (Figura 12.42). (a) Mostre que o sistema ficará em equilíbrio se o primeiro tijolo projetar-se de $1/2d$, o segundo de $1/4d$ e o terceiro de $1/6d$. (b) Baseado nas respostas anteriores, sugira uma expressão para o n-ésimo tijolo. (c) É possível que o primeiro tijolo se projete em relação ao último de uma distância maior que o tamanho do próprio tijolo?

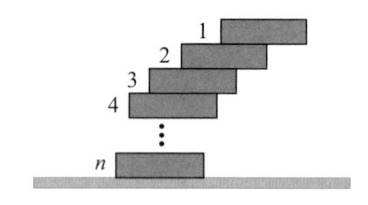

Figura 12.42: Problema 12.32.

12.33 Dois blocos em forma de cunha, com massa m, são colocados em contato um com o outro sobre uma base plana (Figura 12.43). Um cubo de massa M é colocado em

equilíbrio sobre os blocos conforme mostra a figura. Supondo que não existe atrito entre o cubo e o blocos, o coeficiente de atrito entre as cunhas e o piso é μ ($\mu < 1$). Qual é o maior valor da massa do cubo que pode ser equilibrado sem que as cunhas se movam?

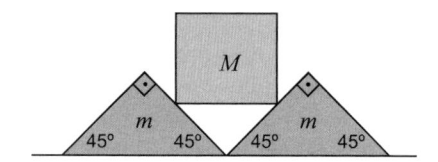

Figura 12.43: Problema 12.33.

12.34 Uma tábua de $2r$ de comprimento e peso P repousa, fazendo um ângulo de $30°$, sobre um suporte com formato de um semicírculo, de raio r (Figura 12.44). Determine (a) a força que a superfície horizontal exerce sobre a tábua; (b) o coeficiente de atrito estático entre a tábua e o piso, considerando que não existe atrito entre a tábua e o semicírculo, e (c) a força que o semicírculo exerce sobre a tábua.

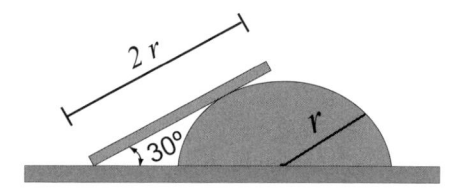

Figura 12.44: Problema 12.34.

12.5 Par de Forças

12.35 Considere que a força **F** do par de forças da Figura 12.9 faz um ângulo θ com o corpo. Mostre que o torque será dado por:

$$\tau_b = Fd sen\theta \qquad (12.32)$$

12.36 Duas forças de 50 N atuam nas bordas de um disco de raio r, fazendo um ângulo de $45°$ com a horizontal (Figura 12.45). (a) Determine o torque produzido por esse par de forças. (b) Determine a força F do par de forças mostrado na figura para que o sistema fique em equilíbrio.

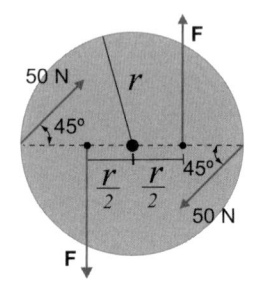

Figura 12.45: Problema 12.36.

12.37 Um par de forças de 20 N age sobre uma estrutura quadrada com 10 cm de lado (Figura 12.46), fazendo um ângulo de $30°$ com as verticais. (a) Determine o torque devido aos componentes horizontal e vertical e o torque total devido aos dois componentes. (b) Determine o torque utilizando a Equação 12.21 e verifique que o resultado é o mesmo do item (a). (c) Encontre outro par de forças atuando nos dois outros cantos do quadrado para que o sistema fique em equilíbrio.

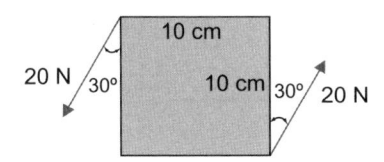

Figura 12.46: Problema 12.37.

12.38 Considere novamente o problema da escada apoiada em uma parede, com coeficiente de atrito entre a escada e o piso igual $\mu = 0,60$ e sem atrito na superfície de contato da escada com a parede (item (a) do problema 12.28). Usando os conceitos da seção 12.5 e considerando que a escada tem $2\,\text{m}$ de comprimento e $200\,\text{N}$ de peso, na situação em que a escada está no limite de escorregar, determine o torque para: (a) o par de forças formado pela normal, exercida pelo piso sobre a escada, e o peso da escada e (b) o par de forças formado pela normal exercida pela parede sobre a escada e a força de atrito entre a escada e o piso, para o ângulo de $33°$.

12.39 Considere novamente o problema 12.29, uma roda apoiada em um canto de um degrau (Figura 12.39), e determine o torque (Equação 12.21) dos dois pares de força envolvendo a força F e o peso da roda, em função da massa M, do raio r da roda e da distância d mostrada na figura.

12.6 Tríade de Forças

12.40 Duas forças $\mathbf{F}$ atuam em um corpo de forma quadrada nas posições mostradas na Figura 12.47. (a) Determine o módulo e a direção da força que deve atuar no ponto P para que o corpo esteja na condição de equilíbrio de translação e mostre que, nessas condições, o corpo quadrado não estaria em equilíbrio de rotação. (b) Em que posição da mesma face onde se encontra o ponto P a força encontrada no item (a) pode conduzir a um torque resultante nulo em relação a um eixo de rotação que passe pelo centro do quadrado?

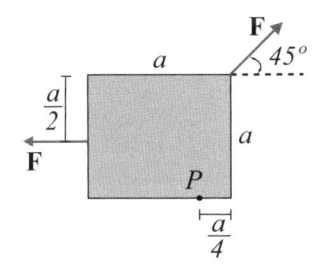

Figura 12.47: Problema 12.40.

12.41 Considerando o problema 12.29, uma roda em um canto de um degrau (Figura 12.39), utilize os conceitos da seção 12.6 para encontrar o ângulo que a força de contato do canto do degrau exerce sobre a roda.

12.42 Considerando novamente o problema 12.30 e usando os conceitos da seção 12.6, (a) determine o ângulo que a força exercida pelo piso sobre o suporte faz com a horizontal. (b) Resolva novamente o problema 12.30, considerando a resposta do item (a) acima.

12.7 Equilíbrio em Um Campo Gravitacional

12.43 A energia potencial de uma partícula (no SI) é dada por:

$$U(x) = 2x^3 - 2x^2 + 2x$$

Determine os pontos de equilíbrio e o tipo de equilíbrio da partícula.

12.44 Uma partícula está submetida a um campo conservativo dado por (no SI):

$$U(x, y, z) = 2x^2 + y^2 + 3z^2$$

Determine (a) as posições de equilíbrio da partícula; (b) a equação da força atuando na partícula em notação vetorial e (c) o módulo da força atuando na partícula no ponto (1, 1, 1).

12.45 Uma semiesfera sólida está em repouso sobre uma superfície plana. Determine o tipo de equilíbrio.

12.46 Na Figura 12.48, (a) mostra um cubo em equilíbrio estável quando apoiado sobre um plano, enquanto (b) mostra o mesmo cubo em equilíbrio instável quando apoiado em uma ponta. É razoável imaginar que existe uma situação intermediária entre o plano (raio de curvatura infinito) e a ponta (raio de curvatura tendendo a zero) em que o equilíbrio passa de estável para instável (Figura 12.48c)? Determine para qual raio de curvatura da superfície de apoio do cubo acontece o limite entre equilíbrio estável e instável.

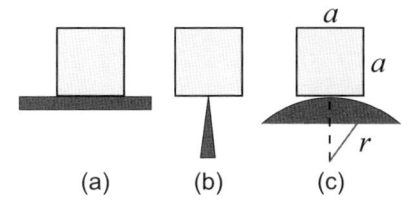

Figura 12.48: Problema 12.46.

12.8 Equilíbrio em Referenciais Acelerados

12.47 Uma chapa fina e homogênea de massa m está apoiada sobre uma prancha que se move com aceleração a (Figura 12.49). Determine o coeficiente de atrito mínimo entre a placa e a prancha para que a chapa fique em equilíbrio em relação à prancha.

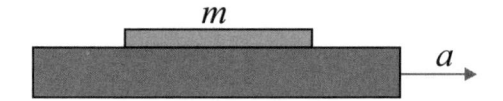

Figura 12.49: Problema 12.47.

dade da pessoa não muda com a mudança da posição das pernas).

12.48 Uma pessoa de 70 kg, cujo centro de massa está a 1,2 m de altura, está em equilíbrio em cima de um vagão de trem cuja aceleração é de $2{,}0\,\mathrm{ms}^{-2}$, conforme ilustrado na Figura 12.50. Determine a distância mínima de posicionamento entre os dois pés, L, para que a pessoa não saia da posição de equilíbrio, considerando que o coeficiente de atrito é suficiente para evitar o deslizamento da pessoa no vagão (para simplificar, considere que o centro de gravi-

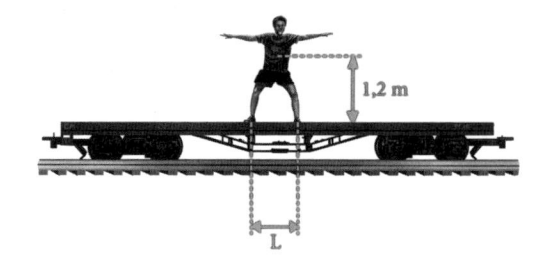

Figura 12.50: Problema 12.48.

Apêndice A

Constantes Fundamentais e Conversão entre Unidades do SI

A.1 Sistema Internacional de Unidades – SI

UNIDADE DO SI (Símbolo)	GRANDEZA	DEFINIÇÃO
Metro (m)	Comprimento	Distância percorrida pela luz no vácuo durante $1/299.792.458$ segundos (17° CGPM 1983)
Quilograma (kg)	Massa	Massa equivalente à de um protótipo composto de um cilindro de platina-irídio guardado no Bureau Internacional de Pesos e Medidas (3° CGPM 1901)
Segundo (s)	Tempo	Tempo equivalente a $9.192.631.770$ períodos de vibração da luz emitida pelo isótopo do átomo de césio 133 correspondente à transição entre dois níveis hiperfinos de seu estado fundamental (13° CGPM 1967)
Ampère (A)	Corrente elétrica	Intensidade de corrente elétrica constante que, mantida entre dois condutores paralelos, retilíneos, de comprimento infinito, de seção circular desprezível e separados por uma distância de 1 m no vácuo, produz uma força entre os condutores igual a 2×10^{-7} N/m (9° CGPM 1948)
Kelvin (K)	Temperatura	Corresponde a uma fração de $1/273,16$ da temperatura termodinâmica do ponto triplo da água (13° CGPM 1967)
mol (mol)	Quantidade de substância	Quantidade de substância de um sistema equivalente à quantidade de átomos em $0,012$ kg do carbono 12, não ligado, em repouso e no estado fundamental (14° CGPM 1971)
Candela (cd)	Intensidade luminosa	Intensidade luminosa, em uma dada direção, de uma fonte que emita radiação monocromática de frequência igual a 540×10^{12} hertz e que tenha uma intensidade radiante nessa direção de $1/683$ watt por esferorradiano (16° CGPM 1979)

A.2 Unidades Suplementares do SI

Grandeza	Símbolo	Nome	Unidade do SI
Ângulo plano	rad	radiano	$m/m=1$
Ângulo sólido	sr	esferorradiano	$m^2/m^2=1$

A.3   Unidades do SI com Nomes Especiais

Grandeza	Símbolos especiais no SI	Nome	Em unidades do SI	Em unidades fundamentais do SI
Campo magnético	T	Tesla	Wb/m^2	$kg/A.s^2$
Capacitância	F	Faraday	C/V	$A^2.s^4/kg.m^2$
Condutância	S	Siemens	A/V	$A^2.s^3/kg.m^2$
Energia	J	Joule		$kg.m^2/s^2$
Fluxo magnético	Wb	Weber	$V.s$	$V.s$ $kg.m^2/A.s^2$
Força	N	Newton		$m.kg/s^2$
Frequência	Hz	Hertz		s^{-1}
Indutância	H	Henry	Wb/A	$kg.m^2/A^2.s^2$
Potência	W	Watt	J/s	$kg.m^2/s^3$
Potencial elétrico, força eletro-motriz, diferença de potencial	V	Volt	W/A	$kg.m^2/A.s^3$
Pressão	Pa	Pascal	N/m^2	$kg/m.s^2$
Quantidade de calor	J	Joule		$kg.m^2/s^2$
Quantidade de carga elétrica	C	Coulomb		$A.s$
Resistência elétrica	Ω	Ohm	V/A	$kg.m^2/A^2.s^3$
Trabalho	J	Joule	$N.m$	$kg.m^2/s^2$

A.4   Constantes Fundamentais da Física

Constante	Símbolo	Valor[a]
Carga elementar	e	$1,60217733(49)\times10^{-19}$ C
Comprimento de onda Compton do elétron	$\lambda_C = \frac{h}{m_e c}$	$2,42631058(22)\times10^{-12}$ m
Constante de Boltzmann	$k=R/N_A$	$1,380658(12)\times10^{-23}$ J/K $=8,36\times10^{-5}$ eV/K
Constante de Faraday	F	$9,6484(56)\times10^{4}$ C/mol
Constante dos gases	R	$8,314510(70)$ J/mol.K
Constante gravitacional	G	$6,67259(85)\times10^{-11}$ m^3/s^2.kg
Constante de Planck	h	$6,6260755(40)\times10^{-34}$ J.s
Constante de Planck reduzida	$\hbar = h/2\pi$	$1,05457266(63)\times10^{-34}$ J.s
Constante de Rydberg	R	$1,0973731534(13)\times10^{7}$ m^{-1}
Constante de Stefan-Boltzmann	σ	$5,670(32)\times10^{-8}$ $W/m^2.K^4$
Magnéton de Bohr	$\mu_B = e\hbar/2m_e$	$9,2740154(31)\times10^{-24}$ J/T
Magnéton nuclear	$\mu_n = e\hbar/2m_p$	$5,0507866(17)\times10^{-27}$ J/T
Massa de repouso do dêuteron	m_d	$3,3435860(20)\times10^{-27}$ kg
Massa de repouso do elétron	m_e	$9,1093897(54)\times10^{-31}$ kg
Massa de repouso do múon	m_μ	$1,883566\times10^{-28}$ kg
Massa de repouso do nêutron	m_n	$1,6749286(10)\times10^{-27}$ kg
Massa de repouso do próton	m_p	$1,672623(10)\times10^{-27}$ kg
Momento magnético do elétron	μ_e	$9,2848(32)\times10^{-24}$ J/T
Momento magnético do próton	μ_p	$1,41061(71)\times10^{-26}$ J/T
Número de Avogadro	N_A	$6,0221367(36)\times10^{23}$ mol^{-1}
Permeabilidade do vácuo	μ_0	4×10^{-7} N/A^2 (exato)
Permissividade do vácuo	$\epsilon_0 = 1/\mu_0 c^2$	$8,854187817\times10^{-12}$ $F.m^{-1}$ (exato)

Constante	Símbolo	Valor[a]
Raio de Bohr	a_o	$0,529177249(24) \times 10^{-10}$ m
Razão carga/massa do elétron	e/m_e	$1,75880(47)$ C/kg
Razão massa do próton/massa do elétron	m_p/m_e	1840
Unidade de massa atômica	u	$1,6605402(10) \times 10^{-27}$ kg ou
		$931,43432(28)$ MeV/c^2
Velocidade da luz no vácuo	c	$2,99792458 \times 10^8$ m/s (exato)
Volume molar do gás ideal (CNTP)	V_m	$2,2413(83)$ m^3/mol

[a] Os dígitos entre parênteses representam a incerteza nos últimos dígitos dos valores fornecidos.

$\pi = 3,14159265358979323846264 3...$

$e = \lim_{n \to \infty} \left(1 + \frac{1}{n}\right)^n = 2,71828182845904523536028747135266 2497757...$

A.5   Conversão entre Unidades

Ângulo

	Grau (^{o})	Minuto (')	Segundo (")	Radiano (rad)	Revolução (rev)
1 grau	1	60	360	$1,745 \times 10^{-2}(2\pi/360)$	$2,778 \times 10^{-3}$
1 minuto de arco	$1,667 \times 10^{-2}$	1	60	$2,909 \times 10^{-4}$	$4,630 \times 10^{-5}$
1 segundo de arco	$2,778 \times 10^{-4}$	$1,667 \times 10^{-2}$	1	$4,848 \times 10^{-6}$	$7,716 \times 10^{-7}$
1 radiano	$57,30(360/2\pi)$	3.438	$2,063 \times 10^5$	1	0,1592
1 revolução (1 volta)	360	$2,16 \times 10^4$	$1,296 \times 10^6$	$6,283(2\pi)$	1

Ângulo sólido: 1 esfera = 4π esferorradianos (ou estereorradianos) = 4π sr

Área

	m^2
1 metro quadrado (m^2)	1
1 are (a)	100
1 hectare (ha)	10^4
1 acre (ac)	4.046
1 barn (b)	10^{-28}
1 shed (= 10^{-24} barn)	10^{-52}

Alqueire = $2,72$ ha (mais comum). O alqueire é uma unidade de superfície agrária usada no Brasil e em Portugal e varia de região para região.

Campo e Fluxo Magnético

1 Tesla	1 Weber/m^2 = 10^4 Gauss
1 Weber	10^8 Maxwell (Mx) (unidade de fluxo magnético no sistema CGS)
1 Gauss	10^{-4} T
1 Oersted (Oe)	79,57 7472 A/m (unidade de campo no sistema CGS)

Comprimento

	cm	m	km	in	ft	yd	mi
1 **centímetro** (cm)	1	10×10^{-2}	10^{-5}	0,3937	$3,281 \times 10^{-2}$	$1,094 \times 10^{-2}$	$6,214 \times 10^{-6}$
1 **metro** (m)	10^2	1	10^{-3}	39,37	3,281	1,094	$6,214 \times 10^{-4}$
1 **quilômetro** (km)	10^5	10^3	1	$3,937 \times 10^4$	3.281	1.094	$6,214 \times 10^{-1}$
1 **polegada** (in)	2,54	$2,54 \times 10^{-2}$	$2,54 \times 10^{-5}$	1	$8,333 \times 10^{-2}$	$2,778 \times 10^{-2}$	$1,578 \times 10^{-5}$
1 **pé** (ft)	30,48	0,3048	$3,048 \times 10^{-4}$	12	1	0,3333	$1,894 \times 10^{-4}$
1 **jarda** (yd)	91,44	0,9144	$9,144 \times 10^{-4}$	36	3	1	$5,682 \times 10^{-4}$
1 **milha** (mi)	$1,609 \times 10^5$	1.609	1,609	$6,336 \times 10^4$	$5,280 \times 10^3$	1.760	1

1 Angstrom (Å) $= 10^{-10}$ m   1 nanômetro (nm) $= 10^{-9}$ m

1 milha náutica (mi) $= 1.852$ m   1 ano-luz $= 9,461 \times 10^{15}$ m $= 6,324 \times 10^4$ UA $= 0,3066$ pc

1 unidade astronômica (UA) $= 1,496 \times 10^{11}$ m (distância média entre o Sol e a Terra)

1 parsec (pc) $= 3,086 \times 10^{16}$ m $= 3,262$ anos-luz $= 2,063 \times 10^5$ UA

1 ano-luz $= 9,461 \times 10^{15}$ m $= 6,324 \times 10^4$ UA $= 0,3066$ pc

1 fermi (fm) $= 10^{-15}$ m   1 raio de Bohr $= 5,292 \times 10^{-11}$ m

Energia, Trabalho e Calor

	J	kWh	cal	erg	eV	cv-h	Btu	ft-lb	kg	u
1 Joule (J)	1	$2,778 \times 10^{-7}$	0,2389	10^7	$6,242 \times 10^{18}$	$3,725 \times 10^{-7}$	$9,481 \times 10^{-4}$	0,7376	$1,113 \times 10^{-17}$	$6,705 \times 10^9$
1 quilowatt-hora (kWh)	$3,6 \times 10^6$	1	$8,601 \times 10^5$	$3,6 \times 10^{13}$	$2,247 \times 10^{25}$	1,341	$3,413 \times 10^3$	$2,655 \times 10^6$	$4,007 \times 10^{-11}$	$2,413 \times 10^{16}$
1 caloria (cal)	4,186	$1,163 \times 10^{-6}$	1	4,186	$2,613 \times 10^{19}$	$1,559 \times 10^{-6}$	$3,968 \times 10^{-3}$	3,087	$4,659 \times 10^{-17}$	$2,807 \times 10^{10}$
1 erg	10^{-7}	$2,778 \times 10^{-14}$	$2,389 \times 10^{-8}$	1	$6,242 \times 10^{11}$	$3,725 \times 10^{-14}$	$9,481 \times 10^{-11}$	$7,376 \times 10^{-8}$	$1,113 \times 10^{-24}$	$6,702 \times 10^2$
1 elétron-Volt (eV)	$1,602 \times 10^{-19}$	$4,450 \times 10^{-26}$	$3,827 \times 10^{-20}$	$1,602 \times 10^{-12}$	1	$5,967 \times 10^{-26}$	$1,519 \times 10^{-22}$	$1,182 \times 10^{-19}$	$1,783 \times 10^{-36}$	$1,074 \times 10^{-9}$
1 cavalo-vapor-hora (cv.h)	$2,685 \times 10^6$	$7,457 \times 10^{-1}$	$6,414 \times 10^5$	$2,685 \times 10^{13}$	$1,676 \times 10^{25}$	1	$2,545 \times 10^3$	$1,980 \times 10^6$	$2,988 \times 10^{-11}$	$1,799 \times 10^{16}$
1 unidade térmica inglesa (Btu)	$1,055 \times 10^3$	$2,930 \times 10^{-4}$	$2,520 \times 10^2$	$1,055 \times 10^{10}$	$6,585 \times 10^{21}$	$3,929 \times 10^{-4}$	1	$7,779 \times 10^2$	$1,174 \times 10^{-14}$	$7,070 \times 10^{12}$
1 pé-libra (ft.lb)	1,356	$3,766 \times 10^{-7}$	$3,239 \times 10^{-1}$	$1,356 \times 10^7$	$8,464 \times 10^{18}$	$5,051 \times 10^{-7}$	$1,285 \times 10^{-3}$	1	$1,509 \times 10^{-17}$	$9,037 \times 10^9$
1 quilograma* (kg)	$8,987 \times 10^{16}$	$2,497 \times 10^{10}$	$2,147 \times 10^{16}$	$8,987 \times 10^{23}$	$5,610 \times 10^{35}$	$3,348 \times 10^{10}$	$8,521 \times 10^{13}$	$6,629 \times 10^{16}$	1	$6,022 \times 10^{26}$
1 unidade unificada de massa atômica* (u)	$1,492 \times 10^{-10}$	$4,145 \times 10^{-17}$	$3,564 \times 10^{-11}$	$1,492 \times 10^{-3}$	$9,320 \times 10^8$	$5,559 \times 10^{-17}$	$1,415 \times 10^{-13}$	$1,101 \times 10^{-10}$	$1,661 \times 10^{-27}$	1

* Quilograma e unidade de massa atômica não têm dimensão de energia. Entretanto, devido à equação relativística de equivalência entre massa e energia, $E = mc^2$, colocamos a conversão entre elas nesta tabela.

Força

	N	dina	lb	kgf
1 **Newton** (N)	1	10^5	0,2248	0,1020
1 **dina**	10^{-5}	1	$2,248 \times 10^{-6}$	$1,020 \times 10^{-6}$
1 **libra** (lb)	4,448	$4,448 \times 10^5$	1	0,4536
1 **quilograma-força** (kgf)	9,807	$9,807 \times 10^5$	2,205	1

Massa

	kg	g	uma
1 **quilograma** (kg)	1	1.000	$6,022 \times 10^{26}$
1 **grama** (g)	0,001	1	$6,022 \times 10^{23}$
1 **unidade de massa atômica** (uma, u)	$1,661 \times 10^{-27}$	$1,661 \times 10^{-24}$	1

slug: unidade de massa do sistema inglês pé-libra-segundo, equivalente a $14,593\,90$ kg.

Massa de repouso do elétron $= 9,109\,38 \times 10^{-31}$ kg

Potência

	W	kW	erg/s	cv	hp	cal/s	BTU/h
1 **Watt** (W)	1	0,001	10^7	$1,360 \times 10^{-3}$	$1,341 \times 10^{-3}$	0,2388	3,412
1 **quilowatt** (kW)	1.000	1	10^{10}	1,360	1,341	238,8	3.412
1 **erg por segundo** (erg/s)	10^{-7}	10^{-10}	1	$1,360 \times 10^{-10}$	$1,341 \times 10^{-10}$	$2,388 \times 10^{-8}$	$3,412 \times 10^{-7}$
1 **cavalo-vapor** (cv)	735,5	0,7355	$7,355 \times 10^9$	1	0,9863	175,7	2.510
1 **cavalo de força** (hp)	745,7	0,7457	$7,457 \times 10^9$	1,014	1	178,1	2.544
1 **caloria por segundo** (cal/s)	4,186	$4,186 \times 10^{-3}$	$4,187 \times 10^7$	$5,692 \times 10^{-3}$	$5,615 \times 10^{-3}$	1	14,29
1 **unidade térmica britânica por hora** (BTU/h)	0,2931	$2,931 \times 10^{-4}$	$2,931 \times 10^6$	$3,985 \times 10^{-4}$	$3,930 \times 10^{-4}$	$7,000 \times 10^{-2}$	1

1 pé-libra-segundo = 1,356 W   1 quilograma-força-metro por segundo (kgf.m/s) = 9,807 W

Pressão

	Pa	atm	Torr	dina/cm^2	(lb/in^2)	kgf/m^2
1 **Pascal** (Pa) = Newton/m^2 (N/m^2)	1	$9,869 \times 10^{-6}$	$7,501 \times 10^{-3}$	10	$1,450 \times 10^{-4}$	$1,020 \times 10^{-1}$
1 **atmosfera** (atm)	$1,013 \times 10^5$	1	760	$1,013 \times 10^6$	14,70	$1,033 \times 10^4$
1 **Torr** = mm de mercúrio (mmHg)	$1,333 \times 10^2$	$1,316 \times 10^{-3}$	1	$1,333 \times 10^3$	$1,934 \times 10^{-2}$	13,60
1 **dina/cm^2**	0,1	$9,869 \times 10^{-7}$	$7,501 \times 10^{-4}$	1	$1,405 \times 10^{-5}$	$1,020 \times 10^{-2}$
1 **libra/polegada^2** (lb/in^2) [*pound per square inch* (psi)]	$6,895 \times 10^3$	$6,805 \times 10^{-2}$	51,71	$6,895 \times 10^4$	1	703,1
1 **quilograma-força/m^2** = (kgf/m^2)	9,807	$9,678 \times 10^{-5}$	$7,356 \times 10^{-2}$	98,07	$1,422 \times 10^{-3}$	1

$1\,\mathrm{bar} = 10^6\,\mathrm{dina/cm}^2 = 10^5\,\mathrm{Pa}$
$1\,\mathrm{mbar} = 10^2\,\mathrm{Pa}$

Volume

	m^3	litro	in^3
1 **metro cúbico**	1	1.000	$6,102 \times 10^4$
1 **litro**	10^{-3}	1	61,02
1 **polegada cúbica**	$1,639 \times 10^{-5}$	$1,639 \times 10^{-2}$	1
1 **barril** americano	0,1590	159,0	9.702
1 **barril** inglês	0,1637	163,7	9.987
1 **galão** americano	$3,785 \times 10^{-3}$	3,785	231
1 **galão** inglês	$4,546 \times 10^{-3}$	4,546	277,4

A.6   Dados Relativos ao Sistema Solar

Propriedade	Sol[a]	Planetas								Plutão[b] Planeta anão	Satélites	
		Mercúrio	Vénus	Terra	Marte	Júpiter	Saturno	Urano	Netuno		Lua	Ganimedes[c]
Densidade (g/cm^3)	1,41	5,60	5,20	5,52	3,95	1,31	0,704	1,21	1,67	2,03	3,34	1,94
Distância média do Sol (10^6 km)		57,9	108	150	228	778	1.430	2.871	4.504	5.914	384.400[d]	1,06[e]
Excentricidade da órbita		0,206	0,0068	0,0167	0,0934	0,0485	0,0556	0,0472	0,0086	0,25		
Gravidade média (m/s^2)	274	3,78	8,60	9,81[f]	3,72	22,9	9,05	7,77	11	0,5	1,67	1,43
Massa (kg)	$1,99 \times 10^{30}$	$3,30 \times 10^{23}$	$4,87 \times 10^{24}$	$5,976 \times 10^{24}$	$6,42 \times 10^{23}$	$1,90 \times 10^{27}$	$5,68 \times 10^{26}$	$8,68 \times 10^{25}$	$1,02 \times 10^{26}$	$1,32 \times 10^{22}$	$7,36 \times 10^{22}$	$1,48 \times 10^{23}$
Massa relativa à da Terra	332.776	0,0551	0,814	1	0,107	318	95,0	14,5	17,1	0,0022	0,012	0,0247
Período da órbita (anos)		0,241	0,615	1	1,88	11,9	29,5	84	165	248		
Período de rotação (dias)	37 — Polos[g] 26 — Equador[g]	58,7	243	0,997	1,03	0,409	0,426	0,451	0,658	6,39	27,3	7,160
Raio médio (km)	695.000	2.440	6.050	6.370[h]	3.395	71.450	60.270	25.900	24.765	1.160	1.738	2.630
Satélites		0	0	1	2	17[i]	31[i]	15[i]	8[i]	1		
Velocidade de escape (km/s)	618	4,24	10,4	11,2	5,02	59,6	35,5	21,1	23,4	1,2	2,38	2,73
Velocidade orbital média (km/s)		47,9	35	29,8	24,1	13,1	9,64	6,81	5,43	4,7		

[a] O Sol emite uma potência de radiação equivalente a $3,9 \times 10^{26}$ W. A intensidade de sua radiação recebida na superfície terrestre é de 925 W/m^2, enquanto fora da atmosfera é de 1.350 W/m^2.

[b] Plutão perdeu o status de planeta, sendo considerado um planeta anão, juntamente com Éris e Ceres, a partir da Assembleia Geral da União Astronômica Internacional, reunida em Praga, República Checa, em 24 de agosto de 2006.

[c] Ganimedes, um satélite do planeta Júpiter, é o maior do sistema solar.

Apêndice B

Símbolos e Fórmulas Matemáticas

Alfabeto grego

Letra grega	Maiúscula	Minúscula
Alfa	A	α
Beta	B	β
Gama	Γ	γ
Delta	Δ	δ
Épsilon	E	ϵ
Zeta	Z	ζ
Eta	H	η
Teta	Θ	θ
Iota	I	ι
Kapa	K	κ
Lambda	Λ	λ
Mu	M	μ
Nu	N	ν
Ksi	Ξ	ξ
Ômicron	O	o
Pi	Π	π
Ro	P	ρ
Sigma	Σ	σ
Tau	T	τ
Úpsilon	Υ	υ
Fi	Φ	φ
Chi	X	χ
Psi	Ψ	ψ
Ômega	Ω	ω

Sinais e Símbolos

$=$ igual a
$\neq$ diferente de
$\cong$ aproximadamente igual a
$\equiv$ idêntico a
$>$ maior do que
$<$ menor do que
$\geq$ maior ou igual a
$\leq$ menor ou igual a

$\pm$ mais ou menos
$\mp$ menos ou mais
$\propto$ proporcional
∞ infinito
Δ intervalo de
$\sum$ somatório de
$\bar{x}$ valor médio de x
$\perp$ perpendicular
$!$ fatorial de
$\int$ integral de
d infinitesimal, ou derivada de (p. ex.: dx)

Equação do Segundo Grau

$$ax^2 + bx + c = 0 \qquad x = \frac{-b \pm \sqrt{b^2 - 4ac}}{2a}$$

Geometria

Circunferência de um círculo $= 2\pi r$
Área do círculo $= \pi r^2$
Área da esfera $= 4\pi r^2$
Volume de uma esfera $= (4/3)\pi r^3$

Triângulo retângulo

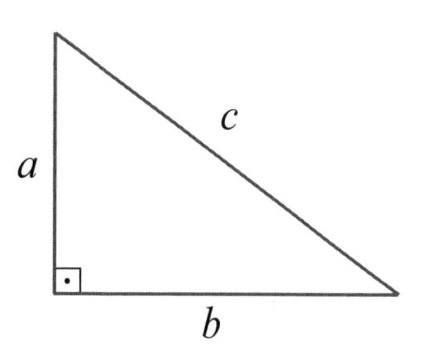

Figura B.1: Triângulo retângulo

Teorema de Pitágoras: $\qquad a^2 + b^2 = c^2$

Triângulo qualquer

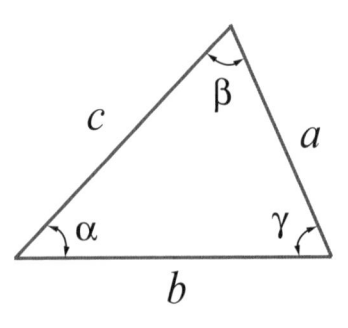

Figura B.2: Triângulo qualquer

$\alpha + \beta + \gamma = \pi \; rad = 180°$

$\frac{sen\alpha}{a} = \frac{sen\beta}{b} = \frac{sen\gamma}{c}$

$c^2 = a^2 + b^2 - 2ab\cos\gamma$

Funções Trigonométricas

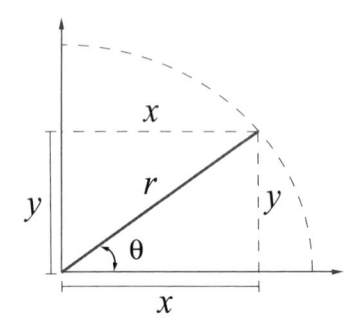

Figura B.3: Parâmetros usados nas relação trigonométricas.

$sen\theta = \frac{y}{r}$

$\cos\theta = \frac{x}{r}$

$tg\theta = \frac{y}{x}$

$\cot g\theta = \frac{x}{y}$

$\sec\theta = \frac{r}{x}$

$\cos ec\theta = \frac{r}{y}$

$sen^2\theta + \cos^2\theta = 1$

$\sec^2\theta - tg^2\theta = 1$

$\cos ec^2\theta - \cot g^2\theta = 1$

$sen2\theta = 2sen\theta\cos\theta$

$\cos 2\theta = \cos^2\theta - sen^2\theta = 2\cos^2\theta - 1 = 1 - 2sen^2\theta$

$sen(\alpha \pm \beta) = sen\alpha.\cos\beta \pm \cos\alpha.sen\beta$

$\cos(\alpha \pm \beta) = \cos\alpha.\cos\beta \mp sen\alpha.sen\beta$

$tg(\alpha \pm \beta) = \frac{tg\alpha \pm tg\beta}{1 \mp tg\alpha.tg\beta}$

$sen\alpha \pm sen\beta = 2sen\frac{1}{2}(\alpha \pm \beta).\cos\frac{1}{2}(\alpha \mp \beta)$

$e^{\pm i\theta} = \cos\theta \pm isen\theta$

$sen\theta = \frac{e^{i\theta}-e^{-i\theta}}{2i}$

$\cos\theta = \frac{e^{i\theta}+e^{-i\theta}}{2}$

Derivadas e Integrais

Derivadas	Integrais
$\frac{d}{dx}(x) = 1$	$\int dx = x$
$\frac{d}{dx}(ax) = a$	$\int adx = \int dx = ax$
$\frac{d}{dx}(au) = a\frac{du}{dx}$	$\int audx = a\int udx$
$\frac{d}{dx}(u+v) = \frac{du}{dx} + \frac{dv}{dx}$	$\int(u+v)dx =$ $\int udx + \int vdx$
$\frac{d}{dx}(uv) = u\frac{dv}{dx} + v\frac{du}{dx}$	$\int u\frac{dv}{dx}dx = uv - \int v\frac{du}{dx}dx$
$\frac{d}{dx}x^n = nx^{n-1}$	$\int x^ndx = \frac{x^{n+1}}{n+1}$ $(n \neq -1)$
$\frac{d}{dx}\ln x = \frac{1}{x}$	$\int \frac{dx}{x} = \ln|x|$
$\frac{d}{dx}e^x = e^x$	$\int e^xdx = e^x$
$\frac{d}{dx}e^{ax} = ae^{ax}$	$\int e^{ax}dx = \frac{e^{ax}}{a}$
$\frac{d}{dx}sen\,x = \cos x$	$\int senxdx = -\cos x$
$\frac{d}{dx}\cos x = -sen\,x$	$\int \cos xdx = sen\,x$
$\frac{d}{dx}\tan x = \sec^2 x$	$\int \tan xdx = \ln|\sec x|$
$\frac{d}{dx}\cot x = -\csc^2 x$	$\int sen^2xdx =$ $\frac{1}{2}x - \frac{1}{4}sen2x$
$\frac{d}{dx}e^u = e^u\frac{du}{dx}$	$\int xe^{-ax}dx =$ $-\frac{1}{a^2}(ax+1)e^{-ax}$
$\frac{d}{dx}senu = \cos u\frac{du}{dx}$	$\int \frac{dx}{\sqrt{x^2+a^2}} =$ $\ln(x + \sqrt{x^2+a^2})$
$\frac{d}{dx}\cos u = -senu\frac{du}{dx}$	$\int \frac{dx}{(x^2+a^2)^{3/2}} =$ $\frac{x}{a^2(x^2+a^2)^{1/2}}$

Regra da cadeia: $\qquad \frac{df(g(x))}{dx} = \frac{df(g)}{dg}\frac{dg(x)}{dx}$

Expansões e Séries

Fatorial

$n! = n.(n-1).(n-2)...3.2.1$

Expansão exponencial

$e^x = 1 + x + \frac{x^2}{2!} + \frac{x^3}{3!} + ...$

Binômio de Newton

$(1 \pm x)^n = 1 \pm \frac{n}{1!}x + \frac{n(n-1)}{2!}x^2 \pm ...$

$(1 \pm x)^{-n} = 1 \pm \frac{n}{1!}x + \frac{n(n+1)}{2!}x^2 \pm ...$

Expansão logarítmica

$\ln(1+x) = x - \frac{1}{2}x^2 + \frac{1}{3}x^3 - ...$

Série de Taylor

$$f(x_0 + x) = f(x_0) + f'(x_0)x + f''(x_0)\frac{x^2}{2!}$$

$$+f'''(x_0)\frac{x^3}{3!} + \cdots$$

Expansão de funções trigonométricas

$$sen\theta = \theta - \frac{\theta^3}{3!} + \frac{\theta^5}{5!} - \dots$$
$$\cos\theta = 1 - \frac{\theta^2}{2!} + \frac{\theta^4}{4!} - \dots$$
$$tg\theta = \theta + \frac{\theta^3}{3} + \frac{2\theta^5}{15} + \dots$$

Produto Entre Vetores

Sendo **i**, **j** e **k** vetores unitários nas direções x, y e z, respectivamente, e a, b e c os módulos dos vetores **a**, **b** e **c**, com coordenadas a_x, b_x, c_x,, a_y ... nos eixos x, y e z, então:

$$\mathbf{i} \cdot \mathbf{i} = \mathbf{j} \cdot \mathbf{j} = \mathbf{k} \cdot \mathbf{k} = 1$$
$$\mathbf{i} \cdot \mathbf{j} = \mathbf{j} \cdot \mathbf{k} = \mathbf{k} \cdot \mathbf{i} = 0$$

$$\mathbf{i} \times \mathbf{j} = \mathbf{k}$$
$$\mathbf{j} \times \mathbf{k} = \mathbf{i}$$
$$\mathbf{k} \times \mathbf{i} = \mathbf{j}$$
$$\mathbf{i} \times \mathbf{i} = \mathbf{j} \times \mathbf{j} = \mathbf{k} \times \mathbf{k} = 0$$
$$\mathbf{a} = a_x\mathbf{i} + a_y\mathbf{j} + a_z\mathbf{k}$$
$$\mathbf{a} \times (\mathbf{b} + \mathbf{c}) = \mathbf{a} \times \mathbf{b} + \mathbf{a} \times \mathbf{c}$$
$$(s\mathbf{a}) \times \mathbf{b} = a \times (s\mathbf{b}) = s(\mathbf{a} \times \mathbf{b}) \text{ (sendo } s \text{ um escalar)}$$
$$\mathbf{a} \cdot \mathbf{b} = \mathbf{b} \cdot \mathbf{a} = a_x b_x + a_y b_y + a_z b_z = ab\cos\theta \text{ (sendo } \theta$$
o menor ângulo entre **a** e **b**)

$$\mathbf{a} \times \mathbf{b} = (a_y b_z - b_y a_z)\mathbf{i} + (a_z b_x - b_z a_x)\mathbf{j} +$$
$$(a_x b_y - b_z a_y)\mathbf{k} = \begin{vmatrix} \mathbf{i} & \mathbf{j} & \mathbf{k} \\ a_x & a_y & a_z \\ b_x & b_y & b_z \end{vmatrix} = -\mathbf{b} \times \mathbf{a}$$
$$|\mathbf{a} \times \mathbf{b}| = ab\,sen\theta$$
$$\mathbf{a} \cdot (\mathbf{b} \times \mathbf{c}) = \mathbf{b} \cdot (\mathbf{c} \times \mathbf{a}) = \mathbf{c} \cdot (\mathbf{a} \times \mathbf{b})$$
$$\mathbf{a} \times (\mathbf{b} \times \mathbf{c}) = (\mathbf{a} \cdot \mathbf{c})\mathbf{b} - (\mathbf{a} \cdot \mathbf{b})\mathbf{c}$$

Apêndice C

Evolução da Física

−585 – *Tales de Mileto*: prevê um eclipse

−580 – *Tales de Mileto*: observa fenômenos magnéticos em âmbar friccionado

−525 – *Pitágoras*: anuncia o teorema de Pitágoras

−425 – *Demócritos*: teoria atômica

∼370 – *Aristóteles*: corpos em queda livre caem de forma acelerada

−352 – Chineses registram a observação de uma supernova

−340 – *Aristóteles*: propõe que a Terra é uma esfera

−325 – *Píteas*: as marés são causadas pela Lua

−260 – *Aristarcos de Samos*: determina a razão entre as distâncias Terra-Sol e Terra-Lua por angulação

−250 – *Chineses*: corpos livres movem-se com velocidade constante

−240 – *Arquimedes*: princípio de Arquimedes para hidrostática

−230 – *Erastóstenes*: raio da Terra

100 – *Hero de Alexandria*: expansão do ar com calor

1000 – *Ali Al-hazen*: reflexão e refração de lentes

1121 – *Al-khazini*: a gravidade age em direção ao centro da Terra

1480 – *Leonardo da Vinci*: descrição de paraquedas; comparação de reflexão da luz com reflexão de ondas sonoras

1515 – *Leonardo da Vinci*: progressos em mecânica, aerodinâmica e hidráulica

1543 – *Nicolau Copérnico* publica a teoria heliocêntrica

1576 – *Tycho Brahe*: constrói um observatório planetário; observa que cometas estão além da Lua e passam através das órbitas dos planetas

1581 – *Robert Norman*: mostra que a Terra é um magneto usando uma bússola

1589 – *Galileu Galilei*: objetos caem com mesma aceleração, independentemente da massa

1600 – *William Gilbert*: eletricidade estática e magnetismo

1604 – *Galileu Galilei*: distância percorrida por objetos em queda aumenta com o quadrado do tempo

1609 – *Johannes Kepler*: primeria e segunda lei do movimento planetário (leis de Kepler)

1610 – *Galileu Galilei*: observa fases de Vênus, luas de Júpiter, crateras na Lua, estrutura em torno de Saturno

1613 – *Galileu Galilei*: princípio da inércia

1619 – *Johannes Kepler*: terceira lei do movimento planetário (terceira lei de Kepler)

1621 – *Willebrod Snell*: lei do seno para a refração (lei de Snell)

1637 – *Rene Descartes*: sistema de coordenadas cartesianas; inércia

1640 – *Evangelista Torricelli*: teoria da hidrodinâmica

1644 – *Evangelista Torricelli*: barômetro de mercúrio; vácuo artificial

1648 – *Blaise Pascal*: funcionamento do barômetro como resultado da pressão atmosférica

1657 – *Christiaan Huygens*: relógio de pêndulo

1657 – *Pierre Fermat*: princípio de Fermat (ótica)

1662 – *Robert Boyle*: lei de Boyle para gases ideais relacionando pressão com volume

1663 – *Blaise Pascal*: isotropia da pressão (princípio de Pascal)

1668 – *John Wallis*: conservação do momento

1676 – *Robert Hooke*: lei de elasticidade e molas (lei de Hooke)

1676 – *Edme Mariotte*: a pressão é inversamente proporcional ao volume (lei de Boyle) e à altura da atmosfera (lei de Boyle-Mariotte)

1684 – *Isaac Newton*: relação da gravidade com a massa e inverso quadrado da distância

1684 – *Gottfreid Leibniz*: cálculo diferencial

1687 – *Isaac Newton*: publica as leis do movimento e da gravitação

1690 – *Christiaan Huygens*: princípio de Huygens

1714 – *Gottfreid Leibniz*: conservação da energia

1729 – *Stephen Gray*: condução da eletricidade

1738 – *Daniel Bernoulli*: teoria cinética dos gases; hidrodinâmica

1742 – *Anders Celsius*: escala de temperatura em graus centígrados

1744 – *Jean d'Alembert*: teoria da dinâmica de fluidos

1744 – *Leonhard Euler*: equações de Euler-Lagrange

1772 – *Antoine Lavoisier*: conservação da massa em reações químicas

1772 – *Joseph Lagrange*: teoria de Lagrange

1784 – *Pierre Laplace*: potencial eletrostático

1785 – *Charles Augustin de Coulomb*: lei de Coulomb

1787 – *Jacques-Alexander Charles*: lei da expansão de gases com temperatura

1788 – *Joseph Lagrange*: mecânica Lagrangiana

1790 – Definição do sistema métrico na França

1796 – *Alessandro Volta*: bateria química e voltagem

1798 - *Henry Cavendish*: mede a constante gravitacional G com a balança de Cavendisch

1802 – *Thomas Young*: descrição da luz como onda e interferência da luz

1802 – *Joseph Gay-Lussac*: relação do volume com a temperatura de gases em pressão fixa

1804 – *John Dalton*: lei das pressões parciais, lei de Dalton

1808 – *Etienne Malus*: polarização da luz refletida

1811 – *Amedeo Avogadro*: teoria molecular dos gases e lei de Avogadro

1811 – *Jean-Baptiste Fourier*: série de Fourier

1812 – *David Brewster*: comportamento da luz polarizada; ângulo de Brewster

1815 – *Augustin Fresnel*: teoria da difração da luz

1820 – *Andre Ampère*: força em corrente de elétrons em campo magnético (lei de Ampère)

1820 – *Hans Christian Oersted*: corrente elétrica deflete uma agulha magnetizada

1820 – *Biot and Savart*: campo magnético de distribuição de correntes (lei de Biot-Savart)

1821 – *Thomas Seebeck*: termopares e termoeletricidade (efeito Seebeck)

1821 – *Joseph von Fraunhofer*: grade de difração

1824 – *Sadi Carnot*: calor é transferido do corpo mais quente para o mais frio

1827 – *Georg Ohm*: resistência elétrica e lei de Ohm

1827 – *Robert Brown*: movimento Browniano

1831 – *Michael Faraday*: magneto em movimento induz corrente elétrica (lei de Faraday)

1833 – *Joseph Henry*: autoindutância

1834 – *Emile Clapeyron*: entropia

1834 – *William Hamilton*: mecânica Hamiltoniana

1834 – *Heinrich Lenz*: lei de forças eletromagnéticas; lei de Lenz

1835 – *Gustav-Gaspard Coriolis*: força de Coriolis

1842 – *Christian Doppler*: teoria do efeito Doppler para som e luz

1843 – *James Joule*: equivalente mecânico e elétrico do calor

1846 – *Gustav Kirchhoff*: leis de Kirchoff

1848 – *William Thomson (Kelvin)*: escala absoluta da temperatura

1848 – *James Joule*: relação entre velocidade média de moléculas de gases e energia cinética

1849 – *Armand Fizeau*: primeira medida precisa da velocidade da luz

1850 – *Rudolf Clausius*: generalização da 2ª lei da termodinâmica

1851 – *Jean Foucault*: demonstra a rotação da Terra com o "pêndulo de Foucault"

1853 – *Anders Angstrom*: mede as linhas espectrais do hidrogênio

1864 – *James Clerk Maxwell*: equações do eletromagnetismo (equações de Maxwell)

1869 – *Dmitri Mendeleyev*: tabela periódica dos elementos

1871 – *Ludwig Boltzmann*: explicação clássica do calor específico de Dulong-Petit

1873 – *Johannes van der Waals*: força intermolecular em fluidos (força de van der Waals)

1877 – *Ludwig Boltzmann*: equação de probabilidade de Boltzmann para a entropia

1879 – *Josef Stefan*: descoberta empírica da lei de radiação total (lei de Stefan)

1880 – *Pierre and Jacques Curie*: piezoeletricidade

1881 – *Albert Michelson*: interferômetro de luz e ausência do Éter

1881 – *Josiah Willard Gibbs*: álgebra vetorial

1883 – *Thomas Edison*: emissão termiônica, invenção da lâmpada

1884 – *Ludwig Boltzmann*: derivação da lei de Stefan para corpos negros

1885 – *Johann Balmer*: fórmula empírica para as linhas espectrais do hidrogênio

1887 – *Michelson and Morley*: ausência de deslocamento no Éter

1887 – *Hertz, Hallwachs*: efeito fotoelétrico

1890 – *Johannes Rydberg*: fórmula empírica para linhas espectrais; constante de Rydberg

1892 – *Hendrick Lorentz*: teoria da eletricidade devido a partículas carregadas

1895 – *Wilhelm Röentgen*: raios X

1895 – *Hendrick Lorentz*: transformação de Lorentz

1895 – *Hendrick Lorentz*: força eletromagnética em uma partícula carregada

1896 – *Pieter Zeeman*: separação de linhas espectrais por um campo magnético

1898 – *Pierre and Marie Curie*: separação de elementos radiativos (rádio e polônio)

1898 – *Ernest Rutherford*: radiação alfa e beta

1899 – *Joseph John Thomson*: medida da carga e da massa do elétron

1900 – *Antoine Henri Becquerel*: sugere que os raios beta são elétrons

1900 – *Max Planck*: quantum de luz e radiação de corpo negro, constante de Planck

1900 – *Pyotr Lebedev*: medida da pressão devido à radiação

1901 – *Max Planck*: determinação da constante de Planck, constante de Boltzmann, número de Avogadro e carga do elétron

1902 – *Kelvin, Thomson*: modelo do pudim de ameixa do átomo

1903 – *Ernest Rutherford*: partículas alfa têm carga positiva

1904 – *Albert Einstein*: relação entre energia e frequência da luz

1904 – *Ambrose Flemming*: diodo de válvula e retificador

1905 – *Albert Einstein*: explica o movimento Browniano, o efeito fotoelétrico; relatividade restrita; equivalência entre massa e energia

1905 – *Paul Langevin*: teoria atômica do paramagnetismo

1905 – *Hermann Nernst*: 3ª lei da termodinâmica

1906 – *Albert Einstein*: explicação quântica do calor específico para sólidos

1908 – *Geiger, Royds, Rutherford*: partículas alfa são núcleos de hélio

1909 – *Albert Einstein*: dualidade onda-partícula dos fótons

1909 – *Johannes Stark*: momento dos fótons

1909 – *Robert Millikan*: mede a carga de um elétron

1911 – *Heike Kammerlingh-Onnes*: supercondutividade

1912 – *Robert Millikan*: determina a constante de Planck

1912 – *Peter Debye*: derivação da lei do calor específico para baixas temperaturas

1912 – *Max Von Laue*: raios X são explicados como radiação eletromagnética

1912 – *Albert Einstein*: curvatura do espaço-tempo

1913 – *Niels Bohr*: teoria quântica de órbitas atômicas

1913 – *Bragg and Bragg*: difração de raios X e estrutura cristalina

1914 – *Rutherford, da Costa Andrade*: raios gama são fótons de alta energia

1915 – *Albert Einstein*: teoria geral da relatividade

1916 – *Albert Einstein*: prediz a existência de ondas gravitacionais; conservação da energia-momento em relatividade geral

1917 – *Rutherford, Marsden*: primeira transmutação de átomo (nitrogênio em oxigênio e hidrogênio)

1918 – *Emmy Noether*: relações matemáticas entre simetria e leis de conservação em Física Clássica

1919 – *Ernest Rutherford*: existência do próton no núcleo

1921 – *Theodor Kaluza*: unificação das forças eletromagnética e gravitacional

1921 – *Stern and Gerlach*: medida do momento magnético atômico

1923 – *Arthur Compton*: efeito Compton

1923 – *Louis de Broglie*: natureza ondulatória da matéria

1923 – *Davisson and Kunsman*: difração de elétrons

1924 – *Bose and Einstein*: estatística de fótons e condensação Bose-Einstein

1924 – *Wolfgang Pauli*: princípio de exclusão de Pauli

1925 – *Goudsmit and Uhlenbeck*: *spin* do elétron

1926 – *Erwin Schroedinger*: equação da partícula-onda; espectro do hidrogênio

1926 – *Werner Heisenberg*: princípio de incerteza de Heisenberg

1927 – *Friedrich Hund*: tunelamento quântico

1929 – *Ernest Lawrence*: cíclotron

1929 – *Robert van de Graaff*: gerador Van de Graaff

1929 – *Edwin Hubble*: medida da constante de Hubble; universo em expansão

1932 – *James Chadwick*: identifica o nêutron

1932 – *Werner Heisenberg*: os núcleos de átomos são compostos de prótons e nêutrons

1933 – *Blackett and Occhialini*: criação e aniquilação elétron-pósitron

1935 – *Yukawa, Stueckelberg*: teoria da força nuclear forte; méson-pi

1935 – *J. Robert Oppenheimer*: estatística do *spin*

1937 – *Pyotr Kapitza*: superfluidez do hélio II

1941 – *Lev Davidovich Landau*: teoria de superfluidos

1942 – *Enrico Fermi*: fissão nuclear

1945 – *Robert Oppenheimer et al.*: bomba atômica

1946 – *Bloch and Purcell*: ressonância magnética nuclear

1947 – *Denis Gabor*: teoria de hologramas

1948 – *Bardeen, Brattain, Shockley*: semicondutores e transistores

1950 – *Paul Dirac*: primeira sugestão da teoria das cordas

1952 – *Alvarez, Glaser*: câmara de bolhas

1952 – *Edward Teller et al.*: bomba de hidrogênio

1956 – *Reines e Cowan*: detecção do neutrino

1957 – *Bardeen, Cooper, Schrieffer*: teoria da supercondutividade

1961 – *Edward Lorenz*: teoria do caos

1962 – *Benoit Mandelbrot*: imagens fractais

1964 – *Gell-Mann, Zweig*: teoria dos quarks

1965 – *Penzias and Wilson*: detecção da radiação cósmica de fundo

1967 – *Steven Weinberg*: unificação da força eletromagnética-força nuclear fraca

1995 – *Cornell, Wieman, Anderson*: observação de condensado Bose-Einstein de gás atômico

1995 – *CERN*: criação do átomo de anti-hidrogênio

1998 – *Perlmutter, Garnavich et al.*: observação de supernova; expansão do universo acelerado

2000 – *Fermilab*: observação do neutrino tau

2013 – *Grande Colisor de Hádrons*: observação do bóson de Higgs

Apêndice D

Respostas das Questões, dos Exercícios e dos Problemas

Capítulo 1

Medição e Erro

1.1 $805\,\text{km}$
1.2 $112.000\,$ km
1.3 $0,055\,6\,\text{m}^3$
1.4 (a) $3,00\times10^5\,\text{m/s}$; (b) $1,08\times10^9\,\text{km/h}$; (c) $6,71\times10^8\,\text{mi/h}$
1.8 $12\,\text{g}$
1.9 (a) $4,12\times10^{13}\,\text{km}$, $1,34\,\text{pc}$ ou $2,76\times10^5\,\text{UA}$; (b) $1,70\times10^6\,\text{km}$; (c) $1,22$
1.10 (a) $1\,\text{nm}$; (b) $7\,\text{fs}$; (c) $5\,\mu\text{F}$; (d) $2\,\text{M}\Omega$; (e) $1\,\text{kV}$
1.11 (a) $7,5\times10^6\,\text{m}$; (b) $1,49\times10^{-3}$; (c) $1,78\times10^5$
1.12 (a) $1,609\,\text{km/mi}$; (b) $0,621\,4\,\text{mi/km}$; (c) $0,277\,8\,\text{m h/(km s)}$; (d) $3,6\,\text{km s/(m h)}$
1.13 2
1.14 I_0 é adimensional e α tem unidade m^{-1}
1.15 $v = \omega r$
1.16 $[M/L]$
1.17 kg m/s^2
1.18 $\text{kg m}^2/\text{s}^2$
1.19 (a) m e m/s; (b) m, m/s e m/s^2; (c) m/s e m/s^2; (d) $(\text{m/s})^2$ e m/s^2
1.20 s^{-1}
1.21 $[X] \equiv [L]^{1/2}$
1.22 $\text{m}^3/\text{kg s}^2$
1.24 (a) 3; (b) 3; (c) 4; (d) 3; (e) 4; (f) 4
1.25 (a) 18; (b) $8,64\times10^5$; (c) $28,5\,\text{m}$; (d) $4,91\times10^{-3}$; (e) $9,88\times10^4$
1.26 (a) $88\,\text{km/h}$; (b) $80\,\text{km/h}$
1.27 $8,0\%$, $1,9\%$ e $0,37\%$
1.28 $0,04\,\%$, $8,5\times10^{-6}\,\%$
1.29 $9,8\,\text{m/s}^2$ e $0,1\,\text{m/s}^2$
1.31 A
1.32 (b) $G(g) \approx 4e^{-50(g-9,8)^2}$
1.33 $0,5$
1.35 $0,03\,\text{m/s}^2$
1.36 $[(\frac{\sigma_m}{m})^2 + (\frac{\sigma_a}{a})^2]^{1/2}$
1.37 $2,8\,\%$
1.38 $n\sigma_x$

1.39 (a) $2,8\,\%$ e $4\,\%$; (b) $1,4\,\%$ e $2\,\%$
1.40 $nx^{n-1}\sigma_x$
1.41 $n\sigma_x$
1.42 $F(5, 32) = 142 \pm 3$
1.43 $R = (2,02 \pm 0,03)\,\Omega$
1.44 σ_x
1.45 $2,8\,\%$
1.47 $F(5, 32) = 141 \pm 3$
1.48 $R = (2,02 \pm 0,03)\,\Omega$
1.49 $e^x\sigma_x = y\sigma_x$
1.52 (a) $y(x) = 0,95 + 0,48x$; (b) $y(x) = 1,0 + 0,48x$; (c) $0,2$ e $0,04$

Capítulo 2

Vetores

2.1 (b) $A(1,0)$, $B(\sqrt{2}, \pi/4)$, $C(\sqrt{2}, 3\pi/4)$, $D(1, \pi)$, $E(5, 1, 2\pi)$
2.2 $y = 0,58x - 1$
2.3 $y = -0,8x + 2,6$
2.4 $x = -b/2a$
2.5 Que a seja negativo. Que a seja positivo
2.6 Que não tenha o termo em x, isto é, que seja da forma $y = ax^2 + b$
2.7 $y = -x^2 + 2x + 3$
2.8 $(-2,1)$, $(0,1)$, $(2,1)$
2.9 (a) $(-1, -1)$ A reta é tangente à parábola neste ponto; (b) $(2,5)$ e $(-2,-3)$
2.10 $x = r\,\text{sen}\,\theta\cos\phi$, $y = r\,\text{sen}\,\theta\,\text{sen}\,\phi$, $z = r\cos\theta$
2.12 (a) $\mathbf{a} = 2\mathbf{i} - \mathbf{j}$, $\mathbf{b} = \mathbf{i} - \mathbf{j}$, $\mathbf{c} = -2\mathbf{i}$; (a) $3\mathbf{i}$; (b) $\mathbf{j}$; (c) $-\mathbf{i} - \mathbf{j}$; (d) $\mathbf{i} + 2\mathbf{j}$; (e) $5\mathbf{i}$; (f) $-3\mathbf{i} - 2\mathbf{j}$
2.13 (a) $-2\mathbf{i} + 3\mathbf{j}$; (b) $11\mathbf{i} + 2\mathbf{j}$
2.14 $\pi/2$ (ou $90°$)
2.15 $m = 9$
2.16 $0,8\mathbf{i} + 0,6\mathbf{j}$
2.17 $(3\mathbf{i} + \mathbf{j})/10$
2.18 $\sqrt{2}/2$
2.19 (a) $a = 5$, $b = 10$ (b) 50; (c) zero; (d) zero
2.20 área $= 2,5$

Capítulo 3
Movimento em Uma Dimensão

3.1 Não; sim

3.2 Não

3.3 Sim, pode significar um instante anterior ao $t = 0$

3.4 Não, essas grandezas são utilizadas nas análises da dinâmica do movimento

3.5 Não; sim; sim

3.6 (a) 20 m; (b) 45 m; (c) 80 m

3.7 (a) 25 m; (b) 35 m; (c) Não

3.8 $[A] = $ m; $[B] = $ m/s; $[C] = $ m/s^2 e $[D] = $ m/s^3

3.9 Não

3.10 (a) Sim; (b) 40 cm

3.11 Não, pois v_m é diretamente proporcional a Δx

3.12 33,3 m/s

3.13 (a) 8 m/s; (b) 20 m/s

3.14 96 km/h

3.15 34,3 km/h

3.16 no movimento uniforme

3.17 60 m/s

3.18 (a) 10 m/s; (b) 9 m/s; (c) 8,8 m/s; (d) 8,6 m/s; (e) 8,4 m/s; (f) 8,2 m/s.

3.19 6 m/s

3.20 (a) -6π m/s; (b) zero; (c) 6π m/s; (d) zero

3.21 (b) 830 km/h; (c) $x = 230t$

3.22 20 m

3.23 (a) 40 m; -5 m/s; zero; (b) 8 s

3.24 10 s

3.25 2 040 m

3.26 D

3.27 1 760 m

3.28 10 s e 100 m

3.29 grau 3

3.30 (a) constante; (b) grau 1

3.31 57,5 m

3.32 8 m

3.33 Sim

3.34 -2 m/s^2

3.36 (a) 10 m/s; (b) 20 m/s

3.37 A

3.41 $2,5\times10^5$ m/s^2

3.42 E

3.43 (a) 2 m/s^2; (b) 2 e 3 s; (c) $v = -5 + 2t$; (d) 2,5 s

3.44 (a) $x = 3,0 + 2,0t^2$; (b) $x = 11$ m

3.45 21 m

3.46 198 m

3.47 Não

3.48 Ambas terão velocidades iguais

3.49 (a) 6,5 m; (b) 1,0 s; (c) 10 m/s; (d) 2,14 s; (e) $-11,4$ m/s

3.50 (a) 2,8 s; (b) tipicamente, cerca de 10 s para ir de 0 a 100 km/h

3.51 (a) 3 m/s; (b) 0,3 s

3.52 71,8 m

3.54 (a) $v = 1,5t^2$; (b) $a = 3t$; (c) 0,4 m; zero; zero

3.55 $x = 4 + 5t$

3.56 (a) $x = 2t^3 - t^4/2$; (b) $a = 12t - 6t^2$; (c) zero ou 8 m/s

3.57 (a) $v = 3t^2 - 0,8t^3$; (b) $x = t^3 - 0,2t^4$; (c) 10,8 m; 5,4 m/s e $-3,6$ m/s^2

3.58 (a) -20 m; (b) zero; (c) $20\pi^2$ m/s^2

3.59 (a) $v = -\dfrac{v_0^2}{(\frac{v_0}{C}t+1)^2 C}$; (b) $a = -\dfrac{2v_0^3}{(\frac{v_0}{C}t+1)^3 C^2}$

Capítulo 4
Movimento em Duas e Três Dimensões

4.1 (a) $\mathbf{A} = \mathbf{i} + 2\mathbf{j} - 3\mathbf{k}$, $\mathbf{B} = 3\mathbf{i} - 1\mathbf{j} + 4\mathbf{k}$; (b) $\mathbf{B} - \mathbf{A} = 2\mathbf{i} - 3\mathbf{j} + 7\mathbf{k}$; $\mathbf{A} - \mathbf{B} = -2\mathbf{i} + 3\mathbf{j} - 7\mathbf{k}$

4.2 $\mathbf{r} = -6370\mathbf{j} + 7370\mathbf{k}$

4.3 $\mathbf{R} = -1500\mathbf{i} + 100\mathbf{j} - 1000\mathbf{k}$ (m); $R = 1\,806$ m

4.4 (a) $\mathbf{r} = -5,0\times10^2\mathbf{i} + 1,0\times10^5\mathbf{j} + 2,0\times10^5\mathbf{k}$ (parsec); (b) $2,2\times10^5$ parsec.

4.5 (a) 500 km, 53,1°, nordeste; (b) 643 km/h, 53,1°, nordeste

4.6 (a) $\mathbf{r} = 1800\mathbf{i} + 1200\mathbf{j}$ (m); $\mathbf{v} = 1,58\mathbf{i} + 1,05\mathbf{j}$ (m/s); (b) 2 163 m, 33,7°, nordeste e 1,9 m/s, 33,7°, nordeste

4.7 4,0 e 2,0

4.8 (a) $\mathbf{v} = \mathbf{j} + 3t^2\mathbf{k}$ e $\mathbf{a} = 6t\mathbf{k}$; (b) $\mathbf{r} = 5\mathbf{i} + 5\mathbf{j} + 125\mathbf{k}$ (m), $\mathbf{v} = \mathbf{j} + 75\mathbf{k}$ (m/s) e $\mathbf{a} = 30\mathbf{k}$ (m/s^2)

4.9 (a) $\mathbf{v} = \dfrac{t^4}{4}\mathbf{j}$; (b) $\mathbf{r} = \dfrac{t^5}{20}\mathbf{j}$

4.10 $a = 40$ m/s^2

4.12 $\mathbf{a} = \mathbf{i} + 2\mathbf{j}$ (no SI)

4.13 $\mathbf{r} = 50\mathbf{i} + 50\mathbf{k}$

4.14 (a) 1 s; (b) 2 s; (c) 2 s e 4 s, respectivamente; (d) n e $2n$ em segundos; (e) não

4.15 (b) e (c)

4.16 45,5°

4.17 (a) $\mathbf{v} = 83,3\mathbf{i} - 63,6\mathbf{j}$ (m/s); (b) 104 m/s, $-36,9°$ sudeste

4.19 90,3 m

4.20 (a) $\mathbf{r}_A = 300\mathbf{i}$, $\mathbf{r}_B = 400\mathbf{i}$; (b) $\mathbf{r}_A = 300\mathbf{i} - 225\mathbf{j}$, $\mathbf{r}_B = 400\mathbf{i} - 225\mathbf{j}$; (c) as duas cargas chegam ao mesmo tempo

4.21 (a) 11,2 m/s a $\theta = 63,4°$; (b) $\mathbf{v} = 5\mathbf{i} - 10\mathbf{j}$; (c) 10,2 m

4.22 105 m

4.23 (a) $R = 1,02\times10^3$ m; (b) 14,4 s; (c) 255 m; (d) $\mathbf{v} = 70,7\mathbf{i} + 41,3\mathbf{j}$ (m/s), 81,6 m/s, 29,9°; (e) $\Delta\mathbf{v} = -29,4\mathbf{j}$ (m/s); (f) $\mathbf{r} = 212\mathbf{i} + 168\mathbf{j}$

4.24 (a) $1,8\times10^{-4}$ m para baixo; (b) não

4.25 $1,43\times10^{-2}$ s, $4,6\times10^4$ voltas

4.26 (a) não; (b) 0,23 m; (c) 0,69 m

4.27 (a) 5,13 m/s; (b) 5,52 m; (c) 3,93 m

4.28 (a) $v = \sqrt{\dfrac{gL^2}{(L\,\mathrm{sen}\,2\theta - 2h\cos^2\theta)}}$; (b) 12,1 m/s; (c) 1,63 m

4.31 $\theta = \mathrm{tg}^{-1} 4 = 76°$

4.33 (a) $6,1\times10^2$ m; (b) 2,5 m/s^2

4.34 (a) 4,1 m/s^2; (b) 7,8 m/s

4.35 (a) 8,9 m/s; (b) descendente

4.36 (a) $\mathbf{v} = v_0\,\mathrm{sen}\,\theta_0\mathbf{i} + \sqrt{v_0^2\cos^2\theta_0 + 2gh_0}\,\mathbf{j}$, $v = \sqrt{v_0^2 + 2gh_0}$, $\theta = \mathrm{tg}^{-1}\sqrt{\mathrm{cotg}\,g^2\theta_0 + \dfrac{2gh_0}{v_0^2\,\mathrm{sen}^2\theta_0}}$; (b) $h = \mathrm{sen}^2\theta_0(h_0 + \dfrac{v_0^2}{2g})$

4.37 (A)

4.38 (a) 20 km/h; (b) 180 km/h

4.39 (a) as flechas atingem o solo ao mesmo tempo; (b) 150 km/h e 180 km/h, respectivamente

4.40 13,3 s

4.41 (a) 16,1 km/h; (b) 21,7 h

4.42 (a) 2,17 h; (b) 1,85 h; (c) não

4.43 (a) 5,7° da direção leste; (b) 796 km/h

4.44 (a) 2,92 km; (b) 60 km/h

4.45 4,9 km/h

4.46 (a) 35 km/h; (b) 25 km/h; (c) 30 km/h

4.47 706 m

4.48 (a) 45,5°; (b) 14,5°

4.49 (a) 0,10 m/s²; (b) $\mathbf{v} = 0,50\mathbf{i} + 0,87\mathbf{j}$ (m/s) e $\mathbf{a} = 0,087\mathbf{i} + 0,50\mathbf{j}$ (m/s²)

4.51 $2,84 \times 10^4$ km/h

4.52 $9,87 \times 10^5$ m/s²

4.53 (a) $1,08 \times 10^5$ km/h; (b) $1,96 \times 10^4$ km/h

4.54 (a) 2,7 anos

4.55 11 km

4.56 1,4 km

Capítulo 5

Leis de Newton I

5.3 O princípio da inércia

5.4 Não

5.9 (a) $m = 5$ kg; (b) $a = 2$ m/s²

5.10 (a) $F = 10,7$ N; (b) $\theta = -55,3°$; $a = 214$ m/s²

5.11 (a) $F_{1x} = 220,0$ N e $F_{1y} = 0$; $F_{2x} = 0$ e $F_{2y} = 100,0$ N; $F_{3x} = -80,0$ N e $F_{3y} = 60,0$ N; $F_{4x} = -120,0$ N e $F_{4y} = -160,0$ N; (b) $\sum \mathbf{F_x} = 20,0$ N $\mathbf{i}$; $\sum \mathbf{F_y} = 0,0$ N $\mathbf{j}$; $\mathbf{F} = \sum \mathbf{F_i} = 20,0$ N $\mathbf{i}$; (c) $F = 20,0$ N, $\theta = 0°$

5.12 (a) $F = 50,0$ N e $\theta = 36,3°$; (b) $a_x = 20,2$ m/s² e $a_y = 14,8$ m/s²; (c) $a = 25,0$ m/s² e $\theta = 36,3°$

5.13 $\mathbf{r} = 4,7\mathbf{mi} - 11,0\mathbf{mj}$, $\mathbf{v} = 5,2$ (m/s)$\mathbf{i}$ – 12,2 (m/s)$\mathbf{j}$; $r = 12,0$ m; $v = 6,70$ m/s

5.14 $F = 106$ N

5.15 Não

5.16 A indicação da balança diminuirá

5.19 $T = \mathbf{F}(\frac{x}{l})$

5.20 (a) $a = -0,80$ m/s²; (b) $K = 2,15$ N; (c) $K = 2,55$ N

5.21 $T = F(\frac{xy}{lh})$, age na direção horizontal à direita; $N = M(\frac{xy}{lh})g$, age verticalmente para cima

5.22 $a = 2,1 \times 10^3 m/s^2$

5.24 $\theta = 56,3°$ e $T_{AB} = 5\,304$ N

5.25 (a) $T = 303$ N; (b) $T = 30,4$ N; (c) $T = 15,2$ N

5.26 (a) $T_{AC} = 754,6$ N e $T_{BC} = 754,6$ N; (b) $T_{AC} = 377,3$ N e $T_{BC} = 653,5$ N; (c) $T_{AC} = 533,7$ N e $T_{BC} = 533,7$ N; (d) $T_{AC} = 1\,067,3$ N e $T_{BC} = 754,6$ N

5.27 (b) De cima para baixo: $F_1 = 6,16$ N; $F_2 = 4,93$ N; $F_3 = 3,70$ N; $F_4 = 2,47$ N e $F_5 = 1,23$ N

5.28 8,14 m

5.29 (a) $F = (1 + \frac{a}{g})\frac{P}{2}$; (b) $F = \frac{P}{2}$

5.30 (a) 30 N; (b) 30 N

5.31 $g\sqrt{3sen^2\theta + 1}$

5.32 (a) deslizará para baixo com aceleração igual a $g - a$. Se a aceleração for tal que $a > g$, o quadro permanecerá em repouso na parede; (b) o quadro se moverá para baixo, com aceleração g

5.33 $x = 2\cos t$

5.34 $a = \frac{F}{(M + m)}$ e $T = \frac{m}{(M + m)}F$

5.36 (a) $T = 1,31$ N; (b) $t = 1,1$ s

5.37 (a) $a = (\frac{m_2}{m_1 + m_2})g$ e $T = (\frac{m_1 m_2}{m_1 + m_2})g$; (b) $a = -6,1$ m/s², $T = 48,5$ N

5.38 C

5.39 1/11,4

5.40 30°

5.41 $a_1 = (\frac{(m_2 + m_3)^2}{m_1^2 + m_3^2 + 6m_2m_3})g$; $a_2 = (\frac{m_1^2 - 4m_2^2}{m_1^2 + 4m_2m_3})g$; $a_3 = (\frac{m_1^2 + 4m_3^2}{m_1^2 + 4m_2m_3})g$; $T = (\frac{8m_1m_2m_3}{4m_2m_3 + m_1(m_2 + m_3)})g$

5.42 E

5.43 $F = F_1(\frac{L - l}{L}) + F_2(\frac{l}{L})$

5.44 (a) $F = m(g - a)$; (b) g; (c) $F = m(g + a)$

5.45 (a) $a_1 = a_2 = g$; (b) roldana A no sentido horário; roldanas B e C no sentido anti-horário

5.46 $a_4 = 0,3$ m/s²

5.47 (a) $v = 7,0$ m/s, para a direita; (b) mesma posição, $\Delta x = 0$; (c) $x = 17,5$ m

5.48 (a) $a_{radial} = a(\cos\alpha)$ e $a_{tangencial} = a(sen\alpha)$; (b) $N = ma(sen\alpha)$; (c) $t = \sqrt{\frac{2l}{a(\cos\alpha)}}$

5.49 (a) B; (b) T_A

5.50 (a) $K = \frac{nF}{(n + 1)}$; (b) $n = 1$, $K = 75,0$ N; $n = 3$, $K = 112,5$ N e $n = 5$, $K = 125,0$ N

5.51 $a_1 = (\frac{4m_1m_3 - 3m_2m_3 + m_1m_2}{4m_1m_3 + m_2m_3 + m_1m_2})g$; $a_2 = (\frac{m_1m_2 - 4m_1m_3 + m_2m_3}{4m_1m_3 + m_2m_3 + m_1m_2})g$; $a_3 = (\frac{4m_1m_3 - 3m_1m_2 + m_2m_3}{4m_1m_3 + m_2m_3 + m_1m_2})g$

5.52 Todas iguais a $T = \frac{8g}{\sum_{i=1}^{8}(\frac{1}{m_i})}$

5.53 $a_1 = a_2 = t(\frac{m_1 + m_3 sen\alpha \cos\alpha}{m_1 + m_2 + m_3(sen\alpha)^2})g$; $(a_3)_x = (\frac{(m_1 + m_2)sen\alpha \cos\alpha - m_1(sen\alpha)^2}{m_1 + m_2 + m_3(sen\alpha)^2})g$ $(a_3)_y = (\frac{m_1 sen\alpha \cos\alpha + (m_1 + m_2 + m_3)(sen\alpha)^2}{m_1 + m_2 + m_3(sen\alpha)^2})g$

5.54 (a) $a_{cunha} = [\frac{m(tg\alpha)}{M + m(tg\alpha)^2}]g$ para a direita; (b) $a_{barra} = [\frac{m(tg\alpha)^2}{M + m(tg\alpha)^2}]g$ para baixo

5.55 (a) $a=13,3$ ms^{-2} e $v=364$ ms^{-1}; (b) $F=1,14 \times 10^3$ N

Capítulo 6

Leis de Newton II

6.3 $F = 1,67 \times 10^{-11}$ N

6.4 (a) $F_E = 2,51 \times 10^2$ N; $F_G = 5,54 \times 10^{-41}$ N; $F_E/F_G = 4,53 \times 10^{42}$; (b) $F = 2,51 \times 10^2$ N

6.5 Equilíbrio instável. Qualquer distúrbio nessa condição leva à perda da estabilidade

6.7 (a) 1 N; (b) 1N

6.9 B

6.10 (a) Al: 6×10^3 N, Fe: 2×10^4 N e W: 5×10^4 N; (b) $F_w/F_{al}=25/3$; (c) ruptura da barra

6.11 $\Delta\ell = (\rho g/\mu)\,\ell^2$

6.12 $d^2 \Delta r(t)/dt^2 = -(k/m)\,\Delta r(t)$

6.16 (a) Eletromagnética; (b) sim; (c) não; (d) I

6.17 400 N

6.18 (a) $a < g/\mu_e = 9{,}81/0{,}5 = 19{,}62$ m/s^2; (b) o bloco C; (c) abaixo dessa aceleração, os blocos caem sucessivamente

6.19 (a) $F_{atrito} = F_{aplicada}$, pois $F_{aplicada} < \mu_e N = 9{,}8$ N; (b) $F = \mu_D.N = 4{,}9$ N; (c) $a = 6$ m/s^2

6.21 (a) $F = F_{atrito} = \mu_D.N = 4{,}9$ N na direção horizontal sentido contrário ao movimento; (b) 0,2 cm e 0,2 s; (c) $F = 0$

6.22 $\mathbf{F}_B$

6.23 (a) $tan^{-1}(\mu_e)$; (b) $g.cos[tan^{-1}(\mu_e)](\mu_e - \mu_d)$

6.24 (a) 28,3 m e 3,4 s; (b) 56,7 m e 6,8 s; (c) 3,5 m e 0, 4s

6.26 O corpo subirá, e a sua velocidade aumentará até atingir a velocidade terminal

6.27 kg/s

6.28 (a) $[\eta] = [B]/m = $ kg/(m.s) $ = $ Pa.s; (b) $B = 3{,}4{\times}10^{-7}$ kg/s, $B = 1{,}9{\times}10^{-5}$ kg/s e $B = 2{,}8{\times}10^{-5}$ kg/s; (c) $F = 3{,}4{\times}10^{-8}$ N, $B = 1{,}9{\times}10^{-6}$ N e $B = 2{,}8{\times}10^{-6}$ N

6.29 0,02 m/s

6.30 $y = (mgt/b) - (m^2g/b^2)(1 - \exp(-mt/b))$

6.31 (a) $B_2 = (\rho_2 - \rho_f).V.g/\ v_2$ e $B_1 = (\rho_1 - \rho_f).V.g/\ v_1$; (b) $\rho_f = (B_2v_2\rho_1 - B_1v_1\rho_2)/(\ B_2v_2 - B_1v_1)$

6.32 $2{\times}10^{-4}$ N

6.33 (a) 78 km/h; (b) 16 km/h

6.34 (a) $v_{Corv} = 375$ km/h; $v_{passeio} = 153$ km/h; (b) 9,8

6.35 (D)

6.36 A soma de todas as forças reais e pseudoforças deve ser zero

6.38 (a) Aumenta 2 % e (b) diminui 2 %

6.39 $-A/[(At-2A)e^{-t}-1]m$

6.42 (a) $v = 2n\pi R$; (b) $T = 4mn^2\pi^2 R$

6.43 (a) $9{,}1{\times}10^{-8}N$; (b) $E_c = 4{,}5{\times}10^{-18}J = 28{,}4eV$

6.44 $m(\omega^4r^2 + g^2)^{1/2}$

6.45 (a)$1 - 4\ \pi^2 R/(T^2 g)$; (b) menor por um fator de 0,996

6.47 (a) aumenta por um fator 1,26; (b) diminui por um fator 0,74

6.48 (a) $\omega = \sqrt{\frac{g}{\mu_e R}}$; (b) 2,2 rad/s $= 0{,}35$ rpm

6.49 $\theta > tan^{-1}[(\mu mg-F_c)/(mg+\mu F_c)]$

6.50 (a) $\theta > tan^{-1}[(\mu g-v^2/R)/(g+\mu\ v^2/R)]$; (b) 6, 2 graus

6.52 (a) aumenta com a rotação devido à força centrífuga; (b) $\rho = k\rho_0/(k-m\omega^2)$; (c) $\omega < \omega_0 = (k/m)^{1/2}$; (d) o corpo deve oscilar e/ou distorcer a mola no sentido de retardar o movimento

6.54 (a) $\mu = 7{\times}10^{25}$ kg; (b) $\frac{G_{ST}}{G_{SL}} = 0{,}995$; (c) $\frac{G_{ST}}{G_{SL}} = 1{,}0054$

Capítulo 7

Trabalho e Conservação da Energia

7.1 $W = 15$ J, $v = 4{,}4$ m/s

7.2 D

7.3 $W = 294$ J

7.4 (a) $W = 7{,}6$ J; (b) $v = 3{,}5$ m/s; (c) $W = 6{,}7$ J; $v = 3{,}4$ m/s

7.5 (b) $W = 1{,}76F_0$; (c) $W = 1{,}77F_0$ (d) $W = 1{,}77F_0$

7.7 A

7.8 177 J

7.9 $W_{OA} = 0$ J; $W_{AB} = 8{,}75$ J; $W_{BC} = 12{,}25$ J; $W_{CD} = -12{,}25$ J; $W_{DE} = 0{,}0$ J

7.10 (b) 0 W; (c) W = 0; (d) W = 0

7.11 (a) $F = 147{,}9$ N; (b) 256,2 J

7.12 $W_I = 4$ J; $W_{II} = 6$ J; $W_{III} = 8$ J

7.13 (a) 24,5 W; (b) 0,23 kWh

7.14 E

7.15 $P = 2{,}8$ W

7.17 0,49 h

7.18 0 a x$_0$: $-F_0x - \frac{F_0}{x_0}x^2$; x$_0$ a 3x$_0$: $-2F_0x_0 - 3F_0(x - x_0)$; 3x$_0$ a 4x$_0$: $-8F_0x_0 - 12F_0(x - 3x_0) + \frac{3}{2}\frac{F_0}{x_0}(x^2 - 9x_0^2)$

7.19 20, 10, 34

7.20 (b) $E = 20$ J – a partícula pode movimentar-se em toda a extensão da região indicada; $E = 10$ J – a partícula pode movimentar-se nas regiões $x < 0{,}28$ m ou $x > 1{,}15$ m; $E = -10$ J – a partícula pode movimentar-se na região $x < -0{,}18$ m; (c) em $x = 0{,}67$ m (equilíbrio instável) e $x = 2{,}0$ m (equilíbrio estável); (d) $v \approx 4{,}5$ m/s

7.21 (a) $U(x) = \frac{F_0 L}{\pi}\cos^2\left(\frac{\pi}{L}x\right)$; (b) A partícula oscilará em torno de $x = -L/2$, ou em torno de $x = -L/2$

7.22 (a) $K_0 = U_3 - U_2$; (b) $E = U_3$; (c) a partícula poderá oscilar em torno de x_0, ou em torno de x_2, (d) $v = \sqrt{\frac{2}{m}(2U_3 - U_1)}$

7.25 (a) $\Delta x = \sqrt{\frac{m}{k}}v_0$; (b) $v_1 = \sqrt{v_0^2 - 2g(h + \mu d\cos\theta)}$; (c) $\Delta x' = \sqrt{\frac{m}{k}[v_0^2 - 2g(\mu d\cos\theta - h)]}$

7.26 $V(x) = \frac{1}{2}k_1 x^2 + \frac{1}{4}k_2 x^4$; $x \cong 0{,}2$ m

7.27 $\sqrt{4{,}4}$

7.28 (b) $U(x) = \frac{k}{2\alpha}\left(1 - e^{-\alpha x^2}\right)$; (c) Se $E > k/2\alpha$, a partícula movimenta-se em $-8 < x < 8$; se $E < k/2\alpha$, a partícula oscila em torno de $x = 0$

7.29 (a) Não é conservativa, pois o trabalho depende do caminho. (b) É compatível, pois o trabalho não depende do caminho

7.30 $\theta = \cos^{-1}\left(\frac{5}{2}\frac{d}{R} - \frac{3}{2}\right)$

7.31 $N_A = 6\,mg$; $N_C = 3\,mg$

7.32 0

7.34 $\theta = \cos^{-1}\left(\frac{2}{3}\right)$

7.35 $d = 1{,}37$ m

7.36 $\mu = 0{,}51$

7.37 $\Delta E = 25{,}4$ kJ

7.38 (a) $v_0 = 6{,}5$ m/s; (b) $v_0 = 4{,}2$ m/s; (c) $d = 6{,}3$ m

7.39 5,0 cm à esquerda do centro da tigela (após subir a outra borda da tigela e retornar)

Capítulo 8

Conservação do Momento Linear – Sistemas de Várias Partículas

8.2 100 km/h

8.3 1 km/h

8.4 (a) 1,0 m/s; (b) 0,06 J

8.5 (a), (b), (c) são possíveis; (c) não é elástica; (d) é impossível

8.7 0,71

8.9 0,91

8.10 $h_0/16$

8.11 (a) $\mathbf{v}'_1 = (\epsilon - 1)\mathbf{v}$; $\mathbf{v}'_2 = (1 + \epsilon)\mathbf{v}$; (b) $\Delta E = m(1-\epsilon)v^2/4$

8.12 1/3

8.13 $v/2$; não

8.14 5,0

8.15 (a) 1,0 cm; (b) 0,8 cm
8.16 (d)
8.17 $v = v_o sen\phi / sen(\theta+\phi)$
8.18 (e)
8.21 2,0 N s
8.22 13,7 N
8.23 C
8.24 $3,58\times10^3$ N
8.25 2 kg m/s
8.26 (a) 50 N; (b) 50 m/s
8.27 10 N
8.28 A força para manter a correia em movimento é zero
8.29 $\frac{700}{(700-0,5t)}(m/s)$; $v_{máx} = 3,5$ m/s
8.31 $F = \mu v^2$
8.32 (B)
8.33 (a) $\mathbf{v}_{CM} = \mathbf{v}/2$; (b) $60°$
8.34 (a) CM (a/2, a/2, a/2); (b) CM (3a/7, 3a/7, 3a/7)
8.35 CM (0,50a, 0,66a)
8.36 (a)$v_1/v_2 = M_2/M_1$; (b) $Ec_1/Ec_2 = M_2/M_1$; (c) $Ec_1 = M_2 U/(M_1+M_2)$; $Ec_2 = M_1 U/(M_1+M_2)$
8.37 (a) Zero; (b) 4,0 cm

Capítulo 9

Rotação

9.1 2 voltas completas
9.2 (a) 0,00 rad/s; (b) −6,67 rad/s; (c) 0,00 rad/s; (d) 4,00 rad/s; (e) −20,0 rad/s; (f) −4,00 rad/s
9.3 (a) 25,8 rad; (b) 36,7 rad/s²; (c) $\alpha = 9,75\, t^2 rad/s^2$; (d) 21,9 rad/s² e 53,8 rad/s²
9.4 (a) $\omega = 9,00\, t^2$ rad/s e $\alpha = 18,0\, t$ rad/s²; (b) 2,19 s; (c) 0,57 s
9.5 (a) 36,0 rad/s e 144 rad/s; (b) 84,0 rad/s; (c) a média aritmética é cerca de 7,1% maior
9.6 (a) 439,8 rad/s; (b) 14,3 ms; (c) 3,14 rad = 180°
9.7 (a) 1,63 rad/s²; (b) 2,30 rad/s
9.8 (a) 3,16 s; (b) $-C\, t$ rad/s² $(C = 1,20)$; (c) $\theta = A\, t - B\, t^3/3$; (d) 2
9.9 (a) $a = \frac{v_\infty}{\tau}e^{-t/\tau}$; (b) $\omega = \frac{v_\infty}{R}\left(1-e^{-t/\tau}\right)$ e $\alpha = \frac{v_\infty}{R\tau}e^{-t/\tau}$; (c) para $t = 0$, $v = 0$, $a = 4,49$ m/s², $\omega = 0$, $\alpha = 128$ rad/s² e para $t = \infty$, $v = 4,08$ m/s, $a = 0$, $\omega = 117$ rad/s, $\alpha = 0$; (d) 1,61 m
9.10 (a) 250 rpm; (b) $v_1 = v_2 = 7,85$ m/s $v3 = 2,62$ m/s; (c) $a_1 = 205$ m/s² $a_2 = 616$ m/s² $a_3 = 68,6$ m/s²
9.11 (a) $\omega_A = 5,43$ rad/s $\omega_D = 0,339$ rad/s; (b) D gira no mesmo sentido de A
9.12 8,00 kJ
9.13 (a) −55,3 mW; (b) −5,64 mW
9.14 $1,94\times10^{-47}$ kg m²
9.15 $7,66\times10^{11}$ rad/s
9.16 Haste: $\frac{\sqrt{3}}{6}L$; retângulo: $\sqrt{\frac{a^2+b^2}{12}}$; tubo: $\sqrt{\frac{R_1^2+R_2^2}{2}}$; cilindro maciço: $\frac{\sqrt{2}}{2}R$; esfera maciça: $\sqrt{\frac{2}{5}}R$; casca esférica: $\sqrt{\frac{2}{3}}R$
9.18 Placa quadrada: $\frac{1}{12}Ma^2$; anel: $\frac{1}{2}MR^2$
9.19 $1,10\times10^{-5}$ kg m²
9.20 $ML^2/3$
9.21 $\frac{1}{2}M(R_1^2 + R_2^2)$

9.22 $\frac{3}{10}MR^2$
9.23 (a) $\frac{M}{2}\left(R^2 + 2d^2\right)$; (b) $\frac{7}{5}MR^2$
9.24 55 mr²/2
9.25 $6,40\times10^{-2}$ kg m²
9.26 115 N m
9.27 Na situação 2
9.28 8,00 rad/s
9.29 (a) 4,32 N m; (b) 691 rad/s²; (c) 371 rad/s²
9.30 (a) 9,6 kJ; (b) −16 N m
9.31 3,7%
9.32 0,31
9.33 (a) Esfera oca.
9.34 (a) 1,08 m/s; (b)$\frac{v_{bolinha\ presa\ ao\ disco}}{v_{bolinha\ presa\ na\ haste\ sem\ massa}} = 0,63$
9.35 (a) 4,00 J; (b) 3,20 m
9.36 (a)$a = \frac{(m_A-m_B)}{m_A+m_B+I/R^2}g$; (b) $\alpha = \frac{(m_A-m_B)}{m_A+m_B+I/R^2} \cdot \frac{g}{R}$; (c)$T_A = \frac{\left(2m_B+I/R^2\right)}{m_A+m_B+I/R^2}m_A g$; $T_B = \frac{\left(2m_A+I/R^2\right)}{m_A+m_B+I/R^2}m_B g$
9.37 −6,08 rad/s
9.38 (a) No instante inicial: $\tau_m = 7,50\times10^{-2}$ N m, as potências e a taxa $\frac{dE_c}{dt}$ são nulas; (b) no estado estacionário: $\tau_m = 7,50\times10^{-2}$ N m, $P_m = 8,74$ W, $P_F = 0$, $P_{at} = -4,66$ W, $P_{visc} = -4,08$ W e $\frac{dE_c}{dt} = 0$

Capítulo 10

Conservação do Momento Angular

10.2 (a) I = 2mL²; (b) $I = m(a^2 + b^2)$
10.3 (a) $\mathbf{F} = f\mathbf{i}$, $\mathbf{r} = R\mathbf{j}$, $\tau = -Rf\mathbf{k}$; (b) $\mathbf{F} = f(\frac{\sqrt{2}}{2})(\mathbf{i} - \mathbf{j})$, $\mathbf{r} = \frac{R}{2}(\sqrt{3}\mathbf{i} + \mathbf{j})$, $\tau = (\frac{-fR\sqrt{2}(\sqrt{3}+1)}{4})\mathbf{k}$
10.4 (C)
10.5 $\frac{3H}{Md^2}$
10.8 (a) $\boldsymbol{\tau} = \mathbf{L}_0 b$; (b) $\boldsymbol{\tau} = mgR\mathbf{k}$
10.10 (a) $\mathbf{L} = \mathbf{L}_0 + fRt\mathbf{k}$; (b) $\alpha = \frac{f}{2mR}\mathbf{k}$
10.11 2
10.13 0,01
10.14 (a)$L = mRv_0\sqrt{1 + \frac{2\theta\tau}{mv_0^2}}$; $W = E_f - E_i = \frac{L_0^2}{2mR^2}\left(1 + \frac{2mR^2\theta_0}{\frac{L_0^2}{\tau}}\right) - \frac{L_0^2}{2mR^2} = \tau\theta_0$
10.15 $v_{af} = \frac{1-\epsilon}{1+\epsilon}v_0$
10.16 $\omega = \frac{2mv}{11MR}$
10.17 2,8 rad/s
10.18 (a) $mvd = I\omega$, $mv = MV$ $(MV^2 + I\omega^2)/2 = mv^2/2$; (b) $\frac{m}{M} = \left(1 + \frac{5}{2}\left(\frac{d}{R}\right)^2\right)^{-1}$
10.19 $\mathbf{L} = -mhv\mathbf{k}$
10.20 a) $v_f = 2v$; b) $E_f = 4E_i = 2mv^2$, $\Delta E = 3 E_i = 3mv^2/2$; c) $W = 3mv^2/2 = \Delta E$
10.21 O valor de L será duplicado em ambos os casos
10.22 $\omega_2 = \frac{80}{3}kR\omega$, onde $k = c_1/c_2$
10.23 $\omega_f = I_0\omega_0/(I_0 + I_1)$
10.24 $\frac{M\omega_0}{M+2m}$
10.26 (D)
10.30 II
10.31 $v = (3gL)^{1/2}$
10.33 $r = 0,5$ ou 50%, $W = \Delta K = -(3/4)mv^2$
10.34 (a) $r = 0,4$ ou 40%, $W = -(7/10)mv^2$; (b) $r = 1$ ou 100%, $W = -mv^2$
10.35 $\frac{g}{2}$

10.38 $h = 2,7R$

10.39 $\frac{3}{4}MR^2$

10.40 (a)$\Delta s = \frac{5g}{7k}\left(t - \frac{1}{k}senkt\right)$; (b)$t > \frac{1}{k}\tan^{-1}\left(\frac{7}{2}\mu_e\right)$

10.41 (a) $\omega = \sqrt{\frac{4gdsen\theta}{3r^2}}$;

(b) $x = \frac{4}{3}dsen^2\theta\cos\theta\left(\sqrt{1 + \frac{3h}{2dsen^3\theta}} - 1\right)$

10.42 $E_C = \frac{7}{10}mv_0^2$; $d = \frac{7v_0^2}{10gsen\theta}$

10.45 $f = \frac{1}{26}$

10.46 (a) $\theta = \frac{2\pi m}{M+m}$; (b) $T = \left(\frac{2\pi^2 mMR^2}{(m+M)U}\right)^{1/2}$; (c) *no ponto de origem*

10.47 $\omega_2 = 80\pi$ rad/seg; $\Delta E = E_f - E_i = -\frac{1}{3}E_i$

10.48 $a_{cil} = \frac{2}{3}gsen\theta$; $a_{esf} = \frac{5}{7}gsen\theta$; $a_{anel} = \frac{1}{2}gsen\theta$

10.49 (a) $t = \frac{1}{sin\theta}\sqrt{\frac{2h}{g}(1 + \frac{1}{mR^2})}$; (b) $v = \sqrt{2a\frac{h}{sen\theta}} = \sqrt{2gh\left(\frac{1}{1+\frac{I}{mR^2}}\right)}$

10.50 E

10.53 (a) $\omega_p = \frac{5gL}{2R^2\omega}$; (b) $\omega_p = \frac{2gL}{R^2\omega}$; (c) $\frac{T_{esf}}{T_{disc}} = \frac{\omega_{pdisc}}{\omega_{pesf}} = \frac{4}{5}$

Capítulo 11

Gravitação e Leis de Kepler

11.1 Júpiter

11.2 Não

11.3 (a) sim; (b) a um pouco menor que g

11.4 $v/v_s = 23,2$

11.5 $d = d_{Terra-Lua}\sqrt{\frac{M_T}{M_L}}\left(1 + \sqrt{\frac{M_T}{M_L}}\right) = 3,5\times10^8$ m

11.6 $F_{Terra-Sol}/F_{Terra-Lua} = 179$

11.7 $F_{Sol-Lua}/F_{Terra-Lua} = 2,2$

11.8 $M/M_T = 0,108$

11.9 (a) $P_{Marte} = 59,789$ N; (b) $T_{Marte} = 0,381\ T$

11.10 (a) $\Delta g/g = 1 - (R/(R + h))^2$; (b) $\Delta g/g = 0,27\%$; (c) $h = 3,45\times10^5$ m

11.11 $\rho = 3g_P/4\pi GR_P$

11.12 14,4 cm

11.13 (a) $F_{Lm} = GM_Lm/r^2$; (b) $F_{Lc} = GM_Lm/(R + r)^2$; (c) $F_{Lm} - F_{Lc} = 2GM_LmR/r^3$

11.14 $F_{Sol}^M/F_{Lua}^M = 0,425$

11.15 $F_{JE}/F_{LT} \approx 1150$

11.17 $F = \frac{KMm}{4Rr^2}\left[ln\left(\frac{R+r}{R-r}\right) - \frac{2Rr}{R^2-r^2}\right]$

11.18 (b) $g_1/g_2 = 1,013$

11.19 (a) $g = 9,22$ m/s^2; (b)$h = 2\,000$ km; (c) $\rho_0 = -0,99$ g/cm^3; (d) casca oca

11.20 (a) $F = \frac{GMm}{r^2}\left[1 + \frac{(R^2+r^2)^{1/2}}{2R}\left(1 + \frac{r^2-R^2}{r^2+R^2}\right)\right]$ $(r > R)$; (b) $F = \frac{GMm}{r^2}\left[\frac{(R^2+r^2)^{1/2}}{2R}\left(1 + \frac{R^2-r^2}{R^2+r^2}\right)\right]$ $(r < R)$

11.21 $F_{el}/F_g = 5,33\times10^5$

11.22 $M_T = gR_T^2/G$

11.25 $b = d - GM/v_0^2$

11.26 (a) $v = 4,46$ m/s; (b) $v'/v = \sqrt{2/3}$

11.27 *(a)* $W_1 = 2,596\,7\times10^{11}$ J; (b) $W_2 = 4,73\times10^9$ J; (c) $W_{carro} = 5,01\times10^5$ J, $(W_1 + W_2)/W_{carro} \approx 530000$

11.28 (a) $g = 3,80\times10^{-3}$ m/s^2

11.29 $d = 8\times10^8$ m

11.30 $4UA$

11.36 (b)$h = 3,59\times10^4$ km; (c) $v = 3,08\times10^3$ m/s

11.37 (a) $v = 7,50\times10^3$ m/s; $T = 5,94\times10^3$ s $\approx 1,65$ h; (b) $t = 23,8$ s; $d = 160$ km

11.39 $T_1 = T_2 = T_3 = 4$ h

11.40 $v_1 = \sqrt{2GM\frac{(d_1-d_2)d_2}{(d_1^2-d_2^2)d_1}}$ e $v_2 = \sqrt{2GM\frac{(d_1-d_2)d_1}{(d_1^2-d_2^2)d_2}}$

11.41 (a) $a = 17,9$ UA; (b) $v_1 = 911$ m/s; $v_2 = 54,3$ km/s

11.42 (a) $2a = d_A + d_P$; $2c = d_A - d_P$; $b^2 = a^2 - c^2$; (b) $(d_A = d_P/2$; (c) $\sqrt{d_Ad_P}$; (d) $2\mathbf{v}d_P/(d_A + d_P)$; (e) $\mathbf{v}d_P/2$; (f) $\mathbf{v}d_P/d_A$

11.43 $a_X/a_T = 10^{2/3}$

11.45 $m = 1,02\times10^{14}$ kg

11.46 (a) $a = 1,27$ UA; (b) $a = 4$ UA

11.47 (a) $m_b/m_s = 3$; (b) $m_b = 192\pi^2R_b^3/GT^2$

11.48 (b) $M_p = 2\times10^{27}$ kg $= 1,05M_J$

Capítulo 12

Equilíbrio

12.1 1,0 m

12.2 $d = 0,0$ m

12.3 $F_A = -804$ N, $F_B = -1\,393$ N

12.4 $\mathbf{F} = 2\mathbf{i} - \mathbf{j}$, aplicada no ponto $(-4,0)$

12.5 (a) $\mathbf{F} = -3\mathbf{i} + 2\mathbf{j}$; (b) não; (c) $(2,2)$

12.10 $\frac{L}{3}$ do bloco de maior massa

12.11 (a)$\frac{3L}{4}$; (b) não

12.13 $\theta = tg^{-1}\left(\frac{1}{4}\right) = 14°$

12.14 (a) 35 cm, (b) $3,4\times10^2$ N

12.15 27,5 cm

12.16 37°

12.17 (a) $F = Mg$ atuando na linha que une os centros dos cilindros; (b) $F = \frac{\sqrt{3}}{2}Mg$

12.18 $M = \mu mtg\theta$

12.19 $T = MgL\left(\frac{d^2+x^2}{x^4}\right)^{1/2}$

12.20 (a) 98 N; (b) 9,8 N, horizontal e passando pelo centro da roda; (c) as mesmas

12.21 (a) 295 N; (b) $-73,3°$ em relação à horizontal, 103 N; (c) 437 g

12.22 74 N

12.23 $N_1 = 0,5\ Mg$ e $N_2 = \frac{\sqrt{3}}{2}Mg$

12.24 (a)$\mu = tg\frac{\theta}{2}$; (b)$\mu = tg\frac{\theta}{2} + \frac{Mg}{2F\cos\frac{\theta}{2}}$

12.25 $f_a = 66$ N e $F_P = 66$ N

12.26 (a) $\frac{mg}{2}$, (b) $T = \frac{mgL}{2(L-l)}tg\frac{\theta}{2}$

12.27 (a) 40°, (b) 33°

12.28 (a) $\theta > tg^{-1}\mu$; (b) $\frac{mgL\cos\theta}{2h}\sqrt{1+\mu}$; (c) 90°

12.29 (a) $F = Mg\left(\frac{d}{2r-d}\right)^{\frac{1}{2}}$; (b) $N_x = Mg(\frac{d}{2r-d})^{\frac{1}{2}}$ e $N_y = Mg$; (c) $\theta = tg^{-1}\left(\frac{d}{2r-d}\right)^{\frac{1}{2}}$

12.30 (a) $T = 3,79\times10^3$ N; (b) $\mathbf{N} = 2,68\times10^3$ N$\mathbf{i}$ + $4,64\times10^3$ N$\mathbf{j}$; (c) 60°

12.31 $mgb - kxc = 0$

12.32 (b) $\frac{d}{2n}$; (c) sim, no quarto tijolo a distância seria $25/24L$ $(=L(1/2+1/4+1/6+1/8)$

12.33 $M = \frac{2\mu m}{1-\mu}$

12.34 (a) $0,56P$; (b) $0,44$; (c) $0,49P$

12.36 (a) $50\sqrt{2}r$; (b) $50\sqrt{2}$ (no SI)

12.37 (a) $\tau_x = 1,00$ Nm; (b) $\tau_y = 1,73$ Nm; (c) $\tau_{total} = 2,73$ Nm

12.38 (a) $-153\frac{kgm^2}{s^2}$; (b) $153\frac{kgm^2}{s^2}$

12.39 $|\tau| = Mg(2r - d)\sqrt{\frac{d}{2r-d}}$

12.40 (a) $0,765F$, $-67,5°$ com a horizontal; (b) $0,293a$ do canto inferior direito

12.42 (a) $60°$

12.43 $x = 1\,\text{m}$, estável e $x = -1/3\ m$, instável

12.44 (a) $(0,0,0)$ estável; (b) $\mathbf{F}(x, y, z) = -4x\mathbf{i} - 2y\mathbf{j} - 6z\mathbf{k}$ (SI); (c) $7,48\,\text{N}$

12.45 Estável

12.46 $r = \frac{a}{2}$

12.47 $\mu = \frac{a}{g}$

12.48 $49\,\text{cm}$

Índice Remissivo

Abscissa, 35
Aceleração, 51, 57
   angular
      instantânea, 195
      média, 195
   centrípeta, 80, 81
   da gravidade, 249, 262
   instantânea, 57, 71
   média, 57, 71
   radial, 80, 81
   tangencial, 81
Afélio, 254
Alcance de um projétil, 75
Algarismos significativos, 18
Análise dimensional, 17
Anamorfose, 25
Ano-luz, 15
Argumento, 14
Aristóteles, 2

Barra de erros, 19

Carga elétrica, 115
Centro de gravidade, 271
Centro de massa, 179, 180
Christiaan Huygens, 10
Cinemática, 51, 98
Coeficiente adimensional de arraste, 124
Coeficiente angular, 37
Coeficiente de atrito cinético, 121
Coeficiente de atrito dinâmico, 121
Coeficiente de atrito estático, 121
Coeficiente de restituição, 176
Coeficiente linear, 37
Colisão elástica, 173
Colisão inelástica, 173
Colisão totalmente inelástica, 173
Conjunto de Julia, 46
Conservação da energia, 235
Conservação do momento angular, 234
Conservação do momento linear, 234
Constante de gravitação universal, 114, 246, 250
Constante de mola, 118
Constante elástica, 117
Coordenada de posição, 194
Coordenadas, 35

   cilíndricas, 36
   esféricas, 36
   polares, 36
Corpo rígido, 193, 269
Curva de Koch, 45
Curva do sino, 21

Deslocamento angular, 194
Desvio, 20
Desvio-padrão, 20
   da média, 22
Dígitos significativos, 18
Dimensão fractal, 46
   de Hausdorff, 46
Dinâmica, 51, 98
Dispersão, 20
Distribuição de Gauss, 21
Distribuição de Poisson, 21
Distribuição normal, 21

Efeito borboleta, 281
Eixo de rotação, 193
Eixo de rotação instantâneo, 228
Elasticidade, 279
Elipse, 253
Energia, 10
   cinética, 142, 183, 184
      de rotação, 222
      do corpo rígido, 198
      para rolamento, 229
   mecânica, 152, 153, 252
   potencial, 152
      gravitacional, 251
Equação da elipse, 37
Equação de movimento, 52
Equação de Torricelli, 58
Equação de uma parábola, 37
Equação do círculo, 37
Equilíbrio, 269
   de rotação, 269, 270
   de translação, 269, 270
   dinâmico, 97
   em referenciais celerados, 277
   estável, 277
   estático, 97, 276
   indiferente, 277

instável, 277
Erastostenes, 251
Erro, 18
    aleatório, 19
    estatístico, 19
    sistemático, 20
Experimento de Cavendish, 250, 265

Fator de conversão, 17
Focos da elipse, 253
Força, 91
    central, 251
    centrífuga, 128
    centrípeta, 127, 133
    conservativa, 153
    de arraste, 123
    de maré, 264
    dissipativa, 160
    elástica, 117
    eletromagnética, 9, 115
    forte, 9
    fraca, 9
    gravitacional, 246
    inercial, 126
    não conservativa, 160
    normal, 96
    nuclear forte, 116
    nuclear fraca, 116
Fractal, 45
Frequência de precessão, 231

Galileu Galilei, 7
Gaussiana, 21
Geometria euclidiana, 45
Geometria fractal, 45
Giroscópio, 231
Gottfried Wilhelm von Leibniz, 10
Grandeza adimensional, 14
Grandeza física, 13
Grandezas escalares, 38
Grandezas fundamentais, 14
Grandezas secundárias, 14
Grandezas vetoriais, 35, 38

Hans Christian Ørsted, 11
Heliocêntrico, 245
Henry Cavendish, 250
Hermann Ferdinand Ludwig Von Helmholtz, 11
Histograma, 20

Impetus, 5
Incerteza, 18
Inércia, 92
Interação elástica, 173
Interação inelástica, 173
Interação totalmente inelástica, 173

Interações, 9
Isaac Newton, 1, 8, 245

Jean Buridan, 5
João Filopono, 4
Johannes Kepler, 245, 253

Laçadas dos planetas, 245
Lançadores, 260
Lei da ação e reação, 91, 95
Lei da conservação da energia, 160
Lei da gravitação universal, 9
Lei da inércia, 91
Lei das áreas iguais, 254
Lei das forças, 91, 94
Lei de conservação do momento angular, 224
Lei de conservação do momento linear, 172
Lei de Hooke, 117
Leis de Kepler, 253
Libração, 1
Linearização, 25
Lorde Kelvin, 13

Máquina de Atwood, 100, 207, 211
Marés, 247
Massa, 102
Massa inercial, 93
Massa reduzida, 184, 257
Matéria escura, 11
Mecânica newtoniana, 91
Média, 20
Metro, 15
Módulo de um vetor, 38
Momento, 183, 205
    angular, 221
    do centro de massa, 180
    linear, 171
Momento de inércia, 198, 199
Movimento de rolamento, 226
Movimento de rotação, 193
    uniforme, 196
    uniformemente acelerado, 196
Movimento de translação, 193
    curvilínea, 194
    retilínea, 194
Movimento orbital de satélites, 256
Movimento relativo, 77
Movimento retilíneo uniforme, 55
Movimento uniformemente acelerado, 58
Movimentos unidimensionais, 51

Nicolau Copérnico, 5, 253
Nicole Oresme, 5
Notação científica, 16
Nutação, 231

Órbita, 248

Órbitas geoestacionárias, 266
Ordem de grandeza, 16
Ordenada, 35

Par ação-reação, 96
Par de forças, 274
     binário, 274
     conjugado, 274
Parsec, 15
Partícula, 51
Periélio, 254
Período sideral, 266
Peso, 95
Plano de Packard, 84
Platão, 2
Ponto material, 51
Posição angular, 194
Potência, 150
Precessão, 230
Precisão, 20
Primeira lei de Kepler, 253
Primeira lei de Newton, 91
Principia, 1, 9, 91, 248
Princípio da superposição de forças, 95
Princípio de conservação, 9
     da energia, 11
Produto escalar, 41
Produto vetorial, 42
Propagação de erro, 22
Pseudoforça, 126
Ptolomeu, 2

Quantidade de movimento, 171
Quilograma, 15
Quilograma-força, 95

Raio de giração, 214
Rampa, 237
Referencial inercial, 92
Regra da cadeia, 197
Regra de Sturges, 20
René Descartes, 9
Resultante, 39, 95
Roda, 226
Rolamento, 194

Santo Agostinho, 4
São Tomás de Aquino, 4
Satélites, 259
Segunda lei de Kepler, 254
Segunda lei de Newton, 94, 95
Segundo, 16
SI, 14
Simetrias, 233
Sistema CGS, 14
Sistema de coordenadas, 35

cartesiano, 9
Sistema geocêntrico, 1
Sistema heliocêntrico, 1
Sistema inglês, 14
Sistema Internacional de Unidades, 14

Tapete de Sierpinsky, 46
Tempo de voo, 75
Teorema das camadas, 248
Teorema do trabalho-energia cinética, 143, 145, 149
Teorema dos eixos paralelos, 202
Teoria da gravitação universal, 245
Teoria do caos, 281
Teoria newtoniana, 1
Terceira lei de Kepler, 255
Terceira lei de Newton, 95
Thomas Young, 11
Torque, 205, 219
     de um binário, 275
Trabalho, 142
     do torque, 206
Tycho Brahe, 245, 253

Unidade, 13
     astronômica, 15
     de massa atômica, 15
Universo de duas esferas, 2

Variância, 21
Velocidade, 51
     angular, 195
       de precessão, 231
       média, 194
     de escape, 252
     instantânea, 54, 70
     média, 70
Versor, 40, 79
Vetor deslocamento, 70
Vetor posição, 69
Vetor unitário, 40, 79
Via Láctea, 11

TABELA PERIÓDICA DOS ELEMENTOS